“十四五”国家重点出版物出版规划项目

遍历理论及其应用

ERGODIC THEORY AND ITS APPLICATIONS

叶向东 黄 文 邵 松 ◎ 著

中国科学技术大学出版社

内 容 简 介

本书介绍现代遍历理论的基本内容及其在其他数学分支中的应用,主要内容包括保测系统的概念和基本性质、Poincaré 回复定理、von Neumann 遍历定理和 Birkhoff 遍历定理、拓扑动力系统的基本概念和结论、熵理论的初步知识、Furstenberg 交的初步知识、遍历理论在 Ramsey 型组合数论问题中的应用,以及多重遍历回复问题和多重遍历定理等等.

本书可作为高等院校数学系高年级本科生和研究生教材或教学参考书,也可供一般数学工作者、物理工作者参考学习.

图书在版编目(CIP)数据

遍历理论及其应用 / 叶向东, 黄文, 邵松著. -- 合肥 : 中国科学技术大学出版社, 2024.12. -- ISBN 978-7-312-05947-6

Ⅰ. O177.99

中国国家版本馆 CIP 数据核字第 20245BQ952 号

遍历理论及其应用

BIANLI LILUN JI QI YINGYONG

出版 中国科学技术大学出版社
安徽省合肥市金寨路 96 号, 230026
http://press.ustc.edu.cn
https://zgkxjsdxcbs.tmall.com

印刷 合肥华苑印刷包装有限公司

发行 中国科学技术大学出版社

开本 787 mm × 1092 mm 1/16

印张 27.5

字数 549 千

版次 2024 年 12 月第 1 版

印次 2024 年 12 月第 1 次印刷

定价 128.00 元

前　言

1880 年前后, Boltzmann(玻尔兹曼) 和 Maxwell(麦克斯韦) 等人试图通过力学模型及其基本数学原理来解释热力学现象. 在这种情况下, Boltzmann 在 1885 年创造了“ergode”(遍历) 一词. 遍历理论是数学的一个分支, 研究动力系统的统计特性. 此处统计特性是指各种函数沿动力系统轨道取时间平均表现的特性. 与概率论一样, 遍历理论也是基于测度理论的一门学科. 它最初的发展受统计物理学问题的推动. 遍历理论不是经典的数学学科之一, 也不像数论、概率论等学科, 它的名称没有指出其主题.

遍历理论的中心问题是研究动力系统在长时间运动时的行为. 遍历理论的第一个重要结果是 Poincaré(庞加莱) 回复定理: 相空间的任何子集中的几乎所有点在迭代下最终都会重新返回该集合. 各种遍历定理提供了更精确的信息, 这些定理断言在某些条件下, 函数沿着轨道的时间平均值几乎随处存在, 并且与空间平均值有关. 遍历理论早期最重要的两个定理是 von Neumann 遍历定理和 Birkhoff 遍历定理, 它们断言了沿轨道时间平均的存在性. 对于所谓的遍历系统, 几乎所有初始点的时间平均都是相同的: 从统计学上讲, 长时间演化的系统“忘记了”其初始状态.

遍历性的概念和遍历假设是遍历理论应用的核心. 基本思想是, 对于某些系统, 其对于时间的平均值等于整个空间的平均值. 遍历理论在数学其他分支上的应用通常涉及为所研究特殊类型的系统建立其遍历性. 例如, 在几何学中使用遍历理论的方法研究黎曼流形上的测地流; 在概率论中研究 Markov 链等. 遍历理论与概率论、调和分析、李群理论、数论等有着紧密的联系.

发展至今, 遍历理论已经成为数学中一个非常成熟的分支. 从 Halmos 撰写了第一本遍历论的专著 (*Lectures on Ergodic Theory*) 起, 到现今为止关于它的英文著作已有几十种. 因为遍历理论涉及的内容实在太广博精深, 很难有一本书能够将其方方面面完整介绍. 受限于对于遍历理论知识的理解和研究, 我们没有能力也没有计划写一本包罗万象的著作. 我们只是从自己的理解和偏爱出发编写一本遍历理论的入门书, 向国内数学工作者介绍这门学科. 我们的目标是, 此书包含遍历理论的基本知识, 并有若干章节涉及研究的前沿和应用. 在参考文献中, 我们罗列了一些遍历理论的国内外优秀专著, 如 [1, 14, 23, 46, 50, 58, 63, 68, 80, 97, 99, 135, 157, 161, 163, 169-170, 173, 184, 193, 202, 207, 218], 感兴趣的读者可以自己去查阅.

遍历理论包括遍历定理、熵理论、谱理论、不交性理论、结构定理、遍历 Ramsey 理论、轨道等价等内容. 遍历定理是遍历论的核心内容之一. 这里, 我们不准备面面俱到, 下面仅从遍历定理入手让大家初步领略这门学科的风貌. 首先, 给出一些必要的数学概念, 更详细的论述请参见本书正文. 保测系统是指四元组 $(X,\mathcal{X},\mu,T)$, 其中 $(X,\mathcal{X},\mu)$ 为测度空间, $T:(X,\mathcal{X},\mu)\to(X,\mathcal{X},\mu)$ 为可测变换, 并且它是保测的, 即 $\mu(T^{-1}E)=\mu(E)$ 对任何 $E\in\mathcal{X}$ 都成立. 为简单起见, 我们一般假设 $\mu(X)=1$, 即 $(X,\mathcal{X},\mu)$ 为概率空间. 称 T 为遍历的, 是指对于任何不变可测集, 要么它为零测集, 要么其补集为零测集, 即 $T^{-1}E=E$ 蕴含 $\mu(E)=0$ 或 $\mu(X\setminus E)=0$. 对 $f\in L^1(\mu)$, 称 $A_nf(x)=\dfrac{1}{n}\sum_{i=0}^{n-1}f(T^i(x))$ 为**遍历平均**.

第一个遍历定理是由著名数学家 von Neumann 给出的.[165] Koopman 注意到, 对于可逆保测系统 $(X,\mathcal{X},\mu,T)$, $U_T:L^2(\mu)\to L^2(\mu), f\mapsto f\circ T$ 定义了一个酉算子. 这启发 von Neumann 给出了著名的平均遍历定理: 设 $\mathcal{H}$ 为 Hilbert 空间, $U:\mathcal{H}\to\mathcal{H}$ 为酉算子, P 为 $\mathcal{H}$ 到全体 U 不变向量组成空间上的投射, 那么对于任何 $x\in\mathcal{H}$, 我们有

$$\left\|\frac{1}{n}\sum_{i=0}^{n-1}U^ix-Px\right\|\to 0,\quad n\to\infty.$$

上面的 von Neumann 遍历定理是目前文献中常用的表述, 但是需要注意的是, von Neumann 原始文章处理的是连续流而不是离散系统. 根据上述结论, 容易得到 von Neumann 遍历定理的 L^p 形式: 设 $(X,\mathcal{X},\mu,T)$ 为保测系统, $1\leqslant p<\infty$. 如果 $f\in L^p(\mu)$, 那么存在 T 不变函数 $f^*\in L^p(\mu)$ (即 $f^*\circ T=f^*$ a.e.), 使得

$$\left\|\frac{1}{n}\sum_{i=0}^{n-1}f(T^i(x))-f^*(x)\right\|_{L^p}\to 0,\quad n\to\infty.$$

受到 von Neumann 工作的启发, Birkhoff 在 1931 年得到了他的逐点收敛遍历定理[25]. 历史上 von Neumann 遍历定理先出现, 但 Birkhoff 工作发表的时间在前. 下面给出 Birkhoff 遍历定理的陈述: 设 $(X,\mathcal{X},\mu,T)$ 为保测系统, $f\in L^1(\mu)$, 则存在 T 不变函数 $f^*\in L^1(\mu)$, 使得

$$A_nf(x)=\frac{1}{n}\sum_{i=0}^{n-1}f(T^i(x))\xrightarrow{\text{a.e.}}f^*(x),\quad n\to\infty.$$

并且 $\int_E f^*\mathrm{d}\mu=\int_E f\mathrm{d}\mu$ 对于任何 T 不变可测集 E 成立; 当 T 遍历时, $f^*=\int_X f\mathrm{d}\mu$. 上

述表达方式也不是 Birkhoff 遍历定理原始的陈述形式, Birkhoff 的原始定理是针对流形上光滑流给出的, 但是其证明实际上对一般保测系统也是成立的.

设 $A=\{a_1<a_2<\cdots\}$ 为非负整数序列, 令沿序列 A 的遍历平均为

$$M_n(A,f)(x)=\frac{1}{n}\sum_{1\leqslant i\leqslant n}f(T^{a_i}x).$$

在遍历理论中, 一个非常重要的问题是, 对于给定的序列 A, 对于函数 $f\in L^p(\mu)$ 的平均 $M_n(A,f)$ 是否依范数收敛、逐点收敛? 设 $(X,\mathcal{X},\mu,T)$ 为非周期保测映射, $1\leqslant p\leqslant\infty$. 称 $A=\{a_n\}_{n\in\mathbb{N}}$ 相对系统 $(X,\mathcal{X},\mu,T)$ 为**平均 (逐点) L^p 好的**, 是指对于每个 $f\in L^p(\mu)$, 极限

$$\lim_{n\to\infty}M_n(A,f)(x)$$

在 L^p 模下 (几乎处处) 存在. 称序列 $A=\{a_n\}_{n\in\mathbb{N}}$ 为**普遍平均 (逐点) L^p 好的**, 是指它相对于任何非周期系统都是平均 (逐点) L^p 好的. 类似地, 可定义**平均 (逐点) L^p 坏的**, 例如 A 为普遍逐点 L^1 坏的, 是指对于任何系统 $(X,\mathcal{X},\mu)$, 存在 $f\in L^1(\mu)$, 使得 $\lim\limits_{n\to\infty}M_n(A,f)(x)$ 对于某个正测度集上的 x 不存在. von Neumann L^p 形式遍历定理等价于 $\mathbb{N}$ 为普遍平均 L^p 好的; Birkhoff 遍历定理等价于 $\mathbb{N}$ 为普遍逐点 L^1 好的. 1971 年 Krengel 构造了第一个逐点普遍坏的序列; Bellow 于 1983 年证明了任何间歇 (lacunary) 序列 (指存在 $c>1$, 使得对于任何 n, 有 $a_{n+1}>ca_n$) 为普遍逐点 L^1 坏的.

设 q 为整数值多项式, 那么不难证明序列 $\{q(n)\}_{n\in\mathbb{N}}$ 为普遍平均 L^2 好的. 但是对于逐点就困难很多. 1987 年 Bourgain 证明了其著名的多项式逐点收敛定理:设 q 为整数值多项式, 那么序列 $\{q(n)\}_n$ 为普遍逐点 L^2 好的[37]. 之后他将这个结果推广到任何 L^p $(p>1)$, 并且证明了, 对于任何实值多项式 q, $\{[q(n)]\}_{n\in\mathbb{N}}$ ($[\cdot]$ 为取整符号) 为普遍逐点 L^p $(p>1)$ 好的. Bourgain 还证明了素数集合为普遍逐点 L^p 好的, 其中 $p>(1+\sqrt{3})/2$. 很快, Wierdl 于 1988 年推广了这个结果, 证明了: 对于任何 $p>1$, 素数集合为普遍逐点 L^p 好的. 在很长的一段时间里, 相关结果在 $p=1$ 的情况下如何是此方向上最重要的问题. 直到 2010 年 Buczolich 和 Mauldin 证明了整数值多项式是普遍逐点 L^1 坏的[40].

目前, 多重遍历平均收敛问题是遍历理论研究的热门之一. 为了回答 Erdös 的一个著名猜测, 1975 年 Szemerédi 证明了:具有正上 Banach 密度的自然数子集包含任意有限长的等差数列[195]. Furstenberg 在 1977 年用遍历理论的方法给出了 Szemerédi 定理的新证明, 他的工作开创了遍历 Ramsey 理论这一全新的数学分支[67]. 这也是他获得 2007 年 Wolf 奖和 2020 年 Abel 奖的主要工作之一. 结合 Furstenberg 证明的思想, 2008 年 Green 和陶哲轩解决了一个古老的数论问题: 素数集合包含任意长的等差数列[90]. 这项工作是陶哲轩获 Fields 奖的主要工作之一.

Furstenberg 证明了: 对于任何保测系统 $(X,\mathcal{X},\mu,T)$, $k\in\mathbb{N}$, 以及满足条件 $f\geqslant 0$ 和 $\int_X f\mathrm{d}\mu>0$ 的 $f\in L^\infty(\mu)$, 有

$$\liminf_{N\to\infty}\frac{1}{N}\sum_{n=0}^{N-1}f(T^nx)f(T^{2n}x)\cdots f(T^{kn}x)>0.$$

他的结果直接引发了如下问题: 给定任何保测系统 $(X,\mathcal{X},\mu,T)$, $k\in\mathbb{N}$, X 上的可测函数 $f_1,\cdots,f_k\in L^\infty(\mu)$,

$$\frac{1}{N}\sum_{n=0}^{N-1}f_1(T^nx)f_2(T^{2n}x)\cdots f_k(T^{kn}x)$$

是否在 L^2 或逐点收敛意义下收敛? 上述平均称为**多重遍历平均**, $k=1$ 的情形就是标准的遍历平均.

在 L^2 收敛意义下多重遍历平均问题是由 Conze-Lesigne[43-45], Furstenberg-Weiss[76], Host-Kra[106], 陶哲轩[197], Ziegler[214] 等人用了几十年的时间逐步解决的. L^2 多重遍历平均问题最终在 2005 年由 Host 与 Kra 解决[106](Ziegler 稍后独立给出另一个证明[214]). 2008 年陶哲轩将之推广到有限个相互交换保测映射的多重遍历平均收敛[197]. 2012 年 Walsh 将陶哲轩的结果推广到幂零群作用的情形[205].

在逐点收敛意义下多重遍历平均问题是一个极其困难的问题. 目前, 在逐点收敛意义下多重遍历平均的成果不多. 一个重要的进展是由 Bourgain 给出的. Bourgain 给出多项式时间下 1 重的逐点收敛遍历定理[37]: 对整数值多项式 $p(n)\in\mathbb{Z}[n]$ 和 $f\in L^\infty(\mu)$, 平均 $\frac{1}{N}\sum\limits_{n=0}^{N-1}f(T^{p(n)}x)$ 几乎处处收敛; 他还证明了单个映射 2 重的逐点收敛多重遍历定理[38]: 对 $a\neq b\in\mathbb{N}, f_1,f_2\in L^\infty(\mu)$, 平均 $\frac{1}{N}\sum\limits_{n=0}^{N-1}f_1(T^{an}x)f_2(T^{bn}x)$ 几乎处处收敛. 这些工作是 Bourgain 获得 1994 年 Fields 奖的主要工作之一. 最近, Krause, Mirek 和陶哲轩推广了 Bourgain 的结论[143], 他们证明了: 对阶数大于 2 的整数值多项式 $p(n)\in\mathbb{Z}[n]$ 和 $f_1,f_2\in L^\infty(\mu)$, 平均 $\frac{1}{N}\sum\limits_{n=0}^{N-1}f_1(T^nx)f_2(T^{p(n)}x)$ 几乎处处收敛. 对于三项以上的平均, 黄文、邵松和叶向东运用拓扑模型理论, 结合拓扑与测度方法对于遍历 distal 系统 $(X,\mathcal{X},\mu,T)$ 证明了: 对于任意 $k\in\mathbb{N}$ 以及 $f_1,\cdots,f_k\in L^\infty(\mu)$,

$$\frac{1}{N}\sum_{n=0}^{N-1}f_1(T^nx)f_2(T^{2n}x)\cdots f_k(T^{kn}x)$$

几乎处处收敛[119].

遍历定理是一个很广泛的课题, 以上仅罗列了一小部分例子. 更多相关结论可以参看相关参考文献, 例如文献 [144]. 希望通过上面的介绍使大家对遍历理论有所认识.

本书主要介绍遍历理论的基本概念、一些基本方法和应用. 我们撰写的时候期望尽量能做到自封闭.

在第 1 章中, 我们简要地总结在本书中会用到的基本知识. 这部分内容主要涉及测度论、泛函、拓扑群理论、Furstenberg 族等.

在第 2 章中, 我们介绍保测系统的概念和基本性质. 这一章的重点是众多的例子, 这些例子都是动力系统中常见的系统, 它们会贯穿整本书. 在本章的最后, 我们介绍遍历理论中著名的 Poincaré 定理.

在第 3 章中, 我们给出遍历性的定义和刻画, 并介绍 von Neumann 遍历定理和 Birkhoff 遍历定理. von Neumann 遍历定理和 Birkhoff 遍历定理是遍历理论非常基本的定理. 在介绍完遍历性后, 我们给出各种混合的定义, 其中最重要的是弱混合. 我们将给出 Koopman-von Neumann 谱混合定理, 由此定理可知系统为弱混合的当且仅当它具有连续谱. 在本章最后, 我们介绍动力系统谱理论的一些基本知识.

第 2 章和第 3 章是遍历理论最基本的内容.

在第 4 章中, 我们介绍连分数, 希望通过这个具体例子更好地解释遍历理论如何运用到其他数学分支中. 我们先给出连分数展开的一些基本知识, 然后引入连分数映射和 Gauss 测度, 验证相应系统为遍历系统, 从而运用遍历定理给出一系列连分数的性质. 在本章最后, 我们介绍坏逼近数及著名的 Lagrange 定理.

在第 5 章中, 我们讨论一个基本的问题: 什么时候两个动力系统是“一样的”? 为此, 我们需要讨论如何定义动力系统是“一样的”, 这里有几个不同的定义: 同构、共轭和谱同构. 本章的目的就是讨论这些定义的异同. 为了能够将问题解释清楚, 我们首先系统回顾 Lebesgue 空间的知识, 然后指出对于 Lebesgue 空间上的保测系统, 同构等价于共轭且两者强于谱同构. 为了给出谱同构但不共轭的系统, 我们系统介绍 Kolmogorov 系统. 接着, 我们研究最简单的动力系统——离散谱系统, 并证明 Halmos-von Neumann 定理: 对于离散谱系统, 共轭等价于谱同构, 而且遍历的离散谱系统实际上是群旋转. 我们还介绍著名的 Rohlin 斜积定理, 指出遍历系统间扩充系统可以表示为斜积系统. 最后, 我们给出遍历分解定理, 由此解释遍历性在保测系统研究中的重要性.

由于拓扑动力系统与遍历理论密切相关, 在第 6 章中, 我们给出拓扑动力系统的基本概念和结论. 拓扑动力系统和遍历理论是动力系统的两个密切关联的分支. 自学科产生之初, 遍历理论和拓扑动力系统两者就有着不可分割的联系. 一方面, 拓扑动力系统可以自然地视为一个保测系统; 另一方面, 任何遍历系统都有其拓扑实现. 两种理论中有许多相对应的概念: 遍历 $\leftrightarrow$ 极小性、离散谱 $\leftrightarrow$ 等度连续、测度熵 $\leftrightarrow$ 拓扑熵等等. 这些因素导致了这两种理论有着惊人的平行性, 两者的许多结论有着极为相似的陈述, 但各自的证明方法却可能完全不同. 对应于遍历理论的遍历性, 在拓扑动力系统中有传递性和极小性. 我们先系统研究传递性、极小性以及拓扑混合性等, 在此部分请读者体会两种理论的平行性. 接着我们介绍拓扑离散谱系统——等度连续系统. 类似于遍历理论的情况, 一个拓扑动力系统为极小的且有拓扑离散谱当且仅当它拓扑共轭于紧致交换群上的一个极小旋转. 在本章最后, 我们研究可扩同胚, 这是非常重要的动力学性质, 涉及的生成子概念在熵理论中还会遇到.

在第 7 章中, 我们介绍拓扑动力系统与保测系统的关联. 首先, 我们证明对于任何拓扑动力系统, 总是可以在 Borel σ 代数上找到不变测度, 使其成为一个保测系统. 为了这个目的, 我们首先回顾测度空间的一些基本性质, 然后引入测度空间系统, 将不变测度存在性问题转化为一个不动点的问题. 在解决了不变测度存在问题后, 我们研究不变测度通用点和支撑的性质. 接着, 我们研究唯一遍历性质, 并且运用它证明 Weyl 等分布定理等. 在本章最后一节, 我们简单介绍动力系统模型理论, 解释保测系统为什么也能视为拓扑动力系统.

第 8 章专门介绍熵理论的初步知识. 在测度空间上, 熵的概念是由 Kolmogorov 在 1958 年给出的. 之后, Adler 等人在拓扑空间上引入了拓扑熵的定义. 它是目前为止发现的一个重要的共轭不变量, 并得到广泛、深入的研究. 本章主要涉及熵的经典理论. 具体来说, 我们先介绍测度熵, 给出其基本性质, 以及拓扑熵的定义, 并研究它们的基本属性. 此处, 我们会重点介绍测度熵与拓扑熵的计算、熵的变分原理等. 然后, 我们介绍测度 Pinsker σ 代数和熵的 Pinsker 公式, 进一步介绍测度 Kolmogorov 系统, 研究其基本属性, 并证明 Rohlin-Sinai 定理. 在本章最后, 我们简要介绍局部熵理论. 局部熵的具体内容可以参见文献 [219].

不交性是由 Furstenberg 在 1967 年引入的, 现在已经是遍历理论的核心理论之一. 我们在第 9 章中给出交的初步知识. 首先, 我们介绍交的基本概念和一些重要的例子. 接着, 我们运用交来研究同构性, 给出 Halmos-von Neumann 定理的简单证明, 以及 Furstenberg 弱混合的一些经典结论的证明等. 不交性的一个核心结论是不交性基本定理, 我们在本章中给出它的证明, 由此可以说明: 保测系统为遍历的当且仅当它与所有恒同系统不交; 保测系统为弱混合的当且仅当它与所有 distal 系统不交; 保测系统为 K 系统当且仅当它与所有零熵系统不交, 等等. 在本章最后一节, 我们介绍著名的 Sarnak 猜测, 运用交的方法证明著名的 Chowla 猜测蕴含 Sarnak 猜测.

在第 10 章中, 我们重点介绍多重遍历定理和多重回复定理以及遍历理论在 Ramsey 型组合数论问题中的应用. 首先, 我们从 van der Waerden 定理讲起, 给出它的动力系统证明. 然后, 我们介绍 Furstenberg 对应原则, 说明如何将 Ramsey 型组合问题与动力系统关联在一起. 本章的主要目的之一是给出 Furstenberg 关于 Szemerédi 定理的动力系统证明. 为此, 我们先介绍几种特殊情况, 再给出 Furstenberg-Zimmer 结构定理, 从而完成整个证明. 事实上, 我们对于这些特殊情况给出的不只是回复性质, 还有多重遍历平均收敛性质, 例如 Furstenberg 弱混合多重遍历定理、Furstenberg-Sárközy 定理、Roth 定理等. 虽然我们不能介绍 Host-Kra 定理的证明, 但是将对陶哲轩关于有限个交换变换的模多重遍历平均定理给出证明. 在本章最后一节, 我们介绍多重遍历和多重回复研究的一些最新进展.

在本书中, 我们尽量将英文数学术语翻译为中文, 对于大部分概念在第一次引入的时候我们在其后注明了英文. 但是仍有些概念不太好翻译, 我们在书中就直接使用了英文而没给出翻译, 如 distal, proximal, mild mixing, syndetic, thick, null 等.

本书可以作为高年级本科生以及动力系统方向的研究生教材, 也可以作为对动力系统感兴趣的数学工作者的参考书. 对拓扑动力系统以及遍历理论与拓扑动力系统的关联感兴趣的读者可以参考我们的专著《拓扑动力系统概论》[219]. 本书是笔者在中国科学技术大学多年的研究和教学中逐渐编写完善的, 初稿在中国科学技术大学研究生课上多次使用, 同时也在南京大学、南京师范大学等学校的相关课上使用. 感谢听课的同学指出初稿中的一些笔误, 感谢窦斗、甘少波、李健、连政星、林子杰、邱家豪、马啸、徐辉、严可颂、张瑞丰、周小敏、周效尧等对初稿提出的修改意见, 尤其感谢李健、徐辉和周效尧帮忙审阅润色了许多章节, 感谢徐辉绘制了书中插图. 最后感谢中国科学技术大学出版社编辑为本书的出版所付出的努力.

最后, 衷心感谢家人、朋友、国内外的同事对我们长期的支持和帮助.

叶向东　黄文　邵松

2024 年 3 月于合肥

符号约定

• 用 $\mathbb{N}, \mathbb{Z}, \mathbb{R}, \mathbb{C}$ 分别表示自然数集 $\{1,2,\cdots\}$、整数集、实数集、复数集. $\mathbb{Z}_+$ 和 $\mathbb{Z}_-$ 分别表示非负整数全体和非正整数全体, $\mathbb{R}_+$ 及 $\mathbb{R}_-$ 分别表示非负实数全体和非正实数全体.

• 以 $\emptyset$ 表示空集. 设 A, B 为集合 X 的子集, 定义差集 $B\backslash A$ 为 $\{x \in X : x \in B, x \notin A\}$, 而定义对称差集 $A\Delta B = (A \setminus B) \cup (B \setminus A)$. 记 A 的补集为 A^{c}. 对于集合 A, 我们记它的势为 $|A|$ 或 $\mathrm{Card}\,(A)$.

• 设 X 为拓扑空间, A 为 X 的子集. A 的闭包记为 $\overline{A}$ 或 $\mathrm{cl}(A)$, A 的内点集记为 $\mathring{A}$ 或 $\mathrm{int}(A)$. 如果 d 为 X 上的度量, 对 $x \in X$ 和 $\varepsilon > 0$, 令 $B_\varepsilon(x) = B(x,\varepsilon) = \{y \in X : d(y,x) < \varepsilon\}$.

• 子集 A 的直径用符号 $\mathrm{diam}\ A$ 来表示. 对于 X 的有限子集族 α, 它的直径 $\mathrm{diam}\ \alpha$ 是指其元素直径的最大值, 即 $\mathrm{diam}\ \alpha = \max\limits_{A\in\alpha} \mathrm{diam}\ A$.

• 设 $(X, \mathcal{X}, \mu)$ 为测度空间, $f = g$ a.e. 表示函数 f 与 g 为 μ 几乎处处一样的, 即 $\mu(\{x \in X : f(x) \neq g(x)\}) = 0$. 此时, 我们也记之为 $f \underset{\mu}{=} g$ 或 $f = g \pmod{\mu}$.

$A = B$ a.e. 或 $A \underset{\mu}{=} B$, 是指 $\mu(A\Delta B) = 0$. $\mathcal{X}$ 的子集 $\mathcal{A} \underset{\mu}{\subset} \mathcal{B}$ 是指, 对于任何 $A \in \mathcal{A}$, 存在 $B \in \mathcal{B}$, 使得 $\mu(A\Delta B) = 0$. 类似地, 可定义 $\mathcal{A} \underset{\mu}{\supset} \mathcal{B}$ 和 $\mathcal{A} \underset{\mu}{=} \mathcal{B}$.

• $f = \mathrm{const}$ 表示 f 为常值函数.

• 经常用命题 $P \pmod{\mu}$ 来表示命题 P 在忽略 μ 零测集的意义下成立.

• $\mathcal{N}_x$ 表示 x 的邻域系. 设 $A \subseteq X$, 那么用 $\mathcal{N}_A$ 表示 A 的全体邻域.

• 设 $\{X_i\}_{i\in I}$ 为一族拓扑空间, 其中 I 为指标集. 记这族空间的乘积空间为 $\prod\limits_{i\in I} X_i$, 尤其当 $I = \mathbb{N}$ 时记为 $\prod\limits_{i=1}^{\infty} X_i$. 如果对任意 i 都有 $X_i = X$, 那么直接记 $\prod\limits_{i\in I} X_i$ 为 $\prod\limits_{i\in I} X$ 或 X^I. 特别地, 空间 X 的 n 次乘积空间记为 $X^n = \underbrace{X \times X \times \cdots \times X}_{n次}$, 其中 $n \in \mathbb{N}$.

• 设 $f : X \to X$ 为映射, $n \in \mathbb{N}$. 我们记 $f^{(n)} = \underbrace{f \times f \times \cdots \times f}_{n次}$. 对自然数 n, 我们定义 f 的 n 次迭代为 $f^n = \underbrace{f \circ f \circ \cdots \circ f}_{n次}$, 并约定 $f^0 = \mathrm{id}$ (表示恒同映射).

- 设 $f_i\,(i \in I)$ 为 X 上的函数, 其中 I 为指标集. 我们定义 X^I 上的函数 $\bigotimes\limits_{i\in I} f_i$ 如下:

$$\bigotimes_{i\in I} f_i(\boldsymbol{x}) = \prod_{i\in I} f_i(x_i),$$

其中 $\boldsymbol{x} = (x_i)_{i\in I} \in X^I$. 例如, $I = \{1,2\}$, 那么

$$\bigotimes_{i=1}^{2} f_i(x_1, x_2) = (f_1 \otimes f_2)(x_1, x_2) = f_1(x_1) f_2(x_2).$$

- 设 G_1, G_2 为群. 如果 G_1 为 G_2 的子群, 则记为 $G_1 \leqslant G_2$, 如果 G_1 为 G_2 的正规子群, 那么记为 $G_1 \lhd G_2$. 记号 $\langle A \rangle$ 表示由 A 生成的群.
- log: 自然对数函数, 即 ln.
- “$\exists$”表示“存在”; “$\forall$”表示“任意的”; “s.t.”表示“使得”; “$\Rightarrow$”表示“推出”.
- “$\square$”表示证明结束.

目　　录

第 1 章　预备知识

在本章中，我们简要地总结本书中会用到的一些基本知识. 这部分内容主要涉及测度论、泛函、拓扑群理论等.

1.1　测度与积分

1.1.1　测度空间

定义 1.1.1　设 X 是一个非空集合，且 $\mathcal{X}$ 是由 X 的一些子集构成的集合. 如果 $\mathcal{X}$ 满足下面三个条件

(1) $X \in \mathcal{X}$;

(2) 如果 $B \in \mathcal{X}$, 那么 $X \setminus B \in \mathcal{X}$;

(3) 如果 $B_n \in \mathcal{X}$ $(n = 1, 2, \cdots)$, 那么 $\bigcup\limits_{n=1}^{\infty} B_n \in \mathcal{X}$,

则称 $\mathcal{X}$ 是 X 上的一个 **σ 代数**. 此时，称 $(X, \mathcal{X})$ 是一个**可测空间** (measurable space).

若 $B \in \mathcal{X}$, 则称 B 是一个 **$\mathcal{X}$ 可测集**. 在不会引起混淆的情况下，简称 B 是可测的.

设 X 是一个非空集合. 记 X 的所有子集构成的集合为 $\mathcal{P}(X)$, 则 $\mathcal{P}(X)$ 是 X 上的一个 σ 代数. 它是 X 上在包含关系下最大的 σ 代数. $\mathcal{N} = \{X, \emptyset\}$ 也为 σ 代数，它是在包含关系下 X 上最小的 σ 代数，称为**平凡 σ 代数**. $(X, \mathcal{N})$ 称为**平凡可测空间**.

任意一族 σ 代数的交仍为 σ 代数，但是一族 σ 代数的并不一定为 σ 代数.

对于由 X 的一些子集构成的集合 $\mathcal{A}$, 存在一个包含 $\mathcal{A}$ 的最小的 σ 代数，记为 $\sigma(\mathcal{A})$, 称为**由 $\mathcal{A}$ 生成的 σ 代数**. 此 σ 代数是所有包含 $\mathcal{A}$ 的 σ 代数的交.

定义 1.1.2　设 X 是一个拓扑空间. 包含 X 的所有开集的最小 σ 代数称为 X 上的 **Borel σ 代数**, 记为 $\mathcal{B}(X)$ 或者 $\mathcal{B}_X$.

设 X 是一个集合，$\mathcal{X}$ 是由 X 的一些子集构成的集合且 $\emptyset \in \mathcal{X}$. 又设 $\mu\colon \mathcal{X} \to \mathbb{R} \cup \{\infty\}$ 是一个映射. 如果 μ 满足下面两个条件:

(1) $\mu(\emptyset) = 0$;

(2) 如果 $A, B, A \cup B \in \mathcal{X}$ 且 $A \cap B = \emptyset$, 那么 $\mu(A \cup B) = \mu(A) + \mu(B)$,

则称 μ 是**有限可加的**.

如果进一步 μ 满足条件:

(3) 对 $\mathcal{X}$ 中任意一个互不相交的序列 $\{B_n\}_{n=1}^{\infty}$, 如果 $\bigcup\limits_{n=1}^{\infty} B_n \in \mathcal{X}$, 那么

$$\mu\left(\bigcup_{n=1}^{\infty} B_n\right) = \sum_{n=1}^{\infty} \mu(B_n),$$

则称 μ 是**可数可加的**.

定义 1.1.3 设 $(X, \mathcal{X})$ 是一个可测空间. 如果 $\mu\colon \mathcal{X} \to [0, \infty]$ 是一个可数可加的映射, 则称 μ 是 $(X, \mathcal{X})$ 上的一个测度. 此时, 称三元组 $(X, \mathcal{X}, \mu)$ 是一个**测度空间** (measure space).

如果 $\mu(X) < \infty$, 那么称 $(X, \mathcal{X}, \mu)$ 是一个**有限测度空间**; 如果 $\mu(X) = 1$, 则称 μ 是 $(X, \mathcal{X})$ 上的一个概率测度. 此时, 称 $(X, \mathcal{X}, \mu)$ 是一个**概率空间**. 如果存在 $\{A_n\}_{n\in\mathbb{N}} \subseteq \mathcal{X}$, 使得 $X \subseteq \bigcup\limits_{n=1}^{\infty} A_n$ 且 $\mu(A_n) < \infty$ $(\forall n \in \mathbb{N})$, 那么称 $(X, \mathcal{X}, \mu)$ 为 σ 有限的.

设 $(X, \mathcal{X})$ 是一个可测空间. 如果 $\mu\colon \mathcal{X} \to \mathbb{R} \cup \{\infty\}$ 是一个可数可加的映射, 则称 μ 是 $(X, \mathcal{X})$ 上的一个**有符号测度** (signed measure), 或**带号测度**.

定理 1.1.1 (Jordan 分解定理) 设 $(X, \mathcal{X})$ 是一个可测空间. 如果 μ 是 $(X, \mathcal{X})$ 上一个有限的有符号测度, 那么存在两个有限测度 μ_1 和 μ_2, 使得 μ 有下面的分解:

$$\mu = \mu_1 - \mu_2.$$

并且 μ_1, μ_2 由 μ 唯一决定.

例 1.1.1 (1) $(X, \mathcal{N}, \mu)$ 称为平凡概率空间, 其中 $\mathcal{N} = \{X, \emptyset\}$, $\mu(X) = 1$, 且 $\mu(\emptyset) = 0$.

(2) 设 $n \in \mathbb{N}$, $X = \{0, 1, \cdots, n-1\}$, 则 $(X, \mathcal{P}(X), \mu_n)$ 是一个概率空间, 其中

$$\mu_n(\{0\}) = \mu_n(\{1\}) = \cdots = \mu_n(\{n-1\}) = \frac{1}{n}.$$

称 μ_n 是 X 上的**等分布测度**.

(3) 设 X 是一个非空集合. 对任意 $A \subseteq X$, 定义 $\mu(A)$ 是集合 A 中元素的个数, 则 μ 是 $(X, \mathcal{P}(X))$ 上的一个测度, 称之为**计数测度**.

(4) 设 $(X, \mathcal{X})$ 是一个可测空间. 对于取定的一个点 $x \in X$, 令 $\delta_x\colon \mathcal{X} \to \{0, 1\}$, 使得对于任意 $B \in \mathcal{X}$,

$$\delta_x(B) = \begin{cases} 1, & x \in B, \\ 0, & x \notin B. \end{cases}$$

那么 $(X, \mathcal{X}, \delta_x)$ 是一个概率空间. 此时, 称 δ_x 为由点 x 决定的 **Dirac 测度**.

(5) 设 $\mathcal{L}([0,1])$ 为 $[0,1]$ 上所有 Lebesgue 可测集的全体, 记 m 为 $[0,1]$ 上的 Lebesgue 测度, 则 $([0,1], \mathcal{L}([0,1]), m)$ 是一个概率空间.

(6) 设 $\mathbb{T} = \mathbb{R}/\mathbb{Z}$ 为一维环面 (即圆周), $\mathcal{L}(\mathbb{T})$ 为 $\mathbb{T}$ 上所有 Lebesgue 可测集的全体, 记 $m_{\mathbb{T}}$ 为 $\mathbb{T}$ 上的 Lebesgue 测度, 则 $(\mathbb{T}, \mathcal{L}(\mathbb{T}), m_{\mathbb{T}})$ 是一个概率空间.

定义 1.1.4　设 X 是一个非空集合且 $\mathcal{S} \subseteq \mathcal{P}(X)$. 如果 $\mathcal{S}$ 满足下面三个条件:

(1) $\emptyset \in \mathcal{S}$;

(2) 若 $A, B \in \mathcal{S}$, 则 $A \cap B \in \mathcal{S}$;

(3) 若 $A \in \mathcal{S}$, 则存在 $n \in \mathbb{N}$ 和 $\mathcal{S}$ 中互不相交的集合 $B_1, B_2, \cdots, B_n$, 使得 $X \setminus A = \bigcup\limits_{i=1}^{n} B_i$,

则称 $\mathcal{S}$ 是 X 上的一个**半代数** (semi-algebra).

例如, 对于闭区间 $[0,1]$, 其全体子区间为一个半代数.

定义 1.1.5　设 X 是一个非空集合且 $\mathcal{A} \subseteq \mathcal{P}(X)$. 如果 $\mathcal{A}$ 满足下面三个条件

(1) $\emptyset \in \mathcal{A}$;

(2) 若 $A, B \in \mathcal{A}$, 则 $A \cap B \in \mathcal{A}$;

(3) 如果 $A \in \mathcal{A}$, 则 $X \setminus A \in \mathcal{A}$,

则称 $\mathcal{A}$ 是 X 上的一个**代数** (algebra).

上面的条件 (2) 可以换为:

(2)′ 如果 $A_1, \cdots, A_n \in \mathcal{A}$, 则 $A_1 \cup \cdots \cup A_n \in \mathcal{A}$.

命题 1.1.1　设 X 是一个非空集合, 且 $\mathcal{S}$ 是 X 上的一个半代数, 则包含 $\mathcal{S}$ 的最小代数恰由 X 中能被表示成 $\mathcal{S}$ 中有限个互不相交元素并的子集组成, 即

$$\left\{C \subseteq X\colon \text{存在 } n \in \mathbb{N} \text{ 和互不相交的集合 } C_1, \cdots, C_n \in \mathcal{S}, \text{使得 } C = \bigcup_{i=1}^{n} C_n\right\}$$

是由 $\mathcal{S}$ 生成的代数 $\mathcal{A}(\mathcal{S})$.

定理 1.1.2　设 X 是一个非空集合, 且 $\mathcal{S}$ 是 X 上的一个半代数. 若 $\mu\colon \mathcal{S} \to [0, +\infty]$ 是有限可加的, 那么存在唯一的扩充 $\mu_1 : \mathcal{A}(\mathcal{S}) \to [0, +\infty]$ (如 $\mu_1|_{\mathcal{S}} = \mu$). 如果 μ 为可数可加的, 那么 μ_1 亦然.

注意有可能 $X \notin \mathcal{S}$, 但是存在 $\mathcal{S}$ 中互不相交的集合 $B_1, B_2, \cdots, B_n$, 使得 $X = \bigcup\limits_{i=1}^{n} B_n$. 于是, 如果 $\sum\limits_{i=1}^{n} \mu(B_n) = 1$, 那么在上面定理中, 我们有 $\mu_1(X) = 1$.

定理 1.1.3　设 X 是一个非空集合, 且 $\mathcal{A}$ 是 X 上的一个代数. 若 $\mu_1\colon \mathcal{A} \to [0, +\infty]$ 是可数可加的, 那么存在唯一的扩充 $\mu_2 : \sigma(\mathcal{A}) \to [0, +\infty]$ (即 $\mu_2|_{\mathcal{A}} = \mu_1$).

综合上面的定理, 我们可以从半代数的可数可加测度扩充到一个 σ 代数上的测度, 即

定理 1.1.4 (Carathéodory 扩充定理)　设 X 是一个非空集合, 且 $\mathcal{S}$ 是 X 上的一个半代数. 若 $\mu\colon \mathcal{S} \to [0, +\infty]$ 是可数可加的, 则存在测度 $\widetilde{\mu}\colon \sigma(\mathcal{S}) \to [0, +\infty]$, 使得 $\widetilde{\mu}|_{\mathcal{S}} = \mu$, 即 $\widetilde{\mu}(A) = \mu(A)$ $(\forall A \in \mathcal{S})$. 另外, 如果 $\mathcal{S}$ 中存在可数子集列 $\{B_n\}_{n\in\mathbb{N}}$, 使得 $X = \bigcup\limits_{n\in\mathbb{N}} B_n$ 且 $\mu(B_n) < \infty$ $(\forall n \in \mathbb{N})$, 那么 $\widetilde{\mu}$ 是唯一的.

推论 1.1.1　设 X 是一个非空集合, 且 $\mathcal{S}$ 是 X 上的一个半代数. 若 $\mu\colon \mathcal{S} \to [0,1]$ 是可数可加的, 并且存在 $n \in \mathbb{N}$ 和 $\mathcal{S}$ 中互不相交的集合 $B_1, B_2, \cdots, B_n$, 使得 $X = \bigcup\limits_{i=1}^{n} B_n$ 和 $\sum\limits_{i=1}^{n} \mu(B_n) = 1$, 则存在唯一的一个概率测度 $\widetilde{\mu}\colon \sigma(\mathcal{S}) \to [0,1]$, 满足 $\widetilde{\mu}|_{\mathcal{S}} = \mu$, 即 $\widetilde{\mu}(A) =$

$\mu(A)$ $(\forall A \in \mathcal{S})$.

例如, 对于闭区间 $[0,1]$, $\mathcal{S}=\{[0,b],(a,b]\colon a,b\in[0,1]\}$ 是一个半代数. 从区间长度出发可以定义 $\mathcal{S}$ 上的可数可加函数. 由以上结论, 我们可以得到 $[0,1]$ 上的 Lebesgue 测度.

定义 1.1.6 设 X 是一个集合, 且 $\mathcal{M}\subseteq\mathcal{P}(X)$. 如果 $\mathcal{M}$ 满足下面两个条件:

(1) 如果 $A_1\subseteq A_2\subseteq\cdots$, $A_n\in\mathcal{M}$, $n\in\mathbb{N}$, 那么 $\bigcup\limits_{n=1}^{\infty}A_n\in\mathcal{M}$;

(2) 如果 $B_1\supseteq B_2\supseteq\cdots$, $B_n\in\mathcal{M}$, $n\in\mathbb{N}$, 那么 $\bigcap\limits_{n=1}^{\infty}B_n\in\mathcal{M}$,

则称 $\mathcal{M}$ 是 X 上的一个**单调类** (monotone class).

定理 1.1.5 设 X 是一个集合, 且 $\mathcal{A}$ 是 X 上的一个代数, 则 $\sigma(\mathcal{A})$ 是包含 $\mathcal{A}$ 的最小单调类.

下面的命题表明, σ 代数中的元素总是可以由其生成代数中的元素逼近.

命题 1.1.2 (逼近引理) 设 $(X,\mathcal{X},\mu)$ 是一个概率空间, 且 $\mathcal{A}\subseteq\mathcal{X}$ 是一个代数. 若 $\sigma(\mathcal{A})=\mathcal{X}$, 则对任意 $\varepsilon>0$ 和 $B\in\mathcal{X}$, 存在 $A\in\mathcal{A}$, 使得 $\mu(A\Delta B)<\varepsilon$.

定义 1.1.7 设 $\mathcal{X}$ 是 X 上的一个 σ 代数. 如果存在 X 上的一个可数子集列 $\{A_i\}_{i=1}^{\infty}$, 使得 $\mathcal{X}=\sigma(\{A_i\colon i\in\mathbb{N}\})$, 则称 $\mathcal{X}$ 是**可数生成的**.

命题 1.1.3 设 $(X,\mathcal{X},\mu)$ 是一个概率空间, 且 $\mathcal{X}$ 是可数生成的, 则存在 X 上的一个可数子集列 $\{A_i\}_{i=1}^{\infty}$ 满足: 对任意 $\varepsilon>0$ 和 $B\in\mathcal{X}$, 存在 $i\in\mathbb{N}$, 使得 $\mu(A_i\Delta B)<\varepsilon$.

设 $(X,\mathcal{X},\mu)$ 为测度空间, 一个子集 $A\subseteq X$ 称为 μ **零集** (μ-null set), 若存在 $B\in\mathcal{X}$, 使得 $A\subseteq B$ 且 $\mu(B)=0$, 即它包含在某个零测集中. 令 $\mathfrak{I}_\mu$ 为全体 μ 零集的全体. 注意, 一般而言, $\mathfrak{I}_\mu\not\subseteq\mathcal{X}$. 令

$$\mathcal{X}_\mu=\{A\cup N: A\in\mathcal{X}, N\in\mathfrak{I}_\mu\},$$

那么容易验证, $\mathcal{X}_\mu$ 仍是一个 σ 代数, 称 $\mathcal{X}_\mu$ 中的元素为 μ **可测集**. 将 μ 自然扩充到 $\mathcal{X}_\mu$ 上的测度 $\overline{\mu}$: $\overline{\mu}(A\cup N)=\mu(A)$ $(\forall A\in\mathcal{X}, N\in\mathfrak{I}_\mu)$. 测度空间 $(X,\mathcal{X}_\mu,\overline{\mu})$ 称为 $(X,\mathcal{X},\mu)$ 的**完备化**. 如果 $(X,\mathcal{X},\mu)=(X,\mathcal{X}_\mu,\overline{\mu})$, 那么称 $(X,\mathcal{X},\mu)$ 为**完备的**.

设 $(X,\mathcal{X},\mu)$ 是一个概率空间, $A\in\mathcal{X}$. 若 $\mu(A)>0$, 令 $\mathcal{X}_A=\mathcal{X}\cap A=\{A\cap B\colon B\in\mathcal{X}\}$, $\mu|_A$ 为 μ 在 $\mathcal{X}_A$ 上的限制 (即 $\mu|_A(A\cap B)=\mu(A\cap B)/\mu(A),\forall B\in\mathcal{X}$), 则 $(A,\mathcal{X}_A,\mu|_A)$ 也是一个概率空间. 称之为 $(X,\mathcal{X},\mu)$ 在 A **上的限制**.

设 $(X,\mathcal{X},\mu)$ 和 $(Y,\mathcal{Y},\nu)$ 是两个概率空间. 令 $\mathcal{C}=\{A\times B\colon A\in\mathcal{X},\ B\in\mathcal{Y}\}$, 则 $\mathcal{C}$ 是 $X\times Y$ 上的一个半代数. 定义 $\mu\times\nu\colon\mathcal{C}\to[0,1]$, $A\times B\mapsto\mu(A)\nu(B)$, 则 $\mu\times\nu$ 可以唯一延拓到 $\sigma(\mathcal{C})$ 上成为一个概率测度, 称之为 μ 和 ν 的**乘积测度**, 记为 $(X\times Y,\mathcal{X}\times\mathcal{Y},\mu\times\nu)$. 上述定义可以推广如下:

设 $(X_i,\mathcal{X}_i,\mu_i)$ $(i\in\mathbb{Z})$ 是一列概率空间. 令

$$X=\prod_{i=-\infty}^{\infty}X_i=\{(x_i)_{i=-\infty}^{\infty}: x_i\in X_i, i\in\mathbb{Z}\},$$

$$\mathcal{S}=\left\{\prod_{i=-\infty}^{-(n+1)}X_i\times\prod_{j=-n}^{n}A_j\times\prod_{i=n+1}^{\infty}X_i : A_j\in\mathcal{X}_j,\ -n\leqslant j\leqslant n,\ n\in\mathbb{Z}_+\right\},$$

则 $\mathcal{S}$ 是 $X = \prod\limits_{i=-\infty}^{\infty} X_i$ 上的一个半代数, 其中元素称为**可测方体** (measurable rectangle). 记 $\mathcal{X} = \bigotimes\limits_{i=-\infty}^{\infty} \mathcal{X}_i = \sigma(\mathcal{S})$, 则 $(X, \mathcal{X})$ 为可测空间.

定义

$$\mu' \colon \mathcal{S} \to [0,1], \quad \prod_{i=-\infty}^{-(n+1)} X_i \times \prod_{j=-n}^{n} A_j \times \prod_{i=n+1}^{\infty} X_i \mapsto \prod_{j=-n}^{n} \mu_j(A_j),$$

则 μ' 可以唯一延拓到 $\mathcal{X}$ 上成为一个概率测度 μ. 称 $(X, \mathcal{X}, \mu)$ 是 $\{(X_i, \mathcal{X}_i, \mu_i)\}_{i=-\infty}^{\infty}$ 的**乘积概率空间**, 记为

$$\left(\prod_{i=-\infty}^{\infty} X_i, \bigotimes_{i=-\infty}^{\infty} \mathcal{X}_i, \mu \right) = \prod_{i=-\infty}^{\infty} (X_i, \mathcal{X}_i, \mu_i).$$

乘积空间 $\prod\limits_{i=0}^{\infty} (X_i, \mathcal{X}_i, \mu_i)$, $\prod\limits_{i=1}^{\infty} (X_i, \mathcal{X}_i, \mu_i)$ 等可以类似定义, 我们不再重复描述. 当存在 $n \in \mathbb{N}$, 使得对任意 $|i| \geqslant n$, $(X_i, \mathcal{X}_i, \mu_i)$ 是平凡时, 上面的乘积测度退化成有限多个测度的乘积.

下面我们考虑一种特殊情况. 设 $k \geqslant 2$ 为自然数, $Y = \{0, 1, \cdots, k-1\}$. 设 $\boldsymbol{p} = (p_0, p_1, \cdots, p_{k-1})$ 是一个**概率向量**, 即 $p_i \geqslant 0$ 且 $\sum\limits_{i=0}^{k-1} p_i = 1$. 定义 $(Y, \mathcal{P}(Y))$ 上的概率测度 $\nu_{\boldsymbol{p}}$, 使得

$$\nu_{\boldsymbol{p}}(\{i\}) = p_i, \quad i = 0, 1, \cdots, k-1.$$

令 $(X_i, \mathcal{X}_i, \mu_i) = (Y, \mathcal{P}(Y), \nu_{\boldsymbol{p}})$ $(0 \leqslant i \leqslant k-1)$. 由此得到乘积空间

$$(\Sigma_k, \mathcal{B}, \mu_{\boldsymbol{p}}) = \prod_{i=-\infty}^{\infty} (Y, \mathcal{P}(Y), \nu_{\boldsymbol{p}}).$$

我们也经常记 $\Sigma_k = Y^{\mathbb{Z}} = \{0, 1, \cdots, k-1\}^{\mathbb{Z}}$.

设 $h \leqslant l \in \mathbb{Z}$, $a_h, a_{h+1}, \cdots, a_l \in Y$. 定义**柱形集**

$${}_h[a_h, a_{h+1}, \cdots, a_l]_l = \{(x_i)_{i=-\infty}^{\infty} \in \Sigma_k : x_i = a_i, h \leqslant i \leqslant l\}.$$

柱形集生成了 Σ_k 的乘积 σ 代数, 其测度由下式决定:

$$\mu_{\boldsymbol{p}}({}_h[a_h, a_{h+1}, \cdots, a_l]_l) = \prod_{j=h}^{l} p_{a_j}.$$

一个重要的特殊情况是等分布情况, 即 $\boldsymbol{p} = \left(\frac{1}{k}, \frac{1}{k}, \cdots, \frac{1}{k} \right)$. 一般地, 我们有:

定理 1.1.6 (Daniell-Kolmogorov 定理)　设 $k \geqslant 2$ 为自然数, $Y = \{0, 1, \cdots, k-1\}$. 令 $(\Sigma_k, \mathcal{B}) = \prod\limits_{i=-\infty}^{\infty} (Y, \mathcal{P}(Y))$. 对于每个 $n \geqslant 0$ 以及 $a_0, a_1, \cdots, a_n \in Y$, 给定某个非负实值函数 $p_n(a_0, \cdots, a_n)$, 满足条件

$$\sum_{a_0 \in Y} p_0(a_0) = 1, \quad p_n(a_0, \cdots, a_n) = \sum_{a_{n+1} \in Y} p_{n+1}(a_0, \cdots, a_n, a_{n+1}),$$

那么在 $(\Sigma_k,\mathcal{B})$ 上存在唯一的概率测度 μ, 使得对任意 $h\leqslant l$, 有

$$\mu({}_h[a_h,a_{h+1},\cdots,a_l]_l)=p_{l-h}(a_h,\cdots,a_l),\quad \forall a_i\in Y,\ h\leqslant i\leqslant l.$$

1.1.2 可测函数与积分

我们先考虑实值函数, 复值的情况分为实部、虚部考虑即可.

定义 1.1.8 设 $(X,\mathcal{X})$ 是一个可测空间, $f\colon X\to\mathbb{R}^*=\mathbb{R}\cup\{\pm\infty\}$. 如果对任意 $c\in\mathbb{R}$, 有 $\{x\in X\colon f(x)>c\}\in\mathcal{X}$, 则称 f 是一个**可测函数**.

注记 1.1.1 (1) $f\colon X\to\mathbb{R}^*$ 是可测的当且仅当对任意 $c\in\mathbb{R}$, $f^{-1}((c,\infty))\in\mathcal{X}$ 且 $f^{-1}(+\infty)\in\mathcal{X}$;

(2) $f\colon X\to\mathbb{R}$ 是可测的当且仅当对任意 $B\in\mathcal{B}(\mathbb{R})$, $f^{-1}(B)\in\mathcal{X}$;

(3) 设 X 是一个拓扑空间, 若 $f\colon X\to\mathbb{R}$ 连续, 则它是 $(X,\mathcal{B}(X))$ 上的一个可测函数.

命题 1.1.4 设 $f_n\colon X\to\mathbb{R}^*$ $(n=1,2,\cdots)$ 是一列可测函数, 则 $\inf\limits_n f_n, \sup\limits_n f_n, \liminf\limits_{n\to\infty} f_n$, $\limsup\limits_{n\to\infty} f_n$ 都是可测函数.

设 $(X,\mathcal{X},\mu)$ 是一个概率空间, 且 P 是关于 X 中元素 x 的一个命题. 如果 $\{x\in X\colon P(x)\text{不成立}\}$ 是可测的, 且测度为 0, 则称命题 P 对于 μ 几乎处处的点 $x\in X$ 成立. 在不引起混淆的情况下, 简称命题 P **几乎处处成立**.

定义 1.1.9 设 $(X,\mathcal{X},\mu)$ 是一个概率空间, f,g,f_n 都为可测函数.

(1) 如果 $\mu(\{x\in X\colon f(x)=\infty \text{ 或 } -\infty\})=0$, 则称 f 是几乎处处有限的;

(2) 如果存在 $M>0$, 使得 $\mu(\{x\in X\colon |f(x)|\geqslant M\})=0$, 则称 f 是几乎处处有界的;

(3) 如果 $\mu(\{x\in X\colon f(x)<0\})=0$, 则称 f 是几乎处处非负的;

(4) 如果 $\mu(\{x\in X\colon f(x)\neq g(x)\})=0$, 则称 f 和 g 是几乎处处相等的;

(5) 如果 $\mu(\{x\in X\colon f_n(x)\not\to f(x), n\to\infty\})=0$, 则称 f_n 几乎处处收敛到 f, 记为 $f_n\to f$ (μ-a.e.), 或者 $f_n\xrightarrow{\text{a.e.}} f$ $(n\to\infty)$.

注记 1.1.2 在测度论中, 零测集往往不起作用. 我们经常可以在忽略一个零测集的情况下讨论问题, 甚至一个函数可以在一个零测集上没有定义.

定义 1.1.10 设 $A\subseteq X$. 定义 A 的**特征函数** (characteristic function) $\mathbf{1}_A\colon X\to\mathbb{R}$ 如下:

$$\mathbf{1}_A(x)=\begin{cases}1, & x\in A,\\ 0, & x\notin A.\end{cases}$$

则 $\mathbf{1}_A$ 是可测的当且仅当 $A\in\mathcal{X}$. 很多时候也把 $\mathbf{1}_A$ 记为 χ_A.

在很多文献中, 特征函数也称为指示函数或示性函数 (indicator function).

定义 1.1.11 设 $(X,\mathcal{X},\mu)$ 是一个概率空间, 且 $f\colon X\to\mathbb{R}$ 是一个可测函数. 如果存在 $n\in\mathbb{N}$, 以及两两不交的可测集 A_i 和实数 a_i $(i=1,\cdots,n)$, 使得 $f=\sum\limits_{i=1}^n a_i\mathbf{1}_{A_i}$, 则称 f 是

一个**简单函数**. 此时, f 的**积分**定义为

$$\int_X f\mathrm{d}\mu = \sum_{i=1}^{n} a_i\mu(A_i).$$

定义 1.1.12　设 $f\colon X\to\mathbb{R}^*$ 是一个非负可测函数. f 的积分定义为

$$\int_X f\mathrm{d}\mu = \sup\left\{\int_X g\mathrm{d}\mu\colon 0\leqslant g(x)\leqslant f(x),\ g\ \text{是一个简单函数}\right\}.$$

注意: $\int_X f\mathrm{d}\mu$ 可以取 ∞. 如果 $\int_X f\mathrm{d}\mu<\infty$, 则称 f 是**可积的**.

定义 1.1.13　设 $f\colon X\to\mathbb{R}^*$ 是一个可测函数. 定义

$$f^+(x)=\max\{f(x),0\},\quad f^-(x)=\max\{-f(x),0\},$$

则 f^+ 和 f^- 都是非负可测函数, 且 $f(x)=f^+(x)-f^-(x)$.

如果 $\int_X f^+\mathrm{d}\mu<\infty$ 且 $\int_X f^-\mathrm{d}\mu<\infty$, 则称 f 是**可积的**. 此时, 它的积分定义为

$$\int_X f\mathrm{d}\mu = \int_X f^+\mathrm{d}\mu - \int_X f^-\mathrm{d}\mu.$$

若 $A\in\mathcal{X}$, 则 f 在 A 上的积分定义为

$$\int_A f\mathrm{d}\mu = \int_X f\cdot\mathbf{1}_A\mathrm{d}\mu.$$

定理 1.1.7 (单调收敛定理)　设 $f_1\leqslant f_2\leqslant\cdots$ 为概率空间 $(X,\mathcal{X},\mu)$ 上一列递增实值可积函数. 如果 $\left\{\int_X f_n\mathrm{d}\mu\right\}_{n\in\mathbb{N}}$ 有界, 那么 $\lim\limits_{n\to\infty} f_n$ 几乎处处存在、可积, 并有

$$\int_X \lim_{n\to\infty} f_n\mathrm{d}\mu = \lim_{n\to\infty}\int_X f_n\mathrm{d}\mu.$$

如果 $\left\{\int_X f_n\mathrm{d}\mu\right\}_{n\in\mathbb{N}}$ 为无界的, 则要么 $\lim\limits_{n\to\infty} f_n$ 在一个正测度集上无限, 要么 $\lim\limits_{n\to\infty} f_n$ 不可积.

定理 1.1.8 (Fatou 引理)　设 $\{f_n\}_{n\in\mathbb{N}}$ 为概率空间 $(X,\mathcal{X},\mu)$ 上一列可测实值函数, 且其下界被一个可积函数控制. 如果 $\liminf\limits_{n\to\infty}\int_X f_n\mathrm{d}\mu<\infty$, 则 $\liminf\limits_{n\to\infty} f_n$ 为可积的, 且

$$\int_X \liminf_{n\to\infty} f_n\mathrm{d}\mu \leqslant \liminf_{n\to\infty}\int_X f_n\mathrm{d}\mu.$$

定理 1.1.9 (Lebesgue 控制收敛定理)　如果 $g: X\to\mathbb{R}$ 为可积的, 且函数列 $\{f_n\}$ 满足 $|f_n|\leqslant g$ a.e. $(n\geqslant 1)$, 以及 $\lim\limits_{n\to\infty} f_n = f$ a.e., 那么 f 是可积的, 并且

$$\lim_{n\to\infty}\int_X f_n\mathrm{d}\mu = \int_X f\mathrm{d}\mu.$$

对于复数值函数也有类似的结论, 我们不再重复叙述.

1.1.3 空间 $L^p(X,\mu)$

设 $(X,\mathcal{X},\mu)$ 是一个概率空间, $1\leqslant p<\infty$. 令 $\mathcal{L}^p(X,\mu)$ 是满足 $\int_X |f|^p\mathrm{d}\mu<\infty$ 的所有可测函数 $f\colon X\to\mathbb{C}$ 的全体. 在 $\mathcal{L}^p(X,\mu)$ 中定义一个等价关系: $f\sim g$ 当且仅当 $f=g\,(\mu\text{-a.e.})$. 令

$$L^p(X,\mu)=\mathcal{L}^p(X,\mu)/\sim$$

是由等价类构成的集合. 注意: 为了简便, 对于集合 $L^p(X,\mu)$, 我们仍采用 $\mathcal{L}^p(X,\mu)$ 上关于函数的各种运算. 在 $L^p(X,\mu)$ 上定义范数

$$\|f\|_p=\left(\int_X |f|^p\mathrm{d}\mu\right)^{\frac{1}{p}},$$

则 $(L^p(X,\mu),\|\cdot\|_p)$ 是一个 Banach 空间. $L^p(X,\mu)$ 也经常记为 $L^p(X,\mathcal{X},\mu)$ 或者 $L^p(\mu)$ 等. 当需要区分不同空间的范数时, $\|f\|_p$ 也记为 $\|f\|_{L^p(X,\mu)}$, 等等.

当 $p=\infty$ 时, 定义稍微不同. 对于可测函数 f, 定义它的本性上界为

$$\|f\|_\infty=\inf\Big\{M\geqslant 0\colon \mu(\{x\in X\colon |f(x)|>M\})=0\Big\}.$$

注意: 空集的上确界定义为 ∞. 令 $\mathcal{L}^\infty(X,\mu)$ 是满足 $\|f\|_\infty<\infty$ 的所有可测函数 $f\colon X\to\mathbb{R}^*$ 的全体. 事实上, $\mathcal{L}^\infty(X,\mu)$ 是几乎处处有界的可测函数的全体. 在 $\mathcal{L}^\infty(X,\mu)$ 中定义一个等价关系: $f\sim g$ 当且仅当 f 和 g 几乎处处相等. 令 $L^\infty(X,\mu)=\mathcal{L}^\infty(X,\mu)/\sim$ 是由等价类构成的集合. $(L^\infty(X,\mu),\|\cdot\|_\infty)$ 是一个 Banach 空间.

命题 1.1.5 设 $(X,\mathcal{X},\mu)$ 是一个概率空间. 对任意 $1\leqslant p<q\leqslant\infty$, $L^q(X,\mu)\subseteq L^p(X,\mu)$.

定理 1.1.10 设 $(X,\mathcal{X},\mu)$ 是一个概率空间, $1\leqslant p\leqslant\infty$. 如果 $L^p(X,\mu)$ 中的序列 $\{f_n\}$ 依范数收敛于 f, 则存在一个子序列 $\{f_{n_k}\}$ 几乎处处收敛于 f.

命题 1.1.6 如果概率空间 $(X,\mathcal{X},\mu)$ 是可数生成的, 则对任意 $1\leqslant p<\infty$, $\big(L^p(X,\mu),\|\cdot\|_p\big)$ 是一个可分 Banach 空间. 特别地, $L^2(X,\mu)$ 是一个可分 Hilbert 空间, 其内积定义为

$$\langle f,g\rangle=\int_X f\cdot\bar{g}\mathrm{d}\mu.$$

1.2 一般拓扑

1.2.1 拓扑空间

定义 1.2.1 设 X 是一个非空集合, 且 $\mathcal{T}$ 是 X 的一个子集族. 如果 $\mathcal{T}$ 满足下面三个条件:

(1) $X,\emptyset\in\mathcal{T}$;

(2) 若 $\mathcal{U} \subseteq \mathcal{T}$, 则 $\bigcup_{A\in\mathcal{U}} A \in \mathcal{T}$;

(3) 若 $U, V \in \mathcal{T}$, 则 $U \cap V \in \mathcal{T}$,

则称 $\mathcal{T}$ 是 X 上的一个**拓扑**. 此时, 称 $(X, \mathcal{T})$ 是一个**拓扑空间**.

在拓扑 $\mathcal{T}$ 不会混淆的情况下, 直接称 X 是一个拓扑空间. 设 $(X, \mathcal{T})$ 是一个拓扑空间, $A \subseteq X$. 若 $A \in \mathcal{T}$, 则称 A 是一个**开集**. 若 $X \setminus A$ 是一个开集, 则称 A 是一个**闭集**. 由定义易见 X 和 $\emptyset$ 既是开集又是闭集.

定义 1.2.2　设 X 是一个非空集合.

(1) 令 $\mathcal{T} = \{X, \emptyset\}$, 则 $\mathcal{T}$ 是 X 上的一个拓扑, 称之为 X 上的**平凡拓扑**;

(2) 令 $\mathcal{P}(X)$ 是由 X 的所有子集构成的集族, 则 $\mathcal{P}(X)$ 是 X 上的一个拓扑, 称之为 X 上的**离散拓扑**.

定义 1.2.3　设 $(X, \mathcal{T})$ 是一个拓扑空间, $Y \subseteq X$, 则 $\mathcal{T}|_Y = \{U \cap Y : U \in \mathcal{T}\}$ 是 Y 上的一个拓扑. 此时, 称 $(Y, \mathcal{T}|_Y)$ 是拓扑空间 $(X, \mathcal{T})$ 的一个子空间.

定义 1.2.4　设 $(X, \mathcal{T})$ 是一个拓扑空间, $\mathcal{A} \subseteq \mathcal{T}$. 如果对任意 $U \in \mathcal{T}$,

$$U = \cup\{A \in \mathcal{A} : A \subseteq U\},$$

则称 $\mathcal{A}$ 是 $\mathcal{T}$ 的一个**拓扑基**.

设 $\mathcal{C} \subseteq \mathcal{T}$. 如果

$$\{C_1 \cap C_2 \cap \cdots \cap C_n : C_i \in \mathcal{C},\ i = 1, 2, \cdots, n,\ n \in \mathbb{N}\} \cup \{X\}$$

是 $\mathcal{T}$ 的一个拓扑基, 则称 $\mathcal{C}$ 是 $\mathcal{T}$ 的一个**拓扑子基**.

如果拓扑空间 $(X, \mathcal{T})$ 存在一个可数的拓扑基, 则称它是**第二可数**的.

命题 1.2.1　设 X 是一个非空集合, 且 $\mathcal{C}$ 是 X 上的一个子集族, 则 X 上存在唯一一个拓扑 $\mathcal{T}$, 使得 $\mathcal{C}$ 是 $\mathcal{T}$ 的一个拓扑子基.

定义 1.2.5　设 $(X, \mathcal{T})$ 是一个拓扑空间, $x \in X$ 且 $U \subseteq X$. 如果存在 $V \in \mathcal{T}$, 使得 $x \in V \subseteq U$, 则称 U 是点 x 的一个**邻域**. 点 x 的所有邻域构成的 X 的子集族称为 x 的**邻域系**. 如果 U 是包含 x 的开集, 则 U 是点 x 的一个邻域. 此时, 称 U 是点 x 的一个开邻域.

设 $\mathcal{N}_x$ 是点 x 的一个邻域系. 如果对点 x 的每个邻域 U, 存在 $V \in \mathcal{N}_x$, 使得 $V \subseteq U$, 则称 $\mathcal{N}_x$ 是点 x 的**邻域系的一个基**.

定义 1.2.6　设 $(X, \mathcal{T})$ 是一个拓扑空间, $x \in X$, $A \subseteq X$.

(1) 如果对 x 的任意一个邻域 U, $U \cap (A \setminus \{x\}) \neq \emptyset$, 则称 x 是 A 的一个**聚点**或**极限点**; 集合 A 的所有聚点构成的集合称为 A 的导集, 记为 A'.

(2) 如果存在 x 的一个邻域 U, 使得 $U \subseteq A$, 则称 x 是 A 的一个**内点**. 集合 A 的所有内点构成的集合称为 A 的内部, 记为 $\mathrm{int}(A)$ 或 A°.

(3) 如果 $x \in A$, 且存在 x 的一个邻域 U, 使得 $U \cap A = \{x\}$, 则称 x 是 A 的一个**孤立点**.

(4) 如果对 x 的任意一个邻域 U, 有 $U \cap A \neq \emptyset$ 且 $U \cap (X \setminus A) \neq \emptyset$, 则称 x 是 A 的一个**边界点**. 集合 A 的所有边界点构成的集合称为 A 的边界, 记为 $\partial(A)$ 或 $\mathrm{Bd}(A)$.

(5) 称集合 $A \cup A'$ 是 A 的闭包, 记为 $\overline{A}$ 或 $\mathrm{cl}(A)$.

命题 1.2.2 设 $(X, \mathcal{T})$ 是一个拓扑空间, $A \subseteq X$.

(1) A' 是一个闭集;

(2) $\mathrm{int}(A)$ 是包含于 A 的最大开集;

(3) $\mathrm{cl}(A)$ 是包含 A 的最小闭集;

(4) A 是闭集当且仅当 $A = \mathrm{cl}(A)$;

(5) $\mathrm{cl}(A) = \mathrm{int}(A) \cup \partial(A)$.

定义 1.2.7 设 $(X, \mathcal{T})$ 是一个拓扑空间, $A \subseteq X$. 如果 $\mathrm{cl}(A) = X$, 则称 A 在 X 中稠密. 若 $(X, \mathcal{T})$ 有一个至多可数的稠密子集, 则称它为**可分的**.

定义 1.2.8 设 $(X, \mathcal{T})$ 是一个拓扑空间. 如果对 X 中任意互异的两点 x 和 y, 存在 x 的一个邻域 U 和 y 的一个邻域 V, 使得 $U \cap V = \emptyset$, 则称 $(X, \mathcal{T})$ 是一个 **Hausdorff 空间**, 或者称 $(X, \mathcal{T})$ 为 T_2 的.

设 $(X, \mathcal{T})$ 是一个拓扑空间, $G \subseteq X$. 如果 X 中存在一列开集 $\{U_n\}_{n=1}^{\infty}$, 使得 $\bigcap\limits_{n=1}^{\infty} U_n = G$, 则称 G 是 X 的一个 G_δ **子集**.

定义 1.2.9 设 $(X, \mathcal{T})$ 是一个拓扑空间.

(1) 设 $A \subseteq X$. 如果对 X 中任意一个非空开集 U, 存在非空开集 V, 使得 $V \subseteq U$ 且 $V \cap A = \emptyset$, 则称 A 在 X 中是**无处稠密的** (nowhere dense).

(2) 设 $B \subseteq X$. 如果 X 中存在一列无处稠密集 $\{A_n\}_{n=1}^{\infty}$, 使得 $B = \bigcup\limits_{n=1}^{\infty} A_n$, 则称 B 是一个**第一纲集** (a set of first category) 或**疏朗集** (a meager set).

(3) 设 $C \subseteq X$. 如果 C 不是一个第一纲集, 则称 C 是一个**第二纲集** (a set of second category).

(4) 设 $D \subseteq X$. 如果 $X \setminus D$ 是一个第一纲集, 则称 D 是一个**剩余集** (a residual set 或 a comeager set).

定理 1.2.1 设 X 为拓扑空间, 那么以下等价:

(1) X 中每个非空开集为第二纲集;

(2) X 的每个剩余集为稠密的;

(3) X 中可数个稠密开集的交仍为稠密的.

满足上面条件的空间称为 **Baire 空间**.

定理 1.2.2 每个完备度量空间为 Baire 空间; 每个局部紧 Hausdorff 空间为 Baire 空间.

设 X 是一个集合, 且 $\mathcal{U}$ 是 X 中一些子集构成的集合. 如果 $\bigcup\limits_{A \in \mathcal{U}} A = X$, 则称 $\mathcal{U}$ 是 X 的一个**覆盖**. 如果 $\mathcal{V} \subseteq \mathcal{U}$, 且 $\mathcal{V}$ 也是 X 的一个覆盖, 则称 $\mathcal{V}$ 是 $\mathcal{U}$ 的一个**子覆盖**.

设 X 是一个拓扑空间, 且 $\mathcal{U}$ 是 X 的一个覆盖. 如果 $\mathcal{U}$ 中的每个元素都是 X 中的开集, 则称它是一个**开覆盖**. 如果覆盖个数有限, 那么称之为**有限覆盖**.

定义 1.2.10　如果拓扑空间 X 中的任何开覆盖都有有限子覆盖, 则称 X 是**紧致的** (compact).

设 $\mathcal{A}$ 是 X 上的一个子集族. 如果 $\mathcal{A}$ 的每个有限子集族都有非空的交, 则称 $\mathcal{A}$ 具有**有限交性质**.

命题 1.2.3　设 X 是一个拓扑空间, 则 X 是紧致的当且仅当 X 中的每个具有有限交性质的闭集族都有非空的交.

关于紧致性一个常用的性质是 Lebesgue 覆盖引理:

定理 1.2.3 (Lebesgue 覆盖引理)　设 (X,d) 为一个紧致度量空间, $\mathcal{U}$ 为开覆盖, 那么存在 $\delta>0$, 使得任何直径小于或等于 δ 的子集都包含在 $\mathcal{U}$ 的某个元素中. 此 δ 称为覆盖 $\mathcal{U}$ 的一个 **Lebesgue 数**.

定义 1.2.11　设 $(X,\mathcal{T})$ 和 $(Y,\mathcal{S})$ 是两个拓扑空间, $f\colon X\to Y$ 是一个映射, 且 $x\in X$. 如果对任意 Y 中 $f(x)$ 的邻域 V, $f^{-1}(V)$ 是 x 的一个邻域, 则称 x 是 f 的一个连续点, 或者 f 在点 x 处**连续**.

如果 f 在 X 中的任何点处都连续, 则称 f 是一个**连续映射**. 如果 f 是一个连续的一一映射, 并且它的逆也连续, 则称 f 是一个**同胚**.

命题 1.2.4　设 $(X,\mathcal{T})$ 和 $(Y,\mathcal{S})$ 是两个拓扑空间, 且 $f\colon X\to Y$ 是一个映射. 则下列命题等价:

(1) f 连续;

(2) $f^{-1}(\mathcal{S})\subseteq\mathcal{T}$, 即对 Y 中任意一个开集 V, $f^{-1}(V)$ 是 X 中的一个开集;

(3) 对 Y 中任意一个闭集 A, $f^{-1}(A)$ 是 X 中的一个闭集;

(4) 对 X 中任意一个子集 B, $f(\mathrm{cl}(B))\subseteq\mathrm{cl}(f(B))$;

(5) 对 Y 中任意一个子集 C, $f^{-1}(\mathrm{cl}(C))\supseteq\mathrm{cl}(f^{-1}(C))$.

定义 1.2.12　设 $(X,\mathcal{T})$ 是一个拓扑空间, $A\subseteq X$. 如果 A 作为子空间是紧致的, 则称 A 是 X 的一个**紧致子集**. 如果 X 中的每个点都有一个紧致的邻域, 则称 X 是**局部紧的**.

定义 1.2.13　设 X 和 Y 是两个拓扑空间且 $f\colon X\to Y$ 是一个映射. 如果 f 是一个单射且 f 是从 X 到 $f(X)$ 的一个同胚, 则称 f 是一个**嵌入映射**. 易见, 存在一个 X 到 Y 的嵌入映射当且仅当 X 同胚于 Y 的一个子空间.

设 $(X_1,\mathcal{T}_1)$ 和 $(X_2,\mathcal{T}_2)$ 是两个拓扑空间, 则 $X_1\times X_2$ 上有唯一一个以 $\{U_1\times U_2\colon U_1\in\mathcal{T}_1,\, U_2\in\mathcal{T}_2\}$ 为基的拓扑 $\mathcal{T}$. 此时, 称 $(X_1\times X_2,\mathcal{T})$ 是 $(X_1,\mathcal{T}_1)$ 和 $(X_2,\mathcal{T}_2)$ 的**乘积拓扑空间**.

一般地, 设 $\{(X_i,\mathcal{T}_i)\}_{i\in I}$ 是一族拓扑空间, 则 $\prod\limits_{i\in I}X_i$ 上有唯一一个以

$$\{p_i^{-1}(U_i)\colon U_i\in\mathcal{T}_i,\ i\in I\}$$

为子基的拓扑 $\mathcal{T}$, 其中 $p_i\colon \prod\limits_{i\in I}X_i\to X_i$ 是到第 i 个坐标的投射. 此时, 称

$$\left(\prod_{i\in I}X_i,\mathcal{T}\right)$$

是 $\{(X_i,\mathcal{T}_i)\}_{i\in I}$ 的**乘积拓扑空间**, $\mathcal{T}$ 为**乘积拓扑**.

当 $I=\mathbb{Z}$ 时, 令

$$\mathcal{S}=\left\{\prod_{i=-\infty}^{-(n+1)}X_i\times\prod_{j=-n}^{n}U_j\times\prod_{i=n+1}^{\infty}X_i:U_j\in\mathcal{T}_j,-n\leqslant j\leqslant n,\ n\in\mathbb{Z}_+\right\},$$

则 $\mathcal{S}$ 是 $X=\prod\limits_{i=-\infty}^{\infty}X_i$ 上的一个基.

定理 1.2.4 (Tychonoff 定理) 设 $\{(X_i,\mathcal{T}_i)\}_{i\in I}$ 是一族紧致 Hausdorff 空间, 则乘积拓扑空间 $\left(\prod\limits_{i\in I}X_i,\mathcal{T}\right)$ 是一个紧致 Hausdorff 空间.

定义 1.2.14 设 $(X,\mathcal{T})$ 是一个拓扑空间, Y 是一个集合, 且 $f\colon X\to Y$ 是一个满射, 则 $\mathcal{S}=\{U\subseteq Y\colon f^{-1}(U)\in\mathcal{T}\}$ 是 Y 上的一个拓扑. 此时, 称 $\mathcal{S}$ 是相对于 f 的**商拓扑**.

设 R 是 X 上的一个等价关系. 商集 X/R 相对于商映射 $p\colon X\to X/R,\ x\mapsto[x]_R$ 的商拓扑记为 $\mathcal{T}_R$. 称 $(X/R,\mathcal{T}_R)$ 是相对于 R 的**商空间**.

定理 1.2.5 设 X 是一个紧致 Hausdorff 空间, 且 R 是 X 上的一个闭等价关系, 则商空间 X/R 也是一个紧致 Hausdorff 空间.

定义 1.2.15 设 $(X,\mathcal{T})$ 是一个拓扑空间. 如果 X 中存在一个非空的真子集是既开又闭的, 则称 X 是不连通的, 否则称 X 是**连通的**. 设 $A\subseteq X$. 如果 A 作为子空间是连通的, 则称 A 是 X 的一个**连通子集**.

命题 1.2.5 设 $(X,\mathcal{T})$ 是一个拓扑空间.

(1) 若 $A\subseteq X$ 是连通的, 则 $\mathrm{cl}(A)$ 也是连通的;

(2) 设 $A,B\subseteq X$ 都是连通的, 且 $A\cap B\neq\emptyset$, 则 $A\cup B$ 也是连通的.

命题 1.2.6 设 X 和 Y 是两个 Hausdorff 空间, 且 $f\colon X\to Y$ 是一个连续满射.

(1) 如果 X 是紧致的, 则 Y 也是紧致的;

(2) 如果 X 是连通的, 则 Y 也是连通的;

(3) 如果 X 是紧致的, 并且 f 是一个一一映射, 则 f 是一个同胚.

1.2.2 Cantor 集

定义 1.2.16 设 $(X,\mathcal{T})$ 是一个拓扑空间, $x\in X$. 定义 x 的**连通分支**是包含 x 的所有连通子集的并. 易见, x 的连通分支是包含 x 的最大连通子集, 并且是闭的. X 的所有连通分支构成 X 上的一个闭剖分, 从而确定 X 上的一个连通关系.

定义 1.2.17 设 $(X,\mathcal{T})$ 是一个拓扑空间. 如果每个点的连通分支是单点集, 则称 $(X,\mathcal{T})$ 是**完全不连通的**.

设 $(X,\mathcal{T})$ 是一个 Hausdorff 空间. 如果对任意 $x\in X$ 和 x 的任意一个邻域 U, 存在一个既开又闭的集 V, 使得 $x\in V\subseteq U$, 则称 $(X,\mathcal{T})$ 是一个**零维空间**.

定理 1.2.6 设 X 是一个紧致 Hausdorff 空间, 则 X 是完全不连通的当且仅当它是一个零维空间.

定理 1.2.7　设 X 是一个紧致 Hausdorff 空间且 R 是 X 上的连通关系, 则商空间 X/R 是一个零维紧致 Hausdorff 空间.

定义 1.2.18　设 $C_0=[0,1]$. 对任意 $n\in\mathbb{N}$, 令

$$C_n=\frac{C_{n-1}}{3}\cup\left(\frac{2}{3}+\frac{C_{n-1}}{3}\right).$$

Cantor 三分集定义为

$$C=\bigcap_{n=0}^{\infty}C_n.$$

定义 1.2.19　设 X 是一个拓扑空间, $A\subseteq X$. 如果 A 作为子空间是紧致可度量化的、零维和无孤立点的, 则称 A 是 X 中的一个 **Cantor 集**.

定理 1.2.8 (Brouwer)　每个 Cantor 集都同胚于标准三分 Cantor 集 C.

定理 1.2.9 (Alexandroff)　每个紧致可度量化空间是 C 的连续像.

定理 1.2.10　设 (X,d) 是一个完备可分度量空间. 若 $A\subseteq X$ 是一个不可数的 Borel 集, 则 A 包含一个 Cantor 集.

命题 1.2.7　设 $A=\{0,1,\cdots,k-1\}$ $(k\geqslant 2)$, 并赋予其离散拓扑, 则乘积空间 $A^{\mathbb{Z}}$ 同胚于标准 Cantor 三分集.

1.2.3　函数空间

定义 1.2.20　设 X 是一个拓扑空间, I 是一个集合. 从 I 到 X 的所有映射构成的集合记作 X^I. 由笛卡儿积的定义, X^I 是集族 $\{X\}_{i\in I}$ 的笛卡儿积 $\prod\limits_{i\in I}X$, 因此它有乘积拓扑. 习惯上, 称这个拓扑为 X^I 的**点态收敛拓扑**.

设 X 和 Y 是两个拓扑空间. 记 $C(X,Y)$ 是从 X 到 Y 的所有连续映射构成的集合. 因此 $C(X,Y)\subseteq Y^X$. $C(X,Y)$ 作为 Y^X 的子空间, 称为从 X 到 Y 的具有**点态收敛拓扑**的连续映射空间. 此时, $C(X,Y)$ 也记为 $C_{\mathrm{p}}(X,Y)$.

定义 1.2.21　设 $(X,\mathcal{T})$ 和 $(Y,\mathcal{S})$ 是两个拓扑空间. X 的全体紧子集构成的集族记作 $\mathcal{C}$, 则 Y^X 上有唯一一个以

$$\{W(E,U)\subseteq Y^X\colon E\in\mathcal{C},U\in\mathcal{S}\}$$

为子基的拓扑 $\mathcal{T}_{\mathcal{C}}$, 其中

$$W(E,U)=\{f\in Y^X\colon f(E)\subseteq U\}.$$

称 $\mathcal{T}_{\mathcal{C}}$ 是 Y^X 上的**紧开拓扑**.

$C(X,Y)$ 作为 $(Y^X,\mathcal{T}_{\mathcal{C}})$ 的子空间, 称为从 X 到 Y 的具有**紧开拓扑**的连续映射空间. 此时, $C(X,Y)$ 也记为 $C_{\mathrm{c}}(X,Y)$.

定义 1.2.22　设 X 是一个集合, 且 (Y,d) 是一个度量空间. 定义 $d_{\mathrm{u}}\colon Y^X\times Y^X\to\mathbb{R}$, 使得对任意 $f,g\in Y^X$,

$$d_{\mathrm{u}}(f,g)=\begin{cases}1, & \text{存在 } x\in X \text{ 使得 } d(f(x),g(x))\geqslant 1,\\ \sup\{d(f(x),g(x))\colon x\in X\}, & \text{其他},\end{cases}$$

则 d_{u} 是 Y^X 上的一个度量, 称之为 Y^X 上的一致收敛度量. 由一致收敛度量 d_{u} 诱导的拓扑称为 Y^X 上的**一致收敛拓扑**$\mathcal{T}_{\mathrm{u}}$.

设 X 是一个拓扑空间, 且 (Y,d) 是一个度量空间. $C(X,Y)$ 作为 $(Y^X,\mathcal{T}_{\mathrm{u}})$ 的子空间, 称为从 X 到 Y 的具有**一致收敛拓扑**的连续映射空间, 此时, $C(X,Y)$ 也记为 $C_{\mathrm{u}}(X,Y)$.

若 X 是紧致的, 则 Y^X 上的紧开拓扑和一致收敛拓扑相同.

设 X 是一个紧致度量空间. X 上的全体复值连续函数空间记为 $C(X)$ 或 $C(X,\mathbb{C})$, 而 X 上的实值连续函数空间记为 $C(X,\mathbb{R})$. 对任意 $f\in C(X)$, 定义

$$\|f\|_{\sup}=\sup\{|f(x)|\colon x\in X\},$$

则 $\|\cdot\|_{\sup}$ 是一个范数, 并且 $(C(X),\|\cdot\|_{\sup})$ 是一个 Banach 空间. 由范数 $\|\cdot\|_{\sup}$ 诱导的拓扑与一致收敛拓扑相同.

对任意 $f,g\in C(X)$, 定义 f 与 g 的乘积为 $f\cdot g(x)=f(x)g(x)$ $(\forall\ x\in X)$. 则 $f\cdot g\in C(X)$. 在此乘法下, 有单位元 e $(e(x)=1,\forall\ x\in X)$. 易见, 对任意 $f,g\in C(X)$, $\|f\cdot g\|_{\sup}\leqslant\|f\|_{\sup}\|g\|_{\sup}$, 故 $(C(X),\|\cdot\|_{\sup})$ 是一个 Banach 代数, 且 $(C(X,\mathbb{R}),\|\cdot\|_{\sup})$ 是它的一个子 Banach 代数.

设 $\mathcal{A}\subseteq C(X)$. 定义由 $\mathcal{A}$ 线性张成的子空间为

$$\mathrm{span}(\mathcal{A})=\left\{\sum_{i=1}^{n}a_if_i\colon a_i\in\mathbb{C},f_i\in\mathcal{A},n\in\mathbb{N}\right\}.$$

定义 1.2.23 设 X 为拓扑空间, $\mathcal{A}\subseteq C(X,\mathbb{R})$. 如果

(1) $e\in\mathcal{A}$;

(2) 对任意 $f\in\mathcal{A}$ 和 $c\in\mathbb{R}$, $cf\in\mathcal{A}$;

(3) 对任意 $f,g\in\mathcal{A}$, $f+g$, $f\cdot g\in\mathcal{A}$,

则称 $\mathcal{A}$ 是一个**子代数**. 将 $\mathbb{R}$ 换为 $\mathbb{C}$, 便得到 $C(X)$ 子代数的定义. 如果对任意互异的 $x,y\in X$, 存在 $f\in\mathcal{A}$, 使得 $f(x)\neq f(y)$, 则称 $\mathcal{A}$ **分离点**.

定理 1.2.11 (Stone-Weierstrass 定理) 设 X 是一个紧致可度量化空间, 且 $\mathcal{A}\subseteq C(X,\mathbb{R})$ 是一个分离点的子代数, 则 $\mathcal{A}$ 在 $C(X,\mathbb{R})$ 中稠密.

下面是 Stone-Weierstrass 定理在复值函数空间上的版本.

定理 1.2.12 设 X 是一个紧致可度量化空间. 若 $\mathcal{A}\subseteq C(X)$ 满足

(1) $e\in\mathcal{A}$;

(2) 对任意 $f\in\mathcal{A}$ 和 $a,b\in\mathbb{R}$, 有 $(a+b\mathrm{i})f\in\mathcal{A}$, $\bar{f}\in\mathcal{A}$, 其中 i 是虚数单位, $\bar{f}$ 表示 f 的共轭;

(3) 对任意 $f,g\in\mathcal{A}$, 有 $f+g$, $f\cdot g\in\mathcal{A}$;

(4) 对任意互异的 $x,y\in X$, 存在 $f\in\mathcal{A}$, 使得 $f(x)\neq f(y)$,

则 $\mathcal{A}$ 在 $C(X)$ 中稠密.

定义 1.2.24 设 (X,d) 是一个紧致度量空间, $\mathcal{A}\subseteq C(X)$.

(1) 如果存在 $M>0$, 使得对任意 $f\in\mathcal{A}$ 和 $x\in X$, $|f(x)|\leqslant M$, 则称 $\mathcal{A}$ 是**一致有界的**.

(2) 如果对任意 $\varepsilon>0$, 存在 $\delta>0$, 使得对任意 $f\in\mathcal{A}$ 和满足 $d(x,y)<\delta$ 的 $x,y\in X$,

$$|f(x)-f(y)|<\varepsilon,$$

则称 $\mathcal{A}$ 是**等度连续的**.

下面是 Arzelá-Ascoli 定理的经典形式.

定理 1.2.13 (Arzelá-Ascoli)　设 (X,d) 是一个紧致度量空间, $\mathcal{A}\subseteq C(X)$, 则 $\mathcal{A}$ 在 $C(X)$ 中的闭包是紧的当且仅当 $\mathcal{A}$ 是一致有界和等度连续的.

下面是 Arzelá-Ascoli 定理的一般形式.

定理 1.2.14 (Arzelá-Ascoli)　设 X 是一个紧致 Hausdorff 空间且 Y 是一个度量空间, 则一个闭子集 $\mathcal{A}\subseteq C(X,Y)$ 在紧开拓扑下是紧致的当且仅当它是等度连续和逐点相对紧的, 即对任意 $x\in X$, $\{f(x)\colon f\in\mathcal{A}\}$ 在 Y 中的闭包是紧的.

推论 1.2.1　设 X 是一个紧致度量空间, $\mathcal{A}\subseteq C(X,X)$, 则 $\mathcal{A}$ 在 $C(X,X)$ 上的一致收敛拓扑下的闭包是紧的当且仅当 $\mathcal{A}$ 是等度连续的.

一个常见的度量化定理为

定理 1.2.15　设 X 为紧致 Hausdorff 空间, 那么以下命题等价:

(1) X 可度量;

(2) X 有可数基;

(3) $C(X)$ 有可数稠密子集.

1.3　条件期望与测度分解

1.3.1　Radon-Nikodym 导数

定义 1.3.1　设 μ 和 ν 是可测空间 $(X,\mathcal{X})$ 上的两个概率测度.

(1) 如果对任意 $A\in\mathcal{X}$, $\mu(A)=0$ 蕴含 $\nu(A)=0$, 则称 ν 相对于 μ 是**绝对连续的**, 记为 $\nu\ll\mu$;

(2) 若 $\nu\ll\mu$ 且 $\mu\ll\nu$, 则称 μ 和 ν 是**等价**的, 记为 $\mu\sim\nu$;

(3) 如果 $\mathcal{X}$ 中存在互不相交的集合 A 和 B, 使得 $X=A\cup B$ 且 $\mu(A)=\nu(B)=0$, 则称 μ 和 ν 是相互**奇异**的, 记为 $\mu\perp\nu$.

定理 1.3.1 (Lebesgue 分解定理)　设 μ,m 为 $(X,\mathcal{X})$ 上的两个概率测度, 则存在 $p\in[0,1]$ 以及概率测度 μ_1,μ_2, 使得 $\mu=p\mu_1+(1-p)\mu_2$ 且 $\mu_1\ll m$, $\mu_2\perp m$, 其中 p 以及测度 μ_1,μ_2 是由 μ,m 唯一决定的.

定理 1.3.2 (Radon-Nikodym 定理)　设 μ 和 ν 是可测空间 $(X,\mathcal{X})$ 上的两个概率测度.

如果 $\nu \ll \mu$, 则 $(X,\mathcal{X})$ 上存在唯一的非负可积函数 $f \in L^1(X,\mu)$, 使得对任意 $A \in \mathcal{X}$,

$$\nu(A) = \int_A f\mathrm{d}\mu.$$

此时, 称 f 是 ν 相对于 μ 的 **Radon-Nikodym 导数**, 记为 $\mathrm{d}\nu/\mathrm{d}\mu$.

Radon-Nikodym 导数满足链式法则: 如果 $\eta \ll \nu \ll \mu$, 那么

$$\frac{\mathrm{d}\eta}{\mathrm{d}\mu} = \frac{\mathrm{d}\eta}{\mathrm{d}\nu} \cdot \frac{\mathrm{d}\nu}{\mathrm{d}\mu}.$$

定义 1.3.2 设 $(X,\mathcal{X},m)$ 为概率空间, $A \in \mathcal{X}$ 且 $\mu(A) > 0$. 定义

$$\mu_A\colon \mathcal{X} \to [0,1], \quad B \mapsto \frac{\mu(A\cap B)}{\mu(A)},$$

则 μ_A 为概率测度, 称 μ_A 是 μ 在 A 上的**条件概率测度**.

注记 1.3.1 (1) $\mu_A \ll \mu$ 且 $\dfrac{\mathrm{d}\mu_A}{\mathrm{d}\mu} = \dfrac{1}{\mu(A)}\chi_A$;

(2) $\mu = \mu(A)\mu_A + (1-\mu(A))\mu_{X\setminus A}$.

1.3.2 条件期望

条件期望有许多种定义方式. 我们下面首先运用 Radon-Nikodym 定理定义条件期望, 然后用另一种更为直观的方式给出不同的定义方法.

设 $(X,\mathcal{X},\mu)$ 为概率空间, 且 $\mathcal{A}$ 为 $\mathcal{X}$ 的子 σ 代数. 下面我们定义**条件期望**算子

$$\mathbb{E}(\cdot|\mathcal{A}) : L^1(X,\mathcal{X},\mu) \to L^1(X,\mathcal{A},\mu).$$

如果 $f \equiv 0$, 则定义 $\mathbb{E}(f|\mathcal{A}) \equiv 0$. 如果 $f \in L^1(X,\mathcal{X},\mu)$ 为非负实值函数, $a = \displaystyle\int_X f\mathrm{d}\mu > 0$, 则

$$\mu_f(C) = a^{-1}\int_C f\mathrm{d}\mu, \quad \forall\, C \in \mathcal{A}$$

定义了 $(X,\mathcal{A})$ 上的一个概率测度, 并且 μ_f 相对于 μ 为绝对连续的. 由 Radon-Nikodym 定理, 存在函数 $\mathbb{E}(f|\mathcal{A}) \in L^1(X,\mathcal{A},\mu)$, 使得 $\mathbb{E}(f|\mathcal{A}) \geqslant 0$,

$$\int_C \mathbb{E}(f|\mathcal{A})\mathrm{d}\mu = \int_C f\mathrm{d}\mu, \quad \forall C \in \mathcal{A},$$

并且 $\mathbb{E}(f|\mathcal{A})$ 在几乎处处意义下是唯一的. 如果 f 为任意的实值函数, 则分别考虑其正值与负值部分且线性地定义 $\mathbb{E}(f|\mathcal{A})$. 对于 f 为复值函数的情况, 将它按实部与虚部类似处理. 这样, 对任意 $f \in L^1(X,\mathcal{X},\mu)$, 我们找到了唯一的一个 $\mathcal{A}$ 可测函数 $\mathbb{E}(f|\mathcal{A}) \in L^1(X,\mathcal{A},\mu)$, 满足

$$\int_C \mathbb{E}(f|\mathcal{A})\mathrm{d}\mu = \int_C f\mathrm{d}\mu, \quad \forall\, C \in \mathcal{A}.$$

如此我们就定义了条件期望.

下面我们介绍第二种定义条件期望的方法. 因为 $L^2(X,\mathcal{A},\mu)$ 为 $L^2(X,\mathcal{X},\mu)$ 的闭子空间, 所以存在投影算子

$$P: L^2(X,\mathcal{X},\mu)\to L^2(X,\mathcal{A},\mu)$$

具有如下性质: 对于任意 $f\in L^2(X,\mathcal{X},\mu)$,

$$\int_A f\mathrm{d}\mu=\int_X \mathbf{1}_A f\mathrm{d}\mu=\int_X \mathbf{1}_A Pf\mathrm{d}\mu=\int_A Pf\mathrm{d}\mu,\quad \forall A\in\mathcal{A}. \tag{1.1}$$

下面我们将 $P: L^2(X,\mathcal{X},\mu)\to L^2(X,\mathcal{A},\mu)$ 扩充到 $L^1(X,\mathcal{X},\mu)$, 这个扩充就定义为条件期望

$$\mathbb{E}(\cdot|\mathcal{A})\colon L^1(X,\mathcal{X},\mu)\to L^1(X,\mathcal{A},\mu).$$

注意到, $L^2(X,\mathcal{X},\mu)\subseteq L^1(X,\mathcal{X},\mu)$ 为稠密的, 并且对于 $f\in L^2(X,\mathcal{X},\mu)$, 有

$$\{x\in X: Pf(x)>0\}\in\mathcal{A},\quad \{x\in X: Pf(x)<0\}\in\mathcal{A}.$$

于是根据式 (1.1), 得

$$\|Pf\|_1\leqslant\|f\|_1.$$

对于复数值函数, 对实部、虚部同样讨论, 就得到

$$\|Pf\|_1\leqslant 2\|f\|_1.$$

于是, 我们可以将 $P: L^2(X,\mathcal{X},\mu)\to L^2(X,\mathcal{A},\mu)$ 扩充到 $L^1(X,\mathcal{X},\mu)$:

$$\mathbb{E}(\cdot|\mathcal{A})\colon L^1(X,\mathcal{X},\mu)\to L^1(X,\mathcal{A},\mu),$$

并且保持式 (1.1).

下面我们根据第一种方式给出具体性质.

定理 1.3.3　设 $(X,\mathcal{X},\mu)$ 为概率空间, $\mathcal{A}$ 为 $\mathcal{X}$ 的子 σ 代数, 则存在一个条件期望映射

$$\mathbb{E}(\cdot|\mathcal{A})\colon L^1(X,\mathcal{X},\mu)\to L^1(X,\mathcal{A},\mu),$$

满足下面的性质:

(1) 对任意 $f\in L^1(X,\mathcal{X},\mu)$, $\mathbb{E}(f|\mathcal{A})$ 几乎处处由下面两个性质刻画:

(a) $\mathbb{E}(f|\mathcal{A})$ 是 $\mathcal{A}$ 可测的;

(b) 对任意 $A\in\mathcal{A}$, $\int_A \mathbb{E}(f|\mathcal{A})\mathrm{d}\mu=\int_A f\mathrm{d}\mu$.

(2) $\mathbb{E}(\cdot|\mathcal{A})$ 是一个具有范数为 1 的线性算子, 并且 $\mathbb{E}(\cdot|\mathcal{A})$ 是一个正算子, 即若 $f\in L^1(X,\mathcal{X},\mu)$ 几乎处处非负, 则 $\mathbb{E}(f|\mathcal{A})$ 也是几乎处处非负的.

(3) 对任意 $f\in L^1(X,\mathcal{X},\mu)$ 和 $g\in L^\infty(X,\mathcal{A},\mu)$, $\mathbb{E}(gf|\mathcal{A})=g\mathbb{E}(f|\mathcal{A})$ 几乎处处成立.

(4) 如果 $\mathcal{C}\subseteq\mathcal{A}$ 是一个子 σ 代数, 则 $\mathbb{E}(\mathbb{E}(f|\mathcal{A})|\mathcal{C})=\mathbb{E}(f|\mathcal{C})$ 几乎处处成立.

(5) 如果 $f\in L^1(X,\mathcal{A},\mu)$, 则 $\mathbb{E}(f|\mathcal{A})=f$ 几乎处处成立.

(6) 对任意 $f\in L^1(X,\mathcal{X},\mu)$, $|\mathbb{E}(f|\mathcal{A})|\leqslant\mathbb{E}(|f||\mathcal{A})$ 几乎处处成立.

证明 (1) 设 $f \in L^1(X, \mathcal{X}, \mu)$. 首先假设 $f \geqslant 0$, 且 $\int_X f\mathrm{d}\mu > 0$. 定义

$$\mu_f \colon \mathcal{X} \to [0,1], \quad B \mapsto \frac{\int_B f\mathrm{d}\mu}{\int_X f\mathrm{d}\mu},$$

则 μ_f 为概率测度. 注意到 $\mu_f|_{\mathcal{A}} \ll \mu|_{\mathcal{A}}$. 由 Radon-Nikodym 导数定理, 存在唯一的一个 $g \in L^1(X, \mathcal{A}, \mu)$, 使得对任意 $A \in \mathcal{A}$,

$$\int_A g\mathrm{d}\mu = \mu_f(A) = \frac{\int_B f\mathrm{d}\mu}{\int_X f\mathrm{d}\mu}.$$

令 $\mathbb{E}(f|\mathcal{A}) = g \cdot \int_X f\mathrm{d}\mu$. 当 $f = 0$ 时, 令 $\mathbb{E}(f|\mathcal{A}) = 0$. 一般地, 若 $f = f^+ - f^-$, 则令 $\mathbb{E}(f|\mathcal{A}) = \mathbb{E}(f^+|\mathcal{A}) - \mathbb{E}(f^-|\mathcal{A})$; 对于复值函数, 分别考虑实部与虚部. 这就证明了存在性.

设 g_1 和 g_2 为满足 (a) 和 (b) 的实值函数. 对于复值函数, 分实部与虚部考虑即可. 令 $A = \{x \in X \colon g_1(x) < g_2(x)\}$, 则 $A \in \mathcal{A}$. 根据 (b), 有

$$\int_A g_1\mathrm{d}\mu = \int_A f\mathrm{d}\mu = \int_A g_2\mathrm{d}\mu,$$

故 $\mu(A) = 0$. 类似地, 可以证明 $\mu(\{x \in X \colon g_1(x) > g_2(x)\}) = 0$. 所以 g_1 与 g_2 几乎处处相等.

(2) 由于 $\mathbb{E}(f|\mathcal{A})$ 由 (a) 和 (b) 决定, 易见 $\mathbb{E}(\cdot|\mathcal{A})$ 是一个有界线性算子, 并且其范数为 1.

设 $f \in L^1(X, \mathcal{X}, \mu)$, $f \geqslant 0$. 令 $A = \{x \in X \colon \mathbb{E}(f|\mathcal{A}) < 0\}$, 则 $A \in \mathcal{A}$,

$$0 \leqslant \int_A f\mathrm{d}\mu = \int_A \mathbb{E}(f|\mathcal{A})\mathrm{d}\mu.$$

这蕴含 $\mu(A) = 0$.

(3) 设 $f \in L^1(X, \mathcal{X}, \mu)$, $g \in L^\infty(X, \mathcal{A}, \mu)$, 则 $g\mathbb{E}(f|\mathcal{A}) \in L^1(X, \mathcal{A}, \mu)$. 如果存在 $B \in \mathcal{A}$, 使得 $g = \mathbf{1}_B$, 那么对任意 $A \in \mathcal{A}$,

$$\int_A g\mathbb{E}(f|\mathcal{A})\mathrm{d}\mu = \int_{A\cap B} \mathbb{E}(f|\mathcal{A})\mathrm{d}\mu = \int_{A\cap B} f\mathrm{d}\mu = \int_A gf\mathrm{d}\mu.$$

由 (1), 可知 $\mathbb{E}(gf|\mathcal{A}) = g\mathbb{E}(f|\mathcal{A})$. 由于 $\mathbb{E}(\cdot|\mathcal{A})$ 是线性的, 当 g 是简单函数时也成立. 对于一般的 $g \in L^\infty(X, \mathcal{A}, \mu)$, $(X, \mathcal{A})$ 上存在一致有界的简单函数列 $\{g_n\}$ 几乎处处收敛到 g. 利用控制收敛定理即得结论.

(4) 对任意 $C \in \mathcal{C}$, 有 $C \in \mathcal{A}$, 从而

$$\int_C \mathbb{E}(\mathbb{E}(f|\mathcal{A})|\mathcal{C})\mathrm{d}\mu = \int_C \mathbb{E}(f|\mathcal{A})\mathrm{d}\mu = \int_C f\mathrm{d}\mu = \int_C \mathbb{E}(f|\mathcal{C})\mathrm{d}\mu.$$

由 (1), 可知 $\mathbb{E}(\mathbb{E}(f|\mathcal{A})|\mathcal{C}) = \mathbb{E}(f|\mathcal{C})$.

(5) 这是 (1) 的简单推论.

(6) 设 $f \in L^1(X, \mathcal{X}, \mu)$, 那么存在 $g \in L^\infty(X, \mathcal{A}, \mu)$, 使得 $|g(x)| = 1$ $(x \in X)$,

$$|\mathbb{E}(f|\mathcal{A})| = g\mathbb{E}(f|\mathcal{A}).$$

由 (3), 可知

$$|\mathbb{E}(f|\mathcal{A})| = \mathbb{E}(gf|\mathcal{A}).$$

对任意 $A \in \mathcal{A}$, 有

$$\begin{aligned}\int_A |\mathbb{E}(f|\mathcal{A})|\mathrm{d}\mu - \int_A \mathbb{E}(gf|\mathcal{A})\mathrm{d}\mu &= \int_A gf\mathrm{d}\mu \\ &\leqslant \int_A |gf|\mathrm{d}\mu = \int_A |f|\mathrm{d}\mu = \int_A \mathbb{E}(|f||\mathcal{A})\mathrm{d}\mu.\end{aligned}$$

所以 $|\mathbb{E}(f|\mathcal{A})| \leqslant \mathbb{E}(|f||\mathcal{A})$. □

例 1.3.1　(1) 若 $\mathcal{N} = \{\emptyset, X\}$, 则对任意 $f \in L^1(X, \mathcal{X}, \mu)$,

$$\mathbb{E}(f|\mathcal{N}) = \int_X f\mathrm{d}\mu.$$

(2) 若 $\mathcal{A} = \{\emptyset, A, X \setminus A, X\}$ $(0 < \mu(A) < 1)$, 则对任意 $f \in L^1(X, \mathcal{X}, \mu)$,

$$\mathbb{E}(f|\mathcal{A}) = \frac{1}{\mu(A)} \int_A f\mathrm{d}\mu \cdot \chi_A + \frac{1}{1-\mu(A)} \int_{X\setminus A} f\mathrm{d}\mu \cdot \chi_{X\setminus A}.$$

(3) 设 $X = [0,1]^2$ 是单位正方形, 并赋予 2 维的 Lebesgue 测度. 令 $\mathcal{A} = \mathcal{X} \times \{\emptyset, [0,1]\}$, 即它是由形如 $B \times [0,1]$ 这样的集合生成的 σ 代数, 其中 B 是 $[0,1]$ 上的可测集, 则

$$\mathbb{E}(f|\mathcal{A})(x_1, x_2) = \int_{[0,1]} f(x_1, t)\mathrm{d}t.$$

我们也可以通过保测映射 (定义参见定义 2.1.1) 将条件期望定义到不同空间上. 设 $(X, \mathcal{X}, \mu)$ 和 $(Y, \mathcal{Y}, \nu)$ 为测度空间, $\phi: (X, \mathcal{X}, \mu) \to (Y, \mathcal{Y}, \nu)$ 为保测映射. 我们定义

$$\mathbb{E}(\cdot|Y) : L^1(X, \mathcal{X}, \mu) \to L^1(Y, \mathcal{Y}, \nu)$$

为

$$\mathbb{E}(f|Y) \circ \phi = \mathbb{E}(f|\phi^{-1}\mathcal{Y}), \quad \forall f \in L^1(X, \mathcal{X}, \mu).$$

如果 $\mathcal{Y}$ 为 $\mathcal{X}$ 的子 σ 代数, 那么对于 $\mathrm{id}: (X, \mathcal{X}, \mu) \to (X, \mathcal{Y}, \mu)$, 上面得到的就是条件期望. 这种条件期望的推广可以参见 Furstenberg 的专著[68].

下面我们简要给出专著 [68] 中的处理方式. 设 $\phi: (X, \mathcal{X}, \mu) \to (Y, \mathcal{Y}, \nu)$ 为一个保测映射, 我们可以将 $(Y, \mathcal{Y}, \nu)$ 上的可测函数通过 $f \to f \circ \phi = f^\phi$ 提升为 $(X, \mathcal{X}, \mu)$ 上的可测函数. 通过映射 $f \to f^\phi$, 我们就把 $L^2(Y)$ 等同为闭子空间

$$L^2(Y)^\phi \subseteq L^2(X).$$

如果从 $L^2(X)$ 到 $L^2(Y)^\phi$ 的正交投影记为 P, 那么对 $f \in L^2(X)$, 我们定义 $\mathbb{E}(f|Y)$ 为

$$\mathbb{E}(f|Y) \in L^2(Y), \quad \mathbb{E}(f|Y)^\phi = Pf.$$

定理 1.3.4 在 $L^2(X)$ 上定义的条件期望算子 $f \to \mathbb{E}(f|Y)$ 可以延拓到 $L^1(X)$ 上, 且满足下面的性质:

(1) $f \to \mathbb{E}(f|Y)$ 为从 $L^1(X,\mathcal{X},\mu)$ 到 $L^1(Y,\mathcal{Y},\nu)$ 的线性算子;

(2) 如果 $f \geqslant 0$, 那么 $\mathbb{E}(f|Y) \geqslant 0$;

(3) 如果 $f \in L^2(Y)$, 那么 $\mathbb{E}(f^\phi|Y) = f$, 特别地, $\mathbb{E}(\mathbf{1}|Y) = \mathbf{1}$;

(4) 如果 $g \in L^\infty(Y)$, 那么 $\mathbb{E}(g^\phi f|Y) = g(\mathbb{E}(f|Y))$;

(5) $\int_X f\mathrm{d}\mu = \int_Y \mathbb{E}(f|Y)\mathrm{d}\nu$.

1.3.3 测度分解

对于概率空间 $(X,\mathcal{X},\mu)$ 以及子 σ 代数 $\mathcal{A} \subseteq \mathcal{X}$, 根据条件期望, 我们可以得到 μ 相对于 $\mathcal{A}$ 的条件测度. 设 $(X,\mathcal{X})$ 是一个可测空间. 如果存在 Polish 空间 Y, 使得 $(X,\mathcal{X})$ 同构于 $(Y,\mathcal{B}(Y))$, 那么称 $(X,\mathcal{X})$ 是一个标准 Borel 空间. 标准 Borel 空间上的概率空间称为标准 Borel 概率空间. 关于标准 Borel 概率空间的具体讨论可参见第 4 章.

定理 1.3.5 ([58]定理 5.14) 设 $(X,\mathcal{X},\mu)$ 是一个标准 Borel 概率空间, $\mathcal{A} \subseteq \mathcal{X}$ 为子 σ 代数. 则存在一个 $\mathcal{A}$ 可测的 μ 满测集 X_0 和一族 X 上的测度 $\{\mu_x^{\mathcal{A}}\colon x \in X_0\}$ (称为**条件测度**), 满足下面的性质:

(1) 每个 $\mu_x^{\mathcal{A}}$ 为概率测度, 并且满足

$$\mathbb{E}(f|\mathcal{A})(x) = \int_X f(y)\mathrm{d}\mu_x^{\mathcal{A}}(y), \quad \mu\text{-a.e.}, \ \forall f \in L^1(X,\mathcal{X},\mu).$$

事实上, 对于每个 $f \in \mathcal{L}^1(X,\mathcal{X},\mu)$ (注意不是 $L^1(X,\mathcal{X},\mu)$), $\int_X f(y)\mathrm{d}\mu_x^{\mathcal{A}}(y)$ 对于一个 $\mathcal{A}$ 可测的满测集中的任意 x 存在, 映射

$$x \mapsto \int_X f(y)\mathrm{d}\mu_x^{\mathcal{A}}(y)$$

为 $\mathcal{A}$ 可测的, 并且对任意 $A \in \mathcal{A}$,

$$\int_A f\mathrm{d}\mu = \int_A \left(\int f(y)\mathrm{d}\mu_x^{\mathcal{A}}(y)\right)\mathrm{d}\mu(x).$$

(2) 如果 $\mathcal{A}$ 是可数生成的, 则对任意 $x \in X_0$, $\mu_x^{\mathcal{A}}([x]_{\mathcal{A}}) = 1$, 其中

$$[x]_{\mathcal{A}} = \bigcap_{x \in A \in \mathcal{A}} A$$

为包含 x 的 $\mathcal{A}$ 原子. 进一步, 对于 $x,y \in X_0$, 若 $[x]_{\mathcal{A}} = [y]_{\mathcal{A}}$, 则 $\mu_x^{\mathcal{A}} = \mu_y^{\mathcal{A}}$.

(3) 设 $\widetilde{\mathcal{A}}$ 为满足 $\widetilde{\mathcal{A}} \underset{\mu}{=} \mathcal{A}$ 的子 σ 代数, 那么 $\mu_x^{\widetilde{\mathcal{A}}} = \mu_x^{\mathcal{A}}$.

注记 1.3.2 设 $\mathcal{A}$ 是可数生成的, 即如果存在 $\mathcal{A}$ 的一个至多可数子集 $\{A_1, A_2, \cdots\}$, 使得 $\mathcal{A} = \sigma(\{A_1, A_2, \cdots\})$. 此时, 对任意 $x \in X$,

$$[x]_{\mathcal{A}} = \bigcap_{x \in A_i} A_i \cap \bigcap_{x \notin A_i} X \setminus A_i.$$

所以 $[x]_{\mathcal{A}}$ 是 $\mathcal{A}$ 中包含 x 的最小集合.

对于紧致度量空间, $\boldsymbol{B}(X)$ 是可数生成的, 且 $[x]_{\mathcal{B}(X)}=\{x\}$.

设 $(X,\mathcal{X},\mu)$ 和 $(Y,\mathcal{A},\nu)$ 为测度空间, $\phi:(X,\mathcal{X},\mu)\to(Y,\mathcal{A},\nu)$ 为保测映射. 类似于 $\mathbb{E}(\cdot|\mathcal{A})$ 与 $\mathbb{E}(\cdot|Y)$ 的关系, 条件测度也可以有类似的对应. 对于紧致度量空间, $(X,\mathcal{X}(X))$ 上 Borel 概率测度全体记为 $\mathcal{M}(X)$.

定理 1.3.6 (测度分解定理[68])　设 $(X,\mathcal{B}(X))$ 和 $(Y,\mathcal{B}(Y))$ 为标准 Borel 概率空间, ϕ: $X\to Y$ 为 Borel 映射. 设 $\mu\in\mathcal{M}(X)$. 令 $\nu=\phi_*\mu=\mu\circ\phi^{-1}\in\mathcal{M}(Y)$, 则存在一个 Borel 映射

$$Y\to\mathcal{M}(X),\quad y\mapsto\mu_y,$$

使得

(1) 对 ν-a.e. $y\in Y$, $\mu_y(\phi^{-1}(y))=1$.

(2) 对于任何 $A\in\mathcal{B}(X)$, 有

$$\mu(A)=\int_Y\mu_y(A)\mathrm{d}\nu(y),$$

等价地, 对于任何有界 Borel 函数 $f:X\to\mathbb{R}$, 有

$$\int_X f\mathrm{d}\mu=\int_Y\left(\int_X f(x)\mathrm{d}\mu_y(x)\right)\mathrm{d}\nu(y).$$

把上面陈述的事实简记为

$$\mu=\int_Y\mu_y\mathrm{d}\nu(y),$$

称之为 μ 相对于 ν 的测度分解. 事实上, 对任意 $f\in L^1(X,\mathcal{B}(X),\mu)$, $A\in\mathcal{B}(Y)$,

$$\int_{\phi^{-1}(A)}f\mathrm{d}\mu=\int_A\left(\int f(x)\mathrm{d}\mu_y(x)\right)\mathrm{d}\nu(y).$$

(3) (2) 中的测度分解是唯一的, 即如果 $y\mapsto\mu'_y$ 为满足条件的另一个分解, 那么 $\mu_y=\mu'_y$ (ν-a.e.).

(4) 对于任何 $f\in L^1(X,\mu)$, ν-a.e. $y\in Y$, 我们有 $f\in L^1(X,\mu_y)$, 并且

$$\mathbb{E}(f|Y)(y)=\int_X f\mathrm{d}\mu_y.$$

下面的结论解释了两种定义之间的关联.

定理 1.3.7 ([58]推论 5.22)　设 $(X,\mathcal{X},\mu)$ 是一个标准 Borel 概率空间, $\mathcal{A}\subseteq\mathcal{X}$ 为可数生成的子 σ 代数. 则存在一个 $\mathcal{A}$ 可测的 μ 满测集 X_0 和一个紧致度量空间 Y, 以及可测映射 $\phi:X_0\to Y$, 使得

$$\mathcal{A}\cap X_0=\phi^{-1}(\mathcal{B}(Y)),$$

并且

$$[x]_{\mathcal{A}}=\phi^{-1}(\phi(x)),\quad\forall x\in X_0.$$

记 $\mu_{\phi(x)} = \mu_x^{\mathcal{A}}$, 那么

$$Y \to \mathcal{M}(X), \quad y \mapsto \mu_y$$

为定义在 $\nu = \phi_*\mu$ 满测集上的一个可测映射.

对于动力系统, 我们还有一个非常重要的性质:

定理 1.3.8 [68] 设 $(X, \mathcal{B}(X), \mu, T)$, $(Y, \mathcal{B}(Y), \nu, S)$ 为标准 Borel 空间上的保测系统, 且 $(Y, \mathcal{B}(Y), \nu, S)$ 为 $(X, \mathcal{B}(X), \mu, T)$ 的因子. 如果 $\mu = \int_Y \mu_y \mathrm{d}\nu(y)$ 为测度分解, 那么对于 ν-a.e. $y \in Y$, 我们有

$$T_*\mu_y = \mu_{Sy}.$$

1.4 拓 扑 群

本节中我们约定所有的拓扑空间都是 Hausdorff 的.

1.4.1 拓扑群与 Haar 测度

定义 1.4.1 设 $(G, \cdot)$ 是一个群, 且 $\mathcal{T}$ 是 G 上的一个拓扑. 如果群运算 $(a, b) \mapsto a \cdot b$ 和 $a \mapsto a^{-1}$ 相对于拓扑 $\mathcal{T}$ 是连续的, 则称 $(G, \cdot, \mathcal{T})$ 是一个**拓扑群**.

在群运算和拓扑不会引起混淆的情况下, 直接称 G 是一个拓扑群.

设 X 是一个拓扑空间, $\mathcal{B}(X)$ 为其上的 Borel σ 代数. 设 μ 为 $\mathcal{B}(X)$ 上的测度, $E \in \mathcal{B}(X)$. 称 μ 在 E 上为**外正则的** (outer regular), 如果

$$\mu(E) = \inf\{\mu(U) : U \supseteq E,\ U\text{为开集}\}.$$

称 μ 在 E 上为**内正则的** (inner regular), 如果

$$\mu(E) = \sup\{\mu(K) : K \subseteq E,\ K\text{为紧集}\}.$$

如果 μ 在任何 Borel 子集上是外正则和内正则的, 那么称 μ 为**正则的**. 任何度量空间上的 Borel 测度都是正则的.

对于 σ 有限的测度, 要求它正则会比较苛刻. 一个测度 μ 称为 **Radon 测度**, 如果 μ 在任何紧致子集上取值有限, 在任何 Borel 子集上外正则, 且在任何开集上内正则. 可证 Radon 测度在其任何 σ 有限的 Borel 子集上也是内正则的.

设 G 是一个拓扑群, $\mathcal{B}(G)$ 为其上的 Borel σ 代数. 称其上测度 m 为**左不变的**, 如果对任意 $x \in G$ 和 $E \in \mathcal{B}(G)$, 有

$$m(xE) = m(E).$$

如果上式换为 $m(Ex) = m(E)$, 则称 m 为**右不变的**. 易见左不变性等价于

$$\int_G f(xy)\mathrm{d}m(y) = \int_G f(y)\mathrm{d}m(y), \quad \forall f \in L^1(G, m),\ \forall x \in G.$$

对右不变有类似的结果.

定义 1.4.2　设 G 是一个拓扑群, $\mathcal{B}(G)$ 为其上的 Borel σ 代数. G 上非零的左 (右) 不变的 Radon 测度称为**左 Haar 测度** (右 Haar 测度).

定理 1.4.1　设 G 是一个局部紧拓扑群, 那么 G 上存在左 Haar 测度. 设 μ, ν 为 G 的两个左 Haar 测度, 那么存在 $c > 0$, 使得 $\mu = c\nu$.

在上面的定理中, 把"左"换为"右"结论仍成立. 一般而言, 左 Haar 测度与右 Haar 测度是不一样, 但是对于交换群两者一样.

设 G_i 为局部紧拓扑群, m_i 为其上左 Haar 测度, 那么乘积测度 $m = \prod\limits_{i\in\mathbb{Z}} m_i$ 为乘积群 $\prod\limits_{i\in\mathbb{Z}} G_i$ 上的左 Haar 测度.

一个拓扑群可度量化当且仅当它具有可数基. 在此情况下, 我们有更强的结果:

定理 1.4.2 (Birkhoff-Kakutani 定理)　设 G 是一个局部紧的可度量化的拓扑群, 则 G 上存在左不变度量 d, 即对任意 $x, y, z \in G$, $d(zx, zy) = d(x, y)$.

注记 1.4.1　设 $\{V_n\}_{n\in\mathbb{N}}$ 为单位元处的可数邻域基, V_1 紧致, $\{V_n\}_{n\in\mathbb{N}}$ 单调递减, 那么左不变的度量可以取

$$d(x, y) = \sup_{n\in\mathbb{N}} m(xV_n \Delta yV_n),$$

其中 m 为左 Haar 测度.

对于紧致拓扑群, 它有更多好的性质.

注记 1.4.2　设 G 是一个紧致拓扑群.

(1) 根据前面的定理, G 上存在一个 Borel 概率测度 m, 使得对任意 $x \in G, E \in \mathcal{B}(G)$, $m(xE) = m(E)$, 且 m 为正则的. 由于此时要求了 $m(X) = 1$, 故满足这种条件的测度是唯一的.

(2) G 上的左 Haar 概率测度和右 Haar 概率测度吻合. 证明如下: 设 m 为左 Haar 概率测度, 对于任何 $x \in G$, 令 $m_x(E) = m(Ex)$, 则 m_x 也是左不变正则的, 根据唯一性, 有 $m_x = m$. 所以 m 右不变.

在本书中, 紧致拓扑群 G 上的 **Haar 测度**特指这个唯一的概率测度 m.

(3) 局部紧群上的左 Haar 测度在非空开集上的取值都是大于 0 的, 这点对于紧致群很容易说明. 设 U 为 G 的非空开集, 则 U 的有限次平移覆盖是 G, 于是 $m(U) > 0$.

(4) 设 G 是一个紧致可度量化的拓扑群, 则 G 上存在左不变且右不变度量 d, 即对任意 $x, y, z \in G$, $d(xz, yz) = d(x, y) = d(zx, zy)$. 设 ρ 为 G 上任何相容的度量, 那么

$$d(x, y) = \int_G \left(\int_G \rho(gxh, gyh) \mathrm{d}m(g) \right) \mathrm{d}m(h)$$

为满足条件的度量.

下面是一些具体的例子.

例 1.4.1　(1) 设 $n \in \mathbb{N}$, $\mathbb{Z}_n$ 为模 n 加法群, 其上取离散拓扑. 其上 Haar 测度为 $\nu_{\boldsymbol{p}}$, $\boldsymbol{p} = (1/n, \cdots, 1/n)$, 即

$$\nu_{\boldsymbol{p}}(\bar{0}) = \cdots = \nu_{\boldsymbol{p}}(\overline{n-1}) = \frac{1}{n}.$$

(2) 设 $(\mathbb{Z}_2=\{\bar{0},\bar{1}\},\nu_{(1/2,1/2)})$ 如 (1) 中所定义, 则乘积群 $\Sigma_2=\{\bar{0},\bar{1}\}^{\mathbb{Z}}$ 的乘积测度为其 Haar 测度.

(3) $\mathbb{R}^n$ 按照通常的加法和拓扑是一个局部紧的可度量化的交换群. Lebesgue 测度就是其上的 Haar 测度.

(4) 按照通常的加法, $\mathbb{Z}$ 作为 $\mathbb{R}$ 的子空间是一个离散交换群, 计数测度为 Haar 测度.

(5) 令 $\mathbb{S}^1=\{z\in\mathbb{C}\colon |z|=1\}$, 则 $\mathbb{S}^1$ 按照复数的乘法和 $\mathbb{C}$ 的子拓扑是一个紧致可度量化的交换群. Haar 测度为其上的 Lebesgue 测度.

(6) 令 $\mathbb{T}=\mathbb{R}/\mathbb{Z}$. 按照 $\mathbb{R}$ 遗传的加法和商拓扑, $\mathbb{T}$ 是一个紧致可度量化的交换群. 区间 $[0,1)$ 到 $\mathbb{T}=\mathbb{R}/\mathbb{Z}$ 有一个自然的一一对应 $x\mapsto x+\mathbb{Z}$. 设 $x,y\in[0,1)$,

$$d(x,y)=\min\{|x-y|,|1-x+y|\}$$

是 $\mathbb{T}$ 上的一个相容度量.

映射 $e\colon\mathbb{T}\to\mathbb{S}^1$, $x+\mathbb{Z}\mapsto \mathrm{e}^{2\pi\mathrm{i}x}$ 是一个同胚, 且为群同构. 所以作为拓扑群, $\mathbb{T}$ 和 $\mathbb{S}^1$ 是同构的.

1.4.2 特征与对偶群

定义 1.4.3 设 G 是一个局部紧的交换群. 如果 $\gamma\colon G\to\mathbb{S}^1$ 是一个连续的群同态, 则称 γ 是 G 的一个**特征** (character). G 的所有特征的全体记为 $\widehat{G}$, 称之为 G 的**对偶**.

定理 1.4.3 对于 $\widehat{G}$, 群运算取其元素的逐点相乘, 由此 $\widehat{G}$ 成为一个交换群. 如果取 $C(G,\mathbb{S}^1)$ 上紧开拓扑诱导的拓扑, 则 $\widehat{G}$ 成为一个局部紧的交换拓扑群.

例 1.4.2 以下"$\cong$"指拓扑群同构:

(1) $\widehat{\mathbb{Z}_n}\cong\mathbb{Z}_n$ $(\forall n\in\mathbb{N})$;

(2) $\widehat{\mathbb{S}^1}\cong\mathbb{Z}$, $\widehat{\mathbb{Z}}\cong\mathbb{S}^1$;

(3) $\widehat{\mathbb{R}}\cong\mathbb{R}$.

设 G 是一个局部紧的交换群. 我们罗列其特征群的主要结论如下:

(1) G 具有可数基当且仅当 $\widehat{G}$ 具有可数基.

(2) G 是紧致的当且仅当 $\widehat{G}$ 是离散的. 于是, G 为紧致可度量的当且仅当 $\widehat{G}$ 为可数离散群.

(3) (**对偶定理**) 定义 $\phi:\widehat{\widehat{G}}\to G,\alpha\mapsto a$ 为 $\alpha(\gamma)=\gamma(a)$ $(\forall\gamma\in\widehat{G})$. 此对应建立了 $\widehat{\widehat{G}}$ 与 G 之间一个自然的拓扑群同构.

(4) 设 G 为紧致的, 那么 G 为连通的当且仅当 $\widehat{G}$ 为无挠的 (torsion free), 即除单位元外没有有限阶的元素.

(5) 设 G_1,G_2 为局部紧交换群, 则 $\widehat{G_1\times G_2}\cong\widehat{G_1}\times\widehat{G_2}$. 于是对于任何 $\lambda\in\widehat{G_1\times G_2}$, 存在 $\gamma\in\widehat{G_1}$ 和 $\delta\in\widehat{G_2}$, 使得

$$\lambda(x,y)=\gamma(x)\delta(y),\quad \forall\, x\in G_1, y\in G_2.$$

(6) 设 $\Gamma < \widehat{G}$, 则

$$H = \{g \in G : \gamma(g) = 1, \forall \gamma \in \Gamma\}$$

为 G 的闭子群, 并且

$$\widehat{(G/H)} \cong \Gamma.$$

(7) 对任意 G 的真闭子群 H, 存在 $\gamma \in \widehat{G}, \gamma \neq 1$, 使得 $\gamma(h) = 1\ (\forall h \in H)$.

(8) 设 G 为紧致的, 那么 $\widehat{G}$ 为 $L^2(G, m)$ 的标准正交基, 其中 m 为 G 的 Haar 测度. 于是, 对于 $f \in L^2(G, m)$, 存在 **Fourier 展开**:

$$f = \sum_{\gamma \in \widehat{G}} a_\gamma \gamma,$$

a_γ 称为 Fourier 系数. 上式等号的意义是, 对于任何 $\varepsilon > 0$, 存在有限集 $J_\varepsilon \subseteq \widehat{G}$, 使得对于任何包含 J_ε 的 $\widehat{G}$ 的有限子集 J, 有

$$\left\| f - \sum_{\gamma \in J} a_\gamma \gamma \right\|_2 < \varepsilon.$$

例如, 当 $G = \mathbb{S}^1$ 时, 上式即为经典的 Fourier 级数展开:

$$f(z) = \sum_{n=-\infty}^{\infty} a_n z^n.$$

(9) 设 $A : G \to G$ 为自同态, 我们可以定义对偶自同态:

$$\widehat{A} : \widehat{G} \to \widehat{G}, \quad \gamma \mapsto \gamma \circ A,\ \forall \gamma \in \widehat{G}.$$

A 为单射当且仅当 $\widehat{A}$ 为满射; $\widehat{A}$ 为单射当且仅当 A 为满射. 于是, A 为自同构的当且仅当 $\widehat{A}$ 为自同构的.

1.4.3　环面的同态

对于 n 维环面, 我们有两种经典的表述方式:

(1) $(\mathbb{S}^1)^n = \mathbb{S}^1 \times \cdots \times \mathbb{S}^1$;

(2) $\mathbb{T}^n = \mathbb{R}^n / \mathbb{Z}^n$.

通过映射

$$(\mathbb{S}^1)^n \to \mathbb{T}^n, \quad (\mathrm{e}^{2\pi \mathrm{i} x_1}, \cdots, \mathrm{e}^{2\pi \mathrm{i} x_n}) \mapsto (x_1, \cdots, x_n) + \mathbb{Z}^n$$

将两者等价视之.

下面的两个定理是经常要用到的, 为此我们给出详细的证明.

定理 1.4.4　(1) *若 H 是 $\mathbb{S}^1$ 的闭子群, 则要么 $H = \mathbb{S}^1$, 要么 H 为有限循环群, 即存在 $p \in \mathbb{N}$, 使得 $H = H_p = \{1, a, a^2, \cdots, a^{p-1}\}$, 其中 $a \in \mathbb{S}^1$ 为 p 阶单位根;*

(2) 若 χ 是 $\mathbb{S}^1$ 的一个连续自同构, 则 χ 是恒同映射或映射 $z \mapsto z^{-1}$;

(3) 若 χ 是 $\mathbb{S}^1$ 的一个特征, 则存在 $m \in \mathbb{Z}$, 使得 $\chi(z) = z^m$;

(4) 设 $n \in \mathbb{N}$, 若 ϕ 是 $(\mathbb{S}^1)^n$ 的一个特征, 则存在 $m_1, m_2, \cdots, m_n \in \mathbb{Z}$, 使得

$$\phi(z_1, z_2, \cdots, z_n) = z_1^{m_1} z_2^{m_2} \cdots z_n^{m_n}.$$

证明 (1) 设 H 为 $\mathbb{S}^1$ 的一个闭子群. 如果 H 无限, 那么它存在极限点. 于是, 对于任何 $\varepsilon > 0$, 存在两个不同点 $a, b \in H$, 使得 $d(a, b) < \varepsilon$. 所以 $d(b^{-1}a, 1) < \varepsilon$, 其中 d 为 $\mathbb{S}^1$ 上的度量. 特别地, $\langle b^{-1}a \rangle = \{(b^{-1}a)^n : n \in \mathbb{Z}\}$ 在 $\mathbb{S}^1$ 中为 ε 稠密的. 因此 H 在 $\mathbb{S}^1$ 中 ε 稠密. 因为 ε 是任意的, 且 H 为闭的, 所以 $H = \mathbb{S}^1$.

如果 H 为有限的, 设只有 p 个元素. 于是有 $a^p = 1$ $(\forall a \in H)$. 因为 H 中每个元素都是 p 次单位根, 而且元素个数为 p, 所以 H 恰好为所有 p 次单位根的全体.

(2) 设 $\chi : \mathbb{S}^1 \to \mathbb{S}^1$ 为连续自同构. 首先, 我们有 $\chi(1) = 1$. 因为 -1 为 $\mathbb{S}^1$ 中唯一的阶数恰好为 2 的元素, 所以 $\chi(-1) = -1$. 又因为 $\mathrm{i}, -\mathrm{i}$ 为 $\mathbb{S}^1$ 中阶数恰为 4 的所有元素, 所以有两种情况:

(a) $\chi(\mathrm{i}) = \mathrm{i}, \chi(-\mathrm{i}) = -\mathrm{i}$;

(b) $\chi(\mathrm{i}) = -\mathrm{i}, \chi(-\mathrm{i}) = \mathrm{i}$.

对于 (a), 由连续性, χ 将区间映为区间. 从 a 到 b 的逆时针区间记为 $\overrightarrow{[a, b]}$. 于是, χ 将 $\overrightarrow{[1, \mathrm{i}]}$ 要么映为自身, 要么映为 $\overrightarrow{[\mathrm{i}, 1]}$. 因为 $\overrightarrow{[1, \mathrm{i}]}$ 不包含 -1, 故它不能映为 $\overrightarrow{[\mathrm{i}, 1]}$. 于是 $\chi(\overrightarrow{[1, \mathrm{i}]}) = \overrightarrow{[1, \mathrm{i}]}$. 在 $\overrightarrow{[1, \mathrm{i}]}$ 中唯一的阶为 8 的元素是 $\mathrm{e}^{\pi\mathrm{i}/4}$, 于是 $\chi(\mathrm{e}^{\pi\mathrm{i}/4}) = \mathrm{e}^{\pi\mathrm{i}/4}$. 由此得到 $\chi(\overrightarrow{[1, \mathrm{e}^{\pi\mathrm{i}/4}]}) = \overrightarrow{[1, \mathrm{e}^{\pi\mathrm{i}/4}]}$. 根据同样的道理归纳就得到

$$\chi(\overrightarrow{[1, \mathrm{e}^{2\pi\mathrm{i}/2^k}]}) = \overrightarrow{[1, \mathrm{e}^{2\pi\mathrm{i}/2^k}]}, \quad \forall k \in \mathbb{N}.$$

由于 χ 为同态, 上式说明对于任何 $k \in \mathbb{N}$, χ 在所有 2^k 阶的单位根上恒同. 所有 2^k 阶的单位根的全体是 $\mathbb{S}^1$ 的稠密子集, 根据连续性就得到 $\chi = \mathrm{id}$.

对于 (b), 根据类似的分析得到 $\chi(\mathrm{e}^{2\pi\mathrm{i}/2^k}) = \mathrm{e}^{-2\pi\mathrm{i}/2^k}$ $(\forall k \in \mathbb{N})$. 由此得到 $\chi(z) = z^{-1}$.

(3) 设 $\chi : \mathbb{S}^1 \to \mathbb{S}^1$ 为连续自同态. 如果 χ 非平凡, 则 $\chi(\mathbb{S}^1)$ 为 $\mathbb{S}^1$ 的连通闭子群. 于是, 根据 (1) 所证, 得 $\chi(\mathbb{S}^1) = \mathbb{S}^1$. 先考虑 $\operatorname{Ker}\chi$. $\operatorname{Ker}\chi$ 也是 $\mathbb{S}^1$ 的闭子群. 根据 (1), $\operatorname{Ker}\chi = \mathbb{S}^1$, 或者存在 $p \in \mathbb{N}$, 使得 $\operatorname{Ker}\chi = H_p$. 如果 $\operatorname{Ker}\chi = \mathbb{S}^1$, 那么 $\chi = 1$. 如果 $\operatorname{Ker}\chi = H_p$, 令 $\chi_1 : \mathbb{S}^1/H_p \to \mathbb{S}^1$ 为由 χ 诱导的群同态, 即 $\chi_1(zH_p) = \chi(z)$, 以及

$$\alpha_p : \mathbb{S}^1/H_p \to \mathbb{S}^1, \quad zH_p \mapsto z^p,$$

则

$$\chi_1 \circ \alpha_p^{-1} : \mathbb{S}^1 \to \mathbb{S}^1$$

为同构. 根据 (2), 可知 $\chi_1 \circ \alpha_p^{-1}(z) = z$ $(\forall z \in \mathbb{S}^1)$, 或者 $\chi_1 \circ \alpha_p^{-1}(z) = z^{-1}$ $(\forall z \in \mathbb{S}^1)$. 这样就有

$$\chi(z) = \chi_1(zH_p) = \chi_1 \circ \alpha_p^{-1}(z^p) = z^p, \quad \forall z \in \mathbb{S}^1,$$

或者

$$\chi(z) = z^{-p}, \quad \forall z \in \mathbb{S}^1.$$

(4) 对 $i \in \{1, 2, \cdots, n\}$, 设

$$\gamma_i : \mathbb{S}^1 \to (\mathbb{S}^1)^n, \quad z \mapsto (1, \cdots, 1, z, 1, \cdots, 1)$$

为到第 i 个坐标的嵌入映射. 又设 $\phi : (\mathbb{S}^1)^n \to \mathbb{S}^1$ 为同态, $\phi \circ \gamma_i : \mathbb{S}^1 \to \mathbb{S}^1$ 为自同态. 由 (3) 就存在 $m_i \in \mathbb{Z}$, 使得 $\phi \circ \gamma_i(z) = z^{m_i}$. 综上, 就得到

$$\begin{aligned}\phi(z_1, \cdots, z_n) &= \phi(\gamma_1(z_1) \cdot \gamma_2(z_2) \cdots \gamma_n(z_n)) \\ &= \phi(\gamma_1(z_1))\phi(\gamma_2(z_2)) \cdots \phi(\gamma_n(z_n)) \\ &= z_1^{m_1} z_2^{m_2} \cdots z_n^{m_n}.\end{aligned}$$

定理证毕. □

推论 1.4.1　$\widehat{(\mathbb{S}^1)^n} = \mathbb{Z}^n$.

事实上, 若 ϕ 是 $(\mathbb{S}^1)^n$ 的一个特征, 则存在 $m_1, m_2, \cdots, m_n \in \mathbb{Z}$, 使得

$$\phi(z_1, z_2, \cdots, z_n) = z_1^{m_1} z_2^{m_2} \cdots z_n^{m_n}.$$

令

$$\widehat{(\mathbb{S}^1)^n} \to \mathbb{Z}^n, \quad \phi \mapsto \begin{pmatrix} m_1 \\ m_2 \\ \vdots \\ m_n \end{pmatrix},$$

则此映射就是同构.

定理 1.4.5　(1) 每个自同态 $A : (\mathbb{S}^1)^n \to (\mathbb{S}^1)^n$ 均形如

$$A(z_1, \cdots, z_n) = (z_1^{a_{11}} z_2^{a_{12}} \cdots z_n^{a_{1n}}, \cdots, z_1^{a_{n1}} z_2^{a_{n2}} \cdots z_n^{a_{nn}}),$$

其中 $a_{ij} \in \mathbb{Z}$. 等价地, $A : \mathbb{T}^n \to \mathbb{T}^n$ 的表达式为

$$A\left(\begin{pmatrix} x_1 \\ \vdots \\ x_n \end{pmatrix} + \mathbb{Z}^n\right) = [a_{ij}] \begin{pmatrix} x_1 \\ \vdots \\ x_n \end{pmatrix} + \mathbb{Z}^n,$$

其中 $[a_{ij}] \in \mathbb{Z}^{n \times n}$ 为方阵, (i, j) 元素为 a_{ij}.

(2) 自同态 $A : (\mathbb{S}^1)^n \to (\mathbb{S}^1)^n$ 为满射当且仅当 $\det[a_{ij}] \neq 0$.

(3) 自同态 $A : (\mathbb{S}^1)^n \to (\mathbb{S}^1)^n$ 为自同构当且仅当 $\det[a_{ij}] = \pm 1$.

证明　(1) 根据定理 1.4.4(4) 易得. (2) 和 (3) 的证明是标准的, 留作习题. □

因此, $\mathbb{T}^n$ 上的满自同态与 $GL(n, \mathbb{Z})$ ($\mathbb{Z}$ 上 $n \times n$ 行列式非零方阵的全体) 之间一一对应.

在以后的讨论中, 如果 $A : \mathbb{T}^n \to \mathbb{T}^n$ 为自同态, 那么我们用 $[A]$ 表示对应的方阵, 而用 $\widetilde{A} : \mathbb{R}^n \to \mathbb{R}^n$ 表示由矩阵 $[A]$ 定义的线性映射. 设 $\pi : \mathbb{R}^n \to \mathbb{T}^n = \mathbb{R}^n/\mathbb{Z}^n, \boldsymbol{x} \mapsto \boldsymbol{x} + \mathbb{Z}^n$ 为自然投射. 于是, 我们有下面的交换:

$$\begin{array}{ccc} \mathbb{R}^n & \xrightarrow{\widetilde{A}} & \mathbb{R}^n \\ \pi\downarrow & & \downarrow\pi \\ \mathbb{T}^n & \xrightarrow[A]{} & \mathbb{T}^n \end{array}$$

设 $A:(\mathbb{S}^1)^n \to (\mathbb{S}^1)^n$ 为自同态. 下面我们确定它的对偶自同态

$$\widehat{A}:\widehat{(\mathbb{S}^1)^n} \to \widehat{(\mathbb{S}^1)^n}.$$

如前所述, 若 ϕ 是 $(\mathbb{S}^1)^n$ 的一个特征, 则存在 $m_1, m_2, \cdots, m_n \in \mathbb{Z}$, 使得

$$\phi(z_1, z_2, \cdots, z_n) = z_1^{m_1} z_2^{m_2} \cdots z_n^{m_n}.$$

令

$$\widehat{(\mathbb{S}^1)^n} \to \mathbb{Z}^n, \quad \phi \mapsto \begin{pmatrix} m_1 \\ m_2 \\ \vdots \\ m_n \end{pmatrix},$$

则此映射就是同构. 于是

$$\widehat{A}:\mathbb{Z}^n \to \mathbb{Z}^n, \quad \begin{pmatrix} m_1 \\ m_2 \\ \vdots \\ m_n \end{pmatrix} \mapsto [A]^{\mathrm{T}} \begin{pmatrix} m_1 \\ m_2 \\ \vdots \\ m_n \end{pmatrix}$$

其中 $[A]^{\mathrm{T}}$ 为转置.

1.5 Perron-Frobenius 理论

因为在本书中讨论 Markov 转移系统时需要用到非负矩阵的一些性质, 所以在这里我们介绍非负矩阵的 Perron-Frobenius 理论.

设 $k \in \mathbb{N}$, $\boldsymbol{A} = [a_{ij}] \in \mathbb{R}^{k\times k}$ 为矩阵. 对于 $n \in \mathbb{N}$, 记 $a_{ij}^{(n)}$ 为 $\boldsymbol{A}^n$ 的 (i,j) 元素, $\forall i,j \in \{1,\cdots,k\}$.

定义 1.5.1 设 $\boldsymbol{A} = [a_{ij}] \in \mathbb{R}^{k\times k}$ 为矩阵.

(1) $\boldsymbol{A}$ 为**非负的** (non-negative), 是指 $a_{ij} \geqslant 0, \forall i,j \in \{1,\cdots,k\}$, 记为 $\boldsymbol{A} \geqslant 0$; $\boldsymbol{A}$ 为**正的** (positive), 是指 $a_{ij} > 0, \forall i,j \in \{1,\cdots,k\}$, 记为 $\boldsymbol{A} > 0$.

(2) $\boldsymbol{A}$ 为**不可约的** (irreducible), 是指对于任何 $i,j \in \{1,\cdots,k\}$, 存在 $n > 0$, 使得 $a_{ij}^{(n)} > 0$.

(3) $\boldsymbol{A}$ 为**不可约非周期的** (irreducible and aperiodic)[①], 是指存在 $n > 0$, 使得对于任何 $i,j \in \{1,\cdots,k\}$, 有 $a_{ij}^{(n)} > 0$.

① 非周期矩阵的定义略为麻烦, 此处我们不再给出, 请读者参见文献 [155,191]. 一般文献中称不可约非周期矩阵为本原矩阵或素矩阵 (primitive matrix).

定理 1.5.1 (Perron-Frobeninus 定理)　设 $\boldsymbol{A}=[a_{ij}]\in\mathbb{R}^{k\times k}$ 为非负矩阵, $k\in\mathbb{N}$.

(1) 存在非负特征值 λ, 使得 $\boldsymbol{A}$ 的其他任何特征值的绝对值小于或等于 λ;

(2) $\min\limits_{1\leqslant i\leqslant k}\left(\sum\limits_{j=1}^{k}a_{ij}\right)\leqslant\lambda\leqslant\max\limits_{1\leqslant i\leqslant k}\left(\sum\limits_{j=1}^{k}a_{ij}\right)$;

(3) 对应于 λ, 存在非负左行特征向量

$$\boldsymbol{u}=(u_1,\cdots,u_k),$$

以及非负右列特征向量

$$\boldsymbol{v}=\begin{pmatrix}v_1\\ \vdots\\ v_k\end{pmatrix},$$

即

$$\boldsymbol{uA}=\lambda\boldsymbol{u},\quad \boldsymbol{Av}=\lambda\boldsymbol{v};$$

(4) 如果 $\boldsymbol{A}$ 为不可约的, $\lambda>0$ 且为简单的 (simple), 并且 (3) 中对应的特征向量为严格正的, 即 $u_i>0,v_i>0,\ \forall i\in\{1,2,\cdots,k\}$;

(5) 如果 $\boldsymbol{A}$ 为不可约的, 则 λ 为唯一具有非负特征向量的特征值.

设 $\boldsymbol{A}$ 为不可约非负矩阵, $\lambda,\boldsymbol{u},\boldsymbol{v}$ 如上面的定理所述. 定义 $k\times k$ 矩阵 $\boldsymbol{P}=[p_{ij}]$ 如下:

$$p_{ij}=\frac{a_{ij}v_j}{\lambda v_i},\quad \forall i,j\in\{1,\cdots,k\}.$$

因为 $\boldsymbol{Av}=\lambda\boldsymbol{v}$, 所以容易验证 $0\leqslant p_{ij}\leqslant 1\ (1\leqslant i,j\leqslant k)$, 且

$$\sum_{j=1}^{k}p_{ij}=\sum_{j=1}^{k}\frac{a_{ij}v_j}{\lambda v_i}=\frac{\sum\limits_{j=1}^{k}a_{ij}v_j}{\lambda v_i}=1,\quad 1\leqslant i\leqslant k.$$

满足这种条件的 $\boldsymbol{P}$ 称为**随机矩阵** (stochastic matrix). 令 $\boldsymbol{p}=(p_1,\cdots,p_k)$, 其中

$$p_i=u_iv_i,\quad 1\leqslant i\leqslant k.$$

为正规化 $\boldsymbol{u},\boldsymbol{v}$, 我们可以假设

$$\sum_{i=1}^{k}p_i=1,$$

即 $\boldsymbol{p}$ 为概率向量. 对于 $\boldsymbol{P},\boldsymbol{p}$, 我们有

$$\sum_{i=1}^{k}p_ip_{ij}=\sum_{i=1}^{k}u_iv_i\frac{a_{ij}v_j}{\lambda v_i}=\sum_{i=1}^{k}\frac{a_{ij}u_i}{\lambda}v_j=u_jv_j=p_j,\quad \forall j\in\{1,2,\cdots,k\},$$

即

$$\boldsymbol{pP}=\boldsymbol{p}.$$

定理 1.5.2 设 $\boldsymbol{A}$ 为不可约非周期的非负矩阵, $\lambda, \boldsymbol{u}, \boldsymbol{v}$ 同 Perron-Frobeninus 定理所述, 此时

$$\boldsymbol{u} = (u_1, \cdots, u_k), \quad \boldsymbol{v} = (v_1, \cdots, v_k)^{\mathrm{T}}$$

为严格正的向量. 那么对于任何 $i, j \in \{1, 2, \cdots, k\}$,

$$\lim_{n\to\infty} \frac{a_{ij}^{(n)}}{\lambda^n} = v_i u_j,$$

即

$$\lim_{n\to\infty} \frac{\boldsymbol{A}^n}{\lambda^n} = \boldsymbol{v}\boldsymbol{u} = \begin{pmatrix} v_1 \\ \vdots \\ v_k \end{pmatrix} (u_1, \cdots, u_k).$$

定理 1.5.3 (更新定理) 设 $\{c_n\}_{n=0}^{\infty}$ 和 $\{d_n\}_{n=0}^{\infty}$ 为实值有界序列, 其中 $0 \leqslant c_n \leqslant 1, d_n \geqslant 0, \forall n \in \mathbb{Z}_+$. 设使得 $c_n > 0$ 的所有 n 的最大公约数为 1. 令

$$u_n = d_n + c_0 u_n + c_1 u_{n-1} + \cdots + c_n u_0, \quad \forall n \in \mathbb{Z}_+.$$

如果 $\sum\limits_{n=0}^{\infty} c_n = 1$ 且 $\sum\limits_{n=0}^{\infty} d_n < \infty$, 那么

$$\lim_{n\to\infty} u_n = \frac{\sum\limits_{n=0}^{\infty} d_n}{\sum\limits_{n=0}^{\infty} n c_n},$$

式中, 如果 $\sum\limits_{n=0}^{\infty} n c_n = \infty$, 那么极限定义为 0.

1.6 Furstenberg 族

族的概念最早可以追溯到在一般拓扑学与数理逻辑中滤子的使用. 但这种用族的观点来研究系统的动力学性质的思想首先是由 Gottschalk 和 Hedlund (1955) 引入的[89], 之后有许多数学工作者沿着这一思路进行了有意义的讨论. 在 Furstenberg 经典著作[68] 中将这一思想进行了深刻而漂亮的阐述. 他的工作将拓扑动力系统与遍历论的应用深刻地植入组合数论与 Ramsey 理论之中, 对相应的数学分支有着广泛而深远的影响. Akin 在拓扑动力系统这一范畴中, 在其专著[4] 中系统总结和发展了 Furstenberg 族的方法.

由于我们在本书中大多情况下只涉及离散动力系统, 即我们的作用半群是 $\mathbb{Z}_+$, 所以为了方便与利于理解, 我们只讨论 $\mathbb{Z}_+$ 上的子集族, 而将 $\mathbb{Z}_+$ 换为一般作用群或半群 G 时, 以下的讨论均是类似的.

设 $\mathcal{P}$ 为 $\mathbb{Z}_+$ 的全体子集构成的集合. 如果 $\mathcal{P}$ 的子集 $\mathcal{F}$ 具有上遗传性, 即若 $F_1 \subseteq F_2$ 且 $F_1 \in \mathcal{F}$, 则 $F_2 \in \mathcal{F}$, 那么我们就称 $\mathcal{F}$ 为 **Furstenberg 族**, 或者直接简称为**族**. 族 $\mathcal{F}$ 称

为**真族**, 如果它是 $\mathcal{P}$ 的真子集, 即它既非空集又不为 $\mathcal{P}$. 由上遗传性, $\mathcal{F}$ 为真族当且仅当 $\emptyset \notin \mathcal{P}$ 且 $\mathbb{Z}_+ \in \mathcal{F}$.

如果一个真族 $\mathcal{F}$ 对集合的交运算封闭, 则称之为**滤子** (filter), 即若 $F_1, F_2 \in \mathcal{F}$, 则 $F_1 \cap \mathcal{F}_2 \in \mathcal{F}$. 每个 $\mathcal{P}$ 的子集 $\mathcal{A}$ 均可生成一个族:

$$[\mathcal{A}] = \{F \in \mathcal{P} : \exists A \in \mathcal{A}, \text{ s.t. } A \subseteq F\}.$$

易见, $[\mathcal{A}]$ 是包含 $\mathcal{A}$ 的最小的族. 如果 $[\mathcal{A}]$ 为滤子, 那么我们称 $\mathcal{A}$ 为**滤子基**.

如果 $\mathcal{F}$ 为族, 则它的**对偶**

$$\mathcal{F}^* = \{F \in \mathcal{P} : F \cap F_1 \neq \emptyset \text{ 对所有的 } F_1 \in \mathcal{F} \text{ 都成立}\}$$

也为族, 且若 $\mathcal{F}$ 为真子族, 则 $\mathcal{F}^*$ 也为真子族. 不难证明

$$\mathcal{F}^* = \{F \in \mathcal{P} : \mathbb{Z}_+ \setminus F \notin \mathcal{F}\}.$$

$\mathcal{P}$ 的最大的真子族为由 $\mathbb{Z}_+$ 的所有非空子集构成的族 $\mathcal{P}_+$, 它的对偶族 $\mathcal{P}_+^*$ 为最小的真子族 $\{\mathbb{Z}_+\}$.

性质 1.6.1 设 $\mathcal{F}, \mathcal{F}_\alpha$ 为真族, 则

(1) $(\mathcal{F}^*)^* = \mathcal{F}$;

(2) $\mathcal{F}_1 \subseteq \mathcal{F}_2 \Rightarrow \mathcal{F}_2^* \subseteq \mathcal{F}_1^*$;

(3) $\left(\bigcup_\alpha \mathcal{F}_\alpha\right)^* = \bigcap_\alpha \mathcal{F}_\alpha^*$, $\left(\bigcap_\alpha \mathcal{F}_\alpha\right)^* = \bigcup_\alpha \mathcal{F}_\alpha^*$.

设 $\mathcal{F}_1$ 与 $\mathcal{F}_2$ 为族, 定义运算

$$\mathcal{F}_1 \cdot \mathcal{F}_2 = \{F_1 \cap F_2 : F_1 \in \mathcal{F}_1, F_2 \in \mathcal{F}_2\}.$$

由定义, 易见 $\mathcal{F}_1 \cup \mathcal{F}_2 \subseteq \mathcal{F}_1 \cdot \mathcal{F}_2$, $\mathcal{F}_1 \cdot \mathcal{F}_2 = \mathcal{F}_2 \cdot \mathcal{F}_1$, $\mathcal{F}_1 \subseteq \mathcal{F}_2 \Rightarrow \mathcal{F}_1 \cdot \mathcal{F} \subseteq \mathcal{F}_2 \cdot \mathcal{F}$(对于任何族 $\mathcal{F}$), 等等.

命题 1.6.1 设 $\mathcal{F}, \mathcal{F}_1, \mathcal{F}_2$ 为族.

(1) $\mathcal{F}_1 \cdot \mathcal{F}_2$ 为真的当且仅当 $\mathcal{F}_2 \subseteq \mathcal{F}_1^*$. 一般地, $\mathcal{F}_1 \cdot \mathcal{F}_2 \subseteq \mathcal{F}$ 当且仅当 $\mathcal{F}_1 \cdot \mathcal{F}^* \subseteq \mathcal{F}_2^*$.

(2) 真族 $\mathcal{F}$ 是滤子当且仅当 $\mathcal{F} = \mathcal{F} \cdot \mathcal{F}$; 且若 $\mathcal{F}$ 是滤子, 则 $\mathcal{F} \subseteq \mathcal{F} \cdot \mathcal{F}^* = \mathcal{F}^*$.

(3) 若 $\mathcal{F}$ 为真子族, 则 $(\mathcal{F} \cdot \mathcal{F}^*)^*$ 为包含在 $\mathcal{F} \cap \mathcal{F}^*$ 中的滤子, 且此滤子为满足关系 $\mathcal{F}_1 \cdot \mathcal{F} \subseteq \mathcal{F}$ 的所有 $\mathcal{F}_1$ 中最大的族.

证明 (1) 明显有 $\mathbb{Z}_+ \in \mathcal{F}_1 \cdot \mathcal{F}_2$, 于是 $\mathcal{F}_1 \cdot \mathcal{F}_2$ 为真的当且仅当 $\emptyset \notin \mathcal{F}_1 \cdot \mathcal{F}_2$. 即对任意 $F_1 \in \mathcal{F}_1$ 及任意 $F_2 \in \mathcal{F}_2$, $F_1 \cap F_2 \neq \emptyset$ 成立. 由此式及对偶的定义, $\mathcal{F}_1 \cdot \mathcal{F}_2$ 为真的当且仅当 $\mathcal{F}_1 \subseteq \mathcal{F}_2^*$, $\mathcal{F}_2 \subseteq \mathcal{F}_1^*$.

如果 $\mathcal{F}_1 \cdot \mathcal{F}_2 \subseteq \mathcal{F}$, 则

$$(\mathcal{F}_1 \cdot \mathcal{F}^*) \cdot \mathcal{F}_2 = (\mathcal{F}_1 \cdot \mathcal{F}_2) \cdot \mathcal{F}^* \subseteq \mathcal{F} \cdot \mathcal{F}^*.$$

于是 $(\mathcal{F}_1 \cdot \mathcal{F}^*) \cdot \mathcal{F}_2$ 为真的. 由上述已证结论就有 $\mathcal{F}_1 \cdot \mathcal{F}^* \subseteq \mathcal{F}_2^*$. 反之, 设 $\mathcal{F}_1 \cdot \mathcal{F}^* \subseteq \mathcal{F}_2^*$, 由上述已证结论就知 $(\mathcal{F}_1 \cdot \mathcal{F}_2) \cdot \mathcal{F}^*$ 为真的, 继而再用一次上述结论, 就有 $\mathcal{F}_1 \cdot \mathcal{F}_2 \subseteq (\mathcal{F}^*)^* = \mathcal{F}$.

(2) 注意到 $\mathcal{F}\cdot\mathcal{F}\subseteq\mathcal{F}$ 等价于 $\mathcal{F}\cdot\mathcal{F}=\mathcal{F}$. 若 $\mathcal{F}$ 为滤子, 则 $\mathcal{F}\cdot\mathcal{F}=\mathcal{F}$. 由 (1), 我们就得到 $\mathcal{F}\subseteq\mathcal{F}^*$, $\mathcal{F}\cdot\mathcal{F}^*\subseteq\mathcal{F}^*$.

(3) 由于 $\mathcal{F}\cup\mathcal{F}^*\subseteq\mathcal{F}\cdot\mathcal{F}^*$, 所以 $(\mathcal{F}\cdot\mathcal{F}^*)^*\subseteq(\mathcal{F}\cup\mathcal{F}^*)^*=\mathcal{F}^*\cap\mathcal{F}$. 令 $\tilde{\mathcal{F}}=(\mathcal{F}\cdot\mathcal{F}^*)^*$, 则 $\mathcal{F}\cdot\mathcal{F}^*=\tilde{\mathcal{F}}^*$. 由 (1), 可知 $\mathcal{F}\cdot\tilde{\mathcal{F}}\subseteq\mathcal{F}$.

设族 $\mathcal{F}_1$ 满足 $\mathcal{F}_1\cdot\mathcal{F}\subseteq\mathcal{F}$, 则 $\mathcal{F}_1\cdot\mathcal{F}\cdot\mathcal{F}^*\subseteq\mathcal{F}\cdot\mathcal{F}^*$. 又由 (1), 我们得到 $\mathcal{F}_1\cdot\tilde{\mathcal{F}}\subseteq\tilde{\mathcal{F}}$. 所以 $\mathcal{F}_1\subseteq\mathcal{F}_1\cdot\tilde{\mathcal{F}}\subseteq\tilde{\mathcal{F}}$. 特别当 $\mathcal{F}_1=\tilde{\mathcal{F}}$ 时, 有 $\tilde{\mathcal{F}}\cdot\tilde{\mathcal{F}}\subseteq\tilde{\mathcal{F}}$. 所以 $\tilde{\mathcal{F}}$ 为滤子. □

令 $\mathcal{F}_{\text{inf}}$ 为 $\mathbb{Z}_+$ 的全体无限子集组成的族, 那么易见它为滤子, 并且它的对偶族 $\mathcal{F}_{\text{inf}}^*=\mathcal{F}_{\text{cf}}$ 为全体有限余集组成的族.

如果 $\mathcal{F}^*$ 为滤子, 那么族 $\mathcal{F}$ 称为**滤子对偶**. 对于滤子对偶, 它的重要性在于它具有 Ramsey 性质:

命题 1.6.2 *族 $\mathcal{F}$ 为滤子对偶当且仅当它具有 Ramsey 性质, 即若 $F_1\cup F_2\in\mathcal{F}$, 则 $F_1\in\mathcal{F}$ 或 $F_2\in\mathcal{F}$ 成立.*

证明 设 $\mathcal{F}$ 为滤子对偶. 如果 $F_1\notin\mathcal{F}$ 且 $F_2\notin\mathcal{F}$, 则 $F_1^c\in\mathcal{F}^*$ 且 $F_2^c\in\mathcal{F}^*$. 于是 $F_1^c\cap F_2^c\in\mathcal{F}^*$, 所以 $(F_1\cup F_2)^c\in\mathcal{F}^*$, 从而 $F_1\cup F_2\notin\mathcal{F}$.

反之, 对任意 $F_1,F_2\in\mathcal{F}^*$, 由定义有 $F_1^c\notin\mathcal{F}$ 及 $F_2^c\notin\mathcal{F}$. 所以 $F_1^c\cup F_2^c\notin\mathcal{F}$, 即 $(F_1\cap F_2)^c\notin\mathcal{F}$. 从而 $F_1\cap F_2\in\mathcal{F}^*$. □

滤子对偶是一条重要的性质, 正是由于这条性质, 族在 Ramsey 理论中有着特殊的作用.

在后文中我们会介绍许多重要的族, 在这里我们作为例子介绍一类与密度有关的族. 设 A 为 $\mathbb{Z}_+$ 或 $\mathbb{Z}$ 的子集. 它的**上 Banach 密度**定义为

$$d^*(A)=\limsup_{|I|\to\infty}\frac{|A\cap I|}{|I|},$$

其中 I 为 $\mathbb{Z}_+$ 或 $\mathbb{Z}$ 的区间段, 而 $|\cdot|$ 表示集合的基数. 集合 A 的**上密度**定义为

$$\bar{d}(A)=\limsup_{N\to\infty}\frac{|A\cap\{0,1,\cdots,N-1\}|}{N}.$$

若 A 为 $\mathbb{Z}$ 的子集, 则定义改为

$$\bar{d}(A)=\limsup_{N\to\infty}\frac{|A\cap\{-N,-N+1,\cdots,N\}|}{2N+1}.$$

同理可定义**下 Banach 密度** $d_*(A)$ 和**下密度** $\underline{d}(A)$. 如果 $\bar{d}(A)=\underline{d}(A)$, 那么称 A **有密度** $d(A)$.

容易验证下面的性质:

性质 1.6.2 *设 E,F 为 $\mathbb{Z}_+$ 或 $\mathbb{Z}$ 的子集.*

(1) $d_*(E)\leqslant\underline{d}(E)\leqslant\bar{d}(E)\leqslant d^*(E)$.

(2) $d^*(E\cup F)\leqslant d^*(E)+d^*(F)$; *如果 $E\cap F=\emptyset$, 则 $d_*(E\cup F)\geqslant d_*(E)+d_*(F)$. 将 d^*,d_* 换为 $\bar{d},\underline{d}$ 结论仍成立.*

(3) $\overline{d}(E)=1-\underline{d}(E^c)$; $d^*(E)=1-d_*(E^c)$.

记 $\mathcal{F}_{\mathrm{d1}} = \{A : d(A) = 1\} = \{A : \underline{d}(A) = 1\}$, $\mathcal{F}_{\mathrm{lbd1}} = \{A : d_*(A) = 1\}$, 它们为滤子. 并且我们有

$$\mathcal{F}_{\mathrm{d1}}^* = \{A : A^{\mathrm{c}} \notin \mathcal{F}_{\mathrm{d1}}\} = \{A : \underline{d}(A^{\mathrm{c}}) < 1\} = \{A : \overline{d}(A) > 0\}.$$

同理, 得到 $\mathcal{F}_{\mathrm{lbd1}}^* = \{A : d^*(A) > 0\}$.

1.7 注 记

在 [62](Foland), [180](Royden), [181-182] (Rudin) 等中, 可以找到上面涉及测度、积分和拓扑的大部分知识. 拓扑群理论可以参见文献 [100, 217], 测度论系统知识可以参见文献 [35, 96], 一般拓扑学的知识可以参见文献 [36, 134]. Perron-Frobeninus 理论及其应用在许多矩阵论的书籍中能找到证明, 也可以参见文献 [155, 191] 等. 关于族的介绍可以参见文献 [68, 4, 219] 等, 这部分内容也可参见文献 [102].

第 2 章　保测系统

设 X 为空间, G 为群. 如果 $\phi: G \times X \to X$ 满足:

(1) 对任意 $x \in X$, 有 $\phi(e,x)=x$, 其中 e 为 G 的单位元;

(2) 对任意 $x \in X$ 和 $g_1, g_2 \in G$, $\phi(g_1, \phi(g_2, x)) = \phi(g_1 g_2, x)$ 成立,

那么我们称 (X, G, ϕ) 为一个**动力系统**. 一般地, 我们也直接用 (X,G) 记一个动力系统. 易见, 此时对于每个 $g \in G$, $\phi(g,\cdot): X \to X$, $x \mapsto \phi(g,x)$ 为双射. 为方便计, 大多数情况下我们将 $\phi(g,x)$ 简记为 gx. 当 X 为独点集时, 我们称系统 (X,G) 为**平凡系统**.

如果 $G=\mathbb{R}$ 为实数加群, 我们也称 $(X,\mathbb{R})$ 为一个**流**. 如果 $G=\mathbb{Z}$ 为整数加群, 那么称 $(X,\mathbb{Z})$ 为一个**离散动力系统**.

设 $T: X \to X$ 为一个双射, 我们可以定义 $\phi: \mathbb{Z} \times X \to X$, 使得 $\phi(n,x) = T^n(x)$. 于是, $(X, \mathbb{Z}, \phi)$ 成为一个离散动力系统. 反之, 如果 $(X, \mathbb{Z}, \phi)$ 为一个离散动力系统, 那么 $T: X \to X$, $x \mapsto \phi(1,x)$ 为一个双射, 且对任意 $x \in X$ 及 $n \in \mathbb{Z}$, 我们有 $\phi(n,x) = T^n(x)$. 正因为如此, 我们一般直接以 (X,T) 表示离散动力系统.

类似地, 在上面的定义中我们可以取 G 为半群. 例如, 在上面的定义中我们以非负整数加法半群 $\mathbb{Z}_+$ 来替代 G, 那么称 $(X, \mathbb{Z}_+, \phi)$ 为一个**半离散动力系统**. 在本书中, 这是我们讨论的主要对象. 同样, 对于半离散系统, 我们用 (X,T) 表示它, 其中 $T: X \to X$ 为映射.

在具体研究中, 我们会赋予 (X, G, ϕ) 更为具体的结构. 如果 X 为拓扑空间, G 为拓扑群且 ϕ 为连续的, 那么称 (X,G) 为**拓扑动力系统**. 如果 X 具有测度结构, G 为拓扑群且 ϕ 为可测的, 那么称 (X,G) 为**测度动力系统**, 这就是本书需要研究的主要对象. 如果 X 具有微分结构, 那么 (X,G) 就是微分动力系统研究的对象, 等等. 遍历理论就是研究测度动力系统性质的理论.

在本章中, 我们将给出测度动力系统的基本概念和诸多例子, 希望通过这些例子使读者对测度动力系统或遍历理论有一个初步印象. 最后, 我们将介绍 Poincaré 回复定理, 这是遍历论较早的经典结论之一.

2.1　基本概念

在本节中, 我们介绍测度动力系统的一些基本概念.

2.1.1 保测系统

定义 2.1.1 设 $(X_1,\mathcal{X}_1,\mu_1)$ 及 $(X_2,\mathcal{X}_2,\mu_2)$ 为概率空间.

(1) 映射 $T:X_1\to X_2$ 是**可测的** (measurable), 是指它满足 $T^{-1}(\mathcal{X}_2)\subseteq\mathcal{X}_1$, 即对任意 $B_2\in\mathcal{X}_2$, 有 $T^{-1}(B_2)\in\mathcal{X}_1$.

(2) 映射 $T:X_1\to X_2$ 是**保测的** (measure preserving), 是指 T 为可测的, 且对任意 $B_2\in\mathcal{X}_2$, 有

$$\mu_1(T^{-1}(B_2))=\mu_2(B_2).$$

(3) 映射 $T:X_1\to X_2$ 是**可逆保测映射** (invertible), 是指 T 为双射, 并且 T 和 T^{-1} 都是保测的.

当 $(X_1,\mathcal{X}_1,\mu_1)=(X_2,\mathcal{X}_2,\mu_2)$ 时, 我们经常将映射 $T:X_1\to X_2$ 称为**变换**.

定义 2.1.2 设 $(X,\mathcal{X},\mu)$ 为概率空间, 且 $T:(X,\mathcal{X},\mu)\to(X,\mathcal{X},\mu)$ 为保测变换, 那么我们称四元组 $(X,\mathcal{X},\mu,T)$ 为**保测系统**. 此时, 称 T **保持** μ, 或者称 μ 为 T **不变的**.

在遍历理论中有两种类型的问题: 第一种是所谓的“内在问题”, 主要研究保测变换本身, 以及确定何时两个系统是“一样的”, 即同构的 (分类问题); 第二种问题是它在别的数学分支和其他自然科学中的应用. 现在我们先定义何时两个系统是“一样的”.

定义 2.1.3 设 $(X_1,\mathcal{X}_1,\mu_1,T_1)$ 和 $(X_2,\mathcal{X}_2,\mu_2,T_2)$ 为两个保测系统. 如果存在 $M_i\in\mathcal{X}_i$, 使得 $\mu_i(M_i)=1$, $T_iM_i\subseteq M_i$ $(i=1,2)$, 以及存在保测映射 $\phi:(M_1,\mathcal{X}_1|_{M_1},\mu_1|_{M_1})\to(M_2,\mathcal{X}_2|_{M_2},\mu_2|_{M_2})$, 满足 $\phi\circ T_1(x)=T_2\circ\phi(x)$ $(\forall x\in M_1)$, 如图 2.1 所示, 那么我们称 $(X_2,\mathcal{X}_2,\mu_2,T_2)$ 为 $(X_1,\mathcal{X}_1,\mu_1,T_1)$ 的**因子**, 或者称 $(X_1,\mathcal{X}_1,\mu_1,T_1)$ 为 $(X_2,\mathcal{X}_2,\mu_2,T_2)$ 的**扩充**.

如果 ϕ 为一个可逆保测映射, 那么我们称 $(X_1,\mathcal{X}_1,\mu_1,T_1)$ 和 $(X_2,\mathcal{X}_2,\mu_2,T_2)$ **同构**, 或者直接称 T_1 **同构于**T_2.

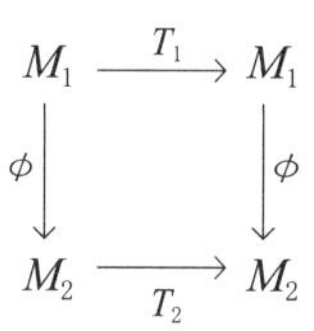

根据定义 2.1.1 去判定一个变换是否为保测的并非一件容易的事情. 在具体验证所涉及的例子时, 我们经常使用下面的引理:

$$\begin{array}{ccc} M_1 & \xrightarrow{T_1} & M_1 \\ \downarrow{\scriptstyle\phi} & & \downarrow{\scriptstyle\phi} \\ M_2 & \xrightarrow[T_2]{} & M_2 \end{array}$$

图 2.1

引理 2.1.1 设 $(X_1,\mathcal{X}_1,\mu_1)$ 和 $(X_2,\mathcal{X}_2,\mu_2)$ 为概率空间, $T:X_1\to X_2$ 为映射, 且 $\mathcal{S}_2$ 为生成 $\mathcal{X}_2$ 的半代数. 如果对每个 $A_2\in\mathcal{S}_2$, 都有 $T^{-1}(A_2)\in\mathcal{X}_1$ 且 $\mu_1(T^{-1}(A_2))=\mu_2(A_2)$, 那么 T 为保测的.

证明 设 $\mathcal{C}_2=\{B\in\mathcal{X}_2:T^{-1}(B)\in\mathcal{X}_1,\mu_1(T^{-1}B)=\mu_2(B)\}$. 下证 $\mathcal{C}_2=\mathcal{X}_2$. 因为 $\mathcal{S}_2\subseteq\mathcal{C}_2$, 并且由 $\mathcal{S}_2$ 生成的代数 $\mathcal{A}(\mathcal{S}_2)$ 中的元为有限个 $\mathcal{S}_2$ 中的元的无交并, 所以我们有 $\mathcal{A}(\mathcal{S}_2)\subseteq\mathcal{C}_2$. 易见, $\mathcal{C}_2$ 为单调类. 根据 $\mathcal{A}(\mathcal{S}_2)$ 生成的 σ 代数为由 $\mathcal{A}(\mathcal{S}_2)$ 生成的单调类的事实, 我们易得结论. □

设 $(X_1,\mathcal{X}_1,\mu_1,T_1)$ 和 $(X_2,\mathcal{X}_2,\mu_2,T_2)$ 为两个保测系统, $(X_1\times X_2,\mathcal{X}_1\times\mathcal{X}_2,\mu_1\times\mu_2)$ 为

乘积空间, 定义

$$T_1 \times T_2 : X_1 \times X_2 \to X_1 \times X_2, \quad (x_1, x_2) \mapsto (T_1 x_1, T_2 x_2).$$

我们易验证 $(X_1 \times X_2, \mathcal{X}_1 \times \mathcal{X}_2, \mu_1 \times \mu_2, T_1 \times T_2)$ 仍为一个保测系统, 称之为两个系统的**乘积系统**. 同理, 可以定义任意多个系统的乘积系统.

2.1.2 Koopman 算子

设 $(X, \mathcal{X}, \mu)$ 为概率空间. 在本书中如不特别指出, 我们均假设 $\mathcal{X}$ 为可数生成的. 这等价于作为度量空间, Hilbert 空间 $L^2(X, \mathcal{X}, \mu)$ 为可分的.

对任意概率空间 $(X, \mathcal{X}, \mu)$ 和 $p \geqslant 1$, 都可定义相应的 Banach 空间:

$$L^p(\mu) = L^p(X, \mathcal{X}, \mu) = \left\{ f : X \to \mathbb{C} : f \text{ 可测且 } \int_X |f|^p \mathrm{d}\mu < \infty \right\}.$$

这些空间上的理论是处理可测空间问题的一类重要工具. 设 $L^0(X, \mathcal{X}, \mu)$ 为 $(X, \mathcal{X}, \mu)$ 上可测复值函数全体的集合 (在涉及泛函空间时, 两个函数相等是指它们几乎处处相等), 并且以 $L^0_{\mathbb{R}}(X, \mathcal{X}, \mu)$ 记 $L^0(X, \mathcal{X}, \mu)$ 的实值函数全体.

定义 2.1.4 设 $(X_1, \mathcal{X}_1, \mu_1)$ 及 $(X_2, \mathcal{X}_2, \mu_2)$ 为概率空间, $T : X_1 \to X_2$ 为保测映射. 诱导算子 $U_T : L^0(X_2, \mathcal{X}_2, \mu_2) \to L^0(X_1, \mathcal{X}_1, \mu_1)$ 定义为

$$(U_T f)(x) = f(Tx), \quad \forall f \in L^0(X_2, \mathcal{X}_2, \mu_2),\ x \in X_1.$$

称 U_T 为 **Koopman 算子** (operator).

我们首先罗列 U_T 的一些简单的性质:

(1) U_T 为线性的, 且 $U_T L^0_{\mathbb{R}}(X_2, \mathcal{X}_2, \mu_2) \subseteq L^0_{\mathbb{R}}(X_1, \mathcal{X}_1, \mu_1)$.

(2) $U_T(f \cdot g) = (U_T f)(U_T g), U_T c = c$, 其中 c 为常值函数.

(3) U_T 为正算子, 即如果 $f \geqslant 0$, 则 $U_T f \geqslant 0$.

(4) $U_T \mathbf{1}_B = \mathbf{1}_{T^{-1}B}$ $(\forall B \in \mathcal{X}_2)$.

(5) 设 $T : X_1 \to X_2, S : X_2 \to X_3$ 为保测映射, 那么 $U_{S \circ T} = U_T \circ U_S$. 于是, 如果 $T : X \to X$ 为保测的, 那么有

$$U_{T^n} = U_T^n, \quad \forall n \in \mathbb{Z}_+.$$

引理 2.1.2 假设 $(X_1, \mathcal{X}_1, \mu_1)$ 及 $(X_2, \mathcal{X}_2, \mu_2)$ 为概率空间, $T : X_1 \to X_2$ 为保测映射. 对于 $F \in L^0(X_2, \mu_2)$, 我们有

$$\int_{X_1} U_T F \mathrm{d}\mu_1 = \int_{X_2} F \mathrm{d}\mu_2.$$

在上面的式子中, 如果一边积分不存在或者为无穷, 则另一边亦然.

证明　设 $F = \mathbf{1}_B$ $(B \in \mathcal{X}_2)$, 则

$$\int_{X_1} U_T F \mathrm{d}\mu_1 = \int_{X_1} U_T \mathbf{1}_B \mathrm{d}\mu_1 = \int_{X_1} \mathbf{1}_{T^{-1}B} \mathrm{d}\mu_1$$
$$= \mu_1(T^{-1}B) = \mu_2(B) = \int_{X_2} F \mathrm{d}\mu_2.$$

所以命题对简单函数成立. 于是根据标准的逼近方法, 我们可以证明引理, 细节留给读者. □

根据引理 2.1.2, 我们有如下常用推论:

推论 2.1.1　假设 $(X, \mathcal{X}, \mu)$ 为概率空间, $T: X \to X$ 为可测映射. 那么 T 为保持测度 μ 的当且仅当对于 $f \in L^\infty(X, \mu)$, 有

$$\int_X U_T f \mathrm{d}\mu = \int_X f \mathrm{d}\mu.$$

定理 2.1.1　假设 $(X_1, \mathcal{X}_1, \mu_1)$ 及 $(X_2, \mathcal{X}_2, \mu_2)$ 为概率空间, $T: X_1 \to X_2$ 为保测映射. 对任意 $p \geqslant 1$, 有

$$U_T L^p(X_2, \mu_2) \subseteq L^p(X_1, \mu_1),$$

并且 U_T 为等距算子, 即对任意 $f \in L^p(X_2, \mu_2)$, 有

$$\|U_T f\|_p = \|f\|_p.$$

同时, 还有

$$U_T L^p_{\mathbb{R}}(X_2, \mu_2) \subseteq L^p_{\mathbb{R}}(X_1, \mu_1).$$

证明　设 $f \in L^p(X_2, \mu_2)$. 在引理 2.1.2 中, 令 $F(x) = |f(x)|^p$, 就得到 $\|U_T f\|_p = \|f\|_p$. 由此即证得结论. □

设 $(X, \mathcal{X}, \mu, T)$ 是一个保测系统, 则 Koopman 算子 $U_T: L^p(X, \mu) \to L^p(X, \mu)$ 为等距算子, 特别当 $p = 2$ 且 T 可逆保测时, U_T 是一个酉算子. 研究 U_T 的理论称为 T 的**谱理论**, 后面我们会继续研究它.

2.1.3　逆极限与自然扩充

定义 2.1.5 (逆极限)　设 $\{(X_i, \mathcal{X}_i, \mu_i, T_i)\}_{i=0}^\infty$ 为保测系统族. 对于任何 $i \geqslant j$, 存在因子映射 $\phi_{ij}: X_i \to X_j$, 使得 $\phi_{ii} = \mathrm{id}$, 并且

$$\phi_{jk} \circ \phi_{ij} = \phi_{ik}, \quad \forall i \geqslant j \geqslant k,$$

如图 2.2 所示. 定义 $\prod\limits_{i=0}^\infty X_i$ 的子集

$$X = \left\{ x = (x_i)_{i=0}^\infty \in \prod_{i=0}^\infty X_i : \phi_{ij} x_i = x_j, \ \forall i \geqslant j \right\}.$$

对 $i \in \mathbb{Z}_+$, 设 $\pi_i: X \to X_i, \pi_i(x) = x_i$ 为投射. 易见, 它满足 $\phi_{ij} \circ \pi_i = \pi_j$ $(\forall i \geqslant j)$, 如图 2.3 所示.

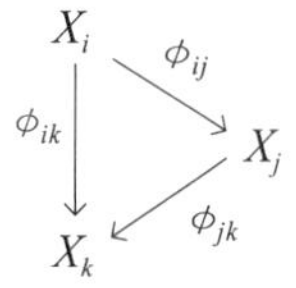

图 2.2 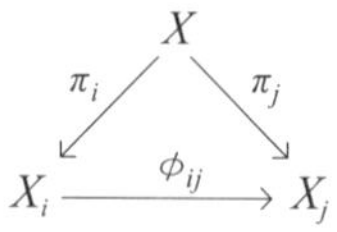　　　　图 2.3

设 $\mathcal{X}$ 为由 $\{\pi_i^{-1}\mathcal{X}_i\}_{i=0}^{\infty}$ 生成的 σ 代数. 定义 $\mu:\bigcup\limits_{i=0}^{\infty}\pi_i^{-1}(\mathcal{X}_i)\to\mathbb{R}_+$, 满足 $\mu(\pi_i^{-1}E)=\mu_i(E)$ $(\forall E\in\mathcal{X}_i, i\in\mathbb{Z}_+)$. 再将 μ 延拓到 $\mathcal{X}$ 上. 定义 $T:X\to X$, 使得

$$T\big((x_i)_{i=0}^{\infty}\big)=(T_ix_i)_{i=0}^{\infty},\quad \forall (x_i)_{i=0}^{\infty}\in X.$$

明显地,

$$\pi_i:(X,\mathcal{X},\mu,T)\to(X_i,\mathcal{X}_i,\mu_i,T_i)$$

为因子映射. 称 $(X,\mathcal{X},\mu,T)$ 为 $\{(X_i,\mathcal{X}_i,\mu_i,T_i)\}_{i=0}^{\infty}$ 的**逆极限系统** (inverse limit), 记为

$$(X,\mathcal{X},\mu,T)=\overleftarrow{\lim_{i\to\infty}}(X_i,\mathcal{X}_i,\mu_i,T_i),$$

或

$$(X,\mathcal{X},\mu,T)=\text{inv}\lim_{i\to\infty}(X_i,\mathcal{X}_i,\mu_i,T_i).$$

以上构造也可推广到一般的有向集指标的系统族.

将半离散系统与离散系统联系在一起的一个桥梁是所谓的自然扩充.

设 $(X,\mathcal{X},\mu,T)$ 为保测系统. 如果 T 不可逆, 我们可以通过自然扩充使其变成可逆系统的因子. 具体地, 令

$$\widetilde{X}=\left\{(x_1,x_2,\cdots)\in\prod_{i=1}^{\infty}X:Tx_{i+1}=x_i,\ i\geqslant 1\right\}.$$

它为乘积空间 $\prod\limits_{i=1}^{\infty}X$ 的子集. 对于 $B\in\mathcal{X},m\in\mathbb{N}$, 设 $B_m=\{(x_n)_{n\in\mathbb{N}\in\widetilde{X}}:x_m\in B\}$. 令 $\widetilde{\mathcal{X}}$ 为由集合 $\{B_m:B\in\mathcal{X},m\in\mathbb{N}\}$ 生成的子 σ 代数, 并且根据 $\widetilde{\mu}(B_m)=\mu(B)$ $(\forall B\in\mathcal{X},m\in\mathbb{N})$ 定义 $\widetilde{\mathcal{X}}$ 上的测度. 定义

$$\widetilde{T}:\widetilde{X}\to\widetilde{X},\quad \widetilde{T}(x_1,x_2,\cdots)=(Tx_1,Tx_2,Tx_3,\cdots)=(Tx_1,x_1,x_2,\cdots),$$

那么 $\widetilde{T}$ 为可逆保测变换. 事实上,

$$\widetilde{T}^{-1}(x_0,x_1,x_2,\cdots)=(x_1,x_2,\cdots),\quad \forall (x_0,x_1,x_2,\cdots)\in\widetilde{X}.$$

对每个 $n\in\mathbb{N}$, 设 $p_n:\widetilde{X}\to X$ 为向第 n 个分量的投影映射. 易见, $p_1:(\widetilde{X},\widetilde{\mathcal{X}},\widetilde{\mu},\widetilde{T})\to(X,\mathcal{X},\mu,T)$ 为因子映射, 如图 2.4 所示.

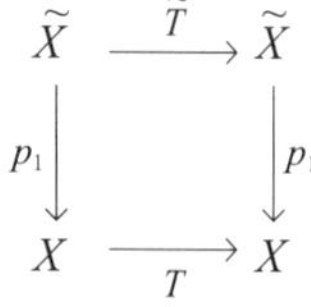

图 2.4

系统 $(\widetilde{X},\widetilde{\mathcal{X}},\widetilde{\mu},\widetilde{T})$ 称为 $(X,\mathcal{X},\mu,T)$ 的**自然扩充** (natural extension). 注意, 如果 $(X,\mathcal{X},\mu,T)$ 为可逆保测系统, 那么得到的 $(\widetilde{X},\widetilde{\mathcal{X}},\widetilde{\mu},\widetilde{T})$ 与 $(X,\mathcal{X},\mu,T)$ 同构.

习 题

1. 给出引理 2.1.1 的完整证明.

2. 给出引理 2.1.2 的完整证明.

3. 设 $(X_1, \mathcal{X}_1, \mu_1)$ 和 $(X_2, \mathcal{X}_2, \mu_2)$ 为两个概率空间, $T_1 : X_1 \to X_1$ 和 $T_2 : X_2 \to X_2$ 为可测映射. 如果存在 $M_i \in \mathcal{X}_i$, 使得 $\mu_i(M_i) = 1$, $T_i M_i \subseteq M_i$ $(i = 1, 2)$, 以及存在可逆保测映射 $\phi : M_1 \to M_2$, 满足 $\phi \circ T_1(x) = T_2 \circ \phi(x)$ $(\forall x \in M_1)$, 证明: $(X_1, \mathcal{X}_1, \mu_1, T_1)$ 为保测系统当且仅当 $(X_2, \mathcal{X}_2, \mu_2, T_2)$ 为保测系统.

4. 设 $(X_i, \mathcal{X}_i, \mu_i, T_i) = (X, T^{-i}\mathcal{X}, \mu, T)$ $(\forall i \in \mathbb{Z}_+)$, $\phi_{ij} = T^{i-j}$ $(\forall i \geqslant j)$. 证明: 逆极限系统 $\overleftarrow{\lim\limits_{i\to\infty}}(X_i, \mathcal{X}_i, \mu_i, T_i)$ 为 $(X, \mathcal{X}, \mu, T)$ 的自然扩充.

5. 设 $(\widetilde{X}, \widetilde{\mathcal{X}}, \widetilde{\mu}, \widetilde{T})$ 为 $(X, \mathcal{X}, \mu, T)$ 的自然扩充. 设 $(Y, \mathcal{Y}, \nu, S)$ 为可逆保测系统并且为 $(X, \mathcal{X}, \mu, T)$ 的扩充. 证明: $(Y, \mathcal{Y}, \nu, S)$ 也为 $(\widetilde{X}, \widetilde{\mathcal{X}}, \widetilde{\mu}, \widetilde{T})$ 的扩充.

2.2 一些例子

在这一节中, 我们介绍常见的一些保测动力系统, 其中有些自然也为拓扑动力系统. 所谓拓扑动力系统, 是指二元组 (X, T), 其中 X 为拓扑空间, $T : X \to X$ 为连续映射. 称 (X, T) 为**极小的**, 若任意 $x \in X$ 的轨道 $\{T^n x : n \in \mathbb{Z}_+\}$ 都在 X 中稠密. 我们在第 6 章中详细介绍拓扑动力系统.

2.2.1 有限系统

例 2.2.1 (平凡系统) $(X, \mathcal{N}, \mu, T)$ 为保测系统, 其中 $\mathcal{N} = \{X, \emptyset\}$, $T = \mathrm{id} : X \to X$. 对于平凡系统, 空间的选取并不重要, 主要在于 σ 代数的平凡性.

例 2.2.2 (n 周期系统) 设 $n \in \mathbb{N}$, $\mathbb{Z}_n = \mathbb{Z}/n\mathbb{Z} = \{0, 1, \cdots, n-1\}$. 令 $T : \mathbb{Z}_n \to \mathbb{Z}_n$, $x \mapsto x + 1 \pmod n$. 取 $\mathbb{Z}_n$ 每个独点集的测度为 $1/n$ 的平均测度 μ, 那么 $(\mathbb{Z}_n, \mathcal{P}(\mathbb{Z}_n), \mu, T)$ 为保测系统. 此系统也称为 n 周期系统. $n = 1$ 时即为平凡系统.

2.2.2 仿射系统

圆周 $\mathbb{T}$ 为实数集 $\mathbb{R}$ 模 $\mathbb{Z}$ 的商空间. 如果我们用表达式 $a = b \pmod 1$ 表示 $a - b \in \mathbb{Z}$, 那么 $\mathbb{T} = \mathbb{R}/\mathbb{Z} = [0, 1) \pmod 1$.

例 2.2.3 (圆周旋转) 设 $\mathbb{T} = \mathbb{R}/\mathbb{Z} = [0, 1) \pmod 1$, $\alpha \in \mathbb{T}$. 令

$$R_\alpha : \mathbb{T} \to \mathbb{T}, \quad x \mapsto x + \alpha \,(\mathrm{mod} 1).$$

因为平移不改变区间长度, 所以 $(\mathbb{T}, \mathcal{B}(\mathbb{T}), m_{\mathbb{T}}, R_\alpha)$ 为保测系统, 这里 $m_{\mathbb{T}}$ 为 $\mathbb{T}$ 上的 Lebesgue 测度.

设 $\mathbb{S}^1=\{z\in\mathbb{C}:|z|=1\}$ 为复平面上的单位圆周, α 为无理数, $a=\mathrm{e}^{2\pi\mathrm{i}\alpha}$. 定义

$$T_\alpha:\mathbb{S}^1\to\mathbb{S}^1,\quad z=\mathrm{e}^{2\pi\mathrm{i}\theta}\mapsto az=\mathrm{e}^{2\pi\mathrm{i}(\theta+\alpha)},\quad \forall z\in\mathbb{S}^1.$$

同样, $(\mathbb{S}^1,\mathcal{B}(\mathbb{S}^1),m_{\mathbb{S}^1},T_\alpha)$ 为保测系统, 这里 $m_{\mathbb{S}^1}$ 为 $\mathbb{S}^1$ 上的 Lebesgue 测度.

易见, $\phi:\mathbb{T}\to\mathbb{S}^1,x\mapsto \mathrm{e}^{\mathrm{i}2\pi x}$ 是同胚, 并且为 $(\mathbb{T},\mathcal{B}(\mathbb{T}),m_\mathbb{T},R_\alpha)$ 和 $(\mathbb{S}^1,\mathcal{B}(\mathbb{S}^1),m_{\mathbb{S}^1},T_\alpha)$ 之间的同构.

另外, 圆周无理旋转系统为极小的拓扑动力系统, 即每个点的轨道是稠密的. 因为 α 为无理数, 所以 $\{a^n:n\in\mathbb{Z}_+\}$ 为无穷集. 又 $\mathbb{S}^1$ 是紧致的, 所以 $\{a^n:n\in\mathbb{Z}_+\}$ 存在聚点. 于是对于任何 $\varepsilon>0$, 存在 $n,k\in\mathbb{N}$, 使得 $|a^n-a^{n+k}|<\varepsilon$. 由于 $z\mapsto a^kz$ 为等距映射, 所以有 $|a^{n+(m+1)k}-a^{n+mk}|=|a^n-a^{n+k}|<\varepsilon$ $(\forall m\in\mathbb{Z}_+)$. 由此, $\{a^{n+mk}:m\in\mathbb{Z}_+\}$ 在 $\mathbb{S}^1$ 中是 ε 稠密的. 注意, $\{a^{n+mk}:m\in\mathbb{Z}_+\}$ 包含在 1 的轨道 $\{a^n:n\in\mathbb{Z}_+\}$ 中.

综上, 对于任何 $\varepsilon>0$, $\{a^n:n\in\mathbb{Z}_+\}$ 在 $\mathbb{S}^1$ 中 ε 稠密, 所以在 $\mathbb{S}^1$ 中稠密. 由于旋转作用, 我们得到任何点的轨道都是稠密的, 即圆周无理旋转系统为极小的.

根据这个结论, 我们实际得到如下常用结论的一个证明: $\{n\alpha-[n\alpha]:n\in\mathbb{Z}_+\}$ 在 $[0,1]$ 中稠密, 其中 $[\cdot]$ 指取实数的整数部分.

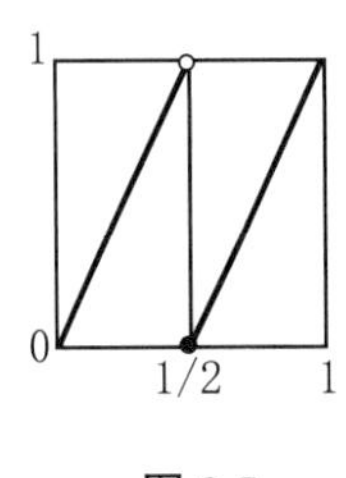

图 2.5

例 2.2.4 (加倍映射) 定义区间 $[0,1]$ 上的映射 $\widetilde{T}_2\colon[0,1]\to[0,1]$ 如下:

$$\widetilde{T}_2x=\begin{cases}2x, & 0\leqslant x<1/2,\\ 2x-1, & 1/2\leqslant x\leqslant 1,\end{cases}$$

如图 2.5 所示.

以下证明 $([0,1],\mathcal{B}([0,1]),m,\widetilde{T}_2)$ 为保测系统, 其中 m 为 Lebesgue 测度. 设 $B=[a,b)$, 则

$$\widetilde{T}_2^{-1}(B)=\left[\frac{a}{2},\frac{b}{2}\right)\cup\left[\frac{a}{2}+\frac{1}{2},\frac{b}{2}+\frac{1}{2}\right).$$

于是

$$m(\widetilde{T}_2^{-1}B)=\frac{1}{2}(b-a)+\frac{1}{2}(b-a)=b-a=m(B).$$

根据引理 2.1.1, $([0,1],\mathcal{B}([0,1]),m,\widetilde{T}_2)$ 为保测系统. 因为 $\widetilde{T}_2:[0,1]\to[0,1]$ 不连续, 所以它不是拓扑动力系统.

但是, 如果我们将 $[0,1]$ 换为 $\mathbb{T}$, 那么我们在不改变测度性质的同时将系统变为拓扑动力系统. 设 $T_2\colon\mathbb{T}\to\mathbb{T}$, $x\mapsto 2x\pmod 1$, 以及 $m_\mathbb{T}$ 为 $\mathbb{T}$ 的 Lebesgue 测度. 易见, 在 $[0,1)$ 上, T_2 和 $\widetilde{T}_2$ 吻合, 于是, $(\mathbb{T},\mathcal{B}(\mathbb{T}),m_\mathbb{T},T_2)$ 与 $([0,1],\mathcal{B}([0,1]),m,T_2)$ 同构, 从而也为保测系统. 另外, 作为映射 $T_2:\mathbb{T}\to\mathbb{T}$ 它为连续的, 所以 $(\mathbb{T},T_2)$ 为拓扑动力系统.

一般地, 对于 $n\geqslant 2$, 可以定义 $T_n\colon\mathbb{T}\to\mathbb{T}$, $x\mapsto nx\pmod 1$. $(\mathbb{T},\mathcal{B}(\mathbb{T}),m_\mathbb{T},T_n)$ 为保测系统.

例 2.2.5 (圆周自同态)　设 $n \in \mathbb{N}$. 令 $S_n\colon \mathbb{S}^1 \to \mathbb{S}^1, z \mapsto z^n$. 容易验证 $\phi\colon \mathbb{T} \to \mathbb{S}^1, x \mapsto \mathrm{e}^{\mathrm{i}2\pi x}$ 是 $(\mathbb{T}, \mathcal{B}(\mathbb{T}), m_{\mathbb{T}}, T_n)$ 与 $(\mathbb{S}^1, \mathcal{B}(\mathbb{S}^1), m_{\mathbb{S}^1}, S_n)$ 的同构映射, 特别地, $(\mathbb{S}^1, \mathcal{B}(\mathbb{S}^1), m_{\mathbb{S}^1}, S_n)$ 为保测系统, 其中 $m_{\mathbb{S}^1}$ 为 $\mathbb{S}^1$ 上的 Haar 测度.

S_n 为圆周上的自同态, 并且根据定理 1.4.4, $\widehat{\mathbb{S}^1} = \{S_n : n \in \mathbb{Z}\}$.

问题 2.2.1 (Furstenberg $\times_2, \times_3$ 猜测)　上面已经指出 $(\mathbb{T}, \mathcal{B}(\mathbb{T}), m_{\mathbb{T}}, T_n)$ 是一个保测系统, 有时我们称 T_n 为 $\times_n$ 映射或者乘 n 映射. 遍历理论中一个非常重要的猜测与之相关.

1967 年 Furstenberg 提出了如下猜测 (现称为 Furstenberg $\times_2, \times_3$ 猜测①): 设 $\mathbb{T}$ 上 Borel 概率测度, 并且它为 (T_2, T_3)-遍历的 (指可测集合 $B \in \mathcal{B}(\mathbb{T})$, 如果满足 $T_2^{-n}T_3^{-m}B = B, \forall n, m \geqslant 0$, 那么 $\mu(B) = 1$ 或者 $\mu(B) = 0$), 则 μ 要么为 $\mathbb{T}$ 上的 Lebesgue 测度, 要么为等分布在有限个点上的离散测度[66].

一般地, Furstenberg 猜测有如下一般的版本: 设 n, m 为两个乘积独立的自然数 (即 $\log n/\log m$ 为无理数), 如果 μ 是 $\mathbb{T}$ 上一个 Borel 概率测度且是 (T_n, T_m)-遍历的 (遍历的定义类似于上面的定义), 则 μ 要么为 $\mathbb{T}$ 上的 Lebesgue 测度, 要么为等分布在有限个点上的离散测度.

例 2.2.6 (环面旋转)　对 $k \in \mathbb{N}$, 取 $\boldsymbol{\theta} = (\theta_1, \cdots, \theta_k) \in \mathbb{R}^k$. 令

$$T_{\boldsymbol{\theta}} : \mathbb{T}^k \to \mathbb{T}^k, \quad \boldsymbol{x} = (x_1, x_2, \cdots, x_k) \mapsto \boldsymbol{x} + \boldsymbol{\theta} = (x_1 + \theta_1, x_2 + \theta_2, \cdots, x_k + \theta_k).$$

$\mathbb{T}^k$ 上的 Lebesgue 测度 m 是 $(\mathbb{T}^k, T_{\boldsymbol{\theta}})$ 的一个不变测度, $(\mathbb{T}^k, \mathcal{B}, m, T_{\boldsymbol{\theta}})$ 为保测系统.

例 2.2.7 (加法机器)　设 $\Sigma_2 = \{0,1\}^{\mathbb{Z}_+}$, 我们定义 Σ_2 上的一个加法 “+” 运算. 设 $\boldsymbol{x} = (x_0, x_1, \cdots)$, $\boldsymbol{y} = (y_0, y_1, \cdots)$, 我们递归定义 $\boldsymbol{z} = \boldsymbol{x} + \boldsymbol{y} = (z_0, z_1, \cdots)$ 的每一个位置: 令 $c_0 = 0$. 若 $x_n + y_n + c_n \geqslant 2$, 令 $z_n = x_n + y_n + c_n - 2$, $c_{n+1} = 1$, 否则, 令 $z_n = x_n + y_n + c_n$, $c_{n+1} = 0$. 不难验证 $(\Sigma_2, +)$ 是一个交换群. 进一步, 群的加法运算 $(\boldsymbol{x}, \boldsymbol{y}) \mapsto \boldsymbol{x} + \boldsymbol{y}$ 和取逆运算 $\boldsymbol{x} \mapsto -\boldsymbol{x}$ 都是连续的, 所以 $(\Sigma_2, +)$ 是一个紧致可度量化的交换群. 容易验证 $m = \mu_{(1/2,1/2)}$ 为其上的 Haar 测度.

令 $\mathbf{1} = (1, 0, 0, \cdots)$,

$$R_{\mathbf{1}}\colon \Sigma_2 \to \Sigma_2, \quad \boldsymbol{x} \mapsto \boldsymbol{x} + \mathbf{1}.$$

则 $R_{\mathbf{1}}$ 是一个同胚. 称 $(\Sigma_2, R_{\mathbf{1}})$ 是一个**加法机器** (adding machine 或 odometer). 因为 m 为 Haar 测度, 所以 $(\Sigma_2, \mathcal{B}(\Sigma_2), m, R_{\mathbf{1}})$ 为保测系统.

例 2.2.8 (群旋转)　设 G 是一个紧致可度量群, $a \in G$. 定义群旋转

$$R_a\colon G \to G, \quad x \mapsto ax.$$

则 $(G, \mathcal{B}(G), m, R_a)$ 是一个可逆保测动力系统, 其中 m 为 Haar 测度. 我们一般称 $(G, \mathcal{B}(G), m, R_a)$ 为 **Kronecker 系统**. 它也是一个拓扑动力系统.

① 该猜测的第一个本质进展是 Lyons [159] 在 1988 年获得的, 他证明了在 Furstenberg $\times_2, \times_3$ 猜测的条件下, 如果还要求 μ 相对于 T_n 具有 Kolmogorov 属性 (即 $(\mathbb{T}, \mathcal{B}(\mathbb{T}), \mu, T_n)$ 没有非平凡的零熵因子), 则 μ 为 $\mathbb{T}$ 上的 Lebesgue 测度. 随后, 1990 年 Roudolph[183] 证明了: 设 m, n 为两个互素的自然数, μ 是 $\mathbb{T}$ 上一个 Borel 概率测度且在 T_n, T_m 生成的半群作用下遍历, 如果 μ 相对于 T_n 有正熵, 则 μ 为 $\mathbb{T}$ 上的 Lebesgue 测度.

例 2.2.9 (群自同态系统) 设 G 为紧致可度量群, $A: G \to G$ 为满的连续自同态映射, m 为其上的 Haar 测度, 那么 $(G, \mathcal{B}(G), m, A)$ 为保测映射.

下面我们证明 A 为 m 不变的, 即要证明 $m(A^{-1}E) = m(E)$, $\forall E \in \mathcal{B}(G)$. 令 $\mu = A_* m$, 即 $\mu(E) = m(A^{-1}(E))$. 因为 m 是正则的, 故 μ 也是正则的. 因为 A 为满射, 所以对于任何 $y \in G$, 存在 $x \in G$, 使得 $y = Ax$. 设

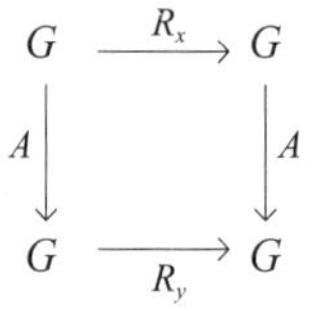

$$R_x : G \to G, \quad g \mapsto xg,$$

$$R_y : G \to G, \quad g \mapsto yg$$

为旋转. 那么容易验证 $A \circ R_x = R_y \circ A$, 如图 2.6 所示.

$$\begin{array}{ccc} G & \xrightarrow{R_x} & G \\ {\scriptstyle A}\downarrow & & \downarrow{\scriptstyle A} \\ G & \xrightarrow[R_y]{} & G \end{array}$$

图 2.6

特别地, 对于 $E \in \mathcal{B}(G)$, 有

$$x^{-1}A^{-1}E = (A \circ R_x)^{-1}(E) = (R_y \circ A)^{-1}(E) = A^{-1}(y^{-1}E).$$

所以

$$\mu(y^{-1}E) = m(A^{-1}(y^{-1}E)) = m(x^{-1}A^{-1}E) = m(A^{-1}E) = \mu(E).$$

所以 μ 为左不变的. 根据 Haar 测度的唯一性, 我们得到 $\mu = m$. 所以 m 为 A 不变的.

例 2.2.10 (仿射系统) 设 G 为紧致度量群, $a \in G$, $A: G \to G$ 为满的连续自同态映射, m 为其上的 Haar 测度. 令

$$T: G \to G, \quad x \mapsto a \cdot A(x).$$

则称 T 为**仿射** (affine) 变换, 那么 $(G, \mathcal{B}(G), m, T)$ 为保测映射.

2.2.3 斜积系统

在这里我们先介绍拓扑斜积系统, 在后面第 5 章将详细介绍可测的斜积系统.

定义 2.2.1 设 (Y, S) 是一个拓扑动力系统, Z 是一个紧致可度量化空间, 令 $C(Z, Z)$ 表示 Z 到自身所有连续映射的全体, 并赋予其一致收敛拓扑. 设 $\phi\colon Y \to C(Z, Z)$ 是一个连续映射. 令 $X = Y \times Z$,

$$T\colon X \to X, \quad (y, z) \mapsto (Sy, \phi(y)(z)),$$

则 T 是连续的, 从而 (X, T) 成为一个拓扑动力系统. 称之为 (Y, S) 与 Z 相对于 ϕ 的**斜积系统** (skew-product system).

设 G 是一个紧致可度量化的群, $\phi\colon Y \to G$ 是一个连续映射. 令 $X = Y \times G$,

$$T\colon X \to X, \quad (y, g) \mapsto (Sy, \phi(y)g),$$

则 T 是连续的. 从而 (X,T) 成为一个拓扑动力系统. 称之为 (Y,S) 相对于 ϕ 的**G 扩张**(G-extension).

易见, G 扩张是斜积系统的一种特殊情况.

例 2.2.11 (环面映射)　设 $\alpha \in \mathbb{R}$,

$$T\colon \mathbb{T}^2 \to \mathbb{T}^2, \quad (x,y) \mapsto (x+\alpha, x+y),$$

则 $(\mathbb{T}^2, T)$ 是 $(\mathbb{T}, R_\alpha)$ 相对于 $\phi\colon \mathbb{T} \to C(\mathbb{T},\mathbb{T})$, $x \mapsto R_x$ 的 $\mathbb{T}$ 扩张.

一般地, 设 $\alpha \in \mathbb{R}$, $k \geqslant 2$,

$$T_k : \mathbb{T}^k \to \mathbb{T}^k, \quad (x_1, x_2, \cdots, x_k) \mapsto (x_1+\alpha, x_2+x_1, \cdots, x_k+x_{k-1}),$$

记 $\mathbb{T}$ 上的 Lebesgue 测度为 m, 则 $\mathbb{T}^k$ 上的 Lebesgue 测度为 m 与自身的 k 次乘积, 记为 μ_k. 设 A_i 是 $\mathbb{T}$ 上的可测集, $i = 1, 2, \cdots, k$, 则

$$\begin{aligned}
&\mu_k\left(\prod_{i=1}^k A_i\right) = \prod_{i=1}^k m(A_i),\\
&\mu_k\left(T_k^{-1}\left(\prod_{i=1}^k A_i\right)\right)\\
&\quad = \int_{\mathbb{T}^k} \left(\prod_{i=1}^k \mathbf{1}_{A_i}\right) \circ T_k \mathrm{d}\mu_k\\
&\quad = \int_{\mathbb{T}^{k-1}} \left(\prod_{i=1}^{k-1} \mathbf{1}_{A_i}\right) \circ T_{k-1} \cdot \left(\int_{\mathbb{T}} \mathbf{1}_{A_k}(x_k + x_{k-1}) \mathrm{d}m(x_k)\right) \mathrm{d}\mu_{k-1}\\
&\quad = \int_{\mathbb{T}^{k-1}} \left(\prod_{i=1}^{k-1} \mathbf{1}_{A_i}\right) \circ T_{k-1} \cdot \left(\int_{\mathbb{T}} \mathbf{1}_{A_k}(x_k) \mathrm{d}m(x_k)\right) \mathrm{d}\mu_{k-1}\\
&\quad = \int_{\mathbb{T}} \int_{\mathbb{T}} \cdots \int_{\mathbb{T}} \prod_{i=1}^k \mathbf{1}_{A_i}(x_i) \mathrm{d}m(x_k) \cdots \mathrm{d}m(x_2) \mathrm{d}m(x_1)\\
&\quad = \prod_{i=1}^k m(A_i) = \mu_k\left(\prod_{i=1}^k A_i\right).
\end{aligned}$$

由乘积测度的构造, μ_k 是 T_k 不变的.

2.2.4　符号系统

例 2.2.12 (单边符号系统)　设 $k \geqslant 2$ 为自然数, 记 $A = \{0, 1, \cdots, k-1\}$. 称 A 为**字母表**, A 中的元素为**字母**. 令

$$\Sigma_k = A^{\mathbb{Z}_+} = \{(x_i)_{i \in \mathbb{Z}_+} = (x_0, x_1, x_2, \cdots) \colon x_i \in A, i \in \mathbb{Z}_+\}.$$

习惯上, 我们也经常把 Σ_k 中的元素 $(x_0, x_1, x_2, \cdots)$ 直接写成 $x_0 x_1 x_2 \cdots$. 在本书中, 我们经常会混用两种记号.

分别赋予 A 离散拓扑和 Σ_k 乘积拓扑, 则 Σ_k 是紧致可度量化空间, 其中一个相容的度量可定义为

$$d(x,y)=\begin{cases}0, & x=y,\\ \dfrac{1}{n+1}, & x\neq y,\ n=\min\{i\in\mathbb{Z}_+\colon x_i\neq y_i\},\end{cases}$$

其中 $x=x_0x_1\cdots$, $y=y_0y_1\cdots$.

定义转移映射

$$\sigma\colon \Sigma_k\to\Sigma_k,\quad x_0x_1x_2\cdots\mapsto x_1x_2x_3\cdots,$$

则 σ 是一个连续满射, (Σ_k,σ) 为拓扑动力系统. 称 (Σ_k,σ) 是 k 个符号上的**全转移** (full shift) 或**符号系统** (shift system). 如果 $X\subseteq\Sigma_k$ 是一个 σ 不变非空闭子集 (σ 不变指 $\sigma X\subseteq X$), 则称 (X,σ) 为**子转移** (subshift) 或**符号子系统** (shift subsystem).

设 $n\in\mathbb{N}$, 令

$$A^n=\{x_0x_1\cdots x_{n-1}\colon x_i\in A,\ 0\leqslant i\leqslant n-1\}.$$

称 A^n 中的元素为一个长为 n 的**词** (word) 或**块** (block). Σ_k 中的元素也称为**无穷词**. 令

$$A^*=\bigcup_{n=1}^{\infty}A^n,$$

即 A^* 是所有有限词构成的集合. 设 $u=u_0u_1\cdots u_{n-1}$ 和 $v=v_0v_1\cdots v_{m-1}$ 是两个有限词, 定义它们的**连接** (concatenation)uv 为词 $u_0u_1\cdots u_{n-1}v_0v_1\cdots v_{m-1}$. 一个词 u 的**长度** (length) 记为 $|u|$. 若 $|u|=n$, $|v|=m$, 则 $|uv|=n+m$. 为方便起见, 分别记 $uu\cdots u$ (m 个) 和 $uu\cdots u\cdots$ 为 u^m 和 u^∞.

设 $x=x_0x_1\cdots$, $0\leqslant m\leqslant n$. 令 $x[m,n]=x_mx_{m+1}\cdots x_n$. 若 $x[i,i+|u|-1]=u$, 则称**词 u 在 x 的第 i 个位置出现**.

设 u 是一个有限词, 定义**柱形集** (cylinder set)

$$[u]=\{x\in\Sigma_k\colon x[0,|u|-1]=u\}.$$

易见, 每个柱形集既是开集又是闭集, 并且不难验证 $\{[u]\colon u\in A^*\}$ 是 Σ_k 的一组拓扑基.

设 $k\geqslant 2$, $\boldsymbol{p}=(p_0,p_1,\cdots,p_{k-1})$ 是一个概率向量. 下面验证 $\mu_{\boldsymbol{p}}$ 是 (Σ_k,σ) 上的一个不变测度. 于是 $(\Sigma_k,\mathcal{B},\mu_{\boldsymbol{p}},\sigma)$ 为保测系统, 称为**单边 $\boldsymbol{p}$ 转移系统**.

设 $u=u_0u_1\cdots u_{n-1}$ 是一个长为 n 的有限词, 则

$$\mu_{\boldsymbol{p}}([u])=\prod_{i=0}^{n-1}p_{u_i},$$

$$\mu_{\boldsymbol{p}}(\sigma^{-1}([u]))=\mu_{\boldsymbol{p}}\left(\bigcup_{j=0}^{k-1}[ju]\right)=\sum_{j=0}^{k-1}\mu_{\boldsymbol{p}}([ju])=\left(\sum_{j=0}^{k-1}p_j\right)\prod_{i=0}^{n-1}p_{u_i}=\prod_{i=0}^{n-1}p_{u_i}.$$

所有柱形集构成一个生成 $\mathcal{B}(\Sigma_k)$ 的半代数, 所以 $\mu_{\boldsymbol{p}}$ 是 (Σ_k,σ) 上的一个不变测度.

定义

$$\phi : \Sigma_2 \to \mathbb{T}, \quad (x_0, x_1, x_2, \cdots) \mapsto \sum_{n=0}^{\infty} \frac{x_n}{2^{n+1}},$$

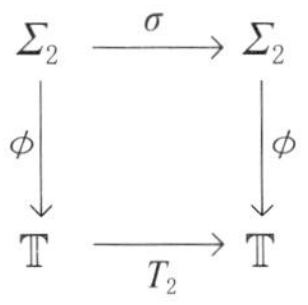

$$\begin{array}{ccc} \Sigma_2 & \xrightarrow{\sigma} & \Sigma_2 \\ \downarrow{\scriptstyle\phi} & & \downarrow{\scriptstyle\phi} \\ \mathbb{T} & \xrightarrow[T_2]{} & \mathbb{T} \end{array}$$

图 2.7

则 ϕ 为保测映射, 且图表满足如图 2.7 所示的交换.

由于 ϕ^{-1} 仅在可数集合上没有定义, 所以它为测度同构. 于是, $(\Sigma_2, \mathcal{B}(\Sigma_2), \mu_{(1/2,1/2)}, \sigma)$ 与 $(\mathbb{T}, \mathcal{B}(\mathbb{T}), m_{\mathbb{T}}, T_2)$ 是同构的系统.

例 2.2.13　设 $T : \mathbb{R} \to \mathbb{R}$ 定义如下:

$$T(x) = \begin{cases} \dfrac{1}{2}\left(x - \dfrac{1}{x}\right), & x \neq 0, \\ 0, & x = 0. \end{cases}$$

在 $\mathbb{R}$ 上定义如下测度: 对于任何实数 $a < b$,

$$\mu([a,b]) = \int_a^b \frac{\mathrm{d}x}{\pi(1+x^2)}.$$

则 μ 为概率测度. 以下验证 $(\mathbb{R}, \mathcal{B}(\mathbb{R}), \mu, T)$ 为保测系统. 为此, 我们仅需验证: 对于任何 $a < b$, 我们有 $\mu(T^{-1}([a,b])) = \mu([a,b])$.

对于任何 $c \in \mathbb{R} \setminus \{0\}$, 解方程 $T(x) = \dfrac{1}{2}\left(x - \dfrac{1}{x}\right) = c$, 得到两个根 $c \pm \sqrt{1+c^2}$. 由此, 我们得到

$$T^{-1}([a,b]) = [a + \sqrt{1+a^2}, b + \sqrt{1+b^2}] \cup [a - \sqrt{1+a^2}, b - \sqrt{1+b^2}].$$

于是

$$\begin{aligned} \mu(T^{-1}([a,b])) &= \mu([a + \sqrt{1+a^2}, b + \sqrt{1+b^2}]) + \mu([a - \sqrt{1+a^2}, b - \sqrt{1+b^2}]) \\ &= \int_{a+\sqrt{1+a^2}}^{b+\sqrt{1+b^2}} \frac{\mathrm{d}x}{\pi(1+x^2)} + \int_{a-\sqrt{1+a^2}}^{b-\sqrt{1+b^2}} \frac{\mathrm{d}x}{\pi(1+x^2)} \\ &= \frac{1}{\pi}\Big(\arctan(b + \sqrt{1+b^2}) - \arctan(a + \sqrt{1+a^2})\Big) \\ &\quad + \frac{1}{\pi}\Big(\arctan(b - \sqrt{1+b^2}) - \arctan(a - \sqrt{1+a^2})\Big) \\ &= \frac{1}{\pi}\Big(\big(\arctan(b + \sqrt{1+b^2}) + \arctan(b - \sqrt{1+b^2})\big) \\ &\quad - \big(\arctan(a + \sqrt{1+a^2}) + \arctan(a - \sqrt{1+a^2})\big)\Big) \\ &= \frac{1}{\pi}\big(\arctan b - \arctan a\big) = \mu([a,b]). \end{aligned}$$

这样我们就得到 $(\mathbb{R}, \mathcal{B}(\mathbb{R}), \mu, T)$ 为保测系统. 也可如下证明 $(\mathbb{R}, \mathcal{B}(\mathbb{R}), \mu, T)$ 为保测系统: 对于 $f \in L^\infty(X,,\mathcal{X},\mu)$, 我们验证

$$\int_{\mathbb{R}} f \circ T \mathrm{d}\mu = \int_{\mathbb{R}} f \mathrm{d}\mu.$$

事实上,

$$\begin{aligned}\int_{\mathbb{R}} f\circ T\mathrm{d}\mu &= \int_{-\infty}^{+\infty} f\left(\frac{1}{2}\left(x-\frac{1}{x}\right)\right)\frac{\mathrm{d}x}{\pi(1+x^2)}\\ &= \int_{-\infty}^{0} f\left(\frac{1}{2}\left(x-\frac{1}{x}\right)\right)\frac{\mathrm{d}x}{\pi(1+x^2)} + \int_{0}^{+\infty} f\left(\frac{1}{2}\left(x-\frac{1}{x}\right)\right)\frac{\mathrm{d}x}{\pi(1+x^2)}.\end{aligned}$$

因为 $\frac{1}{2}\left(x-\frac{1}{x}\right)$ 在 $(-\infty,0)$ 和 $(0,+\infty)$ 上单调, 所以如果令 $y=\frac{1}{2}\left(x-\frac{1}{x}\right)$ $\Big($此时 $\mathrm{d}y=\frac{1}{2}\left(1+\frac{1}{x^2}\right)\mathrm{d}x, 1+y^2=\frac{1}{4}\left(x+\frac{1}{x}\right)^2\Big)$, 则有

$$\begin{aligned}\int_{\mathbb{R}} f\circ T\mathrm{d}\mu &= \int_{-\infty}^{0} f\left(\frac{1}{2}\left(x-\frac{1}{x}\right)\right)\frac{\mathrm{d}x}{\pi(1+x^2)} + \int_{0}^{+\infty} f\left(\frac{1}{2}\left(x-\frac{1}{x}\right)\right)\frac{\mathrm{d}x}{\pi(1+x^2)}\\ &= \int_{\mathbb{R}} f(y)\frac{1}{\pi(1+x^2)}\frac{2x^2}{1+x^2}\mathrm{d}y + \int_{\mathbb{R}} f(y)\frac{1}{\pi(1+x^2)}\frac{2x^2}{1+x^2}\mathrm{d}y\\ &= \int_{\mathbb{R}} f(y)\frac{4}{\pi(x+1/x)^2}\mathrm{d}y = \int_{\mathbb{R}} f(y)\frac{1}{\pi(1+y^2)}\mathrm{d}y = \int_{\mathbb{R}} f\mathrm{d}\mu.\end{aligned}$$

注记 2.2.1 令

$$\psi:\mathbb{R}\to\mathbb{T},\quad x\mapsto \frac{1}{\pi}\arctan x+\frac{1}{2},$$

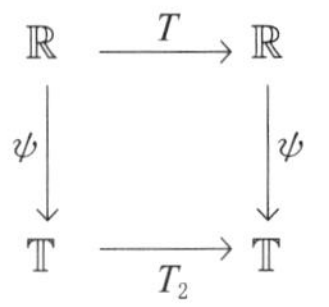

$$\begin{array}{ccc}\mathbb{R} & \xrightarrow{T} & \mathbb{R}\\ \downarrow{\scriptstyle\psi} & & \downarrow{\scriptstyle\psi}\\ \mathbb{T} & \xrightarrow[T_2]{} & \mathbb{T}\end{array}$$

图 2.8

则 $\psi:(\mathbb{R},\mathcal{B}(\mathbb{R}),\mu,T)\to(\mathbb{T},\mathcal{B}(\mathbb{T}),m_{\mathbb{T}},T_2)$ 为测度同构的, 如图 2.8 所示.

综合之前的例子, 我们得到 $(\mathbb{T},\mathcal{B}(\mathbb{T}),m_{\mathbb{T}},T_2)$, $(\mathbb{S}^1,\mathcal{B}(\mathbb{S}^1),m_{\mathbb{S}^1},S_2)$, $(\Sigma_2,\mathcal{B}(\Sigma_2),\mu_{(1/2,1/2)},\sigma)$ 以及 $(\mathbb{R},\mathcal{B}(\mathbb{R}),\mu,T)$ 是同构的系统. 由此可以看出, 同构的系统形式上可以相差很大.

例 2.2.14 (双边符号系统) 设 $k\geqslant 2$ 为自然数. 记 $A=\{0,1,\cdots,k-1\}$,

$$\Sigma_k=A^{\mathbb{Z}}=\{(x_i)_{i\in\mathbb{Z}}=(\cdots,x_{-2},x_{-1},x_0,x_1,x_2,\cdots)\colon x_i\in A, i\in\mathbb{Z}\}.$$

我们常把 Σ_k 中的元素 $(\cdots,x_{-2},x_{-1},x_0,x_1,x_2,\cdots)$ 记为 $\cdots x_{-2}x_{-1}\dot{x}_0x_1x_2\cdots$, 其中在一个字符上加 "$\cdot$" 表示第 0 个坐标位置.

同样定义转移映射

$$\sigma\colon\Sigma_k\to\Sigma_k,\quad \cdots x_{-2}x_{-1}\dot{x}_0x_1x_2\cdots\mapsto\cdots x_{-1}x_0\dot{x}_1x_2x_3\cdots,$$

则 σ 是一个同胚. 称 (Σ_k,σ) 是 k 个符号上的**双边全转移**或**双边符号系统**.

给定概率向量 $\boldsymbol{p}$, 类似于单边符号系统, 可验证双边转移系统 $(\Sigma_k,\mathcal{B},\mu_{\boldsymbol{p}},\sigma)$ 为可逆保测系统, 称为**双边 $\boldsymbol{p}$ 转移系统**.

例 2.2.15 (Markov 转移)　设 $k \geqslant 2$ 为自然数, $A = \{0, 1, \cdots, k-1\}$. 令 $(\Sigma_k, \mathcal{B}) = \prod_{i=-\infty}^{\infty} (A, \mathcal{P}(A))$. 对于每个 $n \geqslant 0$ 以及 $a_0, a_1, \cdots, a_n \in A$, 给定了某个非负实值函数 $p_n(a_0, \cdots, a_n)$, 满足条件

$$\sum_{a_0 \in A} p_0(a_0) = 1,$$

$$p_n(a_0, \cdots, a_n) = \sum_{a_{n+1} \in A} p_{n+1}(a_0, \cdots, a_n, a_{n+1}).$$

那么在 $(\Sigma_k, \mathcal{B})$ 上存在唯一的概率测度 μ, 使得对任意 $h \leqslant l$, 有

$$\mu({}_h[a_h, a_{h+1}, \cdots, a_l]_l) = p_{l-h}(a_h, \cdots, a_l), \quad \forall a_i \in A,\ h \leqslant i \leqslant l.$$

可以验证 $(\Sigma_k, \mathcal{B}, \mu, \sigma)$ 为保测系统.

对于概率向量 $\boldsymbol{p} = (p_0, \cdots, p_{k-1})$, 令

$$p_n(a_0, a_1, \cdots, a_n) = p_{a_0} p_{a_1} \cdots p_{a_n},$$

我们得到双边 $\boldsymbol{p}$ 转移系统.

设 $\boldsymbol{P} = [p_{ij}]$ ($\boldsymbol{p}_{ij} \geqslant 0$, $\sum_{j=0}^{k-1} p_{ij} = 1, \forall i, j \in \{0, 1, \cdots, k-1\}$) 为随机矩阵, $\boldsymbol{p} = (p_0, \cdots, p_{k-1})$ 为概率向量, 并且 $\boldsymbol{pP} = \boldsymbol{p}$ (即 $\sum_{i=0}^{k-1} p_i p_{ij} = p_j$). 令

$$p_n(a_0, \cdots, a_n) = p_{a_0} p_{a_0 a_1} p_{a_1 a_2} \cdots p_{a_{n-1} a_n}.$$

容易验证 $\{p_n\}_n$ 满足上面定理的条件, 由此决定了一个测度 μ, 此时我们称保测系统为**双边 $(\boldsymbol{p}, \boldsymbol{P})$-Markov 转移**.

注意: 如果根据 $p_{ij} = p_j$ ($\forall i, j \in \{0, 1, \cdots, k-1\}$) 定义随机矩阵, 那么双边 $(\boldsymbol{p}, \boldsymbol{P})$-Markov 转移就是双边 $\boldsymbol{p}$ 转移.

根据上面的双边情况, 类似可以得到单边系统, 我们不再赘述.

2.2.5　保测系统与概率论

例 2.2.16 (平稳随机过程)　设 $(\Omega, \mathcal{F}, P)$ 为概率空间, $\cdots, f_{-1}, f_0, f_1, f_2, \cdots$ 为 Ω 上一列可测函数. 设 $\{f_n\}_{n \in \mathbb{Z}}$ 为平稳的 (stationary), 即对于任何 $n_1, n_2, \cdots, n_r \in \mathbb{Z}, r \in \mathbb{N}$, 任何 Borel 集 $B_1, B_2, \cdots, B_r \subseteq \mathbb{R}$, 以及任何 $k \in \mathbb{Z}$, 有

$$P(\omega : f_{n_1}(\omega) \in B_1, \cdots, f_{n_r}(\omega) \in B_r) = P(\omega : f_{n_1+k}(\omega) \in B_1, \cdots, f_{n_r+k}(\omega) \in B_r).$$

令 $\mathbb{R}^{\mathbb{Z}}$ 为乘积空间,

$$\phi : \Omega \to \mathbb{R}^{\mathbb{Z}}, \quad \omega \mapsto (\cdots, f_{-1}(\omega), f_0(w), f_1(w), f_2(\omega), \cdots),$$

即 $(\phi(\omega))_n = f_n(\omega)$ $(\forall n \in \mathbb{Z})$. 取 $\mathbb{R}^{\mathbb{Z}}$ 上的测度如下:

$$\mu(E) = P(\phi^{-1} E), \quad \forall E \in \mathcal{B}(\mathbb{R}^{\mathbb{Z}}).$$

定义 $\sigma:\mathbb{R}^{\mathbb{Z}}\to\mathbb{R}^{\mathbb{Z}}$ 为转移变换,

$$(\sigma\boldsymbol{x})_n = x_{n+1}, \quad \forall \boldsymbol{x}=(x_n)_{n\in\mathbb{Z}}\in\mathbb{R}^{\mathbb{Z}}, n\in\mathbb{Z}.$$

由此得到的系统 $(\mathbb{R}^{\mathbb{Z}},\mathcal{B}(\mathbb{R}^{\mathbb{Z}}),\mu,\sigma)$ 为保测系统. 设 $\pi_n:\mathbb{R}^{\mathbb{Z}}\to\mathbb{R}, \boldsymbol{x}=(x_j)_{j\in\mathbb{Z}}\mapsto x_n\ (n\in\mathbb{Z})$ 为到第 n 个坐标的投射, 那么 $\{\pi_n\}_{n\in\mathbb{Z}}$ 在 $\mathbb{R}^{\mathbb{Z}}$ 上的联合分布与 $\{f_n\}_{n\in\mathbb{Z}}$ 在 Ω 上的联合分布相同. 于是, 每一个平稳随机过程可以从 $\mathbb{R}^{\mathbb{Z}}$ 的一个转移不变的测度中得到.

习 题

1. 设 $f\colon[0,1]\to[0,1], x\mapsto 1-|2x-1|$, m 为 Lebesgue 测度. 证明: $([0,1],\mathcal{B}([0,1]),m,T)$ 为保测系统, 也为拓扑动力系统. 此映射称为**帐篷映射**.

2. 称 $\boldsymbol{\theta}=(\theta_1,\cdots,\theta_k)\in\mathbb{R}^k$ 为**有理独立的**, 若对于任何 $n_0,n_1,\cdots,n_k\in\mathbb{Z}$, 有

$$n_0+n_1\theta_1+\cdots+n_k\theta_k=0 \quad\Rightarrow\quad n_0=n_1=\cdots=n_k=0.$$

证明: 若 $\boldsymbol{\theta}=(\theta_1,\cdots,\theta_k)\in\mathbb{R}^k$ 为有理独立的, 那么 $(\mathbb{T}^k,T_{\boldsymbol{\theta}})$ 为极小拓扑动力系统.

3. 对任意 $k\geqslant 2$, 令

$$T_k\colon\mathbb{T}^k\to\mathbb{T}^k,\quad (x_1,\cdots,x_k)\mapsto(x+\alpha,x_2+a_{2,1}x_1,\cdots,x_k+a_{k,1}x_1+\cdots+a_{k,k-1}x_{k-1}),$$

其中系数 $a_{i,j}\in\mathbb{Z}, a_{i,i-1}\neq 0$, 则 $(\mathbb{T}^k,T_k)$ 是 $(\mathbb{T}^{k-1},T_{k-1})$ 的 $\mathbb{T}$ 扩张. 证明: $(\mathbb{T}^k,\mathcal{B}(\mathbb{T}^k),m,T_k)$ 为保测系统, 其中 m 为 Lebesgue 测度.

4. 设 $\beta\in(1,2)$. β **变换**是指映射 $T:[0,1)\to[0,1)$,

$$Tx=\beta x(\text{mod } 1)=\begin{cases}\beta x, & 0\leqslant x<1/\beta,\\ \beta x-1, & 1/\beta\leqslant x<1.\end{cases}$$

证明: Lebesgue 测度不是 T 不变的, 即 $([0,1],\mathcal{B}([0,1]),m,T)$ 不是保测系统.

5. 设 $T:\mathbb{T}^2\to\mathbb{T}^2$ 定义如下:

$$T(x,y)=\begin{pmatrix}2&1\\1&1\end{pmatrix}\begin{pmatrix}x\\y\end{pmatrix}\quad(\text{mod } \mathbb{Z}^2).$$

证明: $(\mathbb{T}^2,\mathcal{B}(\mathbb{T}^2),m,T)$ 为保测系统, 其中 m 为 Lebesgue 测度. T 称为 **Arnold 猫映射** (Arnold's cat map).

6. 设 $T:[0,1)^2\to[0,1)^2$ 定义如下:

$$T(x,y)=\begin{cases}(2x,y/2), & 0\leqslant x<1,2,\\ (2x-1,(y+1)/2), & 1,2\leqslant x<1.\end{cases}$$

证明:

(1) $([0,1)^2, \mathcal{B}([0,1)^2), m, T)$ 为可逆保测系统, 其中 m 为 $[0,1)^2$ 上的 Lebesgue 测度, 此映射称为 **Baker 变换**;

(2) $([0,1)^2, \mathcal{B}([0,1)^2), m, T)$ 同构于双边转移系统 $(\Sigma_2, \mathcal{B}(\Sigma_2), \mu_{(1/2,1/2)}, \sigma)$.

7. 设 $\Omega = \{-1,1\}^{\mathbb{Z}}$, 其上取测度 $\mu_{(1/2,1/2)}$, $\sigma: \Omega \to \Omega$ 为转移映射. 又设 $(Y, \mathcal{Y}, \nu, S)$ 为可逆保测映射. 令 $X = \Omega \times Y$,

$$T: X \to X, \quad (\omega, y) \mapsto (\sigma\omega, S^{\omega_0} y).$$

证明: $(X, \mathcal{B}(X), \mu_{(1/2,1/2)} \times \nu, T)$ 为可逆保测系统. 称之为**随机转移** (random shift).

2.3 Poincaré 回复定理

Poincaré 回复定理是一个非常重要的结论, 也是遍历理论中较早的主要结果之一[172].

定理 2.3.1 (Poincaré 回复定理: 形式 1)　设 $(X, \mathcal{X}, \mu, T)$ 为保测系统. 如果 $A \in \mathcal{X}$ 满足 $\mu(A) > 0$, 那么存在 $n \in \mathbb{N}$, 使得

$$\mu(A \cap T^{-n}A) > 0.$$

证明　如果存在 $A \in \mathcal{X}$, $\mu(A) > 0$, 使得 $\mu(A \cap T^{-n}A) = 0$, 那么 $A, T^{-1}A, T^{-2}A, \cdots$ 互不相交 (在这里两个集合 A, B 不交是指 $\mu(A \cap B) = 0$). 这是因为根据 μ 为 T 不变的, 我们有

$$\mu(T^{-i}A \cap T^{-j}A) = \mu(T^{-i}(A \cap T^{-(j-i)}A)) = \mu(A \cap T^{-(j-i)}A) = 0, \quad \forall i < j.$$

于是

$$\mu\left(\bigcup_{n=0}^{\infty} T^{-n}A\right) = \sum_{n=0}^{\infty} \mu(T^{-n}A) = \sum_{n=0}^{\infty} \mu(A) = \infty.$$

所以存在 $n \in \mathbb{N}$, 使得

$$\mu(A \cap T^{-n}A) > 0.$$

证毕. □

根据 Poincaré 回复定理, 我们可以定义 Poincaré 序列.

定义 2.3.1　$\mathbb{Z}_+$ 的一个子集 S 称为 **Poincaré 序列**, 若对任意保测系统 $(X, \mathcal{X}, \mu, T)$ 以及任意满足 $\mu(A) > 0$ 的 $A \in \mathcal{X}$, 存在 $0 < n \in S$, 使得 $\mu(A \cap T^{-n}A) > 0$.

于是 Poincaré 回复定理可以重述为: $\mathbb{Z}_+$ 为 Poincaré 序列.

定义 2.3.2　设 $F \subseteq \mathbb{Z}_+$. 称 $F - F = \{a - b : a, b \in F, a \geqslant b\}$ 为 F 的**差集**或者**Δ 集**.

设 $H \subseteq \mathbb{Z}_+$. 如果对任意 $\mathbb{Z}_+$ 的无限子集 F, $H \cap (F - F) \neq \emptyset$, 则称 H 是一个**Δ^* 集**.

定义 2.3.3　设 $(X, \mathcal{X}, \mu, T)$ 为保测系统. 对任意 $A, B \in \mathcal{X}$, 定义

$$N^{\mu}(A, B) = \{n \in \mathbb{Z}_+ : \mu(A \cap T^{-n}B) > 0\}.$$

命题 2.3.1 设 $(X,\mathcal{X},\mu,T)$ 为保测系统, 则对任意正测度集 A, $N^\mu(A,A)$ 是一个 Δ^* 集, 即 Δ 集为 Poincaré 序列.

证明 设 $F\subseteq\mathbb{Z}_+$ 是一个无限集. 对任意 $i\in F$, $\mu(A)=\mu(T^{-i}A)$. 因此 $\{T^{-i}A: i\in F\}$ 是 X 中一列测度值均为 $\mu(A)$ 的集合. 由于 $\mu(X)=1$, 故存在 $i<j\in F$, 使得 $\mu(T^{-i}A\cap T^{-j}A)>0$. 从而

$$\mu(A\cap T^{-(j-i)}A)=\mu(T^{-i}(A\cap T^{-(j-i)}A))=\mu(T^{-i}A\cap T^{-j}A)>0,$$

即

$$j-i\in N^\mu(A,A)\cap(F-F).$$

证毕. □

定理 2.3.2 (Poincaré 回复定理: 形式 2) 设 $(X,\mathcal{X},\mu,T)$ 为保测系统, $A\in\mathcal{X}$, 那么 A 几乎每个点都无穷次正向回复到本身, 即存在 $B\subseteq A$, 使得 $\mu(B)=\mu(A)$, 并且对于每个 $x\in B$, 存在递增的自然数序列 $\{n_i\}_{i\in\mathbb{N}}$, 满足 $T^{n_i}x\in B$ $(\forall i\in\mathbb{N})$.

证明 首先我们证明一个断言.

断言 设 $A\in\mathcal{X}$, 令

$$A_\infty=\bigcap_{n=0}^{\infty}\bigcup_{i=n}^{\infty}T^{-i}A,$$

则 $A_\infty\in\mathcal{X}$, $A_\infty=T^{-1}A_\infty$,

$$\mu(A_\infty)=\mu\left(\bigcup_{i=0}^{\infty}T^{-i}A\right).$$

证明 由于 $T^{-i}A\in\mathcal{X}$, 所以 $A_\infty\in\mathcal{X}$. 由 A_∞ 的定义, 可知

$$T^{-1}A_\infty=\bigcap_{n=0}^{\infty}\bigcup_{i=n}^{\infty}T^{-(i+1)}A=\bigcap_{n=0}^{\infty}\bigcup_{i=n+1}^{\infty}T^{-i}A=A_\infty.$$

对任意 $n\geqslant 0$, 有

$$\bigcup_{i=n}^{\infty}T^{-i}A\supset\bigcup_{i=n+1}^{\infty}T^{-i}A,$$

$$\mu\left(\bigcup_{i=n}^{\infty}T^{-i}A\right)=\mu\left(T^{-1}\bigcup_{i=n}^{\infty}T^{-i}A\right)=\mu\left(\bigcup_{i=n+1}^{\infty}T^{-i}A\right).$$

从而得

$$\mu(A_\infty)=\lim_{n\to\infty}\mu\left(\bigcup_{i=n}^{\infty}T^{-i}A\right)=\mu\left(\bigcup_{i=0}^{\infty}T^{-i}A\right).$$

断言证毕.

根据定义, A_∞ 是所有轨道无穷次进入 A 的点的全体. 令

$$B=A\cap A_\infty,$$

则 B 为 A 中所有轨道无穷次进入 A 的点的全体. 设 $x \in B$, 则存在 $0 < n_1 < n_2 < \cdots$, 使得 $T^{n_i}x \in A$. 对于任何取定的 $i \in \mathbb{N}$, 以及任何 $j > i$, 我们有

$$T^{n_j - n_i}(T^{n_i}x) = T^{n_j}x \in A,$$

即 $T^{n_i}x \in A$, 并且此点的轨道无穷次进入 A. 所以 $T^{n_i}x \in B$.

综上, 对于任何 $x \in B$, 存在 $0 < n_1 < n_2 < \cdots$, 使得 $T^{n_i}x \in B$.

由断言, 知 $A_\infty \in \mathcal{X}$, 从而 $B \in \mathcal{X}$. 再由断言, 有

$$A_\infty \subseteq \bigcup_{i=0}^{\infty} T^{-i}A, \quad \mu(A_\infty) = \mu\left(\bigcup_{i=0}^{\infty} T^{-i}A\right).$$

所以

$$\mu(B) = \mu(A \cap A_\infty) = \mu\left(A \cap \bigcup_{i=0}^{\infty} T^{-i}A\right) = \mu(A).$$

证毕. □

注记 2.3.1 如果没有条件 $\mu(X) < \infty$, 那么回复定理可能不成立. 例如

$$T : \mathbb{R} \to \mathbb{R}, \quad x \mapsto x + 1.$$

习　　题

1. 设 $a \in \mathbb{N}$. 证明: $a\mathbb{N}$ 为 Poincaré 序列.

2. 集合 $A \subseteq \mathbb{N}$ 称为 thick, 若它包含任意长的区间, 即存在 $a_i \in \mathbb{N}$, 使得 $[a_i, a_i + i] \subseteq A$ $(\forall i \in \mathbb{N})$. 证明: 任何 thick 集合为 Poincaré 序列.

2.4 注　　记

我们在书中没有介绍流形上的保测系统、区间交换变换、台球系统、Gauss 系统等, 更多的例子可以参见文献 [46, 193, 130, 161, 202] 等. 关于符号动力系统可以参见文献 [155, 222].

第 3 章 遍历性与遍历定理

在本章中我们给出遍历性的定义和刻画, 并且介绍 von Neumann 遍历定理和 Birkhoff 遍历定理. von Neumann 遍历定理和 Birkhoff 遍历定理是遍历理论中最基本的定理. 虽然 von Neumann 遍历定理可以由 Birkhoff 遍历定理推出, 但我们还是先给出 von Neumann 遍历定理的证明, 再给出 Birkhoff 遍历定理的证明. 之后我们给出几个应用, 例如, 证明 Borel 正规数定理、Kolmogorov 强大数定理等. 在介绍完遍历性后, 我们给出各种混合的定义, 其中最重要的是弱混合. 弱混合的谱刻画是指它等价于具有连续谱, 我们将给出更一般的 Koopman-von Neumann 谱混合定理, 由此定理可知系统为弱混合的当且仅当它具有连续谱. 我们在本章最后一节中介绍动力系统谱理论的一些基本知识, 给出酉算子的谱分解定理及应用.

3.1 遍 历 性

遍历性是遍历理论的核心概念和研究内容之一, 遍历性体现的是系统的一种不可分割性. 我们会在后面解释为什么测度动力系统理论也称为遍历理论.

3.1.1 遍历性概念

定义 3.1.1 设 $(X,\mathcal{X},\mu,T)$ 为保测系统. 称 T 为**遍历**的, 若对任意满足 $T^{-1}B=B$ 的 $B\in\mathcal{X}$, 必有 $\mu(B)=0$ 或 $\mu(B)=1$ 成立.

注记 3.1.1 对于非概率测度, 我们一般如下定义遍历: 对任意满足 $T^{-1}B=B$ 的 $B\in\mathcal{X}$, 必有 $\mu(B)=0$ 或 $\mu(X\setminus B)=0$ 成立.

设 $(X,\mathcal{X},\mu,T)$ 为一个保测系统, 对任意满足 $\mu(A)\mu(B)>0$ 的 $A,B\in\mathcal{X}$, 之前我们定义

$$N^{\mu}(A,B)=\{n\in\mathbb{Z}_{+}:\mu(A\cap T^{-n}B)>0\}.$$

关于遍历性, 我们有很多等价刻画, 首先我们有如下定理.

定理 3.1.1 设 $(X,\mathcal{X},\mu,T)$ 为保测系统, 则以下命题等价:

(1) T 为遍历的;

(2) 若 $\mathcal{X}$ 中的元 B 满足 $\mu(T^{-1}B\Delta B)=0$ (即 $T^{-1}B=B$ a.e.), 则必有 $\mu(B)=0$ 或

$\mu(B)=1$;

(3) 对任意满足 $\mu(A)>0$ 的 $A\in\mathcal{X}$, 有 $\mu\left(\bigcup\limits_{n=1}^{\infty}T^{-n}A\right)=1$;

(4) 对任意满足 $\mu(A)\mu(B)>0$ 的 $A,B\in\mathcal{X}$, 有 $N^{\mu}(A,B)\neq\emptyset$, 即存在 $n\in\mathbb{N}$, 使得 $\mu(A\cap T^{-n}B)>0$.

证明　(1) $\Rightarrow$ (2) 设 $B\in\mathcal{X}$ 满足 $\mu(T^{-1}B\Delta B)=0$. 下面我们构造集合 $B_\infty\in\mathcal{X}$, 使得 $T^{-1}(B_\infty)=B_\infty$ 且 $\mu(B\Delta B_\infty)=0$. 从而根据条件 (1) 完成证明.

令

$$B_\infty=\bigcap_{n=0}^{\infty}\bigcup_{i=n}^{\infty}T^{-i}B.$$

由 Poincaré 定理 (定理 2.3.2) 中的断言证明, 知 $T^{-1}(B_\infty)=B_\infty$, $\mu(B_\infty)=\mu\left(\bigcup\limits_{n=0}^{\infty}T^{-n}B\right)$. 由遍历性, $\mu(B_\infty)=0$ 或 1. 对任意 $n\in\mathbb{N}$, 有

$$\begin{aligned}\mu(T^{-n}B\Delta B)&\leqslant\mu\left(\bigcup_{i=1}^{n}(T^{-i+1}B\Delta T^{-i}B)\right)\leqslant\sum_{i=1}^{n}\mu(T^{-i+1}B\Delta T^{-i}B)\\&=\sum_{i=1}^{n}\mu(T^{-i+1}(B\Delta T^{-1}B))=\sum_{i=1}^{n}\mu(B\Delta T^{-1}B)=0.\end{aligned}$$

故

$$\mu\left(B\Delta\bigcup_{i=n}^{\infty}T^{-i}B\right)\leqslant\sum_{i=n}^{\infty}\mu(B\Delta T^{-i}B)=0.$$

因为对每个 $n\in\mathbb{N}$, $\left(\bigcup\limits_{i=n}^{\infty}T^{-i}B\right)\Delta B$ 的测度为 0, 故有 $\mu(B_\infty\Delta B)=0$, 于是 $\mu(B_\infty)=\mu(B)$. 所以由 $\mu(B_\infty)=0$ 或 1, 得到 $\mu(B)=0$ 或 1.

(2) $\Rightarrow$ (3) 设 $A\in\mathcal{X}$ 满足 $\mu(A)>0$. 令 $A_1=\bigcup\limits_{n=1}^{\infty}T^{-n}A$. 因为 $T^{-1}A_1\subseteq A_1$ 及 $\mu(T^{-1}A_1)=\mu(A_1)$, 所以

$$\mu(T^{-1}A_1\Delta A_1)=0.$$

由 (2), 我们得到 $\mu(A_1)=0$ 或 1. 因为 $\mu(A)>0$, 所以 $\mu(A_1)=1$.

(3) $\Rightarrow$ (4) 设 $\mu(A)\mu(B)>0$. 由 (3), 我们有 $\mu\left(\bigcup\limits_{n=1}^{\infty}T^{-n}B\right)=1$, 于是

$$0<\mu(A)=\mu\left(A\cap\bigcup_{n=1}^{\infty}T^{-n}B\right)=\mu\left(\bigcup_{n=1}^{\infty}(A\cap T^{-n}B)\right).$$

从而存在 $n\geqslant1$, 使得 $\mu(A\cap T^{-n}B)>0$.

(4) $\Rightarrow$ (1) 设 $B\in\mathcal{X}$ 满足 $T^{-1}B=B$. 如果 $0<\mu(B)<1$, 那么 $\mu(X\setminus B)>0$,

$$\mu(T^{-n}B\cap(X\setminus B))=\mu(B\cap(X\setminus B))=0,\quad\forall n\geqslant1.$$

这与 (4) 矛盾. □

根据以上证明, 我们知道 (3) 等价于对于任何满足 $\mu(A)>0$ 的 $A\in\mathcal{X}$ 和 $N\in\mathbb{N}$, 有 $\mu\left(\bigcup\limits_{n=N}^{\infty}T^{-n}A\right)=1$. 另外, 根据证明过程, (4) 中的 $N^{\mu}(A,B)$ 为无穷集. 对于 $N^{\mu}(A,B)$, 我们可以说得更多.

定义 3.1.2 集合 $A=\{a_1<a_2<\cdots\}\subseteq\mathbb{Z}_+$ 称为 **syndetic 集**, 若它具有有界的间距, 即存在 $N>0$, 使得

$$a_{i+1}-a_i\leqslant N,\quad \forall i\in\mathbb{N}.$$

全体 syndetic 集记为 $\mathcal{F}_{\mathrm{s}}$.

根据定义, 容易验证集合 $A\subseteq\mathbb{Z}_+$ 为 syndetic 集当且仅当存在 $N\in\mathbb{N}$, 使得对于任何 $i\in\mathbb{Z}_+$, $A\cap\{i,i+1,\cdots,i+N\}\neq\emptyset$. 类似定义 $\mathbb{Z},\mathbb{N}$ 等中的 syndetic 子集.

推论 3.1.1 设 $(X,\mathcal{X},\mu,T)$ 为遍历系统, 那么对任意满足 $\mu(A)\mu(B)>0$ 的 $A,B\in\mathcal{X}$, $N^{\mu}(A,B)$ 为 syndetic 集.

证明 因为 $\mu(B)>0$, 故由 T 的遍历性, 我们有 $\mu\left(\bigcup\limits_{i=1}^{\infty}T^{-i}B\right)=1$. 取 k, 使得

$$\mu\left(\bigcup_{i=1}^{k}T^{-i}B\right)>1-\frac{\mu(A)}{2}.$$

根据 μ 的不变性, 对每个 $l\in\mathbb{Z}_+$, 有

$$\mu\left(\bigcup_{i=l+1}^{l+k}T^{-i}B\right)=\mu\left(\bigcup_{i=1}^{k}T^{-i}B\right)>1-\frac{\mu(A)}{2}.$$

这意味着对每个 $l\in\mathbb{Z}_+$, 有

$$\mu\left(A\cap\Big(\bigcup_{i=l+1}^{l+k}T^{-i}B\Big)\right)>0,$$

即对每个 $l\in\mathbb{Z}_+$, 存在 $j\in[l+1,l+k]$, 使得

$$\mu(A\cap T^{-j}B)>0.$$

从而 $N^{\mu}(A,B)$ 为 syndetic 集. □

3.1.2 不变函数

我们已经定义了算子 U_T, 由此自然地定义特征值与特征函数.

定义 3.1.3 设 $(X,\mathcal{X},\mu,T)$ 为保测系统. 我们称复数 λ 为 T 的特征值, 如果它为算子 U_T 的特征值, 即存在非零可测函数 f, 使得

$$U_Tf=\lambda f.$$

函数 f 称为相应于特征值 λ 的特征函数.

下面的定理指出, 遍历性可以由 U_T 谱的性质来刻画: 遍历性等价于 1 为 U_T 的简单特征值.

定理 3.1.2 设 $(X,\mathcal{X},\mu,T)$ 为保测系统, 则以下命题为等价的:

(1) T 为遍历的;

(2) 如果 f 可测并且 $U_Tf(x)=f(x)$ $(\forall x\in X)$, 那么 $f=\text{const a.e.}$;

(3) 如果 f 可测并且 $U_Tf=f$ a.e., 那么 $f=\text{const a.e.}$;

(4) 如果 $f\in L^2(\mu)$ 满足 $U_Tf(x)=f(x)$ $(\forall x\in X)$, 那么 $f=\text{const a.e.}$;

(5) 如果 $f\in L^2(\mu)$ 满足 $U_Tf(x)=f(x)$ a.e., 那么 $f=\text{const a.e.}$.

证明 $(3)\Rightarrow(2),(2)\Rightarrow(4),(5)\Rightarrow(4)$和$(3)\Rightarrow(5)$ 是平凡的. 我们只需证明 $(1)\Rightarrow(3)$ 和 $(4)\Rightarrow(1)$.

$(1)\Rightarrow(3)$ 假设 T 为遍历的, 且 f 可测. 不妨设 f 为实值的 (对于复值映射, 我们可以分实部与虚部讨论). 对 $k\in\mathbb{Z}$ 及 $n>0$, 令

$$X(k,n)=\{x\in X: k/2^n\leqslant f(x)<(k+1)/2^n\}=f^{-1}([k/2^n,(k+1)/2^n)).$$

我们有

$$T^{-1}X(k,n)\Delta X(k,n)\subseteq\{x\in X: f\circ T(x)\neq f(x)\},$$

继而 $\mu(T^{-1}X(k,n)\Delta X(k,n))=0$. 根据定理 3.1.1, 就有 $\mu(X(k,n))=0$ 或 1.

对每个 $n\in\mathbb{N}$, $\bigcup\limits_{k\in\mathbb{Z}}X(k,n)=X$ 为无交并, 于是存在唯一一个 k_n, 使得 $\mu(X(k_n,n))=1$. 令

$$Y=\bigcap_{n=1}^{\infty}X(k_n,n),$$

则 $\mu(Y)=1$, 且 f 在 Y 上为常数, 即 $f=\text{const a.e.}$.

$(4)\Rightarrow(1)$ 假设 $B\in\mathcal{X}$, $T^{-1}B=B$. 因为 $U_T\mathbf{1}_B=\mathbf{1}_B$, 所以 $\mathbf{1}_B$ 几乎处处为常值, 即 $\mu(B)=0$ 或 1. 所以 T 为遍历的. □

注记 3.1.2 根据上面定理的证明, 在定理 3.1.2 中将 $L^2(\mu)$ 换为 $L^p(\mu)$ $(p\geqslant 1)$, 结论是一样的.

设 $(X,\mathcal{X},\mu,T)$ 为保测系统. 令 T 不变子集组成的集合为

$$\mathcal{I}=\mathcal{I}(T)=\{A\in\mathcal{X}: \mu(A\Delta T^{-1}A)=0\}. \tag{3.1}$$

易见, $\mathcal{I}$ 是 $\mathcal{X}$ 的一个子 σ 代数, 且 $T^{-1}\mathcal{I}\subseteq\mathcal{I}$.

引理 3.1.1 设 $(X,\mathcal{X},\mu,T)$ 为保测系统, 则对任意 $f\in L^1(X,\mu)$, 有

$$\mathbb{E}(f\circ T|\mathcal{I})=\mathbb{E}(f|\mathcal{I}).$$

证明 设 $f\in L^1(X,\mu)$. 对任意 $A\in\mathcal{I}$, 有

$$\int_A\mathbb{E}(f\circ T|\mathcal{I})\mathrm{d}\mu=\int_A f\circ T\mathrm{d}\mu=\int_{T^{-1}A}f\circ T\mathrm{d}\mu$$

$$= \int_A f \mathrm{d}\mu = \int_A \mathbb{E}(f|\mathcal{I}) \mathrm{d}\mu.$$

所以 $\mathbb{E}(f \circ T|\mathcal{I}) = \mathbb{E}(f|\mathcal{I})$. □

引理 3.1.2 设 $(X, \mathcal{X}, \mu, T)$ 为保测系统, $f \in L^1(X, \mu)$, 则 $f \circ T = f$ a.e. 当且仅当 f 是 $\mathcal{I}$ 可测的.

证明 设 $f \circ T = f$ a.e., 不妨设 f 为实值函数. 对任意 $A \in \mathcal{B}(\mathbb{R})$,

$$\mu(f^{-1}(A)\Delta(f \circ T)^{-1}(A)) = 0, \quad 即 \quad \mu(f^{-1}(A)\Delta T^{-1}(f^{-1}(A))) = 0.$$

所以 $f^{-1}(A) \in \mathcal{I}$, 从而 f 是 $\mathcal{I}$ 可测的.

设 f 是 $\mathcal{I}$ 可测的. 对任意 $A \in \mathcal{B}(\mathbb{R})$, $f^{-1}(A) \in \mathcal{I}$, 即 $\mu(f^{-1}(A)\Delta T^{-1}(f^{-1}(A))) = 0$, 从而 $\mu(f^{-1}(A)\Delta(f \circ T)^{-1}(A)) = 0$. 特别地, 对任意 $a \in \mathbb{Q}$,

$$\mu\big(f^{-1}((-\infty, a)) \cap (f \circ T)^{-1}([a, +\infty))\big) = 0,$$
$$\mu\big(f^{-1}((a, +\infty)) \cap (f \circ T)^{-1}((-\infty, a])\big) = 0.$$

所以 $f \circ T = f$ 几乎处处成立. □

3.1.3 一些例子

例 3.1.1 (n 周期系统) 设 $n \in \mathbb{N}$, $\mathbb{Z}_n = \mathbb{Z}/n\mathbb{Z} = \{0, 1, \cdots, n-1\}$. 令 $T\colon \mathbb{Z}_n \to \mathbb{Z}_n$, $x \mapsto x + 1 \pmod n$. 取每个独点集测度为 $1/n$ 的平均测度 μ, 那么 $(\mathbb{Z}_n, \mathcal{P}(\mathbb{Z}_n), \mu, T)$ 为遍历系统.

例 3.1.2 (圆周旋转) 设 $\mathbb{S}^1$ 为复平面上的单位圆周, $\alpha \in \mathbb{R}$, $a = \mathrm{e}^{2\pi \mathrm{i}\alpha}$, $m_{\mathbb{S}^1}$ 为 $\mathbb{S}^1$ 上的 Haar 测度. 定义

$$T_a: \mathbb{S}^1 \to \mathbb{S}^1, \quad z = \mathrm{e}^{2\pi \mathrm{i}\theta} \mapsto az = \mathrm{e}^{2\pi \mathrm{i}(\theta + \alpha)}, \ \forall z \in \mathbb{S}^1,$$

则系统 $(\mathbb{S}^1, \mathcal{B}(\mathbb{S}^1), m_{\mathbb{S}^1}, T_a)$ 为遍历的当且仅当 α 为无理数, 即 a 不为单位根.

证明1 设 a 为单位根, 那么存在 $p \neq 0$, 使得 $a^p = 1$. 令 $f(z) = z^p$, 则 $U_{T_a} f = f \circ T = f$, 但是 f 不是常值函数, 根据定理 3.1.2, T_a 不是遍历的.

反之, 设 $f \in L^2(\mathbb{S}^1, m_{\mathbb{S}^1})$ 满足 $U_{T_a} f = f$. 令 $f(z) = \sum\limits_{n=-\infty}^{\infty} b_n z^n$ 为其 Fourier 级数, 则

$$U_{T_a} f(z) = f(az) = \sum_{n=-\infty}^{\infty} b_n a^n z^n.$$

于是, 由表示的唯一性, 有

$$b_n(a^n - 1) = 0, \quad \forall n \in \mathbb{Z}.$$

如果 $n \neq 0$, 那么 $b_n = 0$, 继而 $f = b_0$ 为常值函数. 根据定理 3.1.2, T_a 为遍历的. □

下面我们给出另外一个证明.

证明2 设 $\mathbb{T} = \mathbb{R}/\mathbb{Z} = [0, 1) \pmod 1$, $\alpha \in \mathbb{T}$. 令

$$R_\alpha\colon \mathbb{T} \to \mathbb{T}, \quad x \mapsto x + \alpha \pmod 1.$$

我们需要证明: $(\mathbb{T},\mathcal{B}(\mathbb{T}),m_{\mathbb{T}},R_\alpha)$ 为遍历的当且仅当 α 为无理数.

当 $\alpha\in\mathbb{Q}$ 时, 设 $\alpha=p/q$, $p,q\in\mathbb{N}$, $(p,q)=1$. 于是 $R_\alpha^q=\mathrm{id}$. 取子集 $A\subseteq\mathbb{T}$, 使得 $0<m_{\mathbb{T}}(A)<1/q$. 那么

$$B=A\cup R_\alpha A\cup\cdots\cup R_\alpha^{q-1}A$$

满足 $R_\alpha^{-1}B=B$, 但是 $m_{\mathbb{T}}(B)\in(0,1)$. 所以 R_α 不遍历.

当 $\alpha\notin\mathbb{Q}$ 时, R_α 为极小作用. 设 $B\subseteq\mathbb{T}$ 为 R_α 不变的. 对于任何 $\varepsilon>0$, 取连续函数 $f\in C(\mathbb{T})$, 使得 $\|f-\mathbf{1}_B\|_1<\varepsilon$. 由 $\mathbf{1}_B\circ R_\alpha=\mathbf{1}_B$, 我们有

$$\|f\circ R_\alpha^n-f\|_1<2\varepsilon,\quad \forall n\in\mathbb{Z}.$$

因为 f 连续以及 R_α 极小, 所以根据上式, 容易得到

$$\|f\circ R_t-f\|_1<2\varepsilon,\quad \forall t\in\mathbb{R}.$$

于是, 根据 $m_{\mathbb{T}}$ 的平移不变性, 有

$$\begin{aligned}\left\|f-\int_{\mathbb{T}}f(t)\mathrm{d}t\right\|_1&=\int_{\mathbb{T}}\left|\int_{\mathbb{T}}(f(x)-f(x+t))\mathrm{d}t\right|\mathrm{d}x\\&\leqslant\int_{\mathbb{T}}\int_{\mathbb{T}}|f(x)-f(x+t)|\,\mathrm{d}x\mathrm{d}t\leqslant 2\varepsilon.\end{aligned}$$

所以

$$\begin{aligned}\|\mathbf{1}_B-m_{\mathbb{T}}(B)\|_1&=\left\|\mathbf{1}_B-\int_{\mathbb{T}}\mathbf{1}_B\mathrm{d}t\right\|_1\\&\leqslant\|\mathbf{1}_B-f\|_1+\left\|f-\int_{\mathbb{T}}f(t)\mathrm{d}t\right\|_1+\left\|\int_{\mathbb{T}}f(t)\mathrm{d}t-\int_{\mathbb{T}}\mathbf{1}_B\mathrm{d}t\right\|_1\\&<4\varepsilon.\end{aligned}$$

根据 ε 的任意性, $\|\mathbf{1}_B-m_{\mathbb{T}}(B)\|_1=0$. 于是 $\mathbf{1}_B$ 为常数, $m_{\mathbb{T}}(B)=0$ 或 1. 所以 R_α 遍历.□

例 3.1.3 (群旋转)　设 G 是一个紧致可度量化的群, $a\in G$. 定义群旋转

$$R_a\colon G\to G,\quad x\mapsto ax,$$

则 $(G,\mathcal{B}(G),m,R_a)$ 是一个保测动力系统, 其中 m 为 Haar 测度. R_a 为遍历的当且仅当 $\langle a\rangle=\{a^n:n\in\mathbb{Z}\}$ 在 G 中稠密.

特别地, 如果 $(G,\mathcal{B}(G),m,R_a)$ 是遍历的, 那么 G 为交换群.

证明　当 $\langle a\rangle=\{a^n:n\in\mathbb{Z}\}$ 不在 G 中稠密时, 设 $H=\overline{\{a^n:n\in\mathbb{Z}\}}$, 则 $H\neq G$ 为 G 的闭子群. 于是存在 $\gamma\in\widehat{G}$, 使得 $\gamma\neq 1$ 并且 $\gamma(H)=1$. 由此得

$$U_{R_a}\gamma(x)=\gamma(R_ax)=\gamma(ax)=\gamma(a)\gamma(x)=\gamma(x).$$

所以根据定理 3.1.2, R_a 不为遍历的.

当 $\langle a\rangle=\{a^n:n\in\mathbb{Z}\}$ 在 G 中稠密时, 则 G 为交换群. 设 $f\in L^2(\mu)$ 满足 $U_{R_a}f=f$. 令 $f(x)=\sum\limits_{\gamma\in\widehat{G}}b_\gamma\gamma(x)$ 为其 Fourier 级数, 则

$$U_{R_a}f(x)=f(ax)=\sum_{\gamma\in\widehat{G}}b_\gamma\gamma(a)\gamma(x),$$

于是由表示的唯一性, 有

$$b_\gamma(\gamma(a)-1)=0,\quad \forall\gamma\in\widehat{G}.$$

如果 $b_\gamma\neq 0$, 那么 $\gamma(a)=1$. 从而

$$\gamma(a^n)=\gamma(a)^n=1,\quad \forall n\in\mathbb{Z}.$$

由 γ 的连续性, $\gamma|_G=\gamma|_{\overline{\{a^n:n\in\mathbb{Z}\}}}=1$, 即 $\gamma=1$. 所以 $b_\gamma=0\ (\forall\gamma\neq 1)$. 从而 $f=b_1$ 为常值函数. 根据定理 3.1.2, R_a 为遍历的. □

例 3.1.4 (圆周自同态) 设 $n\in\mathbb{N}$. 令 $S_n:\mathbb{S}^1\to\mathbb{S}^1$, $z\mapsto z^n$, 那么 $(\mathbb{S}^1,\mathcal{B}(\mathbb{S}^1),m_{\mathbb{S}^1},S_n)$ 为保测系统. 下面证明: 当 $n\geqslant 2$ 时它为遍历的. 我们以 $n=2$ 为例, 一般情况的证明是完全类似的.

设 $f\in L^2(\mu)$ 满足 $U_{S_2}f=f$. 令 $f(z)=\sum\limits_{n=-\infty}^{\infty}b_nz^n$ 为其 Fourier 级数, 则

$$U_{S_2}f(z)=f(z^2)=\sum_{n=-\infty}^{\infty}b_nz^{2n},$$

于是由表示的唯一性, 如果 $n\neq 0$, 则

$$b_n=b_{2n}=b_{2^2n}=b_{2^3n}=\cdots.$$

因为 $\sum\limits_{j=-\infty}^{\infty}|b_j|^2=\|f\|_2^2<\infty$, 所以 $b_n=0$.

综上, 如果 $n\neq 0$, 那么 $b_n=0$, 从而 $f(z)=b_0$ 为常值函数. 根据定理 3.1.2, S_n 为遍历的.

例 3.1.5 (群自同态系统) 设 G 为紧致度量群, $A:G\to G$ 为满的连续自同态映射, m 为其上的 Haar 测度, 那么 $(G,\mathcal{B}(G),m,A)$ 为保测映射. $(G,\mathcal{B}(G),m,A)$ 为遍历的当且仅当平凡的特征 $\gamma=1$ 为唯一的满足"存在 $n\in\mathbb{N}$ 使得 $\gamma\circ A^n=\gamma$ 成立"的特征.

证明 设存在非平凡 $\gamma\in\widehat{G}$ 以及 $n\in\mathbb{N}$, 使得 $\gamma\circ A^n=\gamma$. 不妨设 n 为满足上式最小的自然数. 令

$$f=\gamma+\gamma\circ A+\cdots+\gamma\circ A^{n-1}.$$

因为 $\gamma,\gamma\circ A,\cdots,\gamma\circ A^{n-1}\in\widehat{G}$ 互异, 所以它们互相垂直, 特别 $f\neq\text{const}$. 但是 $f\circ A=f$, 所以根据定理 3.1.2, A 不为遍历的.

反之, 假设存在 $n \in \mathbb{N}$, 使得 $\gamma \circ A^n = \gamma$, 则 $\gamma = 1$. 设 $f \in L^2(\mu)$ 满足 $U_A f = f \circ A = f$. 令 $f(x) = \sum\limits_{\gamma \in \widehat{G}} b_\gamma \gamma(x)$ 为其 Fourier 级数, 则

$$U_A f(x) = f(Ax) = \sum_{\gamma \in \widehat{G}} b_\gamma \gamma(Ax),$$

于是由表示的唯一性, 有

$$b_\gamma = b_{\gamma \circ A} = b_{\gamma \circ A^2} = \cdots .$$

根据条件, 如果 $\gamma \neq 1, \gamma, \gamma \circ A, \gamma \circ A^2, \cdots$ 为互异的特征, 则由于 $\sum\limits_{\gamma \in \widehat{G}} |b_\gamma|^2 < \infty$, 所以只能有 $b_\gamma = 0$. 从而 $f = b_1$ 为常值函数. 根据定理 3.1.2, A 为遍历的. □

例 3.1.6 (环面自同态)　根据定理 1.4.5, 每个自同态 $A : (\mathbb{S}^1)^n \to (\mathbb{S}^1)^n$ 形如

$$A(z_1, \cdots, z_n) = \left(z_1^{a_{11}} z_2^{a_{12}} \cdots z_n^{a_{1n}}, \cdots, z_1^{a_{n1}} z_2^{a_{n2}} \cdots z_n^{a_{nn}}\right),$$

其中 $a_{ij} \in \mathbb{Z}$. 等价地, $A : \mathbb{T}^n \to \mathbb{T}^n$ 的表达式为

$$A\left(\begin{pmatrix} x_1 \\ \vdots \\ x_n \end{pmatrix} + \mathbb{Z}^n\right) = [a_{ij}] \begin{pmatrix} x_1 \\ \vdots \\ x_n \end{pmatrix} + \mathbb{Z}^n,$$

其中 $[a_{ij}] \in \mathbb{Z}^{n \times n}$ 为方阵, (i, j) 元素为 a_{ij}. 如果 A 为满自同态, 那么 A 为遍历的当且仅当矩阵 $[A]$ 没有单位根作为它的特征值.

证明　根据 1.4 节的知识,

$$\widehat{A} : \mathbb{Z}^n \to \mathbb{Z}^n, \quad \begin{pmatrix} m_1 \\ m_2 \\ \vdots \\ m_n \end{pmatrix} \mapsto [A]^{\mathrm{T}} \begin{pmatrix} m_1 \\ m_2 \\ \vdots \\ m_n \end{pmatrix}$$

根据例 3.1.5, 如果 A 不是遍历的, 那么存在 $\boldsymbol{q} \in \mathbb{Z}^n, \boldsymbol{q} \neq \boldsymbol{0}$ 以及 $k \in \mathbb{N}$, 使得 $([A]^t)^{\mathrm{T}} \boldsymbol{q} = \boldsymbol{q}$. 于是, 1 为 $([A]^{\mathrm{T}})^k$ 的特征值. 所以 1 为 $[A]^k$ 的特征值, 从而存在单位根为 $[A]$ 的特征值.

反之, 如果存在单位根为 $[A]$ 的特征值, 那么存在 $k \in \mathbb{N}$, 使得 1 为 $([A]^{\mathrm{T}})^k$ 的特征值. 于是, 存在非零向量 $\boldsymbol{y} \in \mathbb{R}^n$, 使得

$$\left(([A]^{\mathrm{T}})^k - \boldsymbol{I}\right) \boldsymbol{y} = \boldsymbol{0}.$$

因为 $[A]_{\mathrm{T}}$ 为整数值矩阵, 所以可以设 $\boldsymbol{y} \in \mathbb{Z}^n$. 于是 $([A]^{\mathrm{T}})^k \boldsymbol{y} = \boldsymbol{y}$. 根据例 3.1.5, A 不是遍历的. □

例 3.1.7 (转移系统)　双边 (单边) $\boldsymbol{p}$ 转移系统 $(\Sigma_k, \mathcal{B}, \mu_{\boldsymbol{p}}, \sigma)$ 为遍历的.

例 3.1.8 (Markov 转移)　双边 (单边) $(\boldsymbol{p}, \boldsymbol{P})$-Markov 转移系统 $(\Sigma_k, \mathcal{B}, \mu, \sigma)$ 为遍历的当且仅当 P 为不可约的.

证明 $\boldsymbol{p}$ 转移系统是遍历的不难, 请读者自己完成. 但是 Markov 转移系统的情况要复杂些, 我们把证明留在给出遍历定理之后 (定理 3.3.10).

习　题

1. 证明: 双边 (单边)$\boldsymbol{p}$ 转移系统 $(\Sigma_k, \mathcal{B}, \mu_{\boldsymbol{p}}, \sigma)$ 为遍历的.

2. 设 $T:[0,1]\to[0,1]$ 定义如下:

$$T(x)=\begin{cases} 2x, & 0\leqslant x<\dfrac{1}{4},\\ 2x-\dfrac{1}{2}, & \dfrac{1}{4}\leqslant x<\dfrac{3}{4},\\ 2x-1, & \dfrac{3}{4}\leqslant x\leqslant 1.\end{cases}$$

证明: $([0,1],\mathcal{B}([0,1]),m,T)$ 为保测的但不是遍历的系统, 其中 m 为 Lebesgue 测度.

3. 设 G 为紧致连通度量交换群, $a\in G$, $A:G\to G$ 为满的连续自同态映射, m 为其上的 Haar 测度. 令 $T:G\to G$, $x\mapsto a\cdot A(x)$ 为仿射变换, 则以下等价:

(1) $(G,\mathcal{B}(G),m,T)$ 为遍历的;

(2) 若存在 $n\in\mathbb{N}$, 使得 $\gamma\circ A^n=\gamma$, 则 $\gamma\circ A=\gamma$, 并且包含 a 和 BG 的最小闭子群为 G, 其中 $B:G\to G, x\mapsto x^{-1}\cdot A(x)$;

(3) 存在 $x_0\in G$, 使得 $\overline{\{T^n x_0: n\geqslant 0\}}=G$;

(4) $m(\{x:\overline{\{T^n x: n\geqslant 0\}}=G\})=1$.

4. 对 $k\in\mathbb{N}$, 取 $\boldsymbol{\theta}=(\theta_1,\cdots,\theta_k)\in\mathbb{R}^k$. 令

$$T_{\boldsymbol{\theta}}:\mathbb{T}^k\to\mathbb{T}^k,\quad \boldsymbol{x}=(x_1,x_2,\cdots,x_k)\mapsto \boldsymbol{x}+\boldsymbol{\theta}=(x_1+\theta_1,x_2+\theta_2,\cdots,x_k+\theta_k).$$

$\mathbb{T}^k$ 上的 Lebesgue 测度 m 是 $(\mathbb{T}^k,T_{\boldsymbol{\theta}})$ 的一个不变测度. 证明: $(\mathbb{T}^k,\mathcal{B}(\mathbb{T}^k),m,T_{\boldsymbol{\theta}})$ 为遍历的当且仅当 $\boldsymbol{\theta}=(\theta_1,\cdots,\theta_k)\in\mathbb{R}^k$ 为有理独立的.

5. 设 $\alpha\in(0,1)\setminus\mathbb{Q}$, $k\geqslant 2$, $T_k:\mathbb{T}^k\to\mathbb{T}^k$, $(x_1,x_2,\cdots,x_k)\mapsto(x_1+\alpha,x_2+x_1,\cdots,x_k+x_{k-1})$. 证明: $\mathbb{T}^k$ 上的 Lebesgue 测度是 $(\mathbb{T}^k,T_k)$ 的一个遍历测度.

6. 设 $(X,\mathcal{X},\mu,T)$ 为保测系统. 称 T 为完全遍历的, 若对于任意的整数 $n\geqslant 1$, T^n 为遍历的. 给定 $K\geqslant 1$, 定义空间

$$X^{(K)}=X\times\{1,2,\cdots,K\},$$

$\mathcal{X}^{(K)}$ 为其上的乘积 σ 代数, $\mu^{(K)}=\mu\times\nu$ 为乘积测度 (ν 为 $\{1,2,\cdots,K\}$ 上的计数测度, 即对于任何子集 $A\subseteq\{1,2,\cdots,K\}$, $\nu(A)=|A|/K$, $|A|$ 为集合 A 的基数). 对任意 $(x,i)\in X^{(K)}$, 定义 $T^{(K)}:X^{(K)}\to X^{(K)}$ 为

$$T^{(K)}(x,i)=\begin{cases}(x,i+1), & 1\leqslant i<K,\\ (Tx,1), & i=K.\end{cases}$$

证明:

(1) $(X^{(K)},\mathcal{X}^{(K)},\mu^{(K)},T^{(K)})$ 为保测系统.

(2) $(X^{(K)}, \mathcal{X}^{(K)}, \mu^{(K)}, T^{(K)})$ 为遍历的当且仅当 $(X, \mathcal{X}, \mu, T)$ 为遍历的. 如果 $K > 1$, 那么 $(X^{(K)}, \mathcal{X}^{(K)}, \mu^{(K)}, T^{(K)})$ 不是完全遍历的.

(3) 如果 $(Y, \mathcal{Y}, m, S)$ 不是完全遍历的系统, 那么存在保测系统 $(X, \mathcal{X}, \mu, T)$ 以及 $K > 1$, 使得 $(Y, \mathcal{Y}, m, S)$ 同构于 $(X^{(K)}, \mathcal{X}^{(K)}, \mu^{(K)}, T^{(K)})$.

3.2 von Neumann 遍历定理

设 $(X, \mathcal{X}, \mu, T)$ 为保测系统, 则 Koopman 算子 $U_T : L^2(X, \mu) \to L^2(X, \mu)$, $f \mapsto f \circ T$ 是一个等距算子. 一般地, 我们也经常记

$$Tf = U_T f = f \circ T.$$

对 $f \in L^1(\mu)$, 称

$$\mathbb{A}_n f(x) = \frac{1}{n} \sum_{i=0}^{n-1} f(T^i(x)) = \frac{1}{n} \sum_{i=0}^{n-1} T^i f(x)$$

为**遍历平均**. von Neumann 遍历定理断言遍历平均在范数下收敛, 而 Birkhoff 遍历定理表明遍历平均几乎处处收敛. 这一节我们先证明 von Neumann 遍历定理. 下面我们给出 von Neumann 遍历定理的 Hilbert 空间形式.

3.2.1 von Neumann 遍历定理 (Hilbert 空间形式)

首先回顾一些基本概念. 设 $U : \mathcal{H}_1 \to \mathcal{H}_2$ 为 Hilbert 空间上的线性算子, 那么由

$$\langle Uf, g \rangle = \langle f, U^* g \rangle$$

可定义关联算子 $U^* : \mathcal{H}_2 \to \mathcal{H}_1$, 称之为 U 的**伴随算子**. U 为等距算子 (指 $\|Uf\|_{\mathcal{H}_2} = \|f\|_{\mathcal{H}_1}, \forall f \in \mathcal{H}_1$) 当且仅当

$$U^*U = \mathrm{id}_{\mathcal{H}_1}, \quad UU^* = P_{\mathrm{Im}U},$$

其中 $P_{\mathrm{Im}U}$ 为到 U 的值域 (range) 的投射. U 称为**酉算子**, 若它为可逆等距的, 这等价于可逆且 $U^{-1} = U^*$, 也等价于可逆且保内积, 即 $\langle Uf, Ug \rangle = \langle f, g \rangle, \forall f, g \in \mathcal{H}_1$.

定理 3.2.1 (von Neumann 遍历定理 (Hilbert 空间形式)) 设 $\mathcal{H}$ 是一个 Hilbert 空间, $U : \mathcal{H} \to \mathcal{H}$ 是一个收缩算子 (即 $\|Ux\| \leqslant \|x\|, \forall x \in \mathcal{H}$). 令 P 是从 H 到 $\mathfrak{I}_U := \{x \in \mathcal{H} : Ux = x\}$ 的投影算子, 则对任意 $x \in \mathcal{H}$,

$$\lim_{N \to \infty} \left\| \frac{1}{N} \sum_{n=0}^{N-1} U^n x - Px \right\| = 0.$$

证明 首先我们证明下面的断言:

断言

$$\mathcal{H} = \mathfrak{I}_U \bigoplus \overline{\mathrm{range}(I - U)}.$$

证明 如果 $u \perp \mathrm{range}(I-U)$, 即对任意 $v \in \mathcal{H}$, $\langle u, (I-U)v \rangle = 0$, 则

$$0 = \langle u, v \rangle - \langle u, Uv \rangle = \langle u, v \rangle - \langle U^* u, v \rangle = \langle u - U^* u, v \rangle.$$

所以 $U^* u = u$. 我们需要证明 $Uu = u$:

$$\begin{aligned} \|Uu - u\|^2 &= \langle Uu - u, Uu - u \rangle \\ &= \langle Uu, Uu \rangle - \langle Uu, u \rangle - \langle u, Uu \rangle + \langle u, u \rangle \\ &= \|Uu\|^2 - \langle u, U^* u \rangle - \langle U^* u, u \rangle + \|u\|^2 \\ &\leqslant \|u\|^2 - \langle u, u \rangle - \langle u, u \rangle + \|u\|^2 = 0. \end{aligned}$$

故 $Uu = u$, 则 $u \in \mathfrak{I}_U$.

反之, 设 $u \in \mathfrak{I}_U$, 则 $Uu = u$. 因为

$$\begin{aligned} \|U^* v\|^2 &= |\langle U^* v, U^* v \rangle| = |\langle UU^* v, v \rangle| \\ &\leqslant \|UU^* v\| \|v\| \leqslant \|U^* v\| \|v\|, \end{aligned}$$

所以 U^* 也为收缩算子. 根据上面的证明, 由于 $Uu = u$, 且 U^* 收缩, 所以 $U^* u = u$.

于是, 我们有

$$\langle u, v - Uv \rangle = \langle u, v \rangle - \langle u, Uv \rangle = \langle u - U^* u, v \rangle = 0, \quad \forall v \in \mathcal{H}.$$

所以 $u \perp \mathrm{range}(I-U)$. 断言证毕.

我们分三种情况讨论.

(1) 如果 $x \in \mathfrak{I}_U$, 则 $Ux = x$, $Px = x$. 从而

$$\left\| \frac{1}{N} \sum_{n=0}^{N-1} U^n x - Px \right\| = \left\| \frac{1}{N} \sum_{n=0}^{N-1} x - x \right\| = 0.$$

(2) 如果 $x \in \mathrm{range}(I-U)$, 则存在 $y \in \mathcal{H}$, 使得 $x = y - Uy$. 从而

$$\begin{aligned} \lim_{N \to \infty} \left\| \frac{1}{N} \sum_{n=0}^{N-1} U^n x \right\| &= \lim_{N \to \infty} \left\| \frac{1}{N} \sum_{n=0}^{N-1} U^n (y - Uy) \right\| = \lim_{N \to \infty} \frac{1}{N} \|y - U^N y\| \\ &\leqslant \lim_{N \to \infty} \frac{\|y\| + \|U^N y\|}{N} \leqslant \lim_{N \to \infty} \frac{2\|y\|}{N} = 0. \end{aligned}$$

如果 $x \in \overline{\mathrm{range}(I-U)}$, 则存在 $y_i \in \mathcal{H}$, 使得 $x_i = y_i - Uy_i \to x$ $(i \to \infty)$. 对于任何 $\varepsilon > 0$, 取 i, 使得 $\|x_i - x\| < \varepsilon/2$, 并且取 M, 使得当 $N > M$ 时, 有

$$\left\| \frac{1}{N} \sum_{n=0}^{N-1} U^n x_i \right\| < \frac{\varepsilon}{2}.$$

于是, 当 $N > M$ 时, 有

$$\left\|\frac{1}{N}\sum_{n=0}^{N-1}U^n x\right\| \leqslant \left\|\frac{1}{N}\sum_{n=0}^{N-1}U^n(x-x_i)\right\| + \left\|\frac{1}{N}\sum_{n=0}^{N-1}U^n x_i\right\| < \frac{\varepsilon}{2}+\frac{\varepsilon}{2}=\varepsilon.$$

(3) 一般地, 根据断言, $x = y + z$, 其中 $y = Px \in \mathfrak{I}_U, z \in \overline{\mathrm{range}(I-U)}$. 故根据 (1) 和 (2), 有

$$\lim_{N\to\infty}\left\|\frac{1}{N}\sum_{n=0}^{N-1}U^n x - Px\right\| = 0.$$

定理证毕. □

注记 3.2.1　如果 U 为等距算子, 那么定理 3.2.1 证明中的断言证明会略微简单些:

设 $u \in \mathcal{H}$. 如果 $u \in \mathrm{range}(I-U)$, 即存在 $v \in \mathcal{H}$, 使得 $u = v - Uv$, 则对任意 $w \in \mathfrak{I}_U$, 有

$$\begin{aligned}\langle u, w\rangle &= \langle v - Uv, w\rangle = \langle v, w\rangle - \langle Uv, w\rangle \\ &= \langle v, w\rangle - \langle Uv, Uw\rangle = \langle v, w\rangle - \langle v, w\rangle = 0.\end{aligned}$$

故 $u \perp \mathfrak{I}_U$.

如果 $u \perp \mathrm{range}(I-U)$, 即对任意 $v \in \mathcal{H}$, $\langle u, (I-U)v\rangle = 0$, 则

$$\langle u, Uu\rangle = \langle u, u\rangle = \overline{\langle u, u\rangle} = \overline{\langle u, Uu\rangle} = \langle Uu, u\rangle.$$

由于 U 是一个等距算子, 即 $\langle Uu, Uu\rangle = \langle u, u\rangle$, 所以

$$\begin{aligned}\langle Uu - u, Uu - u\rangle &= \langle Uu, Uu\rangle - \langle Uu, u\rangle - \langle u, Uu\rangle + \langle u, u\rangle \\ &= \langle u, u\rangle - \langle u, u\rangle - \langle u, u\rangle + \langle u, u\rangle = 0.\end{aligned}$$

故 $Uu = u$, 则 $u \in \mathfrak{I}_U$.

3.2.2　von Neumann 遍历定理 (L^p 空间形式)

设 $(X, \mathcal{X}, \mu, T)$ 是一个保测动力系统, 则 Koopman 算子

$$U_T : L^2(X,\mu) \to L^2(X,\mu), \quad f \mapsto f \circ T$$

是一个等距算子.

将定理 3.2.1 应用到 U_T, 我们得到下面的 von Neumann 平均遍历定理:

定理 3.2.2 (von Neumann 平均遍历定理)　设 $(X, \mathcal{X}, \mu, T)$ 是一个保测系统, P_T 是从 $L^2(X,\mu)$ 到 $\{f \in L^2(X,\mu) : U_T f = f\}$ 的投影映射, 则对任意 $f \in L^2(\mu)$, 有

$$\lim_{n\to\infty}\|\mathbb{A}_n f - P_T f\|_2 = \lim_{n\to\infty}\left\|\frac{1}{n}\sum_{i=0}^{n-1}T^i f - P_T f\right\|_2 = 0.$$

当 μ 遍历时, $P_T f = \int_X f\mathrm{d}\mu$.

注记 3.2.2 之前我们定义了 $\mathcal{I}=\mathcal{I}(T)=\{A\in\mathcal{X}\colon \mu(A\Delta T^{-1}A)=0\}$. 易见

$$P_Tf=\mathbb{E}(f|\mathcal{I}).$$

所以平均遍历定理可以陈述为

$$\mathbb{A}_nf\xrightarrow{L^2}\mathbb{E}(f|\mathcal{I}),\quad n\to\infty.$$

在给出 L^1 平均遍历定理之前, 我们先回顾一个关于 L^p 空间的一个结果.

定理 3.2.3 设 $(X,\mathcal{X},\mu)$ 为测度空间, $\mu(X)<\infty$, $0<p<q\leqslant\infty$, 那么有 $L^q(\mu)\subseteq L^p(\mu)$, 并且

$$\|f\|_p\leqslant\|f\|_q\mu(X)^{\frac{1}{p}-\frac{1}{q}}.$$

定理 3.2.4 (L^1 平均遍历定理) 设 $(X,\mathcal{X},\mu,T)$ 是一个保测动力系统. 对任意 $f\in L^1(X,\mu)$, 存在一个 T 不变的函数 $f^*\in L^1(X,\mu)$, 使得 $\int f\mathrm{d}\mu=\int f^*\mathrm{d}\mu$, 且

$$\lim_{n\to\infty}\left\|\frac{1}{n}\sum_{i=0}^{n-1}T^if-f^*\right\|_1=0.$$

当 μ 遍历时, $f^*=\int_X f\mathrm{d}\mu$.

证明 设 $g\in L^\infty(X,\mu)\subseteq L^2(X,\mu)$. 由 von Neumann 平均遍历定理, 存在 $g^*\in L^2(X,\mu)$, 使得

$$\frac{1}{n}\sum_{i=0}^{n-1}T^ig\xrightarrow{L^2}g^*,\quad n\to\infty.$$

由 $\|\cdot\|_1\leqslant\|\cdot\|_2$, 得到

$$\left\|\frac{1}{n}\sum_{i=0}^{n-1}T^ig-g^*\right\|_1\to 0,\quad n\to\infty.$$

设 $f\in L^1(\mu)$, $\varepsilon>0$. 选取 $g\in L^\infty(\mu)$, 使得 $\|f-g\|_1<\varepsilon$, 则对任意 $n\in\mathbb{N}$, 有

$$\begin{aligned}\left\|\frac{1}{n}\sum_{i=0}^{n-1}T^if-\frac{1}{n}\sum_{i=0}^{n-1}T^ig\right\|_1&\leqslant\frac{1}{n}\sum_{i=0}^{n-1}\|T^if-T^ig\|_1\\&=\frac{1}{n}\sum_{i=0}^{n-1}\|f-g\|_1<\varepsilon.\end{aligned}$$

另外, 存在 $N\in\mathbb{N}$, 使得对任意 $n,m\geqslant N$, 有

$$\left\|\frac{1}{n}\sum_{i=0}^{n-1}T^ig-\frac{1}{m}\sum_{i=0}^{m-1}T^ig\right\|_1<\varepsilon.$$

故对任意 $n,m\geqslant N$, 有

$$\left\|\frac{1}{n}\sum_{i=0}^{n-1}T^if-\frac{1}{m}\sum_{i=0}^{m-1}T^if\right\|_1\leqslant 3\varepsilon.$$

这说明 $\left\{\frac{1}{n}\sum\limits_{i=0}^{n-1}T^if\right\}_n$ 是 $L^1(X,\mu)$ 中的一个 Cauchy 列, 从而存在极限, 记之为 $f^*\in L^1(X,\mu)$. 由于对任意 $n\geqslant 1$, 有

$$\left\|T\left(\frac{1}{n}\sum_{i=0}^{n-1}T^if\right)-\frac{1}{n}\sum_{i=0}^{n-1}T^if\right\|_1\leqslant\frac{2}{n}\|f\|_1,$$

故 f^* 是 T 不变的.

根据

$$\begin{aligned}\left|\int_X f^*\mathrm{d}\mu-\int_X f\mathrm{d}\mu\right|&=\left|\int_X f^*\mathrm{d}\mu-\int_X\frac{1}{n}\sum_{i=0}^{n-1}T^if\mathrm{d}\mu\right|\\&\leqslant\int_X\left|f^*-\frac{1}{n}\sum_{i=0}^{n-1}T^if\right|\mathrm{d}\mu\\&=\left\|f^*-\frac{1}{n}\sum_{i=0}^{n-1}T^if\right\|_1\to 0,\quad n\to\infty,\end{aligned}$$

有

$$\int_X f^*\mathrm{d}\mu=\int_X f\mathrm{d}\mu.$$

当 μ 遍历时, f^* 几乎处处为常值, 故 $f^*=\int_X f\mathrm{d}\mu$. □

注记 3.2.3　实际上, 对于 $g\in L^\infty(X,\mu)$, 可以证明: $g^*\in L^\infty(X,\mu)$.

易见 $\left\|\frac{1}{n}\sum\limits_{i=0}^{n-1}T^ig\right\|_\infty\leqslant\|g\|_\infty$, 以及对任意 $B\in\mathcal{X}$, 有

$$\left|\left\langle\frac{1}{n}\sum_{i=0}^{n-1}T^ig,\mathbf{1}_B\right\rangle\right|\leqslant\|g\|_\infty\mu(B).$$

所以对任意 $B\in\mathcal{X}$, 有

$$|\langle g^*,\mathbf{1}_B\rangle|\leqslant\|g\|_\infty\mu(B).$$

于是 $\|g^*\|_\infty\leqslant\|g\|_\infty$.

也可以如下证明: 因为 $\frac{1}{n}\sum\limits_{i=0}^{n-1}T^ig\xrightarrow{L^2}g^*\ (n\to\infty)$, 所以存在子列 $\frac{1}{n_k}\sum\limits_{i=0}^{n_k-1}T^ig\to g^*$ 几乎处处成立. 于是根据 $\left\|\frac{1}{n}\sum\limits_{i=0}^{n-1}T^ig\right\|_\infty\leqslant\|g\|_\infty$, 得到 $\|g^*\|_\infty\leqslant\|g\|_\infty$.

类似地, 我们可以证明下面的定理:

定理 3.2.5　设 $(X,\mathcal{X},\mu,T)$ 是一个保测动力系统, $1\leqslant p<\infty$. 证明: 对任意 $f\in L^p(X,\mu)$, 存在一个 T 不变的函数 $f^*\in L^p(X,\mu)$, 使得

$$\lim_{n\to\infty}\left\|\frac{1}{n}\sum_{i=0}^{n-1}T^if-f^*\right\|_p=0.$$

我们在下一节中会给出这个定理的另一个证明.

3.2.3 Khintchine 定理

根据推论 3.1.1, 如果 $(X, \mathcal{X}, \mu, T)$ 为遍历系统, 那么对任意满足 $\mu(A) > 0$ 的 $A \in \mathcal{X}$, $N^{\mu}(A, A) = \{n \in \mathbb{N} : \mu(A \cap T^{-n}A) > 0\}$ 为 syndetic 集. 实际上, 由 Poincaré 回复定理, 上述结论对非遍历保测系统仍成立 (2.3 节习题第 2 题). Khintchine 定理加强了上述命题.

定理 3.2.6 (Khintchine, 1934) 设 $(X, \mathcal{X}, \mu, T)$ 为保测系统, $A \in \mathcal{X}$, $\mu(A) > 0$, 则对于任何 $\varepsilon > 0$,

$$\{n \in \mathbb{N} : \mu(A \cap T^{-n}A) > \mu(A)^2 - \varepsilon\}$$

为 syndetic.

证明 设 $\varepsilon > 0$. 根据 von Neunmann 遍历定理, 存在 $N \in \mathbb{N}$, 使得

$$\left\| \frac{1}{N} \sum_{n=0}^{N-1} T^n \mathbf{1}_A - P\mathbf{1}_A \right\|_2 < \sqrt{\frac{\varepsilon}{2}},$$

其中 P 为到不变函数空间的投射, 即 $L^2(X, \mu)$ 到 $\{f \in L^2(X, \mu) : U_T f = f\}$ 的投射. 因为 $P\mathbf{1}_A$ 为 T 不变的, 所以对于任何 $l \in \mathbb{N}$, 有

$$\left\| \frac{1}{N} \sum_{n=0}^{N-1} T^{n+l} \mathbf{1}_A - P\mathbf{1}_A \right\|_2 < \sqrt{\frac{\varepsilon}{2}}.$$

记 $S_N = \dfrac{1}{N} \sum\limits_{n=0}^{N-1} T^n \mathbf{1}_A$, 则根据上面两个不等式, 有

$$\left\| T^l S_N - S_N \right\|_2 < 2\sqrt{\frac{\varepsilon}{2}}, \quad \forall l \in \mathbb{N}.$$

两边平方, 得

$$\langle T^l S_N - S_N, T^l S_N - S_N \rangle < 4 \cdot \frac{\varepsilon}{2} = 2\varepsilon.$$

展开约化, 得

$$\|S_N\|_2^2 - \langle S_N, T^l S_N \rangle < \varepsilon, \quad \forall l \in \mathbb{N}.$$

结合

$$0 \leqslant \|S_N - \mu(A)\|_2^2 = \langle S_N - \mu(A), S_N - \mu(A) \rangle = \|S_N\|_2^2 - \mu(A)^2,$$

我们得到

$$\langle S_N, T^l S_N \rangle > \|S_N\|_2^2 - \varepsilon \geqslant \mu(A)^2 - \varepsilon, \quad \forall l \in \mathbb{N}.$$

但是

$$\begin{aligned}
\langle S_N, T^l S_N \rangle &= \left\langle \frac{1}{N} \sum_{n=0}^{N-1} T^n 1_A, \frac{1}{N} \sum_{m=0}^{N-1} T^{m+l} 1_A \right\rangle \\
&= \frac{1}{N^2} \sum_{n,m=0}^{N-1} \mu(T^{-n}A \cap T^{-m-l}A) \\
&= \frac{1}{N^2} \sum_{n,m=0}^{N-1} \mu(A \cap T^{-(m-n+l)}A),
\end{aligned}$$

所以存在 $n, m \in \{0, 1, \cdots, N-1\}$, 使得

$$\mu(A \cap T^{-(m-n+l)}A) > \mu(A)^2 - \varepsilon.$$

由于 $-N < m - n < N$, 以及 $l \in \mathbb{N}$ 任意, 所以在长为 $2N$ 的区间内必存在 k, 使得

$$\mu(A \cap T^{-k}A) > \mu(A)^2 - \varepsilon,$$

即 $\{n \in \mathbb{N} : \mu(A \cap T^{-n}A) > \mu(A)^2 - \varepsilon\}$ 为 syndetic 集. 证毕. □

注记 3.2.4 在 2005 年, Bergelson, Host 和 Kra[17] 证明了如下结论: 设 $(X, \mathcal{X}, \mu, T)$ 为遍历系统, $A \in \mathcal{X}$, $\mu(A) > 0$, 则对于任何 $\varepsilon > 0$,

$$\{n \in \mathbb{N} : \mu(A \cap T^{-n}A \cap T^{-2n}A) > \mu(A)^3 - \varepsilon\},$$

以及

$$\{n \in \mathbb{N} : \mu(A \cap T^{-n}A \cap T^{-2n}A \cap T^{-3n}A) > \mu(A)^4 - \varepsilon\}$$

为 syndetic 集.

但是更高阶项没有类似的结论: 存在遍历系统 $(X, \mathcal{X}, \mu, T)$, 对于任何 $l \in \mathbb{N}$, 存在 $A = A(l) \in \mathcal{X}$, $\mu(A) > 0$, 使得

$$\mu(A \cap T^{-n}A \cap T^{-2n}A \cap T^{-3n}A \cap T^{-4n}A) \leqslant \mu(A)^l, \quad \forall n \in \mathbb{N}.$$

对于非遍历系统, Khintchine 定理是最佳结论: 存在非遍历系统 $(X, \mathcal{X}, \mu, T)$, 对于任何 $l \in \mathbb{N}$, 存在 $A = A(l) \in \mathcal{X}$, $\mu(A) > 0$, 使得

$$\mu(A \cap T^{-n}A \cap T^{-2n}A) \leqslant \mu(A)^l, \quad \forall n \in \mathbb{N}.$$

习 题

1. 证明定理 3.2.5.

2. 设 $(X, \mathcal{X}, \mu, T)$ 是一个保测系统, P_T 是从 $L^2(X, \mu)$ 到 $\{f \in L^2(X, \mu) : U_T f = f\}$ 的投影映射. 证明: 对任意 $f \in L^2(\mu)$, 有

$$\lim_{n-m\to\infty} \left\| \frac{1}{n-m} \sum_{i=m}^{n-1} T^i f - P_T f \right\|_2 = 0.$$

3.3 Birkhoff 遍历定理

在本节中, 我们介绍著名的 Birkhoff 遍历定理. 目前关于这个定理的证明有很多, 我们在这里给出三个证明, 前两个是目前教材中标准的证明, 第三个是文献 [1] 中介绍的简短证明. 最后我们给出定理的一些应用.

3.3.1 Birkhoff 逐点遍历定理

下面我们给出著名的 Birkhoff 遍历定理. 注意, 在表述和证明这个定理的时候, 我们假设空间是 σ 有限的.

定理 3.3.1 (Birkhoff 逐点遍历定理) 设 $(X,\mathcal{X},\mu,T)$ 是一个保测系统 (此处我们假设 $(X,\mathcal{X},\mu)$ 为 σ 有限的). 对任意 $f\in L^1(X,\mu)$, 遍历平均

$$\mathbb{A}_n f(x)=\frac{1}{n}\sum_{i=0}^{n-1}f(T^ix)$$

几乎处处收敛于函数 $f^*(x)$, 其中 $f^*(x)\in L^1(X,\mu)$, 且满足 $f^*\circ T=f^*$ a.e..

如果 $\mu(X)<\infty$, 那么 $\int_X f^*\mathrm{d}\mu=\int_X f\mathrm{d}\mu$;

如果 μ 还为遍历的, 那么 $f^*(x)=\dfrac{1}{\mu(X)}\int_X f\mathrm{d}\mu$ a.e..

注记 3.3.1 (1) 遍历性的原始定义是依据遍历性假设给出的. 所谓遍历假设, 就是指 “时间平均 $=$ 空间平均”. 对于函数 f, 时间平均是指 $\frac{1}{n}\sum\limits_{i=0}^{n-1}f(T^ix)$, 而空间平均是指 $\dfrac{1}{\mu(X)}\int_X f\mathrm{d}\mu$. 于是, 遍历性假设就是指

$$\lim_{n\to\infty}\frac{1}{n}\sum_{i=0}^{n-1}f(T^ix)=\frac{1}{\mu(X)}\int_X f\mathrm{d}\mu.$$

(2) 设 $(X,\mathcal{X},\mu,T)$ 为保测系统, $A\in\mathcal{X}$. 对于 $x\in X$, 一个自然的问题是: 其轨道 $\mathrm{orb}(x,T)$ 将以何种频率进入集合 A? 明显地, $T^ix\in A$ 当且仅当 $\mathbf{1}_A(T^ix)=1$, 于是 $x,Tx,\cdots,T^{n-1}x$ 在 A 中的个数就等于 $\sum\limits_{i=0}^{n-1}\mathbf{1}_A(T^ix)$. 取平均即为 $\frac{1}{n}\sum\limits_{i=0}^{n-1}\mathbf{1}_A(T^ix)$, 如果此时 T 为遍历的, 那么由遍历定理, 就有 $\frac{1}{n}\sum\limits_{i=0}^{n-1}\mathbf{1}_A(T^ix)\to\mu(A)$ a.e..

(3) 根据上述定理容易看出, 遍历定理比回复定理提供了更多的信息, 由 Birkhoff 遍历定理可以直接推导出 Poincaré 回复定理.

下面我们给出证明, 首先需要几个定理.

定理 3.3.2 设 $(X,\mathcal{X},\mu)$ 是一个概率空间, $U:L^1_{\mathbb{R}}(X,\mu)\to L^1_{\mathbb{R}}(X,\mu)$ 是一个正的线性算子, 且 $\|U\|\leqslant 1$. 设 $N\in\mathbb{N}$, $f\in L^1_{\mathbb{R}}(X,\mu)$. 递归定义

$$\begin{aligned}&f_0=0,\quad f_1=f,\quad f_2=f+Uf,\\&f_n=f+Uf+\cdots+U^{n-1}f,\quad \forall n\geqslant 1,\end{aligned}$$

$F_N=\max\limits_{0\leqslant n\leqslant N}f_n\geqslant 0$. 则

$$\int_{\{x\in X:F_N(x)>0\}}f\mathrm{d}\mu\geqslant 0.$$

证明 易知 $F_N\in L^1(X,\mu)$, 且对于任意 $0\leqslant n\leqslant N$, $F_N\geqslant f_n$. 由于 U 是一个正线性算子, 我们有

$$UF_N+f\geqslant Uf_n+f=f_{n+1}.$$

故

$$UF_N + f \geqslant \max_{1\leqslant n\leqslant N} f_n.$$

令 $A=\{x\in X: F_N(x)>0\}$. 由于 $f_0=0$, 当 $x\in A$ 时, 有

$$F_N(x) = \max_{0\leqslant n\leqslant N} f_n(x) = \max_{1\leqslant n\leqslant N} f_n(x).$$

因此, 当 $x\in A$ 时, 有

$$UF_N(x) + f(x) \geqslant F_N(x),$$

即

$$f(x) \geqslant F_N(x) - UF_N(x).$$

对任意 $x\in X$, 由于 $F_N(x)\geqslant 0$, 所以 $UF_N(x)\geqslant 0$. 由 $\|U\|\leqslant 1$, 有

$$\begin{aligned}\int_A f\mathrm{d}\mu &\geqslant \int_A F_N\mathrm{d}\mu - \int_A UF_N\mathrm{d}\mu = \int_X F_N\mathrm{d}\mu - \int_A UF_N\mathrm{d}\mu\\ &\geqslant \int_X F_N\mathrm{d}\mu - \int_X UF_N\mathrm{d}\mu = \|F_N\|_1 - \|UF_N\|_1 \geqslant 0.\end{aligned}$$

证毕. □

定理 3.3.3 设 $(X,\mathcal{X},\mu,T)$ 是一个保测系统, 且 $g\in L^1_{\mathbb{R}}(X,\mu)$. 对于 $\alpha\in\mathbb{R}$, 定义

$$B_\alpha = \left\{x\in X: \sup_{n\geqslant 1}\frac{1}{n}\sum_{i=0}^{n-1} g(T^i x) > \alpha\right\},$$

则

$$\alpha\mu(B_\alpha) \leqslant \int_{B_\alpha} g\mathrm{d}\mu \leqslant \|g\|_1.$$

进一步, 如果 $A\in\mathcal{X}$ 满足 $T^{-1}A=A$, 则

$$\alpha\mu(B_\alpha\cap A) \leqslant \int_{B_\alpha\cap A} g\mathrm{d}\mu.$$

证明 设 $U_T: L^1(X,\mu)\to L^1(X,\mu)$, $f\mapsto f\circ T$. 令 $f=g-\alpha$. 容易验证

$$B_\alpha = \bigcup_{N=0}^{\infty}\{x\in X: F_N(x)>0\}.$$

由定理 3.3.2, 知 $\int_{B_\alpha} f\mathrm{d}\mu \geqslant 0$, 即

$$\int_{B_\alpha} g\mathrm{d}\mu(x) \geqslant \alpha\mu(B_\alpha).$$

如果 $T^{-1}A=A$, 我们将前一部分的结论用于系统 $(A,\mathcal{X}\cap A,\mu_A,T|_A)$ 即可. □

注记 3.3.2 根据上面类似的证明, 可以证明: 对于任何 $f \in L^1(X,\mu)$, $\alpha > 0$, 有

$$\mu\left(\left\{x \in X : \limsup_{n\to\infty}\left|\frac{1}{n}\sum_{i=0}^{n-1} f(T^i x)\right| > \alpha\right\}\right)$$
$$\leqslant \mu\left(\left\{x \in X : \sup_{n\geqslant 1}\left|\frac{1}{n}\sum_{i=0}^{n-1} f(T^i x)\right| > \alpha\right\}\right) \leqslant \frac{\|f\|_1}{\alpha}.$$

定理 3.3.2 或定理 3.3.3 经常称为**最大遍历定理** (maximal ergodic theorem).

Birkhoff 定理证明 由于 f 可分解为实部和虚部, 仅需考虑 $f \in L^1_{\mathbb{R}}(X,\mu)$, 即考虑实值函数. 令

$$f^*(x) = \limsup_{n\to\infty}\frac{1}{n}\sum_{i=0}^{n-1} f(T^i x), \quad f_*(x) = \liminf_{n\to\infty}\frac{1}{n}\sum_{i=0}^{n-1} f(T^i x).$$

易见

$$\frac{n+1}{n}\left(\frac{1}{n+1}\sum_{i=0}^{n} f(T^i x)\right) = \frac{1}{n}\sum_{i=0}^{n-1} f(T^i(Tx)) + \frac{1}{n}f(x),$$

即

$$\frac{n+1}{n}\mathbb{A}_{n+1}f(x) = \mathbb{A}_n f(Tx) + \frac{f(x)}{n}.$$

由此, 我们得到

$$f^* = f^* \circ T, \quad f_* = f_* \circ T.$$

(1) 下面分四步进行证明. 如果 $\mu(X) < \infty$, 那么 $f^* = f_*$ a.e., 进而

$$\frac{1}{n}\sum_{i=0}^{n-1} f(T^i x) \xrightarrow{\text{a.e.}} f^*, \quad n \to \infty.$$

对于任何两个实数 α, β, 令

$$E_{\alpha,\beta} = \{x \in X : f_*(x) < \beta \text{ 且 } \alpha < f^*(x)\}.$$

于是

$$\{x \in X : f_*(x) < f^*(x)\} = \bigcup_{\beta<\alpha,\alpha,\beta\in\mathbb{Q}} E_{\alpha,\beta}.$$

故为证 $f_* = f^*$ a.e., 我们仅需证明: 对于 $\beta < \alpha$, $\mu(E_{\alpha,\beta}) = 0$.

因为 $f^* = f^* \circ T$, $f_* = f_* \circ T$, 所以 $T^{-1}E_{\alpha,\beta} = E_{\alpha,\beta}$. 令

$$B_\alpha = \left\{x \in X : \sup_{n\geqslant 1}\frac{1}{n}\sum_{i=0}^{n-1} f(T^i x) > \alpha\right\}.$$

因为

$$\sup_{n\geqslant 1}\frac{1}{n}\sum_{i=0}^{n-1} f(T^i x) \geqslant \inf_{k\geqslant 1}\sup_{n\geqslant k}\frac{1}{n}\sum_{i=0}^{n-1} f(T^i x) = f^*(x),$$

所以 $E_{\alpha,\beta} \subseteq B_\alpha$, 即 $E_{\alpha,\beta} \cap B_\alpha = E_{\alpha,\beta}$. 由定理 3.3.3, 得到

$$\alpha\mu(E_{\alpha,\beta}) = \alpha\mu(E_{\alpha,\beta} \cap B_\alpha) \leqslant \int_{E_{\alpha,\beta}\cap B_\alpha} f\mathrm{d}\mu = \int_{E_{\alpha,\beta}} f\mathrm{d}\mu, \tag{3.2}$$

即 $\alpha\mu(E_{\alpha,\beta}) \leqslant \int_{E_{\alpha,\beta}} f\mathrm{d}\mu$.

将 f, α, β 分别替换成 $-f, -\beta, -\alpha$, 可得 $(-f)^* = -(f_*), (-f)_* = -(f^*)$,

$$E_{\alpha,\beta} = \{x \in X : (-f)^*(x) > -\beta \text{ 且} (-f)_*(x) < -\alpha\}.$$

再次利用定理 3.3.3, 可得

$$-\beta\mu(E_{\alpha,\beta}) \leqslant \int_{E_{\alpha,\beta}} (-f)\mathrm{d}\mu,$$

即

$$\int_{E_{\alpha,\beta}} f\mathrm{d}\mu \leqslant \beta\mu(E_{\alpha,\beta}). \tag{3.3}$$

综上, 根据式(3.2)和式(3.3), 我们得到

$$\alpha\mu(E_{\alpha,\beta}) \leqslant \int_{E_{\alpha,\beta}} f\mathrm{d}\mu \leqslant \beta\mu(E_{\alpha,\beta}).$$

因为 $\alpha > \beta$, $\mu(E_{\alpha,\beta}) < \mu(X) < \infty$, 故 $\mu(E_{\alpha,\beta}) = 0$. 从而

$$\mu(\{x \in X : f_*(x) < f^*(x)\}) = 0,$$

这也就是说, $f^*(x) = f_*(x)$ 几乎处处成立, 即

$$\frac{1}{n}\sum_{i=0}^{n-1} f(T^i x) \xrightarrow{\text{a.e.}} f^*, \quad n \to \infty.$$

(2) $f^* \in L^1(X, \mu)$.

由 Fatou 引理, 有

$$\begin{aligned}\int_X |f^*(x)|\mathrm{d}\mu(x) &= \int_X \lim_{n\to\infty} \left|\frac{1}{n}\sum_{i=0}^{n-1} f(T^i x)\right| \mathrm{d}\mu(x) \leqslant \liminf_{n\to\infty} \int_X \left|\frac{1}{n}\sum_{i=0}^{n-1} f(T^i x)\right| \mathrm{d}\mu(x) \\ &\leqslant \liminf_{n\to\infty} \frac{1}{n}\sum_{i=0}^{n-1} \int_X |f(T^i x)|\mathrm{d}\mu(x) = \int_X |f(x)|\mathrm{d}\mu(x).\end{aligned}$$

故 $f^* \in L^1(X, \mu)$.

(3) 如果 $\mu(X) < \infty$, 那么 $\int_X f^*\mathrm{d}\mu = \int_X f\mathrm{d}\mu$.

下面我们证明 $\int_X f^*\mathrm{d}\mu = \int_X f\mathrm{d}\mu$. 对任意 $k \in \mathbb{Z}$ 和 $n \in \mathbb{N}$, 令

$$D_k^n = \left\{x \in X : \frac{k}{n} \leqslant f^*(x) < \frac{k+1}{n}\right\}.$$

对充分小的 $\varepsilon > 0$, $D_k^n \cap B_{\frac{k}{n}-\varepsilon} = D_k^n$ a.e.. 因为 f^* 是不变函数, 所以 $T^{-1}D_k^n = D_k^n$ a.e.. 根据定理 3.3.3, 有

$$\left(\frac{k}{n} - \varepsilon\right)\mu(D_k^n) \leqslant \int_{D_k^n} f\mathrm{d}\mu,$$

从而由 ε 的任意性, 我们有

$$\frac{k}{n}\mu(D_k^n) \leqslant \int_{D_k^n} f\mathrm{d}\mu.$$

于是

$$\int_{D_k^n} f^*\mathrm{d}\mu \leqslant \frac{k+1}{n}\mu(D_k^n) \leqslant \frac{1}{n}\mu(D_k^n) + \int_{D_k^n} f\mathrm{d}\mu.$$

对 $k \in \mathbb{Z}$ 进行求和, 得到

$$\int_X f^*\mathrm{d}\mu \leqslant \frac{\mu(X)}{n} + \int_X f\mathrm{d}\mu.$$

令 $n \to \infty$, 就有

$$\int_X f^*\mathrm{d}\mu \leqslant \int_X f\mathrm{d}\mu.$$

用 $-f$ 替代 f, 重复上面的讨论即得 $\int_X (-f)^*\mathrm{d}\mu \leqslant \int_X (-f)\mathrm{d}\mu$, 从而有

$$\int_X f_*\mathrm{d}\mu \geqslant \int_X f\mathrm{d}\mu.$$

再根据 $f_* = f^*$, 得 $\int_X f^*\mathrm{d}\mu = \int_X f\mathrm{d}\mu$.

(4) 当 $\mu(X) = \infty$ 时, (1) 的结论仍成立.

当 $\mu(X) = \infty$ 时, 一旦我们证明 $\mu(E_{\alpha,\beta}) < \infty$ $(\beta < \alpha)$, 那么上面 (1) 的证明仍然可行. 于是我们仅需证明: 当 $\beta < \alpha$ 时, $\mu(E_{\alpha,\beta}) < \infty$.

假设 $\alpha > 0$. 根据 μ 为 σ 有限的, 取 $C \in \mathcal{X}$, 使得 $C \subseteq E_{\alpha,\beta}$, 并且 $\mu(C) < \infty$. 令

$$h = f - \alpha\mathbf{1}_C \in L^1(X, \mu).$$

由定理 3.3.2, 有

$$\int_{\{x \in X : H_N(x) > 0\}} (f - \alpha\mathbf{1}_C)\mathrm{d}\mu \geqslant 0, \tag{3.4}$$

其中 H_N 为如定理 3.3.2 中 h 对应的函数. 设 $x \in E_{\alpha,\beta}$, 则 $f^*(x) > \alpha$. 于是 $\sup\limits_{n\geqslant 1} \frac{1}{n}\sum\limits_{i=0}^{n-1} f(T^i x) > \alpha$. 从而

$$\sup_{n\geqslant 1} \frac{1}{n}\sum_{i=0}^{n-1} h(T^i x) = \sup_{n\geqslant 1} \frac{1}{n}\sum_{i=0}^{n-1} \big(f - \alpha_C\big)(T^i x) \geqslant \sup_{n\geqslant 1} \frac{1}{n}\sum_{i=0}^{n-1} \big(f - \alpha\big)(T^i x) > 0,$$

即 $E_{\alpha,\beta} \subseteq \left\{x \in X : \sup\limits_{n\geqslant 1} \frac{1}{n}\sum\limits_{i=0}^{n-1} h(T^i x) > 0\right\}$. 于是根据式 (3.4) 以及

$$C \subseteq E_{\alpha,\beta} \subseteq \left\{x \in X : \sup_{n\geqslant 1} \frac{1}{n}\sum_{i=0}^{n-1} h(T^i x) > 0\right\} = \bigcup_{N=0}^{\infty} \{x \in X : H_N(x) > 0\},$$

我们得到 $\alpha\mu(C) \leqslant \int_X |f|\mathrm{d}\mu = \|f\|_1$.

综上, 对于任何满足 $C \subseteq E_{\alpha,\beta}$ 和 $\mu(C) < \infty$ 的 $C \in \mathcal{X}$, 我们有

$$\mu(C) \leqslant \frac{1}{\alpha}\|f\|_1.$$

因为 X 为 σ 有限的, 故根据上面的事实, 我们容易得到 $\mu(E_{\alpha,\beta}) < \infty$.

如果 $\alpha \leqslant 0$, 则 $\beta < 0$. 我们用 $-f$, $-\beta$ 和 $-\alpha$ 分别替代上面的 f, α 和 β, 可以得到: 对于任何满足 $C \subseteq E_{\alpha,\beta}$ 和 $\mu(C) < \infty$ 的 $C \in \mathcal{X}$, 我们有 $\mu(C) \leqslant \frac{1}{-\beta}\|f\|_1$. 进而同样推出 $\mu(E_{\alpha,\beta}) < \infty$. 整个证明结束. □

注记 3.3.3 在定理 3.3.1 的证明 (3) 中, 我们也可以使用 L^1 平均遍历定理 (定理 3.2.4) 来证明 $f^* \in L^1(X,\mu)$ 和 $\int_X f^*\mathrm{d}\mu = \int_X f\mathrm{d}\mu$. 根据定理 3.2.4, 存在 $\hat{f} \in L^1(X,\mu)$, 使得 $\int_X \hat{f}\mathrm{d}\mu = \int_X f\mathrm{d}\mu$,

$$\lim_{n\to\infty}\left\|\frac{1}{n}\sum_{i=0}^{n-1} f\circ T^i - \hat{f}\right\|_1 = 0.$$

由定理 1.1.10, 存在一个子序列 $\{n_k\}$, 使得 $\frac{1}{n_k}\sum\limits_{i=0}^{n_k-1} f\circ T^i$ 几乎处处收敛到 $\hat{f}$. 故由唯一性, 得 $f^* = \hat{f}$.

3.3.2 第二个证明

在上面的证明中, 我们看到困难的地方在于证明 $\frac{1}{n}\sum\limits_{i=0}^{n-1} f(T^i x) \xrightarrow{\text{a.e.}} f^*$ $(n\to\infty)$. 在这里我们给出另外一个证明, 这个证明十分类似于 von Neumann 遍历定理的证明. 我们仅考虑 $(X,\mathcal{X},\mu)$ 为概率空间的情况.

定理 3.3.4 设 $(X,\mathcal{X},\mu,T)$ 为保测系统, 那么 $B = \{f\circ T - f : f \in L^1(X,\mu)\}$ 在

$$\mathrm{Ker}\mathbb{E}(\cdot|\mathcal{I}) = \{f \in L^1(X,\mu) : \mathbb{E}(f|\mathcal{I}) = 0\}$$

中稠密.

特别地, 我们有

$$L^1(X,\mu) = \overline{B} + I,$$

其中 $\overline{B} \cap I = \{0\}$, $I = \{f \in L^1(X,\mu) : f\circ T = f\}$.

证明 因为

$$\mathbb{E}(f\circ T - f|\mathcal{I}) = \mathbb{E}(f\circ T|\mathcal{I}) - \mathbb{E}(f|\mathcal{I}) = \mathbb{E}(f|\mathcal{I})\circ T - \mathbb{E}(f|\mathcal{I}) = 0,$$

所以 $B \subseteq \mathrm{Ker}\mathbb{E}(\cdot|\mathcal{I})$. 为了证明 B 在 $\mathrm{Ker}\mathbb{E}(\cdot|\mathcal{I})$ 中稠密, 由 $L^\infty = (L^1)^*$, 我们仅需证明: 对任何 $h \in L^\infty(X,\mu)$, 如果 $\int_X gh\mathrm{d}\mu = 0$ $(\forall g \in B)$, 那么 $\int_X gh\mathrm{d}\mu = 0$ $(\forall g \in \mathrm{Ker}\mathbb{E}(\cdot|\mathcal{I}))$.

设 $h \in L^\infty(X,\mu)$, 并且

$$\int_X (f\circ T - f)h\mathrm{d}\mu = 0, \quad \forall f \in L^1(X,\mu).$$

因为 $h \in L^1(X,\mu)$, 所以在上式中令 $f=h$, 得到

$$\int_X (h\circ T-h)h\mathrm{d}\mu=0.$$

由此式容易得到 $\int_X (h\circ T-h)h\circ T\mathrm{d}\mu=0$, 于是两式相减, 就有

$$\int_X (h\circ T-h)^2\mathrm{d}\mu=0,$$

即 $h\circ T=h$ a.e.. 由此对于任何 $g\in \mathrm{Ker}\mathbb{E}(\cdot|\mathcal{I})$ (即 $\mathbb{E}(g|\mathcal{I})=0$), 我们有

$$\int_X gh\mathrm{d}\mu=\int_X \mathbb{E}(gh|\mathcal{I})\mathrm{d}\mu=\int_X h\mathbb{E}(g|\mathcal{I})\mathrm{d}\mu=0.$$

综上, 我们证明了 B 在 $\mathrm{Ker}\mathbb{E}(\cdot|\mathcal{I})$ 中稠密. 根据

$$f=(f-\mathbb{E}(f|\mathcal{I}))+\mathbb{E}(f|\mathcal{I}),\quad \forall f\in L^1(X,\mu),$$

我们得到 $L^1(X,\mu)=\overline{B}+I$. 而 $\overline{B}\cap I=\{0\}$ 是显然的, 于是整个证明完成. □

Birkhoff 定理证明 设

$$B_0=\{g\circ T-g: g\in L^\infty(X,\mu)\}.$$

易见 $\overline{B_0}=\overline{B}$, 闭包在 $L^1(X,\mu)$ 中取. 易验证: 对于任何 $g\in B_0+I$, $\frac{1}{n}\sum\limits_{i=0}^{n-1}g(T^ix)$ 几乎处处收敛.

根据定理 3.3.4, $L^1(X,\mu)=\overline{B}+I=\overline{B_0}+I$, 我们仅需证明: 对于任何 $f\in\overline{B_0}=\mathrm{Ker}\mathbb{E}(\cdot|\mathcal{I})$,

$$\frac{1}{n}\sum_{i=0}^{n-1}f(T^ix)\xrightarrow{\text{a.e.}}0,\quad n\to\infty.$$

设 $f\in L^1(X,\mu)$ 满足 $\mathbb{E}(f|\mathcal{I})=0$, 令

$$R(f,x)=\limsup_{n\to\infty}\left|\frac{1}{n}\sum_{i=0}^{n-1}f(T^ix)\right|.$$

因为对于任何 $g\in B_0$, $R(g,x)=0$, 容易验证 $R(f,x)=R(f-g,x)$ $(\forall g\in B_0)$. 设 $\varepsilon>0$, 取 $g\in B_0$, 使得 $\|f-g\|_1<\varepsilon^2$. 根据注记 3.3.2, 有

$$\mu(\{x\in X:R(f,x)>\varepsilon\})=\mu(\{x\in X:R(f-g,x)>\varepsilon\})\leqslant\frac{\|f-g\|_1}{\varepsilon}<\varepsilon.$$

由此得 $R(f,x)=0$ a.e., 证毕. □

3.3.3　一个简短证明

下面我们引用 [1] 中给出的 Birkhoff 定理的简短证明. 我们证明: 设 $(X,\mathcal{X},\mu,T)$ 是一个保测系统, 对任意 $f\in L^1(X,\mu)$, 有

$$\frac{1}{n}\sum_{i=0}^{n-1}f(T^ix)\xrightarrow{\text{a.e.}}f^*,\quad n\to\infty.$$

Birkhoff 定理的简短证明　设 $\mathbb{A}_nf(x)=\dfrac{1}{n}\sum\limits_{i=0}^{n-1}f(T^i(x))$. 对 $\phi\in L^1(X,\mu)$, 令

$$M_n\phi=\max\left\{\sum_{j=0}^{k-1}\phi\circ T^j:1\leqslant k\leqslant n\right\}.$$

此时, 易见 $\mathbb{A}_n\phi\leqslant\dfrac{1}{n}M_n\phi$. 设

$$A=A(\phi)=\left\{x\in X:\sup_n M_n\phi(x)=\infty\right\}\in\mathcal{I}_T.$$

对于任意 $x\in A^{\mathrm{c}}$, 有

$$\limsup_{n\to\infty}\mathbb{A}_n\phi(x)\leqslant 0.$$

注意 $M_n\phi$ 为递增函数列, 并且

$$M_n\phi(Tx)=\max\left\{\sum_{j=1}^{k-1}\phi(T^jx):2\leqslant k\leqslant n+1\right\}.$$

于是有

$$M_{n+1}\phi(x)-M_n\phi(Tx)=\phi(x)-\min\{0,M_n\phi(Tx)\}\geqslant\phi(x).$$

这样, $M_n\phi(Tx)$ 与 $M_{n+1}\phi(x)$ 在同一 k 值取到时, 它们相差一个 $\phi(x)$; 或者

$$M_{n+1}\phi(x)=\phi(x)>\phi(x)+M_n\phi(Tx),$$

后者当且仅当 $M_n\phi(Tx)<0$ 时成立.

于是, 在集合 A 上, 序列 $M_{n+1}\phi(x)-M_n\phi(Tx)$ 递减趋于 ϕ, 且由 Lebesgue 控制收敛定理, 有

$$0\leqslant\int_A(M_{n+1}\phi-M_n\phi)\mathrm{d}\mu\leqslant\int_A(M_{n+1}\phi-M_n\phi\circ T)\mathrm{d}\mu\to\int_A\phi\mathrm{d}\mu.$$

设 $f\in L^1(\mu)$, 且 $\epsilon>0$ 取定, 令 $\phi=f-f^*-\varepsilon$. 由 $A=A(\phi)\in\mathcal{I}_T$, 我们有 $\int_A f\mathrm{d}\mu=\int_A f^*\mathrm{d}\mu$, 于是

$$\int_A\phi\mathrm{d}\mu=\int_A(f-f^*-\varepsilon)\mathrm{d}\mu=-\varepsilon\mu(A)\leqslant 0,$$

这样有 $\int_A \phi \mathrm{d}\mu = 0$, 从而 $\mu(A(\phi)) = 0$. 所以

$$\limsup_{n\to\infty} \mathbb{A}_n\phi(x) \leqslant 0, \quad \mu \text{ a.e., } \forall x \in X.$$

由于 f^* 为 T 不变的, $\mathbb{A}_n\phi = \mathbb{A}_n f - f^* - \varepsilon$, 我们有

$$\limsup_{n\to\infty} \mathbb{A}_n f(x) \leqslant f^* + \varepsilon.$$

最后, 对 $-f$ 同样讨论, 可得

$$\liminf_{n\to\infty} \mathbb{A}_n f(x) \geqslant f^* - \varepsilon.$$

这样我们完成了整个证明. □

3.3.4 一些应用

根据定理 3.3.1, 我们也可以证明 von Neumann L^p 遍历定理.

定理 3.3.5 (von Neumann L^p 遍历定理) 设 $(X, \mathcal{X}, \mu, T)$ 为保测系统, $1 \leqslant p < \infty$. 如果 $f \in L^p(X, \mu)$, 那么存在 $f^* \in L^p(X, \mu)$, 满足 $f^* \circ T = f^*$ a.e., 且

$$\left\| \frac{1}{n}\sum_{i=0}^{n-1} f(T^i(x)) - f^*(x) \right\|_p \to 0, \quad n \to \infty.$$

证明 设 $f \in L^p(X, \mu)$. 首先证明 $\{\mathbb{A}_n f\}_{n\in\mathbb{N}}$ 为 $L^p(X, \mu)$ 的 Cauchy 列, 从而存在 $f^* \in L^p(X, \mu)$, 使得 $\| \lim_n \mathbb{A}_n f - f^* \|_p = 0$. 再根据

$$\frac{n+1}{n}\mathbb{A}_{n+1} f(x) = \mathbb{A}_n f(Tx) + \frac{f(x)}{n},$$

得到 $f^* \circ T = f^*$.

然后证明 $\{\mathbb{A}_n f\}_{n\in\mathbb{N}}$ 为 $L^p(X, \mu)$ 的 Cauchy 列. 注意 $\|\mathbb{A}_n f\|_p \leqslant \|f\|_p$. 对于任何 $\varepsilon > 0$, 取 $g \in L^\infty(X, \mu)$, 使得

$$\|f - g\|_p < \frac{\varepsilon}{3}.$$

由 $g \in L^\infty(X, \mu)$, 知 $g \in L^1(X, \mu)$. 根据 Birkhoff 遍历定理,

$$\frac{1}{n}\sum_{i=0}^{n-1} g(T^i(x)) \xrightarrow{\text{a.e.}} g^*(x), \quad n \to \infty.$$

易见 $g^* \in L^\infty(X, \mu)$, 从而 $g^* \in L^p(X, \mu)$. 另外, 我们有

$$\left| \frac{1}{n}\sum_{i=0}^{n-1} g(T^i(x)) - g^*(x) \right|^p \xrightarrow{\text{a.e.}} 0, \quad n \to \infty.$$

于是

$$\left\| \frac{1}{n}\sum_{i=0}^{n-1} g(T^i(x)) - g^*(x) \right\|_p \to 0, \quad n \to \infty.$$

下面的证明与定理 3.2.4 的证明类似. 取 $N=N(\varepsilon,g)\in\mathbb{N}$, 使得 $n>N$ 时, 对于任何 $k\in\mathbb{N}$, 有

$$\|\mathbb{A}_n g-\mathbb{A}_{n+k}g\|_p=\left\|\frac{1}{n}\sum_{i=0}^{n-1}g(T^i(x))-\frac{1}{n+k}\sum_{i=0}^{n+k-1}g(T^i(x))\right\|_p<\frac{\varepsilon}{3}.$$

于是, 对于任何 $n>N$ 以及 $k\in\mathbb{N}$, 有

$$\begin{aligned}\|\mathbb{A}_n f-\mathbb{A}_{n+k}f\|_p&\leqslant\|\mathbb{A}_n f-\mathbb{A}_n g\|_p+\|\mathbb{A}_n g-\mathbb{A}_{n+k}g\|_p+\|\mathbb{A}_{n+k}g-\mathbb{A}_{n+k}f\|_p\\&\leqslant\frac{\varepsilon}{3}+\frac{\varepsilon}{3}+\frac{\varepsilon}{3}=\varepsilon,\end{aligned}$$

即 $\{\mathbb{A}_n f\}_{n\in\mathbb{N}}$ 为 $L^p(X,\mu)$ 中的 Cauchy 列. □

回顾非负整数子集密度的定义. 设 $F\subseteq\mathbb{Z}_+$. F 的**上密度** (upper density) 和**下密度** (lower density) 分别定义为

$$\overline{d}(F)=\limsup_{n\to\infty}\frac{|F\cap\{0,1,\cdots,n-1\}|}{n},\quad \underline{d}(F)=\liminf_{n\to\infty}\frac{|F\cap\{0,1,\cdots,n-1\}|}{n}.$$

如果 $\overline{d}(F)=\underline{d}(F)$, 则称 F 的**密度** (density) 存在, 它的密度记为 $d(F)=\overline{d}(F)=\underline{d}(F)$.

推论 3.3.1 设 $(X,\mathcal{X},\mu,T)$ 为遍历系统, $A\in\mathcal{X}$, 则对几乎所有点 $x\in X$,

$$N(x,A)=\{n\in\mathbb{Z}_+:T^n x\in A\}$$

的密度为 $\mu(A)$.

证明 设 $A\in\mathcal{X}$. 对 A 的特征函数 $\mathbf{1}_A$ 应用定理 3.3.1, 对于几乎所有点 $x\in X$, 有

$$\mu(A)=\lim_{n\to\infty}\frac{1}{n}\sum_{i=0}^{n-1}\mathbf{1}_A(T^i x)=\lim_{n\to\infty}\frac{|N(x,A)\cap\{0,1,\cdots,n-1\}|}{n}.$$

证毕. □

定理 3.3.6 (Borel 正规数定理) 对于 Lebesgue 测度下几乎处处所有的 $x\in(0,1)$, 它的二进制展开中数字 0 和 1 出现的频率均为 $1/2$.

证明 根据例 3.1.4, 加倍映射

$$T_2:\mathbb{T}\to\mathbb{T},\quad x\mapsto 2x\ (\mathrm{mod}\ 1)$$

关于 Lebesgue 测度 $m_{\mathbb{T}}$ 是遍历的. 设 Y 是 $(0,1)$ 中所有具有唯一二进制展开的点的全体, 则 $(0,1)\setminus Y$ 是一个可数集, 从而 $m_{\mathbb{T}}(Y)=1$. 对任意 $x\in Y$, 令

$$x=\sum_{n=1}^{\infty}\frac{a_n}{2^n},$$

则

$$T_2 x=\sum_{n=1}^{\infty}\frac{a_{n+1}}{2^n}.$$

设 $f(x) = \mathbf{1}_{[1/2,1)}(x)$, 则

$$f(T_2^i x) = \begin{cases} 1, & a_{i+1} = 1, \\ 0, & a_{i+1} = 0. \end{cases}$$

对 $f(x)$ 应用定理 3.3.1, 则对于 $m_{\mathbb{T}}$ 几乎所有点 $x \in Y$, 有

$$\lim_{n\to\infty} \frac{1}{n} \sum_{i=0}^{n-1} f(T_2^i x) = \int f(x) \mathrm{d} m_{\mathbb{T}}(x) = \frac{1}{2},$$

即几乎处处点的二进制展开式中 1 出现的频率为 1/2. □

下面的定理给出了一个遍历性的等价刻画.

定理 3.3.7 设 $(X, \mathcal{X}, \mu, T)$ 为保测系统. T 为遍历的当且仅当对任意 $A, B \in \mathcal{X}$, 有

$$\lim_{n\to\infty} \frac{1}{n} \sum_{i=0}^{n-1} \mu(A \cap T^{-i} B) = \mu(A)\mu(B).$$

证明 设 T 为遍历的. 令 $f = \mathbf{1}_B$, 利用定理 3.3.1, 我们得到

$$\frac{1}{n} \sum_{i=0}^{n-1} \mathbf{1}_B(T^i(x)) \xrightarrow{\text{a.e.}} \mu(B), \quad n \to \infty.$$

两边乘上 $\mathbf{1}_A$, 即得

$$\frac{1}{n} \sum_{i=0}^{n-1} \mathbf{1}_B(T^i(x)) \mathbf{1}_A \xrightarrow{\text{a.e.}} \mu(B) \mathbf{1}_A, \quad n \to \infty.$$

由控制收敛定理, 得到

$$\lim_{n\to\infty} \frac{1}{n} \sum_{i=0}^{n-1} \mu(A \cap T^{-i} B) = \mu(A)\mu(B).$$

反之, 设 $T^{-1}E = E \in \mathcal{X}$. 令 $A = B = E$, 由定理中的条件, 即有

$$\frac{1}{n} \sum_{i=0}^{n-1} \mu(E) \to \mu(E)^2.$$

于是 $\mu(E) = \mu(E)^2$. 这样就有 $\mu(E) = 0$ 或 1. 所以 T 为遍历的. □

为方便应用上面的结论, 我们可以约化到仅验证半代数, 即有如下定理:

定理 3.3.8 设 $(X, \mathcal{X}, \mu, T)$ 为保测系统, $\mathcal{S}$ 为生成 $\mathcal{X}$ 的半代数, 则 T 为遍历的当且仅当对任意 $A, B \in \mathcal{S}$,

$$\lim_{n\to\infty} \frac{1}{n} \sum_{i=0}^{n-1} \mu(A \cap T^{-i} B) = \mu(A)\mu(B).$$

证明 仅需证明由上式右边推出左边即可. 因为 $\mathcal{S}$ 生成的代数 $\mathcal{A}(\mathcal{S})$ 的元素由 $\mathcal{S}$ 中有限个元素无交并组成, 所以对任意 $A, B \in \mathcal{A}(\mathcal{S})$, 有

$$\lim_{n\to\infty} \frac{1}{n} \sum_{i=0}^{n-1} \mu(A \cap T^{-i} B) = \mu(A)\mu(B).$$

下面我们需要把上式中的 $\mathcal{A}(\mathcal{S})$ 换成 $\mathcal{X}$.

对于任何 $\varepsilon>0$, 以及任何 $A,B\in\mathcal{X}$, 存在 $A_0,B_0\in\mathcal{A}(\mathcal{S})$, 使得

$$\mu(A\Delta A_0)<\varepsilon,\quad \mu(B\Delta B_0)<\varepsilon.$$

对于任何 $i\geqslant 0$, 有

$$(A\cap T^{-i}B)\Delta(A_0\cap T^{-i}B_0)\subseteq(A\Delta A_0)\cup(T^{-i}B\Delta T^{-i}B_0).$$

于是 $\mu\big((A\cap T^{-i}B)\Delta(A_0\cap T^{-i}B_0)\big)<2\varepsilon$. 从而

$$|\mu(A\cap T^{-i}B)-\mu(A_0\cap T^{-i}B_0)|<2\varepsilon.$$

另外, 有

$$\begin{aligned}&\mu(A\cap T^{-i}B)-\mu(A)\mu(B)\\&\quad=\big(\mu(A\cap T^{-i}B)-\mu(A_0\cap T^{-i}B_0)\big)+\big(\mu(A_0\cap T^{-i}B_0)-\mu(A_0)\mu(B_0)\big)\\&\qquad+(\mu(A_0)\mu(B_0)-\mu(A)\mu(B_0))+(\mu(A)\mu(B_0)-\mu(A)\mu(B)).\end{aligned}$$

于是, 易得

$$\begin{aligned}&\left|\frac{1}{n}\sum_{i=0}^{n-1}\mu(A\cap T^{-i}B)-\mu(A)\mu(B)\right|\\&\quad=\left|\frac{1}{n}\sum_{i=0}^{n-1}\big(\mu(A\cap T^{-i}B)-\mu(A_0\cap T^{-i}B_0)\big)\right|+\left|\frac{1}{n}\sum_{i=0}^{n-1}\big(\mu(A_0\cap T^{-i}B_0)-\mu(A_0)\mu(B_0)\big)\right|\\&\qquad+\left|\frac{1}{n}\sum_{i=0}^{n-1}(\mu(A_0)\mu(B_0)-\mu(A)\mu(B_0))\right|+\left|\frac{1}{n}\sum_{i=0}^{n-1}(\mu(A)\mu(B_0)-\mu(A)\mu(B))\right|\\&\quad<\left|\frac{1}{n}\sum_{i=0}^{n-1}\mu(A_0\cap T^{-i}B_0)-\mu(A_0)\mu(B_0)\right|+4\varepsilon.\end{aligned}$$

由此容易完成整个证明. □

下面我们运用 Birkhoff 定理证明独立等分布的 Kolmogorov 强大数定理.

定理 3.3.9 (Kolmogorov 强大数定理)　设 $(\Omega,\mathcal{F},P)$ 为概率空间, $X_1,X_2,\cdots$ 为相互独立且等分布的随机变量序列, 那么

$$\frac{1}{n}(X_1+X_2+\cdots+X_n)\xrightarrow{\text{a.e.}}\mathbb{E}(X_1),\quad n\to\infty. \tag{3.5}$$

证明　由于 $X_1,X_2,\cdots$ 为等分布的, 设 ν 为其分布, 即 $\nu=(X_j)_*P=P\circ X_j^{-1}$ 为 $\mathbb{R}$ 上的 Borel 概率测度 (ν 与 $j\in\mathbb{N}$ 无关). 另外

$$\mathbb{E}(X_j)=\int_{\mathbb{R}}t\mathrm{d}\nu(t)$$

与 j 的选取无关. 设

$$(X,\mathcal{X},\mu)=(\mathbb{R}^{\mathbb{N}},\mathcal{B}(\mathbb{R}^{\mathbb{N}}),\nu^{\mathbb{N}}),$$

以及 $\sigma: X \to X$ 为转移映射. 容易验证 $(X, \mathcal{X}, \mu, \sigma)$ 为遍历系统.

对于 $n \in \mathbb{N}$, 设 $Y_n : X = \mathbb{R}^{\mathbb{N}} \to \mathbb{R}$ 为到第 n 个坐标的投射. 记 $g = Y_1$, 那么有 $Y_{j+1} = g \circ \sigma^j$ ($\forall j \geqslant 0$). 根据 Birkhoff 遍历定理, 得

$$\frac{1}{n}\Big(Y_1 + Y_2 + \cdots + Y_n\Big) = \frac{1}{n}\sum_{j=0}^{n-1} g \circ \sigma^j \xrightarrow{\text{a.e.}} \int_X g \mathrm{d}\mu, \quad n \to \infty. \tag{3.6}$$

注意到 $g_* \mu = \nu$, 则有

$$\int_X g \mathrm{d}\mu = \int_{\mathbb{R}} t \mathrm{d}\nu(t) = \mathbb{E}(X_1).$$

设

$$\phi : \Omega \to X, \quad \phi(\omega) = (X_n(\omega))_{n \in \mathbb{N}}, \ \forall \omega \in \Omega.$$

因为 $X_1, X_2, \cdots$ 为相互独立的, 所以 $\phi_* P = \mu$. 于是, ϕ 诱导了 Koopman 算子

$$\varPhi : L^0(X, \mu) \to L^0(\Omega, P), \quad f \mapsto f \circ \phi.$$

根据定义, 对于任何 $n \in \mathbb{N}$, 有 $\varPhi Y_n = Y_n \circ \phi = X_n$. 容易验证

$$\lim_{n\to\infty} f_n = f, \ \mu\text{-a.e.} \quad \Rightarrow \quad \lim_{n\to\infty} \varPhi(f_n) = \varPhi(f), \ P\text{-a.e.}.$$

令 $f_n = (Y_1 + Y_2 + \cdots + Y_n)/n$. 那么根据式(3.6), 我们得到式(3.5). 证明完毕. □

3.3.5 Markov 转移的遍历性条件

下面我们运用定理 3.3.8 来给出 Markov 转移遍历的条件.

引理 3.3.1 设 $\boldsymbol{P}$ 为随机矩阵, $\boldsymbol{p}$ 为严格正的概率向量, 且 $\boldsymbol{pP} = \boldsymbol{p}$. 则

$$\boldsymbol{Q} = \lim_{N\to\infty} \frac{1}{N}\sum_{n=0}^{N-1} \boldsymbol{P}^n$$

存在, 并且

(1) $\boldsymbol{Q}$ 也为随机矩阵;

(2) $\boldsymbol{QP} = \boldsymbol{PQ} = \boldsymbol{Q}$;

(3) $\boldsymbol{P}$ 的特征值 1 对应的特征向量也为 $\boldsymbol{Q}$ 的特征向量;

(4) $\boldsymbol{Q}^2 = \boldsymbol{Q}$.

证明 设 $(\Sigma_k, \mathcal{B}, \mu, \sigma)$ 为双边 $(\boldsymbol{p}, \boldsymbol{P})$-Markov 系统. 令

$$\chi_i = \mathbf{1}_{{}_0[i]_0} = \{(x_j)_{j\in\mathbb{Z}} : x_0 = i\}, \quad i \in \{0, 1, \cdots, k-1\}.$$

根据 Birkhoff 遍历定理, 对于 $j \in \{0, 1, \cdots, k-1\}$, 有

$$\frac{1}{N}\sum_{n=0}^{N-1} \chi_j(\sigma^n x) \xrightarrow{\text{a.e.}} \chi_j^*(x), \quad N \to \infty.$$

两边同时乘以 χ_i, $i \in \{0,1,\cdots,k-1\}$, 再由控制收敛定理, 得到

$$\frac{1}{N}\sum_{n=0}^{N-1}\int_{\Sigma_k}\chi_j(\sigma^n x)\chi_i(x)\mathrm{d}\mu(x)\to\int_{\Sigma_k}\chi_j^*(x)\chi_i(x)\mathrm{d}\mu(x),\quad N\to\infty.$$

注意到

$$\begin{aligned}\int_{\Sigma_k}\chi_j(\sigma^n x)\chi_i(x)\mathrm{d}\mu(x) &= \mu(\sigma^{-n}{}_0[j]_0\cap{}_0[i]_0)\\ &= \mu\left(\{(x_k)_{k\in\mathbb{Z}}\in\Sigma_k : x_0=i, x_n=j\}\right)\\ &= \sum_{0\leqslant a_1,\cdots,a_{n-1}\leqslant k-1} p_i p_{ia_1}p_{a_1a_2}\cdots p_{a_{n-2}a_{n-1}}p_{a_{n-1}j}\\ &= p_i p_{ij}^{(n)}.\end{aligned}$$

所以对 $i,j\in\{0,1,\cdots,k-1\}$, 有

$$\frac{1}{N}\sum_{n=0}^{N-1}p_i p_{ij}^{(n)}\to\int_{\Sigma_k}\chi_j^*(x)\chi_i(x)\mathrm{d}\mu(x),\quad N\to\infty.$$

令 $q_{ij}=\dfrac{1}{p_i}\displaystyle\int_{\Sigma_k}\chi_j^*(x)\chi_i(x)\mathrm{d}\mu(x), \boldsymbol{Q}=[q_{ij}]\in\mathbb{R}^{k\times k}$, 则得到

$$\frac{1}{N}\sum_{n=0}^{N-1}p_{ij}^{(n)}\to q_{ij},\quad N\to\infty,$$

即

$$\boldsymbol{Q}=\lim_{N\to\infty}\frac{1}{N}\sum_{n=0}^{N-1}\boldsymbol{P}^n.$$

其余性质是容易验证的. □

定理 3.3.10　设 $(\Sigma_k,\mathcal{B},\mu,\sigma)$ 为 (双边或者单边)$(\boldsymbol{p},\boldsymbol{P})$-Markov 转移, $\boldsymbol{p}$ 为严格的正概率向量, $\boldsymbol{Q}$ 同引理 3.3.1. 则以下等价:

(1) σ 是遍历的;

(2) $\boldsymbol{Q}$ 的任意两行是一样的;

(3) $\boldsymbol{Q}>0$, 即 $\boldsymbol{Q}$ 的每个值都是正的;

(4) $\boldsymbol{P}$ 是不可约的;

(5) 1 为 $\boldsymbol{P}$ 的简单特征值.

证明　所有符号同引理 3.3.1.

(1) ⇒ (2) 如果 σ 为遍历的, 那么根据定理 3.3.8, 对于 $i,j\in\{0,1,\cdots,k-1\}$, 我们得到

$$\frac{1}{N}\sum_{n=0}^{N-1}\mu(\sigma^{-n}{}_0[j]_0\cap{}_0[i]_0)\to\mu({}_0[i]_0)\mu({}_0[j]_0),\quad N\to\infty.$$

注意到

$$\lim_{N\to\infty}\frac{1}{N}\sum_{n=0}^{N-1}\mu(\sigma^{-n}{}_0[j]_0\cap{}_0[i]_0)=p_i q_{ij},$$

以及

$$\mu({}_0[i]_0)\mu({}_0[j]_0) = p_i p_j,$$

我们得到 $p_i q_{ij} = p_i p_j$. 所以

$$q_{ij} = p_j, \quad \forall i, j \in \{0, 1, \cdots, k-1\},$$

即

$$\boldsymbol{Q} = \begin{pmatrix} p_0 & p_1 & \cdots & p_{k-1} \\ p_0 & p_1 & \cdots & p_{k-1} \\ \vdots & \vdots & & \vdots \\ p_0 & p_1 & \cdots & p_{k-1} \end{pmatrix},$$

其任意两行都是一样的.

(2) $\Rightarrow$ (3) 如果 $\boldsymbol{Q}$ 的每一行都是一样的, 那么 $\boldsymbol{pQ} = \boldsymbol{p}$, 所以 $q_{ij} = p_j$, 即

$$\boldsymbol{Q} = \begin{pmatrix} p_0 & p_1 & \cdots & p_{k-1} \\ p_0 & p_1 & \cdots & p_{k-1} \\ \vdots & \vdots & & \vdots \\ p_0 & p_1 & \cdots & p_{k-1} \end{pmatrix}.$$

特别地, $\boldsymbol{Q} > 0$.

(3) $\Rightarrow$ (4) 因为 $\boldsymbol{Q} > 0$, 以及对于 $i, j \in \{0, 1, \cdots, k-1\}$,

$$\frac{1}{N}\sum_{n=0}^{N-1} p_{ij}^{(n)} \to q_{ij}, \quad N \to \infty,$$

故对于任何取定的 $i, j \in \{0, 1, \cdots, k-1\}$, 当 n 充分大时就有 $p_{ij}^{(n)} > 0$, 即 $\boldsymbol{P}$ 为不可约的.

(4) $\Rightarrow$ (3) 因为 $\boldsymbol{Q} = \boldsymbol{QP}$, 所以 $\boldsymbol{Q} = \boldsymbol{QP}^n$ ($\forall n \in \mathbb{N}$). 于是

$$q_{ij} = \sum_{s=0}^{k-1} q_{is} p_{sj}^{(n)} \geqslant q_{it} p_{tj}^{(n)}, \quad \forall t \in \{0, 1, \cdots, k-1\}, \forall n \in \mathbb{N}.$$

对 $i \in \{0, 1, \cdots, k-1\}$, 令

$$E_i = \{j \in \{0, 1, \cdots, k-1\} : q_{ij} > 0\}.$$

因为 $\sum\limits_j q_{ij} = 1$, 所以 $E_i \neq \emptyset$. 设 $t \in E_i$. 对于任何 $j \in \{0, 1, \cdots, k-1\}$, 因为 $\boldsymbol{P}$ 为不可约的, 故存在 n, 使得 $p_{tj}^{(n)} > 0$. 于是

$$q_{ij} \geqslant q_{it} p_{tj}^{(n)} > 0,$$

即 $j \in E_i$, $E_i = \{0, 1, \cdots, k-1\}$. 所以 $q_{ij} > 0, \forall i, j \in \{0, 1, \cdots, k-1\}$.

(3) $\Rightarrow$ (2) 对于固定的 $j \in \{0, 1, \cdots, k-1\}$, 令

$$q_j = \max_{0 \leqslant i \leqslant k-1} q_{ij}.$$

因为 $\boldsymbol{Q}^2 = \boldsymbol{Q}$, 故如果存在 $i \in \{0,1,\cdots,k-1\}$, 使得 $q_{ij} < q_j$, 那么对于任何 $t \in \{0,1,\cdots,k-1\}$, 有

$$q_{tj} = \sum_{h=0}^{k-1} q_{th}q_{hj} < \sum_{h=0}^{k-1} q_{th}q_j = q_j \sum_{h=0}^{k-1} q_{th} = q_j.$$

这与 q_j 的定义矛盾. 所以对任何 $i \in \{0,1,\cdots,k-1\}$, 都有 $q_{ij} = q_j$, 即 $\boldsymbol{Q}$ 的每一行都是一样的. 由 $\boldsymbol{pQ} = \boldsymbol{p}$, 我们有

$$\boldsymbol{Q} = \begin{pmatrix} p_0 & p_1 & \cdots & p_{k-1} \\ p_0 & p_1 & \cdots & p_{k-1} \\ \vdots & \vdots & & \vdots \\ p_0 & p_1 & \cdots & p_{k-1} \end{pmatrix}.$$

(2) $\Rightarrow$ (1) 根据定理 3.3.8, 对于

$$A = {}_a[i_0,\cdots,i_r]_{a+r}, \quad B = {}_b[j_0,\cdots,j_s]_{b+s}, \quad a,b \in \mathbb{Z},\ r,s \in \mathbb{Z}_+,$$

我们仅需证明

$$\lim_{N\to\infty} \frac{1}{N} \sum_{n=0}^{N-1} \mu(A \cap \sigma^{-n}B) = \mu(A)\mu(B).$$

对于 $n > a+r-b$ 且 $n > 0$, 我们有

$$\mu(A \cap \sigma^{-n}B) = p_{i_0}p_{i_0i_1}\cdots p_{i_{r-1}i_r}p_{i_rj_0}^{(n-(a+r-b))}p_{j_0j_1}p_{j_1j_2}\cdots p_{j_{s-1}j_s}.$$

根据 (2), $q_{ij} = p_j, \forall i,j \in \{0,1,\cdots,k-1\}$. 所以

$$\begin{aligned}
&\lim_{n\to\infty} \frac{1}{N} \sum_{n=0}^{N-1} \mu(A \cap \sigma^{-n}B) \\
&= \lim_{n\to\infty} \frac{1}{N} \sum_{n=0}^{N-1} p_{i_0}p_{i_0i_1}\cdots p_{i_{r-1}i_r}p_{i_rj_0}^{(n-(a+r-b))}p_{j_0j_1}p_{j_1j_2}\cdots p_{j_{s-1}j_s} \\
&= p_{i_0}p_{i_0i_1}\cdots p_{i_{r-1}i_r} \lim_{N\to\infty} \left(\frac{1}{N} \sum_{n=0}^{N-1} p_{i_rj_0}^{(n-(a+r-b))} \right) p_{j_0j_1}p_{j_1j_2}\cdots p_{j_{s-1}j_s} \\
&= p_{i_0}p_{i_0i_1}\cdots p_{i_{r-1}i_r}q_{i_rj_0}p_{j_0j_1}p_{j_1j_2}\cdots p_{j_{s-1}j_s} \\
&= p_{i_0}p_{i_0i_1}\cdots p_{i_{r-1}i_r}p_{j_0}p_{j_0j_1}p_{j_1j_2}\cdots p_{j_{s-1}j_s} \\
&= \mu({}_a[i_0,\cdots,i_r]_{a+r})\mu({}_b[j_0,\cdots,j_s]_{b+s}) \\
&= \mu(A)\mu(B).
\end{aligned}$$

(2) $\Rightarrow$ (5) 因为

$$\boldsymbol{Q} = \begin{pmatrix} p_0 & p_1 & \cdots & p_{k-1} \\ p_0 & p_1 & \cdots & p_{k-1} \\ \vdots & \vdots & & \vdots \\ p_0 & p_1 & \cdots & p_{k-1} \end{pmatrix},$$

所以对应于特征值 1 的 $\boldsymbol{Q}$ 的唯一左特征向量为 $\boldsymbol{p}$ 的数乘, 由引理 3.3.1, 它们也是 $\boldsymbol{P}$ 对应于特征值 1 的所有左特征向量.

(5) $\Rightarrow$ (2) 设 1 为 $\boldsymbol{P}$ 的简单特征值, 那么由于 $\boldsymbol{Q}=\boldsymbol{QP}$, $\boldsymbol{Q}$ 的每行对应的向量是 $\boldsymbol{P}$ 的特征向量, 所以它们是一样的. $\square$

习　题

1. 设 $(X,\mathcal{X},\mu,T)$ 是一个可逆保测系统. 证明: 对任意 $f\in L^1(X,\mu)$,

$$\lim_{n\to\infty}\frac{1}{n}\sum_{i=0}^{n-1}f(T^ix)=\lim_{n\to\infty}\frac{1}{n}\sum_{i=0}^{n-1}f(T^{-i}x)=\lim_{n\to\infty}\frac{1}{2n+1}\sum_{i=-n}^{n}f(T^ix)$$

几乎处处成立.

2. 给出 Borel 正规数定理对于十进制数的版本.

3. 设 $(X,\mathcal{X},\mu,T)$ 是一个保测系统. 证明: 对任意 $f\in L^1(X,\mu)$,

$$\lim_{n\to\infty}\frac{f(T^nx)}{n}=0$$

几乎处处成立.

4. 设 $(X,\mathcal{X},\mu,T)$ 是一个遍历动力系统. 设 $A\in\mathcal{X}$, $\mu(A)>0$. 证明: A 的第一返回时间函数

$$n_A:A\to\mathbb{N}\cup\{\infty\},\quad x\mapsto\min\{n>0:T^nx\in A\}$$

是几乎处处有限的, 并且满足

$$\int_A n_A(x)\mathrm{d}\mu_A(x)=\frac{1}{\mu(A)}.$$

3.4 混合性

我们已经看到遍历系统为“不可分割”的, 并且对任意正测度集, 其轨道将覆盖几乎整个空间. 本节将介绍一些比遍历性更强的性质, 具有这些性质的系统将有更为复杂的动力学性质.

3.4.1 混合性的定义

首先根据定理 3.3.7, 保测系统 $(X,\mathcal{X},\mu,T)$ 为遍历的当且仅当对任意 $A,B\in\mathcal{X}$,

$$\lim_{n\to\infty}\frac{1}{n}\sum_{i=0}^{n-1}(\mu(A\cap T^{-i}B)-\mu(A)\mu(B))=0.$$

定义 3.4.1 设 $(X,\mathcal{X},\mu,T)$ 为一个保测系统.

(1) 如果对任意 $A,B\in\mathcal{X}$, 有

$$\lim_{n\to\infty}\frac{1}{n}\sum_{i=0}^{n-1}|\mu(A\cap T^{-i}B)-\mu(A)\mu(B)|=0,$$

那么称 T 为 **(测度) 弱混合的**.

(2) 如果对任意 $A,B\in\mathcal{X}$, 有

$$\lim_{n\to\infty}\mu(A\cap T^{-n}B)=\mu(A)\mu(B),$$

那么称 T 为 **(测度) 强混合的**.

(3) 设 $k\in\mathbb{N}$, 如果对于任何 $A_0,A_1,\cdots,A_k\in\mathcal{X}$, 有

$$\begin{aligned}&\lim_{n_1,\cdots,n_k\to\infty}\mu(A_0\cap T^{-n_1}A_1\cap T^{-(n_1+n_2)}A_2\cap\cdots\cap T^{-(n_1+n_2+\cdots+n_k)}A_k)\\&=\mu(A_0)\mu(A_1)\cdots\mu(A_k),\end{aligned}$$

那么称 T 为k **阶混合的**.

(4) 设 $\mathcal{F}(B_1,\cdots,B_k;n)$ 为由 $\{T^{-j}B_i:j\geqslant n,i=1,2,\cdots,k\}$ 生成的 σ 代数, 如果对于任何 A, B_1, $\cdots$, $B_k\in\mathcal{X}$, 有

$$\lim_{n\to\infty}\sup_{C\in\mathcal{F}(B_1,\cdots,B_k;n)}|\mu(A\cap C)-\mu(A)\mu(C)|=0,$$

那么称 T 为**一致混合的**.

注记 3.4.1 (1) 遍历性、弱混合、混合的比较: 对于任何数列 $\{a_n\}_{n\in\mathbb{N}}$, 有

$$\lim_{n\to\infty}a_n=0\quad\Rightarrow\quad\lim_{n\to\infty}\frac{1}{n}\sum_{i=1}^{n}|a_i|=0\quad\Rightarrow\quad\lim_{n\to\infty}\frac{1}{n}\sum_{i=1}^{n}a_i=0.$$

于是, 根据定义得出

$$\text{强混合}\ \Rightarrow\ \text{弱混合}\ \Rightarrow\ \text{遍历性}.$$

(2) 后面我们会证明圆周无理旋转是遍历的, 但不是弱混合的.

(3) 设 $(X,\mathcal{X},\mu)$ 为概率空间, 记 $\mathrm{Aut}(X,\mu)$ 为 $(X,\mathcal{X},\mu)$ 上全体可逆保测映射, 赋予 $\mathrm{Aut}(X,\mu)$ 弱拓扑: $T_n,T\in\mathrm{Aut}(X,\mu)$,

$$T_n\to T,\ n\to\infty\quad\Leftrightarrow\quad\mu(T_nA\Delta TA)\to 0,\ \forall A\in\mathcal{X}.$$

Halmos (1944) 证明了在赋予弱拓扑的 $\mathrm{Aut}(X,\mu)$ 中, 弱混合系统的全体包含稠密 G_δ 集; Rohlin (1948) 证明了强混合系统全体是第一纲集[97]. 于是, 一定存在弱混合但不是强混合的例子.

(4) 根据定义, 强混合等价于 1 阶混合. 如果 $n<m$, 那么 m 阶混合蕴含 n 阶混合. 我们不知道反过来是否成立, 参见下面的 Rohlin 问题.

(5) 容易看出一致混合蕴含任意阶的混合. 在定义中, 若取 $A = A_0, B_1 = A_1$, 那么就得到强混合, 即 1 阶混合. 下面证明 2 阶混合. 设 $A_0, A_1, A_2 \in \mathcal{X}$, 由 1 阶混合, 存在 $n_2^{(0)}$, 使得 $n_2 \geqslant n_2^{(0)}$ 时, 有

$$|\mu(A_1 \cap T^{-n_2}A_2) - \mu(A_1)\mu(A_2)| < \varepsilon.$$

在一致混合定义中, 取 $A = A_0, B_1 = A_1, B_2 = A_2$, 以及 $n_1^{(0)}$, 使得 $n_1 \geqslant n_1^{(0)}$ 时, 有

$$\left|\mu\big(A_0 \cap T^{-n_1}(A_1 \cap T^{-n_2}A_2)\big) - \mu(A_0)\mu\big(A_1 \cap T^{-n_2}A_2\big)\right| < \varepsilon.$$

于是

$$\left|\mu\big(A_0 \cap T^{-n_1}A_1 \cap T^{-n_1-n_2}A_2\big) - \mu(A_0)\mu(A_1)\mu(A_2)\right| < 2\varepsilon.$$

归纳地, 可以证明一致混合蕴含任意阶的混合.

反之则不正确. 因为可以证明 T 为一致混合等价于 T 为 K 系统 (定理 8.11.4). 可以找到非 K 系统的强混合系统, 例如 Horocycle 流. 关于 K 系统的具体定义和性质见后文.

问题 3.4.1 (Rohlin, 1949) 设 $(X, \mathcal{X}, \mu, T)$ 为一个保测系统, 强混合是否蕴含 2 阶混合? 强混合是否蕴含任何阶的混合?

注记 3.4.2 这个问题的高维群作用情况是不正确的, Ledrappier 指出, 在 $\mathbb{Z}^2$ 的作用下, 存在 1 阶混合但不是 2 阶混合的例子[149]. Rohlin 问题的相对化问题也是不正确的, 最近 de La Rue 指出了此点[185].

3.4.2 混合性的刻画

类似于定理 3.3.8, 下面的定理提供了一种验证一个保测系统为弱混合、强混合的方法.

定理 3.4.1 设 $(X, \mathcal{X}, \mu, T)$ 为保测系统, $\mathcal{S}$ 为生成 $\mathcal{X}$ 的半代数, 则

(1) T 为弱混合的当且仅当对任意 $A, B \in \mathcal{S}$, 有

$$\lim_{n\to\infty}\frac{1}{n}\sum_{i=0}^{n-1}|\mu(A \cap T^{-i}B) - \mu(A)\mu(B)| = 0.$$

(2) T 为强混合的当且仅当对任意 $A, B \in \mathcal{S}$, 有

$$\lim_{n\to\infty}\mu(A \cap T^{-n}B) = \mu(A)\mu(B).$$

证明 完全类似于定理 3.3.8 的证明, 请读者自己完成. □

在刻画弱混合前, 我们回顾一些概念. 设 S 为 $\mathbb{Z}_+$ 的子集. 如果 S 的上密度和下密度

$$\overline{d}(S) = \limsup_{n\to\infty}\frac{1}{n}|S \cap \{0, 1, \cdots, n-1\}|,$$

$$\underline{d}(S) = \liminf_{n\to\infty}\frac{1}{n}|S \cap \{0, 1, \cdots, n-1\}|$$

相等且等于 a, 那么我们称 S 具有**密度**a, 记为 $d(S) = a$. 记 $\mathcal{F}_{\rm d1}$ 为 $\mathbb{Z}_+$ 中密度为 1 的子集全体组成的集合.

引理 3.4.1 (Koopman-von Neumann, 1932)　设 $\{a_n\}_{n=0}^{\infty}$ 为有界序列, 则以下等价:

(1) $\lim\limits_{n\to\infty}\dfrac{1}{n}\sum\limits_{i=0}^{n-1}|a_i|=0$;

(2) 存在 $\mathbb{Z}_+$ 的零密度集 J, 使得 $\lim\limits_{J\not\ni n\to\infty}a_n=0$;

(3) $\lim\limits_{n\to\infty}\dfrac{1}{n}\sum\limits_{i=0}^{n-1}|a_i|^2=0$.

证明　对于 $m<n$, 我们记 $[m,n]=\{m,m+1,\cdots,n\}$ 为整数区间.

(1) $\Rightarrow$ (2) 设

$$J_k=\{n\in\mathbb{Z}_+:|a_n|\geqslant 1/k\},\quad k\in\mathbb{N}.$$

则

$$J_1\subseteq J_2\subseteq J_3\subseteq\cdots.$$

因为

$$\frac{1}{n}\sum_{i=0}^{n-1}|a_i|\geqslant\frac{1}{n}\frac{1}{k}\left|J_k\cap[0,n-1]\right|,$$

所以

$$\lim_{n\to\infty}\frac{|J_k\cap[0,n-1]|}{n}=0,$$

即 $d(J_k)=0$ $(\forall k\in\mathbb{N})$. 于是, 存在整数列 $0=l_0<l_1<l_2<\cdots$, 使得 $n\geqslant l_k$ 时, 有

$$\frac{|J_{k+1}\cap[0,n-1]|}{n}<\frac{1}{k+1}.$$

令

$$J=\bigcup_{k=0}^{\infty}J_{k+1}\cap[l_k,l_{k+1}-1].$$

我们下面证明 $d(J)=0$.

因为 $J_1\subseteq J_2\subseteq J_3\subseteq\cdots$, 故如果 $l_k\leqslant n\leqslant l_{k+1}-1$, 则

$$J\cap[0,n-1]=\big(J\cap[0,l_k-1]\big)\cup\big(J\cap[l_k,n-1]\big)\subseteq\big(J_k\cap[0,l_k-1]\big)\cup\big(J_{k+1}\cap[0,n-1]\big).$$

于是

$$\begin{aligned}\frac{|J\cap[0,n-1]|}{n}&\leqslant\frac{|J_k\cap[0,l_k-1]|+|J_{k+1}\cap[0,n-1]|}{n}\\&\leqslant\frac{|J_k\cap[0,n-1]|+|J_{k+1}\cap[0,n-1]|}{n}\\&<\frac{1}{k}+\frac{1}{k+1}.\end{aligned}$$

所以

$$\frac{|J\cap[0,n-1]|}{n}\to 0,\quad n\to\infty,$$

即 $d(J)=0$.

如果 $n > l_k$, $n \notin J$, 则 $n \notin J_{k+1}$, 于是 $|a_n| < \dfrac{1}{k+1}$. 由此得到

$$\lim_{J \not\ni n \to \infty} |a_n| = 0.$$

(2) $\Rightarrow$ (1) 因为 $\{a_n\}_{n\in\mathbb{Z}_+}$ 有界, 故存在 $M > 0$, 使得 $|a_n| \leqslant M$ $(\forall n \in \mathbb{Z}_+)$. 根据条件, 对于任何 $\varepsilon > 0$, 存在 $N_\varepsilon \in \mathbb{N}$, 使得

$$|a_n| < \varepsilon, \quad \forall n > N_\varepsilon, \quad n \notin J.$$

再取 $N \geqslant N_\varepsilon$, 使得 $n \geqslant N$ 时, 有

$$\frac{|J \cap [0, n-1]|}{n} < \varepsilon.$$

于是 $n \geqslant N/\varepsilon$ 时, 有

$$\begin{aligned}
\frac{1}{n}\sum_{i=0}^{n-1}|a_i| &= \frac{1}{n}\left(\sum_{i=0}^{N-1}|a_i| + \sum_{i\in J\cap[N,n-1]}|a_i| + \sum_{i\in[N,n-1]\setminus J}|a_i|\right)\\
&< \frac{1}{n}\left(MN + M|J\cap[0,n-1]| + n\varepsilon\right)\\
&< M\varepsilon + M\varepsilon + \varepsilon = (2M+1)\varepsilon.
\end{aligned}$$

因为对于零密度集合 J,

$$\lim_{J \not\ni n \to \infty} |a_n| = 0$$

当且仅当

$$\lim_{J \not\ni n \to \infty} |a_n|^2 = 0,$$

所以 (3) 与 (1), (2) 等价. □

因为零密度集的补集是密度为 1 的集合, 所以引理 3.4.1(2) 等价于: 存在 $\mathbb{Z}_+$ 的密度为 1 的子集 I, 使得 $\lim\limits_{I \ni n \to \infty} a_n = 0$. 根据引理 3.4.1, 得到下面的定理:

定理 3.4.2 设 $(X, \mathcal{X}, \mu, T)$ 为保测系统, 则下列命题等价:

(1) T 为弱混合的;

(2) 对任意 $A, B \in \mathcal{X}$, 存在 $J \in \mathcal{F}_{\mathrm{d1}}$, 使得

$$\lim_{J \ni n \to \infty} \mu(A \cap T^{-n}B) = \mu(A)\mu(B);$$

(3) 对任意 $A, B \in \mathcal{X}$, 有

$$\lim_{n\to\infty} \frac{1}{n}\sum_{i=0}^{n-1} |\mu(A \cap T^{-i}B) - \mu(A)\mu(B)|^2 = 0.$$

我们把下面的定理证明留作习题.

定理 3.4.3 设 $(X,\mathcal{X},\mu,T)$ 为保测系统, 那么

(1) 以下等价:

(a) T 遍历;

(b) $\lim\limits_{n\to\infty}\dfrac{1}{n}\sum\limits_{i=0}^{n-1}\langle U_T^i f,g\rangle=\langle f,1\rangle\langle 1,g\rangle,\ \forall f,g\in L^2(X,\mu)$;

(c) $\lim\limits_{n\to\infty}\dfrac{1}{n}\sum\limits_{i=0}^{n-1}\langle U_T^i f,f\rangle=\langle f,1\rangle\langle 1,f\rangle,\ \forall f\in L^2(X,\mu)$.

(2) 以下等价:

(a) T 弱混合;

(b) $\lim\limits_{n\to\infty}\dfrac{1}{n}\sum\limits_{i=0}^{n-1}|\langle U_T^i f,g\rangle-\langle f,1\rangle\langle 1,g\rangle|=0,\ \forall f,g\in L^2(X,\mu)$;

(c) $\lim\limits_{n\to\infty}\dfrac{1}{n}\sum\limits_{i=0}^{n-1}|\langle U_T^i f,f\rangle-\langle f,1\rangle\langle 1,f\rangle|=0,\ \forall f\in L^2(X,\mu)$;

(d) $\lim\limits_{n\to\infty}\dfrac{1}{n}\sum\limits_{i=0}^{n-1}|\langle U_T^i f,f\rangle-\langle f,1\rangle\langle 1,f\rangle|^2=0,\ \forall f\in L^2(X,\mu)$.

(3) 以下等价:

(a) T 强混合;

(b) $\lim\limits_{n\to\infty}\langle U_T^n f,g\rangle=\langle f,1\rangle\langle 1,g\rangle,\ \forall f,g\in L^2(X,\mu)$;

(c) $\lim\limits_{n\to\infty}\langle U_T^n f,f\rangle=\langle f,1\rangle\langle 1,f\rangle,\ \forall f\in L^2(X,\mu)$.

定义 3.4.2 两个保测系统 $(X,\mathcal{X},\mu,T)$ 和 $(Y,\mathcal{Y},\nu,S)$ 称为**弱不交的**, 若它们的乘积系统 $(X\times Y,\mathcal{X}\times\mathcal{Y},\mu\times\nu,T\times S)$ 为遍历的.

现在我们有:

定理 3.4.4 设 $(X,\mathcal{X},\mu,T)$ 为保测系统, 则下列命题等价:

(1) $(X,\mathcal{X},\mu,T)$ 为弱混合的;

(2) $(X\times X,\mathcal{X}\times\mathcal{X},\mu\times\mu,T\times T)$ 为遍历的;

(3) $(X\times X,\mathcal{X}\times\mathcal{X},\mu\times\mu,T\times T)$ 为弱混合的;

(4) T 弱不交于任意遍历系统.

证明 (1) $\Rightarrow$ (3) 对正测度集 $A,B,C,D\in\mathcal{X}$, 存在密度为 1 的集合 $J_1,J_2\subseteq\mathbb{Z}_+$, 使得

$$\lim_{J_1\ni n\to\infty}\mu(A\cap T^{-n}B)=\mu(A)\mu(B)>0,$$
$$\lim_{J_2\ni n\to\infty}\mu(C\cap T^{-n}D)=\mu(C)\mu(D)>0.$$

于是

$$\begin{aligned}&\lim_{J_1\cap J_2\ni n\to\infty}(\mu\times\mu)\left((A\times C)\cap(T\times T)^{-n}(B\times D)\right)\\&=\lim_{J_1\cap J_2\ni n\to\infty}\mu(A\cap T^{-n}B)\mu(C\cap T^{-n}D)\\&=\mu(A)\mu(B)\mu(C)\mu(D)\\&=(\mu\times\mu)(A\times C)(\mu\times\mu)(B\times D).\end{aligned}$$

由引理 3.4.1, 有

$$\lim_{n\to\infty}\frac{1}{n}\sum_{i=0}^{n-1}|(\mu\times\mu)\left((A\times C)\cap(T\times T)^{-n}(B\times D)\right)-(\mu\times\mu)(A\times C)(\mu\times\mu)(B\times D)|=0.$$

因为可测方体组成 $\mathcal{X}\times\mathcal{X}$ 的半代数, 由定理 3.4.1, 这意味着 $T\times T$ 为弱混合的.

(3) $\Rightarrow$ (2) 这是显然的.

(2) $\Rightarrow$ (1) 设 $T\times T$ 为遍历的, 我们要证明: 对任意 $A,B\in\mathcal{X}$,

$$\lim_{n\to\infty}\frac{1}{n}\sum_{i=0}^{n-1}|\mu(A\cap T^{-i}B)-\mu(A)\mu(B)|^2=0$$

成立.

根据 $T\times T$ 遍历, 有

$$\begin{aligned}\frac{1}{n}\sum_{i=0}^{n-1}\mu(A\cap T^{-i}B)&=\frac{1}{n}\sum_{i=0}^{n-1}(\mu\times\mu)\left((A\times X)\cap(T\times T)^{-i}(B\times X)\right)\\&\to(\mu\times\mu)(A\times X)(\mu\times\mu)(B\times X)=\mu(A)\mu(B),\quad n\to\infty,\end{aligned}$$

并且

$$\begin{aligned}\frac{1}{n}\sum_{i=0}^{n-1}\left(\mu(A\cap T^{-i}B)\right)^2&=\frac{1}{n}\sum_{i=0}^{n-1}(\mu\times\mu)\left((A\times A)\cap(T\times T)^{-i}(B\times B)\right)\\&\to(\mu\times\mu)(A\times A)(\mu\times\mu)(B\times B)=\mu(A)^2\mu(B)^2,\quad n\to\infty.\end{aligned}$$

这样就有

$$\begin{aligned}&\frac{1}{n}\sum_{i=0}^{n-1}\left|\mu(A\cap T^{-i}B)-\mu(A)\mu(B)\right|^2\\&=\frac{1}{n}\sum_{i=0}^{n-1}\left(\mu(A\cap T^{-i}B)^2-2\mu(A\cap T^{-i}B)\mu(A)\mu(B)+\mu(A)^2\mu(B)^2\right)\\&\to2\mu(A)^2\mu(B)^2-2\mu(A)^2\mu(B)^2=0,\quad n\to\infty.\end{aligned}$$

于是由定理 3.4.2, T 为弱混合的.

(4) $\Rightarrow$ (2) 这是显然的.

(1) $\Rightarrow$ (4) 设 $(Y,\mathcal{Y},\nu,S)$ 为遍历的, 我们要证明 $(X\times Y,\mathcal{X}\times\mathcal{Y},\mu\times\nu,T\times S)$ 为遍历的. 为此我们证明: 对于任何 $A_1,B_1\in\mathcal{X},A_2,B_2\in\mathcal{Y}$, 有

$$\begin{aligned}&\lim_{n\to\infty}\frac{1}{n}\sum_{i=0}^{n-1}\mu\times\nu\left((A_1\times A_2)\cap(T\times S)^{-i}(B_1\times B_2)\right)\\&=\mu\times\nu(A_1\times A_2)\mu\times\nu(B_1\times B_2).\end{aligned}\tag{3.7}$$

易知

$$\begin{aligned}
&\lim_{n\to\infty}\frac{1}{n}\sum_{i=0}^{n-1}\mu\times\nu\left((A_1\times A_2)\cap(T\times S)^{-i}(B_1\times B_2)\right)\\
&=\lim_{n\to\infty}\frac{1}{n}\sum_{i=0}^{n-1}\mu(A_1\cap T^{-i}B_1)\nu(A_2\cap S^{-i}B_2)\\
&=\lim_{n\to\infty}\frac{1}{n}\sum_{i=0}^{n-1}\mu(A_1)\mu(B_1)\nu(A_2\cap S^{-i}B_2)\\
&\quad+\lim_{n\to\infty}\frac{1}{n}\sum_{i=0}^{n-1}\left(\mu(A_1\cap T^{-i}B_1)-\mu(A_1)\mu(B_1)\right)\nu(A_2\cap S^{-i}B_2).
\end{aligned}$$

由 S 遍历, 可知

$$\lim_{n\to\infty}\frac{1}{n}\sum_{i=0}^{n-1}\mu(A_1)\mu(B_1)\nu(A_2\cap S^{-i}B_2)=\mu(A_1)\mu(B_1)\nu(A_2)\nu(B_2).$$

因为 T 弱混合, 故

$$\begin{aligned}
&\lim_{n\to\infty}\left|\frac{1}{n}\sum_{i=0}^{n-1}\left[\mu(A_1\cap T^{-i}B_1)-\mu(A_1)\mu(B_1)\right]\nu(A_2\cap S^{-i}B_2)\right|\\
&\leqslant\lim_{n\to\infty}\frac{1}{n}\sum_{i=0}^{n-1}\left|\mu(A_1\cap T^{-i}B_1)-\mu(A_1)\mu(B_1)\right|=0.
\end{aligned}$$

综合上面两个式子, 我们得到式(3.7). □

下面我们讨论弱混合系统谱方面的性质.

定义 3.4.3 称保测系统 $(X,\mathcal{X},\mu,T)$ 具有**连续谱**, 若 1 为 U_T 的唯一的特征值, 而它对应的特征函数是常值函数.

注记 3.4.3 (1) 因为对于任何常值函数 c, 有 $U_Tc=c$, 所以对于 U_T, $\lambda=1$ 总是它的特征值, 常值函数总是它的特征函数.

(2) 易见, T 为遍历的当且仅当 1 为 U_T 的简单特征值.

(3) 保测系统 $(X,\mathcal{X},\mu,T)$ 具有连续谱当且仅当 1 为 U_T 的唯一特征值, 并且 T 为遍历的.

对弱混合系统, 我们有如下定理:

定理 3.4.5 如果 $(X,\mathcal{X},\mu,T)$ 为可逆保测系统, 则 $(X,\mathcal{X},\mu,T)$ 为弱混合的当且仅当 $(X,\mathcal{X},\mu,T)$ 有连续谱.

这个定理的证明我们会在 3.5 节中给出.

下面介绍一些例子.

命题 3.4.1 紧致度量交换群上旋转不是弱混合的, 特别地, 圆周旋转不是弱混合的.

证明 设 $T_a:G\to G,x\mapsto ax$ 为紧致度量交换群 G 上的旋转. 令 $\gamma\in\widehat{G}$, 则

$$U_{T_a}\gamma(x)=\gamma(ax)=\gamma(a)\gamma(x).$$

所以 γ 为 T_a 的以 $\gamma(a)$ 为特征值的特征函数. 根据定理 3.4.5, U_{T_a} 不是连续谱的, 进而不是弱混合的.

另一个证明方法如下: 取 $\gamma \in \widehat{G} \setminus \{1\}$, 则

$$U_{T_a \times T_a}\gamma(x)\overline{\gamma(y)} = \gamma(ax)\overline{\gamma(ay)} = \gamma(x)\overline{\gamma(y)},$$

即 $\gamma(x)\overline{\gamma(y)}$ 为非平凡的 $T_a \times T_a$ 不变函数, 所以 $T_a \times T_a$ 不遍历, 即非弱混合的. □

定理 3.4.6 对于紧致交换度量群上的连续满自同态, 遍历、弱混合和强混合等价.

证明 我们仅需要证明: 如果紧致交换度量群 G 上的满自同态 $A : G \to G$ 为遍历的, 那么它为强混合的. 注意到 $\widehat{G}$ 中的元素组成了 $L^2(G, m)$ 的标准正交基, 对于 $\gamma, \delta \in \widehat{G}$, 如果不是 $\gamma = \delta = 1$, 那么对于充分大的 n, 有 $\langle U_A^n \gamma, \delta \rangle = 0$. 于是, 总是有

$$\lim_{n\to\infty} \langle U_A^n \gamma, \delta \rangle = \langle \gamma, 1 \rangle \langle 1, \delta \rangle.$$

取定 $\delta \in \widehat{G}$, 令

$$H_\delta = \{f \in L^2(G, m) : \lim_{n\to\infty} \langle U_A^n f, \delta \rangle = \langle f, 1 \rangle \langle 1, \delta \rangle\},$$

则 H_δ 为 $L^2(G, m)$ 的子空间. 因为 $\widehat{G} \subseteq H_\delta$, 故如果 H_δ 为闭的, 那么 $H_\delta = L^2(G, m)$.

下面证明 H_δ 为闭的. 如果 $\delta = 1$, 那么易见 $H_\delta = L^2(G, m)$, 所以自然为闭的. 下设 $\delta \neq 1$, 则 $\langle 1, \delta \rangle = 0$, 于是 $H_\delta = \{f \in L^2(G, m) : \lim_{n\to\infty} \langle U_A^n f, \delta \rangle = 0\}$. 设 $\{f_k\}_k \subseteq H_\delta$, $f_k \to f \in L^2(G, m), k \to \infty$. 所以

$$\begin{aligned}
|\langle U_A^n f, \delta \rangle| &\leqslant |\langle U_A^n f, \delta \rangle - \langle U_A^n f_k, \delta \rangle| + |\langle U_A^n f_k, \delta \rangle| \\
&\leqslant \|f - f_k\|_2 \|\delta\|_2 + |\langle U_A^n f_k, \delta \rangle| \\
&= \|f - f_k\|_2 + |\langle U_A^n f_k, \delta \rangle|.
\end{aligned}$$

由此易得 $\lim_{n\to\infty} \langle U_A^n f, \delta \rangle = 0$, 从而得 $f \in H_\delta$.

现在取定 $f \in L^2(G, m)$, 令

$$F_f = \{g \in L^2(G, m) : \lim_{n\to\infty} \langle U_A^n f, g \rangle = \langle f, 1 \rangle \langle 1, g \rangle\}.$$

易见, F_f 为 $L^2(G, m)$ 的闭子空间. 由以上结论, $\widehat{G} \subseteq F_f$, 所以 $F_f = L^2(G, m), \forall f \in L^2(G, m)$.

综上, 对于任何 $f, g \in L^2(G, m)$, 有

$$\lim_{n\to\infty} \langle U_A^n f, g \rangle = \langle f, 1 \rangle \langle 1, g \rangle.$$

所以 A 为强混合的. □

定理 3.4.7 双边 (单边) $\boldsymbol{p}$ 转移为强混合的.

证明 根据定理 3.4.1 易证. □

定理 3.4.8 设 $(\sigma_k, \mathcal{B}, \mu, \sigma)$ 为 $(\boldsymbol{p}, \boldsymbol{P})$-Markov 转移, 则以下等价:

(1) T 是弱混合的;

(2) T 是强混合的;

(3) $\boldsymbol{P}$ 为不可约、非周期的;

(4) $\lim\limits_{n\to\infty} p_{ij}^{(n)} = p_j \ (\forall i, j)$.

证明 根据定理 1.5.3, (3) 与 (4) 等价.

(1) $\Rightarrow$ (3) 由

$$\frac{1}{N}\sum_{n=0}^{N-1}\left|\mu({}_0[i]_0 \cap T^{-n}{}_0[j]_0) - \mu({}_0[i]_0)\mu({}_0[j]_0)\right| \to 0, \quad N \to \infty,$$

我们得到

$$\frac{1}{N}\sum_{n=0}^{N-1}\left|p_{ij}^{(n)} - p_j\right| \to 0, \quad N \to \infty.$$

根据引理 3.4.1, 存在零密度集 $J \subseteq \mathbb{Z}_+$, 使得

$$\lim_{J \not\ni \to \infty} p_{ij}^{(n)} = p_j, \quad \forall i, j.$$

于是, P 为不可约、非周期的.

(4) $\Rightarrow$ (2) 根据定理 3.4.1, 我们仅需对于 $A = {}_a[i_0, \cdots, i_r]_{a+r}, B = {}_b[j_0, \cdots, j_s]_{b+s}$, 验证 $\lim\limits_{n\to\infty} \mu(A \cap T^{-n}B) = \mu(A)\mu(B)$. 这与定理 3.3.10 类似, 不再赘述. □

3.4.3 mild 混合

定义 3.4.4 设 X 为拓扑空间, $\mathcal{F}$ 为 $\mathbb{Z}_+$ 的子集族. 序列 $\{x_n\}_n \subseteq X$ **依 $\mathcal{F}$ 收敛于** $x \in X$, 若对 x 的任意邻域 U,

$$\{i : x_i \in U\} \in \mathcal{F}$$

成立.

如果序列 $\{x_n\}$ 依 $\mathcal{F}$ 收敛于 $x \in X$, 那么记之为

$$\mathcal{F}\text{-}\lim x_n = x.$$

设 $\mathcal{F}_{\text{cf}}$ 为全体有限余集合的全体, 即

$$\mathcal{F}_{\text{cf}} = \{A \subseteq \mathbb{Z}_+ : |\mathbb{Z}_+ \setminus A| < \infty\},$$

那么容易得到

$$\lim_{n\to\infty} x_n = x \quad \Leftrightarrow \quad \mathcal{F}_{\text{cf}}\text{-}\lim x_n = x.$$

于是族收敛是一般收敛的推广.

定理 3.4.9 设 $(X,\mathcal{X},\mu,T)$ 为保测系统, 那么

(1) T 为弱混合的当且仅当

$$\mathcal{F}_{d1}\text{-}\lim \mu(A\cap T^{-n}B)=\mu(A)\mu(B),\quad \forall A,B\in\mathcal{X};$$

(2) T 为强混合的当且仅当

$$\mathcal{F}_{\text{cf}}\text{-}\lim \mu(A\cap T^{-n}B)=\mu(A)\mu(B),\quad \forall A,B\in\mathcal{X}.$$

最后我们讨论 mild 混合. 我们需要如下概念.

定义 3.4.5 $A\subseteq\mathbb{Z}_+$ 为 **IP 集**, 若存在正整数序列 $p_1,p_2,\cdots$, 使得

$$A=\{p_{i_1}+\cdots+p_{i_k}: i_1<\cdots<i_k,\ k\in\mathbb{N}\}.$$

此时, 称 A 为由 $p_1,p_2,\cdots$ 生成的, 记为 $\mathrm{FS}(\{p_i\})$. 记集合 $\{A\subseteq\mathbb{Z}_+: A$ 包含一个 IP 集$\}$ 为 $\mathcal{F}_{\text{ip}}$.

$A\subseteq\mathbb{Z}_+$ 称为**IP* 集**, 若 A 与任何 IP 集相交非空, 全体 IP* 集的集合记为 $\mathcal{F}_{\text{ip}}^*$.

定义 3.4.6 设 $(X,\mathcal{X},\mu,T)$ 为保测系统, 称 T 为 **mild 混合的**, 若对任意 A, $B\in\mathcal{X}$, 有

$$\mathcal{F}_{\text{ip}}{}^*\text{-}\lim \mu(A\cap T^{-n}B)=\mu(A)\mu(B).$$

上式经常也记为

$$\text{IP}^*\text{-}\lim \mu(A\cap T^{-n}B)=\mu(A)\mu(B).$$

我们称可测函数 f 为**刚性的** (rigid), 若存在序列递增自然数序列 $\{n_k\}_{k\in\mathbb{N}}$, 使得 $T^{n_k}f\to f$ (在 $L^2(X)$ 中).

可以证明: 保测系统 $(X,\mathcal{X},\mu,T)$ 为 mild 混合的当且仅当对于任何遍历系统 $(Y,\mathcal{Y},\nu,S),\nu(Y)\leqslant\infty$, $(X\times Y,\mathcal{X}\times\mathcal{Y},\mu\times\nu,T\times S)$ 为遍历的[74]. 由此易见 mild 混合介于强弱混合之间. 类似于系统为弱混合当且仅当它没有非常值特征函数, 可以证明: 一个保测系统为 mild 混合的当且仅当它在 $L^2(X,\mu)$ 中没有非常值刚性函数[68-69].

习　题

1. 完成定理 3.4.1 的证明.

2. 完成定理 3.4.3 的证明.

3. 设 $(X,\mathcal{X},\mu,T)$ 为弱混合的保测系统. 如果 $(X,\mathcal{X},\mu)$ 具有可数基, 那么存在 $J\subseteq\mathbb{Z}_+, d(J)=0$, 使得

$$\lim_{J\not\ni n\to\infty}\mu(A\cap T^{-n}B)=\mu(A)\mu(B),$$

对任意 $A,B\in\mathcal{X}$ 成立.

4. 设 $(X,\mathcal{X},\mu,T)$ 为保测系统. 证明:

(1) 如果 T 为弱混合的, 对于任何 k, $(X^k,\mathcal{X}^k,\mu^k,T^{(k)})$ 为弱混合的;

(2) 如果 T 为弱混合的, 对于任何 k, $(X,\mathcal{X},\mu,T^k)$ 为弱混合的.

5. 设 $(X,\mathcal{X},\mu,T)$ 为保测系统. 证明: T 为弱混合的当且仅当对于任何满足 $\mu(A)\mu(B)>0$ 的 $A,B\in\mathcal{X}$, 有

$$N^{\mu}(A,B)\cap N^{\mu}(A,A)\neq\emptyset.$$

6. 设 G 为紧致交换度量群, $T(x)=a\cdot A(x)$ 为仿射. 证明以下等价:

(1) T 为强混合的;

(2) T 为弱混合的;

(3) A 是遍历的.

7. 设 $(\widetilde{X},\widetilde{\mathcal{X}},\widetilde{\mu},\widetilde{T})$ 为 $(X,\mathcal{X},\mu,T)$ 的自然扩充. 证明:

(1) $(X,\mathcal{X},\mu,T)$ 为遍历的当且仅当 $(\widetilde{X},\widetilde{\mathcal{X}},\widetilde{\mu},\widetilde{T})$ 为遍历的;

(2) $(X,\mathcal{X},\mu,T)$ 为弱混合的当且仅当 $(\widetilde{X},\widetilde{\mathcal{X}},\widetilde{\mu},\widetilde{T})$ 为弱混合的;

(3) $(X,\mathcal{X},\mu,T)$ 为强混合的当且仅当 $(\widetilde{X},\widetilde{\mathcal{X}},\widetilde{\mu},\widetilde{T})$ 为强混合的.

3.5 Koopman-von Neumann 谱混合定理

3.5.1 特征值与特征函数

首先回顾一些基本概念. 设 $(X,\mathcal{X},\mu,T)$ 为保测系统,

$$U_T:L^2(X,\mu)\to L^2(X,\mu).$$

如果存在非零可测函数 f, 使得

$$U_Tf=\lambda f,$$

复数 λ 称为 T 的特征值, 这个函数 f 称为相应于特征值 λ 的特征函数.

定理 3.5.1 设 $(X,\mathcal{X},\mu,T)$ 为遍历系统. 我们有如下结论:

(1) 如果 $U_Tf=\lambda f$, $f\in L^2(X,\mu), f\neq 0$, 那么 $|\lambda|=1$, 并且 $|f|=\text{const a.e.}$;

(2) 对应于不同特征值的特征函数互相垂直;

(3) 如 f,g 为同一特征值对应的特征函数, 那么存在 $c\in\mathbb{C}$, 使得 $f=cg$, 即特征值为简单的;

(4) U_T 的所有特征值组成了 $\mathbb{S}^1$ 的一个子群, 记为 Λ_T.

证明　(1) 由 $\|U_Tf\|=|\lambda|\|f\|$ 及 U_T 的等距性, 有 $\|f\|=|\lambda|\|f\|$. 因为 $\|f\|\neq 0$, 所以 $|\lambda|=1$. 由此又有

$$U_T|f|=|U_Tf|=|\lambda f|=|f|.$$

根据遍历性, $|f|$ 几乎处处为常数.

(2) 设 $\lambda \neq \xi \in \mathbb{S}^1$, $U_T f = \lambda f, U_T g = \xi g$. 于是

$$\langle f, g\rangle = \langle U_T f, U_T g\rangle = \langle \lambda f, \xi g\rangle = \lambda\bar{\xi}\langle f, g\rangle.$$

因为 $\lambda\bar{\xi} \neq 1$, 所以 $\langle f, g\rangle = 0$.

(3) 设 $U_T f = \lambda f, U_T g = \lambda g$. 由 (1), 可得 $|g| = \text{const}$ a.e., 特别地, $g \neq 0$ a.e.. 由此 f/g 可定义, 并且有 $U_T f/g = f/g$. 根据遍历性, 得到 $f/g = \text{const}$.

(4) 设 $\lambda \neq \xi \in \mathbb{S}^1$, $U_T f = \lambda f, U_T g = \xi g$. 由 f, g 非零, 得到

$$U_T(f\bar{g}) = U_T f U_T \bar{g} = (\lambda\bar{\xi})(f\bar{g}),$$

即 $\lambda\xi^{-1} = \lambda\bar{\xi}$ 为 U_T 的特征值. 所以特征值全体组成一个 $\mathbb{S}^1$ 的子群. □

注记 3.5.1 (1) 因为我们总是假设 $(X, \mathcal{X}, \mu)$ 是可数生成的, 所以 Hilbert 空间 $\mathcal{H} = L^2(X, \mathcal{X}, \mu)$ 为可分的. 于是, 根据 (2) 和 (3), 每个特征空间是一维的且互相垂直, 所以特征值组成的群 Λ_T 为可数群.

(2) 设 U 为一般 Hilbert 空间 $\mathcal{H}$ 上的酉算子. 如果存在 $\lambda \in \mathbb{C}$, 满足 $Ux = \lambda x$, 那么 $x \in \mathcal{H} \setminus \{0\}$ 称为**特征向量**, 而 λ 称为**相对于 x 的特征值**. 不难看出定理 3.5.1 的结论仍然是成立的.

3.5.2 Koopman-von Neumann 谱混合定理

设 $(X, \mathcal{X}, \mu, T)$ 为可逆保测系统. 如果 $f \in \mathcal{H} = L^2(X, \mu)$ 为系统 $(X, \mathcal{X}, \mu, T)$ 的特征函数, 则容易知道 $\overline{\{U_T^n f : n \in \mathbb{Z}\}}$ 为 $\mathcal{H}$ 的紧子集. 一般地, 有下面的定义:

定义 3.5.1 设 $(X, \mathcal{X}, \mu, T)$ 为可逆保测系统. 我们称使

$$\overline{\{U_T^n f : n \in \mathbb{Z}\}}$$

为 $\mathcal{H}$ 的紧子集的函数 f 为**几乎周期函数**或者**紧函数**.

$\mathcal{H}$ 的子集 $\mathcal{H}_1$ 称为**代数**, 如果 $\mathcal{H}_1$ 为 $L^\infty(X, \mathcal{X}, \mu)$ 的线性子空间, 且对任意 $f, g \in \mathcal{H}_1$, 有 $fg \in \mathcal{H}_1$. 显然, 系统 $(X, \mathcal{X}, \mu, T)$ 的所有有界的几乎周期函数全体 (定义为 $\mathcal{A}_\mathrm{d}$) 形成了 $\mathcal{H}$ 的一个 U_T 不变和复共轭不变的代数, 即 $\mathcal{A}_\mathrm{d}$ 为 $\mathcal{H}$ 的线性子空间, 且对任意 $f, g \in \mathcal{A}_\mathrm{d}$, $U_T f$, fg 和 $\overline{f}$ 均属于 $\mathcal{A}_\mathrm{d}$. 对实的几乎周期函数 f 和 $M > 0$, f 的截断函数

$$f_M(x) = \begin{cases} f(x), & |f(x)| < M, \\ \mathrm{sign}(f(x)) \cdot M, & |f(x)| \geqslant M \end{cases}$$

为有界的几乎周期函数. 这说明 $\mathcal{A}_\mathrm{d}$ 在 $\mathcal{H}$ 中的闭包包含了全体实的几乎周期函数. 进而, 由于几乎周期函数的实部和虚部仍为几乎周期函数, 故 $\mathcal{A}_\mathrm{d}$ 在 $\mathcal{H}$ 中的闭包 (定义为 $\mathcal{H}_\mathrm{d}$) 恰为几乎周期函数全体.

显然, $\mathcal{H}$ 中特征函数的线性组合全体的闭包包含于 $\mathcal{H}_\mathrm{d}$. 事实上, $\mathcal{H}_\mathrm{d}$ 恰为特征函数的线性组合全体的闭包且我们可以将 $\mathcal{H}_\mathrm{d}^\perp$ 的元素刻画出来. 这就是著名的 Koopman-von Neumann 谱混合定理.

定理 3.5.2 (Koopman-von Neumann 谱混合定理)　设 $(X,\mathcal{X},\mu,T)$ 为可逆保测系统, $\mathcal{H}=L^2(X,\mathcal{X},\mu)$, 则

$$\mathcal{H}=\mathcal{H}_{\mathrm{d}}\bigoplus\mathcal{H}_{\mathrm{c}},$$

其中

$$\begin{aligned}&\mathcal{H}_{\mathrm{d}}=\{f\in\mathcal{H}:f\text{ 是几乎周期函数}\}=\overline{\operatorname{span}\{f\in\mathcal{H}:\exists\lambda\in\mathbb{C},\text{s.t. }U_T(f)=\lambda f\}},\\&\mathcal{H}_{\mathrm{c}}=\{f\in\mathcal{H}:\exists S\subseteq\mathbb{N},d(S)=1,\ \forall g\in\mathcal{H},\text{s.t.}\lim_{S\ni n\to+\infty}\langle U_T^nf,g\rangle=0\},\end{aligned}\tag{3.8}$$

这里 $d(S)$ 为 S 的密度, $\langle\cdot,\cdot\rangle$ 为 $\mathcal{H}$ 的内积.

在 Koopman-von Neumann 谱混合定理中, 如果 $\mathcal{H}=\mathcal{H}_{\mathrm{d}}$, 则称系统 $(X,\mathcal{X},\mu,T)$ 或 T 为**离散谱的**. 此时, 系统的特征函数的线性组合张成了整个 Hilbert 空间 $\mathcal{H}$. 由于非零常值函数为 T 的特征函数, 所以 $\mathcal{H}_{\mathrm{d}}$ 至少为 $\mathcal{H}$ 的一维线性子空间. 我们也用复数集合 $\mathbb{C}$ 来表示所有常值函数组成的空间. 如果 $\mathcal{H}_{\mathrm{d}}=\mathbb{C}$, 那么称系统 $(X,\mathcal{X},\mu,T)$ 或 T 为**连续谱的**. 由 Koopman-von Neumann 谱混合定理, 系统 $(X,\mathcal{X},\mu,T)$ 为弱混合的当且仅当它为连续谱的 (定理 3.4.5).

事实上, 对于一般 Hilbert 空间上的酉算子, Koopman-von Neumann 谱混合定理仍然成立, 我们在下面给出的就是一般意义下 Koopman-von Neumann 谱混合定理的证明.

3.5.3 Herglotz 定理及谱测度

下面给出 Koopman-von Neumann 谱混合定理的证明. 为此, 我们首先简要介绍一些谱理论的基本知识. 在本小节中出现的 Hilbert 空间, 我们均假设为可分的.

定义 3.5.2　函数 $\phi:\mathbb{Z}\to\mathbb{C}$ 称为**正定的**, 如果对每个有限的复数序列 $\{a_n\}_{n=0}^N$, 有

$$\sum_{m=0}^N\sum_{n=0}^N a_m\overline{a_n}\phi(m-n)\geqslant 0.$$

我们给出两个正定函数的例子.

例 3.5.1　(1) 设 U 为 Hilbert 空间 $\mathcal{H}$ 上的酉算子, $x\in\mathcal{H}$. 因为对每个有限的复数序列 $\{a_n\}_{n=0}^N$, 有

$$\sum_{n,m=0}^N\langle U^{m-n}x,x\rangle a_m\overline{a_n}=\left\langle\sum_{m=0}^N a_mU^mx,\sum_{n=0}^N a_nU^nx\right\rangle\geqslant 0,$$

所以函数 $\phi(n)=\langle U^nx,x\rangle$ 是正定的.

(2) 设 μ 为 $\mathbb{S}^1=\{z\in\mathbb{C}:|z|=1\}$ 上的非负 Borel 有限测度, 该测度的 Fourier 变换

$$\widehat{\mu}(n)=\int_{\mathbb{S}^1}z^n\mathrm{d}\mu(z)$$

是正定的.

上面例 3.5.1 (2) 的逆命题也是成立的, 这就是著名的 Herglotz 定理. 为了完整起见, 我们给出这个定理的证明, 对证明不感兴趣的读者可以跳过这个证明.

定理 3.5.3 (Herglotz 定理) 对给定的正定函数 $\phi:\mathbb{Z}\to\mathbb{C}$, $\mathbb{S}^1$ 上存在唯一的非负有限 Borel 测度 μ, 使得

$$\widehat{\mu}(n)=\phi(n),\quad \forall n\in\mathbb{Z}.$$

证明 由于 ϕ 为正定函数, 我们不难看出 $\phi(0)\geqslant 0$, 以及对每个 $\lambda\in\mathbb{C}$, 有

$$(1+|\lambda|^2)\phi(0)+\phi(n)\lambda+\phi(-n)\overline{\lambda}\geqslant 0.$$

因此对每个 $\lambda\in\mathbb{C}$,

$$\phi(n)\lambda+\phi(-n)\overline{\lambda}$$

为实数, 这说明 $\phi(-n)=\overline{\phi(n)}$. 令 $\lambda=\theta\overline{\phi(n)}$, 则

$$(1+|\theta|^2|\phi(n)|^2)\phi(0)+\theta|\phi(n)|^2+\overline{\theta}|\phi(n)|^2\geqslant 0,$$

对每个 $\theta\in\mathbb{C}$ 成立.

特别地, 当 θ 为实数时, 上式表明

$$(1+\theta^2|\phi(n)|^2)\phi(0)+2\theta|\phi(n)|^2\geqslant 0$$

对全体实数 θ 成立. 由此可推得

$$|\phi(n)|\leqslant\phi(0),\quad \forall n\in\mathbb{Z}.$$

这说明函数 $\phi(n)$ 是有界的. 如果 $\phi(0)=0$, 则 $\phi(n)\equiv 0$. 此时, 唯一非负测度为在每个 Borel 集上取零值的测度.

以下设 $\phi(0)>0$. 不失一般性, 不妨设 $\phi(0)=1$. 对 $s\in(0,1)$, 从正定性可以推出对 $|z|=1$, 有

$$f_s(z)=\sum_{n,m=0}^{\infty}\phi(n-m)s^{n+m}z^{m-n}\geqslant 0.$$

注意到

$$\begin{aligned}\sum_{n,m=0}^{\infty}\phi(m-n)s^{n+m}z^{n-m}&=\sum_{n=-\infty}^{+\infty}\phi(n)z^{-n}\sum_{m=0}^{\infty}s^{|n|+2m}\\&=\sum_{n=-\infty}^{+\infty}\phi(n)z^{-n}s^{|n|}\frac{1}{1-s^2}.\end{aligned}$$

因此

$$\int_{\mathbb{S}^1}f_s(z)z^{-n}\mathrm{d}z=\frac{\phi(-n)s^{|n|}}{1-s^2}.\tag{3.9}$$

现在定义 $\mathbb{S}^1$ 上的非负 Borel 测度 μ_s, 使得

$$\frac{\mathrm{d}\mu_s}{\mathrm{d}z}=(1-s^2)f_s(z)\geqslant 0.$$

由式(3.9), 知

$$\int_{\mathbb{S}^1} z^{-n}\mathrm{d}\mu_s = \phi(-n)s^{|n|}, \quad \mu_s(\mathbb{S}^1) = \phi(0) = 1. \tag{3.10}$$

这说明 $\mu_s \in \mathcal{M}(\mathbb{S}^1)$. 这里 $\mathcal{M}(\mathbb{S}^1)$ 为 $\mathbb{S}^1$ 上的 Borel 概率测度全体.

选择序列 $s_m \to 1$ $(0 < s_m < 1)$, 使得 $\mu_{s_m} \to \mu$ 在 $\mathcal{M}(\mathbb{S}^1)$ 的弱 * 拓扑意义下成立. 在式(3.10)中, 取 $s = s_m$, 再让 $m \to \infty$, 我们有 $\widehat{\mu}(n) = \phi(n)$ $(\forall n \in \mathbb{Z})$. 至此, 定理的存在性部分得证.

以下证明唯一性. 设 ν 为 $\mathbb{S}^1$ 上使

$$\widehat{\nu}(n) = \phi(n), \quad \forall n \in \mathbb{Z}$$

非负的有限 Borel 测度, 则对 $\{z^k\}_{k=0}^{\infty}$ 的任意有限的线性组合 $p(z)$, 我们有

$$\int_{\mathbb{S}^1} p(z)\mathrm{d}\nu = \int_{\mathbb{S}^1} p(z)\mathrm{d}\mu.$$

因为如此的函数在 $C(\mathbb{S}^1)$ 中稠密, 所以

$$\int_{\mathbb{S}^1} f(z)\mathrm{d}\nu = \int_{\mathbb{S}^1} f(z)\mathrm{d}\mu$$

对所有 $f \in C(\mathbb{S}^1)$ 成立. 这就说明 $\nu = \mu$. □

设 U 为 Hilbert 空间 $\mathcal{H}$ 上的酉算子, $x \in \mathcal{H}$. 我们用 $Z(x)$ 表示由 x 生成的循环子空间, 即 $Z(x)$ 是 $\mathcal{H}$ 的包含 $\{U^n x : n \in \mathbb{Z}\}$ 的最小闭子空间. 因为函数 $\phi(n) = \langle U^n x, x\rangle$ 是正定的, 故由 Herglotz 定理知 $\mathbb{S}^1$ 上存在唯一的非负 Borel 测度 σ_x, 使得

$$\widehat{\sigma_x}(n) = \langle U^n x, x\rangle.$$

特别地,

$$\sigma_x(\mathbb{S}^1) = \widehat{\sigma_x}(0) = \int_{\mathbb{S}^1} 1\mathrm{d}\sigma_x = \langle x, x\rangle = ||x||^2.$$

我们称 σ_x 为 x (相对于 U) 的**谱测度**. 不难看出 $x = 0$ 当且仅当 σ_x 为零测度.

命题 3.5.1 设 U 为 Hilbert 空间 $\mathcal{H}$ 上的酉算子, $x \in \mathcal{H} \setminus \{0\}$. 定义

$$V : L^2(\mathbb{S}^1, \sigma_x) \to L^2(\mathbb{S}^1, \sigma_x), \quad Vf(z) = zf(z) \quad (z \in \mathbb{S}^1),$$

则 V 为酉算子且 $W_x^{-1}VW_x = U$, 其中 $W_x : Z(x) \to L^2(\mathbb{S}^1, \sigma_x)$ 为映射 $U^n x \mapsto z^n \in L^2(\mathbb{S}^1, \sigma_x)$ 的唯一线性等距扩充, 如图 3.1 所示.

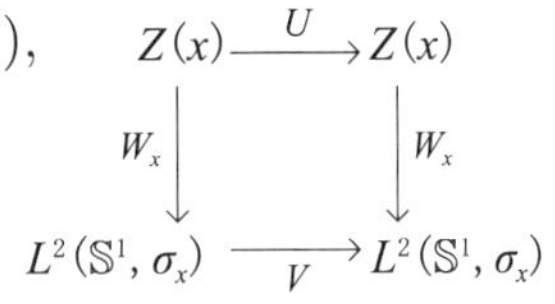

$$\begin{array}{ccc} Z(x) & \xrightarrow{U} & Z(x) \\ \downarrow{\scriptstyle W_x} & & \downarrow{\scriptstyle W_x} \\ L^2(\mathbb{S}^1, \sigma_x) & \xrightarrow[V]{} & L^2(\mathbb{S}^1, \sigma_x) \end{array}$$

图 3.1

证明 如果 $p(z)=\sum\limits_{j=-m}^{m}a_jz^j$ 和 $q(z)=\sum\limits_{l=-n}^{n}b_lz^l$ 为三角多项式, 则

$$\begin{aligned}\langle p(U)x,q(U)x\rangle_{Z(x)}&=\sum_{j=-m}^{m}\sum_{l=-n}^{n}a_j\overline{b_l}\langle U^{j-l}x,x\rangle_{Z(x)}=\sum_{j=-m}^{m}\sum_{l=-n}^{n}a_j\overline{b_l}\widehat{\sigma_x}(j-l)\\&=\sum_{j=-m}^{m}\sum_{l=-n}^{n}a_j\overline{b_l}\int_{\mathbb{S}^1}z^{j-l}\mathrm{d}\sigma_x=\langle p(z),q(z)\rangle_{L^2(\mathbb{S}^1,\sigma_x)}.\end{aligned}$$

由于形如 $p(U)x$ 的向量在 $Z(x)$ 中稠密, 并且三角多项式 $p(z)$ 在 $L^2(\mathbb{S}^1,\sigma_x)$ 中稠密, 这就完成了证明. □

命题 3.5.2 设 U 为 Hilbert 空间 $\mathcal{H}$ 上的酉算子, $x\in\mathcal{H}$.

(1) 设 μ 为 $\mathbb{S}^1$ 上非负的有限 Borel 测度. 如果 $\mu\ll\sigma_x$, 则存在 $y\in Z(x)$, 使得 $\sigma_y=\mu$.

(2) 设 $y\in\mathcal{H}$. 如果 $Z(y)\perp Z(x)$, 则 $\sigma_{x+y}=\sigma_x+\sigma_y$.

证明 (1) 如果 σ_x 为零测度, 结论是明显的. 以下假设 σ_x 不为零测度, 即 $x\neq 0$. 设 $f=\sqrt{\mathrm{d}\mu/\mathrm{d}\sigma_x}$, 则 $f\in L^2(\mathbb{S}^1,\sigma_x)$. 取 $y=W_x^{-1}f$, 其中 W_x 如命题 3.5.1 所定义, 则 $y\in Z(x)$, 且

$$\begin{aligned}\widehat{\sigma_y}(n)&=\langle U^ny,y\rangle_{Z(x)}=\langle W_xU^ny,W_xy\rangle_{L^2(\mathbb{S}^1,\sigma_x)}\\&=\langle V^nf,f\rangle_{L^2(\mathbb{S}^1,\sigma_x)}=\int_{\mathbb{S}^1}z^n\frac{\mathrm{d}\mu}{\mathrm{d}\sigma_x}\mathrm{d}\sigma_x\\&=\widehat{\mu}(n).\end{aligned}$$

这说明 $\sigma_y=\mu$.

(2) 设 $y\in\mathcal{H}$. 如果 $Z(y)\perp Z(x)$, 则

$$\widehat{\sigma_{x+y}}(n)=\langle U^n(x+y),x+y\rangle=\langle U^nx,x\rangle+\langle U^ny,y\rangle=\widehat{\sigma_x+\sigma_y}(n).$$

于是 $\sigma_{x+y}=\sigma_x+\sigma_y$. □

3.5.4 离散谱与连续谱

定义 3.5.3 设 U 为 Hilbert 空间 $\mathcal{H}$ 上的酉算子. 我们用 $\mathcal{H}_{\mathrm{d}}$ 表示 U 的所有特征向量线性组合的闭包, $\mathcal{H}_{\mathrm{d}}$ 为 $\mathcal{H}$ 的子空间, 称之为 $\mathcal{H}$ 的**离散谱空间**. 称 $\mathcal{H}_{\mathrm{c}}\triangleq\mathcal{H}_{\mathrm{d}}^{\perp}$ 为连续谱空间.

显然, $U\mathcal{H}_{\mathrm{d}}=\mathcal{H}_{\mathrm{d}}$, $U\mathcal{H}_{\mathrm{c}}=U\mathcal{H}_{\mathrm{d}}^{\perp}=\mathcal{H}_{\mathrm{d}}^{\perp}=\mathcal{H}_{\mathrm{c}}$.

设 μ 为 $\mathbb{S}^1$ 上正的 Borel 测度. 如果存在 $\mathbb{S}^1$ 的可数子集 A 满足 $\mu(\mathbb{T}\setminus A)=0$, 则称 μ 是**离散的**或者**纯原子的**; 如果对每个点 $z\in\mathbb{S}^1$, 有 $\mu(\{z\})=0$, 则称 μ 是**连续的**. 易见, 测度 μ 为离散的当且仅当存在 $a_i\geqslant 0, x_i\in\mathbb{S}^1, i\in\mathbb{N}$, 使得 $\mu=\sum\limits_{i\in\mathbb{N}}a_i\delta_{x_i}$, $\sum\limits_{i\in\mathbb{N}}a_i<\infty$.

命题 3.5.3 设 U 为 Hilbert 空间 $\mathcal{H}$ 上的酉算子, $\mathcal{H}_{\mathrm{d}}$ 为 $\mathcal{H}$ 的离散谱空间, 则

(1) 对 $x\in\mathcal{H}\setminus\{0\}$, $x\in\mathcal{H}_{\mathrm{d}}$ 当且仅当 σ_x 为离散的;

(2) 对 $x\in\mathcal{H}\setminus\{0\}$, $x\in\mathcal{H}_{\mathrm{c}}$ 当且仅当 σ_x 为连续的.

证明 (a) 我们证明: 如果 $x \in \mathcal{H}_{\mathrm{d}}$, 则 σ_x 为离散的. 设 $x \in \mathcal{H}_{\mathrm{d}}$, 则 x 可以写为

$$x = \sum_{i \in I} a(i) x_i,$$

其中 I 为可数集, $a(i) \in \mathbb{C}$, x_i 为具有特征值 λ_i 的特征向量, 且 $\langle x_i, x_j \rangle = 0$ $(i \neq j \in I)$,

$$\sum_{i \in I} |a(i)|^2 ||x_i||^2 < +\infty.$$

因此 $U^n x = \sum\limits_{i \in I} a(i) \lambda_i^n x_i$,

$$\int_{\mathbb{S}^1} z^n \mathrm{d}\sigma_x(z) = \langle U^n x, x \rangle = \sum_{i \in I} |a(i)|^2 \lambda_i^n ||x_i||^2.$$

这样, 由 Herglotz 定理, 可得

$$\sigma_x = \sum_{i \in I} |a(i)|^2 ||x_i||^2 \delta_{\lambda_i},$$

其中 δ_z $(z \in \mathbb{S}^1)$ 表示集中在 z 上的点测度 (即对 $\mathbb{S}^1$ 的每个 Borel 集 A, 如果 $z \in A$, 则 $\delta_z(A) = 1$; 否则 $\delta_z(A) = 0$). 这样, σ_x 为离散的.

(b) 以下证明: 如果 $x \in \mathcal{H}_{\mathrm{c}} = \mathcal{H}_{\mathrm{d}}^{\perp}$, 则 σ_x 为连续的. 如若不然, 存在 $\lambda \in \mathbb{S}^1$, 使得 $\sigma_x(\{\lambda\}) > 0$, 这说明 $\delta_\lambda \ll \sigma_x$. 因此, 由命题 3.5.2 知存在 $y \in Z(x)$, 使得 $\sigma_y = \delta_\lambda$. 于是

$$\langle U^n y, y \rangle = \int_{\mathbb{S}^1} z^n \mathrm{d}\delta_\lambda(z) = \lambda^n, \quad \forall n \in \mathbb{Z}.$$

特别地, $\|y\|^2 = \langle y, y \rangle = 1, \langle Uy, y \rangle = \lambda$. 进而

$$\begin{aligned}\langle Uy - \lambda y, Uy - \lambda y \rangle &= \langle Uy, Uy \rangle - \lambda \overline{\langle Uy, y \rangle} - \overline{\lambda} \langle Uy, y \rangle + \langle y, y \rangle \\ &= 2\langle y, y \rangle - 2|\lambda|^2 = 2 - 2 = 0,\end{aligned}$$

所以 $Uy = \lambda y$. 于是

$$y \in \mathcal{H}_d \cap Z(x) \subseteq \mathcal{H}_d \cap \mathcal{H}_d^{\perp} = \{0\}.$$

因此 $y = 0$. 这与 $\sigma_y = \delta_\lambda$ 不为零测度相矛盾.

(c) 设 $x \in \mathcal{H}$, 则存在 $x_{\mathrm{d}} \in \mathcal{H}_{\mathrm{d}}, x_{\mathrm{c}} \in \mathcal{H}_{\mathrm{d}}^{\perp}$, 使得 $x = x_{\mathrm{d}} + x_{\mathrm{c}}$. 由于 $Z(x_{\mathrm{d}}) \perp Z(x_{\mathrm{c}})$, 从命题 3.5.2 (2) 知 $\sigma_x = \sigma_{x_{\mathrm{d}}} + \sigma_{x_{\mathrm{c}}}$. 现在, 由上面的 (a) 和 (b) 知: 如果 $x_{\mathrm{d}} \neq 0$, 则 $\sigma_{x_{\mathrm{d}}}$ 为离散的; 如果 $x_{\mathrm{c}} \neq 0$, 则 $\sigma_{x_{\mathrm{c}}}$ 为连续的.

因此如果 σ_x 为离散的, 则 $\sigma_{x_{\mathrm{c}}}$ 为零测度, 即 $x_{\mathrm{c}} = 0$ 和 $x = x_{\mathrm{d}} \in \mathcal{H}_{\mathrm{d}}$; 同理, 如果 σ_x 为连续的, 则 $x \in \mathcal{H}_{\mathrm{d}}^{\perp}$. 这就完成了命题的证明. □

注记 3.5.2 从上面的定理证明可以看出, x 为以 λ 为特征值的特征向量当且仅当 $\sigma_x = ||x||^2 \delta_\lambda$.

定理 3.5.4 (Wiener 定理) 设 U 为 Hilbert 空间 $\mathcal{H}$ 上的酉算子, $x \in \mathcal{H}$. 以下陈述彼此等价:

(1) $x \in \mathcal{H}_c$;

(2) $\lim\limits_{N\to\infty} \frac{1}{N}\sum\limits_{n=0}^{N-1} |\langle U^n x, x\rangle|^2 = 0$;

(3) 对每个 $y \in \mathcal{H}$, $\lim\limits_{N\to\infty} \dfrac{1}{N}\sum\limits_{n=0}^{N-1} |\langle U^n x, y\rangle|^2 = 0$;

(4) 存在 $S \subseteq \mathbb{Z}_+, d(S) = 1$, 使得对每个 $y \in \mathcal{H}$, $\lim\limits_{S\ni n\to+\infty} \langle U^n x, y\rangle = 0$.

证明 (4) $\Rightarrow$ (3) $\Rightarrow$ (2) 是明显成立的.

(2) $\Leftrightarrow$ (1) 对每个 $z \in \mathbb{T}$, 有

$$\lim_{N\to\infty} \frac{1}{N}\sum_{n=0}^{N} z^n = \delta_1(\{z\}).$$

因此

$$\begin{aligned}
\lim_{N\to\infty} \frac{1}{N}\sum_{n=0}^{N-1} |\langle U^n x, x\rangle|^2 &= \lim_{N\to\infty} \int_{\mathbb{S}^1\times\mathbb{S}^1} \frac{1}{N}\sum_{n=0}^{N-1} (z_1\overline{z_2})^n \mathrm{d}\sigma_x \times \sigma_x(z_1, z_2) \\
&= \int_{\mathbb{S}^1\times\mathbb{S}^1} \delta_1(\{z_1\overline{z_2}\}) \mathrm{d}\sigma_x \times \sigma_x(z_1, z_2) \\
&= \int_{\mathbb{S}^1}\int_{\mathbb{S}^1} \delta_1(\{z_1\overline{z_2}\}) \mathrm{d}\sigma_x(z_1)\mathrm{d}\sigma_x(z_2) \\
&= \int_{\mathbb{S}^1} \sigma_x(\{z_2\}) \mathrm{d}\sigma_x(z_2).
\end{aligned} \tag{3.11}$$

这就说明

$$\lim_{N\to\infty} \frac{1}{N}\sum_{n=0}^{N-1} |\langle U^n x, x\rangle|^2 = 0$$

当且仅当 $\sigma_x(\{z_2\}) = 0$ 对每个 $z_2 \in \mathbb{S}^1$ 成立, 即 (1) $\Leftrightarrow$ (2).

(2) $\Rightarrow$ (4) 假设 (2) 成立. 令

$$\mathcal{H}_x = \left\{ y \in \mathcal{H} : \lim_{N\to\infty} \frac{1}{N}\sum_{n=0}^{N-1} |\langle U^n x, y\rangle|^2 = 0 \right\},$$

则容易验证 $\mathcal{H}_x$ 为 $\mathcal{H}$ 的 U 不变的闭子空间. 由于 $x \in \mathcal{H}_x$, $Z(x) \subseteq \mathcal{H}_x$, 显然 $Z(x)^\perp \subseteq \mathcal{H}_x$. 这说明 $\mathcal{H}_x = \mathcal{H}$.

由于 $\mathcal{H}$ 为可分空间, 取 $\mathcal{H}$ 的可数稠密子集 $\{y'_j\}_{j\in\mathbb{N}}$. 如果 $y'_j \neq 0$, 令 $y_j = y'_j/||y'_j||$; 如果 $y'_j = 0$, 令 $y_j = 0$. 设

$$a_n = \sum_{j=1}^{\infty} \frac{1}{2^j} |\langle U^n x, y_j\rangle|^2, \quad \forall n \in \mathbb{Z}_+.$$

由 $\mathcal{H}_x = \mathcal{H}$, 知 $\lim\limits_{N\to+\infty} \dfrac{1}{N}\sum\limits_{n=1}^{N} |a_n| = 0$. 利用引理 3.4.1 知存在 $S \subseteq \mathbb{N}, d(S) = 1$, 使得

$$\lim_{S\ni n\to\infty} a_n = 0.$$

通过简单的逼近讨论, 便可获得(4). □

3.5.5　几乎周期向量

定义 3.5.4　设 U 为 Hilbert 空间 $\mathcal{H}$ 上的酉算子, $x \in \mathcal{H}$. 如果 $\overline{\{U^n x : n \in \mathbb{Z}\}}$ 为 $\mathcal{H}$ 的紧子集, 那么向量 x 称为**几乎周期向量**或者**紧向量**.

我们用 $\mathcal{H}_{\mathrm{ap}}$ 记全体的几乎周期向量组成的集合. 注意到两个几乎周期向量的线性组合仍为几乎周期向量, 我们不难说明 $\mathcal{H}_{\mathrm{ap}}$ 为 $\mathcal{H}$ 的闭子空间. 显然, 特征向量为几乎周期向量, 进而 $\mathcal{H}_{\mathrm{d}} \subseteq \mathcal{H}_{\mathrm{ap}}$. 事实上, 以下定理说明相反的包含关系也是成立的.

定理 3.5.5　设 U 为 Hilbert 空间 $\mathcal{H}$ 上的酉算子, 则 $\mathcal{H}_{\mathrm{ap}} = \mathcal{H}_{\mathrm{d}}$.

证明　我们只需证明 $\mathcal{H}_{\mathrm{ap}} \subseteq \mathcal{H}_{\mathrm{d}}$. 任取 $x \in \mathcal{H}_{\mathrm{ap}}$, 将 x 分解为 $x = x_1 + x_2$, 满足 $x_1 \in \mathcal{H}_{\mathrm{d}} \subseteq \mathcal{H}_{\mathrm{ap}}$ 和 $x_2 \in \mathcal{H}_{\mathrm{d}}^{\perp}$. 显然, 也有 $x_2 = x - x_1 \in \mathcal{H}_{\mathrm{ap}}$. 如果我们能说明当 $x_2 = 0$ 时, $x = x_1 \in \mathcal{H}_{\mathrm{d}}$, 就完成了证明.

如果 $x_2 \neq 0$, 则 $\epsilon = ||x_2||/2 > 0$. 因为 $\overline{\{U^n x_2 : n \in \mathbb{Z}\}}$ 为 $\mathcal{H}$ 的紧子集, 故存在 $N \in \mathbb{N}$, 使得对每个 $n \in \mathbb{N}$, 有

$$\min_{k\in\{0,1,\cdots,N\}} ||U^n x_2 - U^k x_2|| < \epsilon. \tag{3.12}$$

进而, 我们能够找到 $k \in \{0, 1, \cdots, N\}$, 使得集合

$$F = \{n \in \mathbb{Z}_+ : ||U^n x_2 - U^k x_2|| < \epsilon\}$$

满足

$$\underline{d}(F) = \liminf_{m\to\infty} \frac{|F \cap [0, m-1]|}{m} > 0.$$

注意到, 当 $n \in F$ 时,

$$\begin{aligned}
|\langle U^n x_2, U^k x_2\rangle| &= |\langle U^k x_2, U^k x_2\rangle + \langle U^n x_2 - U^k x_2, U^k x_2\rangle| \\
&= \big|||x_2||^2 + \langle U^n x_2 - U^k x_2, U^k x_2\rangle\big| \\
&\geqslant ||x_2||^2 - |\langle U^n x_2 - U^k x_2, U^k x_2\rangle| \\
&\geqslant ||x_2||^2 - ||U^n x_2 - U^k x_2|| \cdot ||U^k x_2|| \\
&\geqslant ||x_2||^2 - \epsilon||x_2|| = \epsilon||x_2||,
\end{aligned} \tag{3.13}$$

我们有

$$\begin{aligned}
\limsup_{m\to\infty} \frac{1}{m} \sum_{n=0}^{m-1} |\langle U^n x_2, U^k x_2\rangle|^2 &\geqslant \liminf_{m\to\infty} \frac{1}{m} \sum_{n\in F\cap[0,m-1]} |\langle U^n x_2, U^k x_2\rangle|^2 \\
&\geqslant \liminf_{m\to\infty} \frac{1}{m} \sum_{n\in F\cap[0,m-1]} \epsilon^2||x_2||^2 \quad (\text{由式(3.13)}) \\
&= \underline{d}(F)\epsilon^2||x_2||^2 > 0.
\end{aligned} \tag{3.14}$$

这与 $x_2 \in \mathcal{H}_d^{\perp}$ 相矛盾 (参见定理 3.5.4(3)).　□

下面我们回到 Koopman-von Neumann 谱混合定理 (定理 3.5.2). 设 $(X, \mathcal{X}, \mu, T)$ 为可逆保测系统. 在可分的复 Hilbert 空间 $\mathcal{H} = L^2(X, \mathcal{X}, \mu)$ 上, 对酉算子 $U_T : \mathcal{H} \to \mathcal{H}, f \mapsto f \circ T$ 运用定理 3.5.4 和定理 3.5.5 即可得 Koopman-von Neumann 谱混合定理.

3.5.6 Kronecker 代数

下面我们进一步研究 $\mathcal{H}_{\rm d}$. 首先我们需要一个经典结论 (参见文献 [215] 定理 1.2).

定理 3.5.6 设 $(X,\mathcal{X},\mu,T)$ 为保测系统, $\mathcal{H}_1$ 是由 $L^2(X,\mathcal{X},\mu)$ 中有界函数构成的复共轭不变的代数, 则存在 $\mathcal{X}$ 的子 σ 代数 $\mathcal{A}$, 使得 $\overline{\mathcal{H}_1}=L^2(X,\mathcal{A},\mu)$. 进而, 如果 T 可逆, 且 $\mathcal{H}_1$ 为 U_T 不变的, 则 $\mathcal{A}$ 为 T 不变的.

证明 设 $\mathcal{A}$ 为 $\mathcal{X}$ 中由

$$\mathcal{D}=\{f^{-1}(B):f\in\mathcal{H}_1,B\text{ 为 }\mathbb{R}\text{ 的 Borel 子集}\}$$

生成的最小 σ 代数. 显然, $\mathcal{H}_1\subseteq L^2(X,\mathcal{A},\mu)$. $L^2(X,\mathcal{A},\mu)$ 为 $L^2(X,\mathcal{X},\mu)$ 的闭线性子空间, ${\rm cl}(\mathcal{H}_1)\subseteq L^2(X,\mathcal{A},\mu)$.

对于反向的包含关系 $L^2(X,\mathcal{A},\mu)\subseteq\overline{\mathcal{H}_1}$, 由于 $\overline{\mathcal{H}_1}$ 为 $L^2(X,\mathcal{X},\mu)$ 的闭线性子空间, 以及 $\mathcal{A}$ 可测的特征函数的线性组合在 $L^2(X,\mathcal{A},\mu)$ 中稠密, 我们只需证明: 如果 $A\in\mathcal{A}$, 则特征函数 $\mathbf{1}_A\in\overline{\mathcal{H}_1}$. 设

$$\mathcal{D}_1=\{A_1\cap\cdots\cap A_n:A_1,\cdots,A_n\in\mathcal{D}\},$$

$\mathcal{D}_0$ 为 $\mathcal{D}_1$ 中有限个互不相交元素的并构成的集族, 则 $\mathcal{D}_0$ 为由 $\mathcal{D}$ 生成的代数.

因为代数 $\mathcal{D}_0$ 生成了 σ 代数 $\mathcal{A}$, 故我们只需证明: 如果 $A\in\mathcal{D}_0$, 则特征函数 $\mathbf{1}_A\in\overline{\mathcal{H}_1}$. 进而, 因为 $\mathcal{D}_0$ 的每个元素可以表示为 $\mathcal{D}_1$ 中有限个互不相交元素的并, 故我们只需证明: 如果 $A\in\mathcal{D}_1$, 则特征函数 $\mathbf{1}_A\in\overline{\mathcal{H}_1}$.

设 $f_i\in\mathcal{H}_1$, $R_i=||f_i||_\infty$, $B_i\subseteq[-R_i,R_i]$ 为 $\mathbb{R}$ 的 Borel 子集, $g_i(x)=\mathbf{1}_{B_i}(x)$ $(i=1,2,\cdots,k)$. 则对每个 g_i, 存在 $\mathbb{R}$ 上的多项式序列 $P_{i,n}$, 使得

$$\lim_{n\to+\infty}P_{i,n}(x)=\mathbf{1}_{B_i}(x)$$

对 $x\in[-R_i,R_i]$ 成立. 因为 $\mathcal{H}_1$ 为代数, 故易见 $\prod\limits_{i=1}^k P_{i,n}\circ f_i\in\mathcal{H}_1$. 令 $n\to+\infty$, 可知

$$\prod_{i=1}^k P_{i,n}\circ f_i(x)\to\prod_{i=1}^k g_i\circ f_i(x)$$

对 μ-a.e. $x\in X$ 成立. 当然, 上述收敛也在 $L^2(X,\mathcal{X},\mu)$ 意义下成立, 因此 $\prod\limits_{i=1}^k g_i\circ f_i\in\overline{\mathcal{H}_1}$, 即

$$\mathbf{1}_{\bigcap\limits_{i=1}^k f_i^{-1}(B_i)}=\prod_{i=1}^k\mathbf{1}_{f_i^{-1}(B_i)}=\prod_{i=1}^k\mathbf{1}_{B_i}\circ f_i\in\overline{\mathcal{H}_1}.$$

这就完成了证明. □

注意到 $\mathcal{H}_{\rm d}$ 为 $L^2(X,\mathcal{X},\mu)$ 的 U_T 不变和共轭不变的代数 $\mathcal{A}_{\rm d}$ 的闭包, 从定理 3.5.6, 我们知道存在 $\mathcal{X}$ 的 T 不变的子 σ 代数 $\mathcal{K}_\mu$, 使得 $\mathcal{H}_{\rm d}=L^2(X,\mathcal{K}_\mu,\mu)$.

定义 3.5.5 我们称 $\mathcal{K}_\mu$ 为 $(X,\mathcal{X},\mu,T)$ 的 **Kronecker 代数**, 对应的系统称为 **Kronecker 因子**.

由 Koopman-von Neumann 谱混合定理, 我们知系统 $(X, \mathcal{X}, \mu, T)$ 为离散谱的当且仅当 $\mathcal{K}_\mu = \mathcal{X}$, 系统 $(X, \mathcal{X}, \mu, T)$ 为弱混合的当且仅当 $\mathcal{K}_\mu = \mathcal{N} = \{X, \emptyset\}$.

3.5.7 一些补充

设 $(X, \mathcal{X}, \mu), (Y, \mathcal{Y}, \nu)$ 为概率空间, $H(x, y) \in L^2(X \times Y, \mu \times \nu)$. 定义算子

$$
\begin{aligned}
&L_H : L^2(Y, \nu) \to L^2(X, \mu), \quad \phi \mapsto H * \phi, \\
&H * \phi = \int_Y H(x, y)\phi(y)\mathrm{d}\nu(y).
\end{aligned}
$$

这个算子是紧算子. 如果 $H(x, y) = \overline{H(y, x)}$, 那么算子 L_H 为 Hermitian. 一般把这个算子称为 **Hilbert-Schmidt 算子**.

在最后一章中, 我们会证明下面定理的推广, 这里我们不给出证明.

定理 3.5.7 设 $(X, \mathcal{X}, \mu, T)$ 为遍历系统.

(1) 如果 $H \in L^2(X \times X, \mu \times \mu)$ 为非常值 $T \times T$ 的函数, 那么 L_H 的值域有一组 T 的特征函数组成的基, 至少有一个是非常值的;

(2) 如果 f 为非零的紧函数, 且设 $f \otimes \overline{f} \in L^2(X \times X, \mu \times \mu)$, 那么 $\mathbb{E}(f \otimes \overline{f} | \mathcal{I}(T \times T)) \neq 0$;

(3) 如果紧函数全体是稠密的, 那么 $\{H * \phi : H \in L^\infty(X \times X, \mu \times \mu), \phi \in L^\infty(X, \mu)\}$ 也是稠密的.

根据上面的定理, 可以得到:

定理 3.5.8 设 $(X, \mathcal{X}, \mu, T)$ 为遍历系统, 那么

(1) $(X, \mathcal{X}, \mu, T)$ 是紧的 (即每个 $f \in L^2(X, \mu)$ 为紧函数) 当且仅当 $(X, \mathcal{X}, \mu, T)$ 具有离散谱;

(2) $(X, \mathcal{X}, \mu, T)$ 为弱混合的当且仅当 T 有连续谱.

习 题

1. 运用本节知识证明 von Neumann 遍历定理.
2. 完成定理 3.5.7 的证明.

3.6 动力系统谱理论简介

3.6.1 $\mathcal{M}(\mathbb{S}^1)$ 概念回顾

设 $\mathcal{M}(\mathbb{S}^1)$ 为 $\mathbb{S}^1$ 上全体 Borel (复) 测度. 其上卷积定义为

$$
\mu * \nu(E) = \int_{\mathbb{S}^1} \mu(E - t)\mathrm{d}\nu(t), \quad \mu, \nu \in \mathcal{M}(\mathbb{S}^1), E \in \mathcal{B}(\mathbb{S}^1),
$$

模定义为 $\|\mu\| = \int_{\mathbb{S}^1} \mathrm{d}|\mu|$, 由此 $(\mathcal{M}(\mathbb{S}^1), *, \|\cdot\|)$ 成为一个代数. 对于 μ, 其 Fourier 系数定义为

$$\hat{\mu}(n) = \int_{\mathbb{S}^1} z^n \mathrm{d}\mu(z), \quad \forall n \in \mathbb{Z}.$$

一个重要的性质是

$$\widehat{\mu * \nu}(n) = \hat{\mu}(n)\hat{\nu}(n), \quad \forall n \in \mathbb{Z}.$$

把全体离散测度集合记为 $\mathcal{M}_{\mathrm{d}}(\mathbb{S}^1)$, 全体连续测度集合记为 $\mathcal{M}_{\mathrm{c}}(\mathbb{S}^1)$. 对于任何 $\mu \in \mathcal{M}(\mathbb{S}^1)$, 存在唯一的 $\mu_{\mathrm{d}} \in \mathcal{M}_{\mathrm{d}}(\mathbb{S}^1)$ 和 $\mu_{\mathrm{c}} \in \mathcal{M}_{\mathrm{c}}(\mathbb{S}^1)$, 使得

$$\mu = \mu_{\mathrm{d}} + \mu_{\mathrm{c}}.$$

定义 3.6.1 设 m 为 $\mathbb{S}^1$ 上的 Lebesgue 测度. 如果 $\mu \in \mathcal{M}(\mathbb{S}^1)$ 与 m 为奇异的, 那么称 μ 为**奇异的**; 如果 $\mu \ll m$, 那么称 μ 为**绝对连续的**.

令 $\mu := \mu * \mu * \cdots * \mu$ (n 次). 如果 $\mu^n \perp \mu^m$ ($\forall n \neq m \in \mathbb{N}$), 那么称 μ 具有**独立幂** (independent powers).

根据 Riemann-Lebesgue 引理, 我们有:

命题 3.6.1 如果 $\mu \in \mathcal{M}(\mathbb{S}^1)$ 为绝对连续的, 那么 $\lim\limits_{n\to\infty} \hat{\mu}(n) = 0$.

定理 3.6.1 (Wiener 定理) 设 $\mu \in \mathcal{M}(\mathbb{S}^1)$ 为有限 Borel 测度. 如果 H 为 $L^2(\mathbb{S}^1, \mu)$ 的 V 不变闭子空间 ($VH = H$),

$$V : L^2(\mathbb{S}^1, \mu) \to L^2(\mathbb{S}^1, \mu), \quad f(z) \mapsto zf(z),$$

那么存在 $B \in \mathcal{B}(\mathbb{S}^1)$, 使得

$$H = \mathbf{1}_B L^2(\mathbb{S}^1, \mu) = \{f \in L^2(\mathbb{S}^1, \mu) : f|_{B^{\mathrm{c}}} = 0\}.$$

证明 设

$$\mathbf{1} = k + h, \quad k \in H^{\perp}, h \in H.$$

因为 H 为 V 不变的, 所以 $k \perp V^n h$ ($\forall n \in \mathbb{Z}$), 即

$$\int_{\mathbb{S}^1} \overline{k}(z) h(z) z^n \mathrm{d}\mu(z) = 0, \quad \forall n \in \mathbb{Z}.$$

于是 $\overline{k}h = 0$ a.e.. 根据 $\mathbf{1} = k + h$, 我们有 $\mathbf{1} = |k|^2 + |h|^2$ a.e.. 由此两式, 存在 $B \in \mathcal{B}(\mathbb{S}^1)$ 使得 $|k| = \mathbf{1}_{B^{\mathrm{c}}}, |h| = \mathbf{1}_B$. 但是 $\mathbf{1} = k + h$, 我们又得到 $k = \mathbf{1}_{B^{\mathrm{c}}}, h = \mathbf{1}_B$.

由 $\mathbf{1}_B \in H$, 我们得到 $z^n \mathbf{1}_B(z) \in H$ ($\forall n \in \mathbb{Z}$). 由此我们就有

$$\mathbf{1}_B L^2(\mathbb{S}^1, \mu) \subseteq H.$$

同理

$$\mathbf{1}_{B^{\mathrm{c}}} L^2(\mathbb{S}^1, \mu) \subseteq H^{\perp}.$$

于是 $H = \mathbf{1}_B L^2(\mathbb{S}^1, \mu)$. 证毕. □

3.6.2　酉算子的谱分解定理

设 $\mathcal{H}$ 为 (可分) Hilbert 空间, $U:\mathcal{H}\to\mathcal{H}$ 为酉算子. 对于任何 $x\in\mathcal{H}$, 因为函数 $\phi(n)=\langle U^n x,x\rangle$ 是正定的, 所以由 Herglotz 定理知 $\mathbb{S}^1$ 上存在唯一的非负 Borel 测度 σ_x, 使得

$$\widehat{\sigma_x}(n)=\langle U^n x,x\rangle.$$

我们称 σ_x 为 x(相对于 U) 的**谱测度**. 注意

$$\|\sigma_x\|=\sigma_x(\mathbb{S}^1)=\widehat{\sigma_x}(0)=\int_{\mathbb{S}^1}1\mathrm{d}\sigma_x=\langle x,x\rangle=\|x\|^2.$$

对于 $x\in\mathcal{H}$, 我们用 $Z(x)$ 表示由 x 生成的循环子空间, 即 $Z(x)$ 是 $\mathcal{H}$ 的包含 $\{U^n x: n\in\mathbb{Z}\}$ 的最小闭子空间.

定义 3.6.2　设 $U_i:\mathcal{H}_i\to\mathcal{H}_i$ $(i=1,2)$ 为 Hilbert 空间上的酉算子. 如果存在等距满算子 $W:\mathcal{H}_1\to\mathcal{H}_2$, 使得 $WU_1=U_2W$, 如图 3.2 所示,

那么我们就称 U_1,U_2 为**酉等价的** (unitarily equivalent), 记为 $U_1\simeq U_2$.

根据命题 3.5.1, 设 U 为 Hilbert 空间 $\mathcal{H}$ 上的酉算子, $x\in\mathcal{H}\setminus\{0\}$. 定义

$$V_x:L^2(\mathbb{S}^1,\sigma_x)\to L^2(\mathbb{S}^1,\sigma_x),\quad V_xf(z)=zf(z)\ (z\in\mathbb{S}^1),$$

则 V_x 为酉算子且 $W_x^{-1}V_xW_x=U$(图 3.3), 其中 $W_x:Z(x)\to L^2(\mathbb{S}^1,\sigma_x)$ 为映射 $U^n x\mapsto z^n\in L^2(\mathbb{S}^1,\sigma_x)$ 的唯一线性等距扩充. 即

$$U|_{Z(x)}\simeq V_x.$$

图 3.2　　图 3.3

在命题 3.5.2 中, 我们证明了:

(1) 设 $x\in\mathcal{H}$. 如果 $\mu\in\mathcal{M}(\mathbb{S}^1)$ 为满足 $\mu\ll\sigma_x$ 的有限非负 Borel 测度, 那么存在 $y\in Z(x)$, 使得 $\mu=\sigma_y$.

(2) 设 $y\in\mathcal{H}$. 如果 $Z(y)\perp Z(x)$, 则 $\sigma_{x+y}=\sigma_x+\sigma_y$.

下面我们给出更多的性质.

命题 3.6.2　设 U 为 Hilbert 空间 $\mathcal{H}$ 上的酉算子.

(1) 设 $x,y\in\mathcal{H}$, 那么 $U|_{Z(x)}\simeq U|_{Z(y)}$ 当且仅当 $\sigma_x\sim\sigma_y$;

(2) 设 $x,y\in\mathcal{H}$, 如果 $y\in Z(x)$, 那么 $\sigma_y\ll\sigma_x$, 其中 $\sigma_y\sim\sigma_x$ 当且仅当 $Z(y)=Z(x)$;

(3) 设 $x,y\in\mathcal{H}$, 那么 $\sigma_x\perp\sigma_y$ 蕴含 $Z(x)\perp Z(y)$;

(4) 设 $x, y \in \mathcal{H}$, 那么 $\sigma_x \perp \sigma_y$ 蕴含 $\sigma_{x+y} = \sigma_x + \sigma_y$, 并且

$$Z(x+y) = Z(x) \bigoplus Z(y);$$

(5) 设 $x, y, z \in \mathcal{H}$, 如果 $x, y \in Z(z)$, 那么 $Z(x) \perp Z(y)$ 蕴含 $\sigma_x \perp \sigma_y$;

(6) 设 U_i 为 $\mathcal{H}_i$ 上的酉算子, $x_i \in \mathcal{H}_i$ $(i=1,2)$, 如果 $U_1 \simeq U_2$ 且 $U_1|_{Z(x_1)} \simeq U_2|_{Z(x_2)}$, 那么

$$U_1|_{Z(x_1)^\perp} \simeq U_2|_{Z(x_2)^\perp}.$$

证明 (1) 由于 $U|_{Z(x)} \simeq V_x$ 以及 $U|_{Z(y)} \simeq V_y$, 我们仅需证明: $V_x \simeq V_y$ 当且仅当 $\sigma_x \sim \sigma_y$. 设

$$W : (L^2(\mathbb{S}^1, \sigma_x), V_x) \to (L^2(\mathbb{S}^1, \sigma_y), V_y)$$

为酉同构的等距算子. 令 $f(z) = W(1)$, 那么 $WV_x^n 1 = V_y^n f$, 即

$$W(z^n) = f(z)z^n, \quad \forall n \in \mathbb{Z}.$$

由此, 我们得到

$$W(g) = fg, \quad \forall g \in L^2(\mathbb{S}^1, \sigma_x).$$

特别对于任何 $A \in \mathcal{B}(\mathbb{S}^1)$, $W(\mathbf{1}_A) = f\mathbf{1}_A$. 因为 W 是等距的, 所以

$$\sigma_x(A) = \int_A |f|^2 \mathrm{d}\sigma_y.$$

这样就有 $\sigma_x \ll \sigma_y$. 同理, 有 $\sigma_y \ll \sigma_x$. 综上, 有 $\sigma_x \sim \sigma_y$.

反之, 设 $\sigma_x \sim \sigma_y$. 令

$$W : (L^2(\mathbb{S}^1, \sigma_x), V_x) \to (L^2(\mathbb{S}^1, \sigma_y), V_y), \quad g \mapsto g\sqrt{\frac{\mathrm{d}\sigma_x}{\mathrm{d}\sigma_y}}.$$

容易验证 $V_x \simeq V_y$.

(2) 设 $W_x : (Z(x), U) \to (L^2(\mathbb{S}^1, \sigma_x), V_x)$ 为前面定义的酉等价, 即 $U^n x \mapsto z^n$. 我们将问题转换到 $(L^2(\mathbb{S}^1, \sigma_x), V_x)$ 上处理. 设 $f = W_x(y)$. 因为 $1 = W_x(x)$, 于是命题等价于证明 $\sigma_f \ll \sigma_x$, 并且 $\sigma_f \sim \sigma_x$ 当且仅当 $Z(f) = Z(1)$ (在空间 $L^2(\mathbb{S}^1, \sigma_x)$ 中). 因为

$$\int_{\mathbb{S}^1} z^n \mathrm{d}\sigma_f = \widehat{\sigma_f}(n) = \langle V_x^n f, f \rangle = \int_{\mathbb{S}^1} z^n |f|^2 \mathrm{d}\sigma_x,$$

所以 $\mathrm{d}\sigma_f = |f|^2 \mathrm{d}\sigma_x \ll \mathrm{d}\sigma_x$.

如果 $Z(f) = Z(1)$, 那么根据 (1), 有 $\sigma_f \sim \sigma_x$. 如果 $Z(f)$ 为 $Z(1) = L^2(\mathbb{S}^1, \sigma_x)$ 的真子空间, 则由于它为 V_x 不变的, 根据 Wiener 定理存在 $B \in \mathcal{B}(\mathbb{S}^1)$, 使得

$$Z(f) = \mathbf{1}_B L^2(\mathbb{S}^1, \sigma_x), \quad \sigma_x(B) < \sigma_x(\mathbb{S}^1).$$

于是有 $\sigma_x(\mathbb{S}^1 \setminus B) > 0$ 且 $\sigma_f(\mathbb{S}^1 \setminus B) = 0$, 即 $\sigma_f \not\sim \sigma_x$.

(3) 设 $y=y_1+y_2$，其中 $y_2\in Z(x), y_1\perp Z(x)$. 根据 $y_1\perp Z(x)$, 易见 $Z(y_1)\perp Z(x)$. 由此易得

$$\langle U^n y,y\rangle=\langle U^n y_1,y_1\rangle+\langle U^n y_2,y_2\rangle,\quad \forall n\in\mathbb{Z},$$

即

$$\int_{\mathbb{S}^1} z^n\mathrm{d}\sigma_y=\int_{\mathbb{S}^1} z^n\mathrm{d}\sigma_{y_1}+\int_{\mathbb{S}^1} z^n\mathrm{d}\sigma_{y_2},\quad \forall n\in\mathbb{Z}.$$

于是 $\sigma_y=(\sigma_{y_1}+\sigma_{y_2})\perp\sigma_x$. 由 $y_2\in Z(x)$ 以及 (2), 知 $\sigma_{y_2}\ll\sigma_x$. 于是 $\sigma_{y_2}=0$. 所以 $y_2=0$, $y=y_1$ 且 $Z(y)\perp Z(x)$.

(4) 根据 (3), 有 $Z(x)\perp Z(y)$. 于是

$$\langle U^n(x+y),x+y\rangle=\langle U^n x,x\rangle+\langle U^n y,y\rangle,\quad \forall n\in\mathbb{Z},$$

即

$$\int_{\mathbb{S}^1} z^n\mathrm{d}\sigma_{x+y}=\int_{\mathbb{S}^1} z^n\mathrm{d}\sigma_x+\int_{\mathbb{S}^1} z^n\mathrm{d}\sigma_y,\quad \forall n\in\mathbb{Z}.$$

所以

$$\sigma_{x+y}=\sigma_x+\sigma_y.$$

下面证明 $Z(x+y)=Z(x)\bigoplus Z(y)$. 因为 $\sigma_{x+y}=\sigma_x+\sigma_y$, $\sigma_x\perp\sigma_y$, 所以 $\dfrac{\mathrm{d}\sigma_x}{\mathrm{d}\sigma_{x+y}}\in L^1(\mathbb{S}^1,\sigma_{x+y})$ 为特征函数, 并且易见 $\displaystyle\int_{\mathbb{S}^1}\frac{\mathrm{d}\sigma_x}{\mathrm{d}\sigma_{x+y}}\mathrm{d}\sigma_x=\int_{\mathbb{S}^1}1\mathrm{d}\sigma_x$.

对于任何 $\varepsilon>0$, 取多项式 $p(z)$, 使得

$$\left\|\frac{\mathrm{d}\sigma_x}{\mathrm{d}\sigma_{x+y}}-p(z)\right\|_2^2=\int_{\mathbb{S}^1}\left|\frac{\mathrm{d}\sigma_x}{\mathrm{d}\sigma_{x+y}}-p(z)\right|^2\mathrm{d}\sigma_{x+y}<\varepsilon.$$

注意

$$\begin{aligned}
&\int_{\mathbb{S}^1}\left|\frac{\mathrm{d}\sigma_x}{\mathrm{d}\sigma_{x+y}}-p(z)\right|^2\mathrm{d}\sigma_{x+y}\\
&=\int_{\mathbb{S}^1}\left(\frac{\mathrm{d}\sigma_x}{\mathrm{d}\sigma_{x+y}}\right)^2\mathrm{d}\sigma_{x+y}-2\mathrm{Re}\int_{\mathbb{S}^1}p(z)\frac{\mathrm{d}\sigma_x}{\mathrm{d}\sigma_{x+y}}\mathrm{d}\sigma_{x+y}+\int_{\mathbb{S}^1}|p(z)|^2\mathrm{d}\sigma_{x+y}\\
&=\int_{\mathbb{S}^1}1\mathrm{d}\sigma_x-2\mathrm{Re}\int_{\mathbb{S}^1}p(z)\mathrm{d}\sigma_x+\int_{\mathbb{S}^1}|p(z)|^2\mathrm{d}\sigma_{x+y}.
\end{aligned}$$

于是

$$\begin{aligned}
\|x-p(U)(x+y)\|^2&=\langle x,x\rangle-2\mathrm{Re}\langle x,p(U)(x+y)\rangle+\|p(U)(x+y)\|^2\\
&=\int_{\mathbb{S}^1}1\mathrm{d}\sigma_x-2\mathrm{Re}\langle x,p(U)x\rangle+\int_{\mathbb{S}^1}|p(z)|^2\mathrm{d}\sigma_{x+y}\\
&=\int_{\mathbb{S}^1}1\mathrm{d}\sigma_x-2\mathrm{Re}\int_{\mathbb{S}^1}p(z)\mathrm{d}\sigma_x+\int_{\mathbb{S}^1}|p(z)|^2\mathrm{d}\sigma_{x+y}\\
&=\int_{\mathbb{S}^1}\left|\frac{\mathrm{d}\sigma_x}{\mathrm{d}\sigma_{x+y}}-p(z)\right|^2\mathrm{d}\sigma_{x+y}<\varepsilon.
\end{aligned}$$

由于 ε 任意，所以 $x\in Z(x+y)$. 同理得到 $y\in Z(x+y)$. 于是 $Z(x)\bigoplus Z(y)\subseteq Z(x+y)$.

反之, 如果存在 $v \in Z(x+y)$ 且 $v \perp \left(Z(x) \bigoplus Z(y)\right)$, 那么对于任何 $\varepsilon > 0$, 取多项式 $p(z)$, 使得 $\|v - p(U)(x+y)\|^2 < \varepsilon$. 根据 $v \perp \left(Z(x) \bigoplus Z(y)\right)$, 上式化为

$$\|v\|^2 + \|p(U)(x+y)\|^2 < \varepsilon.$$

特别地, $\|v\|^2 < \varepsilon$. 因为 ε 任意, 所以 $v = 0$. 从而 $Z(x+y) = Z(x) \bigoplus Z(y)$.

(5) 设 $W_z : (Z(z), U) \to (L^2(\mathbb{S}^1, \sigma_z), V_z)$ 为酉等价的同构, $f = W_z(x), g = W_z(y)$. 等价地, 我们需要证明: 若 $Z(f) \perp Z(g)$, 那么 $\sigma_f \perp \sigma_g$. 根据 Wiener 定理, 存在 $A, B \in \mathcal{B}(\mathbb{S}^1)$, 使得

$$Z(f) = \mathbf{1}_A L^2(\mathbb{S}^2, \sigma_z), \quad Z(g) = \mathbf{1}_B L^2(\mathbb{S}^2, \sigma_z).$$

因为 $Z(f) \perp Z(g)$, 所以 $\sigma_z(A \cap B) = 0$. 由 $\mathrm{d}\sigma_f = |f|^2 \mathrm{d}\sigma_z, \mathrm{d}\sigma_g = |g|^2 \mathrm{d}\sigma_z$, 我们就得到 $\sigma_f \perp \sigma_g$.

(6) 因为酉等价为等价关系, 故不妨设 $\mathcal{H}_1 = \mathcal{H}_2 = \mathcal{H}$ 且 $U_1 = U_2 = U$. 于是, 我们需要证明: 设 $x, y \in \mathcal{H}$, 如果 $U|_{Z(x)} \simeq U|_{Z(y)}$, 那么 $U|_{Z(x)^\perp} \simeq U|_{Z(y)^\perp}$.

因为 $U|_{\overline{Z(x)+Z(y)}} \simeq U|_{\overline{Z(x)+Z(y)}}$, 所以可以假设 $\mathcal{H} = \overline{Z(x)+Z(y)}$. 取 $y_0, y_1 \in Z(y)$, 使得

$$\sigma_y = \sigma_{y_0} + \sigma_{y_1}, \quad \sigma_{y_0} \ll \sigma_x, \quad \sigma_{y_1} \perp \sigma_x.$$

于是 $Z(y) = Z(y_0) \bigoplus Z(y_1)$.

接着我们分解 σ_x. 如果 $\sigma_x = \mu + \nu$, 使得 $\mu \ll \sigma_{y_0}$, $\nu \perp \sigma_{y_0}$, 那么由 $\sigma_{y_0} \ll \sigma_x$ 有 $\sigma_{y_0} \ll \mu$, 从而有 $\mu \sim \sigma_{y_0}$. 这就意味着, 存在 $\phi \in L^2(\sigma_{y_0})$, 使得 $\mu = |\phi|^2 \sigma_{y_0} = \sigma_{\phi(U)y_0}$. 令 $y_0' = \phi(U)y_0$, 那么我们有 $\sigma_{y_0'} \ll \sigma_x$, 并且 $Z(y_0') = Z(y_0)$. 由此分析, 我们可以取 $y_0 \in Z(y)$, 使得存在 $x_0 \in Z(x)$, 满足

$$\sigma_x = \sigma_{y_0} + \sigma_{x_0}, \quad \sigma_{x_0} \perp \sigma_{y_0},$$

并且 $Z(x) = Z(y_0) \bigoplus Z(x_0)$. 于是我们得到分解

$$\mathcal{H} = Z(x_0) \bigoplus Z(y_0) \bigoplus Z(y_1).$$

由假设以及 (1), 我们有 $U|_{Z(x)} \simeq U|_{Z(y)} \Leftrightarrow \sigma_x \sim \sigma_y$. 根据构造,

$$\sigma_x \sim \sigma_y \quad \Leftrightarrow \quad \sigma_{x_0} \sim \sigma_{y_1}.$$

根据 (1), 这意味着

$$U|_{Z(x_0)} \simeq U|_{Z(y_1)},$$

此即为所要证明的. □

注记 3.6.1 $Z(x) \perp Z(y)$ 蕴含 $\sigma_{x+y} = \sigma_x + \sigma_y$, 但是推不出 $\sigma_x \perp \sigma_y$.

定义 3.6.3 设 $\mu \in \mathcal{M}(\mathbb{S}^1)$, 称 $\{\nu \in \mathcal{M}(\mathbb{S}^1) : \nu \sim \mu\}$ 为 μ 的**型** (type of μ).

定理 3.6.2 (谱分解定理形式 I)　设 U 为 Hilbert 空间 $\mathcal{H}$ 上的酉算子, 那么存在 $\{x_n\}_{n=1}^{\infty} \subseteq \mathcal{H}$, 使得

(1) $\mathcal{H} = \bigoplus\limits_{n=1}^{\infty} Z(x_n)$, 并且 $Z(x_i) \perp Z(x_j)$ $(\forall i \neq j \in \mathbb{N})$;

(2) $\sigma_{x_1} \gg \sigma_{x_2} \gg \sigma_{x_3} \gg \cdots$.

对于任何满足以上两个条件的另外一组 $\{x'_n\}_{n=1}^{\infty}$, 我们有 $\sigma_{x_n} \sim \sigma_{x'_n}$ $(\forall n \in \mathbb{N})$.

注记 3.6.2　在定理 3.6.2 的表述中, 为了简单起见, 我们直接使用可数序列 $\{x_n\}_{n=1}^{\infty}$, 并且要求 $x_i \neq x_j$ $(i \neq j \in \mathbb{N})$. 事实上, 可能有序列是有限的, 此时我们不再引入新的记号, 直接按照有限序列理解定理.

证明　一个循环子空间 $Z(x)$ 称为最大的, 若它不真包含在更大的循环子空间中. 易见:

(a) 根据命题 3.6.2(5), $Z(x)$ 为最大的当且仅当对于任何 $y \in \mathcal{H}$ 成立 $\sigma_y \ll \sigma_x$.

(b) 根据 Zorn 引理, 对于任何 $x \in \mathcal{H}$, 存在一个最大循环子空间包含它.

下面开始证明定理. 首先取 $\mathcal{H}$ 的可数集稠密子集 $\{y_n\}_{n\in\mathbb{N}}$, 取最大循环子空间 $Z(x_1)$ 包含 y_1. 如果 $\mathcal{H} = Z(x_1)$, 则证明结束; 否则, 设

$$n_2 = \min\{n \in \mathbb{N} : y_n \notin Z(x_1)\} \geqslant 2.$$

$y_{n_2}^{\perp}$ 为 y_{n_1} 在 $Z(x_1)^{\perp}$ 上的投射. 取 $(Z(x_1)^{\perp}, U|_{Z(x_1)^{\perp}})$ 中包含 $y_{n_2}^{\perp}$ 的最大循环子空间 $Z(x_2)$, 则

$$y_1, \cdots, y_{n_2} \in Z(x_1) \bigoplus Z(x_2), \quad \sigma_{x_1} \gg \sigma_{x_2}.$$

如果 $\mathcal{H} = Z(x_1) \bigoplus Z(x_2)$, 则证明结束; 否则, 取

$$n_3 = \min\left\{n \in \mathbb{N} : y_n \notin Z(x_1) \bigoplus Z(x_2)\right\} \geqslant 3.$$

设 $y_{n_3}^{\perp}$ 为 y_{n_3} 在 $\left(Z(x_1) \bigoplus Z(x_2)\right)^{\perp}$ 上的投射, 取 $\left(\left(Z(x_1) \bigoplus Z(x_2)\right)^{\perp}, U|_{(Z(x_1)\oplus Z(x_2))^{\perp}}\right)$ 中包含 $y_{n_3}^{\perp}$ 的最大循环子空间 $Z(x_3)$. 于是

$$y_1, \cdots, y_{n_3} \in Z(x_1) \bigoplus Z(x_2) \bigoplus Z(x_3), \quad \sigma_{x_1} \gg \sigma_{x_2} \gg \sigma_{x_3}.$$

归纳地, 设 $x_1, x_2, \cdots, x_k$, $n_k \geqslant k$ 已经确定, 使得

$$y_1, \cdots, y_{n_k} \in Z(x_1) \bigoplus \cdots \bigoplus Z(x_k), \quad \sigma_{x_1} \gg \sigma_{x_2} \gg \cdots \gg \sigma_{x_k}.$$

如果 $\mathcal{H} = Z(x_1) \bigoplus \cdots \bigoplus Z(x_k)$, 则证明结束; 否则, 取

$$n_{k+1} = \min\left\{n \in \mathbb{N} : y_n \notin Z(x_1) \bigoplus \cdots \bigoplus Z(x_k)\right\} \geqslant k+1.$$

设 $y_{n_{k+1}}^{\perp}$ 为 $y_{n_{k+1}}$ 在 $\left(Z(x_1) \bigoplus \cdots \bigoplus Z(x_k)\right)^{\perp}$ 上的投射, 取 $\left(\left(\bigoplus\limits_{j=1}^{k} Z(x_j)\right)^{\perp}, U|_{\left(\bigoplus\limits_{j=1}^{k} Z(x_j)\right)^{\perp}}\right)$ 中包含 $y_{n_{k+1}}^{\perp}$ 的最大循环子空间 $Z(x_{k+1})$. 于是

$$y_1, \cdots, y_{n_{k+1}} \in Z(x_1) \bigoplus \cdots \bigoplus Z(x_{k+1}), \ \sigma_{x_1} \gg \sigma_{x_2} \gg \cdots \gg \sigma_{x_{k+1}}.$$

根据归纳法, 我们得到序列 $\{x_n\}_{n=1}^{\infty}$ (有可能只有有限项), 使得

$$\{y_n\}_{n=1}^{\infty} \subseteq \bigoplus_{n=1}^{\infty} Z(x_n), \quad \sigma_{x_1} \gg \sigma_{x_2} \gg \sigma_{x_3} \gg \cdots,$$

并且 $Z(x_i) \perp Z(x_j)$ $(\forall i \neq j \in \mathbb{N})$. 因为 $\{y_n\}_{n=1}^{\infty}$ 为 $\mathcal{H}$ 的稠密子集, 所以 $\mathcal{H} = \bigoplus\limits_{n=1}^{\infty} Z(x_n)$.

下证唯一性. 设 $\{x'_n\}_{n=1}^{\infty}$ 为满足条件的另外一组向量. 因为 $Z(x_1)$ 与 $Z(x_2)$ 都是最大的循环子空间, 所以 $\sigma_{x_1} \sim \sigma_{x'_1}$. 于是根据命题 3.6.2 (1), $U|_{Z(x_1)} \simeq U|_{Z(x'_1)}$. 根据命题 3.6.2 (7), $U|_{Z(x_1)^{\perp}} \simeq U|_{Z(x'_1)^{\perp}}$. 对于 $(Z(x_1)^{\perp}, U|_{Z(x_1)^{\perp}})$ 和 $(Z(x'_1)^{\perp}, U|_{Z(x'_1)^{\perp}})$ 重复上面的论证, 可以得到 $\sigma_{x_2} \sim \sigma_{x'_2}$, $U|_{(Z(x_1)\oplus Z(x_2))^{\perp}} \simeq U|_{(Z(x'_1)\oplus Z(x'_2))^{\perp}}$. 归纳地, 就可以证明 $\{x_n\}$ 与 $\{x'_n\}$ 的个数一致, 且 $\sigma_{x_n} \sim \sigma_{x'_n}$ $(\forall n \in \mathbb{N})$. □

注记 3.6.3 根据定理 3.6.2, $(\mathcal{H}, U)$ 酉等价于 $\left(\bigoplus\limits_{n=1}^{\infty} L^2(\mathbb{S}^1, \sigma_{x_n}), V\right)$,

$$V(f_1, f_2, \cdots)(z_1, z_2, \cdots) = (z_1 f_1(z_1), z_2 f_2(z_2), \cdots), \quad \forall (f_n)_n \in \bigoplus_{n=1}^{\infty} L^2(\mathbb{S}^1, \sigma_{x_n}).$$

定义 3.6.4 设 U 为 Hilbert 空间上的酉算子, 定理 3.6.2 中 σ_{x_1} 的谱型 $[\sigma_{x_1}]$ 称为算子 U 的**最大谱型** (maximal spectral type), 也把它记为 $[\sigma_U]$. $\{[\sigma_{x_n}]\}_{n=1}^{\infty}$ 称为 U 的**谱序列** (spectral sequence).

设 $\{[\sigma_{x_n}]\}_{n=1}^{\infty}$ 为 U 的谱序列, 令

$$A_n = \mathrm{Supp}\frac{\mathrm{d}\sigma_{x_n}}{\mathrm{d}\sigma_U}.$$

那么我们得到 Borel 集序列

$$A_1 \supset A_2 \supset \cdots.$$

令

$$M_U = \sum_{n=1}^{\infty} \mathbf{1}_{A_n} : \mathbb{S}^1 \to \mathbb{N} \cup \{\infty\},$$

称之为**重数函数** (multiplicity function).

定理 3.6.3 在酉等价意义下, $U : \mathcal{H} \to \mathcal{H}$ 由它的最大谱型 $[\sigma_U]$ 和重数函数 M_U 唯一决定.

证明 已知 σ_U, M_U, 令

$$A_n = \{x \in \mathbb{S}^1 : M_U(x) \geqslant n\},$$

则

$$\mu_n = \int_{\mathbb{S}^1} \mathbf{1}_{A_n} \mathrm{d}\sigma_U \sim \sigma_{x_n}.$$

于是 $(\mathcal{H}, U)$ 酉等价于 $(\bigoplus\limits_{n=1}^{\infty} L^2(\mathbb{S}^1, \mu_n), V)$, V 的定义见注记 3.6.3. □

定义 3.6.5 称算子 U 为**离散 / 连续 / 奇异 / 绝对连续 / Lebesgue 的**, 若 σ_U 离散 / σ_U 连续 / $\sigma_U \perp m$ / $\sigma_U \ll m$ / $\sigma_U \sim m$, 其中 m 为 Lebsgue 测度.

定义 3.6.6 设 U 为酉算子, 称 $\mathrm{esssup} M_U$ 为 U 的**谱重数** (spectral multiplicity of U). 如果谱重数有限, 那么称 U 具有**有限谱重数**; 如果存在 $N \in \mathbb{N} \cup \{\infty\}$, 使得 $M_U \equiv N$, 那么称 U 具有**N 重齐性谱** (homogeneous spectrum of multiplicity N). 特别地, 如果 $M_U \equiv 1$, 那么称 U 具有**简单谱** (simple spectrum).

U 具有**可数 Lebesgue 谱**, 若它具有无穷重齐性谱, 并且 $\sigma_U \sim m$.

具有有限谱重数当且仅当 $\mathcal{H} = \bigoplus\limits_{n=1}^{N} Z(x_n)$, 具有 N 重齐性谱当且仅当

$$\mathcal{H} = \bigoplus_{n=1}^{N} Z(x_n), \quad \sigma_{x_1} \sim \cdots \sim \sigma_{x_N}.$$

定理 3.6.4 (谱分解定理形式 II) 设 U 为 Hilbert 空间 $\mathcal{H}$ 上的酉算子, 那么存在 $B_n \in \mathcal{B}(\mathbb{S}^1)$ 以及序列 $x_n^{(k)} \in \mathcal{H}$ $(k = 1, 2, \cdots, n, n \in \mathbb{N} \cup \{\infty\})$, 使得

(1) $\{B_n\}_{n \in \mathbb{N}}$ 为 $\mathbb{S}^1$ 的剖分;

(2) $\mathcal{H} = \bigoplus\limits_{n=1}^{\infty} \bigoplus\limits_{k=1}^{n} Z(x_n^{(k)})$, 其中 $Z(x_n^{(k)}) \perp Z(x_{n'}^{k'}), (n, k) \neq (n', k')$;

(3) $\sigma_{x_n^{(1)}} = \sigma_{x_n^{(2)}} = \cdots = \sigma_{x_n^{(n)}} := \sigma^{(n)}$, 并且 $\sigma^{(n)}(\mathbb{S}^1 \setminus B_n) = 0$;

(4) $\sum\limits_{n=1}^{\infty} \|\sigma^{(n)}\| < \infty$.

对于任何满足以上四个条件的另外一组 $\{y_n^{(k)}\}$, 我们有 $\sigma_{x_n^{(k)}} \sim \sigma_{y_n^{(k)}}$ $(\forall k = 1, 2, \cdots, n, n \in \mathbb{N} \cup \{\infty\})$.

证明 如果定理成立, 令

$$x_n = \sum_{k=n}^{\infty} x_n^{(k)},$$

那么就得到定理 3.6.2.

反之, 设定理 3.6.2 成立. 设 $A_n = \mathrm{Supp} \dfrac{\mathrm{d}\sigma_{x_n}}{\mathrm{d}\sigma_U}$, 则存在 $f_n \in \mathcal{H}$, 使得

$$\mathcal{H} = \bigoplus_{n=1}^{\infty} Z(f_n), \quad \sigma_{f_n} = \mathbf{1}_{A_n} \sigma_U.$$

令

$$B_n = A_n \setminus A_{n+1}, \quad B_\infty = \bigcap_{n=1}^{\infty} A_n,$$

则 $\{B_n\}_{n \in \mathbb{N} \cup \{\infty\}}$ 为 $\mathbb{S}^1$ 的剖分.

设 $n \in \mathbb{N} \cup \{\infty\}$. 对于 $1 \leqslant k \leqslant n$, 取 $x_n^{(k)} \in Z(f_k)$, 使得 $\sigma_{x_n^{(k)}} = \mathbf{1}_{B_n} \sigma_{f_k}$. 因为 $A_k \supset A_n$, 所以

$$\sigma_{x_n^{(k)}} = \mathbf{1}_{A_n \setminus A_{n+1}} \mathbf{1}_{A_k} \sigma_U = \mathbf{1}_{A_n \setminus A_{n+1}} \sigma_U,$$

并且 $\sigma_{x_n^{(k)}}$ 不依赖于 k. 从而可设 $\sigma^{(n)} = \sigma_{x_n^{(k)}}$ $(1 \leqslant k \leqslant n)$.

根据构造, 对于 $k \in \mathbb{N}$,

$$Z(x_k) = \bigoplus_{n \geqslant k} Z(x_n^{(k)}).$$

于是

$$\mathcal{H} = \bigoplus_{n=1}^{\infty} Z(x_n) = \bigoplus_{n=1}^{\infty} \bigoplus_{k=1}^{n} Z(x_n^{(k)}).$$

证毕. □

根据定理 3.6.4, 重数函数如下: 当 $t \in B_n$ 时, $M(t) = n$. U 具有有限谱重数当且仅当存在 $N \in \mathbb{N}$, 使得 $\sigma^{(n)} = 0$ $(\forall n \geqslant N)$; U 具有 N 重齐性谱当且仅当 $\sigma^{(n)} = 0$ $(\forall n \neq N)$.

3.6.3 动力系统的谱

设 $(X, \mathcal{X}, \mu, T)$ 为可逆保测系统, 那么 $U_T : L^2(X, \mu) \to L^2(X, \mu)$ 为酉算子. 因为常值函数总是 U_T 关于 1 的特征函数, 所以 U_T 总有离散谱部分. 为此, 一般讨论的 U_T 的谱性质主要针对下面的空间:

$$L_0^2(X, \mu) := \mathbb{C}^{\perp} = \{f \in L^2(X, \mu) : \langle f, 1 \rangle = \int_X f \mathrm{d}\mu = 0\}.$$

定理 3.6.5 (1) $(X, \mathcal{X}, \mu, T)$ 为遍历的当且仅当 1 为 U_T 的简单特征值, 当且仅当 $\sigma_f(\{0\}) = 0$, 即

$$\lim_{N \to \infty} \frac{1}{N} \sum_{n=0}^{N-1} \hat{\sigma_f}(n) = 0, \quad \forall f \in L_0^2(X, \mu);$$

(2) $(X, \mathcal{X}, \mu, T)$ 为弱混合的当且仅当 $\sigma_f \in \mathcal{M}_{\mathrm{c}}(\mathbb{S}^1)$, 即

$$\lim_{N \to \infty} \frac{1}{N} \sum_{n=0}^{N-1} |\hat{\sigma_f}(n)| = 0, \quad \forall f \in L_0^2(X, \mu);$$

(3) $(X, \mathcal{X}, \mu, T)$ 为强混合的当且仅当

$$\lim_{n \to \infty} |\hat{\sigma_f}(n)| = 0, \quad \forall f \in L_0^2(X, \mu).$$

一个著名的问题是:

问题 3.6.1 (Banach) 是否存在具有简单 Lebesgue 谱的遍历系统?

3.7 注 记

本章介绍了遍历论中最基本的概念和性质, 在各种专著中都可以找到其相关内容. 对于遍历性、混合性等内容我们采取了文献 [207] 中的处理方式. Birkhoff 定理的简短证明来自文献 [1], 原始证明参见文献 [24-25], 更多关于 Birkhoff 定理的证明参见文献 [58, 132, 144] 等.

一般群作用下 Birkhoff 定理参见 Lindenstrauss 的工作[156]. mild 混合这个性质最早由 Walters 引入[206], 但是他没有给这个性质命名.

后来 Furstenberg 和 Weiss 独立从另外一个角度研究了这个性质, 并且称之为 mild 混合, 关于 mild 混合的更多性质参见文献 [68-69, 74, 80]. 关于动力系统谱理论参见文献 [87, 153, 164, 169, 174] 等. 更多关于 $\mathcal{M}(\mathbb{S}^1)$ 的性质参见文献 [131, 174] 等.

第 4 章　连分数简介

在这一章中, 我们介绍连分数, 希望通过这个具体例子更好地解释遍历理论如何运用到其他数学分支中. 为了简单起见, 在本章中我们仅考虑**非负实数**.

在 4.1 节中, 我们给出连分数展开的一些基本概念和性质, 然后在 4.2 节中引入连分数映射和 Gauss 测度, 证明相应系统为遍历系统, 从而运用 Birkhoff 遍历定理给出一系列连分数的性质. 在 4.3 节中, 我们介绍坏逼近数及著名的 Lagrange 定理.

4.1　连分数基本概念

我们先介绍连分数的基本概念, 在这一节中不涉及其上的动力系统性质.

4.1.1　连分数的定义

如下表达式称为**连分数** (continued fraction):

$$a_0 + \cfrac{1}{a_1 + \cfrac{1}{a_2 + \cfrac{1}{a_3 + \cfrac{1}{a_4 + \cdots}}}}. \tag{4.1}$$

我们将式 (4.1) 记为

$$[a_0; a_1, a_2, a_3, \cdots],$$

其中 $a_n \in \mathbb{N}$ $(\forall n \geqslant 1)$, $a_0 \in \mathbb{Z}_+$. 对于有限的情况, 我们用

$$[a_0; a_1, a_2, \cdots, a_n]$$

来记

$$a_0 + \cfrac{1}{a_1 + \cfrac{1}{a_2 + \cdots \cfrac{1}{a_{n-1} + \cfrac{1}{a_n}}}}.$$

于是, 我们有

$$[a_0; a_1, a_2, \cdots, a_n] = a_0 + \frac{1}{[a_1; a_2, \cdots, a_n]}.$$

注意, 如果 $a_n \geqslant 2$, 那么

$$[a_0; a_1, a_2, \cdots, a_n] = [a_0; a_1, a_2, \cdots, a_n - 1, 1].$$

在本节中, 我们主要说明非负实数总是可以连分数展开. 特别要证明: 非负实数为有理数当且仅当它的连分数展开是有限的; 实数为无理数当且仅当它有展开式(4.1). 我们还要说明连分数展开提供了很好的有理数逼近无理数的方法.

4.1.2 基本性质

首先我们有下面重要的命题:

命题 4.1.1 设 $\{a_n\}_{n\geqslant 0}$ 满足 $a_0 \in \mathbb{Z}_+, a_n \in \mathbb{N}\ (\forall n \geqslant 1)$, 以及

$$\frac{p_n}{q_n} = [a_0; a_1, a_2, \cdots, a_n], \quad n \geqslant 0, \tag{4.2}$$

其中 $p_n \geqslant 1, q_n \geqslant 1, (p_n, q_n) = 1$. 可以归纳得到

$$\begin{pmatrix} p_n & p_{n-1} \\ q_n & q_{n-1} \end{pmatrix} = \begin{pmatrix} a_0 & 1 \\ 1 & 0 \end{pmatrix} \begin{pmatrix} a_1 & 1 \\ 1 & 0 \end{pmatrix} \cdots \begin{pmatrix} a_n & 1 \\ 1 & 0 \end{pmatrix}, \quad \forall n \geqslant 0. \tag{4.3}$$

我们约定 $p_{-1} = 1, q_{-1} = 0, p_0 = a_0, q_0 = 1$.

一般称 $\dfrac{p_n}{q_n}$ 为**第 n 个渐近分数**或**第 n 个渐近值**.

证明 对 n 进行归纳证明. 当 $n = 0$ 时, 结论是显然的. 假设式 (4.3) 对于 $0 \leqslant n \leqslant k-1$ 和任何序列 $\{a_j\}_{j\geqslant 0}$ 都成立. 对于序列 $\{a_j\}_{j\geqslant 1}$, 利用归纳假设 $k-1$ 的情况, 我们有

$$\frac{x}{y} = [a_1; a_2, a_3, \cdots, a_k],$$

以及

$$\begin{pmatrix} x & x' \\ y & y' \end{pmatrix} = \begin{pmatrix} a_1 & 1 \\ 1 & 0 \end{pmatrix} \begin{pmatrix} a_2 & 1 \\ 1 & 0 \end{pmatrix} \cdots \begin{pmatrix} a_k & 1 \\ 1 & 0 \end{pmatrix}.$$

于是

$$\begin{pmatrix} a_0 & 1 \\ 1 & 0 \end{pmatrix} \begin{pmatrix} x & x' \\ y & y' \end{pmatrix} = \begin{pmatrix} a_0 & 1 \\ 1 & 0 \end{pmatrix} \begin{pmatrix} a_1 & 1 \\ 1 & 0 \end{pmatrix} \begin{pmatrix} a_2 & 1 \\ 1 & 0 \end{pmatrix} \cdots \begin{pmatrix} a_k & 1 \\ 1 & 0 \end{pmatrix} = \begin{pmatrix} p_k & p_{k-1} \\ q_k & q_{k-1} \end{pmatrix},$$

即

$$\begin{pmatrix} a_0x+y & a_0x'+y' \\ x & x' \end{pmatrix} = \begin{pmatrix} p_k & p_{k-1} \\ q_k & q_{k-1} \end{pmatrix}.$$

所以

$$\frac{p_k}{q_k} = \frac{a_0x+y}{x} = a_0 + \frac{y}{x} = a_0 + \frac{1}{[a_1; a_2, \cdots, a_k]} = [a_0; a_1, a_2, \cdots, a_k].$$

因此, 结论对于 $n=k$ 成立. 根据数学归纳法, 结论证毕. □

根据命题 4.1.1, 有

$$\begin{pmatrix} p_{n+1} & p_n \\ q_{n+1} & q_n \end{pmatrix} = \begin{pmatrix} p_n & p_{n-1} \\ q_n & q_{n-1} \end{pmatrix} \begin{pmatrix} a_{n+1} & 1 \\ 1 & 0 \end{pmatrix} = \begin{pmatrix} a_{n+1}p_n + p_{n-1} & p_n \\ a_{n+1}q_n + q_{n-1} & q_n \end{pmatrix},$$

我们得到

$$\begin{aligned} p_{n+1} &= a_{n+1}p_n + p_{n-1} \\ q_{n+1} &= a_{n+1}q_n + q_{n-1}, \quad \forall n \geqslant 1, \end{aligned} \tag{4.4}$$

因为 $a_n \geqslant 1$ ($\forall n \geqslant 1$), 所以

$$1 = q_0 \leqslant q_1 < q_2 < q_3 < \cdots. \tag{4.5}$$

由此得到

$$q_n \geqslant 2^{\frac{n-2}{2}}, \quad \forall n \geqslant 1. \tag{4.6}$$

类似得到

$$p_n \geqslant 2^{\frac{n-2}{2}}, \quad \forall n \geqslant 1. \tag{4.7}$$

式(4.3)两边取行列式, 就有

$$p_nq_{n-1} - p_{n-1}q_n = (-1)^{n+1}. \tag{4.8}$$

于是得到

$$\begin{aligned} \frac{p_1}{q_1} &= a_0 + \frac{1}{q_0q_1}, \\ \frac{p_2}{q_2} &= \frac{p_1}{q_1} - \frac{1}{q_1q_2} = a_0 + \frac{1}{q_0q_1} - \frac{1}{q_1q_2}, \end{aligned}$$

以及

$$\begin{aligned} \frac{p_n}{q_n} &= \frac{p_{n-1}}{q_{n-1}} + (-1)^{n+1}\frac{1}{q_{n-1}q_n} \\ &= a_0 + \frac{1}{q_0q_1} - \frac{1}{q_1q_2} + \cdots + (-1)^{n+1}\frac{1}{q_{n-1}q_n}, \quad \forall n \geqslant 1. \end{aligned} \tag{4.9}$$

根据式(4.9)及式(4.6), 我们得到连分数总是绝对收敛到一个实数:

$$u = [a_0; a_1, a_2, \cdots] = \lim_{n\to\infty}[a_0; a_1, a_2, \cdots, a_n]$$

$$= \lim_{n\to\infty} \frac{p_n}{q_n} = a_0 + \sum_{n=1}^{\infty} (-1)^{n+1} \frac{1}{q_{n-1}q_n}, \quad \forall n \geqslant 1. \tag{4.10}$$

根据式(4.5), 我们观察到

$$\frac{p_0}{q_0} < \frac{p_2}{q_2} < \cdots < \frac{p_{2n}}{q_{2n}} < \cdots < u < \cdots < \frac{p_{2n+1}}{q_{2n+1}} < \cdots < \frac{p_3}{q_3} < \frac{p_1}{q_1}. \tag{4.11}$$

定义 4.1.1　我们称 $[a_0; a_1, a_2, \cdots]$ 为 u 的**连分数展开**.

我们下面会说明任何实数都可以连分数展开, 并且无理数的连分数展开是唯一的.

对于无理数 $u = [a_0; a_1, a_2, \cdots]$, 有理数 p_n/q_n 提供了一个快速的有理逼近方法:

$$u - \frac{p_n}{q_n} = (-1)^n \left(\frac{1}{q_n q_{n+1}} - \frac{1}{q_{n+1}q_{n+2}} + \cdots \right), \tag{4.12}$$

于是结合式(4.5), 得

$$\left| u - \frac{p_n}{q_n} \right| < \frac{1}{q_n q_{n+1}}. \tag{4.13}$$

由式(4.4), 得

$$\left| u - \frac{p_n}{q_n} \right| < \frac{1}{a_{n+1} q_n^2} \leqslant \frac{1}{q_n^2}. \tag{4.14}$$

对于 $t \in \mathbb{R}$, 记

$$\langle t \rangle = \min_{n \in \mathbb{Z}} |t - n|.$$

根据式(4.14), 我们得到

命题 4.1.2　对于任何 $u \in \mathbb{R}$, 存在序列 $\{q_n\}_{n\in\mathbb{N}}$, 使得 $q_n \to \infty$, 并且

$$q_n \langle q_n u \rangle < 1.$$

一般而言, 没有

$$\liminf_{n\to\infty} n\langle nu \rangle = 0.$$

猜测 4.1.1 (Littlewood 猜测)　对于任何 $u, v \in \mathbb{R}$,

$$\liminf_{n\to\infty} n\langle nu \rangle \langle nv \rangle = 0.$$

注记 4.1.1　关于 Littlewood 猜测最好的结果是 2006 年 Einsiedler, Katok 和 Lindenstrauss 给出的:

$$\Theta = \{(u, v) \in \mathbb{R}^2 : \liminf_{n\to\infty} n\langle nu \rangle \langle nv \rangle > 0\}$$

的 Hausdorff 维数为 0.

定理 4.1.1　如果 $a_n \in \mathbb{N}$ $(\forall n \geqslant 1)$, $a_0 \in \mathbb{Z}_+$, 那么

$$u = [a_0; a_1, a_2, \cdots] = \lim_{n\to\infty} [a_0; a_1, a_2, \cdots, a_n] = \lim_{n\to\infty} \frac{p_n}{q_n}$$

为无理数.

证明 假设 $u=a/b\in\mathbb{Q}$. 根据式(4.14), 有

$$|q_na-bp_n|<\frac{b}{a_{n+1}q_n}\leqslant\frac{b}{q_n}.$$

因为 $q_n\to\infty$（$n\to\infty$）, 以及 $q_na-bp_n\in\mathbb{Z}$, 所以对于充分大的 n, 有

$$q_na-bp_n=0,$$

即对于充分大的 n, 有

$$u=\frac{a}{b}=\frac{p_n}{q_n}.$$

但是根据命题 4.1.1, $(p_n,q_n)=1$, 以及 $\lim\limits_{n\to\infty}q_n=\infty$, 这是不可能的. 所以 u 为无理数. □

命题 4.1.3 任何非负无理数 u 具有连分数展开 $[a_0;a_1,a_2,\cdots]$, 其中 $a_0\in\mathbb{Z}_+,a_n\in\mathbb{N}$ $(\forall n\in\mathbb{N})$, 并且映射

$$\phi:\mathbb{Z}_+\times\mathbb{N}^{\mathbb{N}}\to\mathbb{R},\quad (a_0,a_1,\cdots)\mapsto u=[a_0;a_1,a_2,\cdots]$$

是单射, 特别地, 非负无理数的连分数展开唯一.

证明 设 $(a_0,a_1,\cdots)\in\mathbb{Z}_+\times\mathbb{N}^{\mathbb{N}}$, 那么 $u=[a_0;a_1,a_2,\cdots]>0$. 由

$$u=a_0+\frac{1}{[a_1;a_2,a_3,\cdots]},$$

我们得到

$$u\in\left(a_0,a_0+\frac{1}{a_1}\right)\subseteq(a_0,a_0+1).$$

于是, a_0 由 u 唯一决定. 令 $u_1=\dfrac{1}{u-a_0}$, 则

$$u_1=a_1+\frac{1}{[a_2;a_3,a_4,\cdots]}.$$

所以

$$u_1\in\left(a_1,a_1+\frac{1}{a_2}\right)\subseteq(a_1,a_1+1).$$

于是, a_1 由 $u_1=\dfrac{1}{u-a_0}$, 即由 u 唯一决定. 由此归纳下去, 我们得到 $a_0,a_1,\cdots$ 由 u 唯一决定, 即映射是单射.

根据上面的做法, 任何非负无理数 u 均可以连分数展开. 我们在下一节引理 4.2.1 中将给出更为严格的证明. □

注记 4.1.2 (1) 命题 4.1.3 的证明, 实际上提供了一种方法去给出一个数 u 的连分数展开. 即首先取 u 的整数部分 $[u]$, 即为 a_0; 再取 $a_1=[1/\{u\}]$. 其中 $[\cdot]$ 表示取整, $\{\cdot\}$ 表示取小数部分. 接着往下做就可以得到 $a_2,a_3,\cdots$. 虽然命题 4.1.3 是对非负实数进行了陈述, 但是根据其证明可以知道任何实数都可以连分数展开.

(2) 设 u 为有理数, 那么它的连分数必为有限项的, 否则与定理 4.1.1 矛盾. 于是, 一个数是有理数当且仅当连分数展开是有限项的; 一个数为无理数当且仅当连分数展开是无限的. 注意, 有理数的连分数展开不一定为唯一的, 而命题 4.1.3 告诉我们, 无理数的连分数展开是唯一的.

例 4.1.1 设

$$u = \frac{\sqrt{5}-1}{2}.$$

注意到

$$\frac{2}{\sqrt{5}-1} = \frac{\sqrt{5}+1}{2} \in (1,2), \quad \frac{\sqrt{5}+1}{2} - 1 = \frac{\sqrt{5}-1}{2}.$$

于是, 如果设

$$u = \frac{\sqrt{5}-1}{2} = [a_0; a_1, a_2, \cdots],$$

则 $a_0 = 0$, 并且由 $\dfrac{2}{\sqrt{5}-1} = \dfrac{\sqrt{5}+1}{2} \in (1,2)$, 知 $a_1 = 1$.

所以

$$[0; a_2, a_3, \cdots] = \frac{\sqrt{5}+1}{2} - 1 = \frac{\sqrt{5}-1}{2} = [0; a_1, a_2, \cdots].$$

从而得 $1 = a_1 = a_2 = \cdots$, 即

$$u = \frac{\sqrt{5}-1}{2} = [0; 1, 1, 1, \cdots].$$

下面的命题指出 $\left\{\dfrac{p_n}{q_n}\right\}_{n\in\mathbb{N}}$ 给出了 u 很好的逼近.

命题 4.1.4 设 $a_n \in \mathbb{N}$ $(\forall n \geqslant 0)$, $u = [a_0; a_1, a_2, \cdots]$. 对于任何 $n > 1$ 以及 $p, q \in \mathbb{Z}$, $0 < q \leqslant q_n$, 如果 $\dfrac{p}{q} \neq \dfrac{p_n}{q_n}$, 那么

$$|p_n - q_n u| < |p - qu|. \tag{4.15}$$

特别地

$$\left|\frac{p_n}{q_n} - u\right| < \left|\frac{p}{q} - u\right|, \tag{4.16}$$

即分母不大于 q_n 的所有分数中, p_n/q_n 与 u 最接近.

证明 如果已证得式 (4.15), 那么就有

$$\frac{1}{q}\left|\frac{p_n}{q_n} - u\right| < \frac{1}{q_n}\left|\frac{p}{q} - u\right| \leqslant \frac{1}{q}\left|\frac{p}{q} - u\right|,$$

从而得到式(4.16). 于是仅需要证明式(4.15).

根据式(4.13), 有

$$\left|u - \frac{p_n}{q_n}\right| < \frac{1}{q_n q_{n+1}}, \quad \left|u - \frac{p_{n+1}}{q_{n+1}}\right| < \frac{1}{q_{n+1} q_{n+2}}.$$

由式(4.11), 下面小括号中的值都是正的, 或者都是负的:

$$\left(u-\frac{p_n}{q_n}\right)=\left(\frac{p_{n+1}}{q_{n+1}}-\frac{p_n}{q_n}\right)-\left(\frac{p_{n+1}}{q_{n+1}}-u\right),$$

所以有

$$\left|u-\frac{p_n}{q_n}\right|=\left|\frac{p_{n+1}}{q_{n+1}}-\frac{p_n}{q_n}\right|-\left|\frac{p_{n+1}}{q_{n+1}}-u\right|.$$

由式(4.4)和式(4.13), 有

$$\left|u-\frac{p_n}{q_n}\right|>\frac{1}{q_nq_{n+1}}-\frac{1}{q_{n+1}q_{n+2}}=\frac{q_{n+2}-q_n}{q_nq_{n+1}q_{n+2}}=\frac{a_{n+2}}{q_nq_{n+2}}.$$

所以有

$$\frac{1}{q_{n+2}}<|p_n-q_nu|<\frac{1}{q_{n+1}},\quad \forall n\geqslant 1. \tag{4.17}$$

根据上式, 得

$$|p_n-q_nu|<\frac{1}{q_{n+1}}<|q_{n-1}u-p_{n-1}|,$$

我们可以不妨设 $q_{n-1}<q\leqslant q_n$.

如果 $q=q_n$, 那么 $\left|\dfrac{p_n}{q_n}-\dfrac{p}{q}\right|\geqslant\dfrac{1}{q_n}$, 以及

$$\left|u-\frac{p_n}{q_n}\right|<\frac{1}{q_nq_{n+1}}\leqslant\frac{1}{2q_n},\quad q_n\geqslant 2, n\geqslant 2.$$

由此有

$$\left|u-\frac{p}{q}\right|\geqslant\frac{1}{2q_n}=\frac{1}{2q},\quad |q_nu-p_n|<\frac{1}{2}\leqslant|qu-p|.$$

现在设 $q_{n-1}<q<q_n$, 记

$$\begin{pmatrix}p_n & p_{n-1}\\ q_n & q_{n-1}\end{pmatrix}\begin{pmatrix}a\\ b\end{pmatrix}=\begin{pmatrix}p\\ q\end{pmatrix}.$$

由式(4.8), 知 $a,b\in\mathbb{Z}$. 明显有 $ab\neq 0$, 否则 $q=q_{n-1}$ 或者 $q=q_n$. 由于 $q=aq_n+bq_{n-1}<q_n$, 所以 $ab<0$. 根据式(4.11), p_n-q_nu 和 $p_{n-1}-q_{n-1}u$ 的符号相反, 所以 $a(p_n-q_nu)$ 和 $b(p_{n-1}-q_{n-1}u)$ 的符号相同. 这样

$$p-qu=a(p_n-q_nu)+b(p_{n-1}-q_{n-1}u)$$

蕴含

$$|p-qu|>|p_{n-1}-q_{n-1}u|>|p_n-q_nu|.$$

证毕. □

例如

$$\pi=[3;7,15,1,292,1,1,1,21,31,14,2,1,2,2,2,2,1,84,2,1,1,15,\cdots]$$

的渐近分数分别为

$$\frac{3}{1}, \frac{22}{7}, \frac{333}{106}, \frac{355}{113}, \frac{103993}{33102}, \frac{104348}{33215}, \cdots.$$

祖冲之得到的渐近值为 $\frac{22}{7}, \frac{355}{113}$ 都在上面最佳渐近数之列.

习　题

1. 设 $u = [0; a_1, a_2, \cdots] \in (0,1), n \in \mathbb{N}$. 令

$$u_n = \frac{1}{[0; a_n, a_{n+1}, \cdots]}, \quad s_n = \frac{q_{n-1}}{q_n}.$$

证明:

(1) $s_n = [0; a_n, a_{n-1}, \cdots, a_1]$;

(2) $u = \dfrac{p_n u_{n+1} + p_{n-1}}{q_n u_{n+1} + q_{n-1}}$.

2. 满足 $b_1 = b_2 = 1, b_{n+1} = b_{n-1} + b_n$ $(n \geqslant 2)$ 的数列称为 Fibonacci 数列. 证明:

(1) $\dfrac{1+\sqrt{5}}{2}$ 的第 n 个渐近分数为 $\dfrac{b_{n+2}}{b_{n+1}}$;

(2) 设连分数为 $[a_0; a_1, a_2, \cdots]$, $i \in \mathbb{N}$, 如果 $a_i = 2, a_n = 1, n \neq i$, 那么当 $m > i$ 时, 有

$$\frac{p_m}{q_m} = \frac{b_{i+1} b_{m-i+3} + b_i b_{m-i+1}}{b_i b_{m-i+3} + b_{i-1} b_{m-i+1}}.$$

4.2　连分数映射与高斯测度

在本节中, 我们将定义连分数上的动力系统, 以此为出发点来研究连分数. 因为本节仅考虑 $x = [a_0; a_1, a_2, \cdots] \in (0,1)$, $a_0 = 0$, 所以约定

$$[a_1, a_2, \cdots] = [0; a_1, a_2, \cdots].$$

4.2.1　高斯映射与高斯测度

定义映射 $T: [0,1] \to [0,1]$ 如下:

$$T(x) = \begin{cases} \dfrac{1}{x} - \left[\dfrac{1}{x}\right] = \left\{\dfrac{1}{x}\right\}, & 0 < x \leqslant 1, \\ 0, & x = 0, \end{cases} \tag{4.18}$$

其中 $[\cdot]$ 表示取整数部分, $\{\cdot\}$ 表示取小数部分. T 称为**连分数映射** (continued fraction map) 或**高斯映射** (Gauss map), 如图 4.1 所示.

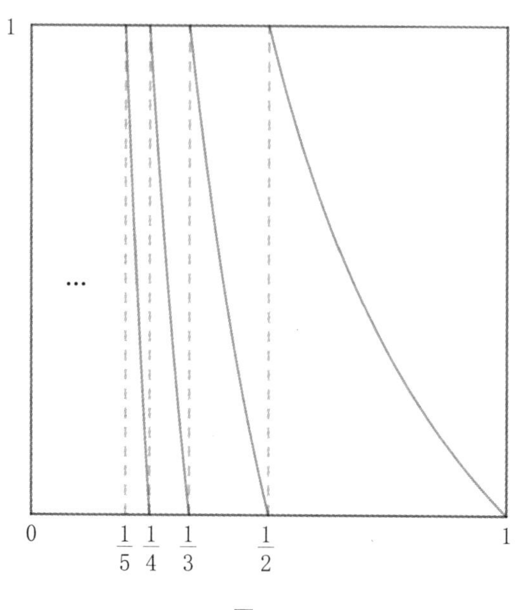

图 4.1

根据定义, 我们得到如下观察: 设 $x=[a_1,a_2,\cdots]\in[0,1]$ 为连分数表示, 如果 x 为无理数, 那么 $a_n\geqslant 1$ $(\forall n\in\mathbb{N})$, 以及

$$T(x)=T([a_1,a_2,\cdots])=[a_2,a_3,\cdots].$$

如果 x 为有理数, 那么 $x=[a_1,a_2,\cdots,a_n]$. 如果 $n\geqslant 2$, 那么 $T(x)=T([a_1,a_2,\cdots,a_n])=[a_2,a_3,\cdots,a_n]$; 如果 $n=1$, 那么 $T(x)=T([a_1])=0$. 一般地, 我们对有理数的连分数展开兴趣不大, 所以后面我们主要考虑无理数集合 $Y=[0,1]\setminus\mathbb{Q}$ 上的连分数展开.

对于 $x\in Y$, 根据定义, 我们有

$$x=\frac{1}{a_1+T(x)}=\cfrac{1}{a_1+\cfrac{1}{a_2+T^2(x)}}=\cdots=\cfrac{1}{a_1+\cfrac{1}{a_2+\cdots\cfrac{1}{a_{n-1}+\cfrac{1}{a_n+T^n(x)}}}}.$$

定义**高斯测度**如下:

$$\mu(A)=\frac{1}{\log 2}\int_A\frac{1}{1+x}\mathrm{d}x,\quad \forall A\in\mathcal{B}([0,1]).$$

因为如此定义的测度为无原子的, 所以 $\mu([0,1]\cap\mathbb{Q})=0$.

命题 4.2.1 连分数系统 $([0,1],\mathcal{B}([0,1]),\mu,T)$ 为保测系统.

证明 显然 T 为可测的, 我们仅需要证明

$$\mu(T^{-1}[0,s])=\mu([0,s]),\quad \forall 0<s<1.$$

易见

$$T^{-1}[0,s]=\{x:0\leqslant Tx\leqslant s\}=\bigsqcup_{n=1}^{\infty}\left[\frac{1}{s+n},\frac{1}{n}\right],$$

其中 $\bigsqcup$ 表示无交并. 注意到恒等式

$$\frac{1+\dfrac{s}{n}}{1+\dfrac{s}{n+1}}=\frac{1+\dfrac{1}{n}}{1+\dfrac{1}{s+n}},$$

我们得到

$$\begin{aligned}\mu(T^{-1}[0,s])&=\frac{1}{\log 2}\sum_{n=1}^{\infty}\int_{\frac{1}{s+n}}^{\frac{1}{n}}\frac{1}{1+x}\mathrm{d}x\\&=\frac{1}{\log 2}\sum_{n=1}^{\infty}\left(\log\left(1+\frac{1}{n}\right)-\log\left(1+\frac{1}{s+n}\right)\right)\\&=\frac{1}{\log 2}\sum_{n=1}^{\infty}\left(\log\left(1+\frac{s}{n}\right)-\log\left(1+\frac{s}{1+n}\right)\right)\\&=\frac{1}{\log 2}\sum_{n=1}^{\infty}\int_{\frac{s}{n+1}}^{\frac{s}{n}}\frac{1}{1+x}\mathrm{d}x\\&=\mu([0,s]),\end{aligned}\tag{4.19}$$

即 μ 为 T 不变的. 所以连分数系统 $([0,1],\mathcal{B}([0,1]),\mu,T)$ 为保测系统. □

结合注记 4.1.2, 我们发现运用连分数映射可以对实数进行连分数展开. 设 $x\in Y=[0,1]\setminus\mathbb{Q}$, 定义数列 $\{a_n\}_{n\in\mathbb{N}}=\{a_n(x)\}_{n\in\mathbb{N}}$ 如下:

$$\frac{1}{1+a_n}<T^{n-1}(x)<\frac{1}{a_n},\tag{4.20}$$

所以

$$a_n(x)=\left[\frac{1}{T^{n-1}(x)}\right]\in\mathbb{N}.\tag{4.21}$$

于是得到连分数

$$[a_1,a_2,\cdots].$$

或者如下刻画: 设 $I_k=\left(\dfrac{1}{k+1},\dfrac{1}{k}\right]$, 于是根据 $T^{n-1}x\in I_{a_n}$ 确定 a_n.

引理 4.2.1 对于任何 $x\in Y=[0,1]\setminus\mathbb{Q}$, 设 $\{a_n\}_{n\in\mathbb{N}}=\{a_n(x)\}_{n\in\mathbb{N}}$ 由式(4.21) 定义, 那么

$$x=[a_1(x),a_2(x),\cdots].$$

证明 根据注记 4.1.2, 我们实际已经知道 $x=[a_1(x),a_2(x),\cdots]$. 下面给出严格证明. 设 $\{a_n\}_{n\in\mathbb{N}}=\{a_n(x)\}_{n\in\mathbb{N}}$ 由式(4.21) 定义,

$$u=[a_1,a_2,\cdots].$$

下证 $x = u$. 根据式(4.11), 有

$$\frac{p_{2n}}{q_{2n}} < u < \frac{p_{2n+1}}{q_{2n+1}}, \quad \forall n \geqslant 0.$$

由式(4.8)、式(4.6), 我们有

$$\frac{p_{2n+1}}{q_{2n+1}} - \frac{p_{2n}}{q_{2n}} = \frac{1}{q_{2n}q_{2n-1}} \leqslant \frac{1}{2^{2n-2}} \to 0, \quad n \to \infty.$$

下面归纳证明

$$[a_1, a_2, \cdots, a_{2n}] = \frac{p_{2n}}{q_{2n}} < x < \frac{p_{2n+1}}{q_{2n+1}} = [a_1, a_2, \cdots, a_{2n+1}]. \tag{4.22}$$

由此即有 $u = x$.

当 $n = 0$ 时,

$$\frac{p_0}{q_0} = 0, \quad \frac{p_1}{q_1} = \frac{1}{a_1},$$

所以根据 a_1, 可知式(4.22) 成立. 下面我们假设式(4.22) 对 n 和任何 $x \in Y$ 成立. 特别地对于 $T^2(x) \in Y$, 有

$$[a_3, a_4, \cdots, a_{2n+2}] < T^2(x) < [a_3, a_4, \cdots, a_{2n+3}].$$

将 $T^2(x) = 1/T(x) - a_2$ 代入上式, 得

$$a_2 + [a_3, a_4, \cdots, a_{2n+2}] < \frac{1}{T(x)} < a_2 + [a_3, a_4, \cdots, a_{2n+3}].$$

于是

$$\begin{aligned}[a_2, a_3, \cdots, a_{2n+3}] = \frac{1}{a_2 + [a_3, a_4, \cdots, a_{2n+3}]} &< T(x) < \frac{1}{a_2 + [a_3, a_4, \cdots, a_{2n+2}]} \\ = [a_2, a_3, \cdots, a_{2n+2}].\end{aligned}$$

将 $T(x) = 1/x - a_1$ 代入上式, 得

$$a_1 + [a_2, a_3, \cdots, a_{2n+3}] < \frac{1}{x} < a_1 + [a_2, a_3, \cdots, a_{2n+2}].$$

于是

$$\begin{aligned}[a_1, a_2, \cdots, a_{2n+2}] = \frac{1}{a_1 + [a_2, a_3, \cdots, a_{2n+2}]} &< x < \frac{1}{a_1 + [a_2, a_3, \cdots, a_{2n+3}]} \\ = [a_1, a_2, \cdots, a_{2n+3}].\end{aligned}$$

所以式(4.22)对 $n + 1$ 成立. 证毕. □

注记 4.2.1 设

$$\phi : \mathbb{N}^{\mathbb{N}} \to [0, 1], \quad (a_1, a_2, \cdots) \mapsto u = [a_1, a_2, \cdots],$$

σ 为 $\mathbb{N}^{\mathbb{N}}$ 上的转移映射, 那么我们得到如图 4.2 所示的交换图表.

特别对于 $(a_1, a_2, \cdots) \in \mathbb{N}^{\mathbb{N}}$, $T([a_1, a_2, \cdots]) = [a_2, a_3, \cdots]$.

注意, 前面对于二进制展开, 我们也得到如图 4.3 所示的类似交换图表. 其中

$$\psi : \Sigma_2 = \{0,1\}^{\mathbb{N}} \to [0,1], \quad (a_1, a_2, \cdots) \mapsto \sum_{n=1}^{\infty} \frac{a_n}{2^n}.$$

图 4.2　　**图 4.3**

4.2.2　高斯测度的遍历性

下面我们将证明高斯测度 μ 为遍历的. 我们需要一些准备. 因为经常会对不同的 x 用到命题 4.1.1 中的 p_n, q_n, 所以有时为了避免混淆, 我们记

$$\begin{aligned}\frac{p_n(x)}{q_n(x)} &= [a_0(x); a_1(x), \cdots, a_n(x)] \\ &= a_0(x) + \cfrac{1}{a_1(x) + \cfrac{1}{a_2(x) + \cdots \cfrac{1}{a_{n-1}(x) + \cfrac{1}{a_n(x)}}}}, \quad n \geqslant 0.\end{aligned} \tag{4.23}$$

设 $u \notin \mathbb{Q}$, 其连分数展开为

$$u = [a_0; a_1, a_2, \cdots].$$

令

$$u_n = [a_n; a_{n+1}, a_{n+2}, \cdots], \tag{4.24}$$

即

$$u = a_0 + \cfrac{1}{a_1 + \cfrac{1}{a_2 + \cdots \cfrac{1}{a_{n-1} + \cfrac{1}{u_n}}}}, \quad \forall n \in \mathbb{N}.$$

u_n 称为 $[a_0; a_1, a_2, \cdots]$ 的**第 $n+1$ 个完全商** (complete quotient). 对照高斯映射的定义, 容易看出

$$u_n = \frac{1}{T^{n-1}(u)}, \quad \forall n \geqslant 2. \tag{4.25}$$

用两次命题 4.1.1, 可得

$$\begin{pmatrix} p_{n+k} \\ q_{n+k} \end{pmatrix} = \begin{pmatrix} a_0 & 1 \\ 1 & 0 \end{pmatrix} \begin{pmatrix} a_1 & 1 \\ 1 & 0 \end{pmatrix} \cdots \begin{pmatrix} a_{n+k} & 1 \\ 1 & 0 \end{pmatrix} \begin{pmatrix} 1 \\ 0 \end{pmatrix}$$
$$= \begin{pmatrix} p_n & p_{n-1} \\ q_n & q_{n-1} \end{pmatrix} \begin{pmatrix} a_{n+1} & 1 \\ 1 & 0 \end{pmatrix} \begin{pmatrix} a_{n+2} & 1 \\ 1 & 0 \end{pmatrix} \cdots \begin{pmatrix} a_{n+k} & 1 \\ 1 & 0 \end{pmatrix} \begin{pmatrix} 1 \\ 0 \end{pmatrix}.$$

运用式(4.23)和式(4.24)的符号约定, 我们有

$$\begin{pmatrix} p_{n+k} \\ q_{n+k} \end{pmatrix} = \begin{pmatrix} p_n & p_{n-1} \\ q_n & q_{n-1} \end{pmatrix} \begin{pmatrix} p_{k-1}(u_{n+1}) & p_{k-2}(u_{n+1}) \\ q_{k-1}(u_{n+1}) & q_{k-2}(u_{n+1}) \end{pmatrix} \begin{pmatrix} 1 \\ 0 \end{pmatrix}, \quad \forall n, k \in \mathbb{N}.$$

于是有

$$\frac{p_{n+k}}{q_{n+k}} = \frac{p_n \dfrac{p_{k-1}(u_{n+1})}{q_{k-1}(u_{n+1})} + p_{n-1}}{q_n \dfrac{p_{k-1}(u_{n+1})}{q_{k-1}(u_{n+1})} + q_{n-1}}.$$

令 $k \to \infty$, 就得到

$$u = \frac{p_n u_{n+1} + p_{n-1}}{q_n u_{n+1} + q_{n-1}}. \tag{4.26}$$

根据 $u_{n+1} = \dfrac{1}{T^n(u)}$, 就得到

$$u = \frac{p_n + p_{n-1} T^n(u)}{q_n + q_{n-1} T^n(u)}. \tag{4.27}$$

定理 4.2.1 连分数系统 $([0,1], \mathcal{B}([0,1]), \mu, T)$ 为遍历系统.

证明 设

$$\phi : \mathbb{N}^{\mathbb{N}} \to \mathbb{R}, \quad (a_1, a_2, \cdots) \mapsto u = [a_1, a_2, \cdots],$$

σ 为 $\mathbb{N}^{\mathbb{N}}$ 上的转移映射, 那么我们得到如图 4.4 的图表.

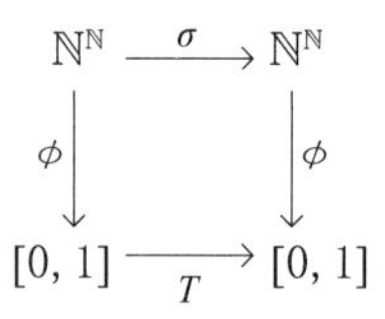

$$\begin{array}{ccc} \mathbb{N}^{\mathbb{N}} & \xrightarrow{\sigma} & \mathbb{N}^{\mathbb{N}} \\ \phi \downarrow & & \downarrow \phi \\ [0,1] & \xrightarrow[T]{} & [0,1] \end{array}$$

图 4.4

我们将结合图 4.4 中的图表对定理进行证明. 注意, μ 在 $\mathbb{N}^{\mathbb{N}}$ 中的拉回测度比较复杂, 我们希望对其上的可测方体进行估计. 在证明中我们用符号 $f \asymp g$ 表示存在常数 $C_1, C_2 > 0$, 使得

$$C_1 f \leqslant g \leqslant C_2 f.$$

取定 $\boldsymbol{a} = (a_1, a_2, \cdots, a_n) \in \mathbb{N}^n$, 其长度 $|\boldsymbol{a}| = n$. 定义 $\mathbb{N}^{\mathbb{N}}$ 中的方体的像集

$$I(\boldsymbol{a}) = \{[x_1, x_2, \cdots] \in [0,1] : x_i = a_i, 1 \leqslant i \leqslant n\}.$$

注意, $I(\boldsymbol{a})$ 为以 $[a_1, a_2, \cdots, a_n], [a_1, a_2, \cdots, a_{n+1}]$ 为端点的区间与 $Y = [0,1] \setminus \mathbb{Q}$ 的交集.

我们下面要证明

$$\mu(T^{-n} A \cap I(\boldsymbol{a})) \asymp \mu(A) \mu(I(\boldsymbol{a})), \quad \forall A \in \mathcal{B}([0,1]). \tag{4.28}$$

为此, 我们仅需要对形如 $A=[d,e]\subseteq[0,1]$ 的 A 证明即可.

令

$$\frac{p_n}{q_n}=[a_1,a_2,\cdots,a_n],\quad \frac{p_{n-1}}{q_{n-1}}=[a_1,a_2,\cdots,a_{n-1}],$$

则

$$u\in I(\boldsymbol{a})\quad\Leftrightarrow\quad u=[a_1,\cdots,a_n,a_{n+1}(u),a_{n+2}(u),\cdots].$$

于是由式(4.27), 有

$$u\in T^{-n}A\cap I(\boldsymbol{a})\quad\Leftrightarrow\quad u=\frac{p_n+p_{n-1}T^n(u)}{q_n+q_{n-1}T^n(u)}\text{ 且 }T^n(u)\in A=[d,e].$$

因为 T^n 限制在 $I(\boldsymbol{a})$ 上是连续且单调的 (当 n 为偶数时单调增; 当 n 为奇数时单调减), 所以 $T^{-n}A\cap I(\boldsymbol{a})$ 为以下面两点为端点的区间:

$$\frac{p_n+p_{n-1}d}{q_n+q_{n-1}d},\quad \frac{p_n+p_{n-1}e}{q_n+q_{n-1}e}.$$

设 m 为 $[0,1]$ 上的 Lebesgue 测度, 那么有

$$m(T^{-n}A\cap I(\boldsymbol{a}))=\left|\frac{p_n+p_{n-1}d}{q_n+q_{n-1}d}-\frac{p_n+p_{n-1}e}{q_n+q_{n-1}e}\right|.$$

化简上式, 得

$$\begin{aligned}
&\left|\frac{p_n+p_{n-1}d}{q_n+q_{n-1}d}-\frac{p_n+p_{n-1}e}{q_n+q_{n-1}e}\right|\\
&=\left|\frac{(p_n+p_{n-1}d)(q_n+q_{n-1}e)-(p_n+p_{n-1}e)(q_n+q_{n-1}d)}{(q_n+q_{n-1}d)(q_n+q_{n-1}e)}\right|\\
&=\left|\frac{p_nq_{n-1}e+p_{n-1}q_nd-p_nq_{n-1}d-p_{n-1}q_ne}{(q_n+q_{n-1}d)(q_n+q_{n-1}e)}\right|\\
&=(e-d)\frac{|p_nq_{n-1}-p_{n-1}q_n|}{(q_n+q_{n-1}d)(q_n+q_{n-1}e)}\\
&=(e-d)\frac{1}{(q_n+q_{n-1}d)(q_n+q_{n-1}e)}\quad(\text{根据式(4.8)}).
\end{aligned}$$

另外, 取 $d=0,e=1$, 就得到

$$m(I(\boldsymbol{a}))=\left|\frac{p_n}{q_n}-\frac{p_n+p_{n-1}}{q_n+q_{n-1}}\right|=\frac{1}{q_n(q_n+q_{n-1})}.\tag{4.29}$$

于是, 我们就得到

$$\begin{aligned}
m(T^{-n}A\cap I(\boldsymbol{a}))&=m(A)m(I(\boldsymbol{a}))\frac{q_n(q_n+q_{n-1})}{(q_n+q_{n-1}d)(q_n+q_{n-1}e)}\\
&\asymp m(A)m(I(\boldsymbol{a})).
\end{aligned}\tag{4.30}$$

因为

$$\frac{m(B)}{2\log 2}\leqslant\mu(B)\leqslant\frac{m(B)}{\log 2},\quad\forall B\in\mathcal{B}([0,1]),$$

故根据式(4.30), 我们得到式(4.28), 即

$$\mu(T^{-n}A\cap I(\boldsymbol{a}))\asymp\mu(A)\mu(I(\boldsymbol{a})),\quad \forall A\in\mathcal{B}([0,1]),\boldsymbol{a}\in\mathbb{N}^n.$$

下设 $A\in\mathcal{B}([0,1])$ 满足 $T^{-1}=A$, 则由上式有

$$\mu(A\cap I(\boldsymbol{a}))\asymp\mu(A)\mu(I(\boldsymbol{a})),\quad \forall\boldsymbol{a}\in\mathbb{N}^n.$$

另外, 注意到, 对于 $n\in\mathbb{N}$, $\{I(\boldsymbol{a}):\boldsymbol{a}\in\mathbb{N}^n\}$ 为 $[0,1]$ 的剖分, 并且由式(4.29)和式(4.6), 有

$$\mathrm{diam}I(\boldsymbol{a})=\frac{1}{q_n(q_n+q_{n-1})}\leqslant\frac{1}{2^{n-2}}.$$

因此

$$\{I(\boldsymbol{a}):\boldsymbol{a}\in\mathbb{N}^n,n\in\mathbb{N}\}$$

生成了 $\mathcal{B}([0,1])$. 于是, 有

$$\mu(A\cap B)\asymp\mu(A)\mu(B),\quad \forall B\in\mathcal{B}([0,1]).$$

尤其取 $B=[0,1]\setminus A$, 则

$$\mu(A)\mu([0,1]\setminus A)\asymp 0,\quad 即\quad \mu(A)=0 或 \mu(A)=1.$$

所以根据遍历定义, T 为遍历的. □

4.2.3 遍历性的应用

作为上面定理的应用, 我们得到

定理 4.2.2 对于 m 几乎处处的 $x=[a_1,a_2,\cdots]\in[0,1]$, 有如下性质:

(1) 自然数 j 出现在连分数展开中的频率为

$$\frac{2\log(1+j)-\log j-\log(2+j)}{\log 2};\tag{4.31}$$

(2)

$$\lim_{n\to\infty}(a_1a_2\cdots a_n)^{\frac{1}{n}}=\prod_{a=1}^{\infty}\left(\frac{(a+1)^2}{a(a+2)}\right)^{\frac{\log a}{\log 2}};\tag{4.32}$$

(3)

$$\lim_{n\to\infty}\frac{1}{n}(a_1+a_2+\cdots+a_n)=\infty;\tag{4.33}$$

(4)

$$\lim_{n\to\infty}\frac{1}{n}\log q_n(x)=\frac{\pi^2}{12\log 2};\tag{4.34}$$

(5)

$$\lim_{n\to\infty}\frac{1}{n}\log\left|x-\frac{p_n(x)}{q_n(x)}\right|=-\frac{\pi^2}{6\log 2}.\tag{4.35}$$

证明　(1) 设 $j\in\mathbb{N}$, 那么对于几乎处处的 $x=[a_1,a_2,\cdots]$, 数字 j 出现的频率为

$$\begin{aligned}
&\lim_{N\to\infty}\frac{1}{N}|\{i:1\leqslant i\leqslant N,a_i=j\}|\\
&=\lim_{N\to\infty}\frac{1}{N}\left|\left\{i:1\leqslant i\leqslant N,T^{i-1}x\in\left(\frac{1}{j+1},\frac{1}{j}\right]\right\}\right|\\
&=\lim_{N\to\infty}\frac{1}{N}\sum_{i=0}^{N-1}\mathbf{1}_{(\frac{1}{j+1},\frac{1}{j}]}(T^ix)=\frac{1}{\log 2}\int_{\frac{1}{j+1}}^{\frac{1}{j}}\frac{1}{1+y}\mathrm{d}y\\
&=\frac{2\log(1+j)-\log j-\log(2+j)}{\log 2}.
\end{aligned}$$

(2) 定义函数 $f:(0,1]=\bigcup\limits_{a=1}^{\infty}\left(\frac{1}{a+1},\frac{1}{a}\right]\to\mathbb{R}$ 如下: 如果 $x\in\left(\frac{1}{a+1},\frac{1}{a}\right]$, 那么定义 $f(x)=\log a$. 由

$$\int_0^1 f(x)\mathrm{d}x=\sum_{a=1}^{\infty}\left(\frac{1}{a}-\frac{1}{a+1}\right)\log a\leqslant\sum_{a=1}^{\infty}\frac{1}{a^2}\log a<\infty,$$

以及

$$\frac{\mathrm{d}\mu}{\mathrm{d}x}=\frac{1}{(1+x)\log 2},$$

知道 $\int_0^1 f\mathrm{d}\mu<\infty$, 即 $f\in L^1([0,1],\mu)$. 所以由 Birkhoff 逐点收敛定理, 有

$$\begin{aligned}
\frac{1}{n}\sum_{j=0}^{n-1}\log a_j&=\frac{1}{n}\sum_{j=0}^{n-1}f(T^jx)\\
&\xrightarrow{\text{a.e.}}\int_0^1 f\mathrm{d}\mu=\sum_{a=1}^{\infty}\frac{\log a}{\log 2}\int_{\frac{1}{1+a}}^{\frac{1}{a}}\frac{1}{1+x}\mathrm{d}x\\
&=\sum_{a=1}^{\infty}\frac{\log a}{\log 2}\left(\log\left(1+\frac{1}{a}\right)-\log\left(1+\frac{1}{a+1}\right)\right),\quad n\to\infty,
\end{aligned}$$

即

$$\lim_{n\to\infty}(a_1a_2\cdots a_n)^{\frac{1}{n}}=\prod_{a=1}^{\infty}\left(\frac{(a+1)^2}{a(a+2)}\right)^{\frac{\log a}{\log 2}}.$$

(3) 设 $g:(0,1]\to\mathbb{R},g(x)=\mathrm{e}^{f(x)}$, 则

$$\frac{a_1+a_2+\cdots+a_n}{n}=\frac{1}{n}\sum_{j=0}^{n-1}g(T^jx).$$

但是因为 $\int_0^1 g\mathrm{d}\mu=\infty$, 所以不能直接用 Birkhoff 遍历定理.

对于 $N>0$, 令

$$g_N(x)=\begin{cases}g(x), & g(x)\leqslant N,\\ 0, & \text{其他}.\end{cases}$$

因为

$$\int_0^1 g_N \mathrm{d}\mu = \frac{1}{\log 2} \sum_{a=1}^{N} \int_{\frac{1}{a+1}}^{\frac{1}{a}} a \mathrm{d}x = \frac{1}{\log 2} \sum_{a=1}^{N} \frac{1}{a+1} < \infty,$$

又 $\lim\limits_{N\to\infty} \int_0^1 g_N \mathrm{d}\mu = \infty$, 故对 g_N 用遍历定理, 得

$$\begin{aligned}\liminf_{n\to\infty} \frac{1}{n} \sum_{j=0}^{n-1} g(T^j x) &\geqslant \lim_{n\to\infty} \frac{1}{n} \sum_{j=0}^{n-1} g_N(T^j x) \\ &= \int_0^1 g_N \mathrm{d}\mu \to \infty, \quad N \to \infty.\end{aligned}$$

于是就得到式(4.33).

(4) 注意到

$$\begin{aligned}\frac{p_n(x)}{q_n(x)} = \frac{1}{a_1 + [a_2, \cdots, a_n]} &= \frac{1}{a_1 + \dfrac{p_{n-1}(Tx)}{q_{n-1}(Tx)}} \\ &= \frac{q_{n-1}(Tx)}{p_{n-1}(Tx) + q_{n-1}(Tx) a_1}.\end{aligned}$$

于是, 根据 p_n, q_n 的定义, 我们有

$$p_n(x) = q_{n-1}(Tx).$$

注意, 约定 $p_1 = q_0 = 1$, 我们得到

$$\frac{1}{q_n(x)} = \frac{p_n(x)}{q_n(x)} \cdot \frac{p_{n-1}(Tx)}{q_{n-1}(Tx)} \cdots \frac{p_1(T^{n-1}x)}{q_1(T^{n-1}x)},$$

即

$$-\frac{1}{n} \log q_n(x) = \frac{1}{n} \sum_{j=0}^{n-1} \log \left(\frac{p_{n-j}(T^j x)}{q_{n-j}(T^j x)} \right).$$

令 $h(x) = \log x \in L^1([0,1], \mu)$, 则

$$-\frac{1}{n} \log q_n(x) = \frac{1}{n} \sum_{j=0}^{n-1} h(T^j x) - \frac{1}{n} \sum_{j=0}^{n-1} \left(\log(T^j x) - \log \left(\frac{p_{n-j}(T^j x)}{q_{n-j}(T^j x)} \right) \right).$$

令

$$\begin{aligned} S_n &= \sum_{j=0}^{n-1} h(T^j x), \\ R_n &= \sum_{j=0}^{n-1} \left(\log(T^j x) - \log \left(\frac{p_{n-j}(T^j x)}{q_{n-j}(T^j x)} \right) \right). \end{aligned}$$

下面我们分别计算 S_n, R_n. 由遍历定理, 我们有

$$\lim_{n\to\infty}\frac{1}{n}S_n=\frac{1}{\log 2}\int_0^1\frac{\log x}{1+x}\mathrm{d}x=-\frac{\pi^2}{12\log 2}.$$

下面我们证明

$$\lim_{n\to\infty}\frac{1}{n}R_n=0,$$

从而完成证明. 根据式(4.6)、式(4.7)和式(4.13), 我们有

$$\left|\frac{x}{p_k/q_k}-1\right|=\frac{q_k}{p_k}\left|x-\frac{p_k}{q_k}\right|\leqslant\frac{1}{p_kq_{k+1}}\leqslant\frac{1}{2^{k-1}}.$$

运用不等式

$$|\log u|\leqslant 2|u-1|,\quad u\in[1/2,3/2],$$

我们得到

$$\begin{aligned}|R_n|&\leqslant\sum_{j=0}^{n-1}\left|\log\frac{T^jx}{p_{n-j}(T^jx)/q_{n-j}(T^jx)}\right|\\&\leqslant\underbrace{2\sum_{j=0}^{n-2}\left|\frac{T^jx}{p_{n-j}(T^jx)/q_{n-j}(T^jx)}-1\right|}_{T_n}+\underbrace{\left|\log\frac{T^{n-1}x}{p_1(T^{n-1}x)/q_1(T^{n-1}x)}\right|}_{U_n}.\end{aligned}$$

下面估计 T_n, U_n.

$$T_n\leqslant\sum_{j=0}^{n-2}\frac{2}{2^{n-j-1}}\leqslant 2,\quad\forall n.$$

注意到

$$U_n=\left|\log(T^{n-1}x)a_1(T^{n-1}x)\right|,$$

由式(4.20) 以及 $a_1(T^{n-1}x)\geqslant 1$, 有

$$1\geqslant(T^{n-1}x)a_1(T^{n-1}x)\geqslant\frac{a_1(T^{n-1}x)}{1+a_1(T^{n-1}x)}\geqslant\frac{1}{2}.$$

所以

$$U_n=\left|\log(T^{n-1}x)a_1(T^{n-1}x)\right|\leqslant\log 2.$$

综合上面所得, 我们得到

$$\lim_{n\to\infty}\frac{1}{n}R_n=0.$$

(5) 根据式(4.13)和式(4.17), 我们有

$$\log q_n+\log q_{n+1}\leqslant-\log\left|x-\frac{p_n}{q_n}\right|\leqslant\log q_n+\log q_{n+2}.$$

于是, 根据式(4.34)就可得到式(4.35). □

习 题

1. 证明:

$$\phi : \mathbb{N}^{\mathbb{N}} \to [0,1] \setminus \mathbb{Q}, \quad (a_1, a_2, \cdots) \mapsto u = [a_1, a_2, \cdots]$$

为同胚, 其中 $\mathbb{N}$ 取离散拓扑, $\mathbb{N}^{\mathbb{N}}$ 取乘积拓扑.

4.3 坏逼近数与 Lagrange 定理

本节介绍著名的 Lagrange 定理.

4.3.1 坏逼近数

称一个实数 x 为**代数数**, 若它为某个整系数多项式的根, 其中满足条件多项式的最小阶数称为代数数的阶. 例如, 任何有理数都为代数数, 其阶为 1; $\sqrt{2}, \sqrt{3}$ 为 2 阶代数数; $\sqrt{2} + \sqrt{3}$ 为 4 阶代数数. 一个不是代数数的实数称为**超越数** (transcendental number). 容易证明代数数全体是可数的, 所以超越数总是存在的. Liouville 给出了一个超越数存在的简单证明. 一个实数 x 称为 **Liouville 数**, 若它为无理数, 并且对于每个 $n \in \mathbb{N}$, 存在 $p \in \mathbb{Z}, q \in \mathbb{N}$, 使得

$$\left| x - \frac{p}{q} \right| < \frac{1}{q^n}.$$

例如, $x = \sum\limits_{k=1}^{\infty} \frac{1}{10^{k!}}$ 为 Liouville 数 (取 $q = 10^{n!}$). Liouville 证明了任何 Liouville 数都为超越数, 从而证明了超越数的存在性. 在他的证明中, 他还指出了一个有趣的结论: 对于 n 阶代数数 x, 存在 $M \in \mathbb{N}$, 使得

$$\left| x - \frac{p}{q} \right| > \frac{1}{Mq^n}, \quad \forall p \in \mathbb{Z}, q \in \mathbb{N}.$$

在这里, 我们不讨论超越数的问题, 而介绍 Lagrange 的一个漂亮定理, 指出连分数可以刻画 2 阶无理数.

定义 4.3.1 一个数 $u = [a_1, a_2, \cdots] \in [0,1]$ 称为**坏逼近**的 (badly approximable), 若存在 $M > 0$, 使得 $a_n \leqslant M$ $(\forall n \in \mathbb{N})$.

例如, $\frac{\sqrt{5}-1}{2} = [1, 1, 1, \cdots]$ 为坏逼近的. 根据式(4.33), 我们知道坏逼近数的全体是 m 零测集.

命题 4.3.1 一个数 $u \in [0,1]$ 为坏逼近的当且仅当存在 $\varepsilon > 0$, 使得对于任何有理数 p/q, 有

$$\left| u - \frac{p}{q} \right| \geqslant \frac{\varepsilon}{q^2}.$$

证明　设 $u \in [0,1]$ 为坏逼近的, 那么存在 $M > 0$, 使得 $a_n \leqslant M$ $(\forall n \in \mathbb{N})$. 根据式(4.4), 有

$$q_{n+1} \leqslant (M+1)q_n, \quad \forall n \geqslant 0.$$

对于任何 q, 存在 n, 使得 $q \in (q_{n-1}, q_n]$. 根据命题 4.1.4 以及式(4.17), 有

$$\left|\frac{p}{q} - u\right| > \left|\frac{p_n}{q_n} - u\right| > \frac{1}{q_n q_{n+2}} > \frac{1}{(M+1)^2 q^2}.$$

反之, 设存在 $\varepsilon > 0$, 使得对于任何有理数 $\dfrac{p}{q}$, 有

$$\left|u - \frac{p}{q}\right| \geqslant \frac{\varepsilon}{q^2}.$$

特别地, 由式(4.13), 就有

$$\frac{\varepsilon}{q_n^2} \leqslant \left|u - \frac{p_n}{q_n}\right| < \frac{1}{q_n q_{n+1}}.$$

于是

$$a_{n+1}q_n < a_{n+1}q_n + q_{n-1} = q_{n+1} < \frac{1}{\varepsilon}q_n,$$

即

$$a_n \leqslant \frac{1}{\varepsilon}, \quad \forall n \geqslant 1.$$

证毕. □

4.3.2　二次无理数与 Lagrange 定理

定义 4.3.2　$u \in \mathbb{R}$ 称为**二次无理**的 (quadratic irrational), 若 $u \notin \mathbb{Q}$, 并且存在 $a, b, c \in \mathbb{Z}$, 使得 $au^2 + bu + c = 0$, 即 $u \in \mathbb{R}$ 为二次无理的当且仅当 $\mathbb{Q}(u)$ 为相对于 $\mathbb{Q}$ 的二次扩张域.

定义 4.3.3　连分数 $[a_0; a_1, a_2, \cdots]$ 称为**最终周期**的 (eventually periodic), 若存在数 $N \geqslant 0$ 以及 $k \geqslant 1$, 使得

$$a_{n+k} = a_n, \quad \forall n \geqslant N.$$

此时, 把连分数记为

$$[a_0; a_1, \cdots, a_{N-1}, \overline{a_N, \cdots, a_{N+k-1}}].$$

例如

$$\sqrt{2} = [1; \overline{2}], \quad \sqrt{3} = [1; \overline{1, 2}], \quad \sqrt{5} = [2; \overline{4}], \quad \sqrt{7} = [2; \overline{1, 1, 1, 4}].$$

定理 4.3.1 (Lagrange 定理)　设 $u \notin \mathbb{Q}$, 那么 u 为二次无理的当且仅当 u 的连分数展开是最终周期的.

证明 设 $u=[\overline{a_0;a_1,a_2,\cdots,a_k}]$. 由定理 4.1.1, 知 $u\notin\mathbb{Q}$. 根据 u 的定义, 有

$$u_{k+1}=u_0=u.$$

由式(4.26), 有

$$u=\frac{up_k+p_{k-1}}{uq_k+q_{k-1}}.$$

于是

$$q_k u^2+(q_{k-1}-p_k)u-p_{k-1}=0,$$

即 u 为二次无理的.

现在假设

$$u=[a_0;a_1,\cdots,a_{N-1},\overline{a_N,\cdots,a_{N+k}}].$$

由式(4.26), 有

$$u=\frac{[\overline{a_N;a_{N+1},\cdots,a_{N+k}}]p_{N-1}+p_{N-2}}{[\overline{a_N;a_{N+1},\cdots,a_{N+k}}]q_{N-1}+q_{N-2}}.$$

所以 $\mathbb{Q}(u)=\mathbb{Q}([\overline{a_N;a_{N+1},\cdots,a_{N+k}}])$, u 为二次无理的.

反之, 假设 u 为二次无理的. 设

$$f_0(u)=\alpha_0u^2+\beta_0u+\gamma_0=0,$$

其中 $\alpha_0,\beta_0,\gamma_0\in\mathbb{Z}$, 并且 $\delta=\beta_0^2-4\alpha_0\gamma_0$ 不是完全平方数.

断言 对于每个 $n\geqslant 0$, 存在多项式

$$f_n(x)=\alpha_nx^2+\beta_nx+\gamma_n,$$

使得 $f_n(u_n)=0$ 且

$$\beta_n^2-4\alpha_n\gamma_n=\delta.$$

证明 当我们对 n 归纳证明. 当 $n=0$ 时, 显然成立. 设对于 n 断言成立.

因为 $u_n=a_n+1/u_{n+1}$, 所以由归纳假设, 得

$$f_n\left(a_n+\frac{1}{u_{n+1}}\right)=0.$$

代入 $f_n(x)=\alpha_nx^2+\beta_nx+\gamma_n$, 整理得到

$$f_{n+1}(x)=\alpha_{n+1}x^2+\beta_{n+1}x+\gamma_{n+1},$$

其中

$$\alpha_{n+1}=a_n^2\alpha_n+a_n\beta_n+\gamma_n, \tag{4.36}$$

$$\beta_{n+1}=2a_n\alpha_n+\beta_n, \tag{4.37}$$

$$\gamma_{n+1}=\alpha_n. \tag{4.38}$$

明显地, $\alpha_{n+1},\beta_{n+1},\gamma_{n+1}\in\mathbb{Z}$. 通过直接验证, 得到

$$\beta_{n+1}^2-4\alpha_{n+1}\gamma_{n+1}=\beta_n^2-4\alpha_n\gamma_n=\delta.$$

断言证毕.

根据断言, 每个多项式 f_n 都有相同的非完全平方数的判别式 δ, 因此

$$\alpha_n\neq 0,\quad \forall n\geqslant 0.$$

如果存在某个 $N>0$, 使得 $n\geqslant N$ 时 $\alpha_n>0$, 那么根据式(4.37), $\beta_N,\beta_{N+1},\cdots$ 单调递增. 结合式(4.38) 就会得到 n 充分大以后, $\alpha_n,\beta_n,\gamma_n>0$. 但这与

$$f_n(u_n)=0,\quad u_n>0$$

矛盾. 类似地, 不存在 N, 使得 $n\geqslant N$ 时 $\alpha_n<0$. 所以 α_n 在不停地变化正负号. 令

$$A=\{n\in\mathbb{N}:\alpha_n\alpha_{n-1}<0\},$$

则 $|A|=\infty$.

由式(4.38), 有

$$\alpha_n\gamma_n<0,\quad \forall n\in A.$$

因为

$$\beta_n^2-4\alpha_n\gamma_n=\delta,\quad \forall n\geqslant 0,$$

所以对于任何 $n\in A$, 有

$$|\alpha_n|\leqslant\frac{1}{4}\delta,\quad |\beta_n|<\sqrt{\delta},\quad |\gamma_n|\leqslant\frac{1}{4}\delta.$$

于是 A 为无穷集, 而 $(\alpha_n,\beta_n,\gamma_n)$ 只有有限种可能性, 从而存在 $n_1<n_2<n_3$, 使得

$$f_{n_1}=f_{n_2}=f_{n_3}.$$

因为二次多项式至多有两个根, 所以 u_{n_1},u_{n_2},u_{n_3} 中必有两个是相等的, 这就意味着 u 为最终周期的. □

推论 4.3.1 任何二次无理数必为坏逼近的.

习　题

1. 证明: 在 $u\in\mathbb{R}$ 的任何两个连续的渐近分数中至少有一个满足

$$\left|u-\frac{p}{q}\right|<\frac{1}{2q^2}.$$

于是, 对于无理数 u, 满足上面不等式的有理数有无穷多个.

2. (Hurwitz 定理) 在 $u \in \mathbb{R}$ 的任何三个连续的渐近分数中至少有一个满足

$$\left|u-\frac{p}{q}\right|<\frac{1}{\sqrt{5}q^2}.$$

于是, 对于无理数 u, 满足上面不等式的有理数有无穷多个.

3. 在 Hurwitz 定理中, $\sqrt{5}$ 为最佳数, 即如果 $A>\sqrt{5}$, 则存在 $u \in \mathbb{R}$, 使得

$$\left|u-\frac{p}{q}\right|<\frac{1}{Aq^2}$$

不能有无穷组解.

4. 称两个实数 ξ, η 为相似的, 若存在 $a, b, c, d \in \mathbb{Z}, ad-bc=\pm 1$, 使得

$$\xi=\frac{a\eta+b}{c\eta+d}.$$

证明:

(1) 相似为等价关系;

(2) 有理数彼此相似;

(3) $\xi=\dfrac{a\eta+b}{c\eta+d}$ 可以表示为 $\xi=[a_0; a_1, \cdots, a_{k-1}, \eta]$ $(k \geqslant 2)$, 当且仅当 $c>d>0$;

(4) 两个无理数 ξ, η 相似, 当且仅当它们的连分数展开式中若干项后完全一样, 即

$$\xi=[a_0; a_1, \cdots, a_m, c_1, c_2, \cdots], \quad \eta=[b_0; b_1, \cdots, b_m, c_1, c_2, \cdots].$$

4.4 注　　记

关于连分数有许多优秀的专著, 本章的素材来自文献 [58, 223]. 动力系统在连分数方面的进一步应用参见文献 [48, 138] 等.

第 5 章　Lebesgue 空间与同构

在本章中, 我们讨论一个基本的问题: 什么时候两个保测系统是"一样的"? 为此, 需要讨论如何定义动力系统是"一样的", 这里有几个不同的选择: 同构、共轭和谱同构. 本章的目的之一就是讨论这些定义的异同. 为了能够将问题解释清楚, 我们先系统回顾 Lebesgue 空间的知识, 然后分别介绍同构、共轭和谱同构的概念. 一个基本的结果是: 对于 Lebesgue 空间上的保测系统, 同构等价于共轭且两者强于谱同构. 为了给出谱同构但不共轭的例子, 我们系统介绍 Kolmogorov 系统, 并且指出 Kolmogorov 系统都是谱同构的, 但是其中有许多不是共轭的. 接着我们研究最简单的动力系统——离散谱系统, 并且证明 Halmos-von Neumann 定理: 对于离散谱系统, 共轭等价于谱同构, 并且遍历的离散谱系统实际上同构于群旋转.

我们还介绍著名的 Rohlin 斜积定理, 指出遍历系统间扩充系统可以表示为斜积系统. 最后我们给出遍历分解定理, 由此解释遍历性在保测系统研究中的重要性.

5.1　Lebesgue 空间

5.1.1　Lebesgue 空间概念

对于拓扑空间 $(X,\mathcal{T})$, 我们总是用 $\mathcal{B}(X)=\sigma(\mathcal{T})$ 表示 Borel σ 代数, 即开集生成的子 σ 代数.

定理 5.1.1　设 $(X,\mathcal{X})$ 为可测空间, 那么以下等价:

(1) 存在可分的度量空间 Y, 使得 $(X,\mathcal{X})$ 同构于 $(Y,\mathcal{B}(Y))$;

(2) 存在 Cantor 集的子集 Y, 使得 $(X,\mathcal{X})$ 同构于 $(Y,\mathcal{B}(Y))$;

(3) $\mathcal{X}$ 为可数生成的, 并且分离点, 即存在可数子集 $\{A_n\}_{n\in\mathbb{N}}$, 使得 $\mathcal{X}=\sigma(\{A_n\}_{n=1}^{\infty})$, 以及对于任何 $x\neq x'$, 存在 $A\in\mathcal{X}$, 使得 $x\in A$ 且 $x'\notin A$.

满足上面条件的可测空间称为 **Borel 空间**, 一般也记作 $\mathcal{X}=\mathcal{B}(X)$.

注记 5.1.1　(1) 在数学中, 词语"同构"在各个分支里面使用得都比较频繁, 我们需要根据上下文来理解碰到的同构是哪一个定义. 例如在定理 5.1.1 中, 根据上下文, 我们知道此处的同构是指可测空间的同构, 即 $\phi:(X,\mathcal{X})\to(Y,\mathcal{B}(Y))$ 为双射且 ϕ,ϕ^{-1} 可测.

(2) 定理 5.1.1 证明中唯一困难的一步是由 (3) 推 (2). 这个证明是标准的, 我们把构造陈述如下. 设 $\{A_n\}_{n\in\mathbb{N}}$ 为生成 $\mathcal{X}$ 的可数子集族, 定义

$$\phi: X \to \{0,1\}^{\mathbb{N}}, \quad (\phi(x))_n = \mathbf{1}_{A_n}(x).$$

因为 $\mathcal{X}$ 分离点, 所以 ϕ 为单射. 令 $Y = \phi(X) \subseteq \{0,1\}^{\mathbb{N}}$, 那么

$$\phi(A_n) = Y \cap {}_n[1]_n = \{y \in Y : y_n = 1\}.$$

容易验证, ϕ, ϕ^{-1} 都是可测的.

设 X 是一个拓扑空间. 如果存在一个相容的度量 d, 使得 (X,d) 是一个可分完备度量空间, 则称 X 是一个 **Polish 空间**.

定义 5.1.1 设 $(X,\mathcal{X})$ 是一个可测空间. 如果存在 Polish 空间 Y, 使得 $(X,\mathcal{X})$ 同构于 $(Y,\mathcal{B}(Y))$, 那么称 $(X,\mathcal{X})$ 是一个**标准 Borel 空间**.

下面的 Kuratowski 同构定理告诉我们两个标准 Borel 空间是否同构可以由其势决定.

定理 5.1.2 (Kuratowski 同构定理) 设 $(X,\mathcal{X}),(Y,\mathcal{Y})$ 为标准 Borel 空间, 那么 $(X,\mathcal{X})$, $(Y,\mathcal{Y})$ 为同构的当且仅当

$$\mathrm{Card}(X) = \mathrm{Card}(Y).$$

特别地, 任何两个具有相同不可数势的标准 Borel 空间为同构的.

下面的定理罗列了标准 Borel 空间的三个性质: 第一个性质是说标准 Borel 空间的子空间仍然是标准 Borel 空间; 第二个性质指出 Borel 可测集的单射可测像仍为 Borel 可测集; 第三个性质指出对于标准 Borel 空间而言, 可数生成且分离点的 σ 代数是唯一的.

设 $(X,\mathcal{X})$ 是一个可测空间. 对于 $A \in \mathcal{X}$, 令 $\mathcal{X}_A = \mathcal{X} \cap A = \{A \cap B \colon B \in \mathcal{X}\}$, 则 $(A, \mathcal{X} \cap A)$ 也是一个可测空间.

定理 5.1.3 (1) 设 $(X,\mathcal{X})$ 为标准 Borel 空间, $Y \in \mathcal{X}$, 那么 $(Y, \mathcal{X}\cap Y)$ 也是标准 Borel 空间.

(2) 设 $(X,\mathcal{X}),(Y,\mathcal{Y})$ 为标准 Borel 空间, $f: X \to Y$ 为可测映射. 设 $A \in \mathcal{X}$, 并且 $f|_A$ 为单射, 那么 $f(A) \in \mathcal{Y}$, 并且

$$f|_A : (A, \mathcal{X}\cap A) \to (f(A), f(A)\cap \mathcal{Y})$$

为同构.

(3) 设 $(X,\mathcal{X})$ 为标准 Borel 空间. 如果 $\mathcal{A} \subseteq \mathcal{X}$ 为可数生成且分离点的 σ 代数, 那么 $\mathcal{A} = \mathcal{X}$.

设 $(X,\mathcal{B}(X)),(Y,\mathcal{B}(Y))$ 为标准 Borel 空间, $f: Y \to X$ 为可测映射. 一般而言, 可测集 $A \in \mathcal{B}(Y)$ 的像 $B = f(A)$ 不一定为可测集. 于是有下面的定义:

定义 5.1.2 设 $(X,\mathcal{B}(X))$ 为标准 Borel 空间, 子集 $B \subseteq X$ 称为**分析集** (analytic set) , 如果存在标准 Borel 空间 $(Y,\mathcal{B}(Y))$, 可测映射 $f: Y \to X$ 以及 $A \in \mathcal{B}(Y)$, 使得 $B = f(A)$.

用 $\mathcal{A}(X)$ 表示 X 上全体分析集生成的 σ 代数.

注记 5.1.2 (1) Souslin 指出, 任何不可数标准 Borel 空间一定存在不是 Borel 可测的分析集.

(2) 分析集的补集一般不再是分析集, 一个重要的结果是: $B \in \mathcal{B}(X)$ 当且仅当 $B \in \mathcal{A}(X)$ 且 $B^c \in \mathcal{A}(X)$.

这里回顾一下测度空间的完备化. 设 $(X, \mathcal{X}, \mu)$ 为测度空间, 一个子集 $A \subseteq X$ 称为 μ **零集**, 若存在 $B \in \mathcal{X}$, 使得 $A \subseteq B$ 并且 $\mu(B) = 0$, 即它包含在某个零测集中. 令 $\mathfrak{I}_\mu$ 为全体 μ 零集的全体. 注意一般而言, $\mathfrak{I}_\mu \not\subseteq \mathcal{X}$. 令

$$\mathcal{X}_\mu = \{A \cup N : A \in \mathcal{X}, N \in \mathfrak{I}_\mu\}.$$

那么容易验证, $\mathcal{X}_\mu$ 仍是一个 σ 代数, 称 $\mathcal{X}_\mu$ 中的元素为 μ **可测集**. 将 μ 自然扩充到 $\mathcal{X}_\mu$ 上的测度 $\overline{\mu}$: $\overline{\mu}(A \cup N) = \mu(A), \forall A \in \mathcal{X}, N \in \mathfrak{I}_\mu$. 那么 $(X, \mathcal{X}_\mu, \overline{\mu})$ 成为一个完备的测度空间, 称为 $(X, \mathcal{X}, \mu)$ 的**完备化**. 如无歧义, $(X, \mathcal{X}_\mu, \overline{\mu})$ 记为 $(X, \mathcal{X}_\mu, \mu)$.

设 $(X, \mathcal{B}(X))$ 为标准 Borel 空间, μ 为其上 σ 有限的测度, 记全体 μ 可测集为 $\mathcal{B}_\mu(X)$, 即 $\mathcal{B}_\mu(X)$ 为 $\mathcal{B}(X)$ 在 μ 下的完备化. 称一个子集 $A \subseteq X$ 为**普遍可测的** (universally measurable), 若对于任何 σ 有限的测度 μ, $A \in \mathcal{B}_\mu(X)$, 即

$$A \in \bigcap_\mu \mathcal{B}_\mu(X).$$

定理 5.1.4 (Lusin 定理) 设 $(X, \mathcal{B}(X))$ 为标准 Borel 空间, 那么任何分析集为普遍可测的, 即

$$\mathcal{A}(X) \subseteq \bigcap_\mu \mathcal{B}_\mu(X).$$

定理 5.1.5 (Jankov-von Neumann 定理) 设 $(X, \mathcal{X}), (Y, \mathcal{Y})$ 为标准 Borel 空间, $f : (X, \mathcal{X}) \to (Y, \mathcal{Y})$ 为可测映射, 则存在可测映射 $g : \big(f(X), \mathcal{A}\big(f(X)\big)\big) \to (X, \mathcal{X})$ (即 X 的可测集关于映射 g 的逆像为 $f(X)$ 上的分析集), 使得

$$f \circ g = \mathrm{id}_{f(X)}.$$

定理 5.1.6 设 $(X, \mathcal{B}(X))$ 为标准 Borel 空间, μ 为连续概率测度, 那么 $(X, \mathcal{B}(X), \mu)$ 同构于 $([0,1], \mathcal{B}([0,1]), m)$, 其中 m 为 Lebesgue 测度.

上面定理中两个测度空间的同构定义可参见下文的定义 5.1.7.

定义 5.1.3 (Lebesgue 空间) 称概率空间 $(X, \mathcal{X}, \mu)$ 是一个**标准 Lebesgue 空间** (或者直接称为 **Lebesgue 空间**), 如果 $(X, \mathcal{X})$ 为标准的 Borel 空间, 并且 μ 为 Borel 概率测度.

注记 5.1.3 (1) 也有很多作者把 Lebesgue 空间定义为标准 Borel 空间的完备化. 此时, 如果是连续测度, 那么就同构于 $([0,1], \mathcal{L}, m)$, 其中 $\mathcal{L}$ 为 Lebesgue 可测集全体.

(2) 于是根据定理 5.1.6, Lebesgue 空间同构于具有下面形式的概率空间:

$$\Big([0, s] \cup A, \mathcal{B}, m + \sum_{a \in A} p_a \delta_a\Big),$$

其中 A 是一个至多可数集, $A\cap[0,s]=\emptyset$, $s\in[0,1]$, $p_a>0$ 且 $\sum\limits_{a\in A}p_a=1-s$, $\mathcal{B}$ 是由 $\mathcal{B}([0,s])$ (如要求是完备的测度, 那么此处换为 Lebesgue 可测集) 和 A 的所有子集生成的 σ 代数, m 为 Lebesgue 测度. 特别地, 当 $s=1$ 时, $A=\emptyset$, 测度为连续的; 当 $s=0$ 时, 这个测度是纯原子的.

布尔代数 (Boolean algebra) 是指一个集合 R, 其上有运算 $\vee,\wedge$ 和 $'$, 满足:

(1) $A\vee A=A$, $A\wedge A=A$, $\forall A\in R$;

(2) $A\vee B=B\vee A$, $A\wedge B=B\wedge A$, $\forall A,B\in R$;

(3) $(A\vee B)\vee C=A\vee(B\vee C)$, $(A\wedge B)\wedge C=A\wedge(B\wedge C)$, $\forall A,B,C\in R$;

(4) $A\vee(B\wedge C)=(A\vee B)\wedge(A\vee C)$, $A\wedge(B\vee C)=(A\wedge B)\vee(A\wedge C)$, $\forall A,B,C\in R$;

(5) $(A\wedge B)'=A'\vee B'$;

(6) $(A')'=A$;

(7) 存在不同元素 $0,1\in R$, 满足 $A\wedge 0=0$, $A\vee 0=A$, $A\wedge 1=A$, $A\vee 1=1$, $\forall A\in R$;

(8) $A'\wedge A=0, A'\vee A=1$, $\forall A\in R$.

给定布尔代数 R, 其上可以定义半序 $A\leqslant B\Leftrightarrow A\wedge B=A$. 易见, 0 为此半序下的最小元, 1 为最大元. 一般也称 0 为**零元素**, 1 为**单位元素**.

布尔代数称为**布尔 σ 代数**, 若对于任何 $\{A_n\}_{n=1}^{\infty}\subseteq R$, 存在半序下最小的 $B\in R$, 使得 $A_n\leqslant B$ $(\forall n\in\mathbb{N})$. 此时, 将 B 记为 $\bigvee\limits_{n=1}^{\infty}A_n$. 注意, $C=(\bigvee\limits_{n=1}^{\infty}A_n')'$ 为满足 $C\leqslant A_n$ $(\forall n\in\mathbb{N})$ 的最大元, 记为 $C=\bigwedge\limits_{n=1}^{\infty}A_n$.

设 X 为集合, $\mathcal{X}$ 为 X 上的代数, 那么在并运算 "$\cup$"、交运算 "$\cap$" 和补运算下, $\mathcal{X}$ 为布尔代数. 其上零元素为空集 $\emptyset$, 单位元素为 X. 此时, $A\leqslant B$ 当且仅当 $A\subseteq B$. 如果 $\mathcal{X}$ 还为 σ 代数, 那么根据上面的运算, 它为布尔 σ 代数.

定义 5.1.4 设 X 为集合, $\mathfrak{I}\subseteq\mathcal{P}(X)$ 称为**理想**的 (ideal), 若

(1) $\emptyset\in\mathfrak{I}$;

(2) $A\subseteq B, B\in\mathfrak{I}$, 那么 $A\in\mathfrak{I}$;

(3) $A,B\in\mathfrak{I}$, 那么 $A\cup B\in\mathfrak{I}$.

如果第三条换为"对于可数并封闭", 那么称 $\mathfrak{I}$ 为 σ 理想.

设 $(X,\mathcal{X})$ 为可测空间, $\mathfrak{I}$ 为 X 上的 σ 理想. 根据 $\mathfrak{I}$ 可以定义 $\mathcal{X}$ 上的等价关系:

$$A\sim B\ \Leftrightarrow\ A\Delta B\in\mathfrak{I}.$$

令 $[A]$ 为 $A\in\mathcal{X}$ 对应的等价类, 将得到的布尔 σ 代数记为 $\mathcal{X}/\mathfrak{I}$, 即

$$\mathcal{X}/\mathfrak{I}=\{[A]:A\in\mathcal{X}\}.$$

定理 5.1.7 设 $(X,\mathcal{X})$ 为可测空间, $\mathfrak{I}$ 为 X 上的 σ 理想, $(Y,\mathcal{B}(Y))$ 为非空的标准 Borel 空间. 如果

$$\varPhi:\mathcal{B}(Y)\to\mathcal{X}/\mathfrak{I}$$

为布尔 σ 代数的同态, 那么存在可测映射 $\phi: X \to Y$, 使得

$$\Phi(A) = [\phi^{-1}(A)], \quad \forall A \in \mathcal{B}(Y).$$

并且在模 $\mathfrak{I}$ 意义下 ϕ 唯一, 即如果 $\psi: X \to Y$ 也满足条件, 那么

$$\{x \in X : \phi(x) \neq \psi(x)\} \in \mathfrak{I}.$$

定理 5.1.8　设 $(X, \mathcal{B}(X)), (Y, \mathcal{B}(Y))$ 为标准 Borel 空间, $\mathfrak{I}_X, \mathfrak{I}_Y$ 分别为 X, Y 上的 σ 理想, 那么

$$\Phi: \mathcal{B}(Y)/\mathfrak{I}_Y \to \mathcal{B}(X)/\mathfrak{I}_X$$

为布尔 σ 代数的同构当且仅当存在 $X_0 \in \mathcal{B}(X), Y_0 \in \mathcal{B}(Y)$ 以及 Borel 同构 $\phi: X_0 \to Y_0$, 使得

$$\Phi([A]) = [\phi^{-1}(A \cap Y_0)], \quad \forall A \in \mathcal{B}(Y),$$

并且在模 $\mathfrak{I}_X$ 意义下 ϕ 唯一.

如果 $\mathfrak{I}_X, \mathfrak{I}_Y$ 都包含一个不可数集合, 那么可以要求 $X_0 = X, Y_0 = Y$.

5.1.2　测度代数

定义 5.1.5　设 $\mathcal{A}$ 为布尔 σ 代数, 用 $\cap, \cup$ 表示布尔代数中的运算, 分别用 X 和 $\emptyset$ 记 $\mathcal{A}$ 中的单位元素与零元素. **测度代数** (measure algebra) 是指二元组 $(\mathcal{A}, \mu)$, 其中 $\mu: \mathcal{A} \to \mathbb{R}_+$ 满足

(1) $\mu(A) = 0$ 当且仅当 $A = \emptyset$;

(2) $\mu(X) < \infty$;

(3) 对于互不相交的序列 $\{A_i\}_{i=1}^{\infty} \subseteq \mathcal{A}$, 有 $\mu(\bigcup\limits_{i=1}^{\infty} A_i) = \sum\limits_{i=1}^{\infty} \mu(A_i)$, 此处 $\{A_i\}_{i=1}^{\infty} \subseteq \mathcal{A}$ 互不相交是指 $A_i \cap A_j = \emptyset \ (\forall i \neq j)$.

设 $(\mathcal{A}, \mu)$ 为测度代数, 那么可以定义度量

$$\rho(A, B) = \mu(A \Delta B).$$

容易验证, ρ 为度量, $(\mathcal{A}, \rho)$ 为完备度量空间, 并且 $\mu: \mathcal{A} \to \mathbb{R}_+$ 为一致连续的函数. 还容易验证 $A \mapsto A^c$ 为等距映射, 以及对于任何 $A, B, C, D \in \mathcal{A}$, 有

$$\rho(A \cup B, C \cup D) + \rho(A \cap B, C \cap D) \leqslant \rho(A, C) + \rho(B, D).$$

由此知道, 在此度量下, 布尔代数的运算是连续的 (留作练习).

称测度代数 $(\mathcal{A}, \mu)$ 为**可分的**, 若度量空间 $(\mathcal{A}, \rho)$ 为可分的.

定义 5.1.6　设 $(\mathcal{B}, \nu), (\mathcal{A}, \mu)$ 为测度代数, 用 $\cap, \cup$ 和上标 c 表示布尔代数中的运算. 映射 $\Phi: (\mathcal{B}, \nu) \to (\mathcal{A}, \mu)$ 称为**同态** (homomorphism), 若它满足以下条件:

(1) $\Phi(B_1 \cup B_2) = \Phi(B_1) \cup \Phi(B_2), \forall B_1, B_2 \in \mathcal{B}$;

(2) $\Phi(B^c) = (\Phi(B))^c, \forall B \in \mathcal{B}$;

(3) $\mu(\Phi(B)) = \nu(B), \forall B \in \mathcal{B}$.

如果 Φ 为一对一的, 那么称 $(\mathcal{B},\nu),(\mathcal{A},\mu)$ 为同构的测度代数, Φ 称为**同构**.

当 $(\mathcal{B},\nu) = (\mathcal{A},\mu)$ 时, 同构 $\Phi: (\mathcal{A},\mu) \to (\mathcal{A},\mu)$ 也称为**自同构**.

注记 5.1.4 测度代数的同态自然为单射, 并且为 σ 同态. 证明如下: 设 $\Phi(B_1) = \Phi(B_2)$, 那么

$$\Phi(B_1 \cup B_2) = \Phi(B_1) \cup \Phi(B_2) = \Phi(B_1) \cap \Phi(B_2) = \Phi(B_1 \cap B_2).$$

于是 $\nu(B_1 \cap B_2) = \nu(B_1 \cup B_2)$. 由此得到 $\nu(B_1 \Delta B_2) = 0$, 即 $B_1 = B_2$.

下证 σ 为同态. 设 $B = \bigcup_{n=1}^{\infty} B_n$, 则

$$\mu\left(\Phi(B) \setminus \bigcup_{n=1}^{N} \Phi(B_n)\right) = \nu\left(B \setminus \bigcup_{n=1}^{N} B_n\right) \to 0, \quad N \to \infty.$$

于是 $\mu(\Phi(B)) = \mu\Big(\bigcup_{n=1}^{\infty} \Phi(B_n)\Big)$, 所以 $\Phi(B) = \bigcup_{n=1}^{\infty} \Phi(B_n)$.

设 $(X,\mathcal{X},\mu)$ 是一个有限测度空间. 令 $\mathfrak{I}_\mu$ 为全体 μ 零集的全体. 那么 $\mathfrak{I}_\mu$ 是 σ 理想. 在 $\mathcal{X}_\mu$ 上定义一个等价关系: $A \sim B \Leftrightarrow A\Delta B \in \mathfrak{I}_\mu$. 对任意 $A \in \mathcal{B}$, 令 $[A] = \{B \in \mathcal{X}\colon A \sim B\}$. 记

$$\widetilde{\mathcal{X}_\mu} = \{[A]\colon A \in \mathcal{X}\}.$$

按照从 $\mathcal{X}_\mu$ 上诱导下来的补、并和交运算, $\widetilde{\mathcal{X}_\mu}$ 是一个布尔 σ 代数. 定义

$$\widetilde{\mu}\colon \widetilde{\mathcal{X}_\mu} \to \mathbb{R}_+, \quad [A] \mapsto \mu(A).$$

于是 $(\widetilde{\mathcal{X}_\mu}, \widetilde{\mu})$ 成为一个测度代数.

注记 5.1.5 可以证明: 任何可分测度代数都同构于某个测度空间 $(X,\mathcal{X},\mu)$ 上诱导的测度代数 $(\widetilde{\mathcal{X}_\mu}, \widetilde{\mu})$. 所以提及测度代数, 我们可以直接将其理解为测度空间上得到的测度代数.

5.1.3 测度空间的同构

设 $(X,\mathcal{X},\mu), (Y,\mathcal{Y},\nu)$ 为两个概率空间, 我们研究什么时候它们是"一样的". 这里涉及三种观点.

在陈述定义之前, 我们先回顾一些概念. 设 $(X,\mathcal{X},\mu)$ 是一个概率空间, 且 $A \in \mathcal{X}$. 若 $\mu(A) > 0$, 令 $\mathcal{X}_A = \mathcal{X} \cap A = \{A \cap B\colon B \in \mathcal{X}\}$, 以及 $\mu|_A$ 为 μ 在 $\mathcal{X}_A$ 上的限制 (即 $\mu|_A(A \cap B) = \dfrac{\mu(A \cap B)}{\mu(A)}, \forall B \in \mathcal{X}$). 则 $(A, \mathcal{X} \cap A, \mu|_A)$ 也是一个概率空间, 称为 $(X,\mathcal{X},\mu)$ 在 A 上的限制. 如果 $\mu(A) = 1$, 我们直接将 $\mu|_A$ 与 μ 混用, 即记 $(A, \mathcal{X} \cap A, \mu|_A)$ 为 $(A, \mathcal{X} \cap A, \mu)$.

定义 5.1.7 (同构) 设 $(X,\mathcal{X},\mu)$, $(Y,\mathcal{Y},\nu)$ 为两个概率空间, 称它们是同构的 (isomorphic), 若存在 $X_0\in\mathcal{X},Y_0\in\mathcal{Y}$, 使得 $\mu(X_0)=\nu(Y_0)=1$, 并且存在可逆保测变换

$$\phi:(X_0,\mathcal{X}\cap X_0,\mu)\to(Y_0,\mathcal{Y}\cap Y_0,\nu).$$

定义 5.1.8 (共轭) 设 $(X,\mathcal{X},\mu)$, $(Y,\mathcal{Y},\nu)$ 为两个概率空间. 如果它们的测度代数是同构的, 即存在 $\varPhi:(\widetilde{\mathcal{Y}}_\nu,\widetilde{\nu})\to(\widetilde{\mathcal{X}}_\mu,\widetilde{\mu})$ 为测度代数同构, 那么称 $(X,\mathcal{X},\mu),(Y,\mathcal{Y},\nu)$ 为共轭的 (conjugate).

一般而言, 两个概率空间为同构的, 那么它们必为共轭的, 但是反之不然.

例 5.1.1 设

$$\begin{aligned}
&X=\{x\},\quad \mathcal{X}=\{X,\emptyset\},\quad \mu(X)=1,\quad \mu(\emptyset)=0,\\
&Y=\{y_1,y_2\},\quad \mathcal{Y}=\{Y,\emptyset\},\quad \nu(Y)=1,\quad \nu(\emptyset)=0.
\end{aligned}$$

那么两者是共轭的, 但是不同构.

但是根据定理 5.1.8, 对于 Lebesgue 空间, 同构等价于共轭.

第三种观点是用函数空间来刻画. 设 $(X,\mathcal{X},\mu),(Y,\mathcal{Y},\nu)$ 为两个具有可数基的概率空间, 那么 $L^2(X,\mu)$ 与 $L^2(Y,\nu)$ 为可分的 Hilbert 空间, 于是它们是酉等价的, 即存在双线性算子

$$W:L^2(Y,\nu)\to L^2(X,\mu),\quad \langle Wf,Wg\rangle=\langle f,g\rangle,\quad \forall f,g\in L^2(Y,\nu).$$

所以如果不附加条件, 则不能有效地区分两个概率空间.

定理 5.1.9 设 $(X,\mathcal{X},\mu)$, $(Y,\mathcal{Y},\nu)$ 为两个概率空间. 那么两者共轭当且仅当存在双线性算子 $W:L^2(Y,\nu)\to L^2(X,\mu)$ 满足以下条件:

(1) $\langle Wf,Wg\rangle=\langle f,g\rangle$, $\forall f,g\in L^2(Y,\nu)$;

(2) W,W^{-1} 将有界函数映为有界函数;

(3) $W(fg)=(Wf)(Wg)$, $\forall f,g\in L^\infty(Y,\nu)$.

注记 5.1.6 设 $\varPhi:(\widetilde{\mathcal{Y}}_\nu,\widetilde{\nu})\to(\widetilde{\mathcal{X}}_\mu,\widetilde{\mu})$ 为测度代数同构. 与之相联系的线性算子 $W:L^2(Y,\nu)\to L^2(X,\mu)$ 满足

$$W(\mathbf{1}_B)=\mathbf{1}_{\varPhi([B])},\quad \forall B\in\mathcal{Y}.$$

因为 L^2 空间中的元素已经是模零测集的等价类, 所以在这里我们不区分 $\mathbf{1}_B$ 和 $\mathbf{1}_{[B]}$.

证明 首先设 $(X,\mathcal{X},\mu)$和$(Y,\mathcal{Y},\nu)$ 共轭, $\varPhi:(\widetilde{\mathcal{Y}}_\nu,\widetilde{\nu})\to(\widetilde{\mathcal{X}}_\mu,\widetilde{\mu})$ 为测度代数同构. 令

$$W(\mathbf{1}_B)=\mathbf{1}_{\varPhi([B])},\quad \forall B\in\mathcal{Y}.$$

注意到

$$\|W(\mathbf{1}_B)\|_2=\|\mathbf{1}_B\|_2,\quad \forall B\in\mathcal{Y}.$$

直接将定义延拓到简单函数上. 对于任何 $f\in L^2(Y,\nu)$, 取简单函数 $\{f_n\}_{n\in\mathbb{N}}$, 使得 $\|f_n-f\|_2\to 0\ (n\to\infty)$. 于是 $\{f_n\}_{n\in\mathbb{N}}$ 为 $L^2(Y,\nu)$ 中的 Cauchy 列. 根据等距性, $\{W(f_n)\}_{n\in\mathbb{N}}$

为 $L^2(X,\mu)$ 中的 Cauchy 列, 所以存在极限 $W(f)$. 接下来说明此定义合理. 设 $\{g_n\}_{n\in\mathbb{N}}$ 为另一列简单函数, 使得 $\|g_n - f\|_2 \to 0\ (n\to\infty)$, 那么 $\|f_n - g_m\|_2 \to 0\ (n,m\to\infty)$. 根据等距性, $\|Wf_n - Wg_m\|_2 \to 0\ (n,m\to\infty)$, 所以 $W(f)$ 唯一. 接着对于 Φ^{-1} 定义 W^{-1}. 性质 (1)~(3) 是容易验证的. 例如, 对于 (3),

$$\begin{aligned}W(\mathbf{1}_A\mathbf{1}_B) &= W(\mathbf{1}_{A\cap B}) = \mathbf{1}_{\Phi([A\cap B])} = \mathbf{1}_{\Phi([A])\cap\Phi([B])}\\ &= \mathbf{1}_{\Phi([A]}\mathbf{1}_{\Phi([B]} = W(\mathbf{1}_A)W(\mathbf{1}_B).\end{aligned}$$

然后再拓展到 $L^2(Y,\nu)$.

反过来, 我们设存在双线性算子 $W: L^2(Y,\nu)\to L^2(X,\mu)$ 满足所列三个条件. 我们下面定义 $\Phi: (\widetilde{\mathcal{Y}}_\nu,\widetilde{\nu})\to(\widetilde{\mathcal{X}}_\mu,\widetilde{\mu})$, 使得

$$W(\mathbf{1}_B) = \mathbf{1}_{\Phi([B])},\quad \forall B\in\mathcal{Y}.$$

设 $B\in\mathcal{Y}$, 则 $\mathbf{1}_B^2 = \mathbf{1}_B$. 根据性质 (3), 有

$$W(\mathbf{1}_B) = W(\mathbf{1}_B^2) = W(\mathbf{1}_B)W(\mathbf{1}_B).$$

所以 $W(\mathbf{1}_B)$ 取值 1 和 0, 它为特征函数, 即存在 $A\in\mathcal{X}$, 使得

$$W(\mathbf{1}_B) = \mathbf{1}_A.$$

令

$$\Phi: (\widetilde{\mathcal{Y}}_\nu,\widetilde{\nu})\to(\widetilde{\mathcal{X}}_\mu,\widetilde{\mu}),\quad \Phi([B]) = [A].$$

对于 W^{-1}, 我们同样可以定义 $\Psi: (\widetilde{\mathcal{X}}_\mu,\widetilde{\mu})\to(\widetilde{\mathcal{Y}}_\nu,\widetilde{\nu})$, 然后验证 Ψ 为 Φ 的逆. 另外, 我们有

$$\begin{aligned}\widetilde{\nu}([B]) &= \langle\mathbf{1}_B,\mathbf{1}_B\rangle = \langle W(\mathbf{1}_B), W(\mathbf{1}_B)\rangle\\ &= \langle\mathbf{1}_{\Phi([B])},\mathbf{1}_{\Phi([B])}\rangle = \widetilde{\mu}(\Phi([B])),\quad \forall B\in\mathcal{Y}.\end{aligned}$$

下面我们需要验证 Φ 保持补和有限并 (由注记 5.1.4, 保持可数运算). 由于 W 保距以及将特征函数映为特征函数, 易见 $W(\mathbf{1}) = \mathbf{1}$. 于是, 由 $\mathbf{1}_B + \mathbf{1}_{Y\setminus B} = \mathbf{1}$, 两边作用 W, 有

$$\mathbf{1}_{\Phi([B])} + \mathbf{1}_{\Phi([Y\setminus B])} = \mathbf{1}.$$

所以

$$[X]\setminus\Phi([B]) = \Phi([Y]\setminus[B]),$$

即 $\Phi([B]^{\mathrm{c}}) = (\Phi([B]))^{\mathrm{c}}\ (\forall B\in Y)$.

设 $B,C\in\mathcal{Y}$, 则

$$\mathbf{1}_{B\cup C} = \mathbf{1}_B + \mathbf{1}_C - \mathbf{1}_{B\cap C} = \mathbf{1}_B + \mathbf{1}_C - \mathbf{1}_B\mathbf{1}_C.$$

两边作用 W, 得到

$$\mathbf{1}_{\Phi([B\cup C])} = \mathbf{1}_{\Phi([B])} + \mathbf{1}_{\Phi([C])} - \mathbf{1}_{\Phi([B])}\mathbf{1}_{\Phi([C])} = \mathbf{1}_{\Phi([B])\cup\Phi([C])}.$$

于是

$$\Phi([B]\cup[C])=\Phi([B])\cup\Phi([C]).$$

所以 Φ 为测度代数同构. □

习 题

1. 设 $(\mathcal{A},\mu)$ 为测度代数. 证明:

(1) $\rho(A,B)=\mu(A\Delta B)$ 为度量, 并且 $(\mathcal{A},\rho)$ 为完备度量空间, 以及 $\mu:\mathcal{A}\to\mathbb{R}_+$ 为一致连续的函数;

(2) $A\mapsto A^{\mathrm{c}}$ 为等距映射, 以及对于任何 $A,B,C,D\in\mathcal{A}$, 有

$$\rho(A\cup B,C\cup D)+\rho(A\cap B,C\cap D)\leqslant\rho(A,C)+\rho(B,D).$$

2. 证明: 测度代数的同构为等距的.

5.2 保测系统的同构、共轭与谱同构

有几种方式来定义保测系统是否“一样”, 我们在本节中分别进行讨论.

5.2.1 保测系统的同构

保测系统的同构我们在第 2 章中已经定义过, 在此回顾一下. 设 $(X,\mathcal{X},\mu,T)$ 和 $(Y,\mathcal{Y},\nu,S)$ 为两个保测系统. 如果存在 $X_0\in\mathcal{X},Y_0\in\mathcal{Y}$, 使得

$$\mu(X_0)=\nu(Y_0)=1,\quad TX_0\subseteq X_0,\quad SY_0\subseteq Y_0,$$

以及存在可逆保测变换

$$\phi:(X_0,\mathcal{X}\cap X_0,\mu)\to(Y_0,\mathcal{Y}\cap Y_0,\nu),$$

满足 $\phi\circ T(x)=S\circ\phi(x)$ $(\forall x\in X_0)$, 如图 5.1 所示, 那么我们称 $(X,\mathcal{X},\mu,T)$ 和 $(Y,\mathcal{Y},\nu,S)$ 为**同构**的 (isomorphic), 或者直接称 T **同构于** S.

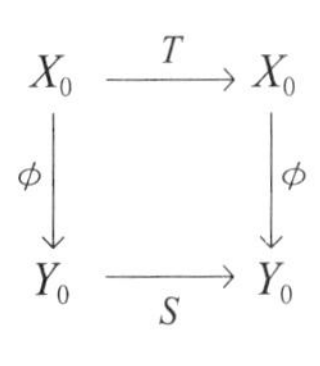

图 5.1

如果 ϕ 仅是保测变换, 那么我们称 ϕ 为**因子映射**或**同态**. 此时, 称 $(Y,\mathcal{Y},\nu,S)$ 为 $(X,\mathcal{X},\mu,T)$ 的**因子**, 称 $(X,\mathcal{X},\mu,T)$ 为 $(Y,\mathcal{Y},\nu,S)$ 的**扩充**.

注记 5.2.1 (1) 同构是等价关系.

(2) 如果 T 与 S 同构, 那么对于任何 $n\in\mathbb{N}$, T^n 与 S^n 同构.

(3) 如果 $(X,\mathcal{X},\mu,T)$ 和 $(Y,\mathcal{Y},\nu,S)$ 为可逆动力系统, 那么我们可以取 $X_0\in\mathcal{X},Y_0\in\mathcal{Y}$, 使得

$$TX_0=X_0,\quad SY_0=Y_0.$$

设 $X_0'\in\mathcal{X},Y_0'\in\mathcal{Y}$ 满足 $TX_0'\subseteq X_0,SY_0'\subseteq Y_0'$, 取 $X_0=\bigcap\limits_{n=-\infty}^{\infty}T^nX_0',Y_0=\bigcap\limits_{n=-\infty}^{\infty}S^nY_0'$ 就满足要求.

(4) 根据定义, 两个系统同构只需要在一个全测集上"一样", 这个观点在测度动力系统研究中非常重要. 例如, 我们定义一个测度动力系统, 可以忽略一个零测集.

5.2.2 保测系统的共轭

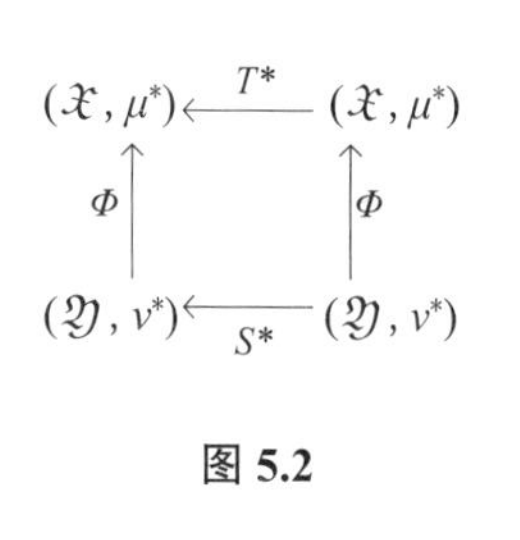

图 5.2

$(\mathfrak{X},\mu^*)$ 是一个可分的测度代数, $T^*:\mathfrak{X}\to\mathfrak{X}$ 为同构, 那么称 $(\mathfrak{X},\mu^*,T^*)$ 为**测度代数动力系统** (measure algebra dynamical system). 设 $(\mathfrak{Y},\nu^*,S^*)$ 为另一个测度代数系统, $\Phi:(\mathfrak{Y},\nu^*,S^*)\to(\mathfrak{X},\mu^*,T^*)$ 为**同构** (**同态**), 若 Φ 为测度代数同构 (同态), 并且满足图 5.2 中的图表交换, 即 $\Phi\circ S^*=T^*\circ\Phi$.

对于 $(X,\mathcal{X},\mu),(Y,\mathcal{Y},\nu)$ 为概率空间, 我们有测度代数 $(\widetilde{\mathcal{X}}_\mu,\widetilde{\mu})$ 和 $(\widetilde{\mathcal{Y}}_\nu,\widetilde{\nu})$. 设 $\pi:X\to Y$ 为保测映射, 我们可以定义测度代数的同态:

$$\widetilde{\pi}^{-1}:(\widetilde{\mathcal{Y}}_\nu,\widetilde{\nu})\to(\widetilde{\mathcal{X}}_\mu,\widetilde{\mu}),\quad \widetilde{\pi}^{-1}([B])=[\pi^{-1}(B)].$$

设 $(X,\mathcal{X},\mu,T),(Y,\mathcal{Y},\nu,S)$ 为保测系统, 那么根据上面的定义, 可以定义

$$\widetilde{T}^{-1}:(\widetilde{\mathcal{X}}_\mu,\widetilde{\mu})\to(\widetilde{\mathcal{X}}_\mu,\widetilde{\mu})\quad 和\quad \widetilde{S}^{-1}:(\widetilde{\mathcal{Y}}_\nu,\widetilde{\nu})\to(\widetilde{\mathcal{Y}}_\nu,\widetilde{\nu}).$$

于是, $(\widetilde{\mathcal{X}}_\mu,\widetilde{\mu},\widetilde{T}^{-1}),(\widetilde{\mathcal{Y}}_\nu,\widetilde{\nu},\widetilde{S}^{-1})$ 为测度代数系统.

定义 5.2.1 (保测系统共轭) 设 $(X,\mathcal{X},\mu,T)$ 和 $(Y,\mathcal{Y},\nu,S)$ 为两个保测系统. 如果存在测度代数系统同构

$$\Phi:(\widetilde{\mathcal{Y}}_\nu,\widetilde{\nu},\widetilde{S}^{-1})\to(\widetilde{\mathcal{X}}_\mu,\widetilde{\mu},\widetilde{T}^{-1}),$$

那么我们称 $(X,\mathcal{X},\mu,T)$ **共轭于** (conjugate)$(Y,\mathcal{Y},\nu,S)$, 或称 $(X,\mathcal{X},\mu,T)$ 和 $(Y,\mathcal{Y},\nu,S)$ 为**共轭**的.

如果 Φ 为测度代数系统同态, 那么称 $(Y,\mathcal{Y},\nu,S)$ **半共轭**于 (semi-conjugate)$(X,\mathcal{X},\mu,T)$, 或称 $(Y,\mathcal{Y},\nu,S)$ 为 $(X,\mathcal{X},\mu,T)$ 的半共轭像.

注记 5.2.2 根据定义, 若两个系统是同构的, 那么它们为共轭的; 反之不然. 下面的结论指出, 对于 Lebesgue 空间两者等价.

设 $\phi:X\to Y$ 为因子映射, 那么它诱导了测度代数系统的同态

$$\widetilde{\phi}^{-1}:(\widetilde{\mathcal{Y}}_\nu,\widetilde{\nu},\widetilde{S}^{-1})\to(\widetilde{\mathcal{X}}_\mu,\widetilde{\mu},\widetilde{T}^{-1}),$$

即有如图 5.3 所示的交换图表.

定理 5.2.1　设 $(\mathfrak{X},\mu^*,T^*),(\mathfrak{Y},\nu^*,S^*)$ 为测度代数系统, $\Phi:(\mathfrak{Y},\nu^*,S^*)\to(\mathfrak{X},\mu^*,T^*)$ 为同构. 那么存在保测系统 $(X,\mathcal{X},\mu,T),(Y,\mathcal{Y},\nu,S)$ 以及同构 $\phi:(X,\mathcal{X},\mu,T)\to(Y,\mathcal{Y},\nu,S)$, 使得有如图 5.4 所示的交换图表. 其中

$$\alpha:(\widetilde{\mathcal{X}}_\mu,\widetilde{\mu},\widetilde{T}^{-1})\to(\mathfrak{X},\mu^*,T^*),\quad \beta:(\widetilde{\mathcal{Y}}_\nu,\widetilde{\nu},\widetilde{S}^{-1})\to(\mathfrak{Y},\nu^*,S^*)$$

为同构.

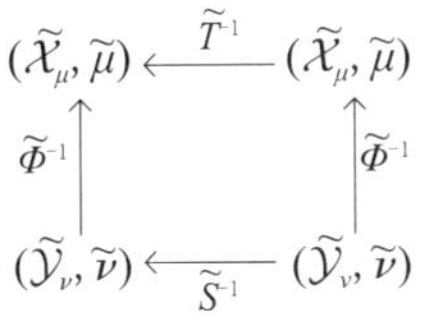

$$\begin{array}{ccc}(\widetilde{\mathcal{X}}_\mu,\widetilde{\mu}) & \xleftarrow{\widetilde{T}^{-1}} & (\widetilde{\mathcal{X}}_\mu,\widetilde{\mu})\\ \uparrow{\scriptstyle\widetilde{\Phi}^{-1}} & & \uparrow{\scriptstyle\widetilde{\Phi}^{-1}}\\ (\widetilde{\mathcal{Y}}_\nu,\widetilde{\nu}) & \xleftarrow[\widetilde{S}^{-1}]{} & (\widetilde{\mathcal{Y}}_\nu,\widetilde{\nu})\end{array}$$

图 5.3

$$\begin{array}{ccc}(\mathfrak{X},\mu^*,T^*) & \xleftarrow{\alpha} & (\widetilde{\mathcal{X}}_\mu,\widetilde{\mu},\widetilde{T}^{-1})\\ \uparrow{\scriptstyle\Phi} & & \uparrow{\scriptstyle\widetilde{\Phi}^{-1}}\\ (\mathfrak{Y},\nu^*,S^*) & \xleftarrow[\beta]{} & (\widetilde{\mathcal{Y}}_\nu,\widetilde{\nu},\widetilde{S}^{-1})\end{array}$$

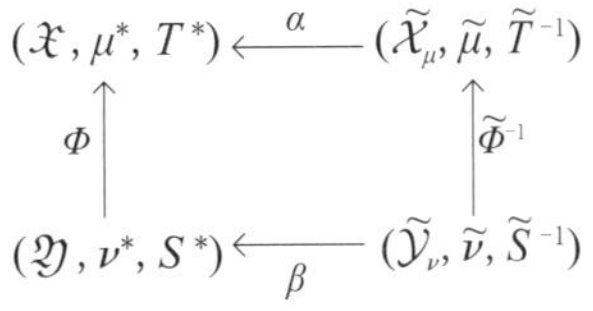

图 5.4

定理 5.2.2　设 $(X,\mathcal{X},\mu,T),(Y,\mathcal{Y},\nu,S)$ 为保测系统, 其中 $(X,\mathcal{X},\mu),(Y,\mathcal{Y},\nu)$ 为 Lebesgue 空间. 若 $\Psi:(\widetilde{\mathcal{Y}}_\nu,\widetilde{\nu},\widetilde{S}^{-1})\to(\widetilde{\mathcal{X}}_\mu,\widetilde{\mu},\widetilde{T}^{-1})$ 为测度代数系统的同构, 那么存在 $X_0\in\mathcal{X},Y_0\in\mathcal{Y}$ 使得

$$\mu(X_0)=\nu(Y_0)=1,\quad TX_0\subseteq X_0,\quad SY_0\subseteq Y_0,$$

以及存在同构

$$\psi:(X_0,\mathcal{X}\cap X_0,\mu,T)\to(Y_0,\mathcal{Y}\cap Y_0,\nu,S),$$

使得

$$\Psi=\widetilde{\psi}^{-1}.$$

注记 5.2.3　根据定理 5.2.2, 定义保测系统, 空间是相对次要的, 重要的是测度代数上的动力系统.

定理 5.2.3　设 $(X,\mathcal{X},\mu,T)$ 为 Lebesgue 空间上的保测系统. 对于任何 T 不变子 σ 代数 $\mathcal{F}\subseteq\mathcal{X}$ (即 $T^{-1}\mathcal{F}\subseteq\mathcal{F}$), 存在因子系统 $(Y,\mathcal{Y},\nu,S)$ 以及因子映射 $\pi:(X,\mathcal{X},\mu,T)\to(Y,\mathcal{Y},\nu,S)$, 使得 $\mathcal{F}=\pi^{-1}(\mathcal{Y})$.

因子系统 $(Y,\mathcal{Y},\nu,S)$ 是可逆的当且仅当子 σ 代数 $\mathcal{F}\subseteq\mathcal{X}$ 为严格 T 不变的 (即 $T^{-1}\mathcal{F}=\mathcal{F}$).

证明　设 $\mathcal{F}_0=\{F_n\}_{n\in\mathbb{N}}$ 为生成 $\mathcal{F}$ 的可数 T 不变代数. 令

$$\pi:X\to\{0,1\}^{\mathbb{N}},\quad (\pi x)_n=\mathbf{1}_{F_n}(x).$$

易见

$$\pi^{-1}({}_1[a_1,a_2,\cdots,a_n]_n)=\bigcap_{k=1}^{n}F_{a_k}\in X,$$

所以 π 为可测的, 且 $\pi^{-1}:\mathcal{B}(\{0,1\}^{\mathbb{N}})\cap\pi(X)\to\mathcal{F}$ 为布尔同构. 设 $Y=\pi(X)$ 定义如下概率测度:

$$\nu:\mathcal{B}(\{0,1\}^{\mathbb{N}})\cap Y\to[0,1],\quad \nu=\mu\circ\pi^{-1}.$$

易见, $\pi(x)=\pi(y)$ 当且仅当 $\mathbf{1}_F(x)=\mathbf{1}_F(y)$ $(\forall F\in\mathcal{F})$. 由于 $\mathcal{F}$ 为 T 不变的, $\pi(x)=\pi(y)$ 蕴含 $\pi(Tx)=\pi(Ty)$. 于是, 我们可以定义变换 $S:Y\to Y$ 为

$$S(\pi(x)):=\pi(Tx).$$

因为对于任何 $A\in\mathcal{B}(\{0,1\}^{\mathbb{N}})$,

$$S^{-1}(A\cap Y)=S^{-1}\pi(\pi^{-1}A)=\pi(T^{-1}\pi^{-1}A)\in\mathcal{B}(\{0,1\}^{\mathbb{N}})\cap Y,$$

所以 S 可测. 根据定理 5.1.4, $Y=\pi(X)\in\mathcal{B}_\nu(\{0,1\}^{\mathbb{N}})$, 所以存在 $Y_0\in\mathcal{B}(\{0,1\}^{\mathbb{N}})$, 使得 $Y_0\subseteq Y$ 且 $\nu\big(\{0,1\}^{\mathbb{N}}\setminus Y_0\big)=0$.

以下证明第二部分. 我们证明: 设 $(X,\mathcal{X},\mu,T)$ 为标准概率空间上的保测系统, 如果 $T^{-1}\mathcal{X}=\mathcal{X}$, 那么 T 可逆. 设可数集 $\mathcal{A}\subseteq\mathcal{X}$ 生成 $\mathcal{X}$, 且分离点的子集:

$$\mathbf{1}_A(x)=\mathbf{1}_A(y)\ (\forall A\in\mathcal{A})\quad\Rightarrow\quad x=y.$$

假设 $T^{-1}\mathcal{A}=\mathcal{A}$, 否则我们可以将 $\mathcal{A}$ 扩大为一个满足条件的子集族:

$$\bigcup_{n=0}^{\infty}T^{-n}\mathcal{A}\cup\{A\in\mathcal{X}:\exists n\geqslant 1\text{ s.t. }\ T^{-n}A\in\mathcal{A}\}.$$

设

$$S:\{0,1\}^{\mathcal{A}}\to\{0,1\}^{\mathcal{A}},\quad (Sx)_A=x_{T^{-1}A}.$$

明显地, S 为 $\{0,1\}^{\mathcal{A}}$ 上的同胚. 定义

$$\pi:X\to\{0,1\}^{\mathcal{A}},\quad \pi(x)_A=\mathbf{1}_A(x).$$

易见 π 为可测的、一对一的, 且 $\pi\circ T=S\circ\pi$. 令

$$\nu=\mu\circ\pi^{-1}.$$

于是

$$\pi:(X,\mu,T)\to(\{0,1\}^{\mathcal{A}},\nu,S)$$

为同构. 证毕. □

根据定理 5.2.3, 可以将 $(X,\mathcal{X},\mu,T)$ 的因子与 $\mathcal{X}$ 的 T 不变子 σ 代数 (即满足 $T^{-1}\mathcal{A}\subseteq\mathcal{A}$ 的子 σ 代数) 等同.

推论 5.2.1 设 $(X,\mathcal{X},\mu,T)$ 为保测系统, 那么 T 是可逆的 (忽略零测集意义下) 当且仅当 $\widetilde{T}^{-1}\widetilde{\mathcal{X}}_\mu=\widetilde{\mathcal{X}}_\mu$.

5.2.3 动力系统的谱同构

最后我们介绍谱同构.

定义 5.2.2 设 $(X,\mathcal{X},\mu,T)$, $(Y,\mathcal{Y},\nu,S)$ 为两个保测系统. 如果存在线性算子 $W: L^2(Y,\nu)\to L^2(X,\mu)$ 满足以下条件:

(1) W 可逆;

(2) $\langle Wf,Wg\rangle=\langle f,g\rangle,\forall f,g\in L^2(Y,\nu)$;

(3) $U_TW=WU_S$(图 5.5),

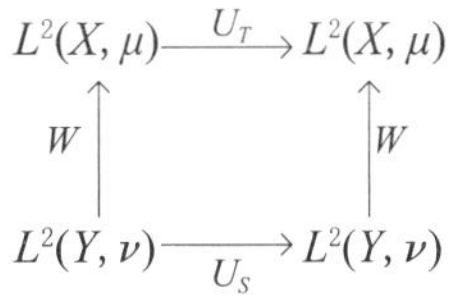

$$\begin{array}{ccc} L^2(X,\mu) & \xrightarrow{U_T} & L^2(X,\mu) \\ \uparrow W & & \uparrow W \\ L^2(Y,\nu) & \xrightarrow[U_S]{} & L^2(Y,\nu) \end{array}$$

图 5.5

那么我们称 $(X,\mathcal{X},\mu,T),(Y,\mathcal{Y},\nu,S)$ 为**谱同构**的 (spectrally isomorphic).

注记 5.2.4 在上面的定义中, (1) 和 (2) 是指 W 为 Hilbert 空间的同构, 而 (3) 是加入的动力系统因素.

下面的定理指出了谱同构与共轭的关系.

定理 5.2.4 设 $(X,\mathcal{X},\mu,T)$, $(Y,\mathcal{Y},\nu,S)$ 为两个保测系统, 那么 T 与 S 为共轭的当且仅当存在线性算子 $W: L^2(Y,\nu)\to L^2(X,\mu)$ 满足以下条件:

(1) W 可逆;

(2) $\langle Wf,Wg\rangle=\langle f,g\rangle,\forall f,g\in L^2(Y,\nu)$;

(3) $U_TW=WU_S$;

(4) W,W^{-1} 将有界函数映为有界函数;

(5) $W(fg)=(Wf)(Wg),\forall f,g\in L^\infty(Y,\nu)$.

即 T,S 为谱同构并且满足 (4) 和 (5).

证明 设 $(X,\mathcal{X},\mu,T)$, $(Y,\mathcal{Y},\nu,S)$ 共轭, $\Phi:(\widetilde{\mathcal{Y}}_\nu,\widetilde{\nu})\to(\widetilde{\mathcal{X}}_\mu,\widetilde{\mu})$ 为测度代数动力系统同构. 根据定理 5.1.9 证明的构造, 我们得到 $W: L^2(Y,\nu)\to L^2(X,\mu)$ 满足

$$W(\mathbf{1}_B)=\mathbf{1}_{\Phi([B])},\quad \forall B\in\mathcal{Y}.$$

根据

$$\begin{aligned} U_TW(\mathbf{1}_B)&=U_T(\mathbf{1}_{\Phi([B])})=\mathbf{1}_{\widetilde{T}^{-1}\Phi([B])}=\mathbf{1}_{\Phi\widetilde{S}^{-1}([B])}\\ &=W(\mathbf{1}_{\widetilde{S}^{-1}([B])})=WU_S(\mathbf{1}_B),\quad \forall B\in\mathcal{Y}, \end{aligned}$$

得到 $U_TW=WU_S$.

反之, 我们根据定理 5.1.9 证明的构造, 得到 $\Phi:(\widetilde{\mathcal{Y}}_\nu,\widetilde{\nu})\to(\widetilde{\mathcal{X}}_\mu,\widetilde{\mu})$ 为测度代数同构. 需要验证它满足

$$\widetilde{T}^{-1}\Phi=\Phi\widetilde{S}^{-1}.$$

根据 $U_TW(\mathbf{1}_B)=WU_S(\mathbf{1}_B)$ $(\forall B\in\mathcal{Y})$, 我们得到

$$\mathbf{1}_{\widetilde{T}^{-1}\Phi([B])}=\mathbf{1}_{\Phi\widetilde{S}^{-1}([B])},\quad \forall B\in\mathcal{Y}.$$

于是得到我们所需要的. □

根据定义和定理 5.2.4, 我们知道共轭蕴含谱同构. 下一节中我们给出例子说明谱同构远远弱于共轭. 我们将给出一大类系统, 它们相互是谱同构的, 但是它们相互不是共轭的.

习　题

1. 如果 $(X,\mathcal{X},\mu,T)$ 为保测系统, 那么 $U_T: L^2(X,\mu)\to L^2(X,\mu)$ 为满射当且仅当 $\widetilde{T}^{-1}:\widetilde{\mathcal{X}}_\mu\to\widetilde{\mathcal{X}}_\mu$ 为满射, 即 $U_T: L^2(X,\mu)\to L^2(X,\mu)$ 为酉算子当且仅当 $\widetilde{T}^{-1}:\widetilde{\mathcal{X}}_\mu\to\widetilde{\mathcal{X}}_\mu$ 为同构. (因为 U_T 等距, 故为单射.)

5.3 Kolmogorov 系统

为了说明谱同构弱于共轭, 在本节中我们介绍两类很重要的系统: Kolmogorov 系统和 Bernoulli 系统. 我们将说明所有 Kolmogorov 系统为谱同构的, 因为 Kolmogorov 系统中有许多相互不共轭的例子, 由此说明谱同构弱于共轭. Kolmogorov 系统和 Bernoulli 系统是非常重要的两类动力系统, 它们在熵理论中具有极其重要的地位.

1958 年, Kolmogorov 借鉴 Shannon 在信息论中不确定性的描述在遍历理论中引入了熵的概念[140]. 熵是重要的同构不变量, 它反映了系统的混乱程度. 对于正熵系统, Kolmogorov 引入了一类正熵保测系统作为正规等分布随机过程的抽象化[140]. Rohlin 和 Sinai 将这类保测系统称为 Kolmogorov 系统或 K 系统, 他们考虑了具有平凡 Pinsker σ 代数的保测系统 (现称为完全正熵系统), 并证明了完全正熵系统与 Kolmogorov 系统是一致的[178]. 由于 Bernoulli 系统是独立等分布随机过程, 所以 Bernoulli 系统是 Kolmogorov 系统. 从 1958 年到 1969 年, 是否每个测度 Kolmogorov 系统一定为 Bernoulli 系统一直为公开的问题. 1970 年, Ornstein 首先构造了一个 Lebesgue 空间上非 Bernoulli 的 Kolmogorov 系统, 解决了这一问题. Katok 构造了光滑的非 Bernoulli 的 Kolmogorov 系统[129]. 1982 年 Kalikow [127] 给出了一个更容易验证的例子. Kolmogorov 系统具有非常好的回复属性和谱属性: Kolmogorov 系统是一致强混合系统; Kolmogorov 和 Rohlin 证明了 Lebesgue 空间上的 Kolmogorov 系统具有可数 Lebesgue 谱, 从而所有 Lebesgue 空间上的 Kolmogorov 系统是谱同构的. 1967 年, Furstenberg 在遍历理论与拓扑动力系统中引入不交性的概念来研究系统之间的差异[66], Furstenberg 证明了 Kolmogorov 系统不交于遍历的零熵系统, 由此可见 Kolmogorov 系统是完全不同于零熵系统的. 关于 Kolmogorov 系统的研究多年来一直是遍历理论中的热点.

在本节中我们介绍 Kolmogorov 系统的基本性质, 在第 8 章中我们会进一步介绍它的性质.

5.3.1 Kolmogorov 系统和 Bernoulli 系统

下面我们给出 Kolmogorov 系统和 Bernoulli 系统的定义. 设 $(X,\mathcal{X},\mu)$ 为概率空间. 对 $\mathcal{X}$ 的两个子 σ 代数 $\mathcal{F}_1,\mathcal{F}_2$, 我们用 $\mathcal{F}_1\vee\mathcal{F}_2$ 表示 $\mathcal{X}$ 的同时包含 $\mathcal{F}_1,\mathcal{F}_2$ 的最小子 σ 代

数. 一般地, 设 $\{\mathcal{F}_n\}_{n\in\mathbb{N}}$ 为 $\mathcal{X}$ 的一族子 σ 代数, $\bigvee\limits_{n=1}^{\infty}\mathcal{F}_n$ 表示包含 $\bigcup\limits_{n\in\mathbb{N}}\mathcal{F}_n$ 的最小子 σ 代数.

定义 5.3.1 (Kolmogorov 系统) 设 $(X,\mathcal{X},\mu,T)$ 为非平凡可逆 Lebesgue 系统. 如果存在子 σ 代数 $\mathcal{A}$, 使得

(1) $\mathcal{A}\subseteq T\mathcal{A}$;

(2) $\bigvee\limits_{n=0}^{+\infty}T^n\mathcal{A}=\mathcal{X}$;

(3) $\bigcap\limits_{n=0}^{+\infty}T^{-n}\mathcal{A}=\mathcal{N}=\{X,\emptyset\}$,

那么我们称 $(X,\mathcal{X},\mu,T)$ 为 **Kolmogorov 系统**, 简称 **K 系统**.

定义 5.3.2 (Bernoulli 系统) 设 $(Y,\mathcal{Y},\nu)$ 为概率空间,

$$(X,\mathcal{X},\mu)=\prod_{n=-\infty}^{\infty}(Y,\mathcal{Y},\nu)=(Y,\mathcal{Y},\nu)^{\mathbb{Z}}$$

为乘积系统, 定义

$$T:X\to X,\quad (T\boldsymbol{x})_n=x_{n+1},\ \forall\boldsymbol{x}=(x_j)_{j=-\infty}^{\infty},n\in\mathbb{Z}$$

为转移映射. 如果一个保测系统同构于 $(X,\mathcal{X},\mu,T)$, 那么称之为 **Bernoulli 系统** 或 **Bernoulli 转移**, 简称 **B 系统**.

注记 5.3.1 (1) 符号系统为 B 系统.

(2) B 系统的乘积仍为 B 系统.

定理 5.3.1 任何 Bernoulli 系统都为 Kolmogorov 系统.

证明 设 $(X,\mathcal{X},\mu,T)$ 为 B 系统. 不妨设 $(X,\mathcal{X},\mu)=(Y,\mathcal{Y},\nu)^{\mathbb{Z}}$, T 为转移映射. 对于 $F\in\mathcal{Y}$, 令

$$\widetilde{F}=\{(x_n)_{n\in\mathbb{Z}}:x_0\in F\}\in\mathcal{X}.$$

设 $\mathcal{G}=\{\widetilde{F}:F\in\mathcal{Y}\}$, 令

$$\mathcal{A}=\bigvee_{i=-\infty}^{0}T^i\mathcal{G}.$$

则

(1) $\mathcal{A}=\bigvee\limits_{i=-\infty}^{0}T^i\mathcal{G}\subseteq\bigvee_{i=-\infty}^{1}T^i\mathcal{G}=T\mathcal{A}$;

(2) $\bigvee\limits_{n=0}^{\infty}T^n\mathcal{A}=\bigvee\limits_{n=0}^{\infty}\bigvee\limits_{i=-\infty}^{n}T^i\mathcal{G}=\bigvee\limits_{i=-\infty}^{\infty}T^i\mathcal{G}=\mathcal{X}$;

(3) $\bigcap\limits_{n=0}^{+\infty}T^{-n}\mathcal{A}=\mathcal{N}=\{X,\emptyset\}$.

下面证明 (3). 设

$$A\in\bigcap_{n=0}^{+\infty}T^{-n}\mathcal{A}=\bigcap_{n=0}^{\infty}\bigvee_{i=-\infty}^{-n}T^i\mathcal{G},\quad B\in\bigvee_{k=j}^{\infty}T^k\mathcal{G},\quad j\in\mathbb{Z}.$$

因为 $A\in\bigvee\limits_{i<j}T^i\mathcal{G}$, 所以 A,B 为独立的, 即 $\mu(A\cap B)=\mu(A)\mu(B)$.

令

$$\mathcal{M} = \{B \in \mathcal{X} : \mu(A \cap B) = \mu(A)\mu(B)\}.$$

易验证 $\mathcal{M}$ 为单调类. 根据上面的分析, $\mathcal{M} \supset \bigvee\limits_{k=j}^{\infty} T^k\mathcal{G}$ $(\forall j \in \mathbb{Z})$, 即

$$\mathcal{M} \supset \bigcup_{j=-\infty}^{\infty} \bigvee_{k=j}^{\infty} T^k\mathcal{G}.$$

所以 $\mathcal{M} = \mathcal{X}$. 于是

$$\mu(A \cap B) = \mu(A)\mu(B), \quad \forall B \in \mathcal{X}.$$

令 $B = A$, 则 $\mu(A) = \mu(A)^2$. 由此得 $\mu(A) = 0$ 或 $\mu(A) = 1$, 即 $\bigcap\limits_{n=0}^{+\infty} T^{-n}\mathcal{A} = \mathcal{N} = \{X, \emptyset\}$. 证毕. □

例 5.3.1 (Kalikow) 下面的例子是 K 系统, 但不是 B 系统.

设 $(\Sigma_2, \mathcal{B}, \mu_{(1/2,1/2)}, \sigma)$ 为双边 $(1/2, 1/2)$ 转移. 令 $X = \Sigma_2 \times \Sigma_2$, 定义

$$T : X \to X, \quad (\boldsymbol{x}, \boldsymbol{y}) \mapsto (\sigma\boldsymbol{x}, \sigma^{\alpha(\boldsymbol{x})}\boldsymbol{y}),$$

其中 $\boldsymbol{x}, \boldsymbol{y} \in \Sigma_2$,

$$\alpha(\boldsymbol{x}) = \begin{cases} -1, & x_0 = 0, \\ 1, & x_0 = 1. \end{cases}$$

则可证明 $(X, \mathcal{X}, \mu, T)$ 是 K 系统, 但不是 B 系统. 具体证明参见文献 [127].

5.3.2 可数 Lebesgue 谱

之前我们已经定义过可数 Lebesgue 谱, 此处给出一个等价的定义.

定义 5.3.3 设 $(X, \mathcal{X}, \mu, T)$ 为可逆 Lebesgue 系统. 称 T 具有可数 **Lebesgue** 谱 (countable Lebesgue spectrum), 如果存在函数列 $\{f_j\}_{j=0}^{\infty} \subseteq L^2(X, \mu)$ 使得 $f_0 \equiv 1$ 并且

$$\{f_0\} \cup \{U_T^n f_j : j \in \mathbb{N}, n \in \mathbb{Z}\}$$

为 $L^2(X, \mu)$ 的一组正交基:

$$\begin{array}{ccccccc} & & & f_0 = 1 & & & \\ \cdots & U_T^{-2} f_1 & U_T^{-1} f_1 & f_1 & U_T f_1 & U_T^2 f_1 & \cdots \\ \cdots & U_T^{-2} f_2 & U_T^{-1} f_2 & f_2 & U_T f_2 & U_T^2 f_2 & \cdots \\ & \vdots & \vdots & \vdots & \vdots & \vdots & \end{array}$$

定理 5.3.2 任何具有可数 Lebesgue 谱的可逆 Lebesgue 系统是强混合的.

证明 设 $(X, \mathcal{X}, \mu, T)$ 具有可数 Lebesgue 谱, 那么存在函数列 $\{f_j\}_{j=0}^{\infty} \subseteq L^2(X, \mu)$, 使得 $f_0 \equiv 1$, 并且 $\{f_0\} \cup \{U_T^n f_j : j \in \mathbb{N}, n \in \mathbb{Z}\}$ 为 $L^2(X, \mu)$ 的一组正交基. 因为 $\{f_0\} \cup \{U_T^n f_j : j \in \mathbb{N}, n \in \mathbb{Z}\}$ 是正交的, 所以对于任何 $j, q \geqslant 0$, 下式是显然成立的:

$$\lim_{p \to \infty} \langle U_T^p U_T^n f_j, U_T^k f_q \rangle = \langle U_T^n f_j, 1 \rangle \langle 1, U_T^k f_q \rangle, \quad \forall k, n \in \mathbb{Z}.$$

固定 k, q, 令

$$\mathcal{H}_{k,q} = \left\{ f \in L^2(X,\mu) : \lim_{p\to\infty} \langle U_T^p f, U_T^k f_q \rangle = \langle f, 1\rangle \langle 1, U_T^k f_q\rangle \right\}.$$

因为 $\{f_0\} \cup \{U_T^n f_j : j \in \mathbb{N}, n \in \mathbb{Z}\} \subseteq \mathcal{H}_{k,q}$, 以及 $\mathcal{H}_{k,q}$ 为闭子空间, 所以 $\mathcal{H}_{k,q} = L^2(X,\mu)$. 对于取定的 $f \in L^2(X,\mu)$,

$$\mathcal{H}_f = \left\{ g \in L^2(X,\mu) : \lim_{p\to\infty} \langle U_T^p f, g \rangle = \langle f, 1\rangle \langle 1, g\rangle \right\}.$$

同样, $\{f_0\} \cup \{U_T^n f_j : j \in \mathbb{N}, n \in \mathbb{Z}\} \subseteq \mathcal{H}_f$, 以及 $\mathcal{H}_f$ 为闭子空间, 所以 $\mathcal{H}_f = L^2(X,\mu)$. 于是, 我们得到

$$\lim_{p\to\infty} \langle U_T^p f, g\rangle = \langle f, 1\rangle\langle 1, g\rangle, \quad \forall f, g \in L^2(X,\mu),$$

即 $(X, \mathcal{X}, \mu, T)$ 为强混合的. □

定理 5.3.3 任何两个具有可数 Lebesgue 谱的可逆 Lebesgue 系统是谱同构的.

证明 设 $(X, \mathcal{X}, \mu, T), (Y, \mathcal{Y}, \nu, S)$ 具有可数 Lebesgue 谱, 那么存在函数列 $\{f_j\}_{j=0}^{\infty} \subseteq L^2(X,\mu)$, 使得 $f_0 \equiv 1$, 并且 $\{f_0\} \cup \{U_T^n f_j : j \in \mathbb{N}, n \in \mathbb{Z}\}$ 为 $L^2(X,\mu)$ 的一组正交基, 以及存在函数列 $\{g_j\}_{j=0}^{\infty} \subseteq L^2(Y,\nu)$, 使得 $g_0 \equiv 1$, 并且 $\{g_0\} \cup \{U_S^n g_j : j \in \mathbb{N}, n \in \mathbb{Z}\}$ 为 $L^2(Y,\nu)$ 的一组正交基.

定义 $W : L^2(Y,\nu) \to L^2(X,\mu)$, 使得

$$g_0 \mapsto f_0, \quad U_S^n g_j \mapsto U_T^n f_j, \ \forall n \in \mathbb{Z}, j \in \mathbb{N}.$$

因为 $\{g_0\} \cup \{U_S^n g_j : j \in \mathbb{N}, n \in \mathbb{Z}\}$ 是一组基, 所以上面的 W 可定义. 容易验证 $WU_S = U_T W$, T 与 S 为谱同构的. □

5.3.3 Kolmogorov 系统与可数 Lebesgue 谱

定理 5.3.4 (Rohlin) Kolmogorov 系统具有可数 Lebesgue 谱.

证明 设 $(X, \mathcal{X}, \mu, T)$ 为 K 系统, 则它为非平凡可逆 Lebesgue 系统 (此时 $\mathcal{X} \neq \mathcal{N}$), 且存在子 σ 代数 $\mathcal{A}$, 使得

(1) $\mathcal{A} \subseteq T\mathcal{A}$;

(2) $\bigvee_{n=0}^{+\infty} T^n \mathcal{A} = \mathcal{X}$;

(3) $\bigcap_{n=0}^{+\infty} T^{-n} \mathcal{A} = \mathcal{N} = \{X, \emptyset\}$.

下面我们证明它具有可数 Lebesgue 谱.

(1) 首先证明 $\mathcal{A}$ 中无原子, 即如果 $C \in \mathcal{A}$, $\mu(C) > 0$, 那么存在 $D \in \mathcal{A}$, 使得 $D \subseteq C$, 并且 $0 < \mu(D) < \mu(C)$.

否则, 设存在原子 $C \in \mathcal{A}$, $\mu(C) > 0$. 那么 TC 为 $T\mathcal{A}$ 的原子. 因为 $\mathcal{A} \subseteq T\mathcal{A}$, 所以要么 $TC \subseteq C$, 要么 $\mu(C \cap TC) = 0$. 如果 $TC \subseteq C$, 由于 $\mu(TC) = \mu(C)$, 所以 $TC = C$ a.e.,

于是

$$C \in \bigcap_{n=0}^{\infty} T^{-n}\mathcal{A} = \mathcal{N}.$$

因为 $\mu(C) > 0$, 所以 $\mu(C) = 1$. 于是 $\mathcal{A} = \mathcal{N}$. 由此得到 $\mathcal{X} = \mathcal{N}$, 矛盾. 如果 $\mu(TC \cap C) = 0$, 则要么存在某个 $k \in \mathbb{N}$, 使得 $T^k C \subseteq C$, 要么对于任何 $k \in \mathbb{N}$, $\mu(T^k C \cap C) = 0$. 对于前者, 根据上面同样的讨论得出矛盾, 对于后者, $\{T^k C\}_{k \geqslant 0}$ 互不相交并且每个元素测度一样, 这与 $\mu(X) < \infty$ 矛盾. 所以不存在原子.

(2) 令

$$H = L^2(X, \mathcal{A}, \mu) = \{f \in L^2(X, \mathcal{X}, \mu) : f \text{为 } \mathcal{A} \text{ 可测的}\},$$

则 $U_T H \subseteq H$. 设 $V \subseteq L^2(X, \mu)$, 使得

$$H = V \bigoplus U_T H.$$

易见 $V = L^2(X, \mathcal{A}, \mu) \ominus L^2(X, T^{-1}\mathcal{A}, \mu)$. 因为

$$U_T^{-n} H = \bigoplus_{i=-n}^{m} U_T^i V \bigoplus U_T^{m+1} H, \quad \forall n, m \geqslant 0,$$

故有

$$L^2(X, \mu) = \bigoplus_{n=-\infty}^{\infty} U_T^n V \bigoplus \mathbb{C},$$

其中 $\mathbb{C}$ 表示常值函数全体. 如果能说明 V 为无限维的, 那么取它的正交基 $\{f_1, f_2, \cdots\}$, 则 $\{f_0\} \cup \{U_T^n f_j : j \in \mathbb{N}, n \in \mathbb{Z}\}$ 为 $L^2(X, \mu)$ 的一组正交基.

(3) 下面证明 V 为无穷维的. 因为 $\mathcal{A} \neq T\mathcal{A}$, 所以 $V \neq \{0\}$. 设 $g \in V, g \neq 0$, 则 $G = \{x : g(x) \neq 0\}$ 具有正测度. 因为 g 为 $\mathcal{A}$ 可测的, 所以 $G \in \mathcal{A}$. 根据 (1), $\mathbf{1}_G H = \{\mathbf{1}_G f : f \in H\}$ 为无穷维的. 于是

$$\mathbf{1}_G H = V' \bigoplus \mathbf{1}_G U_T H,$$

其中 $V' \subseteq V$. 于是, 要么 V' 为无穷维的, 要么 $\mathbf{1}_G U_T H$ 为无穷维的. 如果是前者, 则 $V \supset V'$ 也为无穷维的. 如果是后者, 则存在线性无关组 $\{\mathbf{1}_G U_T f_n\}_{n \in \mathbb{N}}$, 其中 f_n 为 H 中的有界函数. 于是, $\{g U_T f_n\}_{n \in \mathbb{N}}$ 为 H 的线性无关组. 对于 $f \in H$,

$$\langle g U_T f_n, U_T f \rangle = \langle g, U_T(f \overline{f_n}) \rangle = 0,$$

所以 $g U_T f_n \in V$. 于是, $\{g U_T f_n\}_{n \in \mathbb{N}}$ 为 V 的线性无关组, 从而 V 为无穷维的. □

根据定理 5.3.3 和定理 5.3.4, 可知 Kolmogorov 系统是谱同构的, 但在 Kolmogorov 系统中存在非常多的互相不共轭的系统, 如 $(\{0,1\}^{\mathbb{Z}}, \mu_{(\frac{1}{2},\frac{1}{2})}, \sigma)$, $(\{0,1,2\}^{\mathbb{Z}}, \mu_{(\frac{1}{3},\frac{1}{3},\frac{1}{3})}, \sigma)$.

最后我们陈述一个 K 系统的等价刻画, 在后面我们将给出其证明.

定理 5.3.5 一个保测系统为 K 系统当且仅当为一致混合的.

习　　题

1. 双边 $(\boldsymbol{p}, \boldsymbol{P})$-Markov 转移为 K 系统当且仅当 $\boldsymbol{P}$ 为不可约的、非周期的.

5.4　离散谱系统

我们已知同构蕴含谱同构, 但是反之不然. 但是对于一些系统, 谱同构也可以蕴含同构. 离散谱系统就是这样一类系统, 具有离散谱的系统谱同构是等价于同构的. 我们在本节中将证明这一结果, 并且说明实际上任何遍历离散谱系统都同构于群旋转.

5.4.1　离散谱系统及 Halmos-von Neumann 定理

首先回顾离散谱系统的定义.

定义 5.4.1　设 $(X, \mathcal{X}, \mu, T)$ 为一个保测系统, 称 T 具有**离散谱** (discrete spectrum) 或者**纯点谱** (pure-point spectrum), 若 $L^2(X, \mu)$ 存在一组由 T 的特征函数组成的正交基.

注记 5.4.1　如果 $(X, \mathcal{X}, \mu, T)$ 为离散谱的, 那么显然 $U_T : L^2(X, \mu) \to L^2(X, \mu)$ 为满射, 于是 $\widetilde{T}^{-1}\widetilde{\mathcal{X}}_\mu = \widetilde{\mathcal{X}}_\mu$. 所以对于 Lebesgue 系统, 如果它具有离散谱, 那么它是可逆的.

引理 5.4.1　设 $(X, \mathcal{X}, \mu)$ 为概率空间, $h \in L^2(X, \mu)$, 那么 $h \in L^\infty(X, \mu)$ 当且仅当

$$h \cdot f \in L^2(X, \mu), \quad \forall f \in L^2(X, \mu).$$

证明　设 $h \in L^\infty(X, \mu)$, 那么存在 $c \in \mathbb{R}$, 使得 $\mu(\{x : |h(x)| > c\}) = 0$. 于是, 易见 $h \cdot f \in L^2(X, \mu), \forall f \in L^2(X, \mu)$.

反之, 设 $h \cdot f \in L^2(X, \mu), \forall f \in L^2(X, \mu)$. 下证 $h \in L^\infty(X, \mu)$. 设

$$X_n = \{x \in X : n - 1 \leqslant |h(x)| < n\}, \quad n \in \mathbb{N},$$

则 $\{X_n\}_{n=1}^\infty$ 组成了 X 的一个剖分. 令

$$f(x) = \sum_{k \in F} \frac{1}{k\sqrt{\mu(X_k)}} \mathbf{1}_{X_k}(x),$$

其中 $F = \{k \in \mathbb{N} : \mu(X_k) \neq 0\}$.

于是

$$\int_X |f|^2 \mathrm{d}\mu \leqslant \sum_{k=1}^\infty \frac{1}{k^2} < \infty,$$

但是

$$\int_X |hf|^2 \mathrm{d}\mu \geqslant \sum_{k \in F} \left(\frac{k-1}{k}\right)^2.$$

因为 $hf \in L^2(X, \mu)$, 所以 $|F| < \infty$, 于是 h 有界. □

引理 5.4.2 设 H 为离散交换群, K 为 H 的可除子群 (divisible subgroup), 即对于任何 $k \in K, n \in \mathbb{N}$, 存在 $a \in K$, 使得 $a^n = k$. 那么存在同态 $\phi : H \to K$, 使得 $\phi|_K = \mathrm{id}_K$.

证明 设

$$\mathcal{A} = \{(M, \psi) : K \leqslant M \leqslant H, \psi : M \to K \text{ 为同态, 并且 } \psi|_K = \mathrm{id}\}.$$

因为 $(K, \mathrm{id}_K) \in \mathcal{A}$, $\mathcal{A} \neq \emptyset$, 故可在 $\mathcal{A}$ 中定义如下序关系:

$$(M_1, \psi_1) < (M_2, \psi_2) \quad \Leftrightarrow \quad M_1 \subseteq M_2, \psi_2|_{M_1} = \psi_1.$$

这是个半序, 并且任何全序集有上界. 根据 Zorn 引理, 取此序下的极大元 (L, ϕ). 下面我们证明 $L = H$ 即可.

如果 $L \neq H$, 那么取 $g \in H \setminus L$. 设 $M = \langle g, L \rangle$. 分以下两种情况.

情况 1: $\langle g \rangle \cap L = \emptyset$. 则 M 中的元素可唯一地表示为 $g^i a, a \in L, i \in \mathbb{Z}$. 令

$$\psi : M \to K, \quad \psi(g^i a) = \phi(a).$$

易验证 $(M, \psi) \in \mathcal{A}$, 并且 $(L, \phi) < (M, \psi)$, 与 (L, ϕ) 的极大性矛盾.

情况 2: $\langle g \rangle \cap L \neq \emptyset$. 取最小的自然数 n, 使得 $g^n \in L$. 则 M 中的元素可唯一地表示为 $g^i a, a \in L, i \in \{0, 1, \cdots, n-1\}$. 因为 K 为可除的, 故可取 $g_0 \in K$, 使得 $\phi(g^n) = g_0^n$. 令

$$\psi : M \to K, \quad \psi(g^i a) = g_0^i \phi(a).$$

易验证 $(M, \psi) \in \mathcal{A}$, 并且 $(L, \phi) < (M, \psi)$, 与 (L, ϕ) 的极大性矛盾.

综上, 可得 $L = H$. 证毕. □

注意, 如果两个系统是谱同构的, 那么它们具有相同的特征值集合. 对于离散谱系统, 反之也成立.

定理 5.4.1 (Halmos-von Neumann 定理) 设 $(X, \mathcal{X}, \mu, T)$, $(Y, \mathcal{Y}, \nu, S)$ 为具有离散谱的遍历系统, 那么以下等价:

(1) $(X, \mathcal{X}, \mu, T)$ 与 $(Y, \mathcal{Y}, \nu, S)$ 为谱同构的;

(2) $(X, \mathcal{X}, \mu, T)$ 的全体特征值的集合 Λ_T 与 $(Y, \mathcal{Y}, \nu, S)$ 的全体特征值集合 Λ_S 相等, 即 $\Lambda_T = \Lambda_S$;

(3) $(X, \mathcal{X}, \mu, T)$ 与 $(Y, \mathcal{Y}, \nu, S)$ 为共轭的.

证明 (1) $\Rightarrow$ (2) 和 (3) $\Rightarrow$ (1) 是显然的.

(2) $\Rightarrow$ (1) 设 $\Lambda = \Lambda_T = \Lambda_S$. 对于任何 $\lambda \in \Lambda$, 取 $f_\lambda \in L^2(X, \mu), g_\lambda \in L^2(Y, \nu)$, 使得

$$U_T f_\lambda = \lambda f_\lambda, \quad U_S g_\lambda = \lambda g_\lambda, \quad |f_\lambda| = |g_\lambda| = 1.$$

定义

$$W : L^2(Y, \nu) \to L^2(X, \mu), \quad g_\lambda \mapsto f_\lambda$$

再线性扩充. 因为把基映为基, 故 W 为可逆线性算子. 容易验证 $WU_S = U_T W$. 所以 T 与 S 为谱同构的.

(2) $\Rightarrow$ (3) 同 (2) $\Rightarrow$ (1) 的证明. 设 $\Lambda = \Lambda_T = \Lambda_S$. 对于任何 $\lambda \in \Lambda$, 取 $f_\lambda \in L^2(X,\mu), g_\lambda \in L^2(Y,\nu)$, 使得

$$U_T f_\lambda = \lambda f_\lambda, \quad U_S g_\lambda = \lambda g_\lambda, \quad |f_\lambda| = |g_\lambda| = 1.$$

定义

$$W : L^2(Y,\nu) \to L^2(X,\mu), \quad g_\lambda \mapsto f_\lambda.$$

那么 W 为谱同构. 根据定理 5.2.4, 如果我们还能证明 W 和 W^{-1} 将有界函数映为有界函数, 以及 $W(fg) = (Wf)(Wg), \forall f, g \in L^\infty(Y,\nu)$, 那么我们就可以推出 T 与 S 为共轭的.

断言　我们可以选取 $\{f_\lambda\}_{\lambda\in\Lambda}$ 和 $\{g_\lambda\}_{\lambda\in\Lambda}$, 使得

$$f_\lambda f_\xi = f_{\lambda\xi}, \quad g_\lambda g_\xi = g_{\lambda\xi}, \quad \forall \lambda, \xi \in \Lambda.$$

证明　对于 $\lambda, \xi \in \Lambda$, 有

$$U_T f_{\lambda\xi} = \lambda\xi f_{\lambda\xi},$$

以及

$$U_T(f_\lambda f_\xi) = U_T f_\lambda U_T f_\xi = \lambda\xi(f_\lambda f_\xi).$$

因为特征空间是一维的, 所以存在常数 $r(\lambda,\xi) \in \mathbb{S}^1$, 使得

$$f_\lambda f_\xi = r(\lambda,\xi) f_{\lambda\xi} \ \text{ a.e..}$$

设 H 为 X 到 $\mathbb{S}^1$ 的全体函数, 那么在逐点相乘下 H 为交换群. 令

$$K = \{f_c \in H : c \in \mathbb{S}^1,\ f_c : X \to \mathbb{S}^1, f_c(x) \equiv c\},$$

则 K 为 H 的子群. 对 $c \in \mathbb{S}^1$, 将 f_c 与 c 等同, 于是 $K = \mathbb{S}^1$.

根据引理 5.4.2, 存在同态 $\phi : H \to K$, 使得 $\phi|_K = \mathrm{id}_K$. 令

$$f_\lambda^* = \overline{\phi(f_\lambda)} f_\lambda,$$

那么

$$|f_\lambda^*| = 1, \quad U_T f_\lambda^* = \lambda f_\lambda^*, \quad \forall \lambda \in \Lambda.$$

并且

$$\begin{aligned} f_\lambda^* f_\xi^* &= \overline{\phi(f_\lambda)} f_\lambda \overline{\phi(f_\xi)} f_\xi = \overline{\phi(f_\lambda f_\xi)} f_\lambda f_\xi \\ &= \overline{\phi(r(\lambda,\xi))\phi(f_{\lambda\xi})} r(\lambda,\xi) f_{\lambda\xi} \\ &= \overline{r(\lambda,\xi)\phi(f_{\lambda\xi})} r(\lambda,\xi) f_{\lambda\xi} \\ &= f_{\lambda\xi}^*. \end{aligned}$$

用 $\{f_\lambda^*\}_{\lambda\in\Lambda}$ 替代 $\{f_\lambda\}_{\lambda\in\Lambda}$ 即得所求. 对于 $\{g_\lambda\}_{\lambda\in\Lambda}$ 同样处理. □

选用断言中的 $\{f_\lambda\}_{\lambda\in\Lambda}$ 和 $\{g_\lambda\}_{\lambda\in\Lambda}$, 根据上面的做法构造 $W: L^2(Y,\nu)\to L^2(X,\mu)$, $g_\lambda \mapsto f_\lambda$. 于是

$$W(g_\lambda g_\xi) = W(g_{\lambda\xi}) = f_{\lambda\xi} = f_\lambda f_\xi = W(g_\lambda)W(g_\xi).$$

因为 $\{f_\lambda\}_{\lambda\in\Lambda}$ 和 $\{g_\lambda\}_{\lambda\in\Lambda}$ 是基, 我们容易由此证明

$$W(fg) = (Wf)(Wg), \quad \forall f,g\in L^2(Y,\nu).$$

接着我们证明 W 和 W^{-1} 将有界函数映为有界函数. 设 $f\in L^\infty(Y,\nu)$. 根据引理 5.4.1, $fh\in L^2(Y,\nu), \forall h\in L^2(Y,\nu)$. 于是 $W(f)W(h) = W(fh)\in L^2(X,\mu)$, $\forall h\in L^2(Y,\nu)$, 即 $W(f)k\in L^2(X,\mu), \forall k\in L^2(X,\mu)$. 再根据引理 5.4.1, $W(f)\in L^\infty(X,\mu)$. 同理, 可证明 W^{-1} 将有界函数映为有界函数.

根据定理 5.2.4, T 与 S 为共轭的. □

注记 5.4.2 回顾上面定理的证明, 其中最大的困难在于断言的证明, 即说明可以选取 $\{f_\lambda\}_{\lambda\in\Lambda}$, 使得

$$f_\lambda f_\xi = f_{\lambda\xi}, \quad \forall \lambda,\xi\in\Lambda.$$

上面我们选取了文献 [207] 中的证明, 实际上我们可以有下面简单的证明:

先任意取 $\{f_\lambda\}_{\lambda\in\Lambda}$. 因为遍历性, 存在常数 $r(\lambda,\xi)\in\mathbb{S}^1$, 使得

$$f_\lambda f_\xi = r(\lambda,\xi) f_{\lambda\xi} \text{ a.e..}$$

因为特征值全体是可数的, 故存在 T 不变子集 $N\in\mathcal{X}$, $\mu(N)=0$, 使得对于任何 $\lambda,\xi\in\Lambda$,

$$f_\lambda(x)f_\xi(x) = r(\lambda,\xi)f_{\lambda\xi}(x), \quad \forall x\in X\setminus N.$$

取 $x_0\in X\setminus N$, 则

$$r(\lambda,\xi) = \frac{f_\lambda(x_0)f_\xi(x_0)}{f_{\lambda\xi}(x_0)}.$$

令

$$f_\lambda^* = \frac{1}{f_\lambda(x_0)} f_\lambda.$$

则

$$f_\lambda^* f_\xi^*(x) = \frac{1}{f_\lambda(x_0)} f_\lambda \frac{1}{f_\xi(x_0)} f_\xi = \frac{1}{f_{\lambda\xi}(x_0)} f_{\lambda\xi} = f_{\lambda\xi}^*, \quad \forall \lambda,\xi\in\Lambda.$$

注记 5.4.3 在第 9 章中我们会运用交理论给出 Halmos-von Neumann 定理的一个非常简单的证明.

推论 5.4.1 设 $(X,\mathcal{X},\mu,T)$ 为具有离散谱的保测系统, 那么 T 可逆, 并且 T 与 T^{-1} 共轭.

5.4.2 离散谱与群旋转

设 G 是一个紧致交换群, $a \in G$. 定义群旋转

$$R_a \colon G \to G, \quad x \mapsto ax.$$

我们之前易证, $(G, \mathcal{B}(G), m, R_a)$ 是一个保测动力系统, 其中 m 为 Haar 测度. R_a 为遍历的当且仅当 $\langle a \rangle = \{a^n : n \in \mathbb{Z}\}$ 在 G 中稠密.

定理 5.4.2 设 G 是一个紧致交换群, $a \in G$, $(G, \mathcal{B}(G), m, R_a)$ 为遍历的群旋转系统, 那么 R_a 的每个特征函数为特征的数乘, 并且全体特征值为

$$\Lambda_{R_a} = \{\gamma(a) : \gamma \in \widehat{G}\}.$$

特别地, R_a 具有离散谱.

证明 设 $\gamma \in \widehat{G}$, 则

$$U_{R_a}\gamma(x) = \gamma(R_a x) = \gamma(ax) = \gamma(a)\gamma(x).$$

于是, γ 为以 $\gamma(a)$ 为特征值的特征函数. 因为 $\widehat{G}$ 组成了 $L^2(X, \mu)$ 的一组基, 所以 R_a 具有离散谱.

因为每个特征值是简单的, 并且不同特征值的特征函数互相垂直, 所以

$$\Lambda_{R_a} = \{\gamma(a) : \gamma \in \widehat{G}\}$$

为全体特征值. 否则, 其他特征函数将与所有 $\widehat{G}$ 正交, 而 $\widehat{G}$ 组成了 $L^2(X, \mu)$ 的一组基, 这不可能. □

定理 5.4.3 设 $(X, \mathcal{X}, \mu, T)$ 为遍历系统, 那么 T 具有离散谱当且仅当 T 共轭于某个紧致交换群 G 上的遍历旋转.

如果 $(X, \mathcal{X}, \mu)$ 为 Lebesgue 空间, 那么 G 为可度量的.

证明 根据定理 5.4.2, 我们需证明: 如果 T 具有离散谱, 那么 T 共轭于某个紧致交换群 G 上的遍历旋转. 设 Λ_T 为 T 的全体特征值的集合, 赋予 Λ_T 离散拓扑. 如果 $(X, \mathcal{X}, \mu)$ 为 Lebesgue 空间, 那么 $L^2(X, \mu)$ 可分. 此时, Λ_T 为可数的.

令 $G = \widehat{\Lambda_T}$, 那么 G 为紧致交换群. 根据对偶定理, 定义

$$\phi : \widehat{G} = \widehat{\widehat{\Lambda}}_T \to \Lambda_T, \quad \tilde{\lambda} \mapsto \lambda, \quad \tilde{\lambda}(g) = g(\lambda), \quad \forall g \in G = \widehat{\Lambda_T}$$

为相应同构. 令

$$a : \Lambda_T \to \mathbb{S}^1, \quad \lambda \mapsto \lambda,$$

则 $a \in G = \widehat{\Lambda_T}$, 并且 $\tilde{\lambda}(a) = a(\lambda) = \lambda$. 令

$$R_a : G \to G, \quad g \mapsto ag.$$

我们下面证明: R_a 为遍历的, 并且与 T 共轭.

设 m 为 G 的 Haar 测度, $f \in L^2(G,m)$ 满足 $f \circ R_a = f$, f 的 Fourier 展开为

$$f = \sum_{\lambda \in \Lambda_T} b_\lambda \tilde{\lambda}.$$

由 $f \circ R_a = f$, 我们有

$$\sum_{\lambda \in \Lambda_T} b_\lambda \tilde{\lambda}(g) = f(g) = f \circ R_a(g) = \sum_{\lambda \in \Lambda_T} b_\lambda \tilde{\lambda}(ag) = \sum_{\lambda \in \Lambda_T} b_\lambda \tilde{\lambda}(a)\tilde{\lambda}(g).$$

于是

$$b_\lambda \tilde{\lambda}(a) = b_\lambda.$$

因为 $\tilde{\lambda}(a) = a(\lambda) = \lambda$, 所以

$$b_\lambda \lambda = b_\lambda.$$

如果 $b_\lambda \neq 0$, 那么 $\lambda = 1$, 即 $\tilde{\lambda} \equiv 1$. 于是 $f = b_1$, 所以 R_a 遍历.

根据定理 5.4.2, R_a 为离散谱的. 根据定理 5.4.1, 为证明 T 与 R_a 共轭, 仅需说明两者具有相同的特征值集合. 但是, 根据

$$\Lambda_{R_a} = \{\gamma(a) : \gamma \in \widehat{G}\} = \{a(\lambda) : \lambda \in \Lambda_T\} = \{\lambda : \lambda \in \Lambda_T\} = \Lambda_T,$$

即得到所求.

群 G 为可度量的当且仅当 Λ_T 为可数的, 当且仅当 $L^2(G,m)$ 可分. 所以如果 $(X, \mathcal{X}, \mu)$ 为 Lebesgue 空间, 那么 G 为可度量的. □

根据上面的定理证明, 我们得到如下推论:

推论 5.4.2 对于 $\mathbb{S}^1$ 的任何子群 Λ, 存在群旋转系统, 使得其特征值全体集合恰为 Λ.

5.5 Rohlin 斜积定理

在本节中, 我们介绍一类重要的构造因子映射的方法: 斜积. Rohlin 斜积定理告诉我们遍历系统间的因子映射都可以表示为斜积.

5.5.1 群扩充

设 $(X, \mathcal{X}, \mu, T)$ 为 Lebesgue 系统, $\mathrm{End}(X,\mu,T)$ 为与 T 交换的保测变换 $\phi : X \to X$ 的全体, $\mathrm{Aut}(X,\mu,T)$ 为与 T 交换的可逆保测变换的全体. 则 $\mathrm{End}(X,\mu,T)$ 为半群, 而 $\mathrm{Aut}(X,\mu,T) \subset \mathrm{End}(X,\mu,T)$ 为群. 设 $\{A_n\}_n$ 为一组生成 $\mathcal{X}$ 的可数可测集, 定义 $\mathrm{End}(X,\mu,T)$ 的度量如下:

$$d(\phi,\psi) = \sum_{n=1}^{\infty} \frac{\mu(\phi^{-1}(A_n) \Delta \psi^{-1}(A_n))}{2^n}.$$

对于 $\mathrm{Aut}(X,\mu,T)$, 定义度量

$$\widehat{d}(\phi,\psi)=\sum_{n=1}^{\infty}\frac{\mu(\phi^{-1}(A_n)\Delta\psi^{-1}(A_n))+\mu(\phi(A_n)\Delta\psi(A_n))}{2^{n+1}}.$$

在此度量下, $\mathrm{Aut}(X,\mu,T)$ 为 Polish 群.

定义 5.5.1 (群扩充) 设 $(X,\mathcal{X},\mu,T)$ 为保测系统, $K\subseteq \mathrm{Aut}(X,\mu,T)$ 为紧致子群,

$$\mathcal{A}(K)=\{A\in\mathcal{X}:\phi A=A,\ \forall\phi\in K\}.$$

那么 $\mathcal{A}(K)$ 为 $\mathcal{X}$ 的 T 不变子 σ 代数. 于是, $\mathcal{A}(K)$ 定义了一个因子系统 $(Y,\mathcal{Y},\nu,S)$ 以及因子映射 $\pi:(X,\mathcal{X},\mu,T)\to(Y,\mathcal{Y},\nu,S)$, $\nu=\pi_*\mu$. 我们称 $(X,\mathcal{X},\mu,T)$ 为 $(Y,\mathcal{Y},\nu,S)$ 的**群扩充**, 记为 $Y=X/K$.

5.5.2 斜积系统

设 $(Y,\mathcal{Y},\nu,\Gamma)$ 为保测系统, 其中 Γ 为可数离散群. 又设 $(U,\mathcal{U},\rho)$ 为标准 Borel 空间, $\mathrm{Aut}(U,\rho)$ 为 (U,ρ) 可逆保测变换的全体. 称可测映射

$$\alpha:\Gamma\times Y\to\mathrm{Aut}(U,\rho)$$

为**可测 cocycle**, 若它满足下面的 **cocycle 方程**:

$$\alpha(\gamma\gamma',y)=\alpha(\gamma,\gamma'y)\alpha(\gamma',y).$$

取定一个 cocycle α, 我们就可以如下定义系统 $(Y\times U,\mathcal{Y}\times\mathcal{U},\nu\times\rho,\Gamma)$:

$$\gamma(y,u)=(\gamma y,\alpha(\gamma,y)u).$$

根据 cocycle 方程, 易验证这是一个动力系统, 称之为**斜积系统** (skew-product system), 记为

$$(Y,\mathcal{Y},\nu,\Gamma)\underset{\alpha}{\times}(U,\rho).$$

一类重要的斜积系统如下: 取 $(U,\rho)=(K/L,\widetilde{m})$, 其中 K 为紧致群, $L\subseteq K$ 为满足 $\bigcap\limits_{k\in K}k^{-1}Lk=\{e\}$ 的闭子群, m 为 K 上的 Haar 测度, 而 $\widetilde{m}$ 为 m 在 K/L 上的像. cocycle $\alpha:\Gamma\times Y\to K$ 使得 $\alpha(\gamma,x)\cdot kL$ 为 $\alpha(\gamma,x)\cdot k$ 相对于 L 的陪集. 我们得到的斜积系统 $Y\underset{\alpha}{\times}K/L$ 称为**齐性斜积空间** (homogeneous skew-product space). 当 $L=\{e\}$ 为平凡群时, 得到的斜积系统 $Y\underset{\alpha}{\times}K$ 称为**群斜积系统**.

在本书中, 我们一般讨论离散系统 $\Gamma=\mathbb{Z}$. 设 $(Y,\mathcal{Y},\nu,S)$ 为保测系统, $(U,\mathcal{U},\rho)$ 为标准 Borel 空间. 那么此时 cocycle 是指可测映射

$$\alpha:Y\to\mathrm{Aut}(U,\rho).$$

斜积系统为

$$(X,\mathcal{X},\mu,T_\alpha)=(Y,\mathcal{Y},\nu,S)\underset{\alpha}{\times}(U,\rho),$$

其中

$$T_a(y,u)=(Sy,\alpha(y)u)$$

设 $T_\alpha^n(y,u)=(S^ny,\alpha(n,y)u)\ (n\in\mathbb{Z})$, 易验证

$$\alpha(n,y)=\begin{cases}\prod\limits_{i=0}^{n-1}\alpha(S^iy)=\alpha(S^{n-1}y)\cdots\alpha(Sy)\alpha(y), & n\geqslant 0,\\ \left(\prod\limits_{i=n}^{-1}\alpha(S^iy)\right)^{-1}=\alpha(S^ny)^{-1}\cdots\alpha(S^{-1}y)^{-1}, & n<0.\end{cases}$$

5.5.3 局部可逆定理

设 $(X,\mathcal{X},\mu)$ 为一个概率测度空间. 我们称集族 $\subseteq\mathcal{X}$ 为**遗传的** (hereditary), 若它满足遗传向下性, 即如果 $A\in\mathcal{H}$ 且 $\mathcal{X}\ni B\subseteq A$, 则 $B\in\mathcal{H}$. 一个遗传集族 $\mathcal{H}$ 称为**浸透** (saturate)$\mathcal{X}$ 的, 若对于任何 $A\in\mathcal{X}$, $\mu(A)>0$, 存在 $B\in\mathcal{H}$, 使得 $B\subseteq A$ 且 $\mu(B)>0$. 称遗传集族 $\mathcal{H}$ **浸透** $A\in\mathcal{X}$, 若对于任何 $B\in\mathcal{X}$, $B\subseteq A$ 且 $\mu(B)>0$, 存在 $C\in\mathcal{H}$, 使得 $C\subseteq B$ 且 $\mu(C)>0$. 一个集合 $U\in\mathcal{X}$ 称为遗传集族 $\mathcal{H}$ 的**覆盖** (cover), 若 $A\underset{\mu}{\subseteq}U$ $(\forall A\in\mathcal{H})$; 遗传集族 $\mathcal{H}$ 的**可测并**, 是指它为 $\mathcal{H}$ 覆盖并且 $\mathcal{H}$ 浸透 U. 易见, 如果 $\mathcal{H}$ 浸透 $\mathcal{X}$, 那么它的覆盖就是 X.

对于一个取定的遗传集族 $\mathcal{H}$, 它的可测并是 (模 μ 意义下) 唯一的. 否则, 设 $U,U'\in\mathcal{X}$ 为两个可测并, 且 $\mu(U\setminus U')>0$, 那么根据 $\mathcal{H}$ 浸透 U, 存在 $C\in\mathcal{H},\mu(C)>0$ 且 $C\subseteq U\setminus U'$. 但是 U' 为覆盖, 所以 $C\subseteq U'\pmod{\mu}$. 此两者矛盾.

引理 5.5.1 (耗尽引理) 设 $(X,\mathcal{X},\mu)$ 为一个概率测度空间, 集族 $\mathcal{H}\subseteq\mathcal{X}$ 为遗传的. 那么存在互不相交的子集列 $A_1,A_2,\cdots\in\mathcal{H}$, 使得 $U(\mathcal{H})=\bigcup\limits_{n=1}^{\infty}A_n$ 为遗传集族 $\mathcal{H}$ 的可测并.

证明 设

$$\varepsilon_1=\sup\{\mu(A):A\in\mathcal{H}\}.$$

取 $A_1\in\mathcal{H}$, 使得 $\mu(A_1)\geqslant\varepsilon_1/2$. 设

$$\varepsilon_2=\sup\{\mu(A):A\in\mathcal{H},\ A\cap A_1=\emptyset\}.$$

取 $A_2\in\mathcal{H}$, 使得 $\mu(A_1)\geqslant\varepsilon_2/2$ 且 $A_2\cap A_1=\emptyset$.

继续此过程, 我们得到互不相交的子集列 $\{A_n\}_{n=1}^{\infty}\subseteq\mathcal{H}$ 以及递减数列 ε_n, 使得

$$\varepsilon_n=\sup\{\mu(A):A\in\mathcal{H},\ A\cap(A_1\cup\cdots\cup A_{n-1})=\emptyset\},\quad \mu(A_n)\geqslant\frac{\varepsilon_n}{2}.$$

于是

$$\sum_{n=1}^{\infty}\varepsilon_n\leqslant 2\sum_{n=1}^{\infty}\mu(A_n)\leqslant 2,$$

特别地, $\varepsilon_n \to 0$ $(n \to \infty)$.

令 $U = \bigcup_{n=1}^{\infty} A_n$, 下说明 U 为 $\mathcal{H}$ 的可测并. 易见 $\mathcal{H}$ 浸透 U, 所以仅需说明它是 $\mathcal{H}$ 的覆盖. 否则, 存在 $A \in \mathcal{H}$, 使得 $\mu(A) > 0$ 且 $A \cap A_n = \emptyset$ $(\forall n \in \mathbb{N})$. 根据 ε_n 的定义, $\mu(A) \leqslant \varepsilon_n \to 0$ $(\forall n)$, 这与 $\mu(A) > 0$ 矛盾. □

推论 5.5.1 设 $(X, \mathcal{X}, \mu)$ 为一个概率测度空间, 集族 $\mathcal{H} \subseteq \mathcal{X}$ 为遗传的, 并且浸透 $\mathcal{X}$, 那么存在互不相交的子集列 $A_1, A_2, \cdots \in \mathcal{H}$ 为 X 的剖分.

定理 5.5.1 (局部可逆定理) 设 $(X, \mathcal{X}, \mu)$ 和 $(Y, \mathcal{Y}, \nu)$ 为标准 Borel 空间, $\pi : X \to Y$ 为保测映射, 使得对于任何 $y \in Y$, $\pi^{-1}(y)$ 为可数的, 那么存在 X 的可数剖分 $\xi = \{A_n\}_{n\in\mathbb{N}}$, 使得 $\pi|_{A_n} : A_n \to \pi(A_n)$ 为可逆保测的, $\forall n \in \mathbb{N}$.

证明 设

$$\mu = \int_Y \mu_y \mathrm{d}\nu(y)$$

为积分分解. 因为对于 ν-a.e. $y \in Y$, $\mu_y(\pi^{-1}(y)) = 1$ 且 $\pi^{-1}(y)$ 为可数集, 所以对于 ν-a.e. $y \in Y$, μ_y 为纯原子的, 于是 μ-a.e. $x \in X$, $\mu_{\pi x}(\{x\}) > 0$.

称 $A \in \mathcal{X}$ 为 π 截面, 若 $\pi(A) = B \in \mathcal{Y}$ 且 $\pi|_A : A \to B$ 为可测双射. 我们断言: 存在 X 的可数可测剖分 $\xi = \{A_n\}_{n\in\mathbb{N}}$, 使得每个 A_n 为 π 截面. 设 $\mathcal{H}$ 为全体 π 截面的集合, 易见它为遗传的. 下面我们说明它浸透 $\mathcal{X}$. 设 $B \in \mathcal{X}$, $\mu(B) > 0$, 则 $\pi(B) = C$ 为 Y 的分析集. 根据 Jankov-von Neumann 定理, 存在普遍可测映射 $f : C \to B$, 使得 $\pi \circ f = \mathrm{id}_C$. 由于 $\nu(C) = \mu(B) > 0$, 取 Borel 集 $C' \in \mathcal{Y}$, 使得 $C' \subseteq C$ 且 $\nu(C') = \nu(C)$. 设 $A = f(C')$, 由于 f 是单射, 故 $A \in \mathcal{X}$. 易见 $A \in \mathcal{H}$, 且根据 $\nu(C') > 0$, $\mu_y(f(y)) > 0$ (ν-a.e.), 有

$$\mu(A) = \int_Y \mu_y(A)\mathrm{d}\nu(y) = \int_{C'} \mu_y(A)\mathrm{d}\nu(y) = \int_{C'} \mu_y(f(y))\mathrm{d}\nu(y) > 0.$$

根据推论 5.5.1, 存在可测剖分 ξ 满足条件. □

5.5.4 Rohlin 斜积定理

下面我们给出著名的 Rohlin 斜积定理.

定理 5.5.2 (Rohlin 斜积定理) 设 $\pi : (X, \mathcal{X}, \mu, T) \to (Y, \mathcal{Y}, \nu, S)$ 为因子映射, 其中 $(X, \mathcal{X}, \mu, T)$ 和 $(Y, \mathcal{Y}, \nu, S)$ 为可逆的遍历系统, 那么 $(X, \mathcal{X}, \mu, T)$ 同构于 $(Y, \mathcal{Y}, \nu, S)$ 的一个斜积系统. 即存在标准概率空间 $(U, \mathcal{U}, \rho)$ 以及 cocycle $\alpha : Y \to \mathrm{Aut}(U, \rho)$, 使得

$$(X, \mathcal{X}, \mu, T_\alpha) \cong (Y, \mathcal{Y}, \nu, S) \underset{\alpha}{\times} (U, \rho).$$

证明 设

$$\mu = \int_Y \mu_y \mathrm{d}\nu(y)$$

为测度分解. 我们假设 $X = [0, 1]$, 令

$$p : X \to [0, 1], \quad x \mapsto \mu_{\pi(x)}(\{x\}).$$

因为 $p(x)=\lim\limits_{\delta\to 0}\mu_{\pi(x)}B_\delta(x)$, 所以 p 是可测的,

$$\mu_{\pi(Tx)}(\{Tx\})=T_*\mu_{\pi(x)}(\{Tx\})=\mu_{\pi(x)}(\{x\}),$$

从而 p 为 T 不变的. 根据遍历性, $p\equiv c<1$. 这有两种情况:

(1) $c=0$, 则 ν-a.e. $y\in Y$ 的测度 μ_y 为连续的;

(2) $c>0$, 则 ν-a.e. $y\in Y$ 的测度 μ_y 为离散的.

情况 (1): $c=0$. 设 $U=[0,1]$, ρ 为 U 的 Lebesgue 测度, 定义

$$\phi:X\to Y\times U,\quad \psi:Y\times U\to X$$

为

$$\phi(x)=(\pi(x),\mu_{\pi(x)}([0,x])),\quad \psi(y,u)=\min\{x\in X:\mu_y([0,x])\geqslant u\},$$

则 $\psi\circ\phi=\mathrm{id}$, 并且对于任何 $A\in\mathcal{Y}, t\in[0,1]$,

$$\begin{aligned}\mu\left(\phi^{-1}(A\times[0,1])\right)&=\int_A\mu_y\left(\psi(A\times[0,t])\right)\mathrm{d}\nu(y)\\&=\int_A\mu_y\left(\psi(\{y\}\times[0,t])\right)\mathrm{d}\nu(y)\\&=\int_A\mu_y\left([0,\psi(y,t)]\right)\mathrm{d}\nu(y)\\&=t\nu(A).\end{aligned}$$

于是 $\phi_*\mu=\nu\times\rho$.

情况 (2): $c>0$. 此时 ν-a.e. $y\in Y$, μ_y 为纯原子的, 所以 $\pi^{-1}(y)$ 至多可数. 根据局部可逆定理 (定理 5.5.1), 存在 X 的可数可测剖分 $\xi=\{A_n\}_{n\in\mathbb{N}}$, 使得每个 A_n 为 π 截面.

函数 $y\mapsto|\pi^{-1}(y)|=\sum\limits_{n=1}^{\infty}\mathbf{1}_{\pi(A_n)}(y)$ 为可测且 S 不变的. 根据遍历性, 存在 $r\in\mathbb{N}$, 使得 $c=1/r$, 并且 ν-a.e. $y\in Y$, 有 $\mu_y=\dfrac{1}{r}\sum\limits_{i=1}^{r}\delta_{x_i}$, 其中 $x_1,\cdots,x_r\in X$ 互异. 下面我们构造 r 个满的 π 截面 $B_1,\cdots,B_r$, 使得它们为 X 的剖分, 即 $X=B_1\cup\cdots\cup B_r$, 且 $\pi(B_1)=\cdots=\pi(B_r)=Y$.

设 $\nu(Y\setminus\pi(A_1))>0$, 令

$$\begin{aligned}&C_{n+1}=A_{n+1}\cap\pi^{-1}\left(Y\setminus\bigcup_{k=1}^{n}\pi(A_k)\right),\quad n\geqslant 1,\\&B_1=A_1\cup\bigcup_{n=2}^{\infty}C_k,\end{aligned}$$

则 $\{B_1,A_2\setminus C_2,A_3\setminus C_3,\cdots\}$ 为 X 的 π 截面剖分, 且 $\pi(B_1)=Y$.

接着设 $\pi_1=\pi|_{X\setminus B_1}:X\setminus B_1\to Y$, 则

$$|\pi_1^{-1}(y)\cap(X\setminus B_1)|=r-1,\quad \nu\text{-a.e. } y\in Y.$$

注意 $\{A'_n = A_n \setminus C_n\}_{n=2}^{\infty}$ 为 $X \setminus B_1$ 的 π_1 截面组成的剖分. 若 $\nu(Y \setminus \pi(A'_2)) > 0$, 令

$$C'_{n+1} = A'_{n+1} \cap \pi_1^{-1}\left(Y \setminus \bigcup_{k=2}^{n} \pi(A'_k)\right), \quad n \geqslant 2,$$

$$B_2 = A'_2 \cup \bigcup_{n=3}^{\infty} C'_k,$$

则 $\{B_2, A'_3 \setminus C'_3, A'_4 \setminus C'_4, \cdots\}$ 为 X 的 π 截面剖分, 且 $\pi(B_2) = Y$.

经过有限次处理后我们就得到 r 个满的 π 截面 $B_1, \cdots, B_r$, 它们为 X 的剖分, 且 $\pi(B_1) = \cdots = \pi(B_r) = Y$. 于是, 我们可以定义映射

$$\phi : X \to Y \times \{1, 2, \cdots, r\},$$

使得 $\phi_*\mu = \nu \times \rho$, 其中 ρ 为 $U = \{1, 2, \cdots, r\}$ 上的等分布测度.

在两种情况下, 我们都定义了测度空间同构

$$\phi : X \to Y \times U, \quad \phi_*\mu = \nu \times \rho.$$

通过 ϕ 来定义斜积定义中的 cocycle 映射 α 和 T_α, 即 α 和 T_α 由下式来定义:

$$T_\alpha : Y \times U \to Y \times U, \quad T_\alpha(y, u) = (Sy, \alpha(y)u) = \phi(Tx).$$

这样我们就完成了整个定理的证明. □

最后我们陈述一个定理, 此处不给出证明.

定理 5.5.3 设 $(X, \mathcal{X}, \mu, T)$ 为遍历系统, $K \subseteq \mathrm{Aut}(X, \mu, T)$ 为紧致子群, $(Y, \mathcal{Y}, \nu, S) = X/K$ 为群因子, 那么存在 cocycle $\alpha : Y \to \mathrm{Aut}(K)$, 使得

$$(X, \mathcal{X}, \mu, T_\alpha) \cong (Y, \mathcal{Y}, \nu, S) \underset{\alpha}{\times} K,$$

即 X 为 Y 的群斜积系统.

5.6 遍历分解定理

在本节中, 我们给出遍历分解定理. 遍历分解定理告诉我们, 任何保测系统总是可以根据某种方式分解为若干个遍历系统. 在这里, 我们用 Birkhoff 遍历定理给出一个证明, 后面还会根据 Choquet 定理给出另一个证明.

设 $(X, \mathcal{X}, \mu, T)$ 为保测系统, 之前我们定义了

$$\mathcal{I} = \mathcal{I}(T) = \{A \in \mathcal{X} \colon \mu(A \Delta T^{-1}A) = 0\}.$$

于是, 遍历定理可以陈述为

$$\mathbb{A}_n f = \frac{1}{n}\sum_{j=0}^{n-1} T^j f \xrightarrow{L^2/\text{a.e.}} \mathbb{E}(f|\mathcal{I}), \quad n \to \infty.$$

定理 5.6.1 (遍历分解定理) 设 $(X,\mathcal{X},\mu,T)$ 为保测系统, 其中 $(X,\mathcal{X},\mu)$ 为 Borel 概率空间, 那么存在 Borel 概率空间 $(Y,\mathcal{Y},\nu)$ 以及可测映射[①]

$$Y\to\mathcal{M}(X),\quad y\to\mu_y,$$

使得

(1) 对于 ν-a.e. $y\in Y$, μ_y 为 $(X,\mathcal{X})$ 上的遍历测度;

(2) $\mu=\int_Y\mu_y\mathrm{d}\nu(y)$.

等价地, 如果取 $(Y,\mathcal{Y},\nu)=(X,\mathcal{X},\mu)$, 那么

$$\mu_x=\mu_x^{\mathcal{I}}.$$

证明 因为 $(X,\mathcal{X},\mu)$ 为 Borel 概率空间, 所以取可数生成的子 σ 代数 $\widetilde{\mathcal{I}}\subseteq\mathcal{I}$ 且 $\widetilde{\mathcal{I}}\underset{\mu}{=}\mathcal{I}$. 令 $\widetilde{\mathcal{I}}=\sigma(\{E_n\}_{n=1}^\infty)$, 以及

$$N'=\bigcup_{n=1}^\infty T^{-1}E_n\Delta E_n=\bigcup_{E\in\widetilde{\mathcal{I}}}T^{-1}E\Delta E,$$

设 N'' 为使得定理 1.3.5、定理 1.3.7、定理 1.3.8 中所排除的零测集. 令

$$N=\bigcup_{n=0}^\infty T^{-n}(N'\cup N''),$$

则 N 为零测集, 且 $T^{-1}N\subseteq N$.

对于 $x\notin N$, $T^{-1}\mathcal{I}\underset{\mu}{=}\mathcal{I}$, 根据定理 1.3.8, 有

$$T_*\mu_x^{\mathcal{I}}=\mu_{Tx}^{\mathcal{I}}.$$

因为 $Tx\notin N$, 又根据定理 1.3.5, $[x]_{\widetilde{\mathcal{I}}}=[Tx]_{\widetilde{\mathcal{I}}}$, 所以

$$\mu_{Tx}^{\mathcal{I}}=\mu_x^{\mathcal{I}}.$$

于是, 对于任何 $x\notin N$, $\mu_x^{\mathcal{I}}$ 为 T 不变测度. 下面我们证明 $\mu_x^{\mathcal{I}}$ 为遍历的.

取 $C(X)$ 的可数稠密子集 $\{f_i\}_{i=1}^\infty$. 进一步放大 N, 使得对于任何 $x\notin N$, 有

$$\frac{1}{M}\sum_{n=0}^{M-1}f_i(T^nx)\to\mathbb{E}(f_i|\mathcal{I})(x)=\int_X f_i\mathrm{d}\mu_x^{\mathcal{I}},\quad M\to\infty.$$

根据定理 1.3.5,

$$N_1=N\cup\{x:\mu_x^{\mathcal{I}}(N)>0\}$$

的测度为零. 如果 $[x]_{\widetilde{\mathcal{I}}}=[y]_{\widetilde{\mathcal{I}}}$ $(x\notin N_1,y\notin N_1)$, 则 $\mu_x^{\mathcal{I}}=\mu_y^{\mathcal{I}}$, 且对于任何 $i\in\mathbb{N}$, 有

$$\frac{1}{M}\sum_{n=0}^{M-1}f_i(T^ny)\to\int_X f_i\mathrm{d}\mu_x^{\mathcal{I}},\quad M\to\infty.$$

① 此处 $\mathcal{M}(X)$ 为 X 上的全体概率测度, 我们将在第 7 章中具体给出 $\mathcal{M}(X)$ 的拓扑.

因为 $\mu_x^{\mathcal{I}}(N)=0$, 所以上式意味着对于 $\mu_x^{\mathcal{I}}$-a.e. $y\in X$, 有

$$\frac{1}{M}\sum_{n=0}^{M-1} f(T^n y)\to\int_X f\mathrm{d}\mu_x^{\mathcal{I}},\quad M\to\infty,\ \forall f\in L^2(X,\mu_x^{\mathcal{I}}),$$

即 $\mu_x^{\mathcal{I}}$ 为遍历的.

接着根据定理 1.3.7, 存在因子映射 $\phi: X\to Y$ 满足条件. □

我们可以把遍历分解定理重新表述如下:

定理 5.6.2 (遍历分解定理) 设 $(X,\mathcal{X},\mu,T)$ 为保测系统, 其中 $(X,\mathcal{X},\mu)$ 为 Borel 概率空间. 那么存在 Borel 概率空间系统 $(Y,\mathcal{Y},\nu,S)$ 以及因子映射

$$\phi:(X,\mathcal{X},\mu,T)\to(Y,\mathcal{Y},\nu,S),$$

使得 $\mathcal{I}=\phi^{-1}(\mathcal{Y})$. 设

$$\mu=\int_Y \mu_y\mathrm{d}\nu(y)$$

为测度分解, 且对于 $y\in Y$, $X_y=\phi^{-1}(y)$, $\mathcal{X}_y=\mathcal{X}\cap X_y$, 那么

(1) 对于 ν-a.e. $y\in Y$, $(X_y,\mathcal{X}_y,\mu_y,T)$ 为遍历系统;

(2) $S=\mathrm{id}:Y\to Y$.

5.7 注 记

对于 Lebesgue 空间理论, 我们采取了文献 [80, 207] 等中的处理方式, 介绍涉及的基本结论而不涉及定理的证明. 主要原因是这些定理是测度论中很深刻的结论, 具体给出证明将占较大篇幅且会偏离本书的主旨, 感兴趣的读者可以参见文献 [133, 176] 等. Kolmogorov 系统是非常重要的一类系统, 我们在熵理论中还会介绍. Rohlin 斜积定理的材料来自文献 [1]. 遍历分解定理的不同证明将在第 7 章中给出.

Holmos-von Neumann 定理有许多证明, 本章中定理 5.4.1 的证明选自文献 [207], 注记 5.4.2 中的简化证明来自文献 [163]. 在第 9 章中, 我们还有一个从不交性出发的简单证明.

第 6 章　拓扑动力系统基础

在这一章中, 我们介绍拓扑动力系统的一些基本概念和结论. 拓扑动力系统和遍历理论是动力系统的两个密切关联的分支. 自学科产生之初, 遍历理论和拓扑动力系统两者就有着不可分割的联系. 一方面, 拓扑动力系统可以自然地视为一个保测系统; 另一方面任何遍历系统都有其拓扑实现. 两种理论中有许多相对应的概念: 遍历 $\leftrightarrow$ 极小性、离散谱 $\leftrightarrow$ 等度连续、测度熵 $\leftrightarrow$ 拓扑熵, 等等. 这些因素导致了这两种理论有着惊人的平行性, 两者许多结论有着极为相似的陈述, 但各自的证明方法却可能完全不同.

在前文中, 我们实际上已经介绍过拓扑动力系统的一些基本概念, 在本章中我们系统地再总结之前的概念, 并介绍一些新的内容. 在 6.1 节中, 我们回顾基本概念, 并给出许多例子. 在 6.2 节和 6.3 节中, 介绍与遍历性相应的传递性和极小性, 两者都反映了系统的不可分割性. 在 6.4 节中, 我们详细介绍各种拓扑混合性. 6.5 节总结其他常用的不变子集. 对应于遍历论中的离散谱系统, 在拓扑动力系统中我们有等度连续系统 (也称为拓扑离散谱系统), 它是动力学性质相对简单的系统. 最后, 我们介绍可扩同胚, 这是一种非常重要的性质, 与微分动力系统、符号系统等有着密切关系.

在下一章中, 我们将会强调拓扑动力系统与遍历理论的关系. 到时读者自然会理解为什么介绍遍历理论的书籍中一般都要介绍拓扑动力系统, 反之亦然.

6.1　基 本 概 念

6.1.1　一般群作用的拓扑动力系统

设 X 为紧致的 Hausdorff 空间, G 为拓扑群或含单位元的拓扑半群. 如果 $\phi: G\times X \to X$ 连续且满足:

(1) 对任意 $x\in X$, 有 $\phi(e,x)=x$, 其中 e 为 G 的单位元;

(2) 对任意 $x\in X$ 和 $g_1,g_2\in G$, $\phi(g_1,\phi(g_2,x))=\phi(g_1g_2,x)$ 成立,

那么我们称 (X,G,ϕ) 为一个**拓扑动力系统**. 一般地, 我们也直接用 (X,G) 记一个拓扑动力系统. 如果 G 为群, 则对于每个 $g\in G$, $\phi(g,\cdot): X\to X$, $x\mapsto\phi(g,x)$ 为同胚; 如果 G 为半群, 那么 $\phi(g,\cdot)$ 为连续的. 为方便计, 我们将 $\phi(g,x)$ 简记为 gx. 当 X 为独点集时, 我们称系统 (X,G) 为**平凡系统**.

设 (X,G) 为拓扑动力系统. 对 $x \in X$, 称 $\mathrm{orb}(x,G)=\{gx: g\in G\}$ 为x **的轨道**. 设 A 为 X 的子集. 如果

$$gA=\{gx: x\in A\}\subseteq A, \quad \forall g\in G,$$

则称 A 为**不变集**. 如果 $A\subseteq X$ 为闭的不变集, 则将 G 作用限制在 A 上也成为一个动力系统, 称之为 (X,G) 的**子系统**, 记为 (A,G). 对任意 $x\in X$, 易见 $\overline{\mathrm{orb}(x,G)}$ 为闭的不变集, 从而 $(\overline{\mathrm{orb}(x,G)},G)$ 是 (X,G) 的一个子系统. 这是一个常用的构造新动力系统的方法.

设 (X,G) 和 (Y,G) 为两个拓扑动力系统, 定义它们的**乘积系统**为 $(X\times Y,G)$, 其中

$$g(x,y)=(gx,gy), \quad \forall g\in G.$$

任意多个系统的乘积系统可以类似地定义.

就像别的数学分支一样, 拓扑动力系统的一个中心问题便是系统的分类问题. 于是, 一个自然的问题是: 两个拓扑动力系统何时是“一样的”? 在拓扑动力系统中, 我们有如下定义:

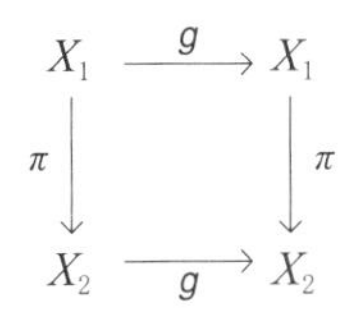

图 6.1

定义 6.1.1　设 (X_1,G,ϕ_1) 和 (X_2,G,ϕ_2) 为两个拓扑动力系统. 如果存在一个连续满射 $\pi: X_1\to X_2$, 使得如图 6.1 所示的图表交换, 即 $\pi(gx)=g(\pi x)$ $(\forall g\in G, \forall x\in X_1)$, 那么我们称 (X_1,G,ϕ_1) 为 (X_2,G,ϕ_2) 的一个**扩充**, 或者称 (X_2,G,ϕ_2) 是 (X_1,G,ϕ_1) 的一个**因子**. 此时, 称 π 为一个**因子映射**或称之为**半共轭的**.

如果 π 为同胚, 我们称 (X_1,G,ϕ_1) 和 (X_2,G,ϕ_2) 为**同构的**或者**共轭的**.

之前我们定义了保测系统的同构和共轭, 在这里我们用了同样的术语. 在具体情况下, 我们需要根据上下文区分是哪个定义. 有时为了表述更为精确, 把保测系统的同构 (共轭) 称为“测度同构”(“测度共轭”), 而把拓扑动力系统的同构 (共轭) 称为“拓扑同构”(“拓扑共轭”).

在拓扑动力系统中, 如果两个系统为同构的, 我们就认为它们是“一样的”. 于是, 寻求同构不变量是拓扑动力系统中的一个重要主题.

6.1.2　离散拓扑动力系统

在本书中, 如非特别指出, 我们一般研究 $\mathbb{Z}_+$ 作用下的系统, 即我们所指的拓扑动力系统是偶对 (X,T), 其中 X 为紧度量空间, $T: X\to X$ 为连续映射.

对 $x\in X$, 称

$$\mathrm{orb}(x,T)=\{x,Tx,T^2x,\cdots\}$$

为x **的轨道**. 设 A 为 X 的子集, 如果 $T(A)\subseteq A$, 则称 A 为**正不变集**或**不变集**; 如果 $T^{-1}A\subseteq A$, 则称 A 为**负不变集**; 如果 $T(A)=A$, 则称 A 为**强不变集**. 如果 $Y\subseteq X$ 为闭的不变集, 则 $(Y,T|_Y)$ 也成为一个动力系统, 称之为 (X,T) 的**子系统**, 有时我们就直接将

它记为 (Y,T). 对任意 $x\in X$, 易见 $\overline{\mathrm{orb}(x,T)}$ 为闭的不变集, 从而 $(\overline{\mathrm{orb}(x,T)},T)$ 是 (X,T) 的一个子系统.

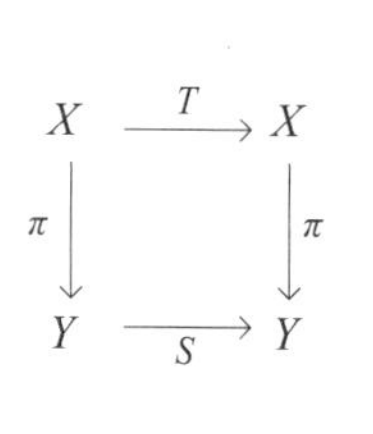

图 6.2

当我们考虑两个半离散拓扑动力系统 (X,T) 和 (Y,S) 时, 因子映射 $\pi:X\to Y$ 就是满足 $\pi\circ T=S\circ\pi$ 的连续满射 (图 6.2).

下面我们给出因子映射的等价描述.

设 (X,T) 为拓扑动力系统. 我们可以将 $X\times X$ 的子集 R 视为 X 上的一个关系. 如果 R 为 $X\times X$ 的闭子集, 就称 R 为**闭关系**; 如果 $(T\times T)(R)\subseteq R$, 就称关系 R 为**不变的**. 设 $R\subseteq X\times X$ 为 X 上闭的不变的等价关系. 对 $x\in X$, 考虑 x 所在的等价类 $[x]_R=\{y\in X:(x,y)\in R\}$. 所有的这些等价类形成了一个新的空间 $X/R=\{[x]_R:x\in X\}$, 如果 X/R 的拓扑取商拓扑, 则 X/R 为紧度量空间. 映射 T 自然地诱导了 X/R 上的连续映射 $T_R:X/R\to X/R,[x]_R\to[Tx]_R$, 从而 $(X/R,T_R)$ 为拓扑动力系统. 设 $\pi:X\to X/R$ 为商映射, 则 $\pi:(X,T)\to(X/R,T_R)$ 为因子映射, 且

$$R_\pi=\{(x,y)\in X\times X:\pi(x)=\pi(y)\}=R.$$

反之, 设 $\pi:(X,T)\to(Y,S)$ 为因子映射, 通过 π 我们可以定义 X 上一个闭的不变的等价关系:

$$R_\pi=\{(x,y)\in X\times X:\pi(x)=\pi(y)\}.$$

易见 $(X/R_\pi,T_{R_\pi})$ 拓扑同构于 (Y,S). 因此, 在把拓扑同构的两个动力系统不加区分的意义下, 我们有:

命题 6.1.1 设 (X,T) 为拓扑动力系统, 则 (X,T) 的因子系统一一对应于 X 上闭的不变的等价关系.

另外注意到, 如果 $T:X\to X$ 为连续的, 那么

$$T:\bigcap_{i=0}^{\infty}T^i(X)\to\bigcap_{i=0}^{\infty}T^i(X)$$

为满的. 因为一个系统几乎所有的动力学性状都集中体现在 $\bigcap\limits_{i=0}^{\infty}T^i(X)$ 上, 所以我们经常在系统 (X,T) 的定义中假设映射 T 为满射.

6.1.3 自然扩充

类似于定义 2.1.5 和定义 2.1.3, 所以我们可以定义拓扑动力系统的逆极限和自然扩充. 因为定义是类似的, 我们在这里仅回顾一下自然扩充.

将半离散系统与离散系统联系在一起的一个桥梁是所谓的**自然扩充**. 设 $T:X\to X$ 为连续的满自映射. 设

$$\widetilde{X}=\left\{(x_1,x_2,\cdots)\in\prod_{i=1}^{\infty}X:Tx_{i+1}=x_i,\ i\geqslant 1\right\}.$$

作为乘积空间 $\prod_{i=1}^{\infty} X$(取乘积拓扑) 的子集, $\widetilde{X}$ 是非空闭的. 如果定义

$$\widetilde{T}:\widetilde{X}\to\widetilde{X},\quad \widetilde{T}(x_1,x_2,\cdots)=(Tx_1,x_1,x_2,\cdots),$$

那么 $\widetilde{T}$ 为同胚. 易见, 对每个 $n\in\mathbb{N}$, 向第 n 个分量的投影映射 $p_n:\widetilde{X}\to X$ 为连续的满射. 特别地, p_1 为 $(\widetilde{X},\widetilde{T})$ 到 (X,T) 的因子映射 (图 6.3).

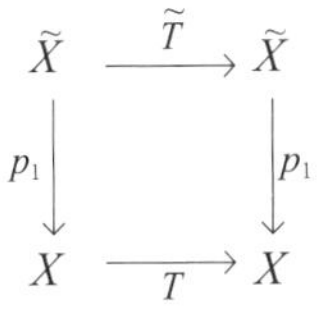

$$\begin{array}{ccc}\widetilde{X} & \xrightarrow{\widetilde{T}} & \widetilde{X}\\ {\scriptstyle p_1}\downarrow & & \downarrow{\scriptstyle p_1}\\ X & \xrightarrow[T]{} & X\end{array}$$

图 6.3

自然扩充 $(\widetilde{X},\widetilde{T})$ 是可逆系统, 它保持了 (X,T) 的几乎所有的动力学性质. 在许多情形下, 我们的结论首先是对可逆系统证明的, 然后通过其自然扩充将一般情形转化为可逆的情况来获得相应的结论. 这是一种十分常用的技巧.

6.1.4　一些例子

我们在 3.2 节中介绍的大部分例子是拓扑动力系统. 在这里, 我们再补充几个例子. 在后面的小节中, 我们还会继续介绍许多新的例子.

例 6.1.1 (南北极系统)　设 $\mathbb{S}^1$ 为 $\mathbb{R}^2$ 中的单位圆周, 其圆心在 $(0,1)$, 南极 S 在 $(0,0)$, 北极 N 在 $(0,2)$. 以 N 为起点, 设射线与 y 轴的夹角为 θ, 则 $\theta\in(-\pi/2,\pi/2)$, 射线交 $\mathbb{S}^1$ 于点 z_θ.

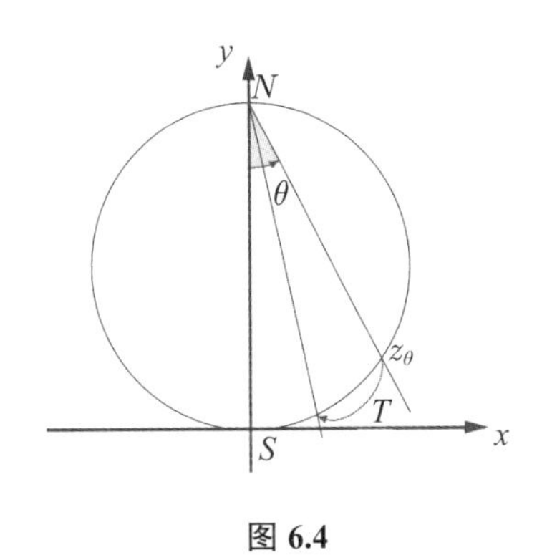

图 6.4

定义

$$T:\mathbb{S}^1\to\mathbb{S}^1,\quad z_\theta\mapsto z_{\arctan(\frac{\tan\theta}{2})},$$

并且 $T(N)=N,T(S)=S$. 则对于 $x\neq S,N$,

$$T^n x\to S,\quad T^{-n}x\to N,\quad n\to\infty.$$

例 6.1.2 (有限型子转移)　设 (Σ_k,σ) 为双边全转移系统, $k\geqslant 2$, $\boldsymbol{A}=[a_{ij}]_{i,j=0}^{k-1}$ 为 $k\times k$ 矩阵, 其中 $a_{ij}\in\{0,1\}$. 又设

$$X_{\boldsymbol{A}}=\{\boldsymbol{x}=(x_n)_{n\in\mathbb{Z}}:a_{x_nx_{n+1}}=1,\forall n\in\mathbb{Z}\}.$$

易见 $X_{\boldsymbol{A}}$ 的补集为开集, 所以 X_A 为 Σ_k 的闭子集. 另外, 易见

$$\sigma X_{\boldsymbol{A}}=X_{\boldsymbol{A}}.$$

于是 $(X_{\boldsymbol{A}},\sigma)$ 为拓扑动力系统, 称之为有限型子转移系统 (subshift of finite type system).

(1) 若 $\boldsymbol{A}=[a_{ij}],a_{ij}=1\ (\forall i,j)$, 则 $X_{\boldsymbol{A}}=\Sigma_k$.

(2) 若 $\boldsymbol{A}=\boldsymbol{I}$ 为恒同矩阵, 那么 $X_{\boldsymbol{A}}=\{j^{\mathbb{Z}}=(\cdots,j,j,j,\cdots):j\in\{0,1,\cdots,k-1\}\}$.

(3) 对于 (Σ_2,σ), $\boldsymbol{A}=\begin{pmatrix}0&0\\1&0\end{pmatrix}$, $X_{\boldsymbol{A}}=\emptyset$.

(4) 对两个不同矩阵, 可以定义同一个有限型子转移. 例如, 对于 (Σ_2,σ),

$$\boldsymbol{A}_1=\begin{pmatrix}0&1\\0&1\end{pmatrix},\quad \boldsymbol{A}_2=\begin{pmatrix}0&0\\0&1\end{pmatrix},\quad X_{\boldsymbol{A}_1}=X_{\boldsymbol{A}_2}.$$

类似可以定义单边的系统.

例 6.1.3 (测地流、极限环流) 设 $G=\mathrm{SL}(2,\mathbb{R})$ 为 2 阶特殊线性群, m 为 G 上的 Haar 测度, Γ 为 G 余紧的离散群, 即 G/Γ 为紧致的. 对于任何 $t,s\in\mathbb{R}$,

$$\boldsymbol{h}_t=\begin{pmatrix}1&t\\0&1\end{pmatrix},\quad \boldsymbol{g}_s=\begin{pmatrix}\mathrm{e}^{-s}&0\\0&\mathrm{e}^{s}\end{pmatrix}.$$

记 $X=G/\Gamma$, 其中 $\mu=m_\Gamma$ 为 X 上唯一的由 m 诱导的 G 不变概率测度. 令

$$\mathbb{R}\times X\to X,\quad (t,x\Gamma)\mapsto h_t x\Gamma.$$

称 $\mathbb{R}$ 作用的系统 $(X,\mathcal{B}(X),\mu,\{h_t\}_{t\in\mathbb{R}})$ 为极限环流 (horocycle flow). 我们定义 $h=h_1$, 则得到一个离散的极限环系统 $(X,\mathcal{B}(X),\mu,h)$.

类似定义系统 $(X,\mathcal{B}(X),\mu,\{g_s\}_{s\in\mathbb{R}})$, 称之为测地流 (geodesic flow). 易见两者有如下关系:

$$g_s h_t g_s^{-1}=h_{\mathrm{e}^{-2s}t},\quad \forall t,s\in\mathbb{R}. \tag{6.1}$$

习 题

1. 验证式 (6.1).

2. 一般地, 一个子转移 $(X,\sigma)\subseteq\Sigma_l$ 称为有限型子转移 (subshift of finite type), 若存在有限个词 $\mathcal{W}=\{w_1,\cdots,w_k\}$, 使得 $x\in X$ 当且仅当 $\mathcal{W}$ 中的词从不在 x 中出现. $m=\max\{|w_i|:1\leqslant i\leqslant k\}$ 称为 X 的阶数. 证明:

(1) 任何有限型子转移都同构于阶数为 2 的有限型子转移.

(2) 对于每个阶数为 2 的有限型子转移 $(X,\sigma)\subseteq\Sigma_k$, 可以定义取值为 $0,1$ 的 $k\times k$ 矩阵 $\boldsymbol{A}=[a_{ij}]$,

$$a_{ij}=1\quad\Leftrightarrow\quad (ij)\notin\mathcal{W}.$$

则 $\mathrm{Card}(L_n(X))=\sum\limits_{i,j=0}^{k}a_{ij}^{(n)}$, 其中 $L_n(X)$ 为 X 的长为 n 的词全体.

6.2 传递性

回复性是十分重要的动力学性质. 这是因为在研究自然现象时, 那些可以重复观察的现象才是我们最关心的. 从本节开始, 我们将研究各种回复性.

6.2.1 传递的定义

定义 6.2.1 设 (X,T) 为拓扑动力系统, $x \in X$.

(1) 如果 $Tx = x$, 那么点 $x \in X$ 称为**不动点**.

(2) 如果存在某个 $n \in \mathbb{N}$, 使得 $T^n x = x$ 成立, 那么点 $x \in X$ 称为**周期点**. 满足 $T^n x = x$ 的自然数 n 称为 x 的**周期**; 而满足 $T^n x = x$ 的最小自然数 n 称为 x 的**最小周期**.

我们用 $\mathrm{Fix}(X,T)$ 或 $\mathrm{Fix}(T)$ 表示系统 (X,T) 的不动点全体, 用 $\mathrm{Per}(X,T)$ 或 $\mathrm{Per}(T)$ 表示系统 (X,T) 的周期点全体.

设 x 是以 n 为最小周期的周期点, 那么 $Y = \mathrm{orb}(x,T) = \{x, Tx, \cdots, T^{n-1}x\}$ 为有限集合. (Y,T) 成为一个拓扑动力系统. 这是一类最简单的拓扑动力系统, 并且每个点都是周期回复的.

定义 6.2.2 设 (X,T) 为拓扑动力系统, $x \in X$. 定义 x 的 ω **极限集** $\omega(x,T)$ 为 $\mathrm{orb}(x,T)$ 的全体极限点集, 即

$$\omega(x,T) = \{y \in X : \exists n_i \to +\infty, \text{ s.t. } T^{n_i}x \to y\} = \bigcap_{n \geqslant 0} \overline{\bigcup_{k \geqslant n} \{T^k x\}}.$$

如果 $U, V \subseteq X$, 我们定义**回复时间集**为

$$N(U,V) = \{n \in \mathbb{Z}_+ : U \cap T^{-n}V \neq \emptyset\}.$$

定义 6.2.3 称拓扑动力系统 (X,T) 或 T 为**传递的**, 若对 X 的任意两个非空开集 U, V, 有 $N(U,V) \neq \emptyset$.

如果存在点 $x \in X$, 满足 $\overline{\mathrm{orb}(x,T)} = X$, 那么我们称 (X,T) 为**点传递的**, 而称 x 为一个**传递点**. X 的全体传递点记为 Trans_T.

注记 6.2.1 (1) 若 X 是一个任意的拓扑空间, T 是其上的一个连续自映射, 我们也可类似地引入传递和点传递的概念. 如果对于拓扑空间 X 不加任何限制, 那么传递与点传递是不同的概念. 反例如下:

设 $X = \{0\} \cup \{1/n : n = 1, 2, \cdots\}$(取 $\mathbb{R}$ 的遗传拓扑), 而 $T: X \to X$ 定义为 $T(0) = 0$, $T(1/n) = 1/(n+1)$. 于是 $\mathrm{Trans}_T(X) = \{1\}$, 但 (X,T) 不是拓扑传递的.

设 $g: I \to I$, 其中 $I = [0,1]$, $g(x) = 1 - |2x-1|$ 为帐篷映射, 则 $\overline{\mathrm{Per}(g)} = I$ [221]. 令 $X = \mathrm{Per}(g)$, $f = g|_{\mathrm{Per}(g)}$, 则 (X,f) 为传递的, 但不是点传递的.

(2) 从后面定理的证明我们可以看到: 如 X 没有孤立点, 则由点传递推出传递; 如果 X 为可分的第二纲集, 则由传递推出点传递.

由于在定义一个动力系统 (X,T) 时我们已经假设 X 为紧度量的, 所以对一个动力系统而言总由传递推出点传递, 而如果再加上没有孤立点, 则两个概念等价.

记 $\mathcal{F}_{\text{inf}}$ 为 $\mathbb{Z}_+$ 的全体无限子集组成的集合.

定理 6.2.1 设 (X,T) 为拓扑动力系统, 则以下 (1)~(17) 等价.

(1) T 为拓扑传递的;

(2) 对 X 的任意两个非空开集 U,V, 存在 $n\in\mathbb{Z}_+$, 使得 $T^nU\bigcap V\neq\emptyset$;

(3) 对 X 的任意两个非空开集 U,V, 存在 $n\in\mathbb{N}$, 使得 $T^nU\bigcap V\neq\emptyset$;

(4) 对 X 的任意两个非空开集 U,V, 存在 $n\in\mathbb{Z}_+$, 使得 $U\bigcap T^{-n}V\neq\emptyset$;

(5) 对 X 的任意非空开集 U, $\bigcup\limits_{n=1}^{\infty}T^nU$ 在 X 中稠密;

(6) 对 X 的任意非空开集 U, $\bigcup\limits_{n=0}^{\infty}T^nU$ 在 X 中稠密;

(7) 对 X 的任意非空开集 U, $\bigcup\limits_{n=1}^{\infty}T^{-n}U$ 在 X 中稠密;

(8) 对 X 的任意非空开集 U, $\bigcup\limits_{n=0}^{\infty}T^{-n}U$ 在 X 中稠密;

(9) X 的任意闭的正不变子集或为 X 本身, 或为无处稠密集;

(10) X 的任意开的负不变子集或在 X 中稠密, 或为空集;

(11) 存在 x, 使得 $\omega(x,T)=X$;

(12) $\{x\in X:\omega(x,T)=X\}$ 为 X 的稠密 G_δ 子集;

(13) Trans_T 为 X 的稠密 G_δ 子集;

(14) T 为满射, 且 $\text{Trans}_T\neq\emptyset$;

(15) $\Omega(X,T)=X$ 且 $\text{Trans}_T\neq\emptyset$ (其中 $\Omega(X,T)$ 可参见下文的定义 6.5.2);

(16) 存在 x, 使得 $\text{orb}(Tx,T)$ 在 X 中稠密;

(17) 对 X 的任意两个非空开集 U,V, 有 $N(U,V)=\{n\in\mathbb{Z}_+:U\cap T^{-n}V\neq\emptyset\}\in\mathcal{F}_{\text{inf}}$, 即它为无限集.

由 (1)~(17) 可推出 (18), 如果 X 没有孤立点, 则 (1)~(18) 等价:

(18) $\text{Trans}_T\neq\emptyset$.

注记 6.2.2 取 $\{U_i\}_{i=1}^{\infty}$ 为 X 的可数基, 则

$$\text{Trans}_T=\{x\in X:\overline{\text{orb}(x,T)}=X\}=\bigcap_{n=1}^{\infty}\bigcup_{m=0}^{\infty}T^{-m}U_n,$$

$$\{x\in X:\omega(x,T)=X\}=\bigcap_{i=1}^{\infty}\bigcap_{m=0}^{\infty}\bigcup_{n=m}^{\infty}T^{-n}U_i.$$

根据这两个式子容易给出以上定理的证明.

设 $\pi:X\to Y$ 为拓扑动力系统 (X,T) 到 (Y,S) 的因子映射. π 为**极小的**, 若 X 为唯一满足 $\pi(A)=Y$ 的非空闭不变子集 A. 我们有如下定理:

定理 6.2.2 设 $\pi:X\to Y$ 为拓扑动力系统 (X,T) 到 (Y,S) 的因子映射, 则

(1) 如果 (X,T) 为传递的, 那么 Trans_T 为 X 的稠密 G_δ 子集.

(2) 如果 T 为传递的, 那么 S 也是传递的, 且 $\mathrm{Trans}_T \subseteq \pi^{-1}(\mathrm{Trans}_S)$; 如果 π 还为极小的, 则等号成立.

证明　(1) 根据定理 6.2.1 易得.

(2) 前半部分易证, 我们证后半部分. 设 π 为极小的, $y \in \mathrm{Trans}_S$. 于是, 对任意 $x \in \pi^{-1}(y)$, 有 $\pi(\overline{\mathrm{orb}(x,T)}) = Y$. 根据 π 的极小性, 就有 $\overline{\mathrm{orb}(x,T)} = X$, 即 $x \in \mathrm{Trans}_T$. □

对应于定理 3.1.2, 我们有如下定理:

定理 6.2.3　拓扑传递的系统没有非常值的连续不变函数.

证明　设 $x \in \mathrm{Trans}_T$, $f \in C(X)$, 使得 $f(Tx) = f(x)$. 所以 $f(T^n x) = f(x)$ $(\forall n \in \mathbb{Z}_+)$. 因为 $\overline{\mathrm{orb}(x,T)} = X$, 所以 $f(y) = f(x)$ $(\forall y \in X)$, 即 f 为常值函数. □

例 6.2.1 (没有非常值的连续不变函数的非传递系统)　没有非常值的连续不变函数的系统不一定为传递的. 设

$$X = (\mathbb{T}^2 \times \{0\}) \cup (\mathbb{T}^2 \times \{1\})/(e,0) \sim (e,1),$$

其中 e 为 $\mathbb{T}^2$ 的单位元, 即 X 为将两个二维环面在单位元处黏合在一起. 设 $A : \mathbb{T}^2 \to \mathbb{T}^2$ 为遍历自同构, 令

$$T : X \to X, \quad T(x,0) = (Ax,0), \quad T(x,1) = (Ax,1).$$

则 $\mathbb{T}^2 \times \{0\}$ 和 $\mathbb{T}^2 \times \{1\}$ 为 T 的闭不变集, 所以 (X,T) 不是传递的. 但是任何 T 不变连续函数在 $\mathbb{T}^2 \times \{0\}$ 和 $\mathbb{T}^2 \times \{1\}$ 分别是常数, 由于 $\mathbb{T}^2 \times \{0\}$ 和 $\mathbb{T}^2 \times \{1\}$ 在 $(e,0),(e,1)$ 处黏合, 所以这个常数是相等的.

6.2.2　回复点

与传递性紧密联系在一起的一个概念是回复点.

定义 6.2.4　设 (X,T) 为拓扑动力系统. $x \in X$ 称为一个**回复点**, 若存在序列 $n_i \to +\infty$, 使得 $T^{n_i}x \to x$, 即 $x \in \omega(x,T)$.

以 $\mathrm{Rec}(T)$ 记全体回复点的集合.

一个重要的事实是, 如果 x 为回复点, 那么 $(\overline{\mathrm{orb}(x,T)},T)$ 为传递系统; 对传递系统 (X,T), 我们有 $\mathrm{Trans}_T \subseteq \mathrm{Rec}(T)$. 下面著名的 Birkhoff 回复定理说明对动力系统, 回复点总是存在的.

定理 6.2.4 (Birkhoff 回复定理)　每个拓扑动力系统都存在回复点.

我们将这个定理的证明放在下一节中给出, 在第 7 章定理 7.3.2 中可以运用 Poincaré 回复定理得到 Birkhoff 回复定理.

明显地, $\mathrm{Per}(T) \subseteq \mathrm{Rec}(T)$. 如果 x 是周期为 n 的周期点, 那么 $(\{x, Tx, \cdots, T^{n-1}x\}, T)$ 为传递系统.

对于回复点集, 我们有如下基本性质:

定理 6.2.5　设 $\pi : X \to Y$ 为拓扑动力系统 (X,T) 到 (Y,S) 的因子映射, 则

(1) $T(\mathrm{Rec}(T)) = \mathrm{Rec}(T)$;

(2) $\mathrm{Rec}(T^n) = \mathrm{Rec}(T)$ $(\forall n \in \mathbb{N})$;

(3) $\pi(\mathrm{Rec}(T)) = \mathrm{Rec}(S)$.

证明 (1) 易验证 $T(\mathrm{Rec}(T)) \subseteq \mathrm{Rec}(T)$. 设 $x \in \mathrm{Rec}(T)$, 则存在序列 $n_i \to +\infty$, 使得 $T^{n_i}x \to x$. 由于 X 紧致, 不失一般性, 我们设 $T^{n_i-1}x \to y$. 于是 $T(y) = x$ 且 $T^{n_i}y = T^{n_i-1}x \to y$, 即 $y \in \mathrm{Rec}(T)$ 且 $T(y) = x$. 这样就有 $\mathrm{Rec}(T) \subseteq T(\mathrm{Rec}(T))$.

(2) 根据定义, 容易验证 $\mathrm{Rec}(T^n) \subseteq \mathrm{Rec}(T)$. 设 $x \in \mathrm{Rec}(T)$, 那么存在序列 $n_i \to +\infty$, 使得 $T^{n_i}x \to x$. 不失一般性, 我们可以假设 $n_i = k_i n + j$ $(0 \leqslant j \leqslant n-1)$. 于是 $x \in \overline{\mathrm{orb}(T^j x, T^n)}$, 从而

$$\overline{\mathrm{orb}(x, T^n)} \subseteq \overline{\mathrm{orb}(T^j x, T^n)}.$$

用 T^j 作用于此包含关系, 且注意到 $x \in \overline{\mathrm{orb}(T^j x, T^n)}$, 我们有

$$\overline{\mathrm{orb}(x, T^n)} \subseteq \overline{\mathrm{orb}(T^j x, T^n)} \subseteq \cdots \subseteq \overline{\mathrm{orb}(T^{(n-1)j} x, T^n)} \subseteq \overline{\mathrm{orb}(T^{nj} x, T^n)}.$$

于是 $x \in \overline{\mathrm{orb}(T^{jn} x, T^n)}$, 特别有 $x \in \mathrm{Rec}(T^n)$. 这样就有 $\mathrm{Rec}(T) \subseteq \mathrm{Rec}(T^n)$.

(3) $\pi(\mathrm{Rec}(T)) \subseteq \mathrm{Rec}(S)$ 是明显的. 设 $y \in \mathrm{Rec}(S)$ 且 $B = \omega(y, S)$, 则 $A' = \pi^{-1}B$ 为非空闭的不变子集. 记

$$\mathcal{A} = \{A \subseteq A' : \pi(A) = B, A \text{ 为闭不变的}\}.$$

由 Zorn 引理, 存在 $A \in \mathcal{A}$ 为包含关系下的极小元. 因为 $\pi(A) = B$, 所以存在 $x \in A$, 使得 $\pi(x) = y$. 根据 A 的选取, 我们有 $\omega(x, T) = A$, 特别有 $x \in \mathrm{Rec}(T)$. 这样我们就完成了整个证明. □

一个拓扑动力系统称为**完全传递的**, 如果对任意 $n \in \mathbb{N}$, 系统 (X, T^n) 仍为传递的. 易见传递系统不必为完全传递的, 一个简单的例子为周期为 2 的周期轨. 一般而言, 我们有如下定理:

定理 6.2.6 设 (X, T) 为传递的拓扑动力系统, $n \in \mathbb{N}$, 那么存在 $k \in \mathbb{N}$, 使得 $k|n$ 且有分解

$$X = X_0 \cup X_1 \cup \cdots \cup X_{k-1},$$

其中当 $i \neq j$ 时 $X_i \neq X_j$, (X_i, T^n) 为传递的且 $T(X_i) = X_{i+1 (\mathrm{mod}\ k)}$.

证明 设 $x \in \mathrm{Trans}_T$, 则由定理 6.2.5, $T^j x$ 为 T^n 的回复点, $0 \leqslant j \leqslant n-1$. 令

$$Y_j = \overline{\mathrm{orb}(T^j x, T^n)},$$

则 (Y_j, T^n) 为传递的且 $T(Y_i) = Y_{i+1 (\mathrm{mod}\ n)}$. 设 k 为满足 $j \neq 0$ 和 $Y_0 = Y_j$ 的最小自然数. 则易验证 $k|n$, 且当 $0 \leqslant i < j \leqslant k-1$ 时 $Y_i \neq Y_j$. 于是 $X_j = Y_j$ $(0 \leqslant j \leqslant k-1)$, 即为所求. □

6.2.3　一些例子

为得到更多传递系统的例子, 我们先回顾**符号系统**的概念. 设 $k \geqslant 2$ 为自然数, $A = \{0, 1 \cdots, k-1\}$. 之前我们讨论的是 $A^{\mathbb{Z}}$ 和 $A^{\mathbb{Z}_+}$, 我们在这里取 $A^{\mathbb{N}}$. $A^{\mathbb{N}}$ 与 $A^{\mathbb{Z}_+}$ 没有本质区别. 赋予 A 以离散拓扑, 而

$$\Sigma_k = A^{\mathbb{N}} = \{(x_1, x_2, \cdots) : x_i \in A, i \in \mathbb{N}\}.$$

取乘积拓扑, 则 Σ_k 为紧致可度量空间, 一个相容的度量为

$$d(x,y) = \begin{cases} 0, & x = y, \\ 1/i, & x \neq y \text{ 且 } i = \min\{j : x_j \neq y_j\}. \end{cases}$$

定义

$$\sigma : \Sigma_k \to \Sigma_k, \quad (x_1, x_2, x_3, \cdots) \mapsto (x_2, x_3, \cdots).$$

易见 σ 为连续的满射, 称 (Σ_k, σ) 或 σ 为**全转移**或直接称之为转移. 如果 Y 为 Σ_k 的非空闭的正不变子集, 那么称 (Y, σ) 为**子转移**.

命题 6.2.1　(Σ_k, σ) 为传递的, 并且 $\mathrm{Per}(T)$ 在 Σ_k 中稠密.

首先我们有一个简单但重要的结论:

命题 6.2.2　$x \in \Sigma_k$ 为回复点当且仅当每个 x 中的词在 x 中出现无限多次.

下面举一个具体的例子.

例 6.2.2　设 $A_1 = (1), A_2 = (101), \cdots, A_{n+1} = A_n 0^{(n)} A_n$, 则 $x = \lim\limits_{n \to \infty} A_n^{\infty}$ 为一个非周期点的回复点.

定理 6.2.7　设 $A : \mathbb{T}^n \to \mathbb{T}^n$ 为环面遍历自同构, 那么它为传递的, 且

$$\mathrm{Per}(A) = \{(x_1, \cdots, x_n) \in \mathbb{T}^n : x_j \text{ 为有理数}\}.$$

即使 A 不是遍历的, 我们仍有

$$\mathrm{Per}(A) \supseteq \{(x_1, \cdots, x_n) \in \mathbb{T}^n : x_j \text{ 为有理数}\},$$

于是周期点稠密.

证明　设 A 为自同构. 我们用 $(\mathbb{S}^1)^n$ 记环面. 设 $\boldsymbol{w} = (w_1, \cdots, w_n) \in (\mathbb{S}^1)^n$, w_i 为单位根. 存在 $k \in \mathbb{N}$, 使得 $\boldsymbol{w}^k = e$, e 为 $(\mathbb{S}^1)^n$ 的单位元. 对于每个 $k \in \mathbb{N}$,

$$Y_k = \{\boldsymbol{z} \in (\mathbb{S}^1)^n : \boldsymbol{z}^k = e\}$$

为 $(\mathbb{S}^1)^n$ 的有限子群, 并且 $AY_k = Y_k$. 于是, Y_k 的每个元素都是 A 的周期点. 特别地, $\boldsymbol{w}$ 为 A 的周期点.

下面设 A 遍历, 此时我们用 $\mathbb{T}^n$ 表示环面. 设 $\boldsymbol{x} = (x_1, \cdots, x_n) \in \mathbb{T}^n$ 为 A 的周期点, 即存在 $k \in \mathbb{N}$, 使得

$$A^k \boldsymbol{x} = \boldsymbol{x} + \mathbb{Z}^n.$$

用矩阵表达, 即存在 $\boldsymbol{p}=(p_1,\cdots,p_n)\in\mathbb{Z}^n$, 使得

$$([A]^k-\boldsymbol{I})\begin{pmatrix}x_1\\ \vdots\\ x_n\end{pmatrix}=\begin{pmatrix}p_1\\ \vdots\\ p_n\end{pmatrix}.$$

因为 A 遍历, 所以矩阵 $[A]^k-\boldsymbol{I}$ 为可逆的整系数方阵, 其逆为有理系数方阵. 特别地, x_i 为有理数. 于是每个周期点 $\boldsymbol{x}=(x_1,\cdots,x_n)$ 中的 $x_i\in\mathbb{Q}$. □

6.2.4 回复性与 IP 集

对于一个拓扑动力系统 (X,T), 设 $x\in X$, $U\subseteq X$, 令 x 进入 U 的**回复时间集**为

$$N(x,U)=\{n\in\mathbb{Z}_+:T^nx\in U\}.$$

从定理 6.2.5, 我们看到如果 x 为回复点, 那么它也是 T^n $(n\in\mathbb{N})$ 的回复点. 由此可见, 回复点的回复时间集并不是任意的. 在刻画回复点的回复时间之前, 我们回顾 IP 集的概念. $A\subseteq\mathbb{N}$ 为 **IP 集**, 若存在正整数序列 $p_1,p_2,\cdots$, 使得

$$A=\mathrm{FS}(\{p_i\})=\{p_{i_1}+\cdots+p_{i_k}:i_1<\cdots<i_k,\ k\in\mathbb{N}\}.$$

此时也称 A 为由 $\{p_i\}_{i\in\mathbb{N}}$ 生成的 IP 集. 记 $\mathcal{F}_{\mathrm{ip}}=\{B\subseteq\mathbb{Z}_+:B$ 包含一个 IP 集 $\}$. $A\subseteq\mathbb{N}$ 称为**IP* 集**, 若 A 与任何 IP 集相交非空. 需要注意的是, 在 IP 集的定义中我们并没有要求 p_i 为互异的.

定理 6.2.8 设 (X,T) 为拓扑动力系统. 如果 $x_0\in\mathrm{Rec}(T)$, 那么对每个 $\delta>0$, $N(x_0,B_\delta(x_0))$ 包含一个 IP 集.

反之, 如果 $R\subseteq\mathbb{N}$ 为一个 IP 集, 那么存在传递系统 (X,T) 和 $x_0\in\mathrm{Trans}_T$, 使得

$$R\cup\{0\}\supseteq N(x_0,B_1(x_0)).$$

证明 设 $x_0\in\mathrm{Rec}(T)$, $\delta>0$. 取 p_1, 满足

$$d(T^{p_1}x_0,x_0)<\delta. \tag{6.2}$$

取 $\delta_2>0$, 使得 $\delta_2\leqslant\delta$ 且

$$d(x,x_0)<\delta_2\quad\Rightarrow\quad d(T^{p_1}x,x_0)<\delta. \tag{6.3}$$

对此 δ_2, 取 p_2, 使得

$$d(T^{p_2}x_0,x_0)<\delta_2. \tag{6.4}$$

由式 (6.2) ~ 式 (6.4), 我们就有

$$d(T^mx_0,x_0)<\delta, \tag{6.5}$$

对 $m = p_1, p_2$ 及 $p_1 + p_2$ 均成立. 我们继续这个归纳过程. 假设 $p_1, \cdots, p_n$ 已经取定并且式 (6.5) 对所有 $m = p_{i_1} + \cdots + p_{i_k}$ $(1 \leqslant i_1 < \cdots < i_k \leqslant n, k \in \mathbb{N})$ 均成立. 我们再取 $\delta_{n+1} \leqslant \delta$, 使得当 $d(x, x_0) < \delta_{n+1}$ 时, 有

$$d(T^m x, x_0) < \delta \tag{6.6}$$

对所有上述 m 成立. 于是, 如果取 p_{n+1}, 使得

$$d(T^{p_{n+1}} x_0, x_0) < \delta_{n+1}, \tag{6.7}$$

那么式 (6.5) 将还对形如 $m + p_{n+1}$ 及 p_{n+1} 的指数成立. 这样我们完成了归纳过程, 并且易见由 $p_1, p_2, \cdots$ 生成的 IP 集包含在 $N(x_0, B_\delta(x_0))$ 中.

反之, 设 $R \subseteq \mathbb{N}$ 为由 $p_1, p_2, \cdots$ 生成的 IP 集. 如果 $H_1, H_2, \cdots$ 为 $\mathbb{N}$ 的互不相交的子集, 令 $p'_n = \sum\limits_{i \in H_n} p_i$, 那么由 $p'_1, p'_2, \cdots$ 生成的 IP 集为 R 的子集. 我们可以选取 H_n, 使得

$$p'_{n+1} > p'_1 + p'_2 + \cdots + p'_n.$$

这样, 不失一般性, 我们可以直接假设 $p_{n+1} > p_1 + p_2 + \cdots + p_n$.

我们在 $\{0,1\}^{\mathbb{Z}_+}$ 中定义点 x_0, 使得

$$(x_0)_n = \begin{cases} 1, & n = 0 \text{ 或者 } n \in R, \\ 0, & n > 0 \text{ 且 } n \notin R. \end{cases}$$

注意我们取 $\{0,1\}^{\mathbb{Z}_+}$ 上的度量为

$$d(x, y) = \begin{cases} 0, & x = y, \\ \dfrac{1}{i+1}, & x \neq y \text{ 且 } i = \min\{j : x_j \neq y_j\}. \end{cases}$$

易见 x_0 为转移 σ 的回复点, 并且对 $n > 0$, 有

$$d(\sigma^n x_0, x_0) < 1 \quad \Leftrightarrow \quad (\sigma^n x_0)_0 = 1 \quad \Leftrightarrow \quad (x_0)_n = 1 \quad \Leftrightarrow \quad n \in R.$$

由此, 我们完成了整个证明. □

设 $\mathcal{F}$ 为 $\mathbb{Z}_+$ 的子集族, 回顾 $\mathcal{F}$ 具有 **Ramsey 性质**的定义: 如果 $F \in \mathcal{F}$ 且 $F = F_1 \cup F_2$, 则必有 $F_1 \in \mathcal{F}$ 或 $F_2 \in \mathcal{F}$ 成立. 下面是著名的 Hindman 定理, 在本书中我们不给出证明, 感兴趣的读者可以参见文献 [101].

定理 6.2.9 (Hindman 定理)　$\mathcal{F}_{\mathrm{ip}}$ 具有 Ramsey 性质.

习　题

1. 证明定理 6.2.1.
2. 证明: (Σ_k, σ) 为传递的, 并且 $\mathrm{Per}(T)$ 在 Σ_k 中稠密.

3. 证明: 如果 (X,T) 为传递系统, 则要么 X 为有限集, 要么 X 为不可数集.

4. 证明: 传递系统的自然扩充仍为传递系统.

5. 证明: 一个 IP 集与一个 IP* 集的交为无限子集.

6.3 极小性

在本节中, 我们将讨论一类特殊的传递系统——极小系统.

6.3.1 极小性概念

定义 6.3.1 拓扑动力系统 (X,T) 称为**极小的**, 若它不真包含任何闭不变子集. 如果子系统 (Y,T) 为极小的, 那么我们称子集 Y 为 X 的**极小集**. 如果一个点包含在某个极小集中, 那么就称它为一个**极小点**.

在后面的某些章节中, 我们需要考虑一般群作用下的极小集. 它的定义是完全类似的. 设 (X,G) 为动力系统, 系统 (X,G) 为极小的, 若它没有真的非空不变子集. 同样可以定义极小集和极小点. 下面的许多定理 (例如定理 6.3.1、定理 6.3.2及定理 6.3.3) 对一般群作用系统仍成立, 请读者验证之.

定理 6.3.1 设 (X,T) 为拓扑动力系统, 则以下命题等价:

(1) (X,T) 为极小的;

(2) 对任何 $x\in X$, $\mathrm{orb}(x,T)$ 为 X 的稠密子集;

(3) 对每个非空开集 U, 存在有限子集 $A\subseteq\mathbb{Z}_+$, 使得 $\bigcup\limits_{n\in A}T^{-n}U=X$.

证明 (1) ⇒ (2) 显然成立.

(2) ⇒ (3) 设 $E=X\setminus\bigcup\limits_{i=1}^{\infty}T^{-i}U$, 则 E 为闭不变的. 于是, 由假设知 $E=\emptyset$. 根据 X 的紧性, 就有 (3) 成立.

(3) ⇒ (1) 设 E 为非空闭的不变子集, 则 $U=X\setminus E$ 为开集且 $T^{-1}U\subseteq U$. 如果 $E\neq X$, 那么 $U\neq\emptyset$. 由假设, 存在有限集 $A\subseteq\mathbb{Z}_+$, 使得 $\bigcup\limits_{n\in A}T^{-n}U=X$. 于是 $U=X$, 矛盾. 从而 $E=X$, 即 (X,T) 为极小的. □

注记 6.3.1 根据定理 6.2.3, 设 $T:X\to X$ 为极小同胚, $f\in C(X)$. 如果 $f\circ T=f$, 那么 $f=\mathrm{const}$.

易见, 每个极小点为回复点, 于是作为下面定理的推论, 我们得到 Birkhoff 回复定理.

定理 6.3.2 每个拓扑动力系统都存在极小集.

证明 设 (X,T) 为拓扑动力系统, $\{U_i\}_{i=1}^{\infty}$ 为 X 的一组可数基, $X_0=X$. 归纳地, 对 $i\in\mathbb{N}$, 如果 $\bigcup\limits_{n=0}^{\infty}T^{-n}U_i\supseteq X_{i-1}$, 则令 $X_i=X_{i-1}$; 否则, 令

$$X_i=X_{i-1}\setminus\bigcup_{n=0}^{\infty}T^{-n}U_i.$$

易见 $X_i \neq \emptyset$ 为闭不变的. 设

$$X_\infty = \bigcap_{i=1}^{\infty} X_i,$$

则 X_∞ 也为非空闭不变的. 而且对每个满足 $U_i \cap X_\infty \neq \emptyset$ 的 U_i, 有

$$\bigcup_{n=0}^{\infty} T^{-n}(U_i \cap X_\infty) \supseteq X_\infty.$$

根据定理 6.3.1, X_∞ 为极小集. □

注记 6.3.2　上面的证明是 Weiss 给出的[211], 它依赖于空间是可度量的. 如果没有这个条件, 那么我们需要用 Zorn 引理来证明. 具体证明如下: 设

$$\mathcal{M} = \{Y \subseteq X : Y \neq \emptyset,\ TY \subseteq Y,\ \overline{Y} = Y\},$$

即 X 的全体非空子系统的全体. 因为 $X \in \mathcal{M}$, 所以 $\mathcal{M} \neq \emptyset$. 在包含关系下, $\mathcal{M}$ 为偏序集. 容易验证, 任何线性序子列的交为其最小元, 所以根据 Zorn 引理, $\mathcal{M}$ 有极小元 M. 根据定义, (M,T) 为极小的.

6.3.2　极小性与 syndetic 集

我们在前一小节中已经看到, 如果 x 为回复点, U 为其邻域, 那么 $N(x,U)$ 包含一个 IP 集. 对于极小点这一特殊的回复点, 我们自然期望它的回复时间集有些特殊的性质. 下面我们将会看到, 事实上也的确如此. 对于以 n 为周期的周期点 x, 它的回复时间集包含子集 $n\mathbb{Z}_+$. 前面我们已对这一概念进行推广: 集合 $A = \{a_1 < a_2 < \cdots\} \subseteq \mathbb{Z}_+$ 称为 **syndetic 集**, 若它具有有界的间距, 即存在 $N > 0$, 使得

$$a_{i+1} - a_i \leqslant N, \quad \forall i \in \mathbb{N}.$$

记全体 syndetic 集为 $\mathcal{F}_s$.与 syndetic 子集关联的概念是 thick 子集. 集合 $A \subseteq \mathbb{Z}_+$ 称为 **thick 集**, 若它包含任意长的整数段, 即存在序列 $n_i \to \infty$, 使得

$$A \supseteq \bigcup_{i=1}^{\infty} \{n_i, n_i+1, \cdots, n_i+i\}.$$

记全体 thick 集为 $\mathcal{F}_t$. 容易证明: 一个子集为 syndetic 集当且仅当它与任何 thick 子集相交非空; 一个子集为 thick 集当且仅当它与任何 syndetic 子集相交非空.

定义 6.3.2　设 (X,T) 为拓扑动力系统, 其中点 $x \in X$ 称为一个**几乎周期点**, 若对 x 的任意邻域 U, $N(x,U) \in \mathcal{F}_s$. 记全体几乎周期点的集合为 $\mathrm{AP}(T)$.

我们有如下定理:

定理 6.3.3　设 $\pi : X \to Y$ 为拓扑动力系统 (X,T) 到 (Y,S) 的因子映射. 则

(1) 如果 $x \in \mathrm{AP}(T)$, 那么 $\overline{\mathrm{orb}(x,T)}$ 为 X 的极小集;

(2) 如果 $M \subseteq X$ 为极小集, 那么 $M \subseteq \mathrm{AP}(T)$;

(3) 如果 (X,T) 为极小系统, 那么 (Y,S) 也为极小的;

(4) 如果 (X,T) 为极小的, 那么 π 为半开的, 即对 X 的任意非空开集 U, $\pi(U)$ 有非空的内部.

证明 (1) 设 $x\in \mathrm{AP}(T)$, $A=\overline{\mathrm{orb}(x,T)}$. 如果 A 不是极小集, 则由定理 6.3.2, 存在极小集 $A_1\subseteq A$ 且 $A_1\neq A$. 易见 $x\notin A_1$. 取 x 和 A_1 的不交邻域 U, V. 则 $N(x,U)$ 为 syndetic 集. 由于 T 连续且 A_1 不变, $N(x,V)$ 为 thick 集. 这样 $N(x,U)\cap N(x,V)\neq\emptyset$, 矛盾.

(2) 设 M 为极小集, $x\in M$, 并且 U 为 x 的邻域. 如果 $N(x,U)$ 不是 syndetic 集, 那么存在 $\{n_i\}$, 使得对任意 $i\in\mathbb{N}$, 有 $T^{n_i}x,\cdots,T^{n_i+i}x\notin U$. 不失一般性, 可设 $\lim T^{n_i}x=y$, 则对每个 $j\in\mathbb{N}$, 我们有 $\lim T^{n_i+j}x=T^jy$. 于是对任意 $j\in\mathbb{Z}_+$, 有 $T^jy\notin U$, 所以 $M=\overline{\mathrm{orb}(y,T)}\subseteq M\setminus U$, 矛盾.

(3) 假设 (X,T) 为极小的. 设 $Y_1\subseteq Y$ 为非空闭的不变子集. 因为 $\pi^{-1}(Y_1)$ 为非空闭不变的, 所以它为全空间. 于是 $Y_1=\pi(X)=Y$, 即 (Y,S) 为极小的.

(4) 设 U,V 为 X 的非空开集, 且满足 $\overline{V}\subseteq U$. 根据定理 6.3.1, 存在有限集 $B\subseteq\mathbb{Z}_+$, 使得 $\bigcup\limits_{n\in B}T^{-n}\overline{V}=X$. 于是有 $\bigcup\limits_{n\in B}\pi(T^{-n}\overline{V})=Y$, 即 $\bigcup\limits_{n\in B}S^{-n}\pi(\overline{V})=Y$. 根据 Baire 定理, 存在 $n\in B$ 使得 $S^{-n}\pi\overline{V}$ 的内部非空. 易验证 $\pi(U)(\supseteq\pi\overline{V})$ 的内部是非空的. □

注记 6.3.3 由上面的定理知道, 极小点与几乎周期点是同一回事, 后面我们经常会混用这两个概念.

需要注意的是, 对非紧空间上的动力系统而言, 极小点与几乎周期点是不一样的.

下面为集合 $\mathrm{AP}(T)$ 的若干性质:

定理 6.3.4 设 $\pi:X\to Y$ 为拓扑动力系统 (X,T) 到 (Y,S) 的因子映射, 则

(1) $T\big(\mathrm{AP}(T)\big)=\mathrm{AP}(T)$;

(2) $\pi\big(\mathrm{AP}(T)\big)=\mathrm{AP}(S)$;

(3) $\mathrm{AP}(T^n)=\mathrm{AP}(T)$ $(\forall n\in\mathbb{N})$.

证明 (1) 易见 $T(\mathrm{AP}(T))\subseteq\mathrm{AP}(T)$. 设 $x\in\mathrm{AP}(T)$, 则由定理 6.3.3 知 $A=\overline{\mathrm{orb}(x,T)}$ 为极小的. 因为 $T:A\to A$ 为满射, 所以存在 $y\in A$, 使得 $T(y)=x$. 再由定理 6.3.3 得到 $y\in\mathrm{AP}(T)$.

(2) 易见 $\pi\mathrm{AP}(T)\subseteq\mathrm{AP}(S)$. 设 $y\in\mathrm{AP}(S)$ 且 $A=\overline{\mathrm{orb}(y,T)}$, 则 A 为极小集. 由于 $B=\pi^{-1}A$ 为非空闭不变的, 存在极小集 $C\subseteq B$. 易见 $\pi(C)=A$, 于是存在 $x\in C$, 使得 $\pi(x)=y$. 根据定理 6.3.3, $x\in\mathrm{AP}(T)$.

(3) 留作习题. □

6.3.3 极小系统的例子

例 6.3.1 下面几个例子都是关于群的.

(1) 设 $\mathbb{S}^1$ 为复平面上的单位圆周, α 为无理数. 定义 $T:\mathbb{S}^1\to\mathbb{S}^1$ 为 $z=\mathrm{e}^{2\pi i\theta}\mapsto \mathrm{e}^{2\pi i(\theta+\alpha)}$ $(\forall z\in\mathbb{S}^1)$, 则系统 (X,T) 为极小的.

(2) 加法机器为极小的.

实际上, 只要注意到 $\mathrm{orb}(\mathbf{0},T)=\{A0^{(\infty)}:A\in\bigcup_{i\geqslant 1}\{0,1\}^i\}$, 其中 $\mathbf{0}=(0,0,\cdots)$, 就不难说明对任意 $x\in\Sigma_2$, $\mathrm{orb}(x,T)$ 为稠密的.

(3) 设 G 为紧致度量交换群, $g_0\in G$. 令 T 为 G 在 g_0 下的转移映射, 即 $T(g)=g_0g$ $(\forall g\in G)$. 我们一般称 (G,T) 为 **Kronecker 系统**.

下面我们说明 G 的每个点都是几乎周期的. 设 g_1 为取定的一个几乎周期点, 而 V 为单位元的一个邻域. 如果 $T^ng_1\in Vg_1$, 那么对任何 $g\in G$, 就有

$$T^ng=g_0^ng=g_0^ng_1g_1^{-1}g\in Vg_1g_1^{-1}g=Vg.$$

于是 g 为几乎周期的. 特别地, 如果 (G,T) 为传递的, 那么它为极小的.

一个常用且实用的事实如下:

命题 6.3.1　设 (Σ_k,σ) 为全转移, 那么 $x\in\Sigma_k$ 为几乎周期点当且仅当每个 x 中出现的词出现在 x 的位置组成的集合为 syndetic 集.

例 6.3.2 (替换系统)　这里我们给出在符号系统中构造几乎周期点的一种方法. 设 $A=\{0,1,\cdots,k-1\}$, $w_0,\cdots,w_{k-1}$ 为词且每个词包含 A 中的所有字母.

定义

$$\phi:\bigcup_{i\geqslant 1}A^i\longrightarrow\bigcup_{i\geqslant 1}A^i,$$

满足 $\phi(i)=w_i$ 和 $\phi(a_1,\cdots,a_n)=\phi(a_1)\cdots\phi(a_n)$. 自然地, 这个映射 ϕ 可以延拓到 Σ_k 上. 容易说明, ϕ 的不动点 w 实际上为几乎周期点, 于是 $\overline{\mathcal{O}(w)}$ 成为单边转移系统 $(A^{\mathbb{Z}_+},\sigma)$ 中的极小集. 为得到一个双边几乎周期的序列, 我们仅需将 w 的右边序列按第一个坐标镜像对称到左边即可. 具体地讲, 对 $n\leqslant 0$, 令 $w(n)=w(-n-1)$. 这样 $w\in A^{\mathbb{Z}}$ 称为双边序列, 它的轨道闭包成为 $(A^{\mathbb{Z}},\sigma)$ 的一个极小系统. 一般地, 我们称 ϕ 为一个**替换**, 而由它产生的极小系统称为**替换系统**.

一个十分著名的例子就是所谓的 **Morse 序列**. 设 $w_0=01$, $w_1=10$, 则

$$0\to 01\to 0110\to 01101001\to 0110100110010110\to\cdots,$$

而单边 Morse 序列为 $w=(0110100110010110\cdots)$, 它是 $(\{0,1\}^{\mathbb{Z}_+},\sigma)$ 的一个几乎周期点. 而 $(X=\overline{\mathrm{orb}(w,\sigma)},\sigma)$ 称为 **Morse 系统**.

例 6.3.3 (Morse 系统)　上面我们已经给出了 Morse 系统的一种构造方法. 下面我们给出别的方式来构造这个极小系统. 首先定义运算: $0'=1,1'=0$. 如果 $a=a_1a_2\cdots a_n$ 为一个词, 那么定义 $a'=a_1'a_2'\cdots a_n'$. 下面我们归纳定义词如下: $a_1=0,a_2=a_1a_1'=01,a_3=a_2a_2'=0110,a_4=a_3a_3'=01101001$, 一般地, 如果 a_n 已定义, 那么令 $a_{n+1}=a_na_n'$. 令 $\omega=\lim\limits_{n\to\infty}a_n$, 我们得到一个右边无穷的序列, 它称为 (单边的) **Morse 序列**.

我们来证明这与上面用子替换来定义是等价的. 设 b 为一个词, 那么令 $b^*=\phi(b)$, 其中 $0^*=01,1^*=10$. 设 $b_1=a_1=0$, $b_{n+1}=b_n^*$ $(n\in\mathbb{N})$. 下面证明 $b_n=a_n$, 这样就可以说

明两种定义是一致的. 首先, 观察到 $(b^*)'=(b')^*$. 然后归纳假设 $b_k=a_k$ $(k\leqslant n)$, 于是

$$b_{n+1}=b_n^*=a_n^*=(a_{n-1}a_{n-1}')^*=a_{n-1}^*(a_{n-1}^*)'=b_{n-1}^*(b_{n-1}^*)'=b_nb_n'=a_na_n'=a_{n+1}.$$

所以 $b_n=a_n$ $(\forall n\in\mathbb{N})$.

例 6.3.4 (Chacón 系统) 归纳定义

$$B_1=0010,\quad B_2=0010001010010,\quad \cdots,\quad B_{n+1}=B_nB_n1B_n.$$

设 $w\in\Sigma_2$, 使得对于任何 $n\in\mathbb{N}$,

$$w_{[-l_n,l_n-1]}=w_{-l_n}w_{-l_n+1}\cdots w_0w_1\cdots w_{l_n-1}=B_nB_n,$$

其中 $l_n=|B_n|$. 称 w 为 **Chacón 序列**, 而 $(X=\overline{\mathrm{orb}(w,\sigma)},\sigma)$ 称为 **Chacón 系统**. 可以证明 Chacón 系统为极小系统.

例 6.3.5 (Toeplitz 系统) $w\in\Sigma_k=\{0,1,\cdots,k-1\}^{\mathbb{Z}}$ 的定义如下: 对任意 $n\in\mathbb{Z}$, 存在 $p\geqslant 1$, 使得对任意 $l\in\mathbb{Z}$, $w(n+lp)=w(n)$ 成立. **Toeplitz 系统**定义为 Toeplitz 序列在转移映射下的轨道闭包.

可以证明 Toeplitz 系统为极小的, 并且一个子转移系统为 Toeplitz 系统当且仅当它为加法机器的几乎一对一扩充.①

例 6.3.6 (Sturmian 系统) 设 $\mathbb{T}=\mathbb{R}/\mathbb{Z}$, α 为无理数, $\beta\in[0,1)$ 与 α 是有理线性无关的. 定义 $w\in\{0,1\}^{\mathbb{Z}}$ 为 $w(n)=\mathbf{1}_{[0,\beta]}(n\alpha)$ $(\forall n\in\mathbb{Z})$. 令 $X=\overline{\mathrm{orb}(w,\sigma)}$, 其中 σ 为转移映射. (X,σ) 为极小系统, 称之为 **Sturmian 系统**.

6.3.4 P 系统与 M 系统

定义 6.3.3 拓扑动力系统 (X,T) 称为

(1) **P 系统**, 若它为传递的, 并且 $\mathrm{Per}(T)$ 在 X 中稠密;

(2) **M 系统**, 若它为传递的, 并且 $\mathrm{AP}(T)$ 在 X 中稠密.

注记 6.3.4 (1) 根据以上定义, 任何 P 系统都是 M 系统. 全转移 (Σ_k,T) 为一个 P 系统; 任何极小但非周期的系统为 M 系统, 而非 P 系统.

(2) 我们提及一个相反的例子: 设 x 为例 6.2.2 中的回复点, 而 $X=\overline{\mathrm{orb}(x,T)}$, 则系统 (X,T) 为传递的, 并且只有一个唯一的极小集 $\{(0,0,\cdots)\}$. 事实上, 如果 y 为 X 的几乎周期点, 则存在序列 $n_i\to+\infty$, 使得 $T^{n_i}x\to y$. 于是, y 中有任意长的 0 词, 这意味着 $(0,0,\cdots)\in\overline{\mathrm{orb}(y,T)}$. 所以由极小性, 就有 $y=(0,0,\cdots)$.

定义 6.3.4 (1) 集合 $A\subseteq\mathbb{Z}_+$ 称为 **piecewise syndetic 集**, 若它为一个 syndetic 集与一个 thick 集的交. 记所有 piecewise syndetic 集为 $\mathcal{F}_{\mathrm{ps}}$.

---

① 设 X,Y 为拓扑空间, 映射 $\pi:X\to Y$ 称为几乎一对一的, 若存在稠密 G_δ 子集 $X_0\subseteq X$, 使得对于任何 $x\in X_0$, $\pi^{-1}(\pi(x))=\{x\}$.

(2) 一个集合 $A \subseteq \mathbb{Z}_+$ 称为 **thickly syndetic 集**, 若对任意 $n \in \mathbb{N}$, 存在一个 syndetic 集 $\{s_1^n < s_2^n < \cdots\}$, 使得

$$A \supseteq \bigcup_{j=1}^{\infty} \{s_j^n, s_j^n + 1, \cdots, s_j^n + n\}.$$

记全体 thickly syndetic 集为 $\mathcal{F}_{\text{ts}}$.

易见, 任何 $\mathcal{F}_{\text{ps}}$ 集与任何 $\mathcal{F}_{\text{ts}}$ 集相交非空. 下面的定理展现了它们与动力系统的联系.

定理 6.3.5　设 (X,T) 为传递拓扑动力系统, $x \in \text{Trans}_T$, 则

(1) (X,T) 为 M 系统当且仅当对 x 的任意邻域 U, $N(x,U) \in \mathcal{F}_{\text{ps}}$;

(2) 设 K 为 (X,T) 的极小集, 那么 (X,T) 以 K 为其唯一极小集当且仅当对 K 的任意邻域 U, $N(x,U) \in \mathcal{F}_{\text{ts}}$.

证明　(1) 如果 (X,T) 为 M 系统, 则易见对 x 的任何邻域 U, $N(x,U) \in \mathcal{F}_{\text{ps}}$. 这是因为对每个极小点 $y \in U$, $N(y,U)$ 为 syndetic 集, 并且存在序列 $n_i \to +\infty$, 使得 $T^{n_i}(x) \to y$.

下面我们假设对 x 的任意邻域 U, $N(x,U) \in \mathcal{F}_{\text{ps}}$. 取 $\varepsilon > 0$, 使得 $\overline{B_\varepsilon(x)} \subseteq U$. 于是, 存在 $p \in \mathbb{N}$ 及

$$\{m_j^i : i \in \mathbb{N}, 1 \leqslant j \leqslant i\} \subseteq N(x, B_{\varepsilon/2}(x)),$$

使得 $m_1^i < \cdots < m_i^i$ 且 $m_{j+1}^i - m_j^i \leqslant p$ $(\forall 1 \leqslant j \leqslant i-1)$. 令 y 为 $\{T^{m_1^i}(x)\}$ 的极限点, 则易见 $y \in B_\varepsilon(x)$ 且 $N(y, B_\varepsilon(x))$ 为 syndetic 集. 设 M 为 y 在 T 作用下轨道闭包中的极小集, 我们断言 $M \cap \overline{B_\varepsilon(x)} \neq \emptyset$. 实际上, 如果 $M \cap \overline{B_\varepsilon(x)} = \emptyset$, 那么存在开集 $V \supseteq M$ 及开集 $U_1 \supseteq \overline{B_\varepsilon(x)}$, 使得 $U_1 \cap V = \emptyset$. 因为 $N(y,V)$ 为 thick 集, 所以 $N(y,U_1)$ 不能为 syndetic 集, 矛盾.

根据 $M \cap U \neq \emptyset$ 及 (X,T) 的传递性, 可知 (X,T) 为 M 系统.

(2) 假设 (X,T) 有唯一极小集 K. 对 K 的任意邻域 U, 设 $U_i \subseteq U$ 为 K 的邻域, 且满足如果 $T^j(x) \in U_i$, 就有 $T^{j+k}(x) \in U$ $(\forall 1 \leqslant k \leqslant i)$. 因为对每个 i, $N(x,U_i)$ 为 syndetic 集, 所以 $N(x,U) \in \mathcal{F}_{\text{ts}}$.

反之, 如果 T 有极小集 K_1, 使得 $K_1 \cap K = \emptyset$, 那么对于 K_1 的每个不交于 U 的邻域 V, $N(x,V)$ 为 thick 集. 于是 $N(x,U) \subseteq \mathbb{N} \setminus N(x,V)$ 不可能为 syndetic 集, 矛盾. □

作为定理 6.3.2的应用, 我们有如下定理:

定理 6.3.6　设 $\mathbb{N} = B_1 \cup \cdots \cup B_q$, 则存在 $j \in \{1,2,\cdots,q\}$, 使得 $B_j \in \mathcal{F}_{\text{ps}}$.

证明　设 $A = \{1,\cdots,q\}$, 定义 $w \in A^{\mathbb{N}}$ 为

$$w_n = i \quad \Leftrightarrow \quad n \in B_i \ (\forall n \in \mathbb{N}).$$

令 $X = \overline{\text{orb}(w,\sigma)}$, 设 σ 为转移映射, 则 (X,σ) 为动力系统, 根据定理 6.3.2, 在 X 中存在极小点 ξ. 假设 j 在 ξ 中出现, 那么 j 出现的位置形成一个 syndetic 集, 设其间距不大于 l. 由于 $\xi \in X$, 故存在 $\{m_i\}$, 使得 $\sigma^{m_i} w$ 能任意接近 ξ. 这意味着存在序列 $n_i \to +\infty$, 使得

$$(\sigma^{m_i} w)_1 = \xi_1, \quad (\sigma^{m_i} w)_2 = \xi_2, \quad \cdots, \quad (\sigma^{m_i} w)_{n_i} = \xi_{n_i}.$$

上式说明 j 在 $(w_{m_i+1},\cdots,w_{m_i+n_i})$ 中以间距不大于 l 出现. 于是 $B_j\in\mathcal{F}_{\mathrm{ps}}$. □

类似于传递的情形, 我们可以定义**完全极小性**, 即对任意 $n\in\mathbb{N}$, (X,T^n) 为极小的.圆周上的无理旋转是完全传递的, 而加法机器不是.

引理 6.3.1 设 (X,T) 为极小动力系统, $m\in\mathbb{N}$, 那么 X 可以分解为 $l_m=l_m(X,T)\in\mathbb{N}$ 个不交的子集并,

$$X=X^{m,1}\cup\cdots\cup X^{m,l_m},$$

其中 l_m 整除 m, $TX^{m,j}=X^{m,j+1\ (\mathrm{mod}\ l_m)}$, 并且每个系统 $(X^{m,j},T^m)$ $(j=1,\cdots,l_m)$ 为极小的.

6.3.5 回复集

Birkhoff 回复定理告诉我们每个拓扑动力系统都有回复点, 这个事实启发我们给出**回复集**的概念.

定义 6.3.5 子集 $A\subseteq\mathbb{N}$ 称为**回复集**或者 **Birkhoff 序列**, 若对每个动力系统 (X,T), 存在 $\{n_i\}\subseteq A$, 使得 $n_i\to+\infty$, 以及存在 $x\in X$, 使得 $T^{n_i}x\to x$.

于是 Birkhoff 定理说明 $\mathbb{Z}_+$ 为回复集. 由下面的定理 6.3.7, 我们可以看到每个 thick 集为回复集. 令人惊奇的是, 回复集与组合数学中的染色问题密切相关, 而且也与 syndetic 集的差集联系在一起. 回复集的一个刻画为:

定理 6.3.7 集合 A 为回复集当且仅当对每个 syndetic 集 S, $A\cap(S-S)\neq\emptyset$.

证明 (⇒) 设 A 为回复集且 $S\in\mathcal{F}_{\mathrm{s}}$. 令 $\Sigma_2=\{0,1\}^{\mathbb{Z}_+}$, σ 为转移映射. 定义 $x\in\Sigma_2$ 为

$$x_n=1\quad\Leftrightarrow\quad n\in S.$$

令 $X=\overline{\mathrm{orb}(x,\sigma)}$. 设 Y 为 X 的极小集, $U=\{y\in Y:y_0=1\}$. 由于 S 为 syndetic 集, 容易证明 $U\neq\emptyset$. 我们断言 $N(U,U)\subseteq S-S$. 实际上, 令 $n\in N_\sigma(U,U)$, 则 $U\cap\sigma^{-n}(U)\neq\emptyset$, 即存在 $y\in U$, 使得 $\sigma^n(y)\in U$. 由此得 $y_0=y_n=1$. 因为 $y\in Y\subseteq X=\overline{\mathrm{orb}(x,\sigma)}$, 取 $m\in\mathbb{Z}_+$, 使得 σ^m 与 y 的距离充分小以满足它们前面 $n+1$ 个坐标相同, 即 $x_m=x_{m+n}=y_0=y_n=1$. 由此得到 $n=(m+n)-m\in S-S$.

因为 A 为回复集, 故存在点 $y\in Y$ 及 $\{n_i\}_{i=1}^\infty\subseteq A$, 使得 $\sigma^{n_i}y\to y$ $(i\to\infty)$. 因为 (Y,σ) 为极小的, 根据定理 6.3.1, 存在 N, 使得 $Y=\bigcup\limits_{i\leqslant N}\sigma^{-i}U$. 这样对 $y\in Y$, 存在 $i\in\{0,1,\cdots,N\}$, 使得 $\sigma^i(y)\in U$. 取 $a\in\{n_i\}_{i=1}^\infty\subseteq A$, 使得 $\sigma^a y$ 与 y 的距离充分小, 满足 $\sigma^a(\sigma^i y),\sigma^i y\in U$. 这意味着 $A\cap N_\sigma(U,U)\neq\emptyset$, 从而 $A\cap(S-S)\neq\emptyset$.

(⇐) 设 (X,T) 为任意取定的拓扑动力系统. 设 (Y,T) 为其极小子系统. 对 $\varepsilon>0$, 设

$$B_\varepsilon=\{y\in Y:\text{存在 }a\in A,\ \text{使得 }d(T^a y,y)<\varepsilon\}.$$

对于 Y 的任何非空开集 V, 取非空开集 $U\subseteq V$, 使得 $\mathrm{diam}U<\varepsilon$. 任取 $y_0\in U$. 由于 $N(U,U)=N(y_0,U)-N(y_0,U)$, $N(y_0,U)$ 为 syndetic 集, 根据条件, 我们有 $A\cap N(U,U)\neq$

$\emptyset$. 于是存在 $a \in A$ 及 $z_0 \in U$, 使得 $d(T^a z_0, z_0) < \varepsilon$. 于是 $V \cap B_\varepsilon \supseteq U \cap B_\varepsilon \neq \emptyset$, 进而 B_ε 为稠密开集.

令

$$D = \bigcap_{n=1}^{\infty} B_{1/n},$$

则 D 为 Y 的稠密子集, 且 D 中每个点均按 A 的子集元素回复. 因为 (X,T) 是任意取定的拓扑动力系统, 故根据定义知 A 为回复集. □

根据上面定理的证明, 我们实际上得到如下定理:

定理 6.3.8 集合 A 为回复集当且仅当对于任何极小系统 (X,T) 及非空开集 $U \subseteq X$, 存在 $n \in A$, 使得

$$U \cap T^{-n}U \neq \emptyset.$$

6.3.6 传递系统的非传递点

对于传递系统 (X,T), 其传递点集合 Trans_T 为稠密 G_δ 集合 (定理 6.2.1). 下面的定理指出, $X \setminus \mathrm{Trans}_T$ 要么为空集 (此时 (X,T) 极小), 要么为稠密的.

定理 6.3.9 设 (X,T) 为传递和非极小的拓扑动力系统, 则 $X \setminus \mathrm{Trans}_T$ 为 X 的稠密子集.

证明 设 V 为 X 的非空开集. 因为 Trans_T 稠密, 故存在 $x \in V \cap \mathrm{Trans}_T$. 由于 x 为非极小点, 所以存在非空开集 U, 使得 $\overline{U} \subseteq V$ 且 $N(x,U)$ 不是 syndetic 集. 于是存在序列 $n_i \to +\infty$, 使得

$$T^{n_i}(x) \in U, \quad T^{n_i+j}(x) \notin U, \quad \forall j = 1, 2, \cdots, i.$$

根据紧性, 不妨设 $T^{n_i}(x) \to y$. 于是 $y \in \overline{U}$ 且 $Ty, T^2y, \cdots \notin U$. 这样就有 $y \in X \setminus \mathrm{Trans}_T$. 由 V 的任意性, $X \setminus \mathrm{Trans}_T$ 为 X 的稠密子集. □

6.3.7 关于同胚系统的一些注记

设 $T: X \to X$ 为同胚. 此时, 既可以把 (X,T) 视为 $\mathbb{Z}$ 作用下的动力系统, 也可以把它视为 $\mathbb{Z}_+$ 作用下的动力系统. 例如, (X,T) 为**双边点传递**的, 指存在点 $x \in X$, 使得其双边轨道 $\{T^n x : n \in \mathbb{Z}\}$ 在 X 中稠密; (X,T) 为**双边极小**的, 指对于任何点 $x \in X$, 其双边轨道 $\{T^n x : n \in \mathbb{Z}\}$ 在 X 中稠密. 下面是一些注记.

注记 6.3.5 (双边传递与单边传递, 双边极小与单边极小) (1) 易见单边点传递是双边点传递. 下面是双边点传递但不是点单边传递的例子. 设

$$X = \{0,1\} \cup \left\{\frac{1}{n} : n \geqslant 2\right\} \cup \left\{1 - \frac{1}{n} : n \geqslant 2\right\},$$
$$T: X \to X, \quad T(0) = 0, \quad T(1) = 1,$$

其余点映到其左边的点. 那么 (X,T) 为双边点传递的, 但不是点单边传递的. 此时, $\Omega(T) = \{0,1\}$.

(2) 设 $T: X \to X$ 为同胚, 那么 (X,T) 为单边传递的当且仅当 (X,T) 为双边传递的, 且 $\omega(X,T) = X$ (留作习题).

(3) 双边极小等价于单边极小 (留作习题).

设 $T: X \to X$ 为同胚. 一般地, 把 (X,T) 视为 $\mathbb{Z}$ 作用下的动力系统和把它视为 $\mathbb{Z}_+$ 作用下的动力系统两种情况下, 动力学性质会不太一样. 另外, 作为半离散系统, (X,T) 和 (X,T^{-1}) 许多时候表现出的性质也会相差很大.

习　题

1. 设 (X,T) 为拓扑动力系统. 证明: 如果两个子集 M_1 和 M_2 均为极小的, 那么 $M_1 = M_2$, 或者 $M_1 \cap M_2 = \emptyset$.

2. 设 (X,T) 为极小的, 但不是完全极小的. 取 p_1 为最小的自然数, 使得 (X,T^{p_1}) 非极小的, 那么 p_1 为素数, 并且 (X,T^{p_1}) 的所有极小子集为同构的. 设 X_1 为 (X,T^{p_1}) 的一个极小子集, $T_1 = T^{p_1}|_{X_1}$. 如果 (X_1,T_1) 不是完全极小的, 那么取最小的自然数 p_2, 使得 $(X_1,T_1^{p_2})$ 不是极小的, 那么 p_2 为素数, 且 $p_2 \geqslant p_1$. 继续此过程, 证明: 我们要么得到一个完全极小的系统 (X_n,T_n), 要么得到素数序列 $p_1 \leqslant p_2 \leqslant \cdots$.

3. 证明定理 6.3.4(3): 设 (X,T) 为拓扑动力系统, 则 $\mathrm{AP}(T^n) = \mathrm{AP}(T)$ $(\forall n \in \mathbb{N})$.

4. 证明: 双边极小等价于单边极小.

5. 设 $T: X \to X$ 为同胚. 证明: (X,T) 为单边传递的当且仅当 (X,T) 为双边传递的且 $\omega(X,T) = X$

6. 证明: Chacón 系统为极小系统.

7. 证明: Toeplitz 系统为极小的, 并且一个子转移系统为 Toeplitz 系统当且仅当它为加法机器的几乎一对一扩充.

8. 证明: Sturmian 系统为极小系统.

6.4　拓扑混合性

在这一节中, 我们讨论另一类具有较强回复性的传递系统——混合系统. 回顾两个动力系统的乘积系统 $T \times S : X \times Y \to X \times Y$ 的作用定义为

$$T \times S(x,y) = (Tx, Sy), \quad \forall (x,y) \in X \times Y.$$

6.4.1　混合性与滤子

定义 6.4.1　设 (X,T) 和 (Y,S) 为两个拓扑动力系统, 称它们为 (拓扑) **弱不交的**, 若乘积系统 $(X \times Y, T \times S)$ 为传递的, 记为 $(X,T) \curlywedge (Y,S)$.

$\mathbb{Z}_+$ 的子集 A 称为**有限余的**, 若 $\mathbb{Z}_+ \setminus A$ 为有限的. 我们用 $\mathcal{F}_{\mathrm{cf}}$ 表示全体有限余集构成的集合. 设 (X,T) 为拓扑动力系统, $A, B \subseteq X$, 令

$$N_T(A,B) = \{n \in \mathbb{Z}_+ : A \cap T^{-n}B \neq \emptyset\}. \tag{6.8}$$

定义 6.4.2　(1)　一个拓扑动力系统 (X,T) 称为 **(拓扑) 弱混合的**, 若它弱不交于自己, 即 $(X \times X, T \times T)$ 为传递的;

(2)　一个拓扑动力系统 (X,T) 称为 **(拓扑) 强混合的**, 若对每个非空开集 U 和 V, $N_T(U,V)$ 为有限余的, 即存在 $N > 0$, 使得

$$U \cap T^{-n}V \neq \emptyset, \quad \forall n \geqslant N.$$

由定义知, 强混合的系统必为弱混合的, 而弱混合系统必为传递的 (实际上也为完全传递的). 圆周上的无理旋转为完全传递而非弱混合的, 后面我们会看到许多弱混合而非强混合的例子. 为刻画混合性, 我们首先回顾一下滤子的概念. $\mathbb{Z}_+$ 的一个子集族 $\mathcal{F}$ 称为一个**滤子**, 若它满足:

(1) $\emptyset \notin \mathcal{F}$;

(2) 如果 $F_1 \in \mathcal{F}$ 且 $F_1 \subseteq F_2$, 那么就有 $F_2 \in \mathcal{F}$;

(3) 对任意 $F_1, F_2 \in \mathcal{F}$, $F_1 \cap F_2 \in \mathcal{F}$.

下面的定理称为 Furstenberg 相交引理, 这是研究混合性的一个重要工具. 对于 $\mathbb{Z}_+$ 的子集族 $\mathcal{F}$, 我们令

$$[\mathcal{F}] = \{A \subseteq \mathbb{Z}_+ : \text{存在 } F \in \mathcal{F}, \text{ 使得 } A \supseteq F\}.$$

定理 6.4.1 (Furstenberg 相交引理)　一个拓扑动力系统 (X,T) 为拓扑弱混合的当且仅当 $[\mathcal{F}]$ 为滤子, 其中

$$\mathcal{F} = \{N_T(U,V) : U, V \text{ 为 } X \text{ 的非空子集}\}.$$

证明　如果 $[\mathcal{F}]$ 为滤子, 那么对于 X 的任意非空开集 U_1, U_2, V_1, V_2, 有

$$N_{T\times T}(U_1 \times U_2, V_1 \times V_2) = N_T(U_1, V_1) \cap N_T(U_2, V_2) \in [\mathcal{F}].$$

特别地, $N_{T\times T}(U_1 \times U_2, V_1 \times V_2) \neq \emptyset$. 所以 (X,T) 为弱混合的.

反之, 设 (X,T) 为弱混合的, 且 $N_T(U_1, V_1)$, $N_T(U_2, V_2) \in [\mathcal{F}]$. 由弱混合的定义, 存在 $m \in N_T(U_1, U_2) \cap N_T(V_1, V_2)$. 设

$$A = U_1 \cap T^{-m}U_2, \quad B = V_1 \cap T^{-m}V_2.$$

对任意 $k \in N_T(A,B)$, 有

$$A \cap T^{-k}B = (U_1 \cap T^{-m}U_2) \cap T^{-k}(V_1 \cap T^{-m}V_2) = (U_1 \cap T^{-k}V_1) \cap T^{-m}(U_2 \cap T^{-k}V_2).$$

这意味着 $U_1\cap T^{-k}V_1\neq\emptyset$ 且 $U_2\cap T^{-k}V_2\neq\emptyset$. 于是

$$N_T(A,B)\subseteq N_T(U_1,V_1)\cap N_T(U_2,V_2).$$

证毕. □

下面的定理表明弱混合系统与集族 $\mathcal{F}_t$ 有着密切关联.

定理 6.4.2 设 (X,T) 为拓扑动力系统, 则以下各命题等价:

(1) (X,T) 为拓扑弱混合的;

(2) 对任意非空开集 U 和 V, $N_T(U,U)\cap N_T(U,V)\neq\emptyset$;

(3) 对任意非空开集 U 和 V, $N_T(U,U)\cap N_T(V,U)\neq\emptyset$;

(4) 对任意非空开集 U 和 V, $N_T(U,V)$ 为 thick 集, 即 $N_T(U,V)\in\mathcal{F}_t$.

证明 (1)⇒(2) 由定义即得.

(2)⇒(3) 设 U, V 为 X 的非空开集, 那么存在 $n\in\mathbb{Z}_+$, 使得 $V_1=V\cap T^{-n}U\neq\emptyset$. 于是

$$N_T(U,U)\cap N_T(V,U)\supseteq N_T(T^{-n}U,T^{-n}U)\cap N_T(V_1,U)\supseteq N_T(V_1,V_1)\cap N_T(V_1,U)\neq\emptyset.$$

(3)⇒(1) 设 U_1,U_2,U_3,U_4 为 X 的非空开集, 那么存在 $n_1,n_2\in\mathbb{Z}_+$, 使得

$$E=U_1\cap T^{-n_1}U_2\neq\emptyset,\quad F=T^{-n_1}U_3\cap T^{-n_2}E\neq\emptyset.$$

同样, 存在 $n_3\in\mathbb{Z}_+$, 使得 $F\cap T^{-n_3}F\neq\emptyset$ 且 $U_4\cap T^{-n_3}F\neq\emptyset$. 令 $n=n_2+n_3$, 则有

$$T^{-n_1}(T^{-n}U_2\cap U_3)\supseteq T^{-(n_1+n)}U_2\cap T^{-n}U_1\cap T^{-n_1}U_3\supseteq T^{-n}E\cap F\supseteq T^{-n_3}F\cap F\neq\emptyset.$$

于是 $T^{-n}U_2\cap U_3\neq\emptyset$. 另外

$$T^{-n}U_1\cap U_4\supseteq T^{-(n_1+n)}U_2\cap T^{-n}U_1\cap U_4=T^{-n}E\cap U_4\supseteq T^{-n_3}F\cap U_4\neq\emptyset,$$

即 $N_T(U_3,U_2)\cap N_T(U_4,U_1)\neq\emptyset$.

(1)⇒(4) 设 U, V 为 X 的非空开集. 由定理 6.4.1, 对任意 $N\in\mathbb{N}$, 有

$$N_T(U,V)\cap N_T(U,T^{-1}V)\cap\cdots\cap N_T(U,T^{-N}V)\neq\emptyset.$$

所以 $N_T(U,V)$ 为 thick 集.

(4)⇒(2) 设 U, V 为 X 的非空开集, $m\in N_T(U,V)$, 那么 $W=U\cap T^{-m}V\neq\emptyset$. 由于 $N_T(W,W)$ 为 thick 集, 所以存在 $n\in\mathbb{Z}_+$, 使得 $W\cap T^{-n}W\neq\emptyset$ 且 $W\cap T^{-(n-m)}W\neq\emptyset$. 于是

$$\begin{aligned}&U\cap T^{-n}U\supseteq W\cap T^{-n}W\neq\emptyset,\\&U\cap T^{-n}V=U\cap T^{-(n-m)}T^{-m}V\supseteq W\cap T^{-(n-m)}W\neq\emptyset,\end{aligned}$$

即 $N_T(U,U)\cap N_T(U,V)\neq\emptyset$. □

6.4.2 拓扑 mild 混合

介于弱混合性与强混合性之间有一类非常重要的混合——mild 混合.

定义 6.4.3 一个拓扑动力系统称为**拓扑 mild 混合的**, 若它弱不交于任何传递系统.

由定义知, 两个 mild 混合系统的乘积系统仍为 mild 混合的. 实际上, mild 混合是严格介于强、弱混合之间的. 根据定理 6.4.2, 一个动力系统为拓扑弱混合的当且仅当对任意非空开集 U,V, $N(U,V)$ 为 thick 集. 设 $\mathcal{F}$ 为 $\mathbb{Z}_+$ 的子集族, 定义

$$\mathcal{F}-\mathcal{F}=\{F-F:F\in\mathcal{F}\},$$

而子集 $A\subseteq\mathbb{Z}_+$ 属于集合 $(\mathcal{F}_{\rm ip}-\mathcal{F}_{\rm ip})^*$,是指它与任何 $\mathcal{F}_{\rm ip}-\mathcal{F}_{\rm ip}$ 中的元相交. 对 mild 混合, 我们有如下定理:

定理 6.4.3 设 (X,T) 为拓扑动力系统, 则 (X,T) 为拓扑 mild 混合的当且仅当对任意非空开集 U,V,

$$N_T(U,V)\in(\mathcal{F}_{\rm ip}-\mathcal{F}_{\rm ip})^*.$$

证明 设 (X,T) 为拓扑 mild 混合的, 即对任意传递系统 (Y,S), $(X\times Y,T\times S)$ 仍为传递的. 因此 (X,T) 为弱混合的.

下证对任意 IP 子集 F 及 X 的任意非空开集 U_1,U_2, $N_T(U_1,U_2)\cap(F-F)\neq\emptyset$ 成立. 由定理 6.2.8 存在传递系统 (Y,S)、传递点 $y\in Y$, 以及 y 的邻域 V, 使得 $N(y,V)\subseteq F$. 由于 (X,T) 为 mild 混合的, $(X\times Y,T\times S)$ 为传递的, 所以 $N_T(U_1,U_2)\cap N_S(V,V)=N_{T\times S}(U_1\times V,U_2\times V)\neq\emptyset$. 由于

$$N_S(V,V)=N(y,V)-N(y,V)\subseteq F-F,$$

故我们得到 $N_T(U_1,U_2)\cap(F-F)\neq\emptyset$.

反之, 假设对 X 的任意两个非空开集 U,V, 均有 $N_T(U,V)\in(\mathcal{F}_{\rm ip}-\mathcal{F}_{\rm ip})^*$. 下证 (X,T) 为拓扑 mild 混合的. 设 (Y,S) 为任一传递系统, 且 U_1,U_2 为 X 的任意非空开集, 而 V_1,V_2 为 Y 的任意非空开集. 由定义, 有

$$N_{T\times S}(U_1\times V_1,U_2\times V_2)=\{n\in\mathbb{Z}_+:(T\times S)^{-n}(U_2\times V_2)\cap(U_1\times V_1)\neq\emptyset\}.$$

由于 (Y,S) 为传递的, 故存在 $k\in\mathbb{Z}_+$, 使得 $V=S^{-k}V_2\cap V_1$ 为 Y 的非空开集. 这样就有

$$\begin{aligned}
&N_{T\times S}(U_1\times V_1,U_2\times V_2)\\
&\quad=\{n\in\mathbb{Z}_+:(T\times S)^{-n}(U_2\times V_2)\cap(U_1\times V_1)\neq\emptyset\}\\
&\quad\supseteq k+\{m\in\mathbb{Z}_+:(T^{-(m+k)}U_2\cap U_1)\times(S^{-(m+k)}V_2\cap V_1)\neq\emptyset\}\\
&\quad\supseteq k+\{m\in\mathbb{Z}_+:\big(T^{-m}(T^{-k}U_2)\cap U_1\big)\times(S^{-m}V\cap V)\neq\emptyset\}\\
&\quad=k+N_T(U_1,T^{-k}U_2)\cap N_S(V,V).
\end{aligned}$$

由定理 6.2.8, $N(V,V)$ 包含子集 $F-F$, 其中 F 为 IP 子集. 由于 (X,T) 为 $(\mathcal{F}_{\rm ip}-\mathcal{F}_{\rm ip})^*$ 传递的, 我们有 $N_T(U_1,T^{-k}U_2)\cap N_S(V,V)\neq\emptyset$. 于是 $N_{T\times S}(U_1\times V_1,U_2\times V_2)\neq\emptyset$. 因为 U_1,U_2 与 V_1,V_2 为任意的, 所以 $(X\times Y,T\times S)$ 为传递的, 即 (X,T) 为 mild 混合的. □

习　题

1. 证明: 全转移系统 (Σ_k, T) 为拓扑强混合的.

2. 一个拓扑动力系统称为**拓扑遍历的**, 若对任意非空开集 U, V, $N(U,V) \in \mathcal{F}_s$; 一个拓扑动力系统称为**扩散的**, 若它弱不交于任意极小系统; 一个拓扑动力系统称为**极端扩散的**, 若它弱不交于任意拓扑遍历系统. 证明:

(1) 任何弱混合系统弱不交于拓扑遍历系统;

(2) 任何弱混合系统为极端扩散的;

(3) 任何极端扩散系统为扩散的.

3. 证明: Chacón 系统为弱混合的.

6.5 其他不变集

在前面几节中, 我们研究了传递性、极小性和混合性, 介绍了周期点、几乎周期点和回复点的概念. 它们有如下包含关系:

$$\mathrm{Fix}(T) \subseteq \mathrm{Per}(T) \subseteq \mathrm{AP}(T) \subseteq \mathrm{Rec}(T).$$

在这一节中, 我们介绍一些诸如 ω 极限集、非游荡集、链回复点等其他不变集.

6.5.1 ω 极限集

定义 6.5.1 设 (X,T) 为拓扑动力系统. 令 $\omega(T) = \bigcup\limits_{x\in X} \omega(x,T)$, 我们称 $\omega(T)$ 为 (X,T) 的 ω 极限集.

由定义易见, $x \in \mathrm{Rec}(T)$ 当且仅当 $x \in \omega(x,T)$. 需要注意的是, 一个 ω 极限点不必为回复点. 例如, 令 $x = (10100100010000\cdots) \in \Sigma_2$, T 为转移映射, 则 $y = (100000\cdots) \in \omega(x,T)$, 但它不是回复点. ω 极限点集有如下性质:

定理 6.5.1 设 (X,T) 为拓扑动力系统, $x \in X$, 则

(1) $\omega(x,T)$ 为非空闭集.

(2) $T\omega(x,T) = \omega(x,T)$, 于是 $T\omega(T) = \omega(T)$. 另外, 对每个 $i \geqslant 0$ 和 $n \in \mathbb{N}$, $T\omega(T^i x, T^n) = \omega(T^{i+1}x, T^n)$.

(3) 对每个 $n \in \mathbb{N}$, 均成立 $\omega(x,T) = \bigcup\limits_{i=0}^{n-1} \omega(T^i x, T^n)$, 于是对每个 $n \in \mathbb{N}$, 有 $\omega(T^n) = \omega(T)$.

(4) $\mathrm{Rec}(T) \subseteq \omega(T)$.

证明 (1) 由 X 的紧性, $\omega(x,T)$ 为非空的. 对 $y \in X \setminus \omega(x,T)$, 存在 y 的邻域 U, 使得 $U \cap \mathrm{orb}(x,T)$ 有限. 于是存在 y 的邻域 U', 使得 $U' \subseteq X \setminus \omega(x,T)$. 这意味着 $\omega(x,T)$ 为闭集.

(2) 易验证, 留作习题.

(3) 易见 $\bigcup\limits_{i=0}^{n-1}\omega(T^ix,T^n)\subseteq\omega(x,T)$. 下设 $y\in\omega(x,T)$, 那么存在 $n_i\to+\infty$, 使得 $T^{n_i}x\to y$. 不失一般性, 设 $n_i=k_in+r$, 其中 $0\leqslant r\leqslant n-1$. 于是 $y\in\omega(T^rx,T^n)\subseteq\bigcup\limits_{i=0}^{n-1}\omega(T^ix,T^n)$.

(4) 易证, 留作习题. □

注记 6.5.1　如果 $T:X\to X$ 为同胚, 那么 T^{-1} 的 ω 极限集称为 α 极限集.

需要特别注意的是, 一般而言 $\omega(T)$ 并不是闭的. 下面的定理告诉我们并非 X 的每一个闭不变子集都可以作为某个 $x\in X$ 的 ω 极限集.

定理 6.5.2　设 (X,T) 为拓扑动力系统, $x\in X$. 如果存在一个周期点 $p\in\omega(x,T)$, 使得 p 为 $\omega(x,T)$ 的孤立点, 那么 $\omega(x,T)$ 为周期轨. 特别地, 如果 $\omega(x,T)$ 为有限的, 那么它必为周期轨.

证明　设 p 的周期为 n. 根据定理 6.5.1 (3), 存在 i, 使得 $p\in\omega(T^ix,T^n)$. 令 $y=T^i(x)$, $g=T^n$. 于是 $p\in\omega(y,g)$ 为 g 的不动点, 且为 $\omega(y,g)$ 的孤立点. 下证 $\omega(y,g)=\{p\}$.

假设 $\omega(y,g)\neq\{p\}$. 令 U 为 p 的开邻域且满足 $U\cap(\omega(y,g)\setminus\{p\})=\emptyset$, 则存在 $n_i\to+\infty$, 使得 $g^{n_i}y\in U$ 且 $g^{n_i+1}y\notin U$. 因为 p 为 $\omega(y,g)$ 的孤立点, $g^{n_i}y\to p$, 故由 g 的连续性, $g^{n_i+1}y\to p$. 但 $g^{n_i+1}y\notin U$, 矛盾.

于是 $\omega(y,g)=\{p\}$. 这说明 $\{p\}=\omega(T^ix,T^n)$, 从而 $\omega(x,T)=\mathrm{orb}(p,T)$ 为周期轨. □

6.5.2　非游荡集

定义 6.5.2　设 (X,T) 为拓扑动力系统. 一个点 $x\in X$ 称为**非游荡点**, 若对 x 的任意邻域 U, 存在 $n\in\mathbb{N}$, 使得 $U\cap T^{-n}U\neq\emptyset$. 如果 x 不是非游荡点, 那么称它为**游荡点**.

记全体 X 的非游荡点的集合为 $\Omega(X,T)$ 或者 $\Omega(T)$.

非游荡点集有如下性质:

定理 6.5.3　设 (X,T) 为拓扑动力系统, 则

(1) $\Omega(T)$ 为闭的;

(2) $\overline{\omega(T)}\subseteq\Omega(T)$, 特别地, $\Omega(T)$ 为非空的;

(3) $T(\Omega(T))\subseteq\Omega(T)$.

证明　(1) 因为 $X\setminus\Omega(T)$ 为开集, 所以 $\Omega(T)$ 为闭集.

(2) 设 $x\in X$, $y\in\omega(x,T)$, 则存在序列 $n_i\to+\infty$, 使得 $T^{n_i}x\to y$. 对 y 的任意邻域 U, 存在 $n_j>n_i$, 使得 $T^{n_j}x,T^{n_i}x\in U$. 于是 $U\cap T^{-(n_j-n_i)}U\neq\emptyset$, 从而 $y\in\Omega(T)$. 所以 $\omega(T)\subseteq\Omega(T)$. 因为 $\Omega(T)$ 为闭集, 所以 $\overline{\omega(T)}\subseteq\Omega(T)$.

(3) 令 $x\in\Omega(T)$ 且 U 为 Tx 的邻域. 由 T 的连续性, 存在 x 的邻域 V, 使得 $TV\subseteq U$. 因为 $x\in\Omega(T)$, 故存在 $n\in\mathbb{N}$, 使得 $V\cap T^{-n}V\neq\emptyset$. 于是 $U\cap T^{-n}U\supseteq TV\cap T^{-n}TV\supseteq T(V\cap T^{-n}V)\neq\emptyset$. □

需要指出的是, $T(\Omega(T))=\Omega(T)$ 一般不成立. 另外, 迭代不变性也一般不成立, 即 $\Omega(T^n)=\Omega(T)$ 一般不再成立.

当 $\Omega(T)=X$ 时, 我们有如下定理:

定理 6.5.4 设 (X,T) 为一个拓扑动力系统. 如果 $\Omega(T)=X$, 那么 $\text{Rec}(T)$ 为 X 的一个稠密 G_δ 集.

证明 对任意 $\varepsilon>0$, 令

$$A_\varepsilon=\{x\in X: \text{存在 } n\geqslant 1, \text{ 使得 } d(T^n x,x)<\varepsilon\}.$$

易见 A_ε 为稠密开集. 设

$$A=\bigcap_{i=1}^{\infty} A_{\frac{1}{i}},$$

则 $\text{Rec}(T)=A$ 为稠密的 G_δ 集. □

设 (X,T) 为拓扑动力系统, 则 $\Omega(X,T)$ 为非空闭的正不变子集, $(\Omega(X,T),T|_{\Omega(X,T)})$ 为子系统. 同样, $(\Omega(X,T),T|_{\Omega(X,T)})$ 有非游荡集, 定义 $\Omega_2(X,T)=\Omega(\Omega(X,T),T|_{\Omega(X,T)})$. 而 $(\Omega_2(X,T),T|_{\Omega_2(X,T)})$ 仍为动力系统, 从而可定义其非游荡点集为 $\Omega_3(X,T)\cdots\cdots$

一般地, 令 γ 为大于 $|X|$ 的最小序数, 如下定义 $\{\Omega_\lambda(X,T):\lambda<\gamma\}$:

(a) 若 $\lambda<\gamma$ 为后继序数, 则设

$$\Omega_\lambda(X,T)=\Omega(\Omega_{\lambda-1}(X,T),T|_{\Omega_{\lambda-1}(X,T)});$$

(b) 若 λ 为极限序数, 则设

$$\Omega_\lambda(X,T)=\bigcap_{\mu<\lambda}\Omega_\mu(X,T).$$

由超限归纳法, 存在 $\theta<\gamma$, 使得 $\Omega_{\theta+1}(X,T)=\Omega_\theta(X,T)$. 于是对任何 $\lambda>\theta$, 我们有 $\Omega_\lambda(X,T)=\Omega_\theta(X,T)$, 即

$$\Omega(X,T)\supseteq\Omega_2(X,T)\supseteq\cdots\supseteq\Omega_\theta(X,T)=\Omega_{\theta+1}(X,T)=\cdots.$$

我们称 $\Omega_\infty=\Omega_\theta$ 为 (X,T) 的**中心**, θ 称为 (X,T) 的**中心深度** (depth of the centre). 由定理 6.5.4, 系统的中心实际上就是 $\overline{\text{Rec}(T)}$. 另外, 对任意可数序数 τ, 我们都可以找到一个系统 (X,T), 其中心深度为 τ.

中心具有如下性质:

定理 6.5.5 设 (X,T) 为拓扑动力系统, 则

(1) $\Omega_\infty(X,T)\neq\emptyset$;

(2) 若 X 为度量空间, 则 (X,T) 的中心深度可数;

(3) $(\Omega_\infty(X,T),T)$ 中的任一点都为非游荡点;

(4) $\overline{\text{Rec}(T)}=\Omega_\infty(X,T)$.

对拓扑动力系统 (X,T), 一般把它的回复点全体的闭包 $\overline{\text{Rec}(T)}$ 称为系统的 **Birkhoff 中心**. 如果系统 (X,T) 的每个点都是非游荡点, 则称 (X,T) 为**中心的** (central). 此时, 系统的 Birkhoff 中心即为全空间. 对于传递系统, 如果它没有孤立点, 那它就是中心的.

例 6.5.1 ($\Omega_2(T)\neq\Omega(T)$)　设 X 为极坐标下的单位圆盘, 即

$$X=\{(r,2\pi\theta):0\leqslant r\leqslant 1,\theta\in[0,1)\}.$$

定义

$$T:X\to X,\quad (r,2\pi\theta)\mapsto(r^{1/2},2\pi(\theta^2+1-r)\bmod 2\pi),$$

则 T 为同胚.

在单位圆周上,

$$(1,2\pi\theta)\mapsto(1,2\pi\theta^2).$$

它保持点 $(1,0)$ 不动, 其余点按逆时针方向向点 $(1,0)$ 移动. 于是

$$\Omega(T|_{\partial X})=\{(1,0)\}.$$

圆盘上其余点在 T 作用下都按螺旋形向边界逼近. 我们断言

$$\Omega(T)=\{(0,0)\}\cup\partial X.$$

如果 $(r,2\pi\theta)\notin\{(0,0)\}\cup\partial X$, 则它为游荡点; 如果 $(1,2\pi\theta)\in\partial X$, 那么对于它的任何连通邻域 U, 其像 T^nU 也为连通的, 并且螺旋形逆时针向 ∂X 逼近, n 充分大后会与 U 相交, 所以为非游荡点.

综上, 有

$$\Omega(T)=\{(0,0)\}\cup\partial X,\quad \Omega_2(T)=\{(0,0),(1,0)\}.$$

6.5.3　链回复点

设 $T:X\to X$ 为同胚, $\alpha>0$, $a,b\in\mathbb{Z}$ (允许 $a=-\infty$, $b=\infty$). 点列 $\{x_i\}_{i=a}^b\subseteq X$ 称为 T 的一个 α **伪轨**, 若它满足

$$d(Tx_i,x_{i+1})<\alpha,\quad \forall i=a,\cdots,b-1.$$

设 $\{x_i\}_{i=a}^b$ 为 α 伪轨, $y\in X$. 如果

$$d(T^iy,x_i)<\beta,\quad \forall i=a,\cdots,b,$$

那么我们称 α 伪轨 $\{x_i\}_{i=a}^b$ 被从点 y 出发的轨道 β **跟踪**. α 伪轨 $\{x_i\}_{i=-\infty}^{\infty}$ 称为**周期的**, 若存在 $n\in\mathbb{N}$, 使得

$$x_{i+n}=x_i,\quad \forall i\in\mathbb{Z}.$$

定义 6.5.3 (链回复点)　设 $T:X\to X$ 为同胚, $x\in X$. 如果对于任何 $\alpha>0$ 都存在通过点 x 的周期 α 伪轨, 那么点 $x\in X$ 称为 T 的**链回复点**. 全体链回复点记为 $\mathrm{CR}(T)$.

链回复点有如下性质:

定理 6.5.6 设 $T:X\to X$ 为同胚, 则

(1) $\mathrm{CR}(T)$ 为闭的;

(2) $T(\mathrm{CR}(T))=\mathrm{CR}(T)$;

(3) $\mathrm{CR}(T^{-1})=\mathrm{CR}(T)$;

(4) $\Omega(T)\subseteq\mathrm{CR}(T)$.

证明并不困难, 留作习题.

6.5.4 总结

综上, 对于拓扑动力系统 (X,T), 我们有

$$\mathrm{Fix}(T)\subseteq\mathrm{Per}(T)\subseteq\mathrm{AP}(T)\subseteq\mathrm{Rec}(T)\subseteq\Omega(T)\subseteq\mathrm{CR}(T).$$

最后, 我们从二元关系的观点重新审视上面定义的概念.

设 $W\subseteq X\times X$ 为二元关系, 记 $W(x)=\{y\in X:(x,y)\in W\}$. 设 $T:X\to X$ 为映射, 可以将它等同于二元关系 $T=\{(x,Tx):x\in X\}\subseteq X\times X$. 我们称 $\mathcal{O}T=\bigcup\limits_{n=0}^{\infty}T^n$ 为轨道关系. 此时, $\mathcal{O}T(x)$ 即为 x 的轨道 $\mathrm{orb}(x)$. 定义 ω 极限点关系为 $\omega T=\{(x,y):y\in\omega(x,T)\}$. 虽然对任意 $x\in X$, $\omega(x,T)$ 为闭的, 但是一般而言, ωT 并不是 $X\times X$ 中的闭集. 我们定义

$$\Omega T=\bigcap_{N\geqslant 0}\overline{\bigcup_{n\geqslant N}T^n}\subseteq X\times X,$$

则 $y\in\Omega T(x)$ 当且仅当存在序列 $\{n_k\}$ 及 $\{x_k'\}\subseteq X$, 使得 $n_k\to\infty$, $x_k'\to x$ 且 $T^{n_k}(x_k')\to y$. 显然, ΩT 为包含 ωT 的闭集.

对关系 W, 定义

$$|W|=\{x\in X:x\in W(x)\},$$

则有

$$\mathrm{Fix}(X,T)=|\mathcal{O}T|,\quad \mathrm{Rec}(X,T)=|\omega T|,\quad \Omega(X,T)=|\Omega T|.$$

习　题

1. 设 $T:X\to X$ 为同胚, 那么 T 为单边拓扑传递当且仅当 T 为双边拓扑传递, 且 $\Omega(T)=X$.

2. 证明定理 6.5.5.

3. 证明定理 6.5.6.

4. 设 $T:X\to X$ 为同胚. 证明: $\mathrm{CR}(T|_{\mathrm{CR}(T)})=\mathrm{CR}(T)$.

6.6　等度连续性

在这一节中, 我们将研究等度连续系统, 并总是假设对于拓扑动力系统 (X,T), **映射 T 为满射**.

6.6.1　等度连续与一致几乎周期

定义 6.6.1　拓扑动力系统 (X,T) 称为**等度连续的**, 若函数族 $\{T^n : n\in\mathbb{Z}_+\}$ 为等度连续的, 即对任意 $\varepsilon>0$, 存在 $\delta>0$, 使得当 $d(x_1,x_2)<\delta$ 时 $d(T^nx_1,T^nx_2)<\varepsilon$ $(\forall n\in\mathbb{Z}_+)$ 成立.

如果令

$$d_T(x,y)=\sup_{n\in\mathbb{Z}_+} d(T^nx,T^ny),$$

后面我们会说明当 (X,T) 为等度连续的时候, d_T 与 d 是等价的, 并且它为 T 不变的, 即

$$d_T(Tx,Ty)=d_T(x,y),\quad \forall x,y\in X.$$

直观上讲, 等度连续系统中的任何两个不同点随着时间的推移都将保持同样的差距, 即它们的轨道是“平行”的. 所以从某种意义上讲, 等度连续性是最简单的一种动力学性状.

例 6.6.1　(1) 设 $\mathbb{S}^1$ 为圆周, T 为圆周上的旋转映射, 则 $(\mathbb{S}^1,T)$ 为等度连续的.

(2) 加法机器为等度连续的.

定义 6.6.2　一个拓扑动力系统 (X,T) 称为**一致几乎周期的**, 若对任意 $\varepsilon>0$, 存在 syndetic 集 A, 使得对任意 $x\in X, n\in A$, $d(x,T^nx)<\varepsilon$ 成立.

我们用 $C(X,X)$ 表示从 X 到 X 的全体连续映射. 下面的定理说明等度连续系统中的每个点按一致的步调回复.

定理 6.6.1　一个拓扑动力系统 (X,T) 为等度连续的当且仅当它为一致几乎周期的.

证明　设 (X,T) 为等度连续的. 对任意 $\varepsilon>0$, 根据 Arzelá-Ascoli 定理, $\{T^n : n\in\mathbb{Z}_+\}$ 在 $C(X,X)$(取一致拓扑) 中为相对紧的. 于是, 存在有限 ε 网 $\{T^n\}_{n=0}^{k-1}$ $(k\in\mathbb{N})$, 即对任意 $n\in\mathbb{Z}_+$, 存在 $0\leqslant j\leqslant k-1$, 使得

$$\sup_{x\in X} d(T^nx,T^jx)<\varepsilon.$$

由于 T 是满射, 易见

$$\{n\in\mathbb{Z}_+ : \sup_{x\in X} d(T^nx,x)<\varepsilon\}$$

为以 k 为间距的 syndetic 集, 从而 (X,T) 为一致几乎周期的.

反之, 设 (X,T) 为一致几乎周期的. 对任意 $\varepsilon>0$, 存在 syndetic 集 A, 使得对任意 $x\in X, n\in A$, $d(x,T^nx)<\varepsilon/3$ 成立. 设 A 的间距为 k. 取 $\delta>0$, 使得对任意满足 $d(x,y)<\delta$ 的 x,y, 我们有 $d(T^ix,T^iy)<\varepsilon/3$ $(\forall i=1,2,\cdots,k)$.

下证对满足 $d(x,y)<\delta$ 的 x,y, 我们有 $d(T^nx,T^ny)<\varepsilon$ $(\forall n\in\mathbb{Z}_+)$. 对任意 $n\in\mathbb{Z}_+$, 存在 $a\in A$ 及 $i\in\{0,1,\cdots,k-1\}$, 使得 $n=a+i$. 于是

$$d(T^nx,T^ny)\leqslant d(T^a(T^ix),T^ix)+d(T^ix,T^iy)+d(T^iy,T^a(T^iy))<\frac{\varepsilon}{3}+\frac{\varepsilon}{3}+\frac{\varepsilon}{3}=\varepsilon.$$

所以 (X,T) 为等度连续的. □

6.6.2 拓扑离散谱

从拓扑同构的角度看, 等度连续系统相当于一个紧致交换群上的旋转. 为了说明这点, 我们首先引入一些概念.

定义 6.6.3 设 (X,T) 为拓扑动力系统, 记 $C(X)$ 为全体复值连续函数的集合. 称非零函数 $f\in C(X)$ 为 T 的**特征函数**, 若存在 $\lambda\in\mathbb{C}$, 使得 $f(Tx)=\lambda f(x)$ $(\forall x\in X)$. 此时, 称 λ 为相应于 f 的**特征值**.

命题 6.6.1 设 (X,T) 为传递拓扑动力系统, 则

(1) 若 $f\in C(X)$ 为以 λ 为特征值的非零特征函数, 则 $|\lambda|=1$ 且 $|f|=c$, 其中 c 为常数;

(2) 若 f,g 为同一特征值的特征函数, 则 $f=cg$, 其中 c 为常数;

(3) 在 $C(X)$ 中, 相应于不同特征值的特征函数为线性无关的;

(4) T 的全体特征值形成 $\mathbb{S}^1$ 的一个可数子群.

证明留作习题. □

定义 6.6.4 设 (X,T) 为拓扑动力系统. 称之**有拓扑离散谱**, 若系统的特征函数张成了 $C(X)$.

由命题 6.6.1 可见, 若 (X,T) 为有拓扑离散谱的传递系统, 则存在可数个特征值 $\{\lambda_n\}_{n=1}^{\infty}$ 及线性无关组 $\{f_n\}_{n=1}^{\infty}\subseteq C(X)$, 使得

$$\overline{\mathrm{span}\{f_n\}}=C(X),\quad 且\quad f_n\circ T=\lambda_nf_n.$$

定理 6.6.2 (Halmos-von Neumann) 设 (X,T) 为可逆拓扑动力系统, 则以下等价:

(1) T 为极小等度连续的;

(2) T 为传递的, 且存在 X 上的度量, 使得 T 在此度量下为等距的;

(3) T 拓扑共轭于紧致交换群上的一个极小旋转;

(4) T 极小且有拓扑离散谱;

(5) T 为传递的, 且有拓扑离散谱.

证明 (1) $\Leftrightarrow$ (2) 易证.

(2) $\Rightarrow$ (3) 设 ρ 为等距度量, x_0 为传递点, 则 $X=\overline{\mathrm{orb}(x_0,T)}$. 定义运算

$$*:\mathrm{orb}(x_0,T)\times\mathrm{orb}(x_0,T)\to\mathrm{orb}(x_0,T),\quad T^nx_0*T^mx_0\mapsto T^{n+m}x_0.$$

因为

$$\begin{aligned}\rho(T^n x_0 * T^m x_0, T^p x_0 * T^q x_0) =&\rho(T^{n+m} x_0, T^{p+q} x_0)\\ \leqslant&\rho(T^{n+m} x_0, T^{p+m} x_0) + \rho(T^{p+m} x_0, T^{p+q} x_0)\\ =&\rho(T^n x_0, T^p x_0) + \rho(T^m x_0, T^q x_0),\end{aligned}$$

所以运算 $*$ 为一致连续的, 于是可以唯一扩充为 $*: X \times X \to X$.

另外, 因为

$$\rho(T^{-n} x_0, T^{-m} x_0) = \rho(T^{m+n} T^{-n} x_0, T^{m+n} T^{-m} x_0) = \rho(T^m x_0, T^n x_0),$$

所以映射

$$T^n x_0 \mapsto T^{-n} x_0, \quad \mathrm{orb}(x_0, T) \to \mathrm{orb}(x_0, T)$$

为一致连续的, 于是可以唯一扩充为 X 到 X 的映射.

这样, 我们说明了 $(X, *)$ 为拓扑群. 因为 $\{T^n x_0 : n \in \mathbb{Z}\}$ 在 X 中稠密, 所以 $(X, *)$ 为交换的. 因为 $T(T^n x_0) = T x_0 * T^n x_0$ $(\forall n \in \mathbb{Z})$, 所以 $Tx = Tx_0 * x$ $(\forall x \in X)$. 这说明 (X, T) 为 T 在群 $(X, *)$ 上的 Tx_0 旋转.

(3) $\Rightarrow$ (4) 设 X 为紧交换群, 且 $Tx = ax$ $(\forall x \in X)$, 则 X 的每个特征为 T 的特征函数 (因为如果 $f \in \hat{X}$, 那么 $f(Tx) = f(ax) = f(a)f(x)$). 设 A 为由所有特征的线性组合生成的代数, 则 $A \subseteq C(X)$. 由于 A 包含常值函数、对共轭运算封闭并且分离点, 所以根据 Stone-Weierstrass 定理就有 $\overline{A} = C(X)$.

(4) $\Rightarrow$ (5) 显然成立.

(5) $\Rightarrow$ (2) 由前面的分析, 存在可数个特征值 $\{\lambda_n\}_{n=1}^{\infty}$ 及线性无关组 $\{f_n\}_{n=1}^{\infty} \subseteq C(X)$, 使得 $|f_n| = 1$, $\mathrm{span}\{f_n\} = C(X)$ 且 $f_n \circ T = \lambda_n f_n$. 定义

$$\rho(x, y) = \sum_{n=1}^{\infty} \frac{|f_n(x) - f_n(y)|}{2^n},$$

它为 X 上的伪度量. 由于 $\mathrm{span}\{f_n\} = C(X)$, 所以 $\{f_n\}_{n=1}^{\infty}$ 分离 X 的点. 于是 $\rho(x, y) = 0$ 蕴含 $x = y$, 即 ρ 为度量.

因为 $|\lambda_n| = 1$, 所以我们有

$$\rho(Tx, Ty) = \sum_{n=1}^{\infty} \frac{|\lambda_n f_n(x) - \lambda_n f_n(y)|}{2^n} = \rho(x, y).$$

于是 (X, ρ) 为等距的.

设 d 为 X 的原始度量, 以下说明 (X, d) 与 (X, ρ) 等价. 我们仅需证明恒同映射 $\mathrm{id}: (X, d) \to (X, \rho)$ 连续即可 (紧致空间到 Hausdorff 空间的连续双射是同胚).

对任意 $\varepsilon > 0$, 取 $N \in \mathbb{N}$, 使得 $\sum\limits_{n=N+1}^{\infty} \dfrac{2}{2^n} < \dfrac{\varepsilon}{2}$. 由于 f_n 连续, 所以存在 $\delta > 0$, 使得

$$d(x, y) < \delta \quad \Rightarrow \quad |f_n(x) - f_n(y)| < \frac{\varepsilon}{2}, \quad 1 \leqslant n \leqslant N.$$

于是, 我们有

$$d(x,y)<\delta \quad \Rightarrow \quad \rho(x,y)<\sum_{n=1}^{N}\frac{\varepsilon}{2^{n+1}}+\sum_{n=N+1}^{\infty}\frac{2}{2^n}<\frac{\varepsilon}{2}+\frac{\varepsilon}{2}=\varepsilon.$$

所以 id 连续. □

6.6.3 distal 性质与等度连续性

对于一个系统, 其中的任何两个点随着时间的推移, 它们要么会在许多时候变得越来越接近, 要么将永远保持着一定的距离. 下面我们在数学上准确地给出该描述.

定义 6.6.5 设 (X,T) 为动力系统, d 为 X 上的度量. 两点 $x,y\in X$ 称为 **proximal**, 若 $\liminf\limits_{n\to+\infty} d(T^nx,T^ny)=0$; 又若点对满足 $\lim\limits_{n\to+\infty} d(T^nx,T^ny)=0$, 则称之为**渐近的** (asymptotic).

两点 $x,y\in X$ 如果不是 proximal, 那么就称为 **distal**. 对于一个系统, 如果其中任何两个不同的点都是 distal, 就称之为 **distal 系统**.

distal 这个词是由 Gottschalk 引入的, 但是这个概念最早是由 Hilbert 在试图给刚性群一个拓扑刻画时提出的. 从定义我们容易推导出等度连续系统一定是 distal. 一个简单的 distal 非等度连续的例子是圆盘上的不等速旋转. 设 D 为平面上的单位圆盘, 我们在平面上取极坐标 (r,θ). 定义 $T:D\to D$, $T(r,\theta)=(r,\theta+r)$, 则 (D,T) 为 distal 但不是等度连续的. 但是要举一个极小的 distal 但不是等度连续的例子要困难一些, Furstenberg[65] 给出了这样的例子, 并且他分析了两者的区别, 给出了极小 distal 系统的结构定理.

给定拓扑动力系统 $(X,T),(Y,S)$, 设 $\pi:X\to Y$ 为扩充. 扩充称为**等度连续的**, 若对任意 $\varepsilon>0$, 存在 $\delta>0$, 使得对满足 $\pi(x_1)=\pi(x_2)$ 及 $d(x_1,x_2)<\delta$ 的 x_1,x_2 成立 $d(T^nx_1,T^nx_2)<\varepsilon$ $(\forall n\in\mathbb{Z})$. 等度连续扩充也称为**等距扩充**.

下面是著名的 Furstenberg 极小 distal 系统结构定理.

定理 6.6.3 [65] 一个极小拓扑动力系统为 distal 当且仅当它为等度连续扩充的逆极限, 即有

$$\{pt\}\leftarrow X_0\xleftarrow{\pi_0}X_1\xleftarrow{\pi_1}X_2\xleftarrow{\pi_2}\cdots\xleftarrow{\pi_{n-1}}X_n\xleftarrow{\pi_n}X_{n+1}\xleftarrow{\pi_{n+1}}\cdots\longleftarrow X_\theta\xleftarrow{\pi_\theta}X,$$

其中 $\{pt\}$ 指平凡系统, 而每个 π_i 为等度连续扩充.

习　题

1. 证明命题 6.6.1.

2. 设

$$T:\mathbb{T}^2\to\mathbb{T}^2,\quad (x,y)\mapsto(x+\alpha,y+2x+\alpha),$$

其中 $\alpha\notin\mathbb{Q}$.

(1) 证明: $(\mathbb{T}^2, T)$ 为 distal 但不是等度连续的极小拓扑动力系统;

(2) 验证

$$T^n(0,0) = (n\alpha, n^2\alpha),$$

于是 $\{n^2\alpha\}_{n\in\mathbb{N}}$ 在 $\mathbb{T}$ 中稠密.

6.7 可扩同胚

在本节中, 我们介绍可扩同胚性.

6.7.1 可扩同胚的定义

定义 6.7.1 (可扩同胚) 设 (X,d) 为紧致度量空间, $T: X\to X$ 为同胚. 称 T 为**可扩**的 (expansive), 若存在 $\delta>0$, 使得对任何 $x\neq y\in X$, 都存在 $n\in\mathbb{Z}$, 满足 $d(T^nx, T^ny)>\delta$.

称满足上面条件的 δ 为 T 的**可扩常数**.

注记 6.7.1 我们将这个概念与初值敏感对比. 给定 $\varepsilon>0$, T 称为在点 x 处 **Lyapunov ε 不稳定的**, 若对 x 的任意邻域 U, 存在点 $y\in U$ 及 $n\geqslant 0$, 使得 $d(T^nx, T^ny)>\varepsilon$; T 称为在 x 处不稳定, 若存在 $\varepsilon>0$, 使得 T 在 x 处为 Lyapunov ε 不稳定的. 如果系统为处处不稳定的, 一般而言并不能保证存在一个 $\varepsilon>0$, 使得所有点都是 ε 不稳定的. 但对于传递系统, 这是能得到保证的, 即此时系统若为处处不稳定的, 则存在一个 $\varepsilon>0$, 使得所有点都是 ε 不稳定的. 这就是初值敏感的定义.

具体地讲, 称动力系统 (X,T) 具有初值敏感性, 若存在 $\epsilon>0$, 使得对任意 $\delta>0$ 和 $x\in X$, 我们都能找到 $y\in B(x,\delta)$ 和 $n\in\mathbb{N}$, 满足 $d(T^nx, T^ny)>\epsilon$.

1986 年 Devaney 以初值敏感性为核心定义了一类重要的混沌. Devaney 称系统 (X,T) 为混沌的, 如果它满足以下三条:

(1) (X,T) 是传递的;

(2) T 的周期点集在 X 中稠密;

(3) (X,T) 具有初值敏感性.

人们习惯把满足上述三条性质的系统称为 **Devaney 混沌的**. 可以证明传递的周期点稠密的非周期系统具有初值敏感性, 即我们有 (1) + (2) $\Rightarrow$ (3). 鉴于这些原因, 我们干脆将上面定义中的第二条舍弃, 而直接把满足第一个、第三个条件的系统称为混沌的. 准确地说, 我们称系统为 **Auslander-Yorke 混沌的**, 若它为初值敏感的传递系统. 例如, 任何非极小的 E 系统 (进而 M 系统) 为 Auslander-Yorke 混沌的.

6.7.2 生成子

设 X 为拓扑空间, $\mathcal{U}$ 和 $\mathcal{V}$ 为 X 的两个覆盖, $\mathcal{U}$ 和 $\mathcal{V}$ 的**交** $\mathcal{U}\vee\mathcal{V}$ 定义为

$$\mathcal{U}\vee\mathcal{V} = \{U\cap V : U\in\mathcal{U}, V\in\mathcal{V}\},$$

它仍为 X 的覆盖. 类似地, 我们可以定义至多可数个覆盖 $\{\mathcal{U}_n\}_n$ 的**交** $\bigvee_n \mathcal{U}_n$. 设 $T:X\to X$ 为同胚, $\mathcal{U}$ 为 X 的覆盖. 对于 $n\in\mathbb{Z}$, 定义

$$T^{-n}\mathcal{U}=\{T^{-n}U:U\in\mathcal{U}\}.$$

显然, $T^{-n}\mathcal{U}$ 仍为 X 的覆盖.

定义 6.7.2 (生成子) 设 X 为紧致度量空间, $T:X\to X$ 为同胚. X 的一个有限开覆盖 α 称为 T 的**生成子** (generator), 若对于任何 α 元素组成的序列 $\{A_n\}_{n=-\infty}^{\infty}$ (即 $A_n\in\alpha,\forall n\in\mathbb{Z}$), 有

$$\mathrm{Card}\left(\bigcap_{n=-\infty}^{\infty}T^{-n}\overline{A_n}\right)\leqslant 1.$$

如果上面的条件换为

$$\mathrm{Card}\left(\bigcap_{n=-\infty}^{\infty}T^{-n}A_n\right)\leqslant 1,$$

则称 α 为 T 的**弱生成子** (weak generator).

注记 6.7.2 设 $\alpha=\{A_1,A_2,\cdots,A_k\}$ 为 X 的有限开覆盖, 那么我们可以如下重新表述生成子的定义: 对于任何 $(a_n)_{n\in\mathbb{Z}}\in\{1,2,\cdots,k\}^{\mathbb{Z}}$, 有

$$\mathrm{Card}\left(\bigcap_{n=-\infty}^{\infty}T^{-n}\overline{A_{a_n}}\right)\leqslant 1.$$

类似可定义弱生成子.

设 $\overline{\alpha}=\{\overline{A_1},\cdots,\overline{A_k}\}$. 注意 $\bigvee_{n\in\mathbb{Z}}T^{-n}\overline{\alpha}$ 中的元素具有形式 $\bigcap_{n=-\infty}^{\infty}T^{-n}\overline{A_{a_n}}$. 所以 α 为生成子当且仅当 $\bigvee_{n\in\mathbb{Z}}T^{-n}\overline{\alpha}$ 中的元素为独点集或空集.

定理 6.7.1 设 X 为紧致度量空间, $T:X\to X$ 为同胚, 那么 T 具有生成子当且仅当它具有弱生成子.

证明 由定义, 生成子自然为弱生成子.

反之, 设 $\beta=\{B_1,\cdots,B_s\}$ 为 T 的弱生成子, δ 为 β 的 Lebesgue 数, $\alpha=\{A_1,\cdots,A_t\}$ 为 X 的开覆盖, 且 $\max\limits_{1\leqslant i\leqslant t}\mathrm{diam}\,\overline{A_i}\leqslant\delta$. 又设 $\{A_{a_n}\}_{n=-\infty}^{\infty}$ 为 α 元素序列, 其中 $(a_n)_n\in\{1,2,\cdots,t\}^{\mathbb{Z}}$, 那么对于任何 n, 存在 $b_n\in\{1,\cdots,s\}$, 使得 $\overline{A_{a_n}}\subseteq B_{b_n}$. 于是

$$\bigcap_{n=-\infty}^{\infty}T^{-n}\overline{A_{a_n}}\subseteq\bigcap_{n=-\infty}^{\infty}T^{-n}B_{b_n}.$$

特别有

$$\mathrm{Card}\left(\bigcap_{n=-\infty}^{\infty}T^{-n}\overline{A_{a_n}}\right)\leqslant\mathrm{Card}\left(\bigcap_{n=-\infty}^{\infty}T^{-n}B_{b_n}\right)\leqslant 1,$$

即 α 为生成子. □

定理 6.7.2 设 (X,d) 为紧致度量空间, $T:X\to X$ 为同胚, α 为生成子, 那么对于任何 $\varepsilon>0$, 存在 $N\in\mathbb{N}$, 使得

$$\operatorname{diam}\bigvee_{n=-N}^{N}T^{-n}\alpha\leqslant\varepsilon.$$

反之, 对于任何 $N>0$, 存在 $\varepsilon>0$, 使得 $d(x,y)<\varepsilon$ 蕴含

$$x,y\in\bigcap_{n=-N}^{N}T^{-n}A_n,$$

其中 $A_{-N},A_{-N+1},\cdots,A_N\in\alpha$.

证明 设 α 为生成子. 下证对于任何 $\varepsilon>0$, 存在 N, 使得

$$\operatorname{diam}\bigvee_{n=-N}^{N}T^{-n}\alpha\leqslant\varepsilon.$$

否则, 存在 $\varepsilon>0$, 使得对于任何 $j>0$, 存在 $x_j,y_j\in X$, $d(x_j,y_j)>\varepsilon$, 以及存在 $A_{j,i}\in\alpha,-j\leqslant i\leqslant j$, 使得

$$x_j,y_j\in\bigcap_{n=-j}^{j}T^{-i}A_{j,i}.$$

根据紧致性, 不妨设 $x_j\to x,y_j\to y,j\to\infty$ (否则取子列). 因为 $d(x_j,y_j)>\varepsilon$, 所以 $x\neq y$. 又 α 为有限的, 故 $A_{j,0}$ 有无穷个是相同的, 设为 $A_0\in\alpha$. 因为对于无穷多个 j, $x_j,y_j\in A_0$, 所以 $x,y\in\overline{A_0}$. 类似地, 对于任何 $n\in\mathbb{Z}$, 存在无穷多个 $A_{j,n}$ 是相同的, 设为 A_n. 同理, $x,y\in T^{-n}\overline{A_n}$. 于是

$$x,y\in\bigcap_{n=-\infty}^{\infty}T^{-n}\overline{A_n},$$

这与 α 为生成子矛盾.

下面证明: 对于任何 $N>0$, 存在 $\varepsilon>0$, 使得 $d(x,y)<\varepsilon$ 蕴含 $x,y\in\bigcap\limits_{n=-N}^{N}T^{-n}A_n$, 其中 $A_{-N},\cdots,A_N\in\alpha$. 取 $\delta>0$ 为 α 的 Lebesgue 数. 再取 $\varepsilon>0$, 使得 $d(x,y)<\varepsilon$ 蕴含 $d(T^ix,T^iy)<\delta$ $(-N\leqslant i\leqslant N)$. 于是, 如果 $d(x,y)<\varepsilon$, 那么对于任何 $-N\leqslant i\leqslant N$, 存在 $A_i\in\alpha$, 使得 $T^ix,T^iy\in A_i$. 由此得

$$x,y\in\bigcap_{n=-N}^{N}T^{-n}A_n.$$

定理证毕. □

6.7.3 可扩性与生成子

定理 6.7.3 (Reddy-Keynes-Robertson 定理) 设 (X,d) 为紧致度量空间, $T:X\to X$ 为同胚, 那么 T 为可扩的当且仅当 T 具有生成子, 当且仅当 T 具有弱生成子.

证明 根据定理 6.7.1, 我们知道 T 具有生成子当且仅当 T 具有弱生成子. 下面证明它们等价于可扩性.

设 T 为可扩同胚, δ 为其可扩系数, α 为任何直径小于 δ 的有限开覆盖. 又设

$$x, y \in \bigcap_{n=-\infty}^{\infty} T^{-n}\overline{A_n}, \quad A_n \in \alpha,$$

则

$$d(T^n x, T^n y) \leqslant \delta, \quad \forall n \in \mathbb{Z}.$$

根据可扩性的定义, 可知 $x = y$. 于是 α 为生成子.

反之, 设 α 为弱生成子, δ 为它的 Lebesgue 数. 如果对于任何 $n \in \mathbb{Z}$, 有 $d(T^n x, T^n y) \leqslant \delta$, 那么我们需要证明 $x = y$. 对于任何 $n \in \mathbb{Z}$, 因为 $d(T^n x, T^n y) \leqslant \delta$, 所以存在 $A_n \in \alpha$, 使得 $T^n x, T^n y \in A_n$. 于是

$$x, y \in \bigcap_{n=-\infty}^{\infty} T^{-n} A_n.$$

因为 α 为弱生成子, 所以 $x = y$, 即 T 为可扩的. □

注记 6.7.3 (1) 根据定理 6.7.3, 可扩性不依赖于空间的度量选取, 但是可扩常数会依赖于度量的选取.

(2) 对于任何 $k \neq 0$, T 可扩当且仅当 T^k 可扩. 设 α 为 T 的生成子, 那么 $\alpha \vee T^{-1}\alpha \vee \cdots \vee T^{-(k-1)}\alpha$ 为 T^k 的生成子; 反之显然.

(3) 可扩性是同构不变性质.

(4) 可扩系统的子系统也是可扩的.

(5) 有限个可扩系统的乘积仍然为可扩的, 但是无穷个可扩系统的乘积不一定为可扩的.

注记 6.7.4 对于连续映射 $T: X \to X$, 我们也可以定义可扩性: 称 T 为**正向可扩**的, 若存在 $\delta > 0$, 使得对于任何 $x \neq y \in X$, 存在 $n \in \mathbb{Z}_+$, 满足 $d(T^n x, T^n y) > \delta$.

6.7.4 扩充同胚与符号扩充

例 6.7.1 (可扩系统的因子不一定可扩的例子 1) 设 $\mathbb{T}^2$ 为二维环面, 在 $\mathbb{T}^2 = \mathbb{R}^2/\mathbb{Z}^2$ 上定义等价关系:

$$(x, y) + \mathbb{Z}^2 \sim (-x, -y) + \mathbb{Z}^2.$$

于是得到商空间为 $\mathbb{S}^2 = \mathbb{T}^2/\sim$. 设

$$\phi: \mathbb{T}^2 \to \mathbb{S}^2$$

为商映射. 注意 ϕ 在四个点 $(1,1), (1,-1), (-1,1), (-1,-1)$ 外为二对一的.

设 $A: \mathbb{T}^2 \to \mathbb{T}^2$ 为连续自同构. 易见通过 ϕ 它诱导了 $\mathbb{S}^2$ 上的同胚, 记为 $T: \mathbb{S}^2 \to \mathbb{S}^2$. 根据定义, $(\mathbb{S}^2, T)$ 为 $(\mathbb{T}^2, A)$ 的因子. 下面说明如果矩阵 $[A]$ 没有绝对值等于 1 的特征值, 那么 A 为可扩的, 但是 T 不是. 与之前一样, 我们设 $\widetilde{A}: \mathbb{R}^2 \to \mathbb{R}^2$ 为 $[A]$ 对应的线性映射.

设矩阵 $[A]$ 没有绝对值等于 1 的特征值, 那么它有两个特征值 $\lambda_{\mathrm{s}}, \lambda_{\mathrm{u}}$. 因为 $|\det[A]| = 1$, 所以可设

$$|\lambda_{\mathrm{s}}| < 1, \quad |\lambda_{\mathrm{u}}| > 1.$$

此处 s 指"stable", 而 u 指"unstable". 设 V_{s} 和 V_{u} 分别为 λ_{s} 和 λ_{u} 对应的特征空间. 对于 $\varepsilon > 0$, 取点 $(x, y) \in B_\varepsilon(0,0)$. 考虑过 (x, y)、以 $(0,0)$ 为中心、边平行于 V_{s} 和 V_{u} 的平行四边形. 设它的四个顶点为

$$P_1(x,y),\ P_2(u,v),\ P_3(-x,-y),\ P_4(-u,-v),$$

这里 $\overline{P_1P_2}, \overline{P_3P_4}$ 平行于 V_u, $\overline{P_1P_4}, \overline{P_2P_4}$ 平行于 V_s, 则四个顶点, 以及整个平行四边形包含在球 $B_{c\varepsilon}(0,0)$ 中, 其中 c 为仅依赖于 $V_{\mathrm{s}}, V_{\mathrm{u}}$ 斜率的常数.

注意到 $(u,v)-(x,y) \in V_{\mathrm{u}}$, 所以

$$\|\widetilde{A}^n(x,y) - \widetilde{A}^n(u,v)\| = \lambda_{\mathrm{u}}^n \|(x,y)-(u,v)\|, \quad n \leqslant 0.$$

因为 $(-u,-v)-(x,y) \in V_{\mathrm{s}}$, 所以

$$\|\widetilde{A}^n(x,y) - \widetilde{A}^n(-u,-v)\| = \lambda_{\mathrm{s}}^n \|(x,y)-(-u,-v)\|, \quad n \geqslant 0.$$

其中 $\|\cdot\|$ 为 $\mathbb{R}^2$ 的模. 设 d 为环面上由 $\|\cdot\|$ 诱导的度量, 那么我们得到

$$\begin{aligned} &d(A^n(x,y), A^n(u,v)) < 2c\varepsilon, \quad \forall n \leqslant 0,\\ &d(A^n(x,y), A^n(-u,-v)) < 2c\varepsilon, \quad \forall n \geqslant 0. \end{aligned}$$

如果 $(\mathbb{S}^2, T)$ 有生成子 $\gamma = \{C_1, \cdots, C_k\}$, 那么 $\phi^{-1}\gamma$ 具有性质: 任何形如

$$\bigcap_{n=-\infty}^{\infty} A^{-n}\phi^{-1}\overline{C_{a_n}}$$

的子集至多包含一个等价类. 取 ε 充分小, 使得 $c\varepsilon$ 为覆盖 $\phi^{-1}\gamma$ 的 Lebesgue 数. 根据上面的分析, 我们知道存在某个形如

$$\bigcap_{n=-\infty}^{\infty} A^{-n}\phi^{-1}\overline{C_{a_n}}$$

的子集同时包含 (x,y) 和 (u,v) 的等价类. 但是上面两个事实是矛盾的.

所以 $(\mathbb{S}^2, T)$ 不可扩.

例 6.7.2 (可扩系统的因子不一定可扩的例子 2) 设 $T: \mathbb{S}^1 \to \mathbb{S}^1, z \mapsto az$ 为无理旋转, 即 a 非单位根. 对于 $x, y \in \mathbb{S}^1$, 我们用 $\overrightarrow{[x,y]}$ 表示从 x 出发逆时针到 y 的弧. 设

$$A_0 = \{z = \mathrm{e}^{2\pi \mathrm{i}x} : 1/2 \leqslant x \leqslant 1\}, \quad A_0 = \{z = \mathrm{e}^{2\pi \mathrm{i}x} : 0 \leqslant x \leqslant 1/2\},$$

即 $A_0 = \overrightarrow{[-1,1]}$ 和 $A_1 = \overrightarrow{[1,-1]}$ 分别为下、上半闭圆周. 令

$$Y = \mathbb{S}^1 \setminus \{a^n, -a^n : n \in \mathbb{Z}\}.$$

定义

$$\psi : Y \to \Sigma_2 = \{0,1\}^{\mathbb{Z}}, \quad z \mapsto (a_n)_{n\in\mathbb{Z}},$$

其中 $(a_n)_{n\in\mathbb{Z}}$ 由下式定义:

$$T^n z \in A_{a_n}.$$

设 $\Lambda = \psi(Y)$, 我们要证明 ψ 为单射, 并且其逆可以扩充为连续映射

$$\phi : \overline{\Lambda} \to \mathbb{S}^1.$$

为此我们证明: 对于任何 $\varepsilon > 0$, 存在 $N \in \mathbb{N}$, 使得如果 $x, y \in Y$, 并且 $(\psi(x))_n = (\psi(y))_n$ $(\forall |n| \leqslant N)$, 那么 $d(x,y) < \varepsilon$, 即 ψ^{-1} 为一致连续的.

设 $\varepsilon > 0$. 取 $N \in \mathbb{N}$, 使得 $\{a^n : |n| \leqslant N\}$ 为 $\mathbb{S}^1$ 的 $\varepsilon/2$ 网. 设 $x, y \in Y$, 并且 $(\psi(x))_n = (\psi(y))_n$ $(\forall |n| \leqslant N)$. 根据条件, 对于 $|n| \leqslant N$, $T^n x = a^n x$ 与 $T^n y = a^n y$ 都在 A_0 中, 或者都在 A_1 中. 这就排除了 $y = -x$ 的可能性. 假设 y 到 x 逆时针方向弧长小于顺时针方向弧长. 由于 $\{a^n : |n| \leqslant N\}$ 为 $\mathbb{S}^1$ 的 $\varepsilon/2$ 网, 故存在某个 $|n| \leqslant N$, 使得 $a^n x$ 位于从 1 出发逆时针方向长为 ε 的开弧内. 此时, $a^n x \in A_1$. 于是, 根据我们的假设, $a^n y \in A_1$, 并且 y 在 1 和 $a^n x$ 之间, 即 $y \in \overrightarrow{[1, a^n x]}$. 所以 $d(a^n x, a^n y) < \varepsilon$, 从而 $d(x,y) < \varepsilon$.

综上, 我们可以将 $\psi^{-1} : \Lambda \to \mathbb{S}^1$ 扩充为连续映射

$$\phi : \overline{\Lambda} \to \mathbb{S}^1.$$

容易验证 ϕ 为因子映射. 根据后面的例 6.7.3(3), 符号系统一定为可扩的, 而等度连续系统一定不是可扩的. 于是 $(\overline{\Lambda}, \sigma)$ 为可扩的, 但是其因子 $(\mathbb{S}^1, T)$ 不是可扩的.

定理 6.7.4 设 (X,d) 为紧致度量空间, $T : X \to X$ 为可扩同胚, δ 为可扩常数, $\gamma = \{C_1, \cdots, C_r\}$ 为 X 的任何直径小于 δ 的有限覆盖 (即 $\operatorname{diam}\gamma < \delta$), 那么

$$\operatorname{diam} \bigvee_{j=-n}^{n} T^{-j}\gamma \to 0, \quad n \to \infty.$$

证明 如果结论不成立, 那么存在 $\varepsilon_0 > 0$、序列 $\{n_i\}_{i\in\mathbb{N}} \subseteq \mathbb{N}$, 以及 $x_i, y_i \in X$, 使得 $d(x_i, y_i) \geqslant \varepsilon_0$, 且

$$x_i, y_i \in \bigcap_{j=-n_i}^{n_i} T^{-j} C_{i,j},$$

其中 $C_{i,j} \in \gamma$.

不妨设 $x_i \to x, y_i \to y, i \to \infty$ (否则取子列). 由于 $d(x_i, y_i) \geqslant \varepsilon_0$, 所以 $d(x,y) \geqslant \varepsilon_0$. 因为 γ 有限, 所以有无穷多个 $C_{i,0}$ 取到同一个元素 γ, 记为 C_{i_0}. 因为对于无穷多个 i, $x_i, y_i \in C_{i_0}$, 所以 $x, y \in \overline{C_{i_0}}$. 类似地, 无穷多个 $C_{i,j}$ 取到同一个元素 γ, 记为 C_{i_j}. 因为对于无穷多个 i, $x_i, y_i \in T^{-j} C_{i_j}$, 所以 $x, y \in T^{-j}\overline{C_{i_j}}$. 由于 $\operatorname{diam}\gamma < \delta$, $d(T^j x, T^j y) \leqslant \delta$ $(\forall j \in \mathbb{Z})$, 根据可扩性得 $x = y$. 这与 $d(x,y) \geqslant \varepsilon_0$ 矛盾. □

类似于例 6.7.2的证明, 可以证明任何可扩同胚都有符号扩充.

定理 6.7.5　设 (X,d) 为紧致度量空间, $T:X\to X$ 为可扩同胚, 那么存在 $k\in\mathbb{N}$ 及子转移系统 $\Omega\subseteq\Sigma_k$, 使得 (Ω,σ) 为 (X,T) 的扩充.

证明　设 δ 为 T 的可扩常数. 我们首先构造一个覆盖 $\gamma=\{C_1,\cdots,C_{k-1}\}$ 满足:

(1) $\operatorname{diam}\gamma<\delta$;

(2) $C_i\cap C_j=\partial C_i\cap\partial C_j, i\neq j, i,j\in\{1,2,\cdots,k-1\}$;

(3) $\bigcup\limits_{i=0}^{k-1}\partial C_i$ 的内部为空的.

为此, 我们先取一个半径为 $\delta/3$ 的开球覆盖 $\{B_0,B_1,\cdots,B_{k-1}\}$, 然后再改造成所需. 设 $C_0=\overline{B_0}$. 对于 $n>0$, 令

$$C_n=\overline{B_n}\setminus(B_0\cup\cdots\cup B_{n-1}).$$

于是对于 $i<j$, 我们有

$$\begin{aligned}C_i\cap C_j&=\partial C_j\cap C_i\quad(\text{因为 }\operatorname{int}(C_j)=B_j\setminus\overline{(B_0\cup\cdots\cup B_{j-1})})\\&=\partial C_j\cap\partial C_i\quad(\text{因为 }\partial C_j\cap\operatorname{int}(C_i)\subseteq B_i\setminus(B_0\cup\cdots\cup B_{j-1})=\emptyset).\end{aligned}$$

根据 $\bigcup\limits_{i=0}^{k-1}\partial C_i\subseteq\bigcup\limits_{i=0}^{k-1}\partial B_i$, 知道其内部为空.

设 $D=\bigcup\limits_{i=0}^{k-1}\partial C_i$, $D_\infty=\bigcup\limits_{n\in\mathbb{Z}}T^nD$, $Y=X\setminus D_\infty$. 定义

$$\psi:Y\to\Sigma_k=\{0,1,\cdots,k-1\}^{\mathbb{Z}},\quad z\mapsto(a_n)_{n\in\mathbb{Z}},$$

其中 $(a_n)_{n\in\mathbb{Z}}$ 由下式定义:

$$T^nz\in A_{a_n}.$$

设 $\Lambda=\psi(Y)$, 我们要证明 ψ 为单射, 并且其逆可以扩充为连续映射

$$\phi:\overline{\Lambda}\to X.$$

为此, 我们证明: 对于任何 $\varepsilon>0$, 存在 $N\in\mathbb{N}$, 使得如果 $x,y\in Y$, 并且 $(\psi(x))_n=(\psi(y))_n\ (\forall|n|\leqslant N)$, 那么 $d(x,y)<\varepsilon$, 即 ψ^{-1} 为一致连续的.

设 $\varepsilon>0$. 由定理 6.7.4, 取 $N\in\mathbb{N}$, 使得 $\operatorname{diam}\bigvee\limits_{j=-n}^{n}T^{-j}\gamma<\varepsilon$. 如果 $x,y\in Y$, 并且 $(\psi(x))_n=(\psi(y))_n\ (\forall|n|\leqslant N)$, 那么 x,y 在 $\bigvee\limits_{j=-n}^{n}T^{-j}\gamma$ 同一元素中, 特别有 $d(x,y)<\varepsilon$.

所以 ψ^{-1} 为一致连续的. 我们可以将 $\psi^{-1}:\Lambda\to X$ 扩充为连续映射 $\phi:\overline{\Lambda}\to X$. 因为 $X\setminus D_\infty$ 稠密, 所以 ϕ 为满射. 容易验证 ϕ 为因子映射. 证毕. □

6.7.5　可扩同胚的例子

例 6.7.3　(1) 除非为有限个点, 等度连续系统不是可扩的.

(2) 设 $A:\mathbb{T}^n\to\mathbb{T}^n$ 为自同构, $[A]$ 为对应的矩阵. A 为可扩的当且仅当 $[A]$ 没有模为 1 的特征值.

(3) 任何符号子转移系统 (X,σ) 为可扩的. 设 $X\subseteq\Sigma_k$ $(k\geqslant 2)$. 因为

$$\alpha=\{{}_0[i]_0\cap X : i\in\{0,1,\cdots,k-1\}\}$$

为生成子, 所以 (X,σ) 可扩.

注记 6.7.5 一个重要的问题是: 什么样的拓扑空间一定存在可扩同胚?

容易证明: 在紧致一维流形上不存在可扩同胚. 于是, 任何带边紧致曲面上没有可扩同胚. O'Brien 与 Reddy (1970) 证明了任何具有正亏格的可定向曲面上存在可扩同胚[166]. 一个重要的结果是, Hiraide (1990) [103] 和 Lewowicz (1989) [154] 独立证明了在一个闭曲面上, 任何可扩同胚共轭于伪 Anosov 映射, 于是在二维球面、射影平面以及 Klein 瓶上不存在可扩同胚. 对于高维流形, 情况更为复杂, 目前只有部分成果.

定理 6.7.6 设 (X,d) 为紧致度量空间, $T:X\to X$ 为可扩同胚, 那么对于任何 $p\in\mathbb{N}$,

$$|\mathrm{Fix}(X,T^p)|<\infty.$$

证明 设 $\delta>0$ 为 T^p 的可扩常数, $T^px=x, T^py=y$, 那么 $x=y$ 或 $d(x,y)>\delta$. 于是

$$|\mathrm{Fix}(X,T^p)|<\infty.$$

证毕. □

定理 6.7.7 闭区间上不存在可扩同胚.

证明 设 $I=[0,1]$, $T:I\to I$ 为同胚. 于是

$$T(0)=0,\quad T(1)=1,\quad 或\quad T(0)=1,\quad T(1)=0.$$

无论何种情况, 我们总是有

$$T^2(0)=0,\quad T^2(1)=1.$$

所以 T^2 为保向同胚.

(1) 设 T^2 除了 $0,1$ 外没有不动点, 那么对于任何 $x\in I$,

$$T^{2n}x\to 1\ (n\to\infty),\quad T^{2n}x\to 0\ (n\to-\infty).$$

于是, 任何子区间都收缩地趋向端点, T^2 不可能为可扩的.

(2) 根据定理 6.7.6, 如果 T^2 为可扩的, 那么它只有有限个不动点. 设 x_1,x_2 为其中任何两个相邻的不动点. 那么 T^2 将区间 $[x_1,x_2]$ 映为 $[x_1,x_2]$, 并且其中除了端点外没有不动点, 于是归结到情况 (1), T^2 不为可扩的.

综上, T 不为可扩的. □

定理 6.7.8 圆周 $\mathbb{S}^1$ 上不存在可扩同胚.

证明 设 $T:\mathbb{S}^1\to\mathbb{S}^1$ 为同胚, 则它为保向同胚, 否则研究 T^2 即可.

情况 (1): $\mathrm{Per}(T)\neq\emptyset$.

此时, 存在 $p \in \mathbb{N}$, 使得 $\mathrm{Fix}(T^p) \neq \emptyset$. 取 $w_1 \in \mathrm{Fix}(T^p)$. 如果 T 为可扩的, 那么根据定理 6.7.6, $|\mathrm{Fix}(T^p)| < \infty$. 设 w_2 为从 w_1 出发逆时针方向上出现的 T^p 的第一个不动点 (当然可能出现 $w_2 = w_1$ 的情况). 因为 T^p 保向, 所以

$$T^p : \overrightarrow{[w_1, w_2]} \to \overrightarrow{[w_1, w_2]}$$

为区间自映射, 其中 $\overrightarrow{[w_1, w_2]}$ 为从 w_1 出发逆时针方向到 w_2 的弧. 根据定理 6.7.7, T^p 不是可扩的, 进而 T 不是可扩的.

情况 (2): $\mathrm{Per}(T) = \emptyset$.

此时, 根据后面的定理 7.4.3, 存在因子映射 $\phi : (\mathbb{S}^1, T) \to (\mathbb{S}^1, S)$(图 6.5), 其中 S 为无理旋转. 对于任何点 $w \in \mathbb{S}^1$, $\phi^{-1}(w)$ 要么为独点集, 要么为闭区间.

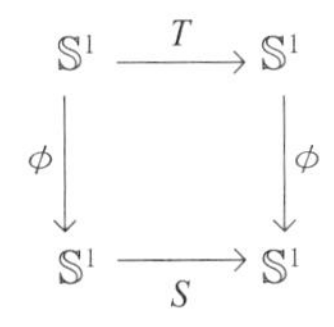

$$\begin{array}{ccc} \mathbb{S}^1 & \xrightarrow{T} & \mathbb{S}^1 \\ \downarrow{\scriptstyle\phi} & & \downarrow{\scriptstyle\phi} \\ \mathbb{S}^1 & \xrightarrow[S]{} & \mathbb{S}^1 \end{array}$$

图 6.5

因为 $(\mathbb{S}^1, S)$ 为无理旋转, 所以 S 不是可扩的. 如果对于任何 $w \in \mathbb{S}^1$, $\phi^{-1}(w)$ 为独点集, 那么 ϕ 为同胚. 于是 T, S 为同构, T 也不可扩. 如果存在点 w_0, 使得 $\phi^{-1}(w_0)$ 为非平凡闭区间, 那么易见

$$\{T^{-n}(\phi^{-1}(w_0)) : n \in \mathbb{Z}\}$$

为 $\mathbb{S}^1$ 的互不相交的闭区间列. 任取 $\delta > 0$, 则存在 N, 使得对于任何 $|n| \geqslant N, T^{-n}(\phi^{-1}(w_0))$ 的长度小于 δ. 在区间 $\phi^{-1}(w_0)$ 中取点 z_1, z_2, $z_1 \neq z_2$, 满足

$$d(T^n z_1, T^n z_2) < \delta, \quad \forall |n| \leqslant N.$$

由此得到

$$d(T^n z_1, T^n z_2) < \delta, \quad \forall n \in \mathbb{Z}.$$

所以 δ 不可能为 T 的可扩常数. 因为 δ 是任何正实数, 所以 T 不可扩. □

习　　题

1. 设 (X, T) 为拓扑动力系统. 证明: 如果 (X, T) 是传递的, 并且 T 的周期点集在 X 中稠密, 那么 (X, T) 具有初值敏感性.

6.8　注　　记

拓扑动力系统有许多非常优秀的专著, 例如文献 [3-4, 9, 60, 68, 77, 89, 201, 211, 221] 等. 本章内容主要参考了笔者的专著[219], 可扩同胚的内容来自[207]. 关于可扩同胚, 还可参见文献 [6, 161, 220] 等. 替换系统是非常重要的一类符号系统, 系统研究可参见文献 [61, 174].

第 7 章　拓扑动力系统的不变测度

本章主要介绍拓扑动力系统的不变测度. 我们将看到对于任何拓扑动力系统, 总是可以找到不变测度使得它成为一个保测系统. 反之, 对于任何保测系统, 也可以建立适当的拓扑模型而不影响其测度结构. 本章的目的之一就是阐述拓扑动系统与保测系统的相互关系.

在 7.1 节中, 我们回顾测度论的一些基本知识; 在 7.2 节中, 我们说明对于任何拓扑动力系统, 总是可以找到相对于其 Borel σ 代数的不变测度, 即总是可以将拓扑动力系统视为某个不变测度下的保测系统; 在 7.3 节和 7.4 节中, 我们介绍通用点与支撑、唯一遍历等, 并且给出一些数论中的应用. 最后, 我们简单介绍拓扑模型理论, 说明保测系统也可以视为拓扑动力系统.

7.1　测度空间的一些基本性质

设 (X,d) 是一个度量空间, 我们总是以 $\mathcal{B}(X)$ 记其上的 Borel σ 代数. 又记 $(X,\mathcal{B}(X))$ 上全体 Borel 概率测度构成的集合为 $\mathcal{M}(X)$. 注意, 对于 $\mu,\nu\in\mathcal{M}(X)$, μ 与 ν 相等 (记为 $\mu=\nu$), 若对任意 $B\in\mathcal{B}(X)$, $\mu(B)=\nu(B)$. 在本节中, 我们将赋予 $\mathcal{M}(X)$ 适当的拓扑, 使它成为紧致度量空间.

7.1.1　测度的正则性

命题 7.1.1　设 X 为度量空间, 则 $\mu\in\mathcal{M}(X)$ 为正则的, 即对任意 $B\in\mathcal{B}(X)$ 和 $\varepsilon>0$, 存在开集 U 和闭集 C, 使得

$$C\subseteq B\subseteq U,\quad \mu(U\setminus C)<\varepsilon.$$

证明　令 $\mathcal{A}=\{B\in\mathcal{B}(X):$ 对任意$\varepsilon>0$, 存在开集 U 和闭集 C, 使得 $C\subseteq B\subseteq U,\ \mu(U\setminus C)<\varepsilon\}$.

我们先验证 $\mathcal{A}$ 是一个 σ 代数.

(1) 显然, $\emptyset, X\in\mathcal{A}$.

(2) 设 $B\in\mathcal{A}$. 对任意 $\varepsilon>0$, 存在开集 U 和闭集 C, 使得 $C\subseteq B\subseteq U$ 且 $\mu(U\setminus C)<\varepsilon$. 于是 $X\setminus U\subseteq X\setminus B\subseteq X\setminus C$, $\mu((X\setminus C)\setminus(X\setminus U))=\mu(U\setminus C)$. 由于 $X\setminus U$ 是闭的且 $X\setminus C$ 是开的, 故 $X\setminus B\in\mathcal{A}$.

(3) 设 $B_n \in \mathcal{A}$ $(n \geqslant 1)$. 对任意 $\varepsilon > 0$, 存在开集 U_n 和闭集 C_n, 使得 $C_n \subseteq B_n \subseteq U_n$ 且 $\mu(U_n \setminus C_n) < \varepsilon/2^{n+1}$. 令 $U = \bigcup\limits_{n=1}^{\infty} U_n$, $C_0 = \bigcup\limits_{n=1}^{\infty} C_n$, 则 $C_0 \subseteq \bigcup\limits_{n=1}^{\infty} B_n \subseteq U$,

$$\mu(U \setminus C_0) \leqslant \sum_{n=1}^{\infty} \mu(U_n \setminus C_n) < \frac{\varepsilon}{2}.$$

$\{U \setminus \bigcup\limits_{n=1}^{m} C_n\}_{m=1}^{\infty}$ 单调递减且收敛到 $U \setminus C_0$. 故存在 $m \in \mathbb{N}$, 使得

$$\mu\left(U \setminus \bigcup_{n=1}^{m} C_n\right) - \mu(U \setminus C_0) < \frac{\varepsilon}{2}.$$

令 $C = \bigcup\limits_{n=1}^{m} C_n$. 则 U 是开的, C 是闭的, 且满足 $C \subseteq \bigcup\limits_{n=1}^{\infty} B_n \subseteq U$, $\mu(U \setminus C) < \varepsilon$. 因此 $\bigcup\limits_{n=1}^{\infty} B_n \in \mathcal{A}$. 这证明了 $\mathcal{A}$ 是一个 σ 代数.

要证 $\mathcal{A} = \mathcal{B}(X)$, 只需要证明 $\mathcal{A}$ 包含所有非空闭集. 设 A 是一个非空闭集. 对任意 $n \in \mathbb{N}$, 令

$$V_n = B_{1/n}(A) = \{x \in X : d(x, A) < 1/n\}.$$

易见 $\{V_n\}_{n=1}^{\infty}$ 是一列单调下降的开集列, 并收敛到 A. 于是 $\lim\limits_{n\to\infty} \mu(V_n \setminus A) = 0$. 故 $A \in \mathcal{A}$. 这就完成了整个证明. □

根据上面的结论, 我们有如下推论:

推论 7.1.1 设 X 为度量空间, 则对于任何 $\mu \in \mathcal{M}(X)$ 和 $B \in \mathcal{B}(X)$, 有

$$\begin{aligned}\mu(B) &= \sup\{\mu(C) : C \subseteq B,\ C \text{ 是 } X \text{ 的闭子集}\} \\ &= \inf\{\mu(U) : B \subseteq U,\ U \text{ 是 } X \text{ 的开子集}\}.\end{aligned}$$

下面简单的命题提供了一个判定两个测度是否一样的方法. 其证明根据 Riesz 表示定理即得, 这里我们给出一个直接的证明.

命题 7.1.2 设 X 为度量空间, $\mu, \nu \in \mathcal{M}(X)$, 则 $\mu = \nu$ 当且仅当对任意 $f \in C(X)$,

$$\int_X f \mathrm{d}\mu = \int_X f \mathrm{d}\nu.$$

证明 $(\Rightarrow)$ 结论是显然的.

$(\Leftarrow)$ 由推论 7.1.1, 我们只需证明: 对 X 中任意一个非空闭集 A, 有 $\mu(A) = \nu(A)$. 设 A 是一个非空闭集. 对任意 $n \in \mathbb{N}$, 令

$$V_n = \{x \in X : d(x, A) < 1/n\}, \quad f_n(x) = \frac{d(x, X \setminus V_n)}{d(x, A) + d(x, X \setminus V_n)},$$

则 f_n 连续, $0 \leqslant f_n(x) \leqslant 1$, 且对任意 $x \in A$ 有 $f_n(x) = 1$, 对任意 $x \in X \setminus V_n$ 有 $f_n(x) = 0$. 于是

$$\mu(A) \leqslant \int_X f_n \mathrm{d}\mu \leqslant \mu(V_n), \quad \nu(A) \leqslant \int_X f_n \mathrm{d}\nu \leqslant \nu(V_n).$$

由于 $\{V_n\}_{n=1}^{\infty}$ 单调下降且收敛到 A, 所以

$$\begin{aligned}\mu(A) &= \lim_{n\to\infty}\mu(V_n) = \lim_{n\to\infty}\int_X f_n\mathrm{d}\mu = \lim_{n\to\infty}\int_X f_n\mathrm{d}\nu \\ &= \lim_{n\to\infty}\nu(V_n) = \nu(A).\end{aligned}$$

证毕. □

7.1.2 $\mathcal{M}(X)$ 的拓扑

X 上全体连续复值函数的集合 $C(X)$ 按函数的加法和数乘构成一个线性空间. 对 $f\in C(X)$, 定义

$$\|f\|_{\sup} = \sup_{x\in X}|f(x)|,$$

则 $(C(X), \|\cdot\|_{\sup})$ 构成一个 Banach 空间. 由于 X 是一个紧致度量空间, 故 $C(X)$ 是可分的.

$C(X)$ 的对偶空间 $C(X)^*$ 由 $C(X)$ 的所有连续线性泛函 $L: C(X)\to\mathbb{C}$ 组成. $C(X)^*$ 上的弱 * 拓扑是使得所有由 $C(X)$ 的中元素 f 诱导的线性算子, 即 $C(X)^*\to\mathbb{C}$, $L\mapsto L(f)$ 都连续的最小拓扑.

如果 $f\geqslant 0$ 蕴含 $L(f)\geqslant 0$, 则称线性泛函 $L: C(X)\to\mathbb{C}$ 是正的. 记

$$C(X)_1^* = \{L\in C(X)^* : L \text{ 是正的且 } L(1)=1\}.$$

容易验证, 对于 $L\in C(X)_1^*$, 有

$$\|L\| = \sup\{|L(f)| : \|f\|_{\sup}=1\} = 1.$$

所以 $C(X)_1^*$ 是 $C(X)^*$ 单位球面上的一个凸子空间.

定理 7.1.1 (Riesz 表示定理) 设 X 为紧致度量空间, 则

$$\varPhi: \mathcal{M}(X)\to C(X)_1^*, \quad \mu\mapsto L_\mu$$

是一个既单又满的仿射, 其中

$$L_\mu(f) = \int_X f\mathrm{d}\mu, \quad \forall f\in C(X).$$

由上面的定理, 可以把 $C(X)^*$ 上的拓扑诱导到 $\mathcal{M}(X)$ 上, 称此拓扑为 $\mathcal{M}(X)$ 上的弱* 拓扑, 即 $\mathcal{M}(X)$ 上的弱 * 拓扑是, 使得对任意 $f\in C(X)$, 映射

$$\mathcal{M}(X)\to\mathbb{C}, \quad \mu\mapsto\int_X f\mathrm{d}\mu$$

都连续的最小拓扑. 设 $\mu_i, \mu\in\mathcal{M}(X), i\in\mathbb{N}$, 那么在弱 * 拓扑下, 有

$$\lim_{i\to\infty}\mu_i = \mu \quad \Leftrightarrow \quad \lim_{i\to\infty}\int_X f\mathrm{d}\mu_i = \int_X f\mathrm{d}\mu, \ \forall f\in C(X).$$

若赋予 $\mathcal{M}(X)$ 弱 * 拓扑, 则容易证明

命题 7.1.3　设 X 为紧致度量空间, 那么 $\varphi: X \to \mathcal{M}(X)$, $x \mapsto \delta_x$ 是一个拓扑嵌入.

$\mathcal{M}(X)$ 上弱 * 拓扑的一个拓扑基可由如下形式的集合给出:

$$V_\mu(f_1, \cdots, f_k, \varepsilon) = \left\{\nu \in \mathcal{M}(X) : \left|\int_X f_i \mathrm{d}\mu - \int_X f_i \mathrm{d}\nu\right| < \varepsilon, i = 1, \cdots, k\right\},$$

其中 $\mu \in \mathcal{M}(X)$, $\varepsilon > 0$, $f_i \in C(X)$ $(i = 1, \cdots, k)$, $k \in \mathbb{N}$.

定理 7.1.2　设 X 为紧致度量空间, 那么 $\mathcal{M}(X)$ 在弱 * 拓扑下是一个紧致可度量化空间.

它的一个相容度量定义为

$$P(\mu, \nu) = \sum_{n=1}^{\infty} \frac{1}{2^n \|f_n\|_{\sup}} \left|\int_X f_n \mathrm{d}\mu - \int_X f_n \mathrm{d}\nu\right|,$$

其中 $\{f_n\}_{n=1}^{\infty}$ 是 $C(X)$ 中一列稠密的非零函数列.

证明　容易验证 $P(\cdot, \cdot)$ 是 $\mathcal{M}(X)$ 上的一个度量. 下面证明拓扑相容性. 设 $\mu \in \mathcal{M}(X)$, $\varepsilon > 0$, 则存在 $N \in \mathbb{N}$, 使得 $\sum\limits_{n=N+1}^{\infty} \dfrac{1}{2^n} < \dfrac{\varepsilon}{4}$. 若 $\nu \in V_\mu\left(f_1, \cdots, f_N, \dfrac{\varepsilon}{4} \min\limits_{1 \leqslant n \leqslant N} \|f_n\|_{\sup}\right)$, 则

$$\begin{aligned} P(\mu, \nu) &= \sum_{n=1}^{\infty} \frac{1}{2^n \|f_n\|_{\sup}} \left|\int_X f_n \mathrm{d}\mu - \int_X f_n \mathrm{d}\nu\right| \\ &\leqslant \sum_{n=1}^{N} \frac{1}{2^n \|f_n\|_{\sup}} \cdot \frac{\varepsilon}{4} \cdot \min_{1 \leqslant n \leqslant N} \|f_n\|_{\sup} + \sum_{n=N+1}^{\infty} \frac{1}{2^n} \cdot 2 \leqslant \varepsilon. \end{aligned}$$

设 $g_1, \cdots, g_k \in C(X)$, $\nu \in V_\mu(g_1, \cdots, g_k, \varepsilon)$. 由于 $\{f_n\}_{n=1}^{\infty}$ 在 $C(X)$ 中稠密, 所以对任意 $i = 1, \cdots, k$, 存在 $n_i \in \mathbb{N}$, 使得 $\|g_i - f_{n_i}\|_{\sup} < \varepsilon/4$. 若

$$P(\nu, \eta) < \frac{1}{\max\limits_{1 \leqslant i \leqslant k} 2^{n_i} \|f_{n_i}\|_{\sup}} \cdot \frac{\varepsilon}{2},$$

则

$$\begin{aligned} \left|\int_X g_i \mathrm{d}\nu - \int_X g_i \mathrm{d}\eta\right| &\leqslant \left|\int_X f_{n_i} \mathrm{d}\nu - \int_X f_{n_i} \mathrm{d}\eta\right| + \frac{\varepsilon}{2} \\ &\leqslant 2^{n_i} \|f_{n_i}\|_{\sup} P(\nu, \eta) + \frac{\varepsilon}{2} < \varepsilon. \end{aligned}$$

这说明 $\mathcal{M}(X)$ 上的弱 * 拓扑与度量 $P(\cdot, \cdot)$ 诱导的拓扑一致.

为证明紧致性, 只需要证明每个序列具有收敛子列. 设 $\{\mu_k\}_{k=1}^{\infty}$ 是 $\mathcal{M}(X)$ 中的一个序列. 由于 $\left\{\int_X f_1 \mathrm{d}\mu_k\right\}_{k=1}^{\infty}$ 是一个有界序列, 故存在一个收敛子列 $\left\{\int_X f_1 \mathrm{d}\mu_{k_{1,i}}\right\}_{i=1}^{\infty}$. 对任意 $n \geqslant 2$, 我们递归选取 $k_{n-1,i}$ 的子序列 $k_{n,i}$, 使得 $\left\{\int_X f_n \mathrm{d}\mu_{k_{n,i}}\right\}_{i=1}^{\infty}$ 收敛. 根据对角线原则, 令 $k_i = k_{i,i}$, 则对任意 $n \in \mathbb{N}$, $\left\{\int_X f_n \mathrm{d}\mu_{k_i}\right\}_{i=1}^{\infty}$ 收敛, 则可令

$$L(f_n) = \lim_{i \to \infty} \int_X f_n \mathrm{d}\mu_{k_i}.$$

对任意 $f\in C(X)$, 存在序列 $\{n_s\}$, 使得

$$\lim_{s\to\infty}\|f_{n_s}-f\|_{\sup}=0.$$

则对任意 $s,i,j\in\mathbb{N}$, 有

$$\begin{aligned}&\left|\int_X f\mathrm{d}\mu_{k_i}-\int_X f\mathrm{d}\mu_{k_j}\right|\\&\leqslant\left|\int_X f_{n_s}\mathrm{d}\mu_{k_i}-\int_X f_{n_s}\mathrm{d}\mu_{k_j}\right|+\int_X|f-f_{n_s}|\mathrm{d}\mu_{k_i}+\int_X|f-f_{n_s}|\mathrm{d}\mu_{k_j}\\&\leqslant\left|\int_X f_{n_s}\mathrm{d}\mu_{k_i}-\int_X f_{n_s}\mathrm{d}\mu_{k_j}\right|+2\|f-f_{n_s}\|_{\sup}.\end{aligned}$$

故 $\left\{\int_X f\mathrm{d}\mu_{k_i}\right\}_{i=1}^{\infty}$ 是一个 Cauchy 列, 从而收敛. 令

$$L(f)=\lim_{i\to\infty}\int_X f\mathrm{d}\mu_{k_i},$$

则得到算子

$$L:C(X)\to\mathbb{C},\quad f\mapsto L(f).$$

易见它为线性的. 若 $f\geqslant 0$, 则对任意 $i\in\mathbb{N}$, $\int_X f\mathrm{d}\mu_{k_i}\geqslant 0$, 从而 $L(f)\geqslant 0$. 若 $\|f\|_{\sup}\leqslant 1$, 则对任意 $i\in\mathbb{N}$, $\left|\int_X f\mathrm{d}\mu_{k_i}\right|\leqslant\|f\|_{\sup}$, 从而 $|L(f)|\leqslant\|f\|_{\sup}$. 若 $f\equiv 1$, 则对任意 $i\in\mathbb{N}$, $\int_X f\mathrm{d}\mu_{k_i}=1$, 从而 $L(f)=1$. 这说明 L 是 $C(X)$ 上的一个连续正线性泛函, 且 $L(1)=1$. 由 Riesz 表示定理, 存在 $\mu\in\mathcal{M}(X)$, 使得对任意 $f\in C(X)$, $\int_X f\mathrm{d}\mu=L(f)$.

综上, μ_{k_i} 按照度量 $P(\cdot,\cdot)$ 收敛到 μ. 证毕. □

注记 7.1.1 由 Banach-Alaoglu 定理, $C(X)^*$ 的单位球在弱 * 拓扑下是紧致的. 所以 $\mathcal{M}(X)$ 作为 $C(X)^*$ 的单位球的弱 * 闭子集也为紧致的. 为了完整性, 我们在定理 7.1.2 的证明中直接给出了紧致性的证明.

定理 7.1.3 (Portmanteau 定理) 设 X 是一个度量空间, $\mu_i,\mu\in\mathcal{M}(X)$, $i=1,2,\cdots$, 则下列论断等价:

(1) 在弱 * 拓扑下 $\mu_i\to\mu$ $(i\to\infty)$;

(2) 对 X 中任意一个闭子集 E, $\limsup\limits_{i\to\infty}\mu_i(E)\leqslant\mu(E)$;

(3) 对 X 中任意一个开子集 U, $\liminf\limits_{i\to\infty}\mu_i(U)\geqslant\mu(U)$;

(4) 对任意满足 $\mu(\partial A)=0$ 的 $A\in\mathcal{B}(X)$, $\lim\limits_{i\to\infty}\mu_i(A)=\mu(A)$, 其中 ∂A 表示集合 A 的边界.

证明 (1)⇒(2) 设 E 是 X 的一个非空闭子集. 对任意 $n\in\mathbb{N}$, 令

$$\begin{aligned}U_n&=B_{1/n}(E)=\{x\in X:d(x,E)<1/n\},\\f_n(x)&=\frac{d(x,X\setminus U_n)}{d(x,E)+d(x,X\setminus U_n)}.\end{aligned}$$

于是 f_n 连续, $0 \leqslant f_n(x) \leqslant 1$, 且对任意 $x \in E$, 有 $f_n(x)=1$, 对任意 $x \in X \setminus U_n$, 有 $f_n(x)=0$. 所以

$$\limsup_{i\to\infty}\mu_i(E) \leqslant \limsup_{i\to\infty}\int_X f_n \mathrm{d}\mu_i = \int_X f_n \mathrm{d}\mu \leqslant \mu(U_n).$$

由于 $\{U_n\}_{n=1}^{\infty}$ 单调下降且收敛到 E, $\lim\limits_{n\to\infty}\mu(U_n)=\mu(E)$, 所以

$$\limsup_{i\to\infty}\mu_i(E) \leqslant \mu(E).$$

(2)⇔(3) 设 $U \subseteq X$, 则 U 是 X 中的一个开集当且仅当 $X \setminus U$ 是 X 中的一个闭集. 注意到 $\mu(U)=1-\mu(X\setminus U)$, $\mu_i(U)=1-\mu_i(X\setminus U)$, 则有

$$\limsup_{i\to\infty}\mu_i(X\setminus U) \leqslant \mu(X\setminus U) \quad \Leftrightarrow \quad \liminf_{i\to\infty}\mu_i(U) \geqslant \mu(U).$$

(2)⇒(4) 设 $A \in \mathcal{B}(X)$, 且 $\mu(\partial A)=0$, 则 $\mu(\mathrm{int}(A))=\mu(A)=\mu(\mathrm{cl}(A))$, 其中 $\mathrm{int}(A)$ 和 $\mathrm{cl}(A)$ 分别为 A 的内部和闭包. 由 (2) 和 (3), 有

$$\begin{aligned}
&\liminf_{i\to\infty}\mu_i(A) \geqslant \liminf_{i\to\infty}\mu_i(\mathrm{int}(A)) \geqslant \mu(\mathrm{int}(A)) = \mu(A),\\
&\limsup_{i\to\infty}\mu_i(A) \leqslant \limsup_{i\to\infty}\mu_i(\mathrm{cl}(A)) \leqslant \mu(\mathrm{cl}(A)) = \mu(A).
\end{aligned}$$

故 $\lim\limits_{i\to\infty}\mu_i(A)=\mu(A)$.

(4)⇒(1) 设 $f \in C(X)$, 且不妨设 f 为实值函数, 则存在 $a,b \in \mathbb{R}$, 使得 $f(X) \subseteq (a,b)$. 对任意 $z \in (a,b)$, 令 $F_z = f^{-1}(z)$, 则 $\{F_z : z \in (a,b)\}$ 是 X 中一族两两不交的闭集组成的覆盖, 从而只有至多可数个这样的集相对于 μ 的测度是正的. 对任意 $\varepsilon > 0$, 取 $a=t_0<t_1<\cdots<t_m=b$, 使得 $\mu(F_{t_i})=0$, $t_{j+1}-t_j<\varepsilon$ $(j=1,2,\cdots,m-1)$. 令

$$A_j = f^{-1}([t_{j-1},t_j)), \quad j=1,2,\cdots,m.$$

易见 $X=\bigcup\limits_{j=1}^{m}A_j$, $\partial A_j \subseteq F_{t_{j-1}} \cup F_{t_j}$ $(j=1,2,\cdots,m-1)$, $\partial A_m \subseteq F_{t_{m-1}}$. 由 A_j 的取法知 $\mu(\partial A_j)=0$ $(j=1,2,\cdots,m)$. 由 (4) 知 $\lim\limits_{i\to\infty}\mu_i(A_j)=\mu(A_j)$ $(j=1,2,\cdots,m)$. 令

$$g=\sum_{j=1}^{m} t_{j-1}\mathbf{1}_{A_j},$$

则 $\|f-g\|_{\sup}<\varepsilon$. 从而

$$\begin{aligned}
&\left|\int_X f\mathrm{d}\mu_i - \int_X f\mathrm{d}\mu\right|\\
&\quad \leqslant \left|\int_X f\mathrm{d}\mu - \int_X g\mathrm{d}\mu\right| + \left|\int_X f\mathrm{d}\mu_i - \int_X g\mathrm{d}\mu_i\right| + \left|\int_X g\mathrm{d}\mu_i - \int_X g\mathrm{d}\mu\right|\\
&\quad \leqslant 2\|f-g\|_{\sup} + \sum_{j=1}^{m}|t_{j-1}|\cdot|\mu_i(A_j)-\mu(A_j)|.
\end{aligned}$$

故

$$\limsup_{i\to\infty}\left|\int_X f\mathrm{d}\mu_i - \int_X f\mathrm{d}\mu\right| \leqslant 2\varepsilon.$$

由 ε 的任意性, 得

$$\lim_{i\to\infty}\int_X f\mathrm{d}\mu_i = \int_X f\mathrm{d}\mu.$$

证毕. □

设 X 和 Y 是两个紧致度量空间. 若 $\phi: X\to Y$ 是一个可测映射, 则 ϕ 诱导一个映射

$$\phi_*: \mathcal{M}(X)\to\mathcal{M}(Y), \quad \mu\mapsto\phi_*\mu=\mu\circ\phi^{-1},$$

即对任意 $B\in\mathcal{B}(Y)$, $(\phi_*\mu)(B)=\mu(\phi^{-1}B)$.

引理 7.1.1 若 $\phi: X\to Y$ 是一个连续映射, 则 $\phi_*: \mathcal{M}(X)\to\mathcal{M}(Y)$ 是一个连续的仿射, 并且 ϕ_* 是满射当且仅当 ϕ 是满射.

证明 易见 ϕ_* 是一个仿射, 即对任意 $\mu,\nu\in\mathcal{M}(X)$ 以及 $\alpha\in[0,1]$,

$$\phi_*(\alpha\mu+(1-\alpha)\nu)=\alpha\phi_*(\mu)+(1-\alpha)\phi_*(\nu).$$

故只需证 ϕ_* 连续. 注意到对任意 $f\in C(Y)$,

$$\int_Y f\mathrm{d}\phi_*\mu=\int_X f\circ\phi\mathrm{d}\mu.$$

设 $\mu_n,\mu\in\mathcal{M}(X)$, 且 $\mu_n\to\mu\ (n\to\infty)$, 则对任意 $f\in C(Y)$,

$$\int_Y f\mathrm{d}\phi_*\mu_n=\int_X f\circ\phi\mathrm{d}\mu_n\to\int_X f\circ\phi\mathrm{d}\mu=\int_Y f\mathrm{d}\phi_*\mu.$$

故 $\phi_*\mu_n\to\phi_*\mu\ (n\to\infty)$. 这就证明了 ϕ_* 的连续性.

后一部分的证明留作习题. □

习　题

1. 证明命题 7.1.3.

2. 设 X 是一个度量空间, $A\subseteq X$. 对任意 $\varepsilon>0$, 令

$$B_\varepsilon(A)=\{x\in X: 存在\ y\in A, 使得\ d(x,y)<\varepsilon\}.$$

对于 $\mu,\nu\in\mathcal{M}(X)$, 定义

$$\rho(\mu,\nu)=\inf\{\varepsilon>0: \mu(A)<\nu(B_\varepsilon(A)), \nu(A)<\mu(B_\varepsilon(A)),\ \forall A\in\mathcal{B}(X)\}.$$

证明: ρ 是与 $\mathcal{M}(X)$ 上弱 * 拓扑相容的一个度量. 我们称之为 **Prohorov 度量**.

3. 证明: 点测度的凸包

$$\mathrm{co}(X)=\left\{\sum_{i=1}^{n}\alpha_i\delta_{x_i}: n\in\mathbb{N},\ x_i\in X,\ \alpha_i\geqslant 0,\ i=1,\cdots,n,\ \sum_{i=1}^{n}\alpha_i=1\right\}$$

在 $\mathcal{M}(X)$ 中稠密.

4. 证明引理 7.1.1 后一部分, 即若 $\phi: X\to Y$ 是一个连续映射, 则 $\phi_*:\mathcal{M}(X)\to\mathcal{M}(Y)$ 是满射当且仅当 ϕ 是满射.

5. 设 $X=[0,1]$, $\mu_i=\delta_{1/i}$, $\mu=\delta_0$, 证明: $\mu_i\to\mu\ (i\to\infty)$. 取 $E=\{0\}$, $U=(0,1]$. 考察 $\lim\limits_{i\to\infty}\mu_i(E)$ 和 $\lim\limits_{i\to\infty}\mu_i(U)$.

6. 设 $f\in C(X)$. 如果存在 $L>0$, 使得对任意 $x,y\in X$,

$$d(f(x),f(y))\leqslant L\cdot d(x,y),$$

则称 f 是 **Lipschitz 连续的**, L 为 f 的一个 **Lipschitz 常数**. 记 $C(X)$ 中所有 Lipschitz 连续函数组成的集合为 $\mathrm{BL}(X)$. 证明: $\mathrm{BL}(X)$ 在 $C(X)$ 中稠密. 从而定理 7.1.2 中可取 $C(X)$ 中满足下列要求的子列 $\{f_n\}_{n=1}^{\infty}$:

(1) $0<\|f_n\|_{\sup}\leqslant 1\ (n\in\mathbb{N})$;

(2) f_n 具有 Lipschitz 常数 $1\ (n\in\mathbb{N})$;

(3) $\left\{\sum\limits_{i=1}^{n}\alpha_i f_i:\alpha_i\in\mathbb{C},n\in\mathbb{N}\right\}$ 在 $C(X)$ 中稠密.

7.2　拓扑动力系统的不变测度空间

对于一个紧致度量空间 X, 它有一个自然的 σ 代数与之对应, 即由全体开集生成的 σ 代数 $\mathcal{B}(X)$. 对于一个动力系统 (X,T), 一个自然且重要的问题是: 在 $\mathcal{B}(X)$ 上是否存在一个不变测度? 如果存在, 那么我们就可以将遍历理论的方法运用到拓扑动力系统中. 幸运的是, 答案是肯定的. 我们在本节中讨论这个问题.

7.2.1　不变测度

设 (X,T) 是一个拓扑动力系统, $\mu\in\mathcal{M}(X)$. 如果对任意 $B\in\mathcal{B}(X)$, $\mu(B)=\mu(T^{-1}B)$, 则称 μ 是一个**不变测度** (invariant measure). 有时为了强调 T, 也称之为一个 T 不变测度. 记 $\mathcal{M}(X,T)\subseteq\mathcal{M}(X)$ 为全体 T 不变 Borel 概率测度组成的集合, 而 $\mathcal{M}^{\mathrm{e}}(X,T)\subseteq\mathcal{M}(X,T)$ 为全体遍历测度组成的集合.

令

$$T_*:\mathcal{M}(X)\to\mathcal{M}(X),\quad \mu\mapsto\mu\circ T^{-1},$$

则由引理 7.1.1, T_* 为连续的, 从而 $(\mathcal{M}(X),T_*)$ 为拓扑动力系统, 称之为**测度空间系统**. 令

$$\delta:(X,T)\to(\mathcal{M}(X),T_*),\quad x\mapsto\delta_x,$$

那么动力系统 (X,T) 嵌入 $(\mathcal{M}(X),T_*)$ 中 (命题 7.1.3).

注意到 $\mathcal{M}(X,T)$ 为拓扑动力系统 $(\mathcal{M}(X),T_*)$ 的全体不动点构成的集合, 即

$$\mathcal{M}(X,T)=\mathrm{Fix}(\mathcal{M}(X),T_*)=\{\mu\in\mathcal{M}(X):T_*\mu=\mu\}.$$

一个常用的事实 (引理 2.1.2) 是

$$\int_X f\mathrm{d}(T_*\mu)=\int_X f\circ T\mathrm{d}\mu,\quad \forall f\in C(X).$$

由此我们有以下引理:

引理 7.2.1 设 (X,T) 是一个拓扑动力系统, $\mu\in\mathcal{M}(X)$, 那么 $\mu\in\mathcal{M}(X,T)$ 当且仅当

$$\int_X f\circ T\mathrm{d}\mu=\int_X f\mathrm{d}\mu,\quad \forall f\in C(X).$$

由 Markov-Kakutani 定理 (可参见文献 [182] 定理 5.11), 每个紧致凸集上的连续仿射必有不动点[①]. 所以 $\mathcal{M}(X,T)\neq\emptyset$.

下面的命题给出了这个结论的一个直接证明.

命题 7.2.1 设 (X,T) 是一个拓扑动力系统, $\{\sigma_n\}_{n=1}^{\infty}$ 是 $\mathcal{M}(X)$ 中的一个序列. 对任意 $n\in\mathbb{N}$, 令 $\mu_n=\dfrac{1}{n}\sum\limits_{i=0}^{n-1}T_*^i\sigma_n$, 则序列 $\{\mu_n\}_{n=1}^{\infty}$ 在弱 * 拓扑下的极限测度是 T 不变的. 特别地

$$\mathcal{M}(X,T)\neq\emptyset.$$

证明 因为 $\mathcal{M}(X)$ 为紧致的, 所以序列 $\{\mu_n\}_{n=1}^{\infty}$ 存在收敛子列. 设 $\{n_j\}_{j\in\mathbb{N}}\subseteq\mathbb{N}$, 使得 $n_j\to\infty\ (j\to\infty)$ 且 $\mu_{n_j}\to\mu\ (j\to\infty)$. 则对任意 $f\in C(X)$,

$$\begin{aligned}\left|\int_X f\mathrm{d}\mu-\int_X f\circ T\mathrm{d}\mu\right|&=\lim_{j\to\infty}\left|\int_X f\mathrm{d}\mu_{n_j}-\int_X f\circ T\mathrm{d}\mu_{n_j}\right|\\&=\lim_{j\to\infty}\left|\int_X\frac{1}{n_j}\sum_{i=0}^{n_j-1}\left(f\circ T^i-f\circ T^{i+1}\right)\mathrm{d}\sigma_{n_j}\right|\\&=\lim_{j\to\infty}\left|\int_X\frac{1}{n_j}\left(f-f\circ T^{n_j}\right)\mathrm{d}\sigma_{n_j}\right|\\&\leqslant\lim_{j\to\infty}\frac{2\|f\|_{\sup}}{n_j}=0.\end{aligned}$$

所以 $T_*\mu=\mu$, 即 $\mu\in\mathcal{M}(X,T)$. 特别有 $\mathcal{M}(X,T)\neq\emptyset$. 证毕. □

一个常用的推论如下, 它是构造不变测度常用的方法.

推论 7.2.1 设 (X,T) 是一个拓扑动力系统,$x\in X$. 对任意 $n\in\mathbb{N}$, 令

$$\mu_n=\frac{1}{n}\sum_{i=0}^{n-1}T_*^i\delta_x=\frac{1}{n}\sum_{i=0}^{n-1}\delta_{T^ix},$$

则序列 $\{\mu_n\}_{n=1}^{\infty}$ 在弱 * 拓扑下的极限测度是 T 不变的.

① 很多文献中将这个结论叫作 Krylov-Bogolyubov 定理.

定理 7.2.1　设 (X,T) 为动力系统, 则 $\mathcal{M}(X,T)$ 为 $\mathcal{M}(X)$ 的紧致凸子集.

证明　仅需证明 $\mathcal{M}(X,T)$ 为闭的. 设 $\{\mu_n\}_{n=1}^{\infty}$ 为 $\mathcal{M}(X,T)$ 中的序列且 $\mu_n\to\mu$ $(n\to\infty)$, 那么

$$\int_X f\circ T\mathrm{d}\mu=\lim_{n\to\infty}\int_X f\circ T\mathrm{d}\mu_n=\lim_{n\to\infty}\int_X f\mathrm{d}\mu_n=\int_X f\mathrm{d}\mu,\quad \forall f\in C(X).$$

于是 $\mu\in\mathcal{M}(X,T)$. □

7.2.2　$\mathcal{M}$ 的凸集结构

定义 7.2.1 (凸集端点)　设 M 是某向量空间的一个凸子集, $x\in M$. 如果对任意 $y,z\in M$, 存在 $\alpha\in(0,1)$, 使得 $x=\alpha y+(1-\alpha)z$, 则必有 $y=z=x$, 那么称 x 是 M 的一个**端点** (extreme point). 记 M 的所有端点的集合为 $\mathrm{ex}(M)$.

我们有下面关于凸集性质的 Krein-Milman 定理 (证明可参见文献 [182] 定理 3.23).

定理 7.2.2 (Krein-Milman)　设 X 是一个局部凸 Hausdorff 的拓扑向量空间, M 是 X 的一个紧凸子集, 则 $\mathrm{ex}(M)$ 是 M 的一个非空 G_δ 子集, 并且 $\mathrm{ex}(M)$ 的凸包在 M 中稠密.

命题 7.2.2　设 (X,T) 为拓扑动力系统, 则 $\mu\in\mathcal{M}(X,T)$ 是一个端点当且仅当 $\mu\in\mathcal{M}^{\mathrm{e}}(X,T)$.

证明　$(\Leftarrow)$ 设 μ 为遍历测度. 下面证明 μ 是 $\mathcal{M}(X,T)$ 的端点. 设存在 $\alpha\in(0,1)$ 和 $\mu_1,\mu_2\in\mathcal{M}(X,T)$, 使得 $\mu=\alpha\mu_1+(1-\alpha)\mu_2$. 我们证明 $\mu_1=\mu$, 从而就有 $\mu_1=\mu_2=\mu$, 即 μ 是 $\mathcal{M}(X,T)$ 的端点.

首先易见 $\mu_1\ll\mu$. 由 Radon-Nikodym 定理 (见定理 1.3.2), 存在 $f\in L^1(X,\mu)$, 使得 $f\geqslant 0$, 且对任意 $A\in\mathcal{B}(X)$,

$$\mu_1(A)=\int_A f\mathrm{d}\mu.$$

为证 $\mu_1=\mu$, 我们要证明 $f=1$ μ-a.e.. 设 $B=\{x\in X:0\leqslant f(x)<1\}$, 则 $B\in\mathcal{B}(X)$,

$$\begin{aligned}\int_{B\cap T^{-1}B}f\mathrm{d}\mu+\int_{B\setminus T^{-1}B}f\mathrm{d}\mu&=\int_B f\mathrm{d}\mu=\mu_1(B)=\mu_1(T^{-1}B)\\&=\int_{T^{-1}B}f\mathrm{d}\mu=\int_{B\cap T^{-1}B}f\mathrm{d}\mu+\int_{(T^{-1}B)\setminus B}f\mathrm{d}\mu.\end{aligned}$$

从而

$$\int_{B\setminus T^{-1}B}f\mathrm{d}\mu=\int_{T^{-1}B\setminus B}f\mathrm{d}\mu.$$

由 B 的定义, 当 $x\in B\setminus T^{-1}B$ 时, $0\leqslant f(x)<1$. 又有 $f\geqslant 0$, 当 $x\in T^{-1}B\setminus B$ 时, $f(x)\geqslant 1$. 注意到

$$\begin{aligned}\mu((T^{-1}B)\setminus B)&=\mu(T^{-1}B)-\mu(B\cap T^{-1}B)\\&=\mu(B)-\mu(B\cap T^{-1}B)=\mu(B\setminus T^{-1}B).\end{aligned}$$

于是, 根据

$$\mu(B\setminus T^{-1}B)>\int_{B\setminus T^{-1}B}f\mathrm{d}\mu=\int_{T^{-1}B\setminus B}f\mathrm{d}\mu\geqslant\mu(T^{-1}B\setminus B),$$

我们得到 $\mu(T^{-1}B\setminus B)=\mu(B\setminus T^{-1}B)=0$, 即 $\mu(B\Delta T^{-1}B)=0$. 由于 μ 是遍历的, 故 $\mu(B)=0$ 或 $\mu(B)=1$. 如果 $\mu(B)=1$, 则

$$\mu_1(X)=\int_X f\mathrm{d}\mu<\mu(B)=1,$$

矛盾. 故 $\mu(B)=0$.

类似地, 可以证明 $\{x\in X: f(x)>1\}$ 的测度也是 0. 所以 $f\equiv 1$, 从而 $\mu_1=\mu$. 这就证明了 μ 是一个端点.

($\Rightarrow$) 如果 μ 不是遍历的, 则存在 $B\in\mathcal{B}(X)$, 使得 $T^{-1}B=B$, $\mu(B)\in(0,1)$. 对任意 $A\in\mathcal{B}(X)$, 令

$$\nu_1(A)=\frac{\mu(A\cap B)}{\mu(B)},\quad \nu_2(A)=\frac{\mu(A\cap X\setminus B)}{\mu(X\setminus B)},$$

则 $\nu_1,\nu_2\in\mathcal{M}(X,T)$, $\mu=\mu(B)\nu_1+(1-\mu(B))\nu_2$. 这与 μ 是端点矛盾, 故 μ 是遍历的. □

根据上面的证明, 我们得到

命题 7.2.3 设 (X,T) 为拓扑动力系统. $\mu,\nu\in\mathcal{M}^{\mathrm{e}}(X,T)$.

(1) 若 $\mu\neq\nu$, 则 $\mu\perp\nu$;

(2) 若 $\mu\ll\nu$, 则 $\mu=\nu$.

根据 Krein-Milman 定理, 我们有如下定理:

定理 7.2.3 设 (X,T) 是一个拓扑动力系统, 则 $\mathcal{M}^{\mathrm{e}}(X,T)$ 是 $\mathcal{M}(X,T)$ 的一个非空 G_δ 子集, 并且 $\mathcal{M}^{\mathrm{e}}(X,T)$ 的凸包在 $\mathcal{M}(X,T)$ 中稠密.

7.2.3 Choquet 定理与遍历分解定理

前面我们已经给出了遍历分解定理, 根据著名的 Choquet 定理我们可以给出遍历分解定理的另一个证明.

在介绍 Choquet 定理之前, 我们先回顾一些概念. 设 X 为局部凸拓扑向量空间, $P\subseteq X$ 为一个闭凸锥 (cone) 且满足 $P-P=X$. 一个紧凸子集 $Q\subseteq P$ 称为 P 的基 (base), 若对于任意 $y\in P$, 存在唯一的 $x\in Q$ 以及 $\alpha\geqslant 0$, 使得 $y=\alpha x$. X 上可以定义偏序: $x\geqslant y\Leftrightarrow x-y\in P$. 如果对于任意 $x,y\in X$, 存在最大下界 (即存在 z, 使得它为 x,y 的下界, 且对于其他任何下界 w, 我们有 $z\geqslant w$, 记 $z=x\wedge y$), 那么我们称 (X,P) 是一个格 (lattice). 一个紧致凸集 $Q\subseteq X$ 称为单形 (simplex), 若它为锥 P 的基, 且 (X,P) 是一个格. 关于上述的概念的详情请参见文献 [171].

定理 7.2.4 (Choquet 定理) 设 X 是一个局部凸的 Hausdorff 的拓扑向量空间, M 是 X 的一个紧凸子集, 则对任意 $m\in M$, $\mathrm{ex}(M)$ 上存在一个 Borel 概率测度 τ, 使得

$$m=\int_{\mathrm{ex}(M)}x\mathrm{d}\tau(x).$$

这里的积分定义为: 对 X 上的任意连续线性泛函 f,

$$f(m)=\int_{\mathrm{ex}(M)}f(x)\mathrm{d}\tau(x).$$

一般称 τ 为 m 的表示.

M 为单形当且仅当任何 $m\in M$ 只有唯一一个表示.

设 (X,T) 是一个拓扑动力系统. 对 $C(X)^*$, 正测度集 $P\subseteq C(X)^*$ 为锥, 且 $(C(X)^*,P)$ 成为一个格. 可以证明 $\mathcal{M}(X,T)$ 是一个单形 (例如参见文献 [171] 第 10 章). 于是将 Choquet 定理应用到 $C(X)^*$ 和 $\mathcal{M}(X,T)$, 我们得到下面的遍历分解定理:

定理 7.2.5 (遍历分解定理)　设 (X,T) 是一个拓扑动力系统, $\mu\in\mathcal{M}(X,T)$, 则 $\mathcal{M}^e(X,T)$ 上存在唯一一个 Borel 概率测度 τ, 使得

$$\mu=\int_{\mathcal{M}^e(X,T)}\nu\mathrm{d}\tau(\nu).$$

特别地, 对任意 $f\in C(X)$,

$$\int_X f\mathrm{d}\mu=\int_{\mathcal{M}^e(X,T)}\left(\int_X f(x)\mathrm{d}\nu(x)\right)\mathrm{d}\tau(\nu).$$

注意, 这种证明方法可以推广到一般群作用的动力系统, 而前面的方法 (5.6节) 却不太容易做到这点.

7.2.4　因子映射诱导的映射

定理 7.2.6　设 $\pi:(X,T)\to(Y,S)$ 是一个因子映射, 则

$$\pi_*(\mathcal{M}(X,T))=\mathcal{M}(Y,S),\quad 且\quad \pi_*(\mathcal{M}^e(X,T))=\mathcal{M}^e(Y,S).$$

证明　(1) 设 $\mu\in\mathcal{M}(X,T)$. 令 $\nu=\pi_*\mu$. 对任意 $A\in\mathcal{B}(Y)$, 有

$$\nu(S^{-1}(A))=\mu(\pi^{-1}(S^{-1}(A)))=\mu(T^{-1}(\pi^{-1}(A)))=\mu(\pi^{-1}(A))=\nu(A).$$

故 $\nu\in\mathcal{M}(Y,S)$. 设 $A\in\mathcal{B}(Y)$ 满足 $S^{-1}A=A$, 则

$$T^{-1}(\pi^{-1}(A))=\pi^{-1}(S^{-1}(A))=\pi^{-1}(A).$$

如果 μ 是遍历的, 则 $\mu(\pi^{-1}(A))=0$ 或 1, 从而 $\nu(A)=0$ 或 1. 所以 ν 也是遍历的. 因此, 我们得到

$$\pi_*(\mathcal{M}(X,T))\subseteq\mathcal{M}(Y,S),\quad 且\quad \pi_*(\mathcal{M}^e(X,T))\subseteq\mathcal{M}^e(Y,S).$$

(2) 设 $\nu\in\mathcal{M}(Y,S)$. 易见 $\{f\circ\pi:f\in C(Y)\}$ 为 $C(X)$ 的一个闭子空间, 以及

$$L_\nu:\{f\circ\pi:f\in C(Y)\}\to\mathbb{C},\quad f\circ\pi\mapsto\int_Y f\mathrm{d}\nu$$

是 $\{f\circ\pi:f\in C(Y)\}$ 上一个范数为 1 的正线性泛函, 且 $L_\nu(\mathbf{1})=1$. 根据 Hahn-Banach 定理, L_ν 可延拓为 $C(X)$ 上一个范数为 1 正线性泛函 $L:C(X)\to\mathbb{C}$.

由 Riesz 表示定理, 存在 $\hat{\mu}\in\mathcal{M}(X)$, 使得对任意 $g\in C(X)$, $L_\nu(g)=\int g\mathrm{d}\hat{\mu}$. 特别地, 对任意 $f\in C(Y)$, 有

$$\int_X f\circ\pi\mathrm{d}\hat{\mu}=L(f\circ\pi)=L_\nu(f\circ\pi)=\int_Y f\mathrm{d}\nu.$$

所以 $\pi_*\hat{\mu}=\nu$.

设 $\mu_k=\dfrac{1}{k}\sum\limits_{i=0}^{k-1}T_*^i\hat{\mu}$. 由紧致性, 存在 $\{\mu_k\}$ 的一个子列 $\{\mu_{k_j}\}$ 和 $\mu\in\mathcal{M}(X)$, 使得

$$\lim_{j\to\infty}\mu_{k_j}=\mu.$$

由命题 7.2.1, $\mu\in\mathcal{M}(X,T)$. 因为 $\pi_*(\mu_k)=\nu\ (\forall k\in\mathbb{N})$, 所以 $\pi_*\mu=\nu$, 从而 $\pi_*^{-1}(\nu)\cap\mathcal{M}(X,T)$ 是 $\mathcal{M}(X,T)$ 的一个非空闭凸子集.

设 $\nu\in\mathcal{M}^e(Y,S)$, μ 是 $\pi_*^{-1}(\nu)\cap\mathcal{M}(X,T)$ 的一个端点. 下面证明 μ 是 $\mathcal{M}(X,T)$ 的一个端点. 如果 μ 不是 $\mathcal{M}(X,T)$ 的一个端点, 则存在 $\alpha\in(0,1)$ 和 $\mu_1,\mu_2\in\mathcal{M}(X,T)$, 使得

$$\mu=\alpha\mu_1+(1-\alpha)\mu_2,$$

且 μ_1 或 μ_2 不在 $\pi_*^{-1}(\nu)$ 中. 注意 $\nu=\pi_*\mu=\alpha\pi_*\mu_1+(1-\alpha)\pi_*\mu_2$, $\pi_*\mu_1,\pi_*\mu_2\in\mathcal{M}(Y,S)$. 由于 ν 是遍历的, 故 ν 是 $\mathcal{M}(Y,S)$ 的一个端点, 从而 $\pi_*\mu_1=\pi_*\mu_2=\nu$. 这与 μ_1 或 μ_2 不在 $\pi_*^{-1}(\nu)$ 中矛盾. 所以 μ 是 $\mathcal{M}(X,T)$ 的一个端点. 根据命题 7.2.2, $\mu\in\mathcal{M}^e(X,T)$. □

习　题

1. 设 (X,T) 和 (Y,S) 是两个动力系统. 设 $\mu\in\mathcal{M}(X,T)$, $\nu\in\mathcal{M}(Y,S)$. 证明: $\mu\times\nu\in\mathcal{M}(X\times Y,T\times S)$.

2. 证明: μ 为 $\mathcal{M}(X)$ 的一个端点当且仅当 μ 是一个 Dirac 测度.

3. 设 $\{n_k\}$ 和 $\{m_k\}$ 是两个递增的自然数序列, 且满足 $\lim\limits_{k\to\infty}(n_k-m_k)=\infty$, (X,T) 是一个动力系统, $x\in X$. 对任意 $k\in\mathbb{N}$, 令

$$\mu_k=\frac{1}{n_k-m_k}\sum_{i=m_k}^{n_k-1}T_*^i\delta_x=\frac{1}{n_k-m_k}\sum_{i=m_k}^{n_k-1}\delta_{T^ix}.$$

证明: 序列 $\{\mu_k\}_{k=1}^{\infty}$ 在弱 * 拓扑下的极限测度是 T 不变的.

4. 设 (X,T) 是一个可逆动力系统. 证明: $\mathcal{M}(X,T)=\mathcal{M}(X,T^{-1})$.

5. 设 (X,T) 是一个拓扑动力系统, $\mu\in\mathcal{M}^e(X,T)$. 证明: μ 要么是一个周期轨上的等分布测度, 要么是无原子的.

6. 设 (X,T) 是一个可逆拓扑动力系统. 证明: $\mathcal{M}^e(X,T)=\mathcal{M}^e(X,T^{-1})$.

7. 设 (X,T) 是一个拓扑动力系统, $\mu\in\mathcal{M}(X,T)$. 证明: μ 是遍历的当且仅当对任意 $\nu\in\mathcal{M}(X)$, $\nu\ll\mu$ 蕴含

$$\lim_{n\to\infty}\frac{1}{n}\sum_{i=0}^{n-1}T_*^i\nu=\mu.$$

7.3　不变测度的通用点与支撑

不变测度的通用点与支撑是动力系统中的重要概念, 本节介绍它们的基本性质.

7.3.1　通用点

定义 7.3.1　设 (X,T) 是一个拓扑动力系统, $x\in X$, $\mu\in\mathcal{M}(X,T)$. 如果

$$\lim_{n\to\infty}\frac{1}{n}\sum_{i=0}^{n-1}\delta_{T^ix}=\mu,$$

即

$$\lim_{n\to\infty}\frac{1}{n}\sum_{i=0}^{n-1}f(T^ix)=\int_X f\mathrm{d}\mu,\quad \forall f\in C(X),$$

则称 x 为 μ 的一个**通用点** (generic point). 记 μ 的全体通用点构成的集合为 $G_\mu(T)$ 或 G_μ.

一般而言, G_μ 可能是空集, 但是对于遍历测度它为非空的.

引理 7.3.1　设 (X,T) 是一个拓扑动力系统, $\mu\in\mathcal{M}(X,T)$, 则 G_μ 是 X 的一个 Borel 子集, μ 是遍历的当且仅当 $\mu(G_\mu)=1$.

证明　设 $\{f_k\}_{k=1}^\infty$ 是 $C(X)$ 的一个由非零函数构成的稠密子列. 对任意 $k\in\mathbb{N}$, 令

$$G_\mu(f_k)=\left\{x\in X:\lim_{n\to\infty}\frac{1}{n}\sum_{j=0}^{n-1}f_k(T^jx)=\int_X f_k\mathrm{d}\mu\right\},$$

则 $G_\mu(f_k)$ 是一个 Borel 子集. 根据定义, 显然有 $G_\mu\subseteq\bigcap\limits_{k=1}^\infty G_\mu(f_k)$. 下面证明

$$G_\mu=\bigcap_{k=1}^\infty G_\mu(f_k).$$

从而它为 Borel 子集. 由于 $\{f_k\}_{k=1}^\infty$ 在 $C(X)$ 中稠密, 对于 $f\in C(X)$, $\varepsilon>0$, 取 $i\in\mathbb{N}$, 使得 $\|f-f_i\|_{\sup}<\varepsilon$. 于是, 对于任何 $x\in\bigcap\limits_{k=1}^\infty G_\mu(f_k)\subseteq G_\mu(f_i)$, 有

$$\begin{aligned}&\left|\frac{1}{n}\sum_{j=0}^{n-1}f(T^jx)-\frac{1}{n}\sum_{j=0}^{n-1}f_i(T^jx)-\int_X f\mathrm{d}\mu+\int_X f_i\mathrm{d}\mu\right|\\ &\quad\leqslant\left|\frac{1}{n}\sum_{j=0}^{n-1}f(T^jx)-\frac{1}{n}\sum_{j=0}^{n-1}f_i(T^jx)\right|+\left|\int_X f\mathrm{d}\mu-\int_X f_i\mathrm{d}\mu\right|<2\varepsilon.\end{aligned}$$

从而

$$\int_X f\mathrm{d}\mu-2\varepsilon\leqslant\liminf_{n\to\infty}\frac{1}{n}\sum_{j=0}^{n-1}f(T^jx)\leqslant\limsup_{n\to\infty}\frac{1}{n}\sum_{j=0}^{n-1}f(T^jx)\leqslant\int_X f\mathrm{d}\mu+2\varepsilon.$$

由此我们得到, 对于任何 $x \in \bigcap\limits_{k=1}^{\infty} G_\mu(f_k)$, 有

$$\lim_{n\to\infty}\frac{1}{n}\sum_{j=0}^{n-1} f(T^j x) = \int_X f\mathrm{d}\mu, \quad \forall f \in C(X).$$

所以就有 $G_\mu = \bigcap\limits_{k=1}^{\infty} G_\mu(f_k)$.

如果 μ 是遍历的, 则由 Birkhoff 逐点遍历定理 (即定理 3.3.1), $\mu(G_\mu(f_k)) = 1$ 对任意 $k \geqslant 1$ 成立, 从而 $\mu(G_\mu) = 1$.

如果 $\mu(G_\mu) = 1$, 则对任意 $f \in C(X)$ 和 $g \in L^1(X,\mu)$,

$$\frac{1}{n}\sum_{j=0}^{n-1} f\circ T^j \cdot g \to \int_X f\mathrm{d}\mu \cdot g, \quad n\to\infty$$

几乎处处成立. 由 Lebesgue 控制收敛定理, 有

$$\lim_{n\to\infty}\frac{1}{n}\sum_{j=0}^{n-1}\int_X f\circ T^j \cdot g\mathrm{d}\mu = \int_X f\mathrm{d}\mu \int_X g\mathrm{d}\mu.$$

所以 μ 是遍历的. □

7.3.2 支撑

定义 7.3.2 设 X 为紧致度量空间, $\mu \in \mathcal{M}(X)$. 定义测度 μ 的**支撑** (support) 为

$$\mathrm{Supp}(\mu) = \{x \in X : 对\ x\ 的任意一个开邻域\ U,\ \mu(U) > 0\}.$$

定理 7.3.1 设 (X,T) 为拓扑动力系统, $\mu \in \mathcal{M}(X,T)$.

(1) $\mathrm{Supp}(\mu)$ 为非空闭的不变集, 且 $\mu(\mathrm{Supp}(\mu)) = 1$;

(2) $\Omega(\mathrm{Supp}(\mu),T) = \mathrm{Supp}(\mu)$;

(3) 如果 μ 为遍历的, 那么 $(\mathrm{Supp}(\mu),T)$ 为传递的, 并且 $\mu(\mathrm{Trans}(\mathrm{Supp}(\mu),T)) = 1$.

证明 (1) 如果 $\mathrm{Supp}(\mu)$ 为空集, 那么由 X 的紧性知道存在开覆盖, 其每个元素都是 μ 零测集. 于是 $\mu(X) = 0$, 这不可能. 于是 $\mathrm{Supp}(\mu)$ 非空. 因为 $X \setminus \mathrm{Supp}(\mu)$ 为开集, 所以 $\mathrm{Supp}(\mu)$ 为闭集. 下面说明 $\mathrm{Supp}(\mu)$ 为 T 不变的. 设 $x \in \mathrm{Supp}(\mu)$, U 为 Tx 的邻域. 因为 T 为连续的, 所以存在 x 的邻域 V, 使得 $V \subseteq T^{-1}U$. 这样就有 $\mu(U) = \mu(T^{-1}U) \geqslant \mu(V) > 0$.

(2) 由于 $\mu(\mathrm{Supp}(\mu)) = 1$, μ 也可视为 $(\mathrm{Supp}(\mu),T)$ 上的一个不变测度. 设 V 是 $\mathrm{Supp}(\mu)$ 的一个非空开集, 则 $\mu(V) > 0$. 由命题 2.3.1, $N^\mu(V,V) = \{n : \mu(V \cap T^{-n}V) > 0\}$ 是一个 Δ^* 集. 特别地, $N(V,V) = \{n : V \cap T^{-n}V \neq \emptyset\}$ 是一个无限集. 故 $\Omega(\mathrm{Supp}(\mu),T) = \mathrm{Supp}(\mu)$.

(3) 假设 μ 为遍历的, 则 $(\mathrm{Supp}(\mu),\mathcal{B}(\mathrm{Supp}(\mu)),\mu,T)$ 也为遍历的. 如果 U,V 为 $\mathrm{Supp}(\mu)$ 的非空开集, 则 $\mu(U)\mu(V) > 0$. 由遍历性, 存在 $n > 0$, 使得 $\mu(U \cap T^{-n}V) > 0$, 特别有 $N(U,V) \neq \emptyset$.

由于 $X' = \text{Supp}(\mu)$ 是紧致的, 可取一组由可数个非空开集构成的拓扑基 $\{U_n\}_{n=1}^{\infty}$. 因为

$$\text{Trans}(X', T) = \bigcap_{n=1}^{\infty} \bigcup_{k=0}^{\infty} T^{-k} U_n,$$

对任意 $n \in \mathbb{N}$, $\mu(U_n) > 0$, 所以 $\mu\left(\bigcup_{k=0}^{\infty} T^{-k} U_n\right) = 1$, 从而 $\mu(\text{Trans}(X', T)) = 1$.

□

推论 7.3.1 设 (X, T) 是一个极小系统, 则对任意 $\mu \in \mathcal{M}(X, T)$, $\text{Supp}(\mu) = X$.

由于 $\Omega(\text{Supp}(\mu), T) = \text{Supp}(\mu)$, 所以 $\text{Supp}(\mu)$ 中的回复点稠密. 这给出了 Birkhoff 回复定理的另一个证明. 事实上, 我们有下面更强的结果:

定理 7.3.2 设 (X, T) 是一个拓扑动力系统, 则对任意 $\mu \in \mathcal{M}(X, T)$,

$$\mu(\text{Rec}(X, T)) = 1$$

. **证明** 由于 X 是一个紧致度量空间, 取 X 的一组可数拓扑基 $\{U_n\}_{n=1}^{\infty}$, 使得对任意 $m \in \mathbb{Z}_+$, $\bigcup_{n=m}^{\infty} U_n = X$; 对任意 $m \in \mathbb{Z}_+$, $x \in X$ 和 x 的一个邻域 U, 存在 $n \geqslant m$, 使得 $x \in U_n \subseteq U$.

对任意 $n \in \mathbb{N}$, 令 $V_n = \{x \in U_n : N(x, U_n) \text{ 是一个无限集}\}$,

$$V = \bigcap_{m=0}^{\infty} \bigcup_{n=m}^{\infty} V_n.$$

不难验证 $V = \text{Rec}(X, T)$. 设 $\mu \in \mathcal{M}(X, T)$. 由 Poincaré 回复定理 (定理 2.3.2) 可证明 $\mu(V_n) = \mu(U_n)$, 所以

$$\mu(\text{Rec}(X, T)) = \lim_{m \to \infty} \mu\left(\bigcup_{n=m}^{\infty} V_n\right) = \lim_{m \to \infty} \mu\left(\bigcup_{n=m}^{\infty} U_n\right) = \mu(X) = 1.$$

证毕. □

注记 7.3.1 容易给出命题 7.3.2 的另一个证明: 取 X 的一组可数拓扑基 $\{U_n\}_{n=1}^{\infty}$. 对任意 $n \in \mathbb{N}$, 令

$$W_n = U_n \setminus \bigcup_{i=1}^{\infty} T^{-i} U_n.$$

易见 $\mu(W_n) = 0$ 且 $X \setminus \text{Rec}(X, T) = \bigcup_{n=1}^{\infty} W_n$. 于是 $\mu(\text{Rec}(X, T)) = 1$.

习 题

1. 设 (X, T) 是一个动力系统. 定义 (X, T) 的**支撑** (support) 为

$$\text{Supp}(X, T) = \{x \in X : \text{对任意 } x \text{ 的开邻域 } U, \text{ 存在} \mu \in \mathcal{M}(X, T), \text{使得} \mu(U) > 0\}.$$

证明 $\mathrm{Supp}(X,T)$ 具有下列性质:

(1) $\mathrm{Supp}(X,T)$ 是一个非空的不变闭子集;

(2) 对任意 $k\in\mathbb{N}$, $\mathrm{Supp}(X,T)=\mathrm{Supp}(X,T^k)$;

(3) 存在 $\mu\in\mathcal{M}(X,T)$, 使得 $\mathrm{Supp}(X,T)=\mathrm{Supp}(\mu)$, 但不一定存在 $\mu\in\mathcal{M}^e(X,T)$, 使得 $\mathrm{Supp}(X,T)=\mathrm{Supp}(\mu)$;

(4) $\mathrm{Supp}(X,T)=\{x\in X:$ 对 x 的任意一个开邻域 U, 存在$\mu\in\mathcal{M}^e(X,T)$,使得 $\mu(U)>0\}$;

(5) $\mathrm{Supp}(X,T)=\overline{\bigcup_{\mu\in\mathcal{M}^e(X,T)}\mathrm{Supp}(\mu)}$;

(6) 设 Y 是 X 的一个闭子集, 如果对任意 $\mu\in\mathcal{M}(X,T)$, $\mu(Y)=1$, 则

$$\mathrm{Supp}(X,T)\subseteq Y;$$

(7) 设 Y 是 X 的一个闭子集, 如果对任意 $\mu\in\mathcal{M}^e(X,T)$, $\mu(Y)=1$, 则

$$\mathrm{Supp}(X,T)\subseteq Y.$$

7.4 唯一遍历性

唯一遍历性是一个重要的动力系统性质. 它指拓扑动力系统只有唯一一个不变测度的性质. 它具有很多重要的刻画和应用. 我们首先给出其定义和刻画, 再给出它在等分布等中的应用.

7.4.1 唯一遍历

从定理 7.2.1可以看到, 对于一个拓扑动力系统 (X,T), $\mathcal{M}(X,T)\neq\emptyset$. 下面我们考虑一种特殊的情况.

定义 7.4.1 设 (X,T) 为一个拓扑动力系统. 我们称 (X,T) 为**唯一遍历**的, 若 $\mathcal{M}(X,T)$ 只有一个元素.

因为 $\mathcal{M}(X,T)$ 只有一个元素, 所以 $\mathcal{M}(X,T)=\mathcal{M}^e(X,T)$, 即此测度为遍历的.

下面是唯一遍历性的一些刻画:

定理 7.4.1 设 (X,T) 为拓扑动力系统, 则以下命题等价:

(1) 对任意 $f\in C(X)$, $\frac{1}{n}\sum\limits_{i=0}^{n-1}f(T^ix)$ 一致收敛到一个常值函数;

(2) 对任意 $f\in C(X)$, $\frac{1}{n}\sum\limits_{i=0}^{n-1}f(T^ix)$ 逐点收敛到一个常值函数;

(3) 存在 $\mu\in\mathcal{M}(X,T)$, 使得对任意 $x\in X$,

$$\lim_{n\to\infty}\frac{1}{n}\sum_{i=0}^{n-1}\delta_{T^ix}=\mu,$$

即对任意 $f \in C(X)$ 和 $x \in X$,

$$\lim_{n\to\infty}\frac{1}{n}\sum_{i=0}^{n-1}f(T^ix)=\int_X f\mathrm{d}\mu;$$

(4) (X,T) 为唯一遍历的.

证明 (1) $\Rightarrow$ (2) 显然成立.

(2) $\Rightarrow$ (3) 定义 $L: C(X)\to\mathbb{C}$, 使得

$$L(f)=\lim_{n\to\infty}\frac{1}{n}\sum_{i=0}^{n-1}f(T^ix).$$

由于

$$\left|\frac{1}{n}\sum_{i=0}^{n-1}f(T^ix)\right|\leqslant ||f||,$$

易见 L 为连续线性算子, 并且 $L(1)=1$, 以及对 $f\geqslant 0$, 有 $L(f)\geqslant 0$. 根据 Riesz 表示定理, 存在 Borel 概率测度 μ, 使得 $L(f)=\displaystyle\int_X f\mathrm{d}\mu$. 由于 $L(f\circ T)=L(f)$, 故 $\displaystyle\int_X f\circ T\mathrm{d}\mu=\int_X f\mathrm{d}\mu$. 所以 $\mu\in\mathcal{M}(X,T)$.

(3) $\Rightarrow$ (4) 设 $\nu\in\mathcal{M}(X,T)$. 由 (3) 知, 对于任何 $x\in X$ 和任何 $f\in C(X)$,

$$\frac{1}{n}\sum_{i=0}^{n-1}f(T^ix)\to f^*=\int_X f\mathrm{d}\mu,\quad n\to\infty.$$

对 ν 积分, 根据 Lebesgue 控制收敛定理, 就有

$$\int_X f\mathrm{d}\nu=\int_X f^*\mathrm{d}\nu=f^*=\int_X f\mathrm{d}\mu,\quad \forall f\in C(X).$$

于是就有 $\nu=\mu$, 即 T 为唯一遍历的.

(4) $\Rightarrow$ (1) 设 $\{\mu\}=\mathcal{M}(X,T)$. 如果 $\displaystyle\frac{1}{n}\sum_{i=0}^{n-1}f(T^ix)$ 一致收敛于一个常值, 那么此常值必为 $\displaystyle\int_X f\mathrm{d}\mu$. 假设 (1) 不成立, 那么存在 $g\in C(X)$, $\varepsilon>0$, 使得对任意 $N\in\mathbb{N}$, 存在 $n>N$ 及 $x_n\in X$, 使得

$$\left|\frac{1}{n}\sum_{i=0}^{n-1}g(T^ix_n)-\int_X g\mathrm{d}\mu\right|\geqslant\varepsilon.$$

如果设 $\mu_n=\displaystyle\frac{1}{n}\sum_{i=0}^{n-1}\delta_{T^ix_n}$, 那么上式可改写为

$$\left|\int_X g\mathrm{d}\mu_n-\int_X g\mathrm{d}\mu\right|\geqslant\varepsilon.$$

取 $\{\mu_n\}_{n\in\mathbb{N}}$ 的收敛子列 $\{\mu_{n_i}\}_{i\in\mathbb{N}}$. 如果 $\mu_{n_i}\to\mu_\infty$ $(i\to\infty)$, 那么由命题 7.2.1, $\mu_\infty\in\mathcal{M}(X,T)$. 因为 $\left|\displaystyle\int_X g\mathrm{d}\mu_\infty-\int_X g\mathrm{d}\mu\right|\geqslant\varepsilon$, 所以 $\mu_\infty\neq\mu$. 这与 T 的唯一遍历性矛盾. □

定理 7.4.2 设 (X,T) 为唯一遍历的拓扑动力系统. 如果 $\mathcal{M}(X,T)=\{\mu\}$, 则 $(\mathrm{Supp}(\mu), T)$ 为极小的.

证明 设 $Y\subseteq \mathrm{Supp}(\mu)$ 为非空闭的不变子集, 则存在 $\nu\in\mathcal{M}(Y,T)$, 使得 $\mathrm{Supp}(\nu)\subseteq Y$. ν 可以自然延拓到 X 上, 即设 $\widetilde{\nu}(A)=\nu(A\cap Y), \forall A\in\mathcal{B}(X)$, 那么 $\widetilde{\nu}$ 为 ν 到 $\mathcal{B}(X)$ 上的延拓且 $\mathrm{Supp}(\widetilde{\nu})=\mathrm{Supp}(\nu)$. 因为 (X,T) 为唯一遍历的, 所以 $\widetilde{\nu}=\mu$, 从而得到 $Y=\mathrm{Supp}(\mu)$. 于是系统 $(\mathrm{Supp}(\mu),T)$ 为极小的. □

命题 7.4.1 设 (X,T) 是一个动力系统, 则 (X,T) 是唯一遍历的当且仅当对任意 $f\in C(X)$, 函数列 $\left\{\frac{1}{n}\sum\limits_{i=0}^{n-1}f(T^ix)\right\}_{n=1}^{\infty}$ 有一个子列逐点收敛到一个常值函数.

证明 $(\Rightarrow)$ 根据定理 7.4.1 即得.

$(\Leftarrow)$ 设 $\mu,\nu\in\mathcal{M}^{\mathrm{e}}(X,T)$, $f\in C(X)$, 则存在 $c\in\mathbb{R}$ 和递增的正整数序列 $\{n_k\}$, 使得

$$\lim_{k\to\infty}\frac{1}{n_k}\sum_{i=0}^{n_k-1}f(T^ix)=c,\quad \forall x\in X.$$

由 Lebesgue 控制收敛定理, 函数列 $\left\{\frac{1}{n_k}\sum\limits_{i=0}^{n_k-1}f(T^ix)\right\}_{k=1}^{\infty}$ 在 $L^1(X,\mu)$ 和 $L^1(X,\nu)$ 中依范数均收敛到 c. 由 L^1 平均遍历定理 (定理 3.2.4), 函数列 $\left\{\frac{1}{n}\sum\limits_{i=0}^{n-1}f(T^ix)\right\}_{n=1}^{\infty}$ 在 $L^1(X,\mu)$ 中依范数收敛到 $\int_X f\mathrm{d}\mu$, 在 $L^1(X,\nu)$ 中依范数收敛到 $\int_X f\mathrm{d}\nu$. 故

$$\int_X f\mathrm{d}\mu=c=\int_X f\mathrm{d}\nu.$$

由 f 的任意性, $\mu=\nu$. 故 $\mathcal{M}^{\mathrm{e}}(X,T)$ 是一个单点集, 从而 (X,T) 是唯一遍历的. □

命题 7.4.2 设 (X,T) 是一个传递系统. 如果对任意 $f\in C(X)$, $\left\{\frac{1}{n}\sum\limits_{i=0}^{n-1}f(T^ix)\right\}_{n=1}^{\infty}$ 是等度连续的, 则 (X,T) 是唯一遍历的.

证明 设 $f\in C(X)$. 不难验证函数列 $\left\{\frac{1}{n}\sum\limits_{i=0}^{n-1}f(T^ix)\right\}_{n=1}^{\infty}$ 一致有界. 根据题设, 这个函数列还是等度连续的. 由 Arezlá-Ascoli 定理 (见定理 1.2.13), 存在 $f^*\in C(X)$ 和子列 $\{n_k\}$, 使得 $\left\{\frac{1}{n_k}\sum\limits_{i=0}^{n_k-1}f(T^ix)\right\}_{k=1}^{\infty}$ 一致收敛于 f^*. 对任意 $x\in X$, 不难验证 $f^*(Tx)=f^*(x)$. 由于 (X,T) 是传递的且 f^* 连续, 所以 f^* 是一个常值函数. 由命题 7.4.1, (X,T) 是唯一遍历的. □

7.4.2 一些例子

定义 7.4.2 设 (X,T) 是一个动力系统. 如果它既是极小的又是唯一遍历的, 则称之为**严格遍历的** (strictly ergodic).

极小的等度连续系统是严格遍历的. 特别地, 我们有如下例子:

例 7.4.1 (1) 设 $n\in\mathbb{Z}$, $(\mathbb{Z}_n,R_1)$ 是严格遍历的;

(2) 当 $\alpha \in \mathbb{T}$ 是无理数时, $(\mathbb{T}, R_\alpha)$ 是严格遍历的;

(3) 加法机器系统 (Σ_2, R_1) 是严格遍历的;

(4) 设 $k \geqslant 2$, $\alpha_1, \cdots, \alpha_k \in (0,1) \setminus \mathbb{Q}$, 若这些 α_i 是有理无关的, 则 $(\mathbb{T}^k, \prod_{i=1}^{k} R_{\alpha_i})$ 是严格遍历的.

定理 7.4.3　设 $T: \mathbb{S}^1 \to \mathbb{S}^1$ 为没有周期点的同胚. 那么 T 为唯一遍历的, 并且它半共轭于圆周无理旋转, 即存在如图 7.1 所示的因子映射 $\phi: (\mathbb{S}^1, T) \to (\mathbb{S}^1, S)$, 其中 S 为无理旋转.

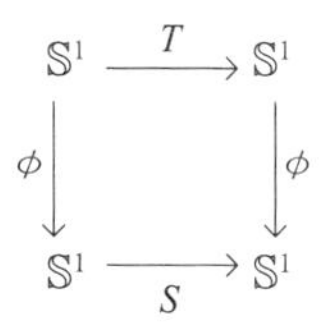

图 7.1

对于任何点 $w \in \mathbb{S}^1$, $\phi^{-1}(w)$ 要么为独点集, 要么为闭区间.

如果 T 为极小的, 那么 ϕ 为同构.

证明　因为 T 没有周期点, 所以任何不变测度是无原子的. 设 $\mu_1, \mu_2 \in \mathcal{M}(\mathbb{S}^1, T)$, 我们需要证明 $\mu_1 = \mu_2$. 令 $\nu = (\mu_1 + \mu_2)/2 \in \mathcal{M}(\mathbb{S}^1, T)$. 定义

$$\phi: \mathbb{S}^1 \to \mathbb{S}^1, \quad \phi(z) = \mathrm{e}^{2\pi \mathrm{i} \nu(\overrightarrow{[1,z]})},$$

其中 $\overrightarrow{[a,b]}$ 表示从 a 逆时针到 b 的闭弧. 因为 ν 是无原子的, 所以 ϕ 为连续满射. 一个重要的事实是

$$\nu(\overrightarrow{[z_1,z_2]}) + \nu(\overrightarrow{[z_2,z_3]}) = \nu(\overrightarrow{[z_1,z_3]}) \ (\mathrm{mod}\ 1), \quad \forall z_1, z_2, z_3 \in \mathbb{S}^1.$$

令

$$S: \mathbb{S}^1 \to \mathbb{S}^1, \quad z \mapsto az,$$

其中 $a = \mathrm{e}^{2\pi \mathrm{i}\alpha}, \alpha = \nu(\overrightarrow{[1,T(1)]})$. 于是

$$\begin{aligned} \phi(Tz) &= \mathrm{e}^{2\pi \mathrm{i}\nu(\overrightarrow{[1,T(z)]})} = \mathrm{e}^{2\pi \mathrm{i}(\nu(\overrightarrow{[1,T(1)]}) + \nu(\overrightarrow{[T(1),T(z)]}))} \\ &= \mathrm{e}^{2\pi \mathrm{i}\nu(\overrightarrow{[1,T(1)]})} \mathrm{e}^{2\pi \mathrm{i}\nu(\overrightarrow{[1,z]})} = a\phi(z) \\ &= S(\phi(z)), \end{aligned}$$

即 ϕ 为因子映射.

下面证明 α 为无理数. 否则, 存在 $p \in \mathbb{N}$, 使得 $a^p = 1$, 于是 $\phi(T^p z) = \phi(z)$ $(\forall z \in \mathbb{S}^1)$. 所以

$$\nu(\overrightarrow{[1,T^p z]}) = \nu(\overrightarrow{[1,z]}) \ (\mathrm{mod}\ 1), \quad \forall z \in \mathbb{S}^1.$$

因为 T^p 没有不动点, 所以存在 $\delta > 0$, 使得

$$d(z, T^p z) > \delta, \quad \forall z \in \mathbb{S}^1,$$

其中 d 为 $\mathbb{S}^1$ 上的度量. 于是, $\mathbb{S}^1$ 上的每个点都是某个长为 δ 的区间的端点, 并且区间的 ν 测度为 0. 由此推出 $\nu(\mathbb{S}^1) = 0$, 这不可能. 所以 $\alpha \notin \mathbb{Q}$.

由于 $(\mathbb{S}^1, S)$ 为无理旋转, 所以它是唯一遍历的, 遍历测度为 Haar 测度 m. 于是

$$\phi_*\nu = \phi_*\mu_1 = \phi_*\mu_2 = m.$$

设 $\overrightarrow{[a,b]}$ 为 $\mathbb{S}^1$ 区间, 那么

$$\phi(\overrightarrow{[a,b]}) = [\mathrm{e}^{2\pi \mathrm{i}\nu(\overrightarrow{[1,a]})}, \mathrm{e}^{2\pi \mathrm{i}\nu(\overrightarrow{[1,b]})}].$$

设

$$\phi^{-1}\Big(\phi(\overrightarrow{[a,b]})\Big) = \overrightarrow{[c,d]},$$

其中

$$c = \inf\{z : \nu(\overrightarrow{[a,z]}) = 0\}, \quad d = \sup\{w : \nu(\overrightarrow{[b,w]}) = 0\}.$$

因为 $\nu\Big(\phi^{-1}\big(\phi(\overrightarrow{[a,b]})\big)\Delta\overrightarrow{[a,b]}\Big) = 0$, 所以

$$\mu_i\Big(\phi^{-1}\big(\phi(\overrightarrow{[a,b]})\big)\Delta\overrightarrow{[a,b]}\Big) = 0, \quad i = 1, 2.$$

于是

$$\mu_i(\overrightarrow{[a,b]}) = \mu_i\Big(\phi^{-1}\big(\phi(\overrightarrow{[a,b]})\big)\Big) = m(\phi(\overrightarrow{[a,b]})), \quad i = 1, 2.$$

特别地

$$\mu_1(\overrightarrow{[a,b]}) = \mu_2(\overrightarrow{[a,b]}).$$

因此 $\mu_1 = \mu_2$, 即 T 是唯一遍历的.

设 $w \in \mathbb{S}^1$. 下面考虑 $\phi^{-1}(w)$. 设 $z_1 \in \phi^{-1}(w)$, 那么

$$z_2 \in \phi^{-1}(w) \quad \Rightarrow \quad \nu(\overrightarrow{[z_1, z_2]}) = 0 \text{ 或 } 1.$$

于是, $\phi^{-1}(w)$ 为包含 z_1 的最大 ν 零测的闭区间.

如果 T 为极小的, 那么对于任何非平凡开区间 I, 有 $\nu(I) > 0$. 根据上面的证明, $\phi^{-1}(w)$ 为包含 z_1 的最大 ν 零测的闭区间. 所以此时只能是独点集, 即 ϕ 为同胚. □

例 7.4.2 (更多的例子) 下面的系统为严格遍历的, 但是大部分例子证明不容易, 所以我们不再给出证明, 感兴趣的读者可以参见文献 [80] 定理 4.11.

(1) 设 $T_\phi : \mathbb{T}^2 \to \mathbb{T}^2, (x, y) \mapsto (x + \alpha, y + \phi(x))$, 其中 $\alpha \notin \mathbb{Q}$, $\phi : \mathbb{T} \to \mathbb{T}$ 满足 Lipschitz 条件且具有非退化的度;

(2) 极小幂零系统;

(3) horocycle 系统;

(4) Morse 系统;

(5) Chacón 系统;

(6) 规则的几乎自守系统, 即 $\pi : (X, T) \to (X_{\mathrm{eq}}, T)$, 使得

$$m(\{y \in X_{\mathrm{eq}} : \mathrm{Card}\ \pi^{-1}(y) = 1\}) = 1.$$

7.4.3　等分布

定义 7.4.3　设 $\{x_n\}_{n=1}^{\infty}$ 是 $[0,1]$ 中的一个序列. 如果

$$\lim_{n\to\infty}\frac{1}{n}\sum_{k=1}^{n}f(x_k)=\int_0^1 f(x)\mathrm{d}x,\quad \forall f\in C([0,1]),$$

则称 $\{x_n\}_{n=1}^{\infty}$ 在 $[0,1]$ 上是**等分布的** (equidistributed) 或**一致分布的** (uniformly distributed).

引理 7.4.1　设 $\{x_n\}_{n=1}^{\infty}$ 是 $[0,1]$ 中的一个序列. 那么以下等价:

(1) 序列 $\{x_n\}_{n=1}^{\infty}$ 为等分布的;

(2) 对于任何 $k\neq 0$,

$$\lim_{n\to\infty}\frac{1}{n}\sum_{j=1}^{n}\mathrm{e}^{2\pi\mathrm{i}kx_j}=0;$$

(3) 对任意 a,b $(0\leqslant a<b\leqslant 1)$,

$$\lim_{n\to\infty}\frac{|\{x_1,x_2,\cdots,x_n\}\cap[a,b]|}{n}=b-a.$$

证明　(1)⇒(2) 是显然的; (2)⇒(1) 是因为三角多项式在 $C([0,1])$ 中稠密; (3)⇒(1) 是因为连续函数被区间上的简单函数一致逼近. 所以仅需证明 (1)⇒(3). 这个证明也是标准的.

设 $0\leqslant a<b\leqslant 1$. 对于任何 $\varepsilon>0$, 定义逼近 $\mathbf{1}_{[a,b]}$ 的函数如下:

$$f^+(x)=\begin{cases}1, & a\leqslant x\leqslant b,\\ \dfrac{x-(a-\varepsilon)}{\varepsilon}, & \max\{0,a-\varepsilon\}\leqslant x<a,\\ \dfrac{(b+\varepsilon)-x}{\varepsilon}, & b<x\leqslant\min\{b+\varepsilon,1\},\\ 0, & \text{其他},\end{cases}$$

$$f^-(x)=\begin{cases}1, & a+\varepsilon\leqslant x\leqslant b-\varepsilon,\\ \dfrac{x-a}{\varepsilon}, & a\leqslant x<a+\varepsilon,\\ \dfrac{b-x}{\varepsilon}, & b-\varepsilon<x\leqslant b,\\ 0, & \text{其他}.\end{cases}$$

注意到

$$f^-(x)\leqslant\mathbf{1}_{[a,b]}\leqslant f^+(x),\quad\forall x\in[0,1],$$

且

$$\int_0^1\big(f^+(x)-f^-(x)\big)\mathrm{d}x\leqslant 2\varepsilon.$$

于是

$$\frac{1}{n}\sum_{j=1}^{n}f^-(x_j)\leqslant\frac{1}{n}\sum_{j=1}^{n}\mathbf{1}_{[a,b]}(x_j)\leqslant\frac{1}{n}\sum_{j=1}^{n}f^+(x_j).$$

根据等分布定义, 得

$$b-a-2\varepsilon \leqslant \int_0^1 f^-(x)\mathrm{d}x \leqslant \liminf_{n\to\infty}\frac{1}{n}\sum_{j=1}^{n}\mathbf{1}_{[a,b]}(x_j)$$
$$\leqslant \limsup_{n\to\infty}\frac{1}{n}\sum_{j=1}^{n}\mathbf{1}_{[a,b]}(x_j) \leqslant \int_0^1 f^+(x)\mathrm{d}x \leqslant b-a+2\varepsilon.$$

所以

$$\lim_{n\to\infty}\frac{1}{n}\sum_{j=1}^{n}\mathbf{1}_{[a,b]}(x_j)=b-a.$$

证毕. □

定理 7.4.4 (Weyl 等分布定理) 设 α 是一个无理数, 则 $\{n\alpha \pmod 1\}_{n=1}^{\infty}$ 在 $[0,1]$ 上是等分布的.

证明 由于 $\alpha\in\mathbb{T}$ 是无理数, 故 $(\mathbb{T},R_\alpha)$ 是唯一遍历的. 设 $m_{\mathbb{T}}$ 为其上的 Haar 测度. 对任意 $x\in\mathbb{T}$,

$$\lim_{n\to\infty}\frac{1}{n}\sum_{i=0}^{n-1}\delta_{R_\alpha^i x}=m_{\mathbb{T}}.$$

设 $0\leqslant a<b\leqslant 1$, 则 $m(\partial([a,b]))=m(\{a,b\})=0$. 由命题 7.1.3, 有

$$\lim_{n\to\infty}\frac{1}{n}\sum_{i=0}^{n-1}\delta_{R_\alpha^i 0}([a,b])=\lim_{n\to\infty}\frac{|\{0,\alpha,\cdots,(n-1)\alpha \pmod 1\}\cap[a,b]|}{n}$$
$$=m_{\mathbb{T}}([a,b])=b-a.$$

证毕. □

作为应用, 我们有下面的例子:

例 7.4.3 用

$$S=(1,2,4,8,1,3,6,1,\cdots)$$

表示序列

$$\{2^n:n\in\mathbb{Z}_+\}=\{1,2,4,8,16,32,64,128,\cdots\}$$

的十进制表示中首位数字组成的序列. 设 $k\in\{1,2,\cdots,9\}$, 用 $p_k(n)$ 表示 k 在 S 前 n 个位置中出现的次数, 那么有

$$\lim_{n\to\infty}\frac{p_k(n)}{n}=\lg\frac{k+1}{k}.$$

事实上, 2^i 的十进制表示的首位数字为 k 当且仅当存在 $r\geqslant 0$, 使得

$$k\cdot 10^r\leqslant 2^i<(k+1)\cdot 10^r.$$

此时

$$r+\lg k\leqslant i\lg 2<r+\lg(k+1),$$

即 $r = [i\lg 2]$, 以及

$$\lg k \leqslant i\lg 2 - [i\lg 2] < \lg(k+1).$$

设 $J_k = [\lg k, \lg(k+1))$, $\alpha = \lg 2$. 考虑无理旋转 $(\mathbb{T}, R_\alpha)$. 根据上面的分析, 2^i 的十进制表示的首位数字为 k 当且仅当 $R_\alpha^i 0 \in J_k$. 于是

$$\lim_{n\to\infty} \frac{p_k(n)}{n} = \lim_{n\to\infty} \frac{1}{n}\sum_{i=0}^{n-1} \mathbf{1}_{J_k}(R_\alpha^i 0) = \lg(k+1) - \lg k = \lg\frac{k+1}{k}.$$

定义 7.4.4　设 X 为紧致度量空间, $\mu \in \mathcal{M}(X)$, $\{x_n\}_{n\in\mathbb{N}} \subseteq X$. 称序列 $\{x_n\}_{n\in\mathbb{N}}$ 关于 μ **为等分布的** (equidistributed), 是指

$$\lim_{n\to\infty} \frac{1}{n}\sum_{j=1}^{n} f(x_j) = \int_X f(x)\mathrm{d}\mu(x), \quad \forall f \in C(X).$$

等价地, 序列 $\{x_n\}_{n\in\mathbb{N}}$ 关于 μ 为等分布的当且仅当

$$\frac{1}{n}\sum_{j=1}^{n} \delta_{x_j} \to \mu, \quad n \to \infty,$$

收敛取弱 * 拓扑.

注记 7.4.1　设 (X,T) 为拓扑动力系统, $\mu \in \mathcal{M}(X,T)$. 根据定义, 点 $x \in X$ 为通用的当且仅当 $\{T^n x\}_{n\in\mathbb{N}}$ 为关于 μ 等分布的.

定理 7.4.5 (Furstenberg)　设 (Y,S) 是一个唯一遍历系统, ν 为其唯一的不变测度, G 是紧致可度量化的交换群, m 为其上的 Haar 测度, $\xi: Y \to G$ 为连续映射. 定义 $X = Y \times G$ 以及斜积映射

$$T: X \to X, \quad (y,g) \mapsto (Sy, \xi(y)g).$$

如果 $\nu \times m$ 是 (X,T) 上的一个遍历测度, 那么 (X,T) 是唯一遍历的.

证明　因为 $\nu \times m$ 为遍历的, $\nu \times m$ 的通用点集合非空. 对于任何 $\nu \times m$ 的通用点 $(y,g) \in X$ 以及任意 $h \in G$, 设

$$R_h: X \to X, \quad (y,g) \mapsto (y, gh).$$

由于 m 是平移不变的, 所以容易验证 (y,hg) 也是 $\nu \times m$ 的一个通用点, 即 $\{y\} \times G$ 均为通用点. 由于 $\nu \times m$ 是遍历的, 故 $\nu \times m$ 内几乎处处的点为 $\nu \times m$ 通用的. 因此存在一个 ν 满测集 Y_0, 使得 $Y_0 \times G$ 中每个点是 $\nu \times m$ 通用的.

以下设 μ 是 (X,T) 上的一个遍历测度, $p_1: X \to Y$, $(y,g) \mapsto y$, 则 $p_{1*}(\mu) = \nu$, 从而由 $\nu(Y_0) = 1$, 得到 $\mu(Y_0 \times G) = 1$. 所以存在 $(y,g) \in Y_0 \times G$, 使得 (y,g) 是 μ 通用的. 此时, 必有 $\mu = \nu \times m$, 从而 (X,T) 是唯一遍历的. □

命题 7.4.3　设 $\alpha \notin \mathbb{Q}$, $k \geqslant 2$,

$$T: \mathbb{T}^k \to \mathbb{T}^k, \quad (x_1, x_2, \cdots, x_k) \mapsto (x_1 + \alpha, x_2 + x_1, \cdots, x_k + x_{k-1}),$$

则 $(\mathbb{T}^k, T)$ 是严格遍历的.

证明 根据定理 7.4.5, 我们仅需要证明 $(\mathbb{T}^k, T)$ 为遍历的. 设 $f \in L^2(\mathbb{T}^k, m)$ 为 T 不变的, 其中 m 为 Haar 测度 (此时即 Lebesgue 测度). 设其 Fourier 级数为

$$f(\boldsymbol{x}) = \sum_{\boldsymbol{n} \in \mathbb{Z}^k} c_{\boldsymbol{n}} \mathrm{e}^{2\pi \mathrm{i} \boldsymbol{n} \cdot \boldsymbol{x}}.$$

又设

$$T' : \mathbb{Z}^k \to \mathbb{Z}^k, \quad \begin{pmatrix} n_1 \\ n_2 \\ \vdots \\ n_{k-1} \\ n_k \end{pmatrix} \mapsto \begin{pmatrix} n_1 + n_2 \\ n_2 + n_3 \\ \vdots \\ n_{k-1} + n_k \\ n_k \end{pmatrix}.$$

根据 $f(\boldsymbol{x}) = f(T\boldsymbol{x})$, 得到

$$\sum_{\boldsymbol{n} \in \mathbb{Z}^k} c_{\boldsymbol{n}} \mathrm{e}^{2\pi \mathrm{i} \boldsymbol{n} \cdot \boldsymbol{x}} = \sum_{\boldsymbol{n} \in \mathbb{Z}^k} c_{\boldsymbol{n}} \mathrm{e}^{2\pi \mathrm{i} n_1 \alpha} \mathrm{e}^{2\pi \mathrm{i} T' \boldsymbol{n} \cdot \boldsymbol{x}}.$$

根据 Fourier 级数的唯一性, 得到

$$c_{T'\boldsymbol{n}} = \mathrm{e}^{2\pi \mathrm{i} \alpha n_1} c_{\boldsymbol{n}}.$$

于是

$$|c_{T'\boldsymbol{n}}| = |c_{\boldsymbol{n}}|, \quad \forall \boldsymbol{n} \in \mathbb{Z}^k.$$

所以对于任何 $\boldsymbol{n} \in \mathbb{Z}^k$, 要么 $\boldsymbol{n}, T'\boldsymbol{n}, (T')^2\boldsymbol{n}, \cdots$ 互异 (此时, 由 $\sum\limits_{\boldsymbol{n} \in \mathbb{Z}^k} |c_{\boldsymbol{n}}|^2 < \infty$, 有 $c_{\boldsymbol{n}} = 0$); 要么存在 $p > q$, 使得 $(T')^p \boldsymbol{n} = (T')^q (\mathbf{n})$ (此时, 可以归纳证明 $n_2 = n_3 = \cdots = n_k = 0$). 对于 $\boldsymbol{n} = (n_1, 0, 0, \cdots, 0)$, 将它代入前面的关系式 $c_{T'\boldsymbol{n}} = \mathrm{e}^{2\pi \mathrm{i} \alpha n_1} c_{\boldsymbol{n}}$, 就可得到 $n_1 = 0$ 或 $c_{\boldsymbol{n}} = 0$. 所以 f 为常值函数, 即 T 为遍历的. □

下面我们给出 Furstenberg 关于 Weyl 等分布定理的证明.

定理 7.4.6 (Weyl) 设 $P(n) = a_k n^k + \cdots + a_1 n + a_0$ 是一个实多项式. 如果 $a_1, a_2, \cdots, a_k$ 中至少有一个是无理数, 那么 $\{P(n) \pmod 1\}_{n=1}^{\infty}$ 在 $[0,1]$ 上是等分布的.

证明 假设定理对于任何阶数少于 k 的多项式成立. 如果 $a_k \in \mathbb{Q}$, 那么存在 $q \in \mathbb{Z}$, 使得 $q a_k \in \mathbb{Z}$. 于是, 对于任何 $j = 0, 1, \cdots, q-1$, $\{P(qn+j) \pmod 1\}_n$ 的取值与阶数严格小于 k 的多项式符合. 根据假设, 每个 $\{P(qn+j) \pmod 1\}_n$ 为等分布的, 从而 $\{P(n) \pmod 1\}_{n=1}^{\infty}$ 是等分布的. 于是根据上面的分析, 可以不妨假设 $a_k \notin \mathbb{Q}$. 令 $T : \{\alpha\} \times \mathbb{T}^k \to \{\alpha\} \times \mathbb{T}^k$ 为

$$\begin{pmatrix} \alpha \\ x_1 \\ x_2 \\ \vdots \\ x_k \end{pmatrix} \mapsto \begin{pmatrix} 1 & & & & \\ 1 & 1 & & & \\ & 1 & 1 & & \\ & & \ddots & \ddots & \\ & & & 1 & 1 \end{pmatrix} \begin{pmatrix} \alpha \\ x_1 \\ x_2 \\ \vdots \\ x_k \end{pmatrix} = \begin{pmatrix} \alpha \\ x_1 + \alpha \\ x_2 + x_1 \\ \vdots \\ x_{k-1} + x_k \end{pmatrix}.$$

进行迭代, 得

$$\begin{pmatrix}1&&&&\\1&1&&&\\&1&1&&\\&&\ddots&\ddots&\\&&&1&1\end{pmatrix}^n\begin{pmatrix}\alpha\\x_1\\x_2\\\vdots\\x_k\end{pmatrix}=\begin{pmatrix}1&&&&\\n&1&&&\\\binom{n}{2}&n&1&&\\\vdots&&\ddots&\ddots&\\\binom{n}{k}&&&n&1\end{pmatrix}\begin{pmatrix}\alpha\\x_1\\x_2\\\vdots\\x_k\end{pmatrix}$$

$$=\begin{pmatrix}\alpha\\n\alpha+x_1\\\binom{n}{2}\alpha+nx_1+x_2\\\vdots\\\binom{n}{k}\alpha+\binom{n}{k-1}x_1+\cdots+nx_{k-1}+x_k\end{pmatrix}.$$

设 $\alpha=k!a_k$, 再取 $x_1,\cdots,x_k$, 使得

$$P(n)=\binom{n}{k}\alpha+\binom{n}{k-1}x_1+\cdots+nx_{k-1}+x_k.$$

根据命题 7.4.3, $(\{\alpha\}\times\mathbb{T}^k,T)$ 为严格遍历的. 所以点 $(\alpha,x_1,\cdots,x_k)$ 的轨道是等分布的, 特别是轨道的最后一个分量 $\{P(n)\pmod 1\}_{n=1}^{\infty}$ 也是等分布的. □

习　题

1. 设 $\{a_i\}_{i=0}^{\infty}$ 是一个有界序列. 定义

$$\limsup_{n-m\to\infty}\frac{1}{n-m}\sum_{i=m}^{n-1}a_i=\lim_{k\to\infty}\left(\sup_{n-m\geqslant k}\frac{1}{n-m}\sum_{i=m}^{n-1}a_i\right),$$

$$\liminf_{n-m\to\infty}\frac{1}{n-m}\sum_{i=m}^{n-1}a_i=\lim_{k\to\infty}\left(\inf_{n-m\geqslant k}\frac{1}{n-m}\sum_{i=m}^{n-1}a_i\right).$$

如果

$$\limsup_{n-m\to\infty}\frac{1}{n-m}\sum_{i=m}^{n-1}a_i=A=\liminf_{n-m\to\infty}\frac{1}{n-m}\sum_{i=m}^{n-1}a_i,$$

则称极限 $\lim\limits_{n-m\to\infty}\dfrac{1}{n-m}\sum\limits_{i=m}^{n-1}a_i$ 存在, 并定义它的极限是 A.

设 $\{a_i\}_{i=0}^{\infty}$ 是一个有界序列. 证明:

$$\limsup_{n-m\to\infty}\frac{1}{n-m}\sum_{i=m}^{n-1}a_i$$

$$= \sup\left\{\limsup_{k\to\infty}\frac{1}{n_k-m_k}\sum_{i=m_k}^{n_k-1}a_i : \{n_k\}\text{和}\{m_k\}\text{递增且}\lim_{k\to\infty}(n_k-m_k)=\infty\right\},$$

并且存在递增的序列 $\{n_k\}$ 和 $\{m_k\}$, 使得 $\lim_{k\to\infty}(n_k-m_k)=\infty$,

$$\lim_{k\to\infty}\frac{1}{n_k-m_k}\sum_{i=m_k}^{n_k-1}a_i = \limsup_{n-m\to\infty}\frac{1}{n-m}\sum_{i=m}^{n-1}a_i.$$

2. 设 $\{a_i\}_{i=0}^{\infty}$ 是一个有界序列. 如果极限 $\lim_{n-m\to\infty}\frac{1}{n-m}\sum_{i=m}^{n-1}a_i$ 存在且等于 A, 则对任意满足 $\lim_{k\to\infty}(n_k-m_k)=\infty$ 的递增的自然数序列 $\{n_k\}$ 和 $\{m_k\}$, 有

$$\lim_{k\to\infty}\frac{1}{n_k-m_k}\sum_{i=m_k}^{n_k-1}a_i = A.$$

3. 设 (X,T) 是一个动力系统. 证明下列论断等价:

(1) (X,T) 是唯一遍历的;

(2) 对任意 $f\in C(X)$, $\lim_{n-m\to\infty}\frac{1}{n-m}\sum_{i=m}^{n-1}f(T^ix)$ 逐点收敛到一个常值函数;

(3) 存在 $\mu\in\mathcal{M}(X,T)$, 使得对任意 $x\in X$,

$$\lim_{n-m\to\infty}\frac{1}{n-m}\sum_{i=m}^{n-1}\delta_{T^ix}=\mu,$$

即对任意 $f\in C(X)$ 和 $x\in X$,

$$\lim_{n-m\to\infty}\frac{1}{n-m}\sum_{i=m}^{n-1}f(T^ix)=\int f\mathrm{d}\mu.$$

4. 设 (X,T) 是一个动力系统. 若 (X,T) 是唯一遍历的, 则对任意 $f\in C(X)$ 和 $x\in X$,

$$\lim_{n-m\to\infty}\frac{1}{n-m}\sum_{i=m}^{n-1}f(T^ix)=\lim_{n\to\infty}\frac{1}{n}\sum_{i=0}^{n-1}f(T^ix).$$

5. 设 (X,T) 是一个唯一遍历系统, μ 为其唯一的不变测度. 证明: 对任意 $x\in X$ 和开集 U, $N(x,U)$ 的下 Banach 密度至少为 $\mu(U)$.

6. 设 $k\in\mathbb{N}$. 证明: 如果 (X,T^k) 是唯一遍历的, 则 (X,T) 也是唯一遍历的. 其逆命题是否成立?

7. 设 $\pi:(X,T)\to(Y,S)$ 是一个因子映射. 证明: 如果 (X,T) 是唯一遍历的, 则 (Y,S) 也是唯一遍历的.

8. 设 (X,T) 是一个可逆系统. 证明: (X,T) 是唯一遍历的当且仅当 (X,T^{-1}) 是唯一遍历的.

7.5 测度动力系统的拓扑模型

动力系统的模型理论是动力系统的一个重要组成部分, 也是遍历理论与拓扑动力系统的一个交汇点. 给定一个拓扑动力系统, 那么自然由全体开集生成一个 σ 代数 (即 Borel σ 代数), 并且可以证明其上必定存在一个不变测度. 于是拓扑动力系统自然可以看成一个保测系统, 从而可以将遍历理论的方法运用到拓扑动力系统的研究中去. 反之, 给定一个保测系统, 是否也可以赋予它拓扑结构, 使其上的拓扑结构与测度结构相容? 这个问题要困难很多, 也是动力系统模型理论涉及的主要内容. 它的一个直接应用就是使得拓扑动力系统的方法也可以用到遍历理论的研究中. 如果对拓扑结构不加苛刻的限制条件, 那么这个问题相对容易回答. 例如, 经典的结果告诉我们任何具有一定可数性要求的保测系统一定测度同构于一个 Lebesgue 系统; 任何 Lebesgue 系统测度同构于一个 Cantor 空间上的拓扑动力系统, 等等. 但是如果要对拓扑结构加上限制条件使得系统的测度结构与拓扑结构更加融洽, 那么问题就不是那么容易了.

在模型理论中, 最令人吃惊的结论是著名的 Jewett-Krieger 定理, 它指出任何遍历系统都测度同构于一个唯一遍历的极小拓扑动力系统. "唯一遍历" 是指系统仅有唯一一个不变概论测度. 这个定理指出了遍历理论和拓扑动力系统的深刻内在联系. 在 Jewett-Krieger 定理出现之后, 包括著名数学家美国艺术与科学院外籍院士 B. Weiss 在内的很多数学工作者对此进行了研究. 例如, Weiss 证明了存在一个极小系统使得任何遍历系统都测度同构于这个极小系统上的某个测度系统[209]. 另外, 他还证明了 Jewett-Krieger 定理对于相对化和更一般的群作用也是成立的[208]. 进一步, 我们还能够在拓扑模型上要求更多的性质, 例如, E. Lehrer 证明了任何遍历系统都测度同构于一个唯一遍历的极小拓扑强混合系统[150]; Glasner 和 Weiss 证明了系统具有正熵当且仅当它有 u.p.e.①的唯一遍历模型, 而具有零熵当且仅当它有 prime ②唯一遍历模型[83, 86].

定义 7.5.1 (拓扑模型) 设 $(X,\mathcal{B}(X),\mu,T)$ 是一个保测系统, 其中 $(X,\mathcal{B}(X),\mu)$ 是一个 Borel 概率空间, $(\widehat{X},\widehat{T})$ 是一个拓扑动力系统. 如果存在 $\widehat{\mu}\in\mathcal{M}(\widehat{X},\widehat{T})$, 使得 $(X,\mathcal{B}(X),\mu,T)$ 和 $(\widehat{X},\mathcal{B}(\widehat{X}),\widehat{\mu},\widehat{T})$ 是测度同构的, 则称 $(\widehat{X},\mathcal{B}(\widehat{X}),\widehat{\mu},\widehat{T})$ 是 $(X,\mathcal{B}(X),\mu,T)$ 的一个**拓扑模型** (topological model) 或**拓扑实现** (topological realization).

很早之前我们已经知道每个保测映射都有一个拓扑模型 (下面的定理参见文献 [200] 或者文献 [68]).

定理 7.5.1 任何可逆保测系统都存在一个拓扑模型.

Weiss 说明存在万有的拓扑模型: 证明了存在一个极小系统, 使得任何遍历系统都测度同构于这个极小系统上的某个测度系统. 具体讲, 即

定理 7.5.2 (Weiss[86, 209]) 存在一个可逆极小系统 $(\widehat{X},\widehat{T})$, 使得对任意的可逆非原子遍

① u.p.e. 的定义参见后面的定义 8.12.1.

② prime 系统指没有非平凡因子的系统. 例如, Chacón 系统为 prime.

历系统 $(X,\mathcal{B}(X),\mu,T)$, 存在 $\widehat{\mu}\in\mathcal{M}(\widehat{X},\widehat{T})$, 使得 $(\widehat{X},\mathcal{B}(\widehat{X}),\widehat{\mu},\widehat{T})$ 是 $(X,\mathcal{B}(X),\mu,T)$ 的一个拓扑模型.

在模型理论中最为著名的就是 Jewett-Krieger 定理. 它的证明比较复杂, 我们在此略去, 请参见文献 [211] 中 Weiss 给出的简化证明.

定理 7.5.3 (Jewett-Krieger[126, 146]) 任何可逆遍历系统都存在一个唯一遍历的极小的拓扑模型.

我们还可以在 Jewett-Krieger 定理基础上添加一些性质, 例如有下面的 Lehrer 定理. 这个定理在构造很多问题的反例时十分有用.

定理 7.5.4 (Lehrer[150]) 任何可逆非原子遍历系统都存在一个唯一遍历的极小强混合的拓扑模型.

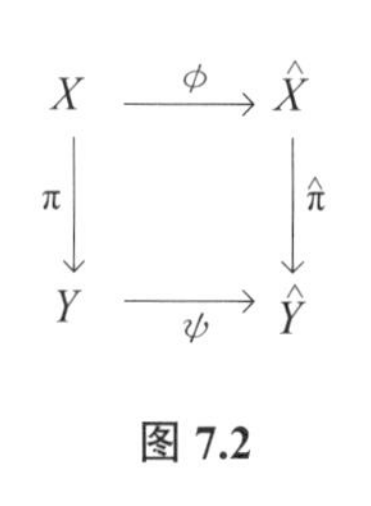

图 7.2

Weiss 还给出了 Jewett-Krieger 定理的相对化版本. 我们称 $\hat{\pi}:\hat{X}\to\hat{Y}$ 为因子映射 $\pi:(X,\mathcal{X},\mu,T)\to(Y,\mathcal{Y},\nu,S)$ 的拓扑实现或拓扑模型, 若 $\hat{\pi}$ 为拓扑因子映射, 并且存在测度同构 ϕ 和 ψ, 如图 7.2 所示, 即 $\hat{\pi}\phi=\psi\pi$. Weiss 于 1985 年将 Jewett-Krieger 定理推广到相对化的情况. 他证明了

定理 7.5.5 (Weiss[211]) 设 $\pi:(X,\mathcal{X},\mu,T)\to(Y,\mathcal{Y},\nu,S)$ 为 (测度) 因子映射, 其中 $(X,\mathcal{X},\mu,T)$ 为遍历的. 设 $(\hat{Y},\mathcal{B}(\hat{Y}),\hat{\nu},\hat{S})$ 为 $(Y,\mathcal{Y},\nu,T)$ 的唯一遍历模型, 那么 $(X,\mathcal{X},\mu,T)$ 存在唯一遍历模型 $(\hat{X},\mathcal{B}(\hat{X}),\hat{\mu},\hat{T})$ 以及拓扑因子映射 $\hat{\pi}:\hat{X}\to\hat{Y}$, 使得它为 $\pi:X\to Y$ 的模型.

7.6 注　记

测度空间的基本性质可以参见测度论的专著, 例如文献 [35]. 涉及关于凸集的结构的 Krein-Milman 定理等可以参见文献 [182, 171] 等. 更多关于唯一遍历及其应用的内容可以参见文献 [58, 68, 80, 211] 等. 关于拓扑模型理论方面的证明参见文献 [86, 80, 211].

拓扑动力系统与遍历理论密切相关, 关于介绍两者关联的综述性文章参见文献 [86, 120].

第 8 章　测度熵与拓扑熵

保测系统上熵的概念是由 Kolmogorov 在 1958 年给出的[140], 之后 Adler 等人在拓扑动力系统中引入了拓扑熵的定义[2]. 熵是到目前为止发现的极其重要的共轭不变量之一, 并得到广泛、深入的研究.

本章主要涉及熵的经典理论. 具体来说, 我们首先介绍测度熵, 给出其基本性质和拓扑熵的定义, 并研究它们的基本属性, 其中我们会重点介绍测度熵与拓扑熵的计算、熵的变分原理等. 然后介绍测度 Pinsker σ 代数和熵的 Pinsker 公式, 再次介绍测度 Kolmogorov 系统. 接着研究其基本属性并证明 Rohlin-Sinai 定理等. 最后我们简要介绍局部熵理论.

8.1　测　度　熵

1958 年 Kolmogorov[140] 借鉴 Shannon[189] 信息论中不确定性的描述在遍历理论中引入了测度熵的概念. 测度熵是重要的同构不变量, 它反映了保测系统的混乱程度.

8.1.1　一些关于剖分和 σ 代数的概念、符号

设 $(X,\mathcal{X},\mu)$ 为概率空间.

(1) 由 X 的有限个互不相交的可测集构成的 X 的覆盖, 我们称之为 X 的**有限可测剖分**. 确切地说, $\alpha=\{A_1,A_2,\cdots,A_n\}$ 是 X 的有限可测剖分, 如果 $A_i\in\mathcal{X}$, $A_i\cap A_j=\emptyset$ 对任意 $1\leqslant i\neq j\leqslant n$ 成立, 且 $\bigcup\limits_{i=1}^{n}A_i=X$.

(2) 对 X 的有限可测剖分 α, 我们用 $\hat{\alpha}$ 或者 $\sigma(\alpha)$ 表示由 α 生成的 σ 代数. 对 X 的剖分 α,β, 如果 $\sigma(\alpha)\subseteq\sigma(\beta)$, 我们就称 β 为 α 的**加细**, 记为 $\beta\succeq\alpha$ 或 $\alpha\preceq\beta$.

(3) 对于有限 σ 代数 $\mathcal{C}$, 记由 $\mathcal{C}$ 确定的剖分为 $\xi(\mathcal{C})$. 设 $\mathcal{C}=\{C_1,C_2,\cdots,C_n\}$, 那么 $\xi(\mathcal{C})$ 中的元形如 $B_1\cap B_2\cap\cdots\cap B_n$, 其中 $B_i=C_i$ 或 $X\setminus C_i$. 易见, 对于有限 σ 代数 $\mathcal{C}$ 和有限剖分 η, 有

$$\sigma(\xi(\mathcal{C}))=\mathcal{C},\quad \xi(\sigma(\eta))=\eta.$$

于是 $\mathcal{X}$ 的有限子 σ 代数与有限剖分 η 一一对应.

(1) 设 α,β 为 X 的剖分, 那么剖分的**交** (join) 定义为

$$\alpha\vee\beta=\{A\cap C:A\in\alpha,C\in\beta\}.$$

(2) 对 $\mathcal{X}$ 的两个子 σ 代数 $\mathcal{F}_1, \mathcal{F}_2$, 用 $\mathcal{F}_1 \vee \mathcal{F}_2$ 表示 $\mathcal{X}$ 的同时包含 $\mathcal{F}_1, \mathcal{F}_2$ 的最小子 σ 代数. 易见, 对于 σ 代数 $\mathcal{C}, \mathcal{D}$ 和剖分 α, β, 有

$$\xi(\mathcal{C} \vee \mathcal{D}) = \xi(\mathcal{C}) \vee \xi(\mathcal{D}), \quad \sigma(\alpha \vee \beta) = \sigma(\alpha) \vee \sigma(\beta).$$

为方便起见, 在本书中如果上下文没有歧义, 我们有时会混用剖分和其对应的 σ 代数. 例如, $\alpha \vee \mathcal{F}$ 表示 $\sigma(\alpha) \vee \mathcal{F}$.

(3) 设 $T: X \to X$ 为可测映射, $\alpha = \{A_1, A_2, \cdots, A_k\}$ 为可测剖分, $n \in \mathbb{N}$, 那么

$$T^{-n}\alpha = \{T^{-n}A_1, T^{-n}A_2, \cdots, T^{-n}A_k\}$$

仍为剖分. 设 $\mathcal{A}$ 为 $\mathcal{X}$ 的子 σ 代数, 那么

$$T^{-n}\mathcal{A} = \{T^{-n}A : A \in \mathcal{A}\}$$

仍为子 σ 代数.

8.1.2 剖分的熵

根据信息论和概率论, 我们有如下关于剖分熵的定义.

定义 8.1.1 设 $(X, \mathcal{X}, \mu)$ 为概率空间, $\alpha = \{A_1, A_2, \cdots, A_n\}$ 是 X 的有限可测剖分. 令

$$H_\mu(\alpha) = \sum_{j=1}^{n} -\mu(A_j) \log \mu(A_j).$$

称数 $H_\mu(\alpha)$ 为可测剖分 α 的**熵**.

显然, $H_\mu(\alpha) \in [0, +\infty)$. 进一步, 考虑函数 $\phi: [0,1] \to [0, +\infty)$,

$$\phi(t) = \begin{cases} -t \log t, & t > 0, \\ 0, & t = 0. \end{cases}$$

不难看出函数 ϕ 是严格凸函数, 即对满足 $\sum\limits_{i=1}^{k} p_i = 1$ 的 $p_i \geqslant 0$ 和 $t_i \in [0,1]$, 有

$$\phi\left(\sum_{i=1}^{k} p_i t_i\right) \geqslant \sum_{i=1}^{k} p_i \phi(t_i),$$

其中等号成立当且仅当所有满足 $p_i \neq 0$ 的 t_i 是彼此相等的.

注记 8.1.1 设 $(X, \mathcal{X}, \mu)$ 为概率空间.

(1) 设 $\mathcal{N} = \{X, \emptyset\}$, 那么 $H_\mu(\mathcal{N}) = 0$.

(2) 设 $\alpha = \{A_1, \cdots, A_k\}$ 为剖分, 并且 $\mu(A_1) = \mu(A_2) = \cdots = \mu(A_k) = 1/k$, 那么有

$$H_\mu(\hat{\alpha}) = -\sum_{i=1}^{k} \frac{1}{k} \log \frac{1}{k} = \log k.$$

用 ϕ 的凸性容易证明, 在元素个数为 k 的所有剖分中, $\log k$ 为熵的最大值.

(3) 设 $\mathcal{A}, \mathcal{C}$ 为有限子 σ 代数, 并且 $\mathcal{A} \underset{\mu}{=} \mathcal{C}$, 那么 $H_\mu(\mathcal{A}) = H_\mu(\mathcal{C})$.

(4) 设 $T: X \to X$ 保测, $\mathcal{A}$ 为有限子 σ 代数, 那么 $H_\mu(T^{-1}\mathcal{A}) = H_\mu(\mathcal{A})$.

8.1.3　条件期望与信息函数

设 $(X,\mathcal{X},\mu)$ 为概率空间. 我们把 $\mathcal{X}$ 中的元素称为 X 的**可测集**. 对 X 的一个有限可测剖分 $\alpha=\{A_1,A_2,\cdots,A_n\}$, 将 α 的**信息函数**定义为

$$I(\alpha)(x)=\sum_{j=1}^{n}-\mathbf{1}_{A_j}(x)\log\mu(A_j),$$

其中 $\mathbf{1}_{A_j}(x)$ 为 A_j 的特征函数.

更一般地, 对 $\mathcal{X}$ 的给定的子 σ 代数 $\mathcal{F}$, 可以定义相应的信息函数和条件熵.

定义 8.1.2　设 $(X,\mathcal{X},\mu)$ 为概率空间, $\alpha=\{A_1,A_2,\cdots,A_n\}$ 是 X 的有限可测剖分. 对 $\mathcal{X}$ 的给定的子 σ 代数 $\mathcal{F}$, 可测剖分 α 相对于 $\mathcal{F}$ 的**条件信息函数**定义为

$$I(\alpha|\mathcal{F})(x)=\sum_{j=1}^{n}-\mathbf{1}_{A_j}(x)\log\mathbb{E}(\mathbf{1}_{A_j}|\mathcal{F})(x),$$

这里 $\mathbb{E}(\mathbf{1}_{A_j}|\mathcal{F})$ 为函数 $\mathbf{1}_{A_j}$ 相对于 $\mathcal{F}$ 的数学期望. 有时也把 $I(\alpha|\mathcal{F})(x)$ 记为 $I^{\mathcal{F}}(\alpha)(x)$.

注记 8.1.2　(1) 设 $\mathcal{N}=\{\emptyset,X\}$ 为 $\mathcal{X}$ 的平凡子 σ 代数, 显然 $I(\alpha|\mathcal{N})=I(\alpha)$.

(2) 当 $\mathcal{F}=\mathcal{X}$ 时, 对于任意 $A\in\mathcal{X}$, 有 $\mathbb{E}(\mathbf{1}_A|\mathcal{F})=\mathbf{1}_A$, 从而 $I(\alpha|\mathcal{F})=0$.

对于 X 的有限可测剖分 $\alpha=\{A_1,A_2,\cdots,A_n\}$ 和 $\beta=\{B_1,B_2,\cdots,B_m\}$, 容易验证

$$I(\alpha|\hat{\beta})(x)=\sum_{i=1}^{n}\sum_{j=1}^{m}-\mathbf{1}_{A_i\cap B_j}(x)\log\frac{\mu(A_i\cap B_j)}{\mu(B_j)}.\tag{8.1}$$

由式 (8.1), 对 X 的有限可测剖分 α,β 和 γ, 容易验证

$$I(\alpha\vee\beta|\hat{\gamma})=I(\alpha|\hat{\gamma})+I(\beta|\hat{\alpha}\vee\hat{\gamma}).\tag{8.2}$$

下面我们将式 (8.2) 一般化.

命题 8.1.1　设 $(X,\mathcal{X},\mu)$ 为概率空间, α,β 为 X 的有限可测剖分, $\mathcal{F}$ 为 $\mathcal{X}$ 的子 σ 代数, 则对 μ-a.e. x, 有

$$I(\alpha\vee\beta|\mathcal{F})(x)=I(\alpha|\mathcal{F})(x)+I(\beta|\hat{\alpha}\vee\mathcal{F})(x).$$

证明　我们先证明: 对 $B\in\beta$, 作为 $L^1(X,\hat{\alpha}\vee\mathcal{F},\mu)$ 函数而言成立

$$\mathbb{E}(\mathbf{1}_B|\hat{\alpha}\vee\mathcal{F})(x)=\sum_{A\in\alpha}\mathbf{1}_A(x)\frac{\mathbb{E}(\mathbf{1}_{B\cap A}|\mathcal{F})(x)}{\mathbb{E}(\mathbf{1}_A|\mathcal{F})(x)}.\tag{8.3}$$

为此, 设 $A'\in\alpha$, $F\in\mathcal{F}$, 将特征函数 $\mathbf{1}_{A'\cap F}$ 与式 (8.3) 的右边项相乘, 再积分, 有

$$\begin{aligned}&\int_X\mathbf{1}_{A'\cap F}(x)\cdot\left(\sum_{A\in\alpha}\mathbf{1}_A(x)\frac{\mathbb{E}(\mathbf{1}_{B\cap A}|\mathcal{F})(x)}{\mathbb{E}(\mathbf{1}_A|\mathcal{F})(x)}\right)\mathrm{d}\mu(x)\\&=\int_F\mathbf{1}_{A'}(x)\frac{\mathbb{E}(\mathbf{1}_{B\cap A'}|\mathcal{F})(x)}{\mathbb{E}(\mathbf{1}_{A'}|\mathcal{F})(x)}\mathrm{d}\mu(x)\end{aligned}$$

$$
\begin{aligned}
&= \int_F \mathbb{E}\left(\mathbf{1}_{A'}\frac{\mathbb{E}(\mathbf{1}_{B\cap A'}|\mathcal{F})}{\mathbb{E}(\mathbf{1}_{A'}|\mathcal{F})}|\mathcal{F}\right)(x)\mathrm{d}\mu(x)\\
&= \int_F \mathbb{E}(\mathbf{1}_{A'}|\mathcal{F})(x)\cdot\mathbb{E}\left(\frac{\mathbb{E}(\mathbf{1}_{B\cap A'}|\mathcal{F})}{\mathbb{E}(\mathbf{1}_{A'}|\mathcal{F})}|\mathcal{F}\right)(x)\mathrm{d}\mu(x)\\
&= \int_X \mathbf{1}_F(x)\mathbb{E}(\mathbf{1}_{B\cap A'}|\mathcal{F})(x)\mathrm{d}\mu(x)\\
&= \int_X \mathbb{E}(\mathbf{1}_F\cdot\mathbf{1}_{B\cap A'}|\mathcal{F})(x)\mathrm{d}\mu(x)\\
&= \int_X \mathbf{1}_F(x)\cdot\mathbf{1}_{B\cap A'}(x)\mathrm{d}\mu(x) = \int_{A'\cap F}\mathbf{1}_B(x)\mathrm{d}\mu(x)\\
&= \int_{A'\cap F}\mathbb{E}(\mathbf{1}_B|\hat{\alpha}\vee\mathcal{F})(x)\mathrm{d}\mu(x)\\
&= \int_X \mathbf{1}_{A'\cap F}(x)\cdot\mathbb{E}(\mathbf{1}_B|\hat{\alpha}\vee\mathcal{F})(x)\mathrm{d}\mu(x).
\end{aligned}
$$

由于 A', F 是任意的, 从期望的定义即得式 (8.3).

现在在等式 (8.3) 两边取对数, 即得

$$
\log(\mathbb{E}(\mathbf{1}_B|\hat{\alpha}\vee\mathcal{F})(x)) = \sum_{A\in\alpha}\mathbf{1}_A(x)\left(\log(\mathbb{E}(\mathbf{1}_{B\cap A}|\mathcal{F})(x)) - \log(\mathbb{E}(\mathbf{1}_A|\mathcal{F})(x))\right).
$$

因此

$$
\begin{aligned}
I(\alpha\vee\beta|\mathcal{F})(x) &= -\sum_{A\in\alpha}\sum_{B\in\beta}\mathbf{1}_{A\cap B}(x)\log\mathbb{E}(\mathbf{1}_{A\cap B}|\mathcal{F})(x)\\
&= -\sum_{A\in\alpha}\sum_{B\in\beta}\mathbf{1}_A(x)\mathbf{1}_B(x)\log(\mathbb{E}(\mathbf{1}_A|\mathcal{F})(x)) - \sum_{B\in\beta}\mathbf{1}_B(x)\log(\mathbb{E}(\mathbf{1}_B|\hat{\alpha}\vee\mathcal{F})(x))\\
&= -\sum_{A\in\alpha}\mathbf{1}_A(x)\log(\mathbb{E}(\mathbf{1}_A|\mathcal{F})(x)) - \sum_{B\in\beta}\mathbf{1}_B(x)\log(\mathbb{E}(\mathbf{1}_B|\hat{\alpha}\vee\mathcal{F})(x))\\
&= I(\alpha|\mathcal{F})(x) + I(\beta|\hat{\alpha}\vee\mathcal{F})(x).
\end{aligned}
$$

这就完成了命题的证明. □

推论 8.1.1 设 $(X,\mathcal{X},\mu)$ 为概率空间, $\beta_1,\beta_2,\cdots,\beta_n$ 为有限可测剖分, 那么

$$
I\left(\bigvee_{j=1}^{n}\beta_j\right) = I(\beta_1) + \sum_{j=1}^{n-1}I(\beta_{j+1}|\hat{\beta}_1\vee\cdots\vee\hat{\beta}_j).
$$

8.1.4 熵的定义

定义 8.1.3 设 $(X,\mathcal{X},\mu)$ 为概率空间, $\alpha=\{A_1,A_2,\cdots,A_n\}$ 是 X 的有限可测剖分. 对 $\mathcal{X}$ 的给定的子 σ 代数 $\mathcal{F}$, 可测剖分 α 相对于 $\mathcal{F}$ 的**条件熵**定义为

$$
\begin{aligned}
H_\mu(\alpha|\mathcal{F}) &= \int_X I(\alpha|\mathcal{F})(x)\mathrm{d}\mu(x)\\
&= \sum_{j=1}^{n}\int_X -\mathbf{1}_{A_j}(x)\log\mathbb{E}(\mathbf{1}_{A_j}|\mathcal{F})\mathrm{d}\mu(x).
\end{aligned}
$$

由于

$$\mathbb{E}(I(\alpha|\mathcal{F})|\mathcal{F}) = \sum_{j=1}^{n} -\mathbb{E}(\mathbf{1}_{A_j}|\mathcal{F})\log \mathbb{E}(\mathbf{1}_{A_j}|\mathcal{F}) = \sum_{j=1}^{n} \phi(\mathbb{E}(\mathbf{1}_{A_j}|\mathcal{F})),$$

因此

$$\begin{aligned} H_\mu(\alpha|\mathcal{F}) &= \int_X I(\alpha|\mathcal{F})(x)\mathrm{d}\mu(x) = \int_X \mathbb{E}(I(\alpha|\mathcal{F})|\mathcal{F})\mathrm{d}\mu(x) \\ &= \sum_{j=1}^{n} \int_X \phi(\mathbb{E}(\mathbf{1}_{A_j}|\mathcal{F}))\mathrm{d}\mu(x). \end{aligned} \tag{8.4}$$

注记 8.1.3　(1) 设 $\mathcal{N} = \{\emptyset, X\}$ 为 $\mathcal{X}$ 的平凡子 σ 代数, 显然 $H_\mu(\alpha) = H_\mu(\alpha|\mathcal{N})$.

(2) 当 $\mathcal{F} = \mathcal{X}$ 时, 对于任意 $A \in \mathcal{X}$, 有 $\mathbb{E}(\mathbf{1}_A|\mathcal{F}) = \mathbf{1}_A$, 从而 $H_\mu(\alpha|\mathcal{F}) = 0$.

可测剖分 α 的条件熵具有以下性质:

命题 8.1.2　设 $(X, \mathcal{X}, \mu)$ 为概率空间. 对 X 的有限可测剖分 α, β 以及 $\mathcal{X}$ 的子 σ 代数 $\mathcal{F}, \mathcal{F}_1, \mathcal{F}_2$, 有:

(1) 如果 $\alpha = \{A_1, A_2, \cdots, A_k\}$, 则

$$H_\mu(\alpha|\mathcal{F}) \leqslant \log k.$$

等号成立当且仅当 $\mathbb{E}(\mathbf{1}_{A_i}|\mathcal{F}) \equiv 1/k$, $\forall i \in \{1, 2, \cdots, k\}$. 特别地, $H_\mu(\alpha) \leqslant \log k$ 且等号成立当且仅当 $\mu(A_i) = 1/k$, $\forall i \in \{1, 2, \cdots, k\}$.

(2) $H_\mu(\alpha \vee \beta|\mathcal{F}) = H_\mu(\alpha|\mathcal{F}) + H_\mu(\beta|\hat{\alpha} \vee \mathcal{F})$. 特别地, $H_\mu(\alpha \vee \beta) = H_\mu(\alpha) + H_\mu(\beta|\hat{\alpha})$.

(3) $H_\mu(\alpha|\mathcal{F}) = 0$ 成立当且仅当 α 为 $\mathcal{F}$ 可测的. 特别地, $H_\mu(\alpha|\beta) = 0$ 成立当且仅当 $\alpha \preceq \beta$.

(4) $\mathcal{F}_1 \subseteq \mathcal{F}_2 \Rightarrow H_\mu(\alpha|\mathcal{F}_1) \geqslant H_\mu(\alpha|\mathcal{F}_2)$.

(5) $\alpha \preceq \beta \Rightarrow H_\mu(\alpha|\mathcal{F}) \leqslant H_\mu(\beta|\mathcal{F})$. 特别地, $H_\mu(\alpha) \leqslant H_\mu(\beta)$.

(6) $H_\mu(\alpha \vee \beta|\mathcal{F}) \leqslant H_\mu(\alpha|\mathcal{F}) + H_\mu(\beta|\mathcal{F})$. 特别地, $H_\mu(\alpha \vee \beta) \leqslant H_\mu(\alpha) + H_\mu(\beta)$.

(7) 设 $T : (X, \mathcal{X}) \to (X, \mathcal{X})$ 为可测映射, 则

$$H_\mu(T^{-1}\alpha|T^{-1}\mathcal{F}) = H_{T\mu}(\alpha|\mathcal{F}).$$

如果 $(X, \mathcal{X}, \mu, T)$ 为保测系统, 则 $H_\mu(T^{-1}\alpha|T^{-1}\mathcal{F}) = H_\mu(\alpha|\mathcal{F})$.

证明　(1) 由于 ϕ 是区间 $[0, \infty)$ 上严格凸的函数, 因此

$$\begin{aligned} H_\mu(\alpha|\mathcal{F}) &= \int_X \sum_{j=1}^{k} \phi(\mathbb{E}(\mathbf{1}_{A_j}|\mathcal{F}))\mathrm{d}\mu(x) \\ &\leqslant \int_X k\phi\left(\sum_{j=1}^{k} \frac{1}{k}\mathbb{E}(\mathbf{1}_{A_j}|\mathcal{F})\right)\mathrm{d}\mu(x) \\ &= \int_X \log k\mathrm{d}\mu(x) = \log k. \end{aligned}$$

其中等号成立当且仅当 $\mathbb{E}(\mathbf{1}_{A_i}|\mathcal{F})\equiv 1/k$, $\forall i\in\{1,2,\cdots,k\}$. 这就证明了 (1).

(2) 由命题 8.1.1 知, 对 μ-a.e. x, $I(\alpha\vee\beta|\mathcal{F})(x)=I(\alpha|\mathcal{F})(x)+I(\beta|\hat{\alpha}\vee\mathcal{F})(x)$ 成立. 对上式两边积分, 即得

$$H_\mu(\alpha\vee\beta|\mathcal{F})=H_\mu(\alpha|\mathcal{F})+H_\mu(\beta|\hat{\alpha}\vee\mathcal{F}).$$

这就证明了 (2).

由 (2) 即得到 (5) 和 (6).

(3) 注意到 α 为 $\mathcal{F}$ 可测的当且仅当 $I(\alpha|\mathcal{F})=0$, 由式 (8.4) 即得.

(4) 设 $\alpha=\{A_1,A_2,\cdots,A_k\}$, 则

$$\begin{aligned}H_\mu(\alpha|\mathcal{F}_1)&=\sum_{i=1}^k\int_X\phi(\mathbb{E}(\mathbf{1}_{A_i}|\mathcal{F}_1)(x))\mathrm{d}\mu(x)=\sum_{i=1}^k\int_X\phi(\mathbb{E}(\mathbb{E}(\mathbf{1}_{A_i}|\mathcal{F}_2))|\mathcal{F}_1)(x))\mathrm{d}\mu(x)\\&\geqslant\sum_{i=1}^k\int_X\mathbb{E}(\phi(\mathbb{E}(\mathbf{1}_{A_i}|\mathcal{F}_2))|\mathcal{F}_1)(x))\mathrm{d}\mu(x)\quad(\text{Jensen 不等式})\\&=\sum_{i=1}^k\int_X\phi(\mathbb{E}(\mathbf{1}_{A_i}|\mathcal{F}_2)(x))\mathrm{d}\mu(x)=H_\mu(\alpha|\mathcal{F}_2).\end{aligned}$$

这就证明了 (4).

(7) 对可测函数 f,

$$\mathbb{E}(f\circ T|T^{-1}\mathcal{F})(x)=\mathbb{E}(f|\mathcal{F})(Tx),$$

对 μ-a.e. $x\in X$ 成立. □

注记 8.1.4 在上面的证明中, 我们用到了如下形式的 **Jensen 不等式**:

设 $f\in L^1(X,\mathcal{X},\mu)$, $0\leqslant f(x)\leqslant 1$, a.e., 以及 $\mathcal{A}\subseteq\mathcal{X}$ 为子 σ 代数. 又设 $\phi:[0,1]\to\mathbb{R}$ 为凸函数 (即 $\phi(px+(1-p)y)\geqslant p\phi(x)+(1-p)\phi(y), p\in[0,1]$), 那么

$$\phi(\mathbb{E}(f|\mathcal{A}))\geqslant\mathbb{E}(\phi(f)|\mathcal{A}).$$

定义 8.1.4 设 α,β 为 $(X,\mathcal{X},\mu)$ 的两个有限可测剖分, 称 α **独立于** β, 若

$$\mu(A\cap B)=\mu(A)\mu(B),\quad\forall A\in\alpha,B\in\beta.$$

此时, 记 $\alpha\perp_\mu\beta$.

命题 8.1.3 设 $(X,\mathcal{X},\mu,T)$ 为保测系统, α,β 为 X 的两个有限可测剖分. 以下性质彼此等价:

(1) α 独立于 β;

(2) $H_\mu(\alpha\vee\beta)=H_\mu(\alpha)+H_\mu(\beta)$;

(3) $H_\mu(\alpha|\hat{\beta})=H_\mu(\alpha)$.

证明 由命题 8.1.2 (2), 可知 (2) $\Leftrightarrow$ (3). 以下证明 (1) $\Leftrightarrow$ (3). 首先假设 (1) 成立, 即 $\alpha\perp_\mu\beta$, 则对任意 $A\in\alpha$, $B\in\beta$, $\mu(A\cap B)=\mu(A)\mu(B)$, 从而

$$I(\alpha|\hat{\beta})(x)=\sum_{A\in\alpha,B\in\beta}-\mathbf{1}_{A\cap B}(x)\log\frac{\mu(A\cap B)}{\mu(B)}$$

$$= \sum_{A\in\alpha, B\in\beta} -\mathbf{1}_{A\cap B}(x)\log\mu(A) = I(\alpha)(x).$$

这就说明 $H_\mu(\alpha|\hat{\beta}) = H_\mu(\alpha)$.

反之, 假设 $H_\mu(\alpha|\hat{\beta}) = H_\mu(\alpha)$. 应用式 (8.1), 对凸函数 $\phi(t) = -t\log t$, 有

$$0 = \sum_{A\in\alpha}\phi(\mu(A)) - \sum_{A\in\alpha}\sum_{B\in\beta}\mu(B)\phi\left(\frac{\mu(A\cap B)}{\mu(B)}\right). \tag{8.5}$$

由于 ϕ 是严格凸的, 对每个 $A\in\alpha$, 有

$$\phi(\mu(A)) \geqslant \sum_{B\in\beta}\mu(B)\phi\left(\frac{\mu(A\cap B)}{\mu(B)}\right), \tag{8.6}$$

且等号成立当且仅当 $\mu(A\cap B)/\mu(B) = \mu(A)$ 对 $B\in\beta, \mu(B)>0$ 成立.

现在结合式 (8.5) 和式 (8.6), 对 $A\in\beta$, 得到

$$\phi(\mu(A)) = \sum_{B\in\beta}\mu(B)\phi\left(\frac{\mu(A\cap B)}{\mu(B)}\right).$$

再注意到不等式 (8.6) 成立的条件, 对 $B\in\beta, \mu(B)>0$, 有

$$\frac{\mu(A\cap B)}{\mu(B)} = \mu(A).$$

这就证明了 $\alpha\perp_\mu\beta$. □

8.1.5　动力系统测度熵的定义

设 $(X,\mathcal{X},\mu,T)$ 为保测系统, α 为 X 的有限或可数可测剖分. 对整数 $m\leqslant n\in\mathbb{Z}$, 记

$$\alpha_m^n = \bigvee_{i=m}^{n} T^{-i}\alpha = T^{-m}\alpha\vee T^{-m+1}\alpha\vee\cdots\vee T^{-n}\alpha.$$

特别有

$$\alpha_0^{n-1} = \alpha\vee T^{-1}\alpha\vee\cdots\vee T^{-n+1}\alpha.$$

我们还常用下面的符号:

$$\alpha^- = \alpha_1^\infty = \bigvee_{n=1}^{+\infty} T^{-n}\alpha, \quad \alpha^T = \alpha_{-\infty}^\infty = \bigvee_{n=-\infty}^{\infty} T^{-n}\alpha,$$

其中 $\bigvee\limits_{n=1}^{+\infty} T^{-n}\alpha$ 表示 $\mathcal{X}$ 的包含 $\bigcup\limits_{n=1}^{\infty} T^{-n}\alpha$ 的最小子 σ 代数.

为定义动力系统的熵, 我们需要下面的引理:

引理 8.1.1　设 $\{a_n\}\subseteq\mathbb{R}$ 为次可加非负序列, 即

$$a_{m+n}\leqslant a_n + a_m,$$

那么

$$\lim_{n\to\infty}\frac{1}{n}a_n = \inf_n\frac{1}{n}a_n.$$

证明 设 $a=\inf\limits_{n\geqslant 1}(a_n/n)$. 固定 $\ell\geqslant 1$, 对每个 $m\in\mathbb{N}$, 存在 $k_m\in\mathbb{Z}_+$ 和 $r_m\in\{0,1,\cdots,\ell-1\}$, 使得 $m=k_m\ell+r_m$. 利用 $\{a_n\}$ 的次可加性, 可得

$$\frac{a_m}{m}\leqslant\frac{k_m a_\ell+a_{r_m}}{k_m\ell+r_m}.$$

再令 $m\to+\infty$, 便得 $\limsup\limits_{m\to\infty}\dfrac{a_m}{m}\leqslant\dfrac{a_\ell}{\ell}$. 由 ℓ 的任意性, 有

$$\limsup_{m\to\infty}\frac{a_m}{m}\leqslant\inf_{\ell\geqslant 1}\frac{a_\ell}{\ell}.$$

而相反方向的不等式是明显成立的. □

命题 8.1.4 设 $(X,\mathcal{X},\mu,T)$ 为保测系统. 对 X 的有限可测剖分 α, 序列 $H_\mu(\alpha_0^{n-1})$ 为次可加非负序列, 从而极限 $\lim\limits_{n\to+\infty}\dfrac{1}{n}H_\mu(\alpha_0^{n-1})$ 存在, 且

$$\lim_{n\to+\infty}\frac{1}{n}H_\mu(\alpha_0^{n-1})=\inf_{n\in\mathbb{N}}\frac{1}{n}H_\mu(\alpha_0^{n-1}).$$

证明 序列 a_n 的次可加性来自于以下不等式:

$$\begin{aligned}a_{n+m}&=H_\mu(\alpha\vee T^{-1}\alpha\vee\cdots\vee T^{-(n+m-1)}\alpha)\\&\leqslant H_\mu(\alpha\vee T^{-1}\alpha\vee\cdots\vee T^{-(n-1)}\alpha)+H_\mu(T^{-n}(\alpha\vee T^{-1}\alpha\vee\cdots\vee T^{-(m-1)}\alpha))\\&=a_n+a_m.\end{aligned}\tag{8.7}$$

于是

$$\lim_{n\to+\infty}\frac{1}{n}H_\mu(\alpha_0^{n-1})=\inf_{n\in\mathbb{N}}\frac{1}{n}H_\mu(\alpha_0^{n-1}).$$

证毕. □

根据上面的命题, 我们可以定义剖分的熵:

定义 8.1.5 设 $(X,\mathcal{X},\mu,T)$ 为保测系统. 对 X 的有限可测剖分 α, 用 $h_\mu(T,\alpha)$ 表示极限

$$\lim_{n\to+\infty}\frac{1}{n}H_\mu(\alpha_0^{n-1}),$$

且称 $h_\mu(T,\alpha)$ 为**剖分 α 相对于 T 的熵**.

定义 8.1.6 设 $(X,\mathcal{X},\mu,T)$ 为保测系统. 称

$$h_\mu(T)=\sup_\alpha h_\mu(T,\alpha)$$

为**系统 $(X,\mathcal{X},\mu,T)$ 的熵**, 其中 α 取遍 X 的有限可测剖分.

注记 8.1.5 设 $\pi:(X,\mathcal{X},\mu,T)\to(Y,\mathcal{Y},\nu,S)$ 为因子映射. 对 Y 的有限可测剖分 α, 容易验证 $h_\nu(S,\alpha)=h_\mu(T,\pi^{-1}\alpha)$. 从而从定义 8.1.6 知 $h_\mu(T)\geqslant h_\nu(S)$. 特别地, 当 π 为测度同构时, $h_\mu(T)=h_\nu(S)$. 这说明**测度熵是测度同构不变量.**

命题 8.1.5 设 $(X,\mathcal{X},\mu,T)$ 为保测系统, α,β 为有限可测剖分, 那么

$$h_\mu(T,\alpha)\leqslant h_\mu(T,\beta)+H_\mu(\alpha|\beta).$$

证明　首先, 我们有

$$\begin{aligned}H_\mu(\alpha_0^n) &\leqslant H_\mu(\alpha_0^n \vee \beta_0^n) = H_\mu(\beta_0^n) + H_\mu(\alpha_0^n|\beta_0^n)\\ &\leqslant H_\mu(\beta_0^n) + \sum_{j=0}^{n} H_\mu(T^{-j}\alpha|\beta_0^n)\\ &\leqslant H_\mu(\beta_0^n) + \sum_{j=0}^{n} H_\mu(T^{-j}\alpha|T^{-j}\beta)\\ &= H_\mu(\beta_0^n) + (n+1)H_\mu(\alpha|\beta).\end{aligned}$$

两边除以 $n+1$, 再趋向无穷即得命题. □

由此得到以下结论:

推论 8.1.2　设 $(X,\mathcal{X},\mu,T)$ 为保测系统, α,β 为有限可测剖分, 那么

$$|h_\mu(T,\alpha) - h_\mu(T,\beta)| \leqslant H_\mu(\beta|\alpha) + H_\mu(\alpha|\beta).$$

命题 8.1.6　对保测系统 $(X,\mathcal{X},\mu,T)$ 和每个 $m\in\mathbb{N}$, 有

$$h_\mu(T^m) = mh_\mu(T).$$

证明　对 X 的每个可测剖分 α, 不难算得

$$h_\mu(T^m,\alpha_0^{m-1}) = \lim_{k\to\infty}\frac{1}{k}H_\mu\left(\bigvee_{i=0}^{k-1} T^{-im}\alpha_0^{m-1}\right) = \lim_{k\to\infty}\frac{1}{k}H_\mu(\alpha_0^{km-1}) = mh_\mu(T,\alpha).$$

因此由定义, 可得

$$h_\mu(T^m) = \sup_\alpha h_\mu(T^m,\alpha_0^{m-1}) = m\sup_\alpha h_\mu(T,\alpha) = mh_\mu(T),$$

其中 α 取遍 X 的所有有限可测剖分. □

注记 8.1.6　当保测系统 $(X,\mathcal{X},\mu,T)$ 可逆时, 我们可以说明对 X 的每个可测剖分 α, $h_\mu(T,\alpha) = h_\mu(T^{-1},\alpha)$ 成立, 从而有

$$h_\mu(T^m) = |m|h_\mu(T),\quad m\in\mathbb{Z}.$$

习　题

1. 设保测系统 $(X,\mathcal{X},\mu,T)$ 为可逆的. 证明: 对 X 的每个可测剖分 α, $h_\mu(T,\alpha) = h_\mu(T^{-1},\alpha)$ 成立.

8.2 鞅定理、Kolmogorov-Sinai 定理及一些例子的计算

鞅理论是概率论的重要理论之一, 它在动力系统研究中也有着重要应用.

8.2.1 鞅定理

在介绍鞅定理之前, 我们先介绍一个很有用的引理, 此引理类似于著名的 Chebyshev 不等式①.

引理 8.2.1 (最大引理) 设 $(X,\mathcal{X},\mu)$ 是概率空间, $\mathcal{X}_1\subseteq\mathcal{X}_2\subseteq\cdots\subseteq\mathcal{X}_N\subseteq\mathcal{X}$ 为子 σ 代数列, $\lambda>0$, $f\in L^1(X,\mathcal{X},\mu)$. 令 $E=\{x\in X:\max\limits_{1\leqslant n\leqslant N}\mathbb{E}(f|\mathcal{X}_n)(x)>\lambda\}$, 那么

$$\mu(E)\leqslant\frac{1}{\lambda}\int_X|f|\mathrm{d}\mu=\frac{1}{\lambda}\|f\|_1.$$

证明 不失一般性, 假设 $f\geqslant 0$ (否则用 $f^+=\max\{f(x),0\}$ 代替 f). 设

$$E_n=\{x\in X:\mathbb{E}(f|\mathcal{X}_n)(x)>\lambda,\ \mathbb{E}(f|\mathcal{X}_i)(x)\leqslant\lambda\ (1\leqslant i\leqslant n-1)\},$$

那么有 $E_n\in\mathcal{X}_n$, $E_i\cap E_j=\emptyset\ (i\neq j)$, 且

$$E=E_1\cup\cdots\cup E_N.$$

于是

$$\int_E f\mathrm{d}\mu=\sum_{n=1}^N\int_{E_n}f\mathrm{d}\mu=\sum_{n=1}^N\int_{E_n}\mathbb{E}(f|\mathcal{X}_n)\mathrm{d}\mu\geqslant\sum_{n=1}^N\lambda\mu(E_n)=\lambda\mu(E).$$

进而有

$$\mu(E)\leqslant\frac{1}{\lambda}\int_X f\mathrm{d}\mu=\frac{1}{\lambda}\int_X|f|\mathrm{d}\mu.$$

证毕. □

定理 8.2.1 (递增鞅定理) 设 $(X,\mathcal{X},\mu)$ 为概率空间, $f\in L^1(X,\mathcal{X},\mu)$. 如果 $\{\mathcal{X}_n\}_{n=1}^\infty$ 为 $\mathcal{X}$ 的递增的子 σ 代数且满足 $\mathcal{X}_n\nearrow\mathcal{X}_\infty$ ($\mathcal{X}_\infty$ 为由 $\bigcup\limits_{n=1}^\infty\mathcal{X}_n$ 生成的 σ 代数), 则

$$\lim_{n\to+\infty}\mathbb{E}(f|\mathcal{X}_n)=\mathbb{E}(f|\mathcal{X}_\infty)$$

在 $L^1(\mu)$ 和 μ-a.e. 意义下同时成立.

---

① 对于 $f\in L^1(X,\mathcal{X},\mu)$, $\lambda>0$, Chebyshev 不等式为

$$\mu(\{x\in X:f(x)>\lambda\})\leqslant\frac{1}{\lambda}\int_X|f|\mathrm{d}\mu=\frac{\|f\|_1}{\lambda}.$$

证明　不失一般性, 设 $\mathcal{X}_\infty = \mathcal{X}$. 首先定理对于 $L^1(X,\mathcal{X},\mu)$ 的稠密子集 $\bigcup_{k=1}^{\infty} L^1(X,\mathcal{X}_k,\mu)$ 成立: 如果 $f \in L^1(X,\mathcal{X}_k,\mu)$, 那么 $\mathbb{E}(f|\mathcal{X}_n) = g$ $(\forall n \geqslant k)$. 证明的主体在于用稠密子集逼近一般的函数.

设 $f \in L^1(X,\mathcal{X},\mu)$. 对于任何取定的 $\varepsilon > 0$, 存在 $k \in \mathbb{N}$ 及 $g \in L^1(X,\mathcal{X}_k,\mu)$, 使得 $\|f-g\|_1 < \varepsilon$. 于是对于任何 $n \geqslant k$, $\mathbb{E}(g|\mathcal{X}_n) = g$, 进而

$$\begin{aligned}\|\mathbb{E}(f|\mathcal{X}_n) - f\|_1 &\leqslant \|\mathbb{E}(f|\mathcal{X}_n) - \mathbb{E}(g|\mathcal{X}_n)\|_1 + \|\mathbb{E}(g|\mathcal{X}_n) - g\|_1 + \|g-f\|_1 \\ &\leqslant 2\|f-g\|_1 < 2\varepsilon.\end{aligned}$$

所以

$$\limsup_{n\to\infty} \|\mathbb{E}(f|\mathcal{X}_n) - f\|_1 \leqslant 2\varepsilon.$$

因为 ε 任意, 故 $\lim\limits_{n\to\infty} \|\mathbb{E}(f|\mathcal{X}_n) - f\|_1 = 0$.

下面证明逐点收敛. 我们有

$$\begin{aligned}&\mu\left(\left\{x \in X : \limsup_{n\to\infty} |\mathbb{E}(f|\mathcal{X}_n)(x) - f(x)| > \varepsilon^{1/2}\right\}\right) \\ &\leqslant \mu\Bigg(\Bigg\{x \in X : \limsup_{n\to\infty} \big(|\mathbb{E}((f-g)|\mathcal{X}_n)(x) - (f-g)(x)| \\ &\qquad + |\mathbb{E}(g|\mathcal{X}_n)(x) - g(x)|\big) > \varepsilon^{1/2}\Bigg\}\Bigg) \\ &\leqslant \mu\left(\left\{x \in X : \limsup_{n\to\infty} \big(|\mathbb{E}((f-g)|\mathcal{X}_n)(x)| + |(f-g)(x)|\big) > \varepsilon^{1/2}\right\}\right) \\ &\leqslant \mu\left(\left\{x \in X : \limsup_{n\to\infty} |\mathbb{E}((f-g)|\mathcal{X}_n)(x)| > \frac{1}{2}\varepsilon^{1/2}\right\}\right) \\ &\qquad + \mu\left(\left\{x \in X : |(f-g)(x)| > \frac{1}{2}\varepsilon^{1/2}\right\}\right) \\ &\leqslant 2\frac{1}{\frac{1}{2}\varepsilon^{1/2}}\|f-g\|_1 \leqslant 4\varepsilon^{1/2},\end{aligned}$$

其中最后的不等号根据引理 8.2.1 及 Chebyshev 不等式得到. 因为 ε 任意, 所以

$$\mathbb{E}(f|\mathcal{X}_n)(x) \xrightarrow{\text{a.e.}} f(x), \quad n \to \infty.$$

证毕. □

定理 8.2.2 (递减鞅定理)　设 $(X,\mathcal{X},\mu)$ 为概率空间, $f \in L^1(X,\mathcal{X},\mu)$. 如果 $\{\mathcal{X}_n\}_{n=1}^{\infty}$ 为 $\mathcal{X}$ 的递减的子 σ 代数且满足 $\mathcal{X}_n \searrow \mathcal{X}_\infty = \bigcap_{n=1}^{\infty} \mathcal{X}_n$, 则

$$\lim_{n\to+\infty} \mathbb{E}(f|\mathcal{X}_n) = \mathbb{E}(f|\mathcal{X}_\infty)$$

在 $L^1(\mu)$ 和 μ-a.e. 意义下同时成立.

证明 因为对于取定的 $N \in \mathbb{N}$, $\mathcal{X}_N \subseteq \mathcal{X}_{N-1} \subseteq \cdots \subseteq \mathcal{X}_1$ 为递增的, 故根据引理 8.2.1, 对于 $f \in L^1(X, \mathcal{X}, \mu), \lambda > 0$, 有

$$\mu(\{x \in X : \sup_{1 \leqslant n \leqslant N} \mathbb{E}(f|\mathcal{X}_n)(x) > \lambda\}) \leqslant \frac{1}{\lambda}\|f\|_1.$$

令 $N \to \infty$, 得

$$\mu(\{x \in X : \sup_{1 \leqslant n \leqslant \infty} \mathbb{E}(f|\mathcal{X}_n)(x) > \lambda\}) \leqslant \frac{1}{\lambda}\|f\|_1,$$

$$\mu(\{x \in X : \limsup_{n \to \infty} \mathbb{E}(f|\mathcal{X}_n)(x) > \lambda\}) \leqslant \frac{1}{\lambda}\|f\|_1.$$

后面我们将用到这两个不等式.

设 $V_n = \mathrm{Ker}\mathbb{E}(\cdot|\mathcal{X}_n) = \{f \in L^1(X, \mathcal{X}, \mu) : \mathbb{E}(f|\mathcal{X}_n) = 0\}$, 则 $V_1 \subseteq V_2 \subseteq \cdots$. 令 $V_\infty = \mathrm{Ker}\mathbb{E}(\cdot|\mathcal{X}_\infty)$, 下证明 $\bigcup\limits_{n=1}^{\infty} V_n$ 在 V_∞ 中稠密, 进而

$$V = L^1(X, \mathcal{X}_\infty, \mu) + \bigcup_{n=1}^{\infty} V_n$$

在 $L^1(X, \mathcal{X}, \mu)$ 中稠密. 为了证明 $\bigcup\limits_{n=1}^{\infty} V_n$ 在 V_∞ 中稠密, 我们证明在 $\bigcup\limits_{n=1}^{\infty} V_n$ 上消失的泛函 J 也在 V_∞ 上消失即可.

设 $J : L^1(X, \mathcal{X}, \mu) \to \mathbb{C}$ 为 $\bigcup\limits_{n=1}^{\infty} V_n$ 上消失的泛函. 因为 $(L^1)^* = L^\infty$, 故存在 $h \in L^\infty(X, \mathcal{X}, \mu)$, 使得

$$J : L^1(X, \mathcal{X}, \mu) \to \mathbb{C},\ f \mapsto \int_X fh\mathrm{d}\mu.$$

因为 J 在 $\bigcup\limits_{n=1}^{\infty} V_n$ 上消失, 所以对于任何 $n \in \mathbb{N}$,

$$\int_X (f - \mathbb{E}(f|\mathcal{X}_n))h\mathrm{d}\mu = 0, \quad \forall f \in L^1(X, \mathcal{X}, \mu).$$

特别有

$$\int_X (h - \mathbb{E}(h|\mathcal{X}_n))h\mathrm{d}\mu = 0.$$

由此易得

$$\int_X (h - \mathbb{E}(h|\mathcal{X}_n))\mathbb{E}(h|\mathcal{X}_n)\mathrm{d}\mu = 0.$$

从而

$$\int_X (h - \mathbb{E}(h|\mathcal{X}_n))^2\mathrm{d}\mu = 0,$$

即 $h = \mathbb{E}(h|\mathcal{X}_n) \in L^\infty(X, \mathcal{X}_n, \mu)$. 因为 n 任意, 所以 $h \in L^\infty(X, \mathcal{X}_\infty, \mu)$. 于是, $\mathbb{E}(f|\mathcal{X}_\infty) = 0$ 蕴含

$$J(f) = \int_X fh\mathrm{d}\mu = \int_X \mathbb{E}(fh|\mathcal{X}_\infty)\mathrm{d}\mu = \int_X h\mathbb{E}(f|\mathcal{X}_\infty)\mathrm{d}\mu = 0,$$

即在 $\bigcup\limits_{n=1}^{\infty} V_n$ 上消失的泛函 J 也在 V_∞ 上消失, 也即 $\bigcup\limits_{n=1}^{\infty} V_n$ 在 V_∞ 中稠密.

注意, 需要证明的命题对于 V 上的函数成立. 下面用 V 上的函数逼近一般的函数. 设 $f\in L^1(X,\mathcal{X},\mu)$. 对于任何取定的 $\varepsilon>0$, 存在 $k\in\mathbb{N}$ 及 $g\in V$, 使得 $\|f-g\|_1<\varepsilon$. 于是对于任何 $n\geqslant k$, $\mathbb{E}(g|\mathcal{X}_n)=g$, 进而

$$\begin{aligned}&\|\mathbb{E}(f|\mathcal{X}_n)-\mathbb{E}(f|\mathcal{X}_\infty)\|_1\\&\quad\leqslant\|\mathbb{E}(f|\mathcal{X}_n)-\mathbb{E}(g|\mathcal{X}_n)\|_1+\|\mathbb{E}(g|\mathcal{X}_n)-\mathbb{E}(g|\mathcal{X}_\infty)\|_1+\|\mathbb{E}(g|\mathcal{X}_\infty)-\mathbb{E}(f|\mathcal{X}_\infty)\|_1\\&\quad\leqslant 2\|f-g\|_1+\|\mathbb{E}(g|\mathcal{X}_n)-\mathbb{E}(g|\mathcal{X}_\infty)\|_1.\end{aligned}$$

于是

$$\limsup_{n\to\infty}\|\mathbb{E}(f|\mathcal{X}_n)-\mathbb{E}(f|\mathcal{X}_\infty)\|_1\leqslant 2\|f-g\|_1\leqslant 2\varepsilon.$$

因为 ε 任意, 所以 $\lim\limits_{n\to\infty}\|\mathbb{E}(f|\mathcal{X}_n)-\mathbb{E}(f|\mathcal{X}_\infty)\|_1=0$.

下面证明逐点收敛. 首先, 我们有

$$\begin{aligned}&\mu\left(\left\{x\in X:\limsup_{n\to\infty}|\mathbb{E}(f|\mathcal{X}_n)(x)-\mathbb{E}(f|\mathcal{X}_\infty)(x)|>\varepsilon^{1/2}\right\}\right)\\&\quad\leqslant\mu\Bigg(\Bigg\{x\in X:\limsup_{n\to\infty}\big(|\mathbb{E}((f-g)|\mathcal{X}_n)(x)-\mathbb{E}((f-g)|\mathcal{X}_\infty)(x)|\\&\qquad+|\mathbb{E}(g|\mathcal{X}_n)(x)-\mathbb{E}(g|\mathcal{X}_\infty)(x)|\big)>\varepsilon^{1/2}\Bigg\}\Bigg)\\&\quad=\mu\left(\left\{x\in X:\limsup_{n\to\infty}\big(|\mathbb{E}((f-g)|\mathcal{X}_n)(x)-\mathbb{E}((f-g)|\mathcal{X}_\infty)(x)|\big)>\varepsilon^{1/2}\right\}\right)\\&\quad\leqslant\mu\left(\left\{x\in X:\limsup_{n\to\infty}|\mathbb{E}((f-g)|\mathcal{X}_n)(x)|>\frac{1}{2}\varepsilon^{1/2}\right\}\right)\\&\qquad+\mu\left(\left\{x\in X:|\mathbb{E}((f-g)|\mathcal{X}_\infty)(x)|>\frac{1}{2}\varepsilon^{1/2}\right\}\right)\\&\quad\leqslant 2\frac{1}{\frac{1}{2}\varepsilon^{1/2}}\|f-g\|_1\leqslant 4\varepsilon^{1/2},\end{aligned}$$

其中最后一个不等号用到了证明开始时得到的不等式和 Chebyshev 不等式. 因为 ε 任意, 所以

$$\mathbb{E}(f|\mathcal{X}_n)(x)\xrightarrow{\text{a.e.}}\mathbb{E}(f|\mathcal{X}_\infty)(x),\quad n\to\infty.$$

证毕. □

定理 8.2.3 (钟开莱定理) 设 $(X,\mathcal{X},\mu)$ 为概率空间, α 为可数可测剖分, 且 $H_\mu(\alpha)<\infty$. 又设 $\{\mathcal{X}_n\}_{n=1}^\infty$ 为递增的子 σ 代数列, 那么

$$\int_X\sup_{n\geqslant 1}I(\alpha|\mathcal{X}_n)\mathrm{d}\mu\leqslant H_\mu(\alpha)+1.\tag{8.8}$$

特别地, $f(x)=\sup\limits_{n\geqslant 1}I(\alpha|\mathcal{X}_n)(x)\in L^1(X,\mathcal{X},\mu)$.

如果 $\{\mathcal{X}_n\}_{n=1}^\infty$ 为递减的子 σ 代数列, 结果仍成立.

证明 设 α 为可数可测剖分, 且 $H_\mu(\alpha)<\infty$, $\{\mathcal{X}_n\}_{n=1}^{\infty}$ 为递增的子 σ 代数列. 令

$$f(x)=\sup_{n\geqslant 1} I(\alpha|\mathcal{X}_n)(x).$$

下面估计 $C(t)=\{x\in X: f(x)>t\}$ $(t\in\mathbb{R})$ 的测度.

取 $A\in\alpha$, 设 $g_n=\mu(A|\mathcal{X}_n)=\mathbb{E}(\mathbf{1}_A|\mathcal{X}_n)$. 于是对于 $x\in A$, 有 $I(\alpha|\mathcal{X}_n)(x)=-\log g_n(x)$. 根据定义, 由 $f(x)>t$, 可以推出存在 $n\in\mathbb{N}$, 使得 $g_n(x)<\mathrm{e}^{-t}$. 令

$$C_n=\{x\in X: g_k(x)\geqslant \mathrm{e}^{-t}\ (k<n),\ g_n(x)<\mathrm{e}^{-t}\ (k\geqslant n)\}.$$

则 $C_n\in\mathcal{X}_n$, $\{C_n\}_{n=1}^{\infty}$ 互不相交, 并且 $C\cap A\subseteq\bigcup\limits_{n=1}^{\infty}C_n$. 因为 C_n 为 $\mathcal{X}_n$ 可测的, 故

$$\mu(A\cap C_n)=\int_{C_n}\mathbf{1}_A\mathrm{d}\mu=\int_{C_n}g_n\mathrm{d}\mu<\mathrm{e}^{-t}\mu(C_n).$$

对 n 求和, 就得到

$$\mu(\{x\in A: f(x)>t\})\leqslant \mathrm{e}^{-t}.$$

于是

$$\mu(C(t))=\mu(\{x\in X: f(x)>t\})\leqslant\sum_{A\in\alpha}\min\{\mu(A),\mathrm{e}^{-t}\}.$$

设 $F(t)=\mu(C(t))$, 则

$$\begin{aligned}\int_X f\mathrm{d}\mu&=-\int_0^{\infty}t\mathrm{d}F(t)=[-tF(t)]_0^{\infty}+\int_0^{\infty}F(t)\mathrm{d}t\\&=\int_0^{\infty}\mu(\{x\in X: f(x)>t\})\mathrm{d}t\\&\leqslant\int_0^{\infty}\sum_{A\in\alpha}\min\{\mu(A),\mathrm{e}^{-t}\}\mathrm{d}t\\&=\sum_{A\in\alpha}\left(\int_0^{-\log\mu(A)}\mu(A)\mathrm{d}t+\int_{-\log\mu(A)}^{\infty}\mathrm{e}^{-t}\mathrm{d}t\right)\\&=H_\mu(\alpha)+\sum_{A\in\alpha}\mu(A)=H_\mu(\alpha)+1.\end{aligned}$$

以下设 $\{\mathcal{X}_n\}_{n=1}^{\infty}$ 为递减的子 σ 代数列. 对于每个 n, $\mathcal{X}_n\subseteq\mathcal{X}_{n-1}\subseteq\cdots\subseteq\mathcal{X}_1$ 为递增的. 设 $f_n(x)=\sup\limits_{1\leqslant j\leqslant n}I(\alpha|\mathcal{X}_j)$, 那么根据上面的结论, 有

$$\int_X f_n\mathrm{d}\mu\leqslant H_\mu(\alpha)+1.$$

于是 $f_n\in L^1(\mu)$, 并且 $f_n\nearrow f=\sup\limits_{n\geqslant 1}I(\alpha|\mathcal{X}_n)$. 根据单调收敛定理, 有

$$\int_X f_n\mathrm{d}\mu\to\int_X f\mathrm{d}\mu\leqslant H_\mu(\alpha)+1.$$

证毕. □

根据鞅定理和钟开莱定理, 就得到下面的结论:

定理 8.2.4　设 $(X,\mathcal{X},\mu)$ 为概率空间, α 为 X 的可数可测剖分, $H_\mu(\alpha)<\infty$.

(1) 如果 $\{\mathcal{X}_n\}_{n=1}^{\infty}$ 为 $\mathcal{X}$ 的递增的子 σ 代数且满足 $\mathcal{X}_n\nearrow\mathcal{X}_\infty$, 则

$$I(\alpha|\mathcal{X}_n)\to I(\alpha|\mathcal{X}_\infty),\quad n\to\infty$$

在 $L^1(\mu)$ 和 μ-a.e. 意义下同时成立. 进而 $H_\mu(\alpha|\mathcal{X}_n)\searrow H_\mu(\alpha|\mathcal{X}_\infty)$.

(2) 如果 $\{\mathcal{X}_n\}_{n=1}^{\infty}$ 为 $\mathcal{X}$ 的递减的子 σ 代数且满足 $\mathcal{X}_n\searrow\mathcal{X}_\infty$, 则

$$I(\alpha|\mathcal{X}_n)\to I(\alpha|\mathcal{X}_\infty),\quad n\to\infty$$

在 $L^1(\mu)$ 和 μ-a.e. 意义下同时成立. 进而 $H_\mu(\alpha|\mathcal{X}_n)\nearrow H_\mu(\alpha|\mathcal{X}_\infty)$.

推论 8.2.1　设 $(X,\mathcal{X},\mu)$ 为概率空间, ξ,η 为可数剖分, $H_\mu(\xi)<\infty,H_\mu(\eta)<\infty$, $\mathcal{A}$ 为子 σ 代数, 那么

$$\begin{aligned}I(\xi\vee\eta|\mathcal{A})&=I(\xi|\mathcal{A})+I(\eta|\widehat{\xi}\vee\mathcal{A}),\\ H_\mu(\xi\vee\eta|\mathcal{A})&=H_\mu(\xi|\mathcal{A})+H_\mu(\eta|\widehat{\xi}\vee\mathcal{A}).\end{aligned}$$

用有限递增子 σ 代数列去逼近 $\mathcal{A}$, 然后根据鞅定理证明结论. 请读者自己补充细节.

命题 8.2.1　设 $(X,\mathcal{X},\mu,T)$ 为保测系统. 对 X 的有限可测剖分 α,

$$h_\mu(T,\alpha)=H_\mu(\alpha|\alpha^-).$$

特别地, $h_\mu(T,\alpha)\leqslant H_\mu(\alpha)$.

证明　由于 $\lim\limits_{n\to\infty}H_\mu(\alpha|\bigvee\limits_{i=1}^{n-1}T^{-i}\alpha)=H_\mu(\alpha|\alpha^-)$ (参见定理 8.2.4(1)), 我们有

$$\begin{aligned}h_\mu(T,\alpha)&=\lim_{n\to\infty}\frac{1}{n}H_\mu(\alpha\vee T^{-1}\alpha\vee\cdots\vee T^{-(n-1)}\alpha)\\&=\lim_{n\to\infty}\frac{1}{n}\Big(H_\mu(\alpha)+H_\mu(\alpha|T^{-1}\alpha)+\cdots+H_\mu\Big(\alpha|\bigvee_{i=1}^{n-1}T^{-i}\alpha\Big)\Big)\\&=\lim_{n\to\infty}H_\mu\Big(\alpha|\bigvee_{i=1}^{n-1}T^{-i}\alpha\Big)\\&=H_\mu(\alpha|\alpha^-).\end{aligned}$$

证毕. □

8.2.2　Kolmogorov-Sinai 定理

我们需要一些更易于操作的方法去计算测度熵. 下面的定理 8.2.5以及 Kolmogorov-Sinai 定理给我们提供了一种易于操作的计算测度熵的办法.

定理 8.2.5 (Abramov 定理)　设 $(X,\mathcal{X},\mu,T)$ 为保测系统. 如果 X 的有限可测剖分序列 $\{\alpha_n\}_{n=1}^{\infty}$ 满足 $\alpha_1\preceq\alpha_2\preceq\cdots$ 且 $\hat{\alpha}_n\nearrow\mathcal{X}$, 则

$$h_\mu(T)=\lim_{n\to\infty}h_\mu(T,\alpha_n).$$

证明 对 X 的每个有限可测剖分 β 和 $n \in \mathbb{N}$,

$$
\begin{aligned}
h_\mu(T,\beta) &\leqslant h_\mu(T,\beta\vee\alpha_n) = \lim_{m\to\infty}\frac{1}{m}H_\mu\left(\bigvee_{i=0}^{m-1}T^{-i}(\beta\vee\alpha_n)\right)\\
&= \lim_{m\to\infty}\frac{1}{m}\left(H_\mu\left(\bigvee_{i=0}^{m-1}T^{-i}\alpha_n\right)+H_\mu\left(\bigvee_{i=0}^{m-1}T^{-i}\beta|\bigvee_{i=0}^{m-1}T^{-i}\alpha_n\right)\right)\\
&\leqslant \lim_{m\to\infty}\frac{1}{m}\left(H_\mu\left(\bigvee_{i=0}^{m-1}T^{-i}\alpha_n\right)+\sum_{i=0}^{m-1}H_\mu\left(T^{-i}\beta|T^{-i}\alpha_n\right)\right)\\
&= \lim_{m\to\infty}\frac{1}{m}\left(H_\mu\left(\bigvee_{i=0}^{m-1}T^{-i}\alpha_n\right)+mH_\mu\left(\beta|\alpha_n\right)\right) \quad (\text{利用命题 8.1.1 (7)})\\
&= h_\mu(T,\alpha_n)+H_\mu(\beta|\alpha_n),
\end{aligned}
\tag{8.9}
$$

在上面不等式中, 令 $n\to\infty$ 并利用鞅定理, 得到

$$
h_\mu(T,\beta)\leqslant \lim_{n\to\infty}h_\mu(T,\alpha_n)+H_\mu(\beta|\mathcal{X})=\lim_{n\to\infty}h_\mu(T,\alpha_n).
$$

由 β 的任意性, 得 $h_\mu(T)=\lim\limits_{n\to\infty}h_\mu(T,\alpha_n)$. □

定理 8.2.6 设 $(X,\mathcal{X},\mu,T)$ 和 $(Y,\mathcal{Y},\nu,S)$ 为两个保测系统, 则

$$
h_{\mu\times\nu}(T\times S)=h_\mu(T)+h_\nu(S).
$$

证明 分别取 X 和 Y 的递增有限可测剖分序列 $\{\alpha_n\}_{n=1}^\infty$ 和 $\{\beta_n\}_{n=1}^\infty$, 使得 $\hat{\alpha}_n\nearrow\mathcal{X}$ 且 $\hat{\beta}_n\nearrow\mathcal{Y}$, 则 $\{\alpha_n\times\beta_n\}_{n=1}^\infty$ 为 $X\times Y$ 的递增的有限可测剖分序列且满足 $\hat{\alpha}_n\times\hat{\beta}_n\nearrow\mathcal{X}\times\mathcal{Y}$. 利用定理 8.2.5, 有

$$
\begin{aligned}
h_{\mu\times\nu}(T\times S) &= \lim_{n\to\infty}h_{\mu\times\nu}(T\times S,\alpha_n\times\beta_n)\\
&= \lim_{n\to\infty}\lim_{m\to\infty}\frac{1}{m}H_{\mu\times\nu}\left(\bigvee_{i=0}^{m-1}(T\times S)^{-i}\alpha_n\times\beta_n\right)\\
&= \lim_{n\to\infty}\lim_{m\to\infty}\frac{1}{m}\left(H_\mu\left(\bigvee_{i=0}^{m-1}T^{-i}\alpha_n\right)+H_\nu\left(\bigvee_{i=0}^{m-1}S^{-i}\beta_n\right)\right)\\
&= \lim_{n\to\infty}(h_\mu(T,\alpha_n)+h_\nu(S,\beta_n))\\
&= h_\mu(T)+h_\nu(S).
\end{aligned}
$$

证毕. □

定理 8.2.7 (Kolmogorov-Sinai 定理) 设 $(X,\mathcal{X},\mu,T)$ 为保测系统. 如果有限可测剖分 α 满足 $\bigvee\limits_{i=0}^{\infty}T^{-i}\alpha=\mathcal{X}$ (此 α 称为**生成子**) ①, 则 $h_\mu(T)=h_\mu(T,\alpha)$.

证明 对 $k\in\mathbb{N}$, 有

$$
h_\mu(T,\alpha_0^{k-1})=\lim_{n\to+\infty}\frac{1}{n}H_\mu((\alpha_0^{k-1})_0^{n-1})=\lim_{n\to+\infty}\frac{1}{n}H_\mu(\alpha_0^{k+n-2})
$$

① 在可扩同胚的研究中也有生成子的概念, 请读者自己对比两者.

$$= \lim_{n\to+\infty} \frac{k+n-1}{n} \frac{1}{k+n-1} H_\mu(\alpha_0^{k+n-2}) = h_\mu(T,\alpha).$$

类似于不等式 (8.9), 对 X 的每个有限可测剖分 β 和 $n\in\mathbb{N}$, 有

$$h_\mu(T,\beta) \leqslant h_\mu(T,\alpha_0^{n-1}) + H_\mu(\beta|\alpha_0^{n-1}) = h_\mu(T,\alpha) + H_\mu(\beta|\alpha_0^{n-1}).$$

在上式中令 $n\to+\infty$, 利用鞅定理, 有

$$h_\mu(T,\beta) \leqslant h_\mu(T,\alpha) + H_\mu(\beta|\mathcal{X}) = h_\mu(T,\alpha).$$

因为 β 是任意的, 故 $h_\mu(T) = h_\mu(T,\alpha)$. □

注记 8.2.1 当保测系统 $(X,\mathcal{X},\mu,T)$ 可逆时, 我们把满足 $\bigvee_{i=-\infty}^{+\infty} T^{-i}\alpha = \mathcal{X}$ 的有限可测剖分 α 称为**生成子**. 此时, 同样可以证明: 如果有限可测剖分 α 为可逆保测系统 $(X,\mathcal{X},\mu,T)$ 的生成子, 则 $h_\mu(T) = h_\mu(T,\alpha)$. 容易看出, 具有生成子的保测系统的测度熵一定有限, 与之对应的是, 1970 年 W. Krieger[145] 证明了每个具有有限熵的遍历保测系统都存在生成子. 这个定理的证明比较困难, 我们在本书中不再介绍, 可参见文献 [80].

定理 8.2.8 (Krieger 生成子定理) 设 $(X,\mathcal{X},\mu,T)$ 为遍历系统. 如果 $h_\mu(T)<\infty$, 那么 T 有有限的生成子 $\xi=\{A_1,A_2,\cdots,A_n\}$, 其中 $\mathrm{e}^{h_\mu(T)} \leqslant n \leqslant \mathrm{e}^{h_\mu(T)+1}$.

8.2.3 一些例子

例 8.2.1 恒同映射 $\mathrm{id}:(X,\mathcal{X},\mu)\to(X,\mathcal{X},\mu)$ 的熵为零.

例 8.2.2 设 $T:\mathbb{T}\to\mathbb{T}, x\mapsto 2x \pmod 1$, $m_\mathbb{T}$ 为 $\mathbb{T}$ 上的 Haar 测度, 那么 $h_{m_\mathbb{T}}(T) = \log 2$.

证明 设 $\alpha=\{[0,1/2),[1/2,1)\}$, 则

$$\alpha_0^{n-1} = \left\{\left[\frac{i}{2^n},\frac{i+1}{2^n}\right) : i=0,1,\cdots,2^n-1\right\}.$$

于是 α 为生成子, 并且

$$\begin{aligned} H_{m_\mathbb{T}}\left(\bigvee_{i=0}^{n-1} T^{-i}\alpha\right) &= -\sum_{i=0}^{2^n-1} m_\mathbb{T}\left(\left[\frac{i}{2^n},\frac{i+1}{2^n}\right)\right)\log\left(m_\mathbb{T}\left(\left[\frac{i}{2^n},\frac{i+1}{2^n}\right)\right)\right) \\ &= -\sum_{i=0}^{2^n-1} \frac{1}{2^n}\log\frac{1}{2^n} \\ &= n\log 2. \end{aligned}$$

于是

$$h_{m_\mathbb{T}}(T) = h_{m_\mathbb{T}}(T,\alpha) = \lim_{n\to\infty}\frac{1}{n} H_{m_\mathbb{T}}(\alpha_0^{n-1}) = \log 2.$$

证毕. □

例 8.2.3 设 $T:\mathbb{T}\to\mathbb{T}, x\mapsto x+\alpha \pmod 1$ 为 $\mathbb{T}$ 上的旋转, $m_\mathbb{T}$ 为 $\mathbb{T}$ 上的 Haar 测度, 则 $h_{m_\mathbb{T}}(T)=0$.

证明 分两种情况:

(1) $\alpha = p/q$ 为有理数. 此时 $T^q = \text{id}$. 所以 $h_{m_{\mathbb{T}}}(T) = \dfrac{1}{q} h_{m_{\mathbb{T}}}(\text{id}) = 0$.

(2) α 为无理数. 设 $\xi = \{[0, 1/2), [1/2, 1)\}$. 因为 $\{1/2 + n\alpha \pmod 1\}_{n=0}^{\infty}$ 在 $[0, 1)$ 中稠密, 所以 ξ 为生成子, 并且 $\mathcal{B}(\mathbb{T}) = \xi_1^{\infty}$. 所以

$$h_{m_{\mathbb{T}}}(T) = h_{m_{\mathbb{T}}}(T, \xi) = \lim_{n\to\infty} H_{m_{\mathbb{T}}}(\xi|\xi_1^{\infty}) = H_{m_{\mathbb{T}}}(\xi|\mathcal{B}(\mathbb{T})) = 0.$$

无论哪种情况, 均得到 $h_{m_{\mathbb{T}}}(T) = 0$. □

例 8.2.4 设 $k \geqslant 2$, $\boldsymbol{p} = (p_0, p_1, \cdots, p_{k-1})$ 是一个概率向量. 若 $(\Sigma_k, \mathcal{B}(\Sigma_k), \mu_{\boldsymbol{p}}, \sigma)$ 为双边 $\boldsymbol{p}$ 转移系统, 则

$$h_{\mu_{\boldsymbol{p}}}(\sigma) = -\sum_{j=0}^{k-1} p_j \log p_j.$$

证明 设 $\alpha = \{{}_0[j]_0 : 0 \leqslant j \leqslant k-1\}$, 则 α 为 Σ_k 的有限可测剖分, 且

$$\bigvee_{i=-\infty}^{\infty} \sigma^{-i}\alpha = \mathcal{B}(\Sigma_k).$$

由于 $\alpha_0^{n-1} \perp_{\mu_{\boldsymbol{p}}} \sigma^{-n}\alpha$ 对任意 $n \in \mathbb{N}$ 成立, 利用命题 8.1.3, 有

$$h_{\mu_{\boldsymbol{p}}}(T, \alpha) = \lim_{n\to+\infty} \frac{1}{n} H_{\mu_{\boldsymbol{p}}}(\alpha_0^{n-1}) = H_{\mu_{\boldsymbol{p}}}(\alpha) = -\sum_{j=0}^{k-1} p_j \log p_j.$$

由注记 8.2.1, 可得

$$h_{\mu_{\boldsymbol{p}}}(\sigma) = h_{\mu_{\boldsymbol{p}}}(\sigma, \alpha) = -\sum_{j=0}^{k-1} p_j \log p_j.$$

证毕. □

例 8.2.5 设 $I = [0, 1]$ 为区间, $X = I^{\mathbb{Z}}$, μ 为其上的乘积测度, $T : X \to X$ 为转移映射, 那么 $h_\mu(T) = \infty$.

证明 对 $n \in \mathbb{N}, 1 \leqslant i \leqslant n-1$, 设

$$A_{n,i} = \left\{x = (x_j)_{j\in\mathbb{Z}} \in X : \frac{i-1}{n} \leqslant x_0 < \frac{i}{n}\right\},$$
$$A_{n,n} = \left\{x = (x_j)_{j\in\mathbb{Z}} \in X : \frac{n-1}{n} \leqslant x_0 \leqslant 1\right\}.$$

则 $\xi_n = \{A_{n,1}, \cdots, A_{n,n}\}$ 为 X 的剖分, 且 $\mu(A_{n,j}) = 1/n$ $(1 \leqslant i \leqslant n)$. 类似于上面例子的计算, 有 $h_\mu(T, \xi_n) = \log n$. 于是

$$h_\mu(T) \geqslant h_\mu(T, \xi_n) \geqslant \log n, \quad \forall n \in \mathbb{N},$$

即 $h_\mu(T) = \infty$. □

例 8.2.6 (Markov 转移) 双 (单) 边 $(\boldsymbol{p}, P)$-Markov 转移的熵为

$$h_\mu(\sigma) = -\sum_{i,j=0}^{k-1} p_i p_{ij} \log p_{ij}.$$

证明 设 $\alpha = \{A_j : 0 \leqslant j \leqslant k-1\}$, 其中 $A_j = {}_0[j]_0$, 则 α 为 $(\Sigma_k, \mathcal{B}(\Sigma_k), \mu, \sigma)$ 的有限可测剖分且为生成子. 于是 α_0^{n-1} 中的元形如

$$A_{i_0} \cap \sigma^{-1} A_{i_1} \cap \cdots \cap \sigma^{-(n-1)} A_{i_{n-1}} =_0 [i_0 i_1 \cdots i_{n-1}]_{n-1},$$

其测度为 $p_{i_0} p_{i_0 i_1} \cdots p_{i_{n-2} i_{n-1}}$. 于是

$$\begin{aligned} H_\mu\left(\bigvee_{i=0}^{n-1} \sigma^{-i}\alpha\right) &= -\sum_{i_0,\cdots,i_{n-1}=0}^{k-1} p_{i_0} p_{i_0 i_1} \cdots p_{i_{n-2} i_{n-1}} \log(p_{i_0} p_{i_0 i_1} \cdots p_{i_{n-2} i_{n-1}}) \\ &= -\sum_{i_0,\cdots,i_{n-1}=0}^{k-1} p_{i_0} p_{i_0 i_1} \cdots p_{i_{n-2} i_{n-1}} (\log p_{i_0} + \log p_{i_0 i_1} + \cdots + \log p_{i_{n-2} i_{n-1}}) \\ &= -\sum_{i_0=0}^{k-1} p_{i_0} \log p_{i_0} - (n-1) \sum_{i,j=0}^{k-1} p_i p_{ij} \log p_{ij}. \end{aligned}$$

此处我们用了 $\sum\limits_{i=0}^{k-1} p_i p_{ij} = p_j$ 和 $\sum\limits_{j=0}^{k-1} p_{ij} = 1$. 于是 $h_\mu(\sigma) = -\sum\limits_{i,j=0}^{k-1} p_i p_{ij} \log p_{ij}$. □

习 题

1. 证明公式 (8.2).

2. 设 $(X, \mathcal{X}, \mu, T)$ 为保测系统, α 为 X 的有限可测剖分. 证明: $\dfrac{1}{n} H_\mu(\alpha_0^n)$ 关于 n 单调递减. 因此 $h_\mu(T, \alpha) = \lim\limits_{n\to\infty} \dfrac{1}{n} H_\mu(\alpha_0^n)$.

3. 设 $(X, \mathcal{X}, \mu, T)$ 为保测系统. 如果 α 为 X 的有限可测剖分, 证明: $h_\mu(T, \alpha) \leqslant |\alpha|_\mu$, 其中 $|\alpha|_\mu = \mathrm{Card}\{A \in \alpha : \mu(A) > 0\}$.

4. 设 $(X, \mathcal{X}, \mu, T)$ 为保测系统. 如果存在有限可测剖分 α 满足 $\alpha^- = \mathcal{X}$ (此 α 称为**强生成子**), 证明: $h_\mu(T) = 0$.

8.3 Shannon-McMillan-Breiman 定理

Shannon-McMillan-Breiman 定理是熵理论的一个重要定理. 根据它也可定义测度熵.

引理 8.3.1 (Breiman 引理) 设 $(X, \mathcal{X}, \mu, T)$ 为保测系统, $g_n, g \in L^1(\mu), \forall n \in \mathbb{N}$, 且 $g_n \to g, n \to \infty$ a.e.. 如果

$$\int_X \sup_{n\in\mathbb{N}} |g_n| \mathrm{d}\mu < \infty,$$

那么

$$\lim_{N\to\infty}\frac{1}{N}\sum_{n=0}^{N-1}g_n(T^nx)=\mathbb{E}(g|\mathcal{I}),$$

其中收敛为 a.e. 且在 $L^1(\mu)$ 意义下, $\mathcal{I}$ 为不变集组成的 σ 代数.

证明 由遍历定理, 有

$$\lim_{n\to\infty}\frac{1}{n}\sum_{j=0}^{n-1}g(T^jx)=\mathbb{E}(g|\mathcal{I}),$$

其中收敛为 a.e. 且在 $L^1(\mu)$ 意义下. 因为

$$\frac{1}{n}\sum_{j=0}^{n-1}g_j(T^jx)=\frac{1}{n}\sum_{j=0}^{n-1}g(T^jx)+\frac{1}{n}\sum_{j=0}^{n-1}(g_j(T^jx)-g(T^jx)),$$

所以仅需证明

$$\lim_{n\to\infty}\frac{1}{n}\sum_{j=0}^{n-1}|g_j(T^jx)-g(T^jx)|=0.$$

设

$$G_n=\sup_{j\geqslant n}|g_j(x)-g(x)|\leqslant\sup_{j\geqslant n}(|g_j(x)|+|g(x)|).$$

根据 Lebesgue 控制收敛定理, 易有 $\lim\limits_{n\to\infty}\int_X G_n\mathrm{d}\mu=0$, 特别有 $\lim\limits_{n\to\infty}\mathbb{E}(G_n|\mathcal{I})=0$. 取 $N,n\in\mathbb{N}$, 使得 $n>N+1$. 注意有不等式

$$\begin{aligned}&\frac{1}{n}\sum_{j=0}^{n-1}|g_j(T^jx)-g(T^jx)|\\&\leqslant\frac{1}{n}\sum_{j=0}^{N-1}|g_j(T^jx)-g(T^jx)|+\frac{n-N-1}{n}\left(\frac{1}{n-N-1}\sum_{j=0}^{n-N-1}G_N(T^j(T^Nx))\right).\end{aligned}$$

于是

$$\lim_{n\to\infty}\frac{1}{n}\sum_{j=0}^{n-1}|g_j(T^jx)-g(T^jx)|\leqslant 0+\mathbb{E}(G_N|\mathcal{I}).$$

其中收敛为 a.e. 且在 $L^1(\mu)$ 意义下. 再由 $\lim\limits_{N\to\infty}\mathbb{E}(G_N|\mathcal{I})=0$, 就得到需要的结论. □

注记 8.3.1 根据同样的证明, 有

$$\lim_{N\to\infty}\frac{1}{N}\sum_{n=0}^{N-1}g_{N-n-1}(T^nx)=\mathbb{E}(g|\mathcal{I}).$$

定理 8.3.1 (Shannon-McMillan-Breiman 定理) 设 $(X,\mathcal{X},\mu,T)$ 为保测系统, α 为可数可测剖分且 $H_\mu(\alpha)<\infty$. 设 $g(x)=I\left(\alpha|\bigvee\limits_{n=1}^{\infty}T^{-n}\hat{\alpha}\right)=I(\alpha|\hat{\alpha}^-)$, 那么

$$\lim_{N\to\infty}\frac{1}{N}I(\alpha_0^{N-1})=\mathbb{E}(g|\mathcal{I}),$$

其中收敛为 a.e. 且在 $L^1(\mu)$ 意义下,

$$\lim_{N\to\infty}\frac{1}{N}H_\mu(\alpha_0^{N-1})=H_\mu(\alpha|\hat{\alpha}^-)=h_\mu(T,\alpha).$$

若 T 为遍历的, 则有

$$\lim_{N\to\infty}\frac{1}{N}I(\alpha_0^{N-1})=H_\mu(\alpha|\hat{\alpha}^-)=h_\mu(T,\alpha),$$

其中收敛为 a.e. 且在 $L^1(\mu)$ 意义下.

证明　对 $k\in\mathbb{N}$, 设 $g_k(x)=I(\alpha|\hat{\alpha}_1^k)(x)$, $g_0(x)=I(\alpha)(x)$, 则

$$\begin{aligned}
I(\alpha_0^{N-1}) &= I\left(\alpha\vee T^{-1}\alpha\vee\cdots\vee T^{N-1}\alpha\right)\\
&= I\left(\alpha|\bigvee_{n=1}^{N-1}T^{-n}\hat{\alpha}\right)+I\left(\bigvee_{n=0}^{N-2}T^{-n}\alpha\right)\circ T\\
&= g_{N-1}+g_{N-2}\circ T+I\left(\bigvee_{n=0}^{N-3}T^{-n}\alpha\right)\circ T^2\\
&= g_{N-1}+g_{N-2}\circ T+\cdots+g_0\circ T^{N-1}\\
&= \sum_{n=0}^{N-1}g_{N-n-1}(T^nx).
\end{aligned}$$

由鞅定理和钟开莱定理, 可知 $g_k(x)=I(\alpha|\hat{\alpha}_1^k)(x)\to I(\alpha|\hat{\alpha}^-)(x)=g(x)$ $(k\to\infty)$, 且

$$\int_X\sup g_k\mathrm{d}\mu=\int_X g\mathrm{d}\mu<H_\mu(\alpha)+1<\infty.$$

根据 Breiman 引理及注记 8.3.1, 有

$$\lim_{N\to\infty}\frac{1}{N}\sum_{n=0}^{N-1}g_n(T^nx)=\mathbb{E}(g|\mathcal{I}),$$

其中收敛为 a.e. 且在 $L^1(\mu)$ 意义下. 证明剩余部分是简单的. □

推论 8.3.1　设 $(X,\mathcal{X},\mu,T)$ 为遍历系统, α 为可数剖分且 $H_\mu(\alpha)<\infty$. 对于任何 $\varepsilon>0,\delta>0$, 存在 $N=N(\varepsilon,\delta)\in\mathbb{N}$, 使得当 $n\geqslant N$ 时, 有

(1) α_0^{n-1} 中的元素分成 $\mathcal{F},\mathcal{G}$ 两类, 使得

(a) $\mu\left(\bigcup_{B\in\mathcal{F}}B\right)<\delta$;

(b) $\mathrm{e}^{-n(h_\mu(T,\alpha)+\varepsilon)}\leqslant\mu(A)\leqslant\mathrm{e}^{-n(h_\mu(T,\alpha)-\varepsilon)}$, $\forall A\in\mathcal{G}$.

(2) 存在 α_0^{n-1} 可测集 $E=E(\varepsilon)$, $\mu(E)<\delta$, 并且包含在 $X\setminus E$ 中 α_0^{n-1} 的元素总数 M 满足

$$\mathrm{e}^{n(h_\mu(T,\alpha)-\varepsilon)}\leqslant M\leqslant\mathrm{e}^{n(h_\mu(T,\alpha)+\varepsilon)}.$$

习　　题

1. 完成上面推论 8.3.1的证明.

2. 设 $(X, \mathcal{X}, \mu, T)$ 为遍历系统, α 为可数可测剖分且 $H_\mu(\alpha) < \infty$. 对于 $x \in X$, 设 $\alpha_n(x)$ 为剖分 $\bigvee_{i=0}^{n-1} T^{-i}\alpha$ 中包含 x 的元素, ν 为 $(X, \mathcal{X})$ 上另外一个概率测度, 且存在 $0 < C_1 < C_2$, 使得 $C_1\nu(A) < \mu(A) < C_2\nu(A), \forall A \in \mathcal{X}$. 证明: 对于 ν 几乎处处的 $x \in X$, 有

$$\lim_{n\to\infty}\left(-\frac{\log \nu(\alpha_n(x))}{n}\right) = h_\mu(T, \alpha).$$

3. 设 $([0,1], \mathcal{B}([0,1]), \mu, T)$ 为连分数系统, 其中 μ 为 Gauss 测度. 证明:

$$h_\mu(T) = \frac{\pi^2}{6\log 2}.$$

8.4　拓　扑　熵

在本节中, 我们将介绍拓扑动力系统中一个重要的不变量——拓扑熵. 它是由 Adler, Konheim 和 McAndrew [2] 于 1965 年首先引入的, 后来 Dinabury [53] 和 Bowen [39] 使用分离集和张成集给出了一个新的等价定义. 拓扑熵在拓扑动力系统共轭分类中扮演了相当重要的角色, 反映了拓扑动力系统的复杂性程度.

8.4.1　开覆盖的定义方式

设 X 为非空集合. 我们通常用花写字母 $\mathcal{U}, \mathcal{V}$ 等来表示 X 的覆盖. 设 $\mathcal{U}, \mathcal{V}$ 为 X 的两个覆盖, $\mathcal{U}$ 和 $\mathcal{V}$ 的**交** $\mathcal{U} \vee \mathcal{V}$ 定义为

$$\mathcal{U} \vee \mathcal{V} = \{U \cap V : U \in \mathcal{U}, V \in \mathcal{V}\},$$

它仍为 X 的覆盖. 类似地, 我们可以定义有限个覆盖 $\mathcal{U}_1, \cdots, \mathcal{U}_n$ 的**交** $\mathcal{U}_1 \vee \cdots \vee \mathcal{U}_n$. 设 $T : X \to X$ 为映射, $\mathcal{U}$ 为 X 的覆盖, 定义

$$T^{-1}\mathcal{U} = \{T^{-1}U : U \in \mathcal{U}\}.$$

显然, $T^{-1}\mathcal{U}$ 仍为 X 的覆盖. 一般来说, 对两个非负整数 m, n $(n \geqslant m)$, 可以定义

$$\mathcal{U}_m^n = \bigvee_{j=m}^{n} T^{-j}\mathcal{U}.$$

特别地, 对 $n \geqslant 1$, 有

$$\mathcal{U}_0^{n-1} = \mathcal{U} \vee T^{-1}\mathcal{U} \vee \cdots \vee T^{-(n-1)}\mathcal{U}.$$

设 $\mathcal{U},\mathcal{V}$ 为 X 的两个覆盖. 如果对每个 $V\in\mathcal{V}$, 能找到某个 $U\in\mathcal{U}$, 使得 $V\subseteq U$, 则称 $\mathcal{V}$ 为 $\mathcal{U}$ 的**加细**, 记为 $\mathcal{V}\succeq\mathcal{U}$ 或 $\mathcal{U}U\preceq\mathcal{V}$. 特别地, 如果 $\mathcal{V}$ 的每个元素均为 $\mathcal{U}$ 中的元素, 则称 $\mathcal{V}$ 为 $\mathcal{U}$ 的**子覆盖**. 显然, 此时 $\mathcal{V}\succeq\mathcal{U}$.

定义 8.4.1　设 $\mathcal{U}$ 为非空集合 X 的覆盖, 用 $N(\mathcal{U})$ 表示 $\mathcal{U}$ 的所有子覆盖中具有最少元素个数的子覆盖的元素个数. 当 $\mathcal{U}$ 没有有限子覆盖时, 约定 $N(\mathcal{U})=+\infty$.

易见, 当 X 为紧度量空间且 $\mathcal{U}$ 为 X 的开覆盖时, $N(\mathcal{U})$ 为有限数. 为方便起见, 对覆盖 $\mathcal{U}$, 记

$$H(\mathcal{U})=\log N(\mathcal{U}).$$

性质 8.4.1　设 X 为一非空集合, $\mathcal{U},\mathcal{V}$ 为 X 的两个覆盖, 则

(1) $H(\mathcal{U})\geqslant 0$;

(2) 如果 $\mathcal{V}\succeq\mathcal{U}$, 则 $H(\mathcal{V})\geqslant H(\mathcal{U})$;

(3) $H(\mathcal{U}\vee\mathcal{V})\leqslant H(\mathcal{U})+H(\mathcal{V})$;

(4) 对任意映射 $T:X\to X$, 有 $H(\mathcal{U})\geqslant H(T^{-1}\mathcal{U})$, 进而当 T 为满射时, $H(\mathcal{U})=H(T^{-1}\mathcal{U})$.

证明　由定义, (1), (2) 和 (4) 是明显成立的.

以下证明 (3). 当 $H(\mathcal{U})=+\infty$ 或 $H(\mathcal{V})=+\infty$ 时, (3) 是明显成立的. 现假设 $\{U_1,\cdots,U_{N(\mathcal{U})}\}$ 和 $\{V_1,\cdots,V_{N(\mathcal{V})}\}$ 分别为 $\mathcal{U}$ 和 $\mathcal{V}$ 的具有最少元素个数的子覆盖. 则

$$\{U_i\cap V_j:1\leqslant i\leqslant N(\mathcal{U}),1\leqslant j\leqslant N(\mathcal{V})\}$$

为 $\mathcal{U}\vee\mathcal{V}$ 的子覆盖, 从而

$$N(\mathcal{U}\vee\mathcal{V})\leqslant N(\mathcal{U})N(\mathcal{V}).$$

证毕. □

命题 8.4.1　设 X 为非空集合, $T:X\to X$ 为映射, $\mathcal{U}$ 为 X 的覆盖, 则非负序列 $a_n=H(\mathcal{U}_0^{n-1})$ 具有次可加性, 即 $a_{m+n}\leqslant a_m+a_n$ $(\forall m,n\geqslant 1)$. 进而极限

$$\lim_{n\to\infty}\frac{1}{n}H(\mathcal{U}_0^{n-1})=\inf_{n\geqslant 1}\frac{1}{n}H(\mathcal{U}_0^{n-1}),$$

将该极限称为 $\mathcal{U}$ 相对于 T 的**组合熵**, 记为 $h_{\mathrm{c}}(T,\mathcal{U})$.

当 (X,T) 为动力系统且 $\mathcal{U}$ 为 X 的开覆盖时, 以上方式定义的 $h_{\mathrm{c}}(T,\mathcal{U})$ 称为 $\mathcal{U}$ 相对于 T 的**拓扑熵**, 记为 $h_{\mathrm{top}}(T,\mathcal{U})$.

证明　对 $m,n\geqslant 1$, 由性质 8.4.1 (3) 和 (4), 有

$$\begin{aligned}a_{m+n}&=H\left(\bigvee_{i=0}^{m+n-1}T^{-i}\mathcal{U}\right)\\&\leqslant H\left(\bigvee_{i=0}^{n-1}T^{-i}\mathcal{U}\right)+H\left(T^{-n}\left(\bigvee_{j=0}^{m-1}T^{-j}\mathcal{U}\right)\right)\\&\leqslant a_n+a_m.\end{aligned}$$

这说明 $\{a_n\}$ 为次可加非负序列. 这就完成了命题的证明. □

从性质 8.4.1 和命题 8.4.1, 不难得到

性质 8.4.2 设 X 为非空集合, $T: X \to X$ 为映射, 则对 X 的任意两个覆盖 $\mathcal{U}$ 和 $\mathcal{V}$, 有

(1) $H(\mathcal{U}) \geqslant h_c(T,\mathcal{U}) \geqslant 0$;

(2) 如果 $\mathcal{V} \succeq \mathcal{U}$, 则 $h_c(T,\mathcal{V}) \geqslant h_c(T,\mathcal{U})$;

(3) $h_c(T,\mathcal{U} \vee \mathcal{V}) \leqslant h_c(T,\mathcal{U}) + h_c(T,\mathcal{V})$;

(4) $h_c(T,\mathcal{U}) \geqslant h_c(T,T^{-1}\mathcal{U})$, 进而当 T 为满射时, $h_c(T,\mathcal{U}) = h_c(T,T^{-1}\mathcal{U})$.

定义 8.4.2 对动力系统 (X,T), 用 $\mathcal{C}_X^o$ 表示空间 X 的全体开覆盖. 令

$$h_{\mathrm{top}}(T) = \sup_{\mathcal{U} \in \mathcal{C}_X^o} h_{\mathrm{top}}(T,\mathcal{U}),$$

把 $h_{\mathrm{top}}(T)$ 称为系统 (X,T) 的**拓扑熵**. 在必要时, 为强调空间 X 也可将其记为 $h_{\mathrm{top}}(X,T)$.

需要提及的是, 这里可能出现 $h_{\mathrm{top}}(T)$ 为 $+\infty$ 的情形.

命题 8.4.2 设 (X,T) 为拓扑动力系统.

(1) 如果 (Y,T) 为 (X,T) 的子系统, 则 $h_{\mathrm{top}}(X,T) \geqslant h_{\mathrm{top}}(Y,T)$;

(2) 如果 $\pi: (X,T) \to (Y,S)$ 为因子映射, 则 $h_{\mathrm{top}}(T) \geqslant h_{\mathrm{top}}(S)$;

(3) 如果 (X,T) 为可逆系统, 则 $h_{\mathrm{top}}(T) = h_{\mathrm{top}}(T^{-1})$.

证明 由定义 8.4.2 和性质 8.4.1, (1) 是明显成立的. (2) 来自于以下事实: 对任意 $\mathcal{U} \in \mathcal{C}_Y^o$, $h_{\mathrm{top}}(T,\pi^{-1}(\mathcal{U})) = h_{\mathrm{top}}(S,\mathcal{U})$. 最后, 由 (2) 即得 (3). □

注记 8.4.1 由命题 8.4.2(2), 如果 $\pi: (X,T) \to (Y,S)$ 为拓扑共轭, 则 $h_{\mathrm{top}}(T) = h_{\mathrm{top}}(S)$. 这说明拓扑熵是拓扑动力系统的拓扑共轭不变量.

一般来说, 跟测度熵一样, 系统的拓扑熵是相当不容易计算的, 但对于一些特殊系统仍然有章可循. 我们会在后面介绍一些基本的方法和例子.

例 8.4.1 设 $T = \mathrm{id}: X \to X$ 为恒同映射, 则对 X 的任意有限开覆盖 $\mathcal{U} = \{U_1, \cdots, U_t\}$, $T^{-i}\mathcal{U} = \mathcal{U}$ 对所有 $i \in \mathbb{Z}_+$ 成立. 因此存在 k, 使得 $\mathcal{U}_0^{n-1} = \mathcal{U}_0^{k-1}$ $(n \geqslant k)$. 这说明

$$H(\mathcal{U}_0^{n-1}) = H(\mathcal{U}_0^{k-1}), \quad n \geqslant k.$$

因此

$$h_{\mathrm{top}}(T,\mathcal{U}) = \lim_{n\to\infty} \frac{1}{n} H(\mathcal{U}_0^{n-1}) = \lim_{n\to\infty} \frac{1}{n} H(\mathcal{U}_0^{k-1}) = 0.$$

进而由 $\mathcal{U}$ 的任意性, 得到 $h_{\mathrm{top}}(T) = 0$.

8.4.2 Bowen 的定义

以下我们介绍 Bowen 关于拓扑熵的定义. 对相当多的系统而言, Bowen 的定义使我们更容易计算其拓扑熵. 注意 Bowen 熵可以对非紧致空间类似定义, 我们先对紧致空间给出定义, 然后对非紧空间上熵的定义给出简单的描述.

当 (X,T) 为动力系统, d 为 X 上与拓扑相容的度量且 $n\in\mathbb{N}$ 时, 对 $x,x'\in X$, 定义

$$d_n(x,x')=\max_{0\leqslant k\leqslant n-1}d(T^kx,T^kx').$$

容易证明, d_n 也为 X 上与拓扑相容的度量. 注意, 在 d_n 下以 x 为中心、r 为半径的球为

$$\bigcap_{i=0}^{n-1}T^{-i}B(T^ix,r).$$

定义 8.4.3 设 (X,T) 为具有度量 d 的动力系统.

(1) 对 $n\geqslant 1$ 和 $\varepsilon>0$, 称有限集 $A\subseteq X$ 为一个(n,ε) **分离集** ((n,ε)-separated set), 如果对 A 中任意两个不同的点 x,y 均有 $d_n(x,y)\geqslant\varepsilon$; 用 $\mathrm{sr}(n,\varepsilon,T)$ 表示 (X,T) 的具有最多元素个数的 (n,ε) 分离集的元素个数.

(2) 对 $n\geqslant 1$ 和 $\varepsilon>0$, 称有限集 $A\subseteq X$ 为一个(n,ε) **张成集** ((n,ε)-spanning set), 如果对 X 的任意点 x 存在 $y\in A$, 使得 $d_n(x,y)<\varepsilon$; 用 $\mathrm{sp}(n,\varepsilon,T)$ 表示 (X,T) 的具有最少元素个数的 (n,ε) 张成集的元素个数.

由于空间 X 是紧的, 故 $\mathrm{sr}(n,\varepsilon,T)$ 和 $\mathrm{sp}(n,\varepsilon,T)$ 均为有限数. 现在定义

$$\mathrm{sr}(\varepsilon,T)=\limsup_{n\to+\infty}\frac{1}{n}\log\mathrm{sr}(n,\varepsilon,T),$$
$$\mathrm{sp}(\varepsilon,T)=\limsup_{n\to+\infty}\frac{1}{n}\log\mathrm{sp}(n,\varepsilon,T).$$

易见当 $\varepsilon\to 0+$ 时, $\mathrm{sr}(\varepsilon,T)$ 和 $\mathrm{sp}(\varepsilon,T)$ 关于 ε 单调上升. 因此以下极限存在:

$$\mathrm{sr}(d,T)=\lim_{\varepsilon\to 0+}\mathrm{sr}(\varepsilon,T),\quad \mathrm{sp}(d,T)=\lim_{\varepsilon\to 0+}\mathrm{sp}(\varepsilon,T).$$

引理 8.4.1 对每个 $n\in\mathbb{N}$, 有

(1) $\mathrm{sp}(n,\varepsilon,T)\leqslant\mathrm{sr}(n,\varepsilon,T)\leqslant\mathrm{sp}(n,\varepsilon/2,T)$;

(2) $\mathrm{sp}(\varepsilon,T)\leqslant\mathrm{sr}(\varepsilon,T)\leqslant\mathrm{sp}(\varepsilon/2,T)$;

(3) $\mathrm{sp}(d,T)=\mathrm{sr}(d,T)$.

证明 由于 (1) $\Rightarrow$ (2) $\Rightarrow$ (3) 是明显成立的, 我们只需证明 (1). 显然, X 的一个具有最多元素个数的 (n,ε) 分离集也为 (n,ε) 张成集, 所以 $\mathrm{sp}(n,\varepsilon,T)\leqslant\mathrm{sr}(n,\varepsilon,T)$. 相反, 如果 A 为具有最少元素个数的 $(n,\varepsilon/2)$ 张成集, E 为任意 (n,ε) 分离集, 则对每个 $x\in E$ 存在点 $\phi(x)\in A$, 使得 $d_n(x,\phi(x))<\varepsilon/2$. 因为 E 为任意 (n,ε) 分离集, 所以 ϕ 为一一对应. 这说明 $|A|\geqslant|E|$, 进而 $\mathrm{sr}(n,\varepsilon,T)\leqslant\mathrm{sp}(n,\varepsilon/2,T)$. □

以下命题说明通过分离集和张成集可给出拓扑熵的等价定义.

命题 8.4.3 设 (X,T) 为动力系统, 则

$$h_{\mathrm{top}}(T)=\mathrm{sp}(d,T)=\mathrm{sr}(d,T).$$

特别地, $\mathrm{sp}(d,T)=\mathrm{sr}(d,T)$ 不依赖于相容度量 d 的选取.

证明 我们固定一个 $\varepsilon>0$ 和 $n\in\mathbb{N}$. 设 $\mathcal{U}$ 为具有 Lebesgue 数 2ε 的开覆盖, E 为具有最少元素个数的 (n,ε) 张成集, 即 $|E|=\mathrm{sp}(n,\varepsilon,T)$. 从 $\mathrm{sp}(n,\varepsilon,T)$ 的定义, 知

$$\bigcup_{x\in E}\bigcap_{i=0}^{n-1}T^{-i}B(T^ix,\varepsilon)=X.$$

对每个 $x\in E, 0\leqslant i\leqslant n-1$, $B(T^ix,\varepsilon)$ 包含在覆盖 $\mathcal{U}$ 的某个元素中. 由此可见

$$N\left(\bigvee_{i=1}^{n}T^{-i}\mathcal{U}\right)\leqslant \mathrm{sp}(n,\varepsilon,T).$$

取 $\mathcal{V}$ 为 X 满足 $\operatorname{diam}\mathcal{V}<\varepsilon$ 的开覆盖. 设 A 为具有最多元素个数的 (n,ε) 分离集, 即 $|A|=\mathrm{sr}(n,\varepsilon,T)$. 注意到 $\bigvee\limits_{i=0}^{n-1}T^{-i}\mathcal{V}$ 的每个元素中至多含有 A 的一个点. 由此可见

$$\mathrm{sr}(n,\varepsilon,T)\leqslant N\left(\bigvee_{i=0}^{n-1}T^{-i}\mathcal{V}\right).$$

由以上分析, 可知

$$N\left(\bigvee_{i=0}^{n-1}T^{-i}\mathcal{U}\right)\leqslant \mathrm{sp}(n,\varepsilon,T)\leqslant \mathrm{sr}(n,\varepsilon,T)\leqslant N\left(\bigvee_{i=0}^{n-1}T^{-i}\mathcal{V}\right),$$

因此

$$\frac{1}{n}\log N\left(\bigvee_{i=0}^{n-1}T^{-i}\mathcal{U}\right)\leqslant \frac{1}{n}\log\mathrm{sp}(n,\varepsilon,T)\leqslant \frac{1}{n}\log\mathrm{sr}(n,\varepsilon,T)\leqslant \frac{1}{n}\log N\left(\bigvee_{i=0}^{n-1}T^{-i}\mathcal{V}\right). \tag{8.10}$$

令 $n\to\infty$, 得到

$$h_{\mathrm{top}}(T,\mathcal{U})\leqslant \mathrm{sp}(\varepsilon,T)\leqslant \mathrm{sr}(\varepsilon,T)\leqslant h_{\mathrm{top}}(T,\mathcal{V}).$$

然后令 $\varepsilon\searrow 0$, 同时要求 $\operatorname{diam}\mathcal{U}\searrow 0$ (这样 $\mathcal{V}$ 也满足 $\operatorname{diam}\mathcal{V}\searrow 0$), 利用引理 8.5.1, 可得

$$h_{\mathrm{top}}(T)=\mathrm{sp}(d,T)=\mathrm{sr}(d,T).$$

证毕. □

从式 (8.10), 我们同时获得了如下的推论:

推论 8.4.1 设

$$\underline{\mathrm{sr}}(\varepsilon,T)=\liminf_{n\to\infty}\frac{1}{n}\log\mathrm{sr}(n,\varepsilon,T),$$
$$\underline{\mathrm{sp}}(\varepsilon,T)=\liminf_{n\to\infty}\frac{1}{n}\log\mathrm{sp}(n,\varepsilon,T),$$

则极限 $\underline{\mathrm{sr}}(d,T)=\lim\limits_{\varepsilon\to0+}\underline{\mathrm{sr}}(\varepsilon,T)$ 和 $\underline{\mathrm{sp}}(d,T)=\lim\limits_{\varepsilon\to0+}\underline{\mathrm{sp}}(\varepsilon,T)$ 存在, 且

$$h_{\mathrm{top}}(T)=\underline{\mathrm{sp}}(d,T)=\underline{\mathrm{sr}}(d,T).$$

例 8.4.2 设 T 在 (X,d) 上等距, 那么 $d_n = d$ $(\forall n \in \mathbb{N})$. 由此得 $h_{\text{top}}(T) = 0$. 所以等度连续系统的熵为零.

下面我们讨论非紧空间上的熵定义. 设 (X,d) 是一个度量空间, 用 $\mathrm{UC}(X,d)$ 表示 (X,d) 上全体一致连续自映射的全体. 我们取定 $T \in \mathrm{UC}(X,d)$. 首先需要定义子集上的分离集与张成集.

定义 8.4.4 设 K 为 X 的紧致子集.

(1) 对 $n \geqslant 1$ 和 $\varepsilon > 0$, 称子集 $A \subseteq K$ 为一个 K 上的(n,ε) **分离集** ((n,ε)-separated set), 如果对 A 中任意两个不同的点 x,y 均有 $d_n(x,y) \geqslant \varepsilon$; 用 $\mathrm{sr}(n,\varepsilon,K,T)$ 表示 K 上具有最多元素个数的 (n,ε) 分离集的元素个数.

(2) 对 $n \geqslant 1$ 和 $\varepsilon > 0$, 称子集 $A \subseteq X$ 为一个 K 的(n,ε) **张成集** ((n,ε)-spanning set), 如果对 K 的任意点 x 存在 $y \in A$, 使得 $d_n(x,y) < \varepsilon$; 用 $\mathrm{sp}(n,\varepsilon,K,T)$ 表示 (X,T) 的具有最少元素个数的 (n,ε) 张成集的元素个数.

设

$$\mathrm{sr}(\varepsilon,K,T) = \limsup_{n\to\infty} \frac{1}{n} \log \mathrm{sr}(n,\varepsilon,K,T),$$
$$\mathrm{sp}(\varepsilon,K,T) = \limsup_{n\to\infty} \frac{1}{n} \log \mathrm{sp}(n,\varepsilon,K,T).$$

如果需要强调度量 d, 就记上式为 $\mathrm{sr}(\varepsilon,K,T,d)$ 和 $\mathrm{sp}(\varepsilon,K,T,d)$. 设

$$h_{\text{top}}(T;K) = \lim_{\varepsilon\to 0} \mathrm{sp}(\varepsilon,K,T).$$

接着可以定义拓扑熵为

$$h_{\text{top}}(T) = \sup_K h_{\text{top}}(T;K) = \sup_K \lim_{\varepsilon\to 0} \mathrm{sp}(\varepsilon,K,T),$$

其中 K 取遍 X 的所有紧致子集.

容易验证下面的性质: $\mathrm{sp}(n,\varepsilon,K,T) \leqslant \mathrm{sr}(n,\varepsilon,K,T) \leqslant \mathrm{sp}(n,\varepsilon/2,K,T)$. 从而有

$$h_{\text{top}}(T) = \sup_K \lim_{\varepsilon\to 0} \mathrm{sr}(\varepsilon,K,T),$$

即用生成集和分离集定义拓扑熵的方式是等价的. 注意, 对于非紧的情况, 上面的定义会依赖于度量 d 的选取. 如果 X 上度量 d 和 d' 为一致等价的 (即 $\mathrm{id}:(X,d)\to(X,d')$ 为一致同胚), 那么 $T \in UC(X,d)$ 当且仅当 $T \in UC(X,d')$.

命题 8.4.4 设 X 上的度量 d 和 d' 为一致等价的, 那么按照 d 和 d' 定义的 Bowen 熵是相等的.

注记 8.4.2 如果 X 上的度量 d 和 d' 只是等价而非一致等价的, 那么算出来的熵可能不一样. 例如, 设 $X=(0,\infty), T: X \to X, T(x) = 2x$. 如果 d 为欧氏度量, 那么 $T \in \mathrm{UC}(X,d)$, 并且容易估计 $h_d(T) \geqslant \log 2$. 设 d' 定义如下: 在区间 $[1,2]$ 上是欧氏度量, 并且 T 为 d' 等距的 (具体如下构造: $X = \bigcup_{n\in\mathbb{Z}} (2^{n-1},2^n]$ 为剖分, 因为 $T((2^{n-1},2^n]) = (2^n,2^{n+1}]$, 将 $[1,2]$ 上的度量诱导到每个区间 $(2^{n-1},2^n]$ 上). 此时 $h_{d'}(T) = 0$, 但是 d,d' 等价.

习　题

1. 证明命题 8.4.4.

2. 设 (X,d) 为度量空间, $T\in \mathrm{UC}(X,d)$, $K,K_1,\cdots,K_m$ 为紧致子集且满足 $K\subseteq K_1\cup\cdots\cup K_m$. 证明:

$$h_{\mathrm{top}}(T;K)\leqslant \max_{1\leqslant i\leqslant m} h_{\mathrm{top}}(T;K_i).$$

进一步证明: 对于任何 $\delta>0$, $h_{\mathrm{top}}(T)=\sup\limits_K h_{\mathrm{top}}(T;K)$, 其中 K 取遍直径小于 δ 的全体紧致子集.

3. 证明: 存在非紧度量空间 $(X_1,d_1),(X_2,d_2)$, $T_1\in \mathrm{UC}(X_1,d_1)$, $T_2\in \mathrm{UC}(X_2,d_2)$, 使得

$$h_{\mathrm{top}}(T_1\times T_2)<h_{\mathrm{top}}(T_1)+h_{\mathrm{top}}(T_2).$$

4. 证明: 存在非紧度量空间 (X,d), $T\in \mathrm{UC}(X,d)$, 使得

$$h_{\mathrm{top}}(T)\neq h_{\mathrm{top}}(T^{-1}).$$

8.5　拓扑熵的计算

在本节中, 我们计算一些常见系统的拓扑熵, 首先介绍几个常用的定理.

8.5.1　一些有用的性质

下面的引理给我们提供了一个相对来说更易于操作的计算熵的方法.

引理 8.5.1　设 (X,T) 为具有度量 d 的动力系统. 如果 $\{\mathcal{U}_i\}_{i=1}^{\infty}$ 为 X 的满足

$$\operatorname{diam}\mathcal{U}_n=\sup\{\operatorname{diam}U:U\in\mathcal{U}_n\}\to 0$$

的开覆盖序列, 则

$$\lim_{n\to\infty} h_{\mathrm{top}}(T,\mathcal{U}_n)=h_{\mathrm{top}}(T).$$

证明　设 $\mathcal{V}$ 为 X 的任一开覆盖, δ 为 $\mathcal{V}$ 的 Lebesgue 数. 对满足 $\operatorname{diam}\mathcal{U}_n<\delta$ 的 n 而言, 有 $\mathcal{U}_n\succeq\mathcal{V}$, 进而

$$\liminf_{n\to+\infty} h_{\mathrm{top}}(T,\mathcal{U}_n)\geqslant h_{\mathrm{top}}(T,\mathcal{V}).$$

再由 $\mathcal{V}$ 的任意性, 得到

$$\liminf_{n\to+\infty} h_{\mathrm{top}}(T,\mathcal{U}_n)\geqslant h_{\mathrm{top}}(T).$$

同时, 由于

$$\limsup_{n\to+\infty} h_{\mathrm{top}}(T,\mathcal{U}_n)\leqslant h_{\mathrm{top}}(T)$$

是明显成立的, 故结论成立. □

引理 8.5.2 设 (X,T) 为动力系统, 对 X 的每个开覆盖 $\mathcal{U}$ 和 $n\in\mathbb{N}$, 有

$$h_{\text{top}}(T,\mathcal{U}_0^n)=h_{\text{top}}(T,\mathcal{U}).$$

证明 注意到

$$\begin{aligned}h_{\text{top}}(T,\mathcal{U})\leqslant h_{\text{top}}(T,\mathcal{U}_0^n)&=\lim_{k\to+\infty}\frac{1}{k}H((\mathcal{U}_0^n)_0^{k-1})=\lim_{k\to+\infty}\frac{1}{k}H(\mathcal{U}_0^{n+k-1})\\&=\lim_{k\to+\infty}\frac{n+k}{k}\frac{1}{n+k}H(\mathcal{U}_0^{n+k-1})=h_{\text{top}}(T,\mathcal{U}),\end{aligned}$$

即引理得证. □

注记 8.5.1 当 (X,T) 为可逆动力系统时, 对 X 的每个开覆盖 $\mathcal{U}$ 和 $n\in\mathbb{N}$, 有

$$h_{\text{top}}(T,\mathcal{U}_{-n}^n)=h_{\text{top}}(T,\mathcal{U}).$$

命题 8.5.1 (Abramov 定理) 设 (X,T) 为动力系统, $m\in\mathbb{N}$, 则

$$h_{\text{top}}(T^m)=mh_{\text{top}}(T).$$

证明 对每个 $\mathcal{U}\in\mathcal{C}_X^{\text{o}}$, 不难得到

$$h_{\text{top}}(T^m,\mathcal{U}_0^{m-1})=\lim_{k\to\infty}\frac{1}{k}H\left(\bigvee_{i=0}^{k-1}T^{-im}\mathcal{U}_0^{m-1}\right)=\lim_{k\to\infty}\frac{1}{k}H(\mathcal{U}_0^{km-1})=mh_{\text{top}}(T,\mathcal{U}).$$

因此

$$h_{\text{top}}(T^m)=\sup_{\mathcal{U}\in\mathcal{C}_X^{\text{o}}}h_{\text{top}}(T^m,\mathcal{U}_0^{m-1})=m\sup_{\mathcal{U}\in\mathcal{C}_X^{\text{o}}}h_{\text{top}}(T,\mathcal{U})=m\,h_{\text{top}}(T).$$

上面第一个和最后一个等号的成立由定义保证. □

注记 8.5.2 当 (X,T) 为可逆动力系统且 $m\in\mathbb{Z}$ 时, 有 $h_{\text{top}}(T^m)=|m|h_{\text{top}}(T)$.

定理 8.5.1 设 $(X,T),(Y,S)$ 为拓扑动力系统, 那么

$$h_{\text{top}}(X\times Y,T\times S)=h_{\text{top}}(X,T)+h_{\text{top}}(Y,S).$$

证明 设 X,Y 的度量分别为 d_X,d_Y. 对于乘积空间 $X\times Y$, 取度量

$$d((x,y),(x',y'))=\max\{d_X(x,x'),d_Y(y,y')\}.$$

在此度量下, 如果 E,F 为 X,Y 的 (n,ε) 张成集, 那么 $E\times F$ 为 $X\times Y$ 的张成集. 由此有

$$\text{sp}(n,\varepsilon,X\times Y)\leqslant\text{sp}(n,\varepsilon,X)\cdot\text{sp}(n,\varepsilon,Y),$$

从而

$$h_{\text{top}}(X\times Y,T\times S)\leqslant h_{\text{top}}(X,T)+h_{\text{top}}(Y,S).$$

另外, 如果 E,F 为 X,Y 的 (n,ε) 分离集, 那么 $E\times F$ 为 $X\times Y$ 的分离集. 于是

$$\text{sr}(n,\varepsilon,X\times Y)\geqslant\text{sr}(n,\varepsilon,X)\cdot\text{sr}(n,\varepsilon,Y).$$

由此得

$$\begin{aligned}\mathrm{sr}(\varepsilon, X\times Y) &\geqslant \limsup_{n\to\infty}\frac{1}{n}\left(\log \mathrm{sr}(n,\varepsilon,X)+\log \mathrm{sr}(n,\varepsilon,Y)\right)\\&\geqslant \liminf_{n\to\infty}\frac{1}{n}\log \mathrm{sr}(n,\varepsilon,X)+\liminf_{n\to\infty}\frac{1}{n}\log \mathrm{sr}(n,\varepsilon,Y)\\&=\underline{\mathrm{sr}}(\varepsilon,X)+\underline{\mathrm{sr}}(\varepsilon,Y).\end{aligned}$$

所以

$$h_{\mathrm{top}}(X\times Y, T\times S)\geqslant h_{\mathrm{top}}(X,T)+h_{\mathrm{top}}(Y,S).$$

这样我们就完成了整个证明. □

定理 8.5.2 设 $T: X\to X$ 为可扩同胚, 那么

(1) 如果 α 为生成子, 则 $h_{\mathrm{top}}(T)=h_{\mathrm{top}}(T,\alpha)$;

(2) 如果 δ 为 T 的可扩常数, 那么

$$h_{\mathrm{top}}(T)=\mathrm{sp}(\delta_0,T)=\mathrm{sr}(\delta_0,T),$$

其中 $\delta_0<\delta/4$.

证明 (1) 设 β 为开覆盖, δ 为 β 的 Lebesgue 数. 根据定理 6.7.4, 存在 $N\in\mathbb{N}$, 使得 $\operatorname{diam}\bigvee_{n=-N}^{N}T^{-n}\alpha<\delta$. 于是 $\beta\prec\bigvee_{n=-N}^{N}T^{-n}\alpha$. 所以

$$\begin{aligned}h_{\mathrm{top}}(T,\beta)&\leqslant h_{\mathrm{top}}\Big(T,\bigvee_{n=-N}^{N}T^{-n}\alpha\Big)\\&=\lim_{k\to\infty}\frac{1}{k}H\Big(\bigvee_{i=0}^{k-1}T^{-i}\big(\bigvee_{n=-N}^{N}T^{-n}\alpha\big)\Big)\\&=\lim_{k\to\infty}\frac{1}{k}H\Big(\bigvee_{n=-N}^{N+k-1}T^{-n}\alpha\Big)\\&=\lim_{k\to\infty}\frac{1}{k}H\Big(\bigvee_{n=0}^{2N+k-1}T^{-n}\alpha\Big)\\&=\lim_{k\to\infty}\frac{2N+k-1}{k}\frac{1}{2N+k-1}H\Big(\bigvee_{n=0}^{2N+k-1}T^{-n}\alpha\Big)\\&=h_{\mathrm{top}}(T,\alpha).\end{aligned}$$

于是对于任何开覆盖 β, 得到 $h_{\mathrm{top}}(T,\beta)\leqslant h_{\mathrm{top}}(T,\alpha)$, 特别有

$$h_{\mathrm{top}}(T)=h_{\mathrm{top}}(T,\alpha).$$

(2) 设 $\delta_0<\delta/4$. 取 $x_1,\cdots,x_k$, 使得 $X=\bigcup_{i=1}^{k}B(x_i,\delta/2-2\delta_0)$. 易见 $2\delta_0$ 为覆盖 $\alpha=\{B(x_i,\delta/2):1\leqslant i\leqslant k\}$ 的 Lebesgue 数. 于是根据式 (8.10), 有

$$h_{\mathrm{top}}(T,\alpha)\leqslant \mathrm{sp}(\delta_0,T)\leqslant \mathrm{sr}(\delta_0,T)\leqslant h_{\mathrm{top}}(T).$$

根据 (1) 即得到所求. □

由上面的定理我们直接得到如下推论:

推论 8.5.1 可扩同胚具有有限的拓扑熵.

定理 8.5.3 设 $T:X\to X$ 为紧致度量空间上的可扩同胚, δ 为可扩常数, ξ 为满足 $\operatorname{diam}\xi<\delta$ 的有限可测剖分, 那么

$$\hat{\xi}^T=\bigvee_{n=-\infty}^{\infty}T^{-n}\hat{\xi}=\mathcal{B}(X).$$

特别对于任何 $\mu\in\mathcal{M}(X,T)$, 有

$$h_\mu(T)=h_\mu(T,\xi).$$

证明 根据定理 6.7.2, 对于任何 $n\in\mathbb{N}$, 存在 N_n, 使得

$$\operatorname{diam}\bigvee_{i=-N_n}^{N_n}T^{-i}\xi<\frac{1}{n}.$$

设 E_n 为 $\bigvee\limits_{i=-N_n}^{N_n}T^{-i}\xi$ 中与 $B(x,\varepsilon-1/n)$ 相交非空元素的并 (如果 $\varepsilon-1/n\leqslant 0$, 那么约定 $E_n=\emptyset$), 则 $B(x,\varepsilon-1/n)\subseteq E_n\subseteq B(x,\varepsilon)$. 于是

$$B(x,\varepsilon)=\bigcup_{n=1}^{\infty}E_n\in\bigvee_{i=-\infty}^{\infty}T^{-i}\hat{\xi}.$$

由此知任何开集都包含在 $\bigvee\limits_{i=-\infty}^{\infty}T^{-i}\hat{\xi}$ 中, 所以 $\bigvee\limits_{n=-\infty}^{\infty}T^{-n}\hat{\xi}=\mathcal{B}(X)$. □

当计算熵时, 我们经常会使用下面的结论, 根据这个结论, 我们计算拓扑熵时仅需要限制在非游荡点集上计算即可. 其证明将在后文给出.

定理 8.5.4 设 (X,T) 为动力系统且 $\Omega(T)$ 为其非游荡点集, 那么

$$h_{\text{top}}(X,T)=h_{\text{top}}(\Omega(T),T|_{\Omega(T)}).$$

8.5.2 一些例子

例 8.5.1 设 $\Sigma_k=\{0,1,\cdots,k-1\}^{\mathbb{Z}}$, σ 为转移映射, $Y\subseteq\Sigma_k$ 为闭不变子集, $\theta_n(Y)$ 为 Y 中长为 n 的词的个数, 即

$$\theta_n(Y)=\operatorname{Card}\{(i_0i_1\cdots i_{n-1}):\exists w\in Y,\ \text{s.t. } w_0=i_0,w_1=i_1,\cdots,w_{n-1}=i_{n-1}\},$$

则

$$h_{\text{top}}(\sigma|_Y)=\lim_{n\to\infty}\frac{1}{n}\log\theta_n.$$

特别当 $Y=\Sigma_k$ 时, 有

$$h_{\text{top}}(\sigma)=\log k.$$

证明 我们定义它的基本柱形集 $[j]=\{x\in X: x_0=j\}$ $(0\leqslant j\leqslant k-1)$ 和 Y 的基本剖分 $\mathcal{U}=\{[j]\cap Y: 0\leqslant j\leqslant k-1\}$. 易见 $\theta_n=N(\mathcal{U}_0^{n-1})=\mathrm{Card}(\mathcal{U}_0^{n-1})$.

明显地, 序列 $\{\mathcal{U}_0^{n-1}\}_{n=1}^{\infty}$ 满足引理 8.5.1 的条件, 因此利用引理 8.5.1, 有

$$\begin{aligned}h_{\mathrm{top}}(Y,\sigma)&=\lim_{n\to+\infty}h_{\mathrm{top}}(\sigma,\mathcal{U}_0^{n-1})=h_{\mathrm{top}}(\sigma,\mathcal{U})\\&=\lim_{n\to+\infty}\frac{1}{n}\log N(\mathcal{U}_0^{n-1})=\lim_{n\to+\infty}\frac{1}{n}\log\theta_n.\end{aligned}$$

当 $Y=\Sigma_k$ 时, $\theta_n=k^n$. 从而得到

$$h_{\mathrm{top}}(\Sigma_k,\sigma)=\lim_{n\to+\infty}\frac{1}{n}\log k^n=\log k.\qquad\square$$

注意, 我们也可用定理 8.5.2 处理上面的例子.

例 8.5.2 设 $\boldsymbol{A}$ 为不可约的 $k\times k$ 的 $\{0,1\}$ 矩阵, λ 为 $\boldsymbol{A}$ 最大正特征值, $T_{\boldsymbol{A}}: X_{\boldsymbol{A}}\to X_{\boldsymbol{A}}$ 为 Markov 转移, 那么

$$h_{\mathrm{top}}(T_{\boldsymbol{A}})=\log\lambda.$$

证明 注意

$$\{(x_n)_{n=-\infty}^{\infty}\in X_{\boldsymbol{A}}: x_0=i_0,\cdots,x_{n-1}=i_{n-1}\}\neq\emptyset\quad\Leftrightarrow\quad a_{i_0i_1}a_{i_1i_2}\cdots a_{i_{n-2}i_{n-1}}=1.$$

沿用例子 8.5.1 中的符号,

$$\theta_n(X_{\boldsymbol{A}})=\sum_{i_0,\cdots,i_{n-1}=0}^{k-1}a_{i_0i_1}a_{i_1i_2}\cdots a_{i_{n-2}i_{n-1}}=\sum_{i_0,\cdots,i_{n-1}=0}^{k-1}(\boldsymbol{A}^{n-1})_{i_0i_{n-1}},$$

其中 $(\boldsymbol{A}^{n-1})_{ij}$ 表示 $\boldsymbol{A}^{n-1}$ 在位置 (i,j) 的值. 取 $k\times k$ 矩阵的模为 $\|\boldsymbol{B}\|=\sum\limits_{i,j=0}^{k-1}|b_{ij}|$, 那么有

$$\theta_n(X_{\boldsymbol{A}})=\|\boldsymbol{A}^{n-1}\|.$$

根据谱半径公式, 有

$$h_{\mathrm{top}}(T_{\boldsymbol{A}})=\lim_{n\to\infty}\frac{1}{n}\log\theta_n(X_{\boldsymbol{A}})=\lim_{n\to\infty}\log\|\boldsymbol{A}^{n-1}\|^{\frac{1}{n}}=\log\lambda.\qquad\square$$

例 8.5.3 设 $T: I\to I$ 为区间自同胚, 那么 $h_{\mathrm{top}}(T)=0$.

证明 因为 $\Omega(T^2)=\mathrm{Fix}(T^2)$, 所以

$$h_{\mathrm{top}}(T)=\frac{1}{2}h_{\mathrm{top}}(T^2)=\frac{1}{2}h_{\mathrm{top}}(T^2|_{\mathrm{Fix}(T^2)})=0.\qquad\square$$

例 8.5.4 设 $T:\mathbb{T}\to\mathbb{T}$ 为圆周自同胚, 则 $h_{\mathrm{top}}(T)=0$.

证明 因为 T 为同胚, 故它将圆周上的子区间映为子区间. 设 $\mathbb{T}$ 的长度为 1. 取 $\varepsilon>0$, 使得 $d(x,y)\leqslant\varepsilon$ 蕴含 $d(T^{-1}x,T^{-1}y)\leqslant 1/4$. 下面我们考虑张成集. 首先明显有 $\mathrm{sp}(1,\varepsilon,\mathbb{T})\leqslant[1/\varepsilon]+1$. 下面证明 $\mathrm{sp}(n,\varepsilon,\mathbb{T})\leqslant n([1/\varepsilon]+1)$.

设 F 为基数 $\mathrm{sp}(n-1,\varepsilon,\mathbb{T})$ 的 $(n-1,\varepsilon)$ 张成集. 考虑点集 $T^{n-1}F$ 以及它所决定的 $\mathbb{T}$ 的所有子区间. 至多加上 $[1/\varepsilon]+1$ 个点, 可以使得 $T^{n-1}F$ 加上这些点得到的子区间长度都小于 ε. 把新的点集记为 E. 再设

$$F' = F \cup T^{-(n-1)}E.$$

我们证明 F' 为 $\mathbb{T}$ 的 (n,ε) 张成集. 设 $x\in\mathbb{T}$, 则存在 $y\in F$, 使得

$$d_{n-1}(x,y) = \max_{0\leqslant i\leqslant n-2} d(T^i x, T^i y) \leqslant \varepsilon.$$

设 I' 为端点为 $T^{n-2}x$ 和 $T^{n-2}y$、长度小于或等于 ε 的子区间. 设 I 为端点为 $T^{n-1}x$ 和 $T^{n-1}y$ 且在 T^{-1} 下映射到 I' 的子区间. 取点 $z\in F'$, 使得 $T^{n-1}z\in I$ 且 $d(T^{n-1}x,T^{n-1}z)\leqslant\varepsilon$, 则 $T^{n-2}z\in I'$ 且 $d(T^{n-2}x,T^{n-2}z)\leqslant\varepsilon$. 注意 I' 在 T^{-1} 下像为端点为 $T^{n-3}x, T^{n-3}y$, 长度小于 $1/4$ 的区间, 设为 I''. 根据 $d_{n-1}(x,y)\leqslant\varepsilon$, 推出 I'' 的长度实际上小于或等于 ε. 由 $T^{n-3}z\in I''$, 得到 $d(T^{n-3}x,T^{n-3}z)\leqslant\varepsilon$. 归纳地, 可以证明

$$d(T^i x, T^i z)\leqslant\varepsilon,\quad 0\leqslant i\leqslant n-1.$$

即我们证明了 F' 为一个 (n,ε) 张成集, 特别地,

$$\mathrm{sp}(n,\varepsilon,\mathbb{T})\leqslant \mathrm{sp}(n-1,\varepsilon,\mathbb{T})+[1/\varepsilon]+1,$$

从而

$$\mathrm{sp}(n,\varepsilon,\mathbb{T})\leqslant n\left([1/\varepsilon]+1\right).$$

由此得到 $h_{\mathrm{top}}(T)=0$. □

例 8.5.5 对于任何给定的正数 $a>0$, 存在系统 (X,T), 使得 $h_{\mathrm{top}}(T)=a$.

证明 设 $a=\log\beta$, 则 $\beta\geqslant 1$. 因为全符号转移 (Σ_k,σ) 的拓扑熵为 $\log k$, 故仅需要考虑 β 为非整数的情况.

设 $1=\sum\limits_{n=1}^{\infty}a_n\beta^{-n}$ 为 1 的 $1/\beta$ 展开. 易见

$$a_1=[\beta],\quad a_n=\left[\beta^n-\sum_{i=1}^{n-1}a_i\beta^{n-i}\right].$$

设 $k=[\beta]+1$, 那么 $0\leqslant a_n\leqslant k-1$ $(\forall n\in\mathbb{N})$, 则 $a=(a_n)_{n=1}^{\infty}$ 为 $\Sigma_k=\{0,1,\cdots,k-1\}^{\mathbb{N}}$ 中的点. 设 $<$ 为 Σ_k 的字典序, $\sigma:\Sigma_k\to\Sigma_k$ 为单边转移映射. 注意 $\sigma^n a\leqslant a$ $(\forall n\geqslant 0)$.

设

$$X_\beta=\{x=(x_n)_{n=1}^{\infty}: x\in\Sigma_k,\ \sigma^n x\leqslant a, \forall n\geqslant 0\},$$

那么 X_β 为 Σ_k 的闭不变子集 $(\sigma X_\beta=X_\beta)$. 下面我们运用例子 8.5.1 证明 $h_{\mathrm{top}}(\sigma|_{X_\beta})=\log\beta$.

设 θ_n 为 X_β 中长为 n 的词的个数. 注意一个词 $b_1b_2\cdots b_n$ 出现在 X_β 中当且仅当对于任何 $k\in\{1,2,\cdots,n\}$, $(b_kb_{k+1}\cdots b_n)\leqslant(a_1a_2\cdots a_{n-k+1})$. 设 $\theta_0=1$, $a_0=0$. 我们断言

$$\theta_n=1+a_0\theta_n+a_1\theta_{n-1}+\cdots+a_n\theta_0,\quad \forall n\geqslant 0.$$

设词 $b_1b_2\cdots b_n$ 出现在 X_β 中, 那么有以下情况:

(1) $b_1 < a_1$, 且 $(b_2b_3\cdots b_n)$ 出现在 X_β 中. 此时, 一共有 $a_1\theta_{n-1}$ 种可能.

(2) $b_1 = a_1, b_2 < a_2$ 且 $(b_3b_4\cdots b_n)$ 出现在 X_β 中. 此时, 一共有 $a_2\theta_{n-1}$ 种可能.

……

(n) $(b_1b_2\cdots b_{n-2}) = (a_1a_2\cdots a_{n-2}), b_{n-1} \leqslant a_{n-1}$, 且 b_n 出现在 X_β 中. 此时, 一共有 $a_{n-1}\theta_1$ 种可能.

($n+1$) $(b_1b_2\cdots b_{n-1}) = (a_1a_2\cdots a_{n-1}), b_n \leqslant a_n$, 且 b_n 出现在 X_β 中. 此时, 一共有 $a_n + 1$ 种可能.

于是

$$\beta^{-n}\theta_n = \beta^{-n} + \beta^{-1}a_1\beta^{-n+1}\theta_{n-1} + \cdots + \beta^{-n}a_n\theta_0.$$

根据更新定理, 有

$$\lim_{n\to\infty}\beta^{-n}\theta_n = \Big(\sum_{n=0}^{\infty}\beta^{-n}\Big)\Big(\sum_{n=0}^{\infty}na_n\beta^{-n}\Big)^{-1} > 0.$$

所以

$$h_{\text{top}}(\sigma|_{X_\beta}) = \lim_{n\to\infty}\frac{1}{n}\log\theta_n = \log\beta.$$

证毕. □

注记 8.5.3 在上面例子中, 如果需要同胚映射, 那么可令

$$X'_\beta = \{x = (x_n)_{n=-\infty}^{\infty} \in \{0,1,\cdots,k-1\}^{\mathbb{Z}} : (x_ix_{i+1}\cdots) \in X_\beta,\ \forall i \in \mathbb{Z}\}.$$

所以 $\theta_n(X'_\beta) = \theta_n(X_\beta)$, 从而熵仍为 $\log\beta$.

习　题

1. 设 X 为非空集合, $T: X \to X$ 为满射, $\mathcal{U}$ 为 X 的有限覆盖. 证明: 对 $l \in \mathbb{N}$, 有 $h_{\text{c}}(T,\mathcal{U}) \geqslant \frac{1}{l}h_{\text{c}}(T^l,\mathcal{U})$.

2. 设 (X,σ) 为单边的 k 符号全转移 (Σ_k,σ) 的子系统且 $h_{\text{top}}(X,\sigma) = \log k$. 证明: $X = \Sigma_k$.

3. 设 (X,T) 为动力系统. 假设 $X = X_1 \cup X_2 \cup \cdots \cup X_n$, 其中 $X_1, X_2, \cdots, X_n$ 为 X 的互不相交的闭的不变集. 证明:

$$h_{\text{top}}(X,T) = \max_{1\leqslant i\leqslant n} h_{\text{top}}(X_i, T|_{X_i}).$$

8.6 熵　映　射

本节研究熵映射及其基本性质.

8.6.1　熵映射的定义

定义 8.6.1　设 (X,T) 为拓扑动力系统, $\mathcal{B}(X)$ 为 Borel σ 代数, $\mathcal{M}(X,T)$ 为全体不变概率测度的集合. 映射

$$h:\mathcal{M}(X,T)\to[0,\infty],\quad \mu\mapsto h_\mu(T)$$

称为**熵映射**.

定理 8.6.1　熵映射为仿射, 即对于任何 $\mu,m\in\mathcal{M}(X,T)$ 以及 $p\in[0,1]$, 有

$$h_{p\mu+(1-p)m}(T)=ph_\mu(T)+(1-p)h_m(T).$$

证明　因为 $\phi(x)=-x\log x$ 为凸的, 故对于任何 $B\in\mathcal{B}(X)$, 有

$$\begin{aligned}
0&\leqslant\phi(p\mu(B)+(1-p)m(B))-p\phi(\mu(B))-(1-p)\phi(m(B))\\
&=-(p\mu(B)+(1-p)m(B))\log(p\mu(B)+(1-p)m(B))\\
&\quad+p\mu(B)\log\mu(B)+(1-p)m(B)\log m(B)\\
&=-p\mu(B)(\log(p\mu(B)+(1-p)m(B))-\log(p\mu(B)))\\
&\quad-(1-p)m(B)(\log(p\mu(B)+(1-p)m(B))-\log((1-p)m(B)))-p\mu(B)\\
&\quad\cdot(\log(p\mu(B))-\log(\mu(B)))-(1-p)m(B)(\log((1-p)m(B))-\log(m(B)))\\
&\leqslant 0+0-p\mu(B)\log p-(1-p)m(B)\log(1-p).
\end{aligned}$$

于是对于任何有限可测剖分 ξ, 有

$$\begin{aligned}
0&\leqslant H_{p\mu+(1-p)m}(\xi)-pH_\mu(\xi)-(1-p)H_m(\xi)\\
&\leqslant-(p\log p+(1-p)\log(1-p))\\
&\leqslant\log 2.
\end{aligned}$$

设 η 为有限剖分, 在上面令 $\xi=\bigvee\limits_{i=0}^{n-1}T^{-i}\eta$, 则有

$$h_{p\mu+(1-p)m}(T,\eta)=ph_\mu(T,\eta)+(1-p)h_m(T,\eta).$$

根据上式, 自然有

$$h_{p\mu+(1-p)m}(T)\leqslant ph_\mu(T)+(1-p)h_m(T).$$

还需要证明反向不等式. 设 $\varepsilon>0$, 取有限剖分 η_1,η_2, 使得

$$h_\mu(T,\eta_1)>\begin{cases}h_\mu(T)-\varepsilon, & h_\mu(T)<\infty,\\ 1/\varepsilon, & h_\mu(T)=\infty.\end{cases}$$

$$h_m(T,\eta_2)>\begin{cases}h_m(T)-\varepsilon, & h_m(T)<\infty,\\ 1/\varepsilon, & h_m(T)=\infty.\end{cases}$$

令 $\eta=\eta_1\vee\eta_2$, 则

$$h_{p\mu+(1-p)m}(T,\eta)>\begin{cases}ph_\mu(T)+(1-p)h_m(T)-\varepsilon, & h_\mu(T),h_m(T)<\infty,\\ \min\left\{\dfrac{p}{\varepsilon},\dfrac{1-p}{\varepsilon}\right\}, & h_\mu(T)=\infty\text{ 或 }h_m(T)=\infty.\end{cases}$$

于是

$$h_{p\mu+(1-p)m}(T) \geqslant ph_\mu(T) + (1-p)h_m(T).$$

证毕. □

下面的例子说明 $h: \mathcal{M}(X,T) \to [0,\infty]$ 不必为连续的, 甚至不必为上半连续的.

例 8.6.1 设 $X = \Sigma_2 = \{0,1\}^{\mathbb{Z}}$. $\mathrm{Fix}(X,\sigma^n)$ 为 X 的 n 周期点全体, 共有 2^n 个元素. 设 $\mu_n \in \mathcal{M}(X,T)$ 为原子测度, 它在 $\mathrm{Fix}(X,\sigma^n)$ 中的每个点取测度 $1/2^n$. 明显地, 有 $h_{\mu_n}(\sigma) = 0$.

设 μ 为 X 上 $(1/2,1/2)$ 乘积测度, 那么之前我们计算过, 它的熵为 $h_\mu(\sigma) = \log 2$. 下证 $\mu_n \to \mu$ $(n \to \infty)$. 设 $A \subseteq C(X)$ 为全体由有限个坐标确定的连续函数全体, 根据 Stone-Weierstrass 定理, A 在 $C(X)$ 中稠密. 对于任何 $f \in A$, 存在 N, 使得当 $n \geqslant N$ 时 $\displaystyle\int_X f\mathrm{d}\mu_n = \int_X f\mathrm{d}\mu$, 即 $\mu_n \to \mu$ $(n \to \infty)$.

综上, 我们有 $\mu_n \to \mu$ $(n \to \infty)$, 但是 $h_{\mu_n}(\sigma) \not\to h_\mu(\sigma)$ $(n \to \infty)$.

例 8.6.2 设 $Y = \{0\} \cup \{1/n : n \in \mathbb{N}\}$, 拓扑取 $\mathbb{R}$ 的诱导拓扑, 它为紧致集合. 令 $X = Y^{\mathbb{Z}}, T: X \to X$ 为转移映射. 对 $n \in \mathbb{N}$, 设 ν_n 为 Y 上使得 $\nu_n\left(\left\{\dfrac{1}{n}\right\}\right) = \nu_n\left(\left\{\dfrac{1}{n+1}\right\}\right) = \dfrac{1}{2}$ 的测度, 而 μ_n 为相应的乘积测度. 因为 (X,μ_n,T) 测度同构于 (Σ_2,σ) 上 $(1/2,1/2)$ 乘积测度, 所以 $h_{\mu_n}(T) = \log 2$ $(\forall n \in \mathbb{N})$. 类似于上面的例子, 容易验证 $\mu_n \to \mu$ $(n \to \infty)$, 其中 $\mu = \delta_{\mathbf{0}}$ 为点 $\mathbf{0} = (\cdots 000 \cdots)$ 上的 Dirac 测度. $h_\mu(T) = 0$.

综上, 我们有 $\mu_n \to \mu$ $(n \to \infty)$, 但是 $h_{\mu_n}(T) \not\to h_\mu(T)$ $(n \to \infty)$. 此时, 熵映射不是上半连续的.

8.6.2 熵映射及上半连续性

定理 8.6.2 对于可扩同胚 $T: X \to X$, 熵映射是上半连续的, 即对于任何 $\mu \in \mathcal{M}(X,T)$, $\varepsilon > 0$, 存在 μ 的邻域 U, 使得对于任何 $m \in U$, 有

$$h_m(T) < h_\mu(T) + \varepsilon.$$

证明 设 δ 为 T 的可扩常数, $\mu \in \mathcal{M}(X,T)$, $\varepsilon > 0$, $\gamma = \{C_1, C_2, \cdots, C_k\}$ 为满足 $\mathrm{diam}\gamma < \delta$ 的可测剖分. 由定理 8.5.3, $h_\mu(T) = h_\mu(T,\gamma)$. 取 N, 使得

$$\frac{1}{N} H_\mu\left(\bigvee_{j=0}^{N-1} T^{-j}\gamma\right) < h_\mu(T) + \frac{\varepsilon}{2}.$$

因为 μ 为正则测度, 所以可取紧致子集

$$K(i_0, i_1, \cdots, i_{N-1}) \subseteq \bigcap_{j=0}^{N-1} T^{-j} C_{i_j},$$

使得 $\mu\left(\displaystyle\bigcap_{j=0}^{N-1} T^{-j}C_{i_j} \setminus K(i_0, i_1, \cdots, i_{N-1})\right) < \varepsilon_1$, 其中 ε_1 为后面再取的常数. 所以

$$C_i \supseteq L_i \triangleq \bigcup_{j=0}^{N-1} \{T^j K(i_0, \cdots, i_{N-1}) : i_j = i\}.$$

易见 $L_1,\cdots,L_k$ 为互不相交的紧致子集. 取剖分 $\gamma'=\{C_1',\cdots,C_k'\}$, 使得 $\operatorname{diam}\gamma'<\delta$ 且 $L_i\subseteq \operatorname{int}(C_i')$ $(1\leqslant i\leqslant k)$. 由定义, 得

$$K(i_0,i_1,\cdots,i_{N-1})\subseteq \operatorname{int}\left(\bigcap_{j=0}^{N-1}T^{-j}C_{i_j}'\right).$$

根据 Urysohn 引理, 取连续函数 $f_{i_0,\cdots,i_{N-1}}\in C(X)$, 使得 $0\leqslant f_{i_0,\cdots,i_{N-1}}\leqslant 1$, 并且 $f_{i_0,\cdots,i_{N-1}}$ 在 $K(i_0,\cdots,i_{N-1})$ 上取 1, 在 $X\setminus \operatorname{int}\left(\bigcap_{j=0}^{N-1}T^{-j}C_{i_j}'\right)$ 上取 0. 令

$$U(i_0,\cdots,i_{N-1})=\left\{m\in\mathcal{M}(X,T):\left|\int_X f_{i_0,\cdots,i_{N-1}}\mathrm{d}m-\int_X f_{i_0,\cdots,i_{N-1}}\mathrm{d}\mu\right|<\varepsilon_1\right\},$$

那么 $U(i_0,\cdots,i_{N-1})$ 为 $\mathcal{M}(X,T)$ 中的开集, 并且对于 $m\in U(i_0,\cdots,i_{N-1})$,

$$m\left(\bigcap_{j=0}^{N-1}T^{-j}C_{i_j}'\right)\geqslant\int_X f_{i_0,\cdots,i_{N-1}}\mathrm{d}m>\int_X f_{i_0,\cdots,i_{N-1}}\mathrm{d}\mu-\varepsilon_1\geqslant\mu(K(i_0,\cdots,i_{N-1}))-\varepsilon_1.$$

于是, 对于 $m\in U(i_0,\cdots,i_{N-1})$, 有

$$\mu\left(\bigcap_{j=0}^{N-1}T^{-j}C_{i_j}\right)-m\left(\bigcap_{j=0}^{N-1}T^{-j}C_{i_j}'\right)<2\varepsilon_1.$$

令

$$U=\bigcap_{i_0,\cdots,i_{N-1}=1}^{k}U(i_0,\cdots,i_{N-1}),$$

那么对于任何 $m\in U$, 有

$$\left|\mu\Big(\bigcap_{j=0}^{N-1}T^{-j}C_{i_j}\Big)-m\Big(\bigcap_{j=0}^{N-1}T^{-j}C_{i_j}'\Big)\right|<2\varepsilon_1 k^N.$$ ①

于是, 如果 $m\in U$, 取 ε_1 充分小, 则根据 $x\log x$ 的连续性, 有

$$\frac{1}{N}H_m\left(\bigvee_{j=0}^{N-1}T^{-j}\gamma'\right)<\frac{1}{N}H_\mu\left(\bigvee_{j=0}^{N-1}T^{-j}\gamma\right)+\frac{\varepsilon}{2}.$$

由此有

$$h_m(T)=h_m(T,\gamma')\leqslant\frac{1}{N}H_m\left(\bigvee_{j=0}^{N-1}T^{-j}\gamma'\right)<\frac{1}{N}H_\mu\left(\bigvee_{j=0}^{N-1}T^{-j}\gamma\right)+\frac{\varepsilon}{2}<h_\mu(T)+\varepsilon.$$

证毕. □

注意紧致空间上的上半连续实值函数能取到最大值, 所以对于可扩同胚, 存在 $m\in\mathcal{M}(X,T)$, 使得 $h_m(T)=\sup\{h_\mu(T):\mu\in\mathcal{M}(X,T)\}$.

---

① 这里我们用了下面简单的事实: 如果 $\sum\limits_{i=1}^m a_i=\sum\limits_{i=1}^m b_i=1$, 存在 $c>0$, 使得 $a_i-b_i<c$ $(1\leqslant i\leqslant m)$, 那么 $|a_i-b_i|=|\sum\limits_{j\neq i}(a_j-b_j)|<mc$ $(1\leqslant i\leqslant m)$.

定理 8.6.3 设 (X,T) 为拓扑动力系统, $\{\xi_n\}_{n=1}^{\infty}$ 为 X 的可测剖分列, 且满足 $\operatorname{diam}\xi_n \to 0\ (n\to\infty)$, 那么对于任何 $\mu\in\mathcal{M}(X,T)$, 有

$$h_\mu(T)=\lim_{n\to\infty}h_\mu(T,\xi_n).$$

证明 设 $\mu\in\mathcal{M}(X,T)$, $\varepsilon>0$. 取可测剖分 $\xi=\{A_1,\cdots,A_k\}$, 使得

$$h_\mu(T,\xi)>\begin{cases} h_\mu(T)-\varepsilon, & h_\mu(T)<\infty,\\ 1/\varepsilon, & h_\mu(T)=\infty.\end{cases}$$

又取 $\delta>0$, 使得对于任何 k 元剖分 $\xi=\{A_1,\cdots,A_k\}$, $\eta=\{C_1,\cdots,C_k\}$, $\sum\limits_{i=1}^{k}\mu(A_i\Delta C_i)<\delta$ 蕴含 $H_\mu(\xi|\eta)+H_\mu(\eta|\xi)<\varepsilon$. 取紧致子集 $K_i\subseteq A_i\ (1\leqslant i\leqslant k)$, 使得 $\mu(A_i\backslash K_i)<\dfrac{\delta}{2k(k+1)}$. 令 $\delta'=\inf\limits_{i\neq j}d(K_i,K_j)$. 取 $n\in\mathbb{N}$, 使得 $\operatorname{diam}\xi_n<\delta'/2$.

对 $1\leqslant i\leqslant k-1$, 令 $E_{n,i}$ 为与 K_i 相交非空的 ξ_n 中的元的并, $E_{n,k}=X\setminus\bigcup\limits_{i=1}^{k-1}E_{n,i}$. 设 $\xi_n'=\{E_{n,1},\cdots,E_{n,k}\}$, 则 $\xi_n'\preccurlyeq\xi_n$. 因为 $\operatorname{diam}\xi_n<\delta'/2$, 所以每个 ξ_n 中的元至多只与一个 K_i 相交非空, 于是

$$\begin{aligned}\sum_{i=1}^{k}\mu(E_{n,i}\Delta A_i)&=\sum_{i=1}^{k}\mu(E_{n,i}\setminus A_i)+\mu(A_i\setminus E_{n,i})\\ &\leqslant\mu\Big(X\setminus\bigcup_{i=1}^{k}K_i\Big)+\sum_{i=1}^{k}\mu(A_i\setminus K_i)<\delta.\end{aligned}$$

根据 δ 的选取, $H_\mu(\xi_n|\xi_n')<\varepsilon$. 所以

$$h_\mu(T,\xi)=h_\mu(T,\xi_n')+H_\mu(\xi|\xi_n')<h_\mu(T,\xi_n')+\varepsilon\leqslant h_\mu(T,\xi_n)+\varepsilon.$$

综上, 当 n 满足 $\operatorname{diam}\xi_n<\delta'/2$ 时, 有

$$h_\mu(T,\xi_n)>\begin{cases} h_\mu(T)-2\varepsilon, & h_\mu(T)<\infty,\\ 1/\varepsilon-\varepsilon, & h_\mu(T)=\infty.\end{cases}$$

所以 $h_\mu(T)=\lim\limits_{n\to\infty}h_\mu(T,\xi_n)$. □

8.6.3 上半连续与遍历分解

设 $\mu=\int_\Omega\mu_\omega\mathrm{d}m(\omega)$ 为 μ 的遍历分解, $F:\mathcal{M}(X,T)\to\mathbb{R}$ 为上半连续仿射, 那么它为单调递增连续仿射的极限, 从而有

$$F(\mu)=\int_\Omega F(\mu_\omega)\mathrm{d}m(\omega).$$

根据这个事实, 我们有如下命题:

定理 8.6.4　设 (X,T) 为拓扑动力系统. 对 $\mu \in \mathcal{M}(X,T)$ 及有限可测剖分 ξ, 如果 $\mu = \int_\Omega \mu_\omega \mathrm{d}m(\omega)$ 为 μ 的遍历分解, 那么

$$h_\mu(T,\xi) = \int_\Omega h_{\mu_\omega}(T,\xi)\mathrm{d}m(\omega), \quad h_\mu(T) = \int_\Omega h_{\mu_\omega}(T)\mathrm{d}m(\omega).$$

证明　设 $\xi = \{A_1, \cdots, A_k\}$, $\Sigma_k = \{1, 2, \cdots, k\}^{\mathbb{Z}}$. 定义

$$\phi : X \to \Sigma_k, \quad \phi(x) = (i_n)_{n\in\mathbb{Z}} \Leftrightarrow T^n x \in A_{i_n}.$$

于是由此诱导了映射

$$\phi_* : \mathcal{M}(X,T) \to \mathcal{M}(\Sigma_k, \sigma), \quad m \mapsto m \circ \phi^{-1}.$$

易验证, 若 $\mu = \int_{\mathcal{M}^{\mathrm{e}}(X,T)} \nu \mathrm{d}m(\nu)$ 为遍历分解, 那么

$$\phi_*\mu = \int_{\mathcal{M}^{\mathrm{e}}(\Sigma_k,\sigma)} \nu \mathrm{d}m(\phi_*^{-1}(\nu))$$

为 $\phi_*\mu$ 遍历分解. 因为 (Σ_k, σ) 为可扩系统, 所以其熵映射为上半连续的, 于是

$$h_{\phi_*\mu}(\sigma) = \int_{\mathcal{M}^{\mathrm{e}}(\Sigma_k,\sigma)} h_\nu(\sigma)\mathrm{d}m(\phi_*^{-1}(\nu)) = \int_{\mathcal{M}^{\mathrm{e}}(X,T)} h_{\phi_*\nu}(\sigma)\mathrm{d}m(\nu).$$

因为 $\xi = \phi^{-1}\eta$, 其中 $\eta = \{{}_0[1]_0, \cdots, {}_0[k]_0\}$, 所以对于任意 $\nu \in \mathcal{M}(X,T)$, $h_{\phi_*\nu}(\sigma) = h_{\phi_*\nu}(\sigma, \eta) = h_\nu(T, \xi)$. 从而有

$$h_\mu(T,\xi) = \int_{\mathcal{M}^{\mathrm{e}}(X,T)} h_\nu(T,\xi)\mathrm{d}m(\nu).$$

取 $\{\xi_n\}_{n=1}^\infty$ 为 X 的可测剖分列, 且满足 $\operatorname{diam} \xi_n \to 0$ $(n \to \infty)$. 那么根据定理 8.6.3, 对于任何 $\mu \in \mathcal{M}(X,T)$, 有 $h_\mu(T) = \lim_{n\to\infty} h_\mu(T, \xi_n)$. 于是

$$h_\mu(T) = \lim_{n\to\infty} h_\mu(T,\xi_n) = \lim_{n\to\infty} \int_{\mathcal{M}^{\mathrm{e}}(X,T)} h_\nu(T,\xi_n)\mathrm{d}m(\nu) = \int_{M^{\mathrm{e}}(X,T)} h_\nu(T)\mathrm{d}m(\nu).$$

证毕. □

8.7　熵的变分原理

熵的变分原理指出拓扑熵与测度熵的关系. 我们在本节中介绍这个经典结果, 后面还会提及局部熵的变分原理.

定理 8.7.1　设 (X,T) 为拓扑动力系统, 那么

(1) $h_\mu(T) \leqslant h_{\mathrm{top}}(T), \forall \mu \in \mathcal{M}(X,T)$;

(2) $h_{\mathrm{top}}(T) = \sup_{\mu\in\mathcal{M}(X,T)} h_\mu(T)$.

证明 (1) 取定可测剖分 $\alpha=\{A_1,\cdots,A_k\}$. 对于任何 $\varepsilon>0$, 取紧致子集 $\widetilde{A}_i\subseteq A_i$ $(1\leqslant i\leqslant k)$, 使得 $\mu(A_i\setminus\widetilde{A}_i)<\varepsilon$. 定义新的剖分

$$\widetilde{\alpha}=\{\widetilde{A}_1,\cdots,\widetilde{A}_k,V\},$$

其中 $V=X\setminus\bigcup\limits_{i=1}^{k}\widetilde{A}_i$. 定义开覆盖

$$\mathcal{U}=\{\widetilde{A}_1\cup V,\cdots,\widetilde{A}_k\cup V\}.$$

对比 $\bigvee\limits_{i=0}^{n-1}T^{-i}\mathcal{U}$ 和 $\bigvee\limits_{i=0}^{n-1}T^{-i}\widetilde{\alpha}$, 有

$$N\left(\bigvee_{i=0}^{n-1}T^{-i}\widetilde{\alpha}\right)\leqslant 2^nN\left(\bigvee_{i=0}^{n-1}T^{-i}\mathcal{U}\right).\tag{8.11}$$

注意上面 $N\left(\bigvee\limits_{i=0}^{n-1}T^{-i}\widetilde{\alpha}\right)$ 为 $\bigvee\limits_{i=0}^{n-1}T^{-i}\widetilde{\alpha}$ 的非平凡元素个数, 而 $N\left(\bigvee\limits_{i=0}^{n-1}T^{-i}\mathcal{U}\right)$ 为 $\bigvee\limits_{i=0}^{n-1}T^{-i}\mathcal{U}$ 的子覆盖最少个数.

根据命题 8.1.2 (1), $H_\mu\left(\bigvee\limits_{i=0}^{n-1}T^{-i}\widetilde{\alpha}\right)\leqslant\log N\left(\bigvee\limits_{i=0}^{n-1}T^{-i}\widetilde{\alpha}\right)$. 结合式 (8.11), 得到

$$H_\mu\left(\bigvee_{i=0}^{n-1}T^{-i}\widetilde{\alpha}\right)\leqslant\log N\left(\bigvee_{i=0}^{n-1}T^{-i}\widetilde{\alpha}\right)\leqslant n\log 2+\log N\left(\bigvee_{i=0}^{n-1}T^{-i}\mathcal{U}\right).$$

注意到

$$h_{\text{top}}(T)\geqslant h_{\text{top}}(T,\mathcal{U})=\lim_{n\to\infty}\frac{1}{n}H\left(\bigvee_{i=0}^{n-1}T^{-i}\mathcal{U}\right),$$

以及

$$h_\mu(T,\alpha)=\lim_{n\to\infty}H_\mu\left(\bigvee_{i=0}^{n-1}T^{-i}\alpha\right),$$

我们得到

$$h_\mu(T,\widetilde{\alpha})\leqslant\log 2+h_{\text{top}}(T).$$

取 ε 充分小, 使得

$$|h_\mu(T,\widetilde{\alpha})-h_\mu(T,\alpha)|\leqslant H_\mu(\alpha|\widetilde{\alpha})+H(\widetilde{\alpha}|\alpha)<1.$$

于是

$$h_\mu(T,\alpha)\leqslant\log 2+h_{\text{top}}(T)+1.$$

综上, 我们得到

$$h_\mu(T)=\sup\{h_\mu(T,\alpha):\alpha\text{ 为有限剖分}\}\leqslant h_{\text{top}}(T)+\log 2+1.$$

在上式中用 T^k 替代 T, 得

$$h_\mu(T^k)\leqslant h_{\text{top}}(T^k)+\log 2+1,$$

从而

$$h_\mu(T) = \lim_{k\to\infty} \frac{h_\mu(T^k)}{k} \leqslant \lim_{k\to\infty} \frac{h_{\rm top}(T^k)}{k} + \lim_{k\to\infty} \frac{\log 2+1}{k} = h_{\rm top}(T).$$

(2) 我们证明: 对于任何 $\delta > 0$, 存在 $\mu \in \mathcal{M}(X,T)$, 使得 $h_\mu(T) \geqslant h_{\rm top}(T) - \delta$. 取充分小的 $\varepsilon > 0$, 使得 $\limsup\limits_{n\to\infty} \dfrac{1}{n} \log {\rm sr}(n,\varepsilon) \geqslant h_{\rm top}(T) - \delta$. 取子列 $\{n_i\}_{i=1}^\infty$, 使得

$$\lim_{i\to\infty} \frac{1}{n_i} \log {\rm sr}(n_i,\varepsilon) \geqslant h_{\rm top}(T) - \delta.$$

设 S_{n_i} 是个数为 ${\rm sr}(n_i,\varepsilon)$ 的 (n_i,ε) 分离集. 对每个 n_i, 定义

$$\nu_{n_i} = \frac{1}{{\rm sr}(n_i,\varepsilon)} \sum_{x\in S_{n_i}} \delta_x.$$

再定义

$$\mu_{n_i} = \frac{1}{n_i} \sum_{r=0}^{n_i-1} (T^r)_* \nu_{n_i}.$$

不妨设 $\lim\limits_{i\to\infty} \mu_{n_i} = \mu$ (否则取子列), 则 $\mu \in \mathcal{M}(X,T)$. 下面验证 μ 即为所求: $h_\mu(T) \geqslant h_{\rm top}(T) - \delta$.

取可测剖分 $\alpha = \{A_1, \cdots, A_k\}$, 满足 ${\rm diam}\,\alpha < \varepsilon$, 并且 $\mu(\partial A_i) = 0$ $(1 \leqslant i \leqslant k)$. 因为 S_{n_i} 为 (n_i,ε) 分离集, 对于每个 $C \in \alpha_0^{n_i-1} = \bigvee\limits_{j=0}^{n_i-1} T^{-j}\alpha$ 至多包含一个点 $x = x_C \in S_{n_i}$. 所以 $\alpha_0^{n_i-1}$ 的元素中, 有 ${\rm sr}(n_i,\varepsilon)$ 个元素具有 ν_{n_i} 测度 $1/{\rm sr}(n_i,\varepsilon)$, 其余 ν_{n_i} 测度为 0. 特别地, 有

$$\log {\rm sr}(n_i,\varepsilon) = -\sum_{C\in\alpha_0^{n_i-1}} \nu_{n_i}(C) \log \nu_{n_i}(C). \tag{8.12}$$

取定 $1 < N < n_i$, 再取定 $j \in \{0,1,\cdots,N-1\}$, 则

$$\alpha_0^{n_i-1} = \bigvee_{i=0}^{n_i-1} T^{-i}\alpha = \left(\bigvee_{\substack{l\equiv j({\rm mod}\ N)\\ 0\leqslant l\leqslant n_i-N}} T^{-l}\Big(\bigvee_{i=0}^{N-1} T^{-i}\alpha \Big) \right) \vee \left(\bigvee_{i\in E} T^{-i}\alpha \right),$$

其中 $E = \{0,1,\cdots,j-1\} \bigcup \{M_j, M_j+1, \cdots, n_i-1\}$, $M_j = N[(n_i-j)/N]$. 注意 ${\rm Card}(E) \leqslant 2N$. 于是

$$\begin{aligned} &-\sum_{C\in\alpha_0^{n_i-1}} \nu_{n_i}(C) \log \nu_{n_i}(C) \\ &\leqslant \sum_{\substack{l\equiv j({\rm mod}\ N)\\ 0\leqslant l\leqslant n_i-N}} \Big(-\sum_{C\in T^{-l}\alpha_0^{N-1}} \nu_{n_i}(C) \log \nu_{n_i}(C) \Big) \\ &\quad + \sum_{i\in E} \Big(-\sum_{C\in T^{-i}\alpha_0^{N-1}} \nu_{n_i}(C) \log \nu_{n_i}(C) \Big) \end{aligned}$$

$$\leqslant \sum_{r=0}^{M_j}\left(-\sum_{D\in\alpha_0^{N-1}}(T^{rN+j})_*\nu_{n_i}(D)\log(T^{rN+j})_*\nu_{n_i}(D)\right)+2N\log k \tag{8.13}$$

注意对于 $l=rN+j$, $D\in\alpha_0^{N-1}$ 对应于 $C\in T^{-l}\alpha_0^{N-1}$, 使得 $(T^l)_*\nu_{n_i}(D)=\nu_{n_i}(T^{-l}D)=\nu_{n_i}(C)$ 且 $C=T^{-l}D$.

将式 (8.13) 对 $j=0,1,\cdots,N-1$ 作和, 结合式 (8.12), 得到

$$N\log\mathrm{sr}(n_i,\varepsilon)\leqslant\sum_{l=0}^{n_i-1}\left(-\sum_{D\in\alpha_0^{N-1}}(T^l)_*\nu_{n_i}(D)\log(T^l)_*\nu_{n_i}(D)\right)+2N^2\log k. \tag{8.14}$$

根据 $-x\log x$ 的凸性及式 (8.14), 有

$$\begin{aligned}\frac{1}{n_i}\log\mathrm{sr}(n_i,\varepsilon)&\leqslant\frac{1}{n_i}\sum_{l=0}^{n_i-1}\left(-\frac{1}{N}\sum_{C\in\alpha_0^{N-1}}(T^l)_*\nu_{n_i}(C)\log(T^l)_*\nu_{n_i}(C)\right)+\frac{2N\log k}{n_i}\\&\leqslant-\frac{1}{N}\sum_{C\in\alpha_0^{N-1}}\mu_{n_i}(C)\log\mu_{n_i}(C)+\frac{2N\log k}{n_i}.\end{aligned}$$

因为 $\mu(\partial A_i)=0$ $(1\leqslant i\leqslant k)$, 所以在上式中取 $n_i\to\infty$, 得到

$$\begin{aligned}h_{\mathrm{top}}(T)-\delta&\leqslant\lim_{i\to\infty}\frac{1}{n_i}\log\mathrm{sr}(n_i,\varepsilon)\\&\leqslant-\frac{1}{N}\lim_{i\to\infty}\sum_{C\in\alpha_0^{N-1}}\mu_{n_i}(C)\log\mu_{n_i}(C)+\lim_{i\to\infty}\frac{2N\log k}{n_i}\\&=\frac{1}{N}H_\mu(\alpha_0^{N-1}).\end{aligned}$$

再令 $N\to\infty$, 得

$$h_{\mathrm{top}}(T)-\delta\leqslant\lim_{N\to\infty}\frac{1}{N}H_\mu(\alpha_0^{N-1})=h_\mu(T,\alpha)\leqslant h_\mu(T).$$

证毕. □

推论 8.7.1 设 (X,T) 为拓扑动力系统, 那么

(1) $h_{\mathrm{top}}(T)=\sup\limits_{\mu\in\mathcal{M}^e(X,T)}h_\mu(T)$;

(2) $h_{\mathrm{top}}(T)=h_{\mathrm{top}}(T|_{\Omega(T)})$;

(3) $h_{\mathrm{top}}(T)=h_{\mathrm{top}}(T|_{\cap_{n=0}^\infty T^nX})$

习　题

(1) 证明推论 8.7.1.

(2) 不运用变分原理给出推论 8.7.1(2) 证明.

8.8　最大熵测度

本节研究最大熵测度.

8.8.1　最大熵测度的定义和性质

定义 8.8.1　设 (X,T) 为动力系统. 如果 $\mu \in \mathcal{M}(X,T)$ 满足 $h_\mu(T) = h_{\text{top}}(T)$, 那么称 μ 为**最大熵测度**. 记全体最大熵测度的集合为 $\mathcal{M}_{\max}(X,T)$.

注记 8.8.1　最大熵测度集合 $\mathcal{M}_{\max}(X,T)$ 有可能为空集. 对于零熵系统 $h_{\text{top}}(T) = 0$, 易见 $\mathcal{M}_{\max}(X,T) = \mathcal{M}(X,T)$.

命题 8.8.1　设 (X,T) 为动力系统, 则

(1) $\mathcal{M}_{\max}(X,T)$ 为凸集;

(2) 如果 $h_{\text{top}}(T) < \infty$, 那么 $\mathcal{M}_{\max}(X,T)$ 的端点恰为 $\mathcal{M}_{\max}(X,T)$ 的遍历元;

(3) 如果 $h_{\text{top}}(T) < \infty$ 且 $\mathcal{M}_{\max}(X,T) \neq \emptyset$, 那么 $\mathcal{M}_{\max}(X,T)$ 有遍历元;

(4) 如果 $h_{\text{top}}(T) = \infty$, 那么 $\mathcal{M}_{\max}(X,T) \neq \emptyset$;

(5) 如果 T 的熵映射上半连续, 那么 $\mathcal{M}_{\max}(X,T) \neq \emptyset$ 且紧致.

证明　(1) 因为熵映射是仿射, 所以 $\mathcal{M}_{\max}(X,T)$ 为凸集.

(2) 如果 $\mu \in \mathcal{M}_{\max}(X,T)$ 是遍历的, 那么它为 $\mathcal{M}(X,T)$ 的端点, 自然也为 $\mathcal{M}_{\max}(X,T)$ 的端点. 反之, 设 $\mu \in \mathcal{M}_{\max}(X,T)$ 为 $\mathcal{M}_{\max}(X,T)$ 的端点. 又设 $\mu = p\mu_1 + (1-p)\mu_2, p \in [0,1], \mu_1, \mu_2 \in \mathcal{M}(X,T)$, 则根据仿射性, 有

$$h_{\text{top}}(T) = h_\mu(T) = p h_{\mu_1}(T) + (1-p) h_{\mu_2}(T).$$

由变分原理, 可得 $h_{\mu_1}(T) < h_{\text{top}}(T), h_{\mu_2}(T) \leqslant h_{\text{top}}(T)$. 于是有 $h_{\mu_1}(T) = h_{\mu_2}(T) = h_{\text{top}}(T) = h_\mu(T)$, 即 $\mu_1, \mu_2 \in \mathcal{M}_{\max}(X,T)$. 所以 $\mu = \mu_1 = \mu_2$, μ 为 $\mathcal{M}(X,T)$ 的端点, 因此它为遍历的.

(3) 设 $\mu \in \mathcal{M}_{\max}(X,T)$, 其遍历分解为 $\mu = \int_{\mathcal{M}^e(X,T)} m \mathrm{d}\tau(m)$. 根据定理 8.6.4, 有

$$h_{\text{top}}(T) = h_\mu(T) = \int_{\mathcal{M}^e(X,T)} h_m(T) \mathrm{d}\tau(m).$$

由变分原理 (定理 8.7.1), 可得 $h_m(T) \leqslant h_{\text{top}}(T)$. 于是对于 τ-a.e. m, 有 $h_m(T) = h_{\text{top}}(T)$. 特别地, $\mathcal{M}_{\max}(X,T)$ 有遍历元.

(4) 由变分原理 (定理 8.7.1), 对于任何 $n \in \mathbb{N}$, 取 $h_{\mu_n}(T) > 2^n$. 令

$$\mu = \sum_{n=1}^{\infty} \frac{1}{2^n} \mu_n \in \mathcal{M}(X,T).$$

对于 $N\in\mathbb{N}$, 记 $\mu=\sum\limits_{n=1}^{N}\frac{1}{2^n}\mu_n+\frac{1}{2^N}\nu$, 其中 $\nu\in\mathcal{M}(X,T)$. 根据熵映射的仿射性, 可得

$$h_\mu(T)\geqslant\sum_{n=1}^{N}\frac{1}{2^n}h_{\mu_n}(T)>N.$$

由 N 的任意性, $h_\mu(T)=\infty$, 即 $\mu\in\mathcal{M}_{\max}(X,T)$.

(5) 如果熵映射是上半连续的, 那么上半连续函数在紧致子集 $\mathcal{M}(X,T)$ 上取到最大值 $h_{\mathrm{top}}(T)$, 所以 $\mathcal{M}_{\max}(X,T)\neq\emptyset$. 以下说明它是紧致的. 设 $\mu_n\in\mathcal{M}_{\max}(X,T)$, 且 $\lim\limits_{n\to\infty}\mu_n=\mu\in\mathcal{M}(X,T)$. 于是

$$h_\mu(T)\geqslant\limsup_{n\to\infty}h_{\mu_n}(T)=h_{\mathrm{top}}(T),$$

即 $\mu\in\mathcal{M}_{\max}(X,T)$, 由此得 $\mathcal{M}_{\max}(X,T)$ 为紧致的. □

注记 8.8.2 存在极小系统 (X,T), $h_{\mathrm{top}}(T)=\infty$, 但是对于任何 $\mu\in\mathcal{M}^{\mathrm{e}}(X,T)$, 有 $h_\mu(T)<\infty$. 这说明当 $h_{\mathrm{top}}(T)=\infty$ 时, 不一定存在遍历的最大测度.

例 8.8.1 (Gurevič) 存在系统 (X,T), 使得 $\mathcal{M}_{\max}(X,T)=\emptyset$.

证明 取单调递增数列 $\beta_n\in(1,2)$, 且 $\beta_n\nearrow 2\ (n\to\infty)$. 设 (X_n,T_n) 为例 8.5.5 中的系统, 使得 $h_{\mathrm{top}}(T_n)=\log\beta_n$. 取 X_n 上的度量 d_n, 使得 $\operatorname{diam}d_n(X_n)\leqslant 1$.

设 X 为所有 X_n 的无交并附加上紧化点 x_∞, 使得 X_n 收缩至 x_∞. 具体操作如下: 定义 $X=\bigsqcup\limits_{n=1}^{\infty}X_n\sqcup\{x_\infty\}$, 以及 X 上的度量 ρ:

$$\rho(x,y)=\begin{cases}\dfrac{1}{n^2}d_n(x,y), & x,y\in X_n,\\ \displaystyle\sum_{i=n}^{m}\frac{1}{i^2}, & x\in X_n, y\in X_m, n<m,\\ \displaystyle\sum_{i=n}^{\infty}\frac{1}{i^2}, & x_n\in X_n, y=x_\infty.\end{cases}$$

可以验证 (X,ρ) 为紧致度量空间. 定义

$$T:X\to X,\quad T|_{X_n}=T_n,\ T(x_\infty)=x_\infty.$$

如果 $\mu\in\mathcal{M}(X,T)$, 那么

$$\mu=\sum_{n=1}^{\infty}p_n\mu_n+\left(1-\sum_{n=1}^{\infty}p_n\right)\delta_{x_\infty},$$

其中 $\mu_n\in\mathcal{M}(X_n,T_n), p_n\geqslant 0, \sum\limits_{n=1}^{\infty}p_n\leqslant 1$. 于是 $\mu\in\mathcal{M}^{\mathrm{e}}(X,T)$ 当且仅当存在 n, 使得 $\mu\in\mathcal{M}^{\mathrm{e}}(X_n,T_n)$, 或 $\mu=\delta_{x_\infty}$. 根据变分原理, 可得

$$h_{\mathrm{top}}(T)=\sup_{\mu\in\mathcal{M}^{\mathrm{e}}(X,T)}h_\mu(T)=\sup_{n\in\mathbb{N}}\sup_{\mu\in\mathcal{M}^{\mathrm{e}}(X_n,T_n)}h_\mu(T_n)=\sup_{n\in\mathbb{N}}h_{\mathrm{top}}(T_n)=\log 2.$$

如果 $\mathcal{M}_{\max}(X,T)\neq\emptyset$, 由命题 8.8.1, $\mathcal{M}_{\max}(X,T)$ 中存在遍历元 μ. 根据构造, 存在 $n\in\mathbb{N}$, 使得 $\mu\in\mathcal{M}^{\mathrm{e}}(X_n,T_n)$, 但 $h_\mu(T)\leqslant\log\beta_n<\log 2$, 矛盾. 故 $\mathcal{M}_{\max}(X,T)=\emptyset$. □

注记 8.8.3 (1) 存在极小系统, 也存在紧流形上的微分同胚, 使得其上不存在最大熵测度.

(2) Denker[50] 指出: $h_{\text{top}}(T)<\infty$ 且 $\mathcal{M}_{\max}(X,T)\neq\emptyset$ 当且仅当存在 X 的有限覆盖列 $\{\alpha_n\}_{n=1}^{\infty}$, 使得 $\sum\limits_{n=1}^{\infty}h_{\text{top}}(T,\alpha_n)<\infty$ 且 $\lim\limits_{k\to\infty}h_{\text{top}}\Big(T,\bigvee\limits_{n=1}^{k}\alpha_n\Big)=h_{\text{top}}(T)$.

8.8.2 唯一最大熵测度

定义 8.8.2 设 (X,T) 为拓扑动力系统. 如果它的最大熵测度存在且唯一, 那么称系统具有**唯一最大熵测度**.

注记 8.8.4 (1) 如果系统 (X,T) 为唯一遍历的, 那么它自然具有唯一最大熵测度.

(2) 如果 $h_{\text{top}}(X,T)=\infty$, 并且 $\mathcal{M}_{\max}(X,T)=\{\mu\}$, 那么 $\mathcal{M}(X,T)=\{\mu\}$. 否则, 设 $m\in\mathcal{M}(X,T)$ 异于 μ, 则有 $h_{\frac{1}{2}\mu+\frac{1}{2}m}(T)=\infty$, 这与系统具有唯一最大熵测度矛盾.

(3) 如果 $\mathcal{M}_{\max}(X,T)=\{\mu\}$, 那么 μ 必为遍历的. 如果 $h_{\text{top}}(T)=\infty$, 那么根据 (2) 即得结论; 如果 $h(T)<\infty$, 那么根据命题 8.8.1(3) 得到结论.

例 8.8.2 设 (Σ_k,σ) 为转移系统, 则 σ 具有唯一最大熵测度, 且此测度为 $(1/k,\cdots,1/k)$ 乘积测度.

证明 已知拓扑熵 $h_{\text{top}}(\sigma)=\log k$. 下设 $\mu\in\mathcal{M}(\Sigma_k,\sigma)$, 使得 $h_\mu(T)=\log k$. 又设 $\alpha=\{{}_0[0]_0,{}_0[1]_0,\cdots,{}_0[k-1]_0\}$ 为生成子, 则

$$\log k=h_\mu(T)\leqslant\frac{1}{n}H_\mu\left(\bigvee_{i=0}^{n-1}T^{-i}\alpha\right)\leqslant\frac{1}{n}\log k^n=\log k,\quad\forall n\in\mathbb{N}.$$

于是 $H_\mu\left(\bigvee\limits_{i=0}^{n-1}T^{-i}\alpha\right)=\log k^n$, 所以 $\bigvee\limits_{i=0}^{n-1}T^{-i}\alpha$ 的每个元素的测度需为 $1/k^n$, 即 μ 为 $(1/k,\cdots,1/k)$ 乘积测度. □

例 8.8.3 设 $T_{\boldsymbol{A}}:X_{\boldsymbol{A}}\to X_{\boldsymbol{A}}$ 为 Markov 转移系统, 其中 $\boldsymbol{P},\boldsymbol{p}$ 是由不可约矩阵 $\boldsymbol{A}$ 确定的随机矩阵和概率向量, 那么 σ 具有唯一最大熵测度 μ, 其中 μ 由 $\boldsymbol{P},\boldsymbol{p}$ 确定.

证明 首先回顾一下符号. 设 $\boldsymbol{A}$ 为不可约非负矩阵, $\lambda,\boldsymbol{u},\boldsymbol{v}$ 为最大特征值以及对应的严格正值左、右特征向量. 定义 $k\times k$ 矩阵 $\boldsymbol{P}=[p_{ij}]$ 如下:

$$p_{ij}=\frac{a_{ij}v_j}{\lambda v_i},\quad\forall i,j\in\{1,\cdots,k\}.$$

因为 $\boldsymbol{Av}=\lambda\boldsymbol{v}$, 故容易验证

$$0\leqslant p_{ij}\leqslant 1,\quad\sum_{j=1}^{k}p_{ij}=\sum_{j=1}^{k}\frac{a_{ij}v_j}{\lambda v_i}=\frac{\sum\limits_{j=1}^{k}a_{ij}v_j}{\lambda v_i}=1.$$

满足这种条件的 $\boldsymbol{P}$ 称为随机矩阵. 令 $\boldsymbol{p}=(p_1,\cdots,p_k)$, 其中

$$p_i=u_iv_i,\quad 1\leqslant i\leqslant k.$$

正规化 $\boldsymbol{u},\boldsymbol{v}$, 可以假设 $\sum\limits_{i=1}^{k} p_i = 1$, 即 $\boldsymbol{p}$ 为概率向量. 对于 $\boldsymbol{P},\boldsymbol{p}$, 我们有

$$\sum_{i=1}^{k} p_i p_{ij} = \sum_{i=1}^{k} u_i v_i \frac{a_{ij} v_j}{\lambda v_i} = \sum_{i=1}^{k} \frac{a_{ij} u_i}{\lambda} v_j = u_j v_j = p_j, \quad \forall j,$$

即

$$\boldsymbol{pP} = \boldsymbol{p}.$$

对应的测度 μ 称为 **Parry 测度**. 我们要证明 μ 为最大熵测度, 即 $h_\mu(T) = \log\lambda$.

根据例 8.2.6 中的公式, 有

$$\begin{aligned}
h_\mu(T_A) &= -\sum_{i,j=0}^{k-1} u_i v_i \frac{a_{ij} v_j}{\lambda v_i} \log \frac{a_{ij} v_j}{\lambda v_i} \\
&= -\sum_{i,j=0}^{k-1} \frac{u_i a_{ij} v_j}{\lambda} (\log a_{ij} + \log v_j - \log\lambda - \log v_i) \\
&= 0 - \sum_{j=0}^{k-1} u_j v_j \log v_j + \log\lambda + \sum_{i=0}^{k-1} u_i v_i \log v_i \quad (\text{因为 } a_{ij} \in \{0,1\}) \\
&= \log\lambda.
\end{aligned}$$

下面证唯一性, 即 μ 为唯一的具有最大熵的测度. 由于 A 的不可约性, μ 为遍历测度的. 于是, 如果 $\mathcal{M}_{\max}(X,T) \neq \{\mu\}$, 那么会存在另一个遍历的最大熵测度 m. 因为 $\mu \perp m$, 所以存在 $E \in \mathcal{B}(X_A)$, 使得 $\mu(E) = 0, m(E) = 1$.

令 $\alpha = \{A_0, \cdots, A_{k-1}\}$ 为标准生成子, 即 $A_j = {}_0[j]_0 \cap X_A$ $(0 \leqslant j \leqslant k-1)$. 因为 $\hat{\alpha}_{-(n-1)}^{n-1} \nearrow \mathcal{B}(X_A)$, 故可取 $E_n \in \hat{\alpha}_{-(n-1)}^{n-1}$, 使得 $(m+\mu)(E_n \Delta E) \to 0$ $(n \to \infty)$. 所以 $\mu(E_n) \to 0, m(E_n) \to 1$ $(n \to \infty)$.

设 $\eta_n = \{E_n, X \setminus E_n\}$, 则

$$\begin{aligned}
\log\lambda = h_m(T_A) &\leqslant \frac{1}{2n-1} H_m(\alpha_0^{2n-2}) = \frac{1}{2n-1} H_m(\alpha_{-(n-1)}^{n-1}) \\
&\leqslant \frac{1}{2n-1} \Big(H_m(\eta_n) + H_m(\alpha_{-(n-1)}^{n-1} | \eta_n) \Big) \\
&\leqslant \frac{1}{2n-1} (-m(E_n)\log m(E_n) - (1-m(E_n))\log(1-m(E_n))) \\
&\quad + \frac{1}{2n-1} (m(E_n)\log\theta_n(E_n) + (1-m(E_n))\log\theta_n(X \setminus E_n)),
\end{aligned}$$

其中 $\theta_n(B)$ 表示 $\alpha_{-(n-1)}^{n-1} = \bigvee\limits_{i=-(n-1)}^{n-1} T^{-i}\alpha$ 与 $B \in \hat{\alpha}_{-(n-1)}^{n-1}$ 相交非空元素的个数. 于是

$$\log\lambda \leqslant \frac{1}{2n-1} \left(m(E_n) \log \frac{\theta_n(E_n)}{m(E_n)} + (1-m(E_n)) \log \frac{\theta_n(X \setminus E_n)}{1-m(E_n)} \right). \tag{8.15}$$

如果 $C \in \alpha_{-(n-1)}^{n-1} = \bigvee\limits_{i=-(n-1)}^{n-1} T^{-i}\alpha$, 可设

$$C = {}_{-(n-1)}[j_{-(n-1)} \cdots j_{n-1}]_{n-1} = \{x : (x_{-(n-1)} \cdots x_{n-1}) = (j_{-(n-1)} \cdots j_{n-1})\},$$

则根据 $a_{j_pj_{p+1}}=1$, 有

$$\mu(C)=u_{j_{n-1}}v_{j_{n-1}}\prod_{p=-(n-1)}^{n-2}\frac{a_{j_pj_{p+1}}}{\lambda v_{j_p}}v_{j_{p+1}}=\frac{u_{j_{n-1}}v_{j_{n-1}}}{\lambda^{2n-1}}.$$

于是, 如果设

$$a=\min_{0\leqslant i,j\leqslant k-1}u_iu_j,\quad b=\max_{0\leqslant i,j\leqslant k-1}u_iu_j,$$

则

$$\frac{a}{\lambda^{2n-1}}\leqslant\mu(C)\leqslant\frac{b}{\lambda^{2n-1}},\quad\forall C\in\bigvee_{i=-(n-1)}^{n-1}T^{-i}\alpha.$$

所以

$$\frac{a}{\lambda^{2n-1}}\theta_n(B)\leqslant\mu(B)\leqslant\frac{b}{\lambda^{2n-1}}\theta_n(B),\quad\forall B\in\bigvee_{i=-(n-1)}^{n-1}T^{-i}\hat{\alpha}.$$

结合上式, 将 $B=E_n$ 和 $B=X\setminus E_n$ 用于式 (8.15), 就得到

$$\log\lambda\leqslant\frac{1}{2n-1}\left(m(E_n)\log\frac{\mu(E_n)\lambda^{2n-1}}{am(E_n)}+(1-m(E_n))\log\frac{(1-\mu(E_n))\lambda^{2n-1}}{a(1-m(E_n))}\right).$$

整理得到

$$0\leqslant m(E_n)\log\frac{\mu(E_n)}{am(E_n)}+(1-m(E_n))\log(1-\mu(E_n))-(1-m(E_n))\log\big(a(1-m(E_n))\big).$$

令 $n\to\infty$, 得到 $0\leqslant-\infty+0+0$, 矛盾. 所以 $\mathcal{M}_{\max}(X_A,T_A)=\{\mu\}$. 证毕. □

习　题

1. 证明: 紧致度量空间上的任何可扩同胚都存在最大熵测度.

8.9　仿射映射的熵公式

本节我们给出仿射映射的熵公式.

8.9.1　紧致交换群上的仿射

定理 8.9.1　设 G 为紧致交换度量群, $T=a\cdot A:G\to G$ 为仿射变换, m 为 G 的 Haar 测度, 那么

$$h_m(T)=h_m(A)=h_{\text{top}}(A)=h_{\text{top}}(T).$$

如果 d 为 G 上的左不变度量, 那么

$$h_{\rm top}(T)=\lim_{\varepsilon\to 0}\limsup_{n\to\infty}-\frac{1}{n}\log m\left(\bigcap_{i=0}^{n-1}A^{-i}B(e,\varepsilon)\right),$$

其中 e 为 G 的单位元, $B(e,\varepsilon)=\{x\in G:d(e,x)<\varepsilon\}$.

证明 根据变分原理, 有 $h_m(T)\leqslant h_{\rm top}(T)$. 令

$$D_n(x,\varepsilon,T)=\bigcap_{k=0}^{n-1}T^{-k}B(T^kx,\varepsilon),$$

即 $D_n(x,\varepsilon,T)=\{y\in G:d_n(x,y)<\varepsilon\}$. 我们有

$$T^{-k}B(T^kx,\varepsilon)=x\cdot(A^kB(e,\varepsilon)).$$

我们归纳证明上式. 当 $k=0$ 时, 根据 d 的左不变性, 就有 $B(x,\varepsilon)=xB(e,\varepsilon)$. 假设上式对 k 成立, 那么对于 $k+1$, 有

$$\begin{aligned}T^{-(k+1)}B(T^{k+1}x,\varepsilon)&=T^{-1}(T^{-k}B(T^k(Tx),\varepsilon))\\&=T^{-1}(Tx\cdot A^{-k}B(e,\varepsilon))=x\cdot(A^{-(k+1)}B(e,\varepsilon)).\end{aligned}$$

于是, 我们就有

$$D_n(x,\varepsilon,T)=x\cdot\bigcap_{k=0}^{n-1}A^{-k}B(e,\varepsilon)=x\cdot D_n(e,\varepsilon,A).$$

特别地

$$m(D_n(x,\varepsilon,T))=m(D_n(e,\varepsilon,A)).$$

设 $\varepsilon>0$, $\alpha=\{A_1,\cdots,A_k\}$ 为 G 满足 ${\rm diam}\alpha<\varepsilon$ 的剖分. 设 $x\in\bigcap\limits_{j=0}^{n-1}T^{-j}A_{i_j}$, 则

$$\bigcap_{j=0}^{n-1}T^{-j}A_{i_j}\subseteq x\cdot D_n(e,\varepsilon,A).$$

上式成立的原因如下: 如果 $y\in\bigcap\limits_{j=0}^{n-1}T^{-j}A_{i_j}$, 那么 $T^jx,T^jy\in A_{i_j}$ $(0\leqslant j\leqslant n-1)$, 特别有 $d_n(x,y)<\varepsilon$. 所以 $y\in D_n(x,\varepsilon,T)=xD_n(e,\varepsilon,A)$. 于是 $m\left(\bigcap\limits_{j=0}^{n-1}T^{-j}A_{i_j}\right)\leqslant m(D_n(e,\varepsilon,A))$. 由此得

$$\begin{aligned}&\sum_{i_0,\cdots,i_{n-1}=1}^{k}m\left(\bigcap_{j=0}^{n-1}T^{-j}A_{i_j}\right)\log m\left(\bigcap_{j=0}^{n-1}T^{-j}A_{i_j}\right)\\&\leqslant\sum_{i_0,\cdots,i_{n-1}=1}^{k}m\left(\bigcap_{j=0}^{n-1}T^{-j}A_{i_j}\right)\log m\left(D_n(e,\varepsilon,A)\right)\\&=\log m(D_n(e,\varepsilon,A)).\end{aligned}$$

于是

$$h_m(T) \geqslant h_m(T,\alpha) = \lim_{n\to\infty} H_m\left(\bigvee_{j=0}^{n-1} T^{-j}\alpha\right)$$
$$\geqslant \limsup_{n\to\infty}\left(-\frac{1}{n}\log m(D_n(e,\varepsilon,A))\right).$$

由 ε 的任意性, 有

$$h_m(T) \geqslant \lim_{\varepsilon\to 0}\limsup_{n\to\infty}\left(-\frac{1}{n}\log m(D_n(e,\varepsilon,A))\right).$$

设 E 为具有最大个数的相对于 T 的 (n,ε) 分离集. 则

$$\bigcup_{x\in E} D_n(x,\varepsilon/2,T) = \bigcup_{x\in E} x\cdot D_n(e,\varepsilon/2,A)$$

为无交并. 所以

$$\mathrm{sr}(n,\varepsilon,X,T)\cdot m(D_n(e,\varepsilon/2,A)) \leqslant 1.$$

由此知

$$\mathrm{sr}(\varepsilon,X,T) \leqslant \limsup_{n\to\infty}\left(-\frac{1}{n}\log m(D_n(e,\varepsilon/2,A))\right).$$

令 $\varepsilon\to 0$, 得

$$h_{\mathrm{top}}(T) \leqslant \lim_{\varepsilon\to 0}\limsup_{n\to\infty}\left(-\frac{1}{n}\log m(D_n(e,\varepsilon/2,A))\right) \leqslant h_m(T).$$

综上, 有

$$h_m(T) = h_{\mathrm{top}}(T) = \lim_{\varepsilon\to 0}\limsup_{n\to\infty}\left(-\frac{1}{n}\log m(D_n(e,\varepsilon,A))\right).$$

因为上面证明中不依赖于 a, 所以

$$h_m(A) = h_{\mathrm{top}}(A) = h_m(T) = h_{\mathrm{top}}(T) = \lim_{\varepsilon\to 0}\limsup_{n\to\infty}\left(-\frac{1}{n}\log m(D_n(e,\varepsilon,A))\right).$$

证毕. □

8.9.2 熵的提升

后面我们将计算环面上仿射的熵. 首先回顾一些记号. 每个自同态 $A:(\mathbb{S}^1)^n\to(\mathbb{S}^1)^n$ 形如

$$A(z_1,\cdots,z_n) = (z_1^{a_{11}}z_2^{a_{12}}\cdots z_n^{a_{1n}},\cdots,z_1^{a_{n1}}z_2^{a_{n2}}\cdots z_n^{a_{nn}}),$$

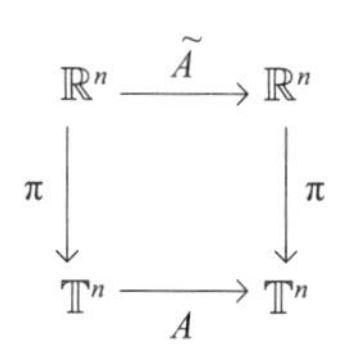

图 8.1

其中 $a_{ij}\in\mathbb{Z}$. 等价地, $A:\mathbb{T}^n\to\mathbb{T}^n$ 的表达式为

$$A\left(\begin{pmatrix}x_1\\ \vdots\\ x_n\end{pmatrix}+\mathbb{Z}^n\right)=[a_{ij}]\begin{pmatrix}x_1\\ \vdots\\ x_n\end{pmatrix}+\mathbb{Z}^n,$$

其中 $[a_{ij}]\in\mathbb{Z}^{n\times n}$ 为方阵, (i,j) 元素为 a_{ij}. 以后, 如果 $A:\mathbb{T}^n\to\mathbb{T}^n$ 为自同态, 那么用 $[A]$ 表示对应的方阵, 而用 $\widetilde{A}:\mathbb{R}^n\to\mathbb{R}^n$ 表示由矩阵 $[A]$ 定义的线性映射. 设 $\pi:\mathbb{R}^n\to\mathbb{T}^n=\mathbb{R}^n/\mathbb{Z}^n, \boldsymbol{x}\mapsto\boldsymbol{x}+\mathbb{Z}^n$ 为自然投射, 于是我们有图 8.1 中的交换图表.

我们用 $\|\cdot\|$ 表示 $\mathbb{R}^n$ 上的标准模, $\widetilde{d}$ 为相应的度量, 而用 d 表示它诱导的环面度量:

$$d(\boldsymbol{x}+\mathbb{Z}^n,\boldsymbol{y}+\mathbb{Z}^n)=\inf_{\boldsymbol{v}\in\mathbb{Z}^d}\|\boldsymbol{x}-\boldsymbol{y}+\boldsymbol{v}\|.$$

d 为左不变且右不变的度量, 并且在 π 映射下每个以 $\boldsymbol{x}\in\mathbb{R}^n$ 为球心、半径小于 1/4 的球等距映为 $\mathbb{T}^n$ 上球心为 $\pi(\boldsymbol{x})$、相同半径的球.

定理 8.9.2 设 $(X,d),(\widetilde{X},\widetilde{d})$ 为度量空间, $\pi:\widetilde{X}\to X$ 为连续满射, 且满足下面的条件: 存在 $\delta>0$, 使得对于任何 $\widetilde{x}\in\widetilde{X}$,

$$\pi|_{B(\widetilde{x},\delta)}:B(\widetilde{x},\delta)\to B(\pi(\widetilde{x}),\delta)$$

为等距满射. 那么对于满足 $\pi\widetilde{T}=T\pi$ 的 $T\in\mathrm{UC}(X,d),\widetilde{T}\in\mathrm{UC}(\widetilde{X},\widetilde{d})$, 有

$$h_d(T)=h_{\widetilde{d}}(\widetilde{T}).$$

此处 $h_d(T)$ 表示度量 d 下定义的 Bowen 熵.

证明 设 $\widetilde{K}$ 为 $\widetilde{X}$ 的直径小于 δ 的紧致子集, 那么根据 δ 的取法, $\pi(\widetilde{K})$ 也为 X 的直径小于 δ 的紧致子集. 设 $\varepsilon>0$, 使得 $\varepsilon<\delta$, 且 $\widetilde{d}(\widetilde{x},\widetilde{y})<\varepsilon$ 蕴含 $\widetilde{d}(\widetilde{T}\widetilde{x},\widetilde{T}\widetilde{y})<\delta$.

设 $\widetilde{E}\subseteq\widetilde{K}$ 为相对于 $\widetilde{T}$ 的 (n,ε) 分离集. 我们先说明 $\pi(\widetilde{E})\subseteq\pi(\widetilde{K})$ 为相对于 T 的 (n,ε) 分离集. 设 $\widetilde{x}\neq\widetilde{y}\in\widetilde{E}$, 则 $\pi(\widetilde{x})\neq\pi(\widetilde{y})$. 设 $i_0\in\{0,1,\cdots,n-2\}$, 使得 $\widetilde{d}(\widetilde{T}^i\widetilde{x},\widetilde{T}^i\widetilde{y})\leqslant\varepsilon\,(i\leqslant i_0)$ 且 $\widetilde{d}(\widetilde{T}^{i_0+1}\widetilde{x},\widetilde{T}^{i_0+1}\widetilde{y})>\varepsilon$. 根据 ε 的选取, $\widetilde{d}(\widetilde{T}^{i_0+1}\widetilde{x},\widetilde{T}^{i_0+1}\widetilde{y})<\delta$, 所以

$$d(T^{i_0+1}\pi(\widetilde{x}),T^{i_0+1}\pi(\widetilde{y}))=\widetilde{d}(\widetilde{T}^{i_0+1}\widetilde{x},\widetilde{T}^{i_0+1}\widetilde{y})>\varepsilon.$$

从而 $\pi(\widetilde{E})$ 为 T 的 (n,ε) 分离集. 由此得到

$$\mathrm{sr}(n,\varepsilon,\widetilde{K},\widetilde{T})\leqslant\mathrm{sr}(n,\varepsilon,\pi(\widetilde{K}),T).$$

下面证反向不等式. 设 E 为 $\pi(\widetilde{K})$ 的相对于 T 的 (n,ε) 分离集. 令 $\widetilde{E}=\pi^{-1}(E)\cap\widetilde{K}$. 因为对于 $\widetilde{x},\widetilde{y}\in\widetilde{E}$ 以及 i, 不等式 $\widetilde{d}(\widetilde{T}^i\widetilde{x},\widetilde{T}^i\widetilde{y})\leqslant\varepsilon$ 蕴含不等式 $d(T^i\pi\widetilde{x},T^i\pi\widetilde{y})\leqslant\varepsilon$, 所以 $\widetilde{E}$ 为 $\widetilde{T}$ 的 (n,ε) 分离集. 于是

$$\mathrm{sr}(n,\varepsilon,\widetilde{K},\widetilde{T})\geqslant\mathrm{sr}(n,\varepsilon,\pi(\widetilde{K}),T).$$

所以

$$\mathrm{sr}(n,\varepsilon,\widetilde{K},\widetilde{T})=\mathrm{sr}(n,\varepsilon,\pi(\widetilde{K}),T),$$

即 $h_{\widetilde{d}}(\widetilde{T},\widetilde{K})=h_d(T,\pi(\widetilde{K}))$. 由此就有

$$h_d(T)=h_{\widetilde{d}}(\widetilde{T}).$$

证毕. □

推论 8.9.1　设 $A:\mathbb{T}^n\to\mathbb{T}^n$ 为环面自同态, 那么 $h_d(A)=h_{\widetilde{d}}(\widetilde{A})$, 其中 $\widetilde{A}:\mathbb{R}^n\to\mathbb{R}^n$ 为诱导 A 的线性映射, $\widetilde{d}$ 为 $\mathbb{R}^n$ 上诱导 $\mathbb{T}^n$ 上度量 d 的度量.

8.9.3　环面上的仿射熵公式

根据上面的定理, 接着我们需要处理 $\mathbb{R}^n$ 上的线性映射.

引理 8.9.1　设 $A:\mathbb{R}^n\to\mathbb{R}^n$ 为线性映射, m 为 Lebesgue 测度, ρ 为 $\mathbb{R}^n$ 上由模确定的度量, 那么

$$h_\rho(A)=\lim_{\varepsilon\to0}\limsup_{k\to\infty}\left(-\frac{1}{k}\log m(D_k(0,\varepsilon,A))\right),$$

其中 $D_k(0,\varepsilon,A)=\bigcap\limits_{i=0}^{k-1}A^{-i}B_\rho(0,\varepsilon)$, 并且 $h_\rho(A)$ 不依赖于 $\mathbb{R}^n$ 上模的选取.

证明　因为有限维线性空间的模都是等价的, 它们诱导了一致等价的度量, 所以 $h_\rho(A)$ 不依赖于 $\mathbb{R}^n$ 上模的选取. 我们不妨假设 ρ 为欧氏度量.

对于线性映射 A, 有 $m(AB)=|\det A|m(B),\forall B\in\mathcal{B}(\mathbb{R}^n)$. 设 $K\subseteq\mathbb{R}^n$ 为紧致子集, $m(K)>0$. 又设 F 为 K 的 (k,ε) 张成集, 则

$$K\subseteq\bigcup_{x\in F}D_k(x,2\varepsilon,A)=\bigcup_{x\in F}(x+D_k(0,2\varepsilon,A)).$$

于是 $m(K)\leqslant\mathrm{sp}(k,\varepsilon,K,A)m(D_k(0,2\varepsilon,A))$. 所以

$$\begin{aligned}h_\rho(T)\geqslant\mathrm{sp}(\varepsilon,K,A)&\geqslant\limsup_{k\to\infty}\left(\frac{1}{k}\log\frac{m(K)}{m(D_k(0,2\varepsilon,A))}\right)\\&=\limsup_{k\to\infty}\left(-\frac{1}{k}\log m(D_k(0,2\varepsilon,A))\right).\end{aligned}$$

由此得

$$h_\rho(T)\geqslant\mathrm{sp}(\varepsilon,K,A)\geqslant\lim_{\varepsilon\to0}\limsup_{k\to\infty}\left(-\frac{1}{k}\log m(D_k(0,\varepsilon,A))\right).$$

我们设 K_r 为 $\mathbb{R}^n$ 上以 0 为中心、边长为 $2r$ 的方体, E 为 K_r 的 (k,ε) 分离集. 于是 $\bigcup\limits_{x\in E}D_k(x,\varepsilon/2,A)$ 为 K_r 的无交并, 并且

$$\bigcup_{x\in E}D_k(x,\varepsilon/2,A)=\bigcup_{x\in E}(x+D_k(0,\varepsilon/2,A))\subseteq K_{r+\varepsilon}.$$

所以

$$\mathrm{sr}(k,\varepsilon,K_r)\cdot m(D_k(0,\varepsilon/2,A))\leqslant2^n(r+\varepsilon)^n.$$

由此有

$$\mathrm{sr}(\varepsilon,K_r,A)\leqslant\limsup_{k\to\infty}\left(\frac{1}{k}\log\frac{2^n(r+\varepsilon)^n}{m(D_k(0,\varepsilon/2,A))}\right)=\limsup_{k\to\infty}\left(-\frac{1}{k}\log m(D_k(0,\varepsilon/2,A))\right).$$

如果 K 为任意的紧致子集, 取 r, 使得 $K\subseteq K_r$, 则

$$\mathrm{sr}(\varepsilon,K,A)\leqslant \mathrm{sr}(\varepsilon,K_r,A)\leqslant\limsup_{k\to\infty}\left(-\frac{1}{k}\log m(D_k(0,\varepsilon/2,A))\right).$$

特别地

$$h_\rho(T)=\sup_K\lim_{\varepsilon\to0}\mathrm{sr}(\varepsilon,K,A)\leqslant\lim_{\varepsilon\to0}\limsup_{k\to\infty}\left(-\frac{1}{k}\log m(D_k(0,\varepsilon,A))\right).$$

综上, 有

$$h_\rho(T)=\lim_{\varepsilon\to0}\limsup_{k\to\infty}\left(-\frac{1}{k}\log m(D_k(0,\varepsilon,A))\right).$$

证毕. □

定理 8.9.3 设 V 为 n 维向量空间, $A:V\to V$ 为线性映射, ρ 为 V 上由模确定的度量, 那么

$$h_\rho(A)=\sum_{\{i:|\lambda_i|>1\}}\log|\lambda_i|,$$

其中 $\lambda_1,\cdots,\lambda_n$ 为 A 的全体特征值, λ_i 可以相等.

证明 首先注意上面的公式与 ρ 的选取无关. 根据特征值, 将 V 分解为

$$V=E_1\oplus E_2,$$

其中 $AE_1\subseteq E_1, AE_2\subseteq E_2$, $A_1=A|_{E_1}$ 的特征值绝对值大于 1, $A_2=A|_{E_2}$ 的特征值绝对值小于或等于 1. 选取合适的基, 不妨设 $V=\mathbb{R}^p, E_1=\mathbb{R}^{p_1}, E_2=\mathbb{R}^{p_2}$, 其中 $p_1+p_2=p$. 又设 $\mathbb{R}^{p_1},\mathbb{R}^{p_2}$ 的 Lebesgue 测度分别为 m_1,m_2, 则 $m=m_1\times m_2$ 为 $\mathbb{R}^p$ 的 Lebesgue 测度. 设 $\|\cdot\|_i$ 为 $\mathbb{R}^{p_i}$ 的欧氏模, ρ_i $(i=1,2)$ 为相应的度量, 则

$$\begin{aligned}&\|(\boldsymbol{x}_1,\boldsymbol{x}_2)\|=\max\{\|\boldsymbol{x}_1\|_1,\|\boldsymbol{x}_2\|_2\},\\&\rho((\boldsymbol{x}_1,\boldsymbol{x}_2),(\boldsymbol{y}_1,\boldsymbol{y}_2))=\max\{\rho_1(\boldsymbol{x}_1,\boldsymbol{y}_1),\rho_2(\boldsymbol{x}_2,\boldsymbol{y}_2)\}\end{aligned}$$

分别为 $\mathbb{R}^p$ 上的模与度量. 根据引理 8.9.1, 有

$$h_\rho(A)=\lim_{\varepsilon\to0}\limsup_{n\to\infty}\left(-\frac{1}{n}\log m_1(D_n(0,\varepsilon,A_1))-\frac{1}{n}\log m_2(D_n(0,\varepsilon,A_2))\right),$$

其中 $D_n(0,\varepsilon,A_i)=\bigcap\limits_{j=0}^{n-1}A_i^{-j}B_{\rho_i}(0,\varepsilon)$ $(i=1,2)$. 根据 A_1,A_2 的定义, 有

$$\begin{aligned}&m_1(D_n(0,\varepsilon,A_1))\leqslant m_1(A_1^{-(n-1)}B_{\rho_1}(0,\varepsilon))=|\det A_1|^{-(n-1)}m_1(B_{\rho_1}(0,\varepsilon)),\\&m_2(D_n(0,\varepsilon,A_2))\leqslant m_2(B_{\rho_2}(0,\varepsilon)).\end{aligned}$$

所以

$$
\begin{aligned}
&-\frac{1}{n}\log m_1(D_n(0,\varepsilon,A_1))-\frac{1}{n}\log m_2(D_n(0,\varepsilon,A_2))\\
&\geqslant \frac{n-1}{n}\log|\det A_1|-\frac{1}{n}\log m_1(B_{\rho_1}(0,\varepsilon))-\frac{1}{n}\log m_2(B_{\rho_2}(0,\varepsilon)).
\end{aligned}
$$

于是

$$h_\rho(A)\geqslant \log|\det A_1|=\sum_{\{i:|\lambda_i|>1\}}\log|\lambda_i|.$$

下面证反向不等式. 根据 Jordan 分解, 可以将 V 分解为

$$V=V_1\oplus V_2\oplus\cdots\oplus V_k,$$

其中 $AV_i\subseteq V_i$, $A_i=A|_{V_i}$ 上的特征值绝对值为 τ_i $(1\leqslant i\leqslant k)$. 选取合适的基, 不妨设 $V=\mathbb{R}^p$, $V_i=\mathbb{R}^{p_i}$, m_i 为 $\mathbb{R}^{p_i}$ 上的 Lebesgue 测度, ρ_i 为 $\mathbb{R}^{p_i}$ $(1\leqslant i\leqslant k)$ 上的欧氏度量. 于是

$$V=\mathbb{R}^p=\mathbb{R}^{p_1}\oplus\cdots\oplus\mathbb{R}^{p_k},$$

并且 $m=m_1\times\cdots\times m_k$ 为 $\mathbb{R}^p$ 上的 Lebesgue 测度, $\rho((\boldsymbol{x}_1,\cdots,\boldsymbol{x}_k),(\boldsymbol{y}_1,\cdots,\boldsymbol{y}_k))=\max\{\rho_i(\boldsymbol{x}_i,\boldsymbol{y}_i):1\leqslant i\leqslant k\}$ $(\boldsymbol{x}_i,\boldsymbol{y}_i\in\mathbb{R}^{p_i},1\leqslant i\leqslant k)$ 为 $\mathbb{R}^p$ 上的度量.

根据引理 8.9.1, 有

$$h_\rho(A)=\lim_{\varepsilon\to 0}\limsup_{n\to\infty}\sum_{i=1}^{k}\left(-\frac{1}{n}\log m_i(D_n(0,\varepsilon,A_i))\right),$$

其中 $D_n(0,\varepsilon,A_i)=\bigcap\limits_{j=0}^{n-1}A_i^{-j}B_{\rho_i}(0,\varepsilon)$ $(i=1,\cdots,k)$. 对于 $1\leqslant i\leqslant k$, 下面证

$$\lim_{\varepsilon\to 0}\limsup_{n\to\infty}\left(-\frac{1}{n}\log m_i(D_n(0,\varepsilon,A_i))\right)\leqslant \max\{0,p_i\log\tau_i\},$$

从而完成证明.

取定 $i\in\{1,2,\cdots,k\}$, $\delta>0$. 设 $\|\cdot\|_i$ 为 $\mathbb{R}^{p_i}$ 上的欧氏模, 定义新的模为

$$|||x|||=\sum_{n=0}^{\infty}\frac{\|A^nx\|_i}{(\tau_i+\delta)^n}.$$

当 $x\neq 0$ 时, 有

$$\sqrt[n]{\frac{\|A^nx\|_i}{(\tau_i+\delta)^n}}\leqslant\frac{\|A^n\|_i^{\frac{1}{n}}\|x\|_i^{\frac{1}{n}}}{\tau_i+\delta}\to\frac{\tau_i}{\tau_i+\delta},\quad n\to\infty,$$

所以 $|||x|||$ 可定义. 又

$$\|x\|_i\leqslant|||x|||\leqslant\|x\|_i\sum_{n=0}^{\infty}\frac{\|A^n\|_i}{(\tau_i+\delta)^n}=c^{-1}\|x\|_i,$$

其中 $c=\left(\sum_{n=0}^{\infty}\frac{\|A^n\|_i}{(\tau_i+\delta)^n}\right)^{-1}$, 所以 $\|\cdot\|_i$ 与 $|||\cdot|||$ 等价. 另外, 根据定义, 易见

$$|||Ax|||\leqslant(\tau_i+\delta)|||x|||.$$

用 $\hat{B}(x,\varepsilon)$ 表示 $|||\cdot|||$ 诱导度量的球. 根据上式, 我们就有

$$A^{-j}\hat{B}(0,\varepsilon)\supseteq\hat{B}(0,\frac{\varepsilon}{(\tau_i+\delta)^j}),\quad \forall j\in\mathbb{N}.$$

用 $\hat{D}_n(0,\varepsilon,A_i)$ 表示 $\mathbb{R}^{p_i}$ 上由 $|||\cdot|||$ 诱导度量下的 Bowen 球, 则有

$$\hat{D}_n(0,\varepsilon,A_i)\supseteq\begin{cases}\hat{B}\left(0,\dfrac{\varepsilon}{(\tau_i+\delta)^{n-1}}\right)\supseteq B\left(0,\dfrac{c\varepsilon}{(\tau_i+\delta)^{n-1}}\right), & \tau_i+\delta>1,\\ \hat{B}(0,\varepsilon)\supseteq B(0,c\varepsilon), & \tau_i+\delta\leqslant 1.\end{cases}$$

注意上面的 $B(x,\varepsilon)$ 为标准欧氏度量的球. 于是

$$m_i\left(\hat{D}_n(0,\varepsilon,A_i)\right)\geqslant\begin{cases}\dfrac{1}{(\tau_i+\delta)^{p_i(n-1)}}m_i(B(0,c\varepsilon)), & \tau_i+\delta>1,\\ m_i(B(0,c\varepsilon)), & \tau_i+\delta\leqslant 1.\end{cases}$$

所以

$$\limsup_{n\to\infty}\left(-\frac{1}{n}\log m_i(\hat{D}_n(0,\varepsilon,A_i))\right)\leqslant\max\{0,p_i\log(\tau_i+\delta)\}.$$

因为 δ 是任意取的, 所以

$$\limsup_{n\to\infty}\left(-\frac{1}{n}\log m_i(\hat{D}_n(0,\varepsilon,A_i))\right)\leqslant\max\{0,p_i\log(\tau_i)\}.$$

这样我们就完成了整个证明. □

综合上面得到的结论, 我们容易得到以下关于环面的结果:

定理 8.9.4 设 $T=a\cdot A:\mathbb{T}^n\to\mathbb{T}^n$ 为仿射变换, 其中 $a\in\mathbb{T}^n$, A 为满自同态, m 为 $\mathbb{T}^n$ 上的 Haar 测度, 那么

$$h_{\text{top}}(T)=h_m(T)=h_m(A)=\sum_{\{i:|\lambda_i|>1\}}\log|\lambda_i|,$$

其中 $\lambda_1,\cdots,\lambda_n$ 为 A 的对应矩阵 $[A]$ 的全体特征值, λ_i 可以相等.

习　题

1. 设 $T:\mathbb{T}^2\to\mathbb{T}^2,\begin{pmatrix}x\\y\end{pmatrix}\mapsto\begin{pmatrix}0&1\\1&1\end{pmatrix}\begin{pmatrix}x\\y\end{pmatrix}=\begin{pmatrix}y\\x+y\end{pmatrix}\pmod 1$, m 为 $\mathbb{T}^2$ 的 Haar 测度. 证明:

(1) $h_{\text{top}}(T)=h_m(T)=\log\rho$, 其中 $\rho=\dfrac{1+\sqrt{5}}{2}$;

(2) 设 μ 为 $\mathbb{T}^2$ 上的 T 不变概率测度, 那么 $h_\mu(T) \leqslant \log \rho$, 等号成立当且仅当 $\mu = m$.

2. 设 G 为幺模 (unimodular) 李群, Γ 为其离散子群, 使得商空间 $X = \Gamma \backslash G$ 为紧致的. 又设 $a \in G$, 定义 $T : X \to X$, $T(x) = xa^{-1}$ $(\forall x \in X)$. 证明:

$$h_{\text{top}}(T) = \sum_{\{i:|\lambda_i|>1\}} \log |\lambda_i|,$$

其中 $\lambda_1, \cdots, \lambda_{\dim G}$ 为 G 的李代数 $\mathfrak{g}$ 上线性映射 Ad_a 的全体特征值.

8.10　Pinsker σ 代数与零熵

以下我们介绍一个重要的概念——Pinsker σ 代数. 可以认为一个保测系统的 Pinsker σ 代数是该系统具有零熵的最大子 σ 代数. Pinsker σ 代数在熵的分析中是一个不可缺少的工具.

8.10.1　Pinsker σ 代数

定义 8.10.1　设 $(X, \mathcal{X}, \mu, T)$ 为保测系统, 包含

$$\bigcup \{\hat{\xi} : h_\mu(T, \xi) = 0, H_\mu(\xi) < \infty\}$$

的最小 σ 代数称为 **Pinsker σ 代数**, 记为 $P_\mu(T)$ 或 P_μ.

注记 8.10.1　容易验证 $\bigcup \{\hat{\xi} : h_\mu(T, \xi) = 0, H_\mu(\xi) < \infty\}$ 为代数.

定理 8.10.1　设 $(X, \mathcal{X}, \mu, T)$ 为保测系统, 则

(1) $P_\mu(T) = \{A \in \mathcal{X} : h_\mu(T, \{A, A^c\}) = 0\}$;

(2) $P_\mu(T)$ 为 $\mathcal{X}$ 的子 σ 代数;

(3) 有限可测剖分 $\alpha \subseteq P_\mu(T)$ 当且仅当 $h_\mu(T, \alpha) = H_\mu(\alpha|\alpha^-) = 0$ 当且仅当 $\alpha \subseteq \alpha^-$;

(4) $T^{-1} P_\mu(T) = P_\mu(T) \pmod{\mu}$;

(5) 对 $k \geqslant 1$, $P_\mu(T) = P_\mu(T^k)$, 如果 T 又是可逆的, 则 $P_\mu(T) = P_\mu(T^{-1})$.

证明　(1) 容易验证.

(2) 显然, 有 $\emptyset, X \in P_\mu(T)$. 设 $A, B \in P_\mu(T)$. 由 $(A^c)^c = A$, 知 $A^c \in P_\mu(T)$. 注意到 $\{A, A^c\} \vee \{B, B^c\} \succeq \{A \cup B, (A \cup B)^c\}$, 则有

$$\begin{aligned} h_\mu(T, \{A \cup B, (A \cup B)^c\}) &\leqslant h_\mu(T, \{A, A^c\} \vee \{B, B^c\}) \\ &\leqslant h_\mu(T, \{A, A^c\}) + h_\mu(T, \{B, B^c\}) = 0. \end{aligned}$$

因此 $A \cup B \in P_\mu(T)$.

设 $A_i \in P_\mu(T)$ $(i \in \mathbb{N})$. 对 $k \in \mathbb{N}$, 有

$$h_\mu\left(T, \left\{\bigcup_{i=1}^{\infty} A_i, (\bigcup_{i=1}^{\infty} A_i)^c\right\}\right)$$

$$
\begin{aligned}
&\leqslant h_\mu\left(T,\bigvee_{i=1}^{k}\{A_i,A_i^{\mathrm{c}}\}\right)+H_\mu\left(\left\{\bigcup_{i=1}^{\infty}A_i,\left(\bigcup_{i=1}^{\infty}A_i\right)^{\mathrm{c}}\right\}\Big|\bigvee_{i=1}^{k}\{A_i,A_i^{\mathrm{c}}\}\right)\\
&\leqslant \sum_{i=1}^{k}h_\mu(T,\{A_i,A_i^{\mathrm{c}}\})+H_\mu\left(\left\{\bigcup_{i=1}^{\infty}A_i,\left(\bigcup_{i=1}^{\infty}A_i\right)^{\mathrm{c}}\right\}\Big|\bigvee_{i=1}^{k}\{A_i,A_i^{\mathrm{c}}\}\right)\\
&=H_\mu\left(\left\{\bigcup_{i=1}^{\infty}A_i,\left(\bigcup_{i=1}^{\infty}A_i\right)^{\mathrm{c}}\right\}\Big|\bigvee_{i=1}^{k}\{A_i,A_i^{\mathrm{c}}\}\right).
\end{aligned}
$$

在上述不等式中, 令 $k\to+\infty$ 并利用鞅定理, 我们有

$$
h_\mu\left(T,\left\{\bigcup_{i=1}^{\infty}A_i,\left(\bigcup_{i=1}^{\infty}A_i\right)^{\mathrm{c}}\right\}\right)\leqslant H_\mu\left(\left\{\bigcup_{i=1}^{\infty}A_i,\left(\bigcup_{i=1}^{\infty}A_i\right)^{\mathrm{c}}\right\}\Big|\bigvee_{i=1}^{\infty}\{A_i,A_i^{\mathrm{c}}\}\right)=0.
$$

因此 $\bigcup\limits_{i=1}^{\infty}A_i\in P_\mu(T)$.

综上所述, 我们知 $P_\mu(T)$ 为 $\mathcal{X}$ 的子 σ 代数.

(3) 设 $\alpha=\{A_1,A_2,\cdots,A_k\}$. 注意到 $\bigvee\limits_{j=1}^{k}\{A_j,A_j^{\mathrm{c}}\}\succeq\alpha\succeq\{A_i,A_i^{\mathrm{c}}\}$, 则 $\alpha\subseteq P_\mu(T)$ 当且仅当 $h_\mu(T,\alpha)=H_\mu(\alpha|\alpha^-)=0$ 当且仅当 $\alpha\subseteq\alpha^-$.

(4) 对 $A\in\mathcal{X}$, 有

$$
h_\mu(T,\{A,A^{\mathrm{c}}\})=h_\mu(T,T^{-1}\{A,A^{\mathrm{c}}\})=h_\mu(T,\{T^{-1}A,(T^{-1}(A))^{\mathrm{c}}\}).
$$

由此我们得到 $T^{-1}P_\mu(T)\subseteq P_\mu(T)$. 反之, 设 $A\in P_\mu(T)$, $\alpha=\{A,A^{\mathrm{c}}\}$, 则 $\alpha\subseteq\alpha^-$. 由 $\alpha\subseteq P_\mu(T)$, 我们有

$$
T^{-i}\alpha\subseteq T^{-i}P_\mu(T)\subseteq T^{-(i-1)}P_\mu(T)\subseteq\cdots\subseteq T^{-1}P_\mu(T),\quad \forall i\in\mathbb{N}.
$$

因为 $P_\mu(T)$ 为 $\mathcal{X}$ 的子 σ 代数, 故 $T^{-1}P_\mu(T)$ 也为 $\mathcal{X}$ 的子 σ 代数. 再注意到 α^- 为 $\mathcal{X}$ 的包含所有 $T^{-i}\alpha\ (i\in\mathbb{N})$ 的最小的子 σ 代数, $\alpha^-\subseteq T^{-1}P_\mu(T)$. 这已经说明 $A\in\alpha\subseteq\alpha^-\subseteq T^{-1}P_\mu(T)$. 因为 A 是任意的, 所以 $P_\mu(T)\subseteq T^{-1}P_\mu(T)$.

(5) 对 X 的任意有限可测剖分 α 和 $k\in\mathbb{N}$, 首先我们有 $h_\mu(T^k,\alpha_0^{k-1})=kh_\mu(T,\alpha)$(参见命题 8.1.6 的证明). 进而我们不难算得 $\frac{1}{k}h_\mu(T,\alpha)\leqslant h_\mu(T^k,\alpha)\leqslant kh_\mu(T,\alpha)$. 这说明 $\alpha\subseteq P_\mu(T)$ 当且仅当 $\alpha\subseteq P_\mu(T^k)$. 因此 $P_\mu(T)=P_\mu(T^k)$. 最后由注记 8.1.6, 我们有 $P_\mu(T)=P_\mu(T^{-1})$. □

注记 8.10.2 设 $(X,\mathcal{X},\mu,T)$ 为保测系统. 根据定理 8.10.1(3), 我们知道:

(1) 设 α 为有限可测剖分, 则 $h_\mu(T,\alpha)=0$ 当且仅当 $\hat{\alpha}\subseteq\hat{\alpha}^-$, 即"过去"决定"现在".

(2) $h_\mu(T)=0$ 当且仅当对于任何可数可测剖分 α, $H_\mu(\alpha)<\infty$. 我们有 $\hat{\alpha}\subseteq\hat{\alpha}^-$.

(3) 如果 $h_\mu(T)=0$, 那么 $T^{-1}\mathcal{X}\underset{\mu}{=}\mathcal{X}$, 即 T 几乎处处可逆. 这个事实的证明如下: 设 $B\in\mathcal{X}$, 令 $\mathcal{A}=\{\emptyset,B,B^{\mathrm{c}},X\}$, 那么由 $h_\mu(T)=0$, 我们有 $\mathcal{A}\subseteq\bigvee\limits_{i=1}^{\infty}T^{-i}\mathcal{A}\subseteq T^{-1}\mathcal{X}$. 由 B 的任意性, 我们有 $\mathcal{X}\subseteq T^{-1}\mathcal{X}$.

(4) 设 $h_\mu(T)=0$. 如果 $\mathcal{F}\subseteq\mathcal{X}$ 为子 σ 代数且 $T^{-1}\mathcal{F}\underset{\mu}{\subseteq}\mathcal{F}$, 那么 $T^{-1}\mathcal{F}\underset{\mu}{=}\mathcal{F}$.

命题 8.10.1　设 $(X,\mathcal{X},\mu,T)$ 为保测系统, η 为有限可测剖分, 且满足 $H_\mu(\eta)<\infty$, $\hat{\eta}\subseteq\mathcal{P}_\mu(T)$, 那么 $h_\mu(T,\eta)=0$.

证明　由于 $\mathcal{G}=\bigcup\{\hat{\xi}:h_\mu(T,\xi)=0,H_\mu(\xi)<\infty\}$ 为生成 $\mathcal{P}_\mu(T)$ 的代数, 故存在有限递增代数列 $\{\xi_n\}_{n=1}^\infty$, 使得 $\xi_n\subseteq\mathcal{G}$, 并且 $\xi_n\nearrow\mathcal{P}_\mu(T)$.

但是

$$h_\mu(T,\eta)\leqslant h_\mu(T,\xi_n)+H_\mu(\eta|\xi_n)=H_\mu(\eta|\xi_n).$$

令 $n\to\infty$, 我们就有

$$h_\mu(T,\eta)\leqslant H_\mu(\eta|\mathcal{P}_\mu(T))=0.$$

证毕. □

于是, Pinsker σ 代数可以视为具有零熵的最大子 σ 代数.

8.10.2　完全正熵

定义 8.10.2　我们将 σ 代数 P_μ 称为 $(X,\mathcal{X},\mu,T)$ 的 **Pinsker σ 代数**. 当 $(X,\mathcal{X},\mu,T)$ 为可逆 Lebesgue 系统时, 由 P_μ 可以确定 $(X,\mathcal{X},\mu,T)$ 的因子系统 $\pi:(X,\mathcal{X},\mu,T)\to(Z,\mathcal{Z},\nu,S)$ (即 $P_\mu=\pi^{-1}(\mathcal{Z})$), 我们称 Lebesgue 系统 $(Z,\mathcal{Z},\nu,S)$ 为 $(X,\mathcal{X},\mu,T)$ 的 **Pinsker 因子**.

定义 8.10.3　一个保测系统 $(X,\mathcal{X},\mu,T)$ 称为**完全正熵系统**, 如果 $P_\mu(T)=\{\emptyset,X\}$. 这等价于 $(X,\mathcal{X},\mu,T)$ 的每个非平凡因子系统有正熵.

设 $\alpha=\{A_1,A_2,\cdots,A_n\}$ 为 $(X,\mathcal{X},\mu,T)$ 的可测剖分. 如果对每个 $i\in\{1,2,\cdots,n\}$, 有 $0<\mu(A_i)<1$, 则称 α 为**非平凡剖分**. 我们不难看出:

命题 8.10.2　设 $(X,\mathcal{X},\mu,T)$ 为保测系统, 则以下几条彼此等价:

(1) $(X,\mathcal{X},\mu,T)$ 为完全正熵系统;

(2) X 的每个由两个元素构成的测度非平凡的剖分有正熵;

(3) X 的每个测度非平凡的有限剖分有正熵.

8.10.3　Pinsker 公式

引理 8.10.1　设 $(X,\mathcal{X},\mu,T)$ 为可逆保测系统, α,β,γ 为 X 的有限可测剖分, 则

(1) 如果 $\beta\preceq\alpha$ 或 $\alpha\preceq\beta$, 那么

$$\lim_{n\to\infty}\frac{1}{n}H_\mu\left(\bigvee_{i=0}^{n-1}T^i\alpha|\beta^-\right)=H_\mu(\alpha|\alpha^-);$$

(2) 如果 $\alpha\preceq\beta$, 那么

$$\lim_{n\to\infty}H_\mu(\alpha|\beta^-\vee T^{-n}\gamma^-)=H_\mu(\alpha|\beta^-).$$

证明 (1) 首先, 假设 $\beta \preceq \alpha$, 则 $T^{-n}\left(\beta^- \vee \bigvee_{i=0}^{n-1} T^i\alpha\right) \nearrow \alpha^-$, 因此

$$H_\mu\left(\alpha | T^{-n}\left(\beta^- \vee \bigvee_{i=0}^{n-1} T^i\alpha\right)\right) \to H_\mu(\alpha|\alpha^-).$$

注意到

$$\begin{aligned}
H_\mu\left(\bigvee_{i=0}^{n-1} T^i\alpha|\beta^-\right) &= H_\mu(\alpha|\beta^-) + H_\mu(T\alpha|\alpha\vee\beta^-) + \cdots + H_\mu\left(T^{n-1}\alpha|\bigvee_{i=0}^{n-2} T^i\alpha\vee\beta^-\right)\\
&= H_\mu(\alpha|\beta^-) + H_\mu(\alpha|T^{-1}(\alpha\vee\beta^-)) + \cdots\\
&\quad + H_\mu\left(\alpha|T^{-(n-1)}\left(\bigvee_{i=0}^{n-2} T^i\alpha\vee\beta^-\right)\right) \text{ (由命题 8.1.2 (6))},
\end{aligned}$$

所以

$$\frac{1}{n}H_\mu\left(\bigvee_{i=0}^{n-1} T^i\alpha|\beta^-\right) \to H_\mu(\alpha|\alpha^-).$$

其次, 假设 $\alpha \preceq \beta$. 一方面,

$$\frac{1}{n}H_\mu\left(\bigvee_{i=0}^{n-1} T^i\alpha|\beta^-\right) \leqslant \frac{1}{n}H_\mu\left(\bigvee_{i=0}^{n-1} T^i\alpha|\alpha^-\right) \to H_\mu(\alpha|\alpha^-).$$

另一方面,

$$\frac{1}{n}H_\mu\left(\bigvee_{i=0}^{n-1} T^i\alpha|\beta^-\right) = \frac{1}{n}H_\mu\left(\bigvee_{i=0}^{n-1} T^i\beta|\beta^-\right) - \frac{1}{n}H_\mu\left(\bigvee_{i=0}^{n-1} T^i\beta|\bigvee_{i=0}^{n-1} T^i\alpha\vee\beta^-\right).$$

在上式中令 $n\to\infty$, 得到

$$\begin{aligned}
&\lim_{n\to\infty}\frac{1}{n}H_\mu\left(\bigvee_{i=0}^{n-1} T^i\alpha|\beta^-\right)\\
&\geqslant H_\mu(\beta|\beta^-) - \lim_{n\to\infty}\frac{1}{n}H_\mu\left(\bigvee_{i=0}^{n-1} T^i\beta|\bigvee_{i=0}^{n-1} T^i\alpha\vee\alpha^-\right)\\
&= \lim_{n\to\infty}\left(\frac{1}{n}H_\mu\left(\bigvee_{i=0}^{n-1} T^i\beta|\alpha^-\right) - \frac{1}{n}H_\mu\left(\bigvee_{i=0}^{n-1} T^i\beta|\bigvee_{i=0}^{n-1} T^i\alpha\vee\alpha^-\right)\right)\\
&= \lim_{n\to\infty}\frac{1}{n}H_\mu\left(\bigvee_{i=0}^{n-1} T^i\alpha|\alpha^-\right) = H_\mu(\alpha|\alpha^-).
\end{aligned}$$

(2) 假设 $\alpha \preceq \beta$. 首先, 有

$$H_\mu(\alpha|\beta^-\vee T^{-n}\gamma^-) = H_\mu(\beta|\beta^-\vee T^{-n}\gamma^-) - H_\mu(\beta|\alpha\vee\beta^-\vee T^{-n}\gamma^-). \tag{8.16}$$

再考虑等式

$$H_\mu\left(\bigvee_{i=0}^{n-1} T^i\beta|\beta^-\vee\gamma^-\right)$$

$$
\begin{aligned}
&= H_\mu(\beta|\beta^- \vee \gamma^-) + H_\mu\left(T\beta|\beta \vee \beta^- \vee \gamma^-\right) + \cdots + H_\mu\left(T^{n-1}\beta|\bigvee_{i=0}^{n-2} T^i\beta \vee \beta^- \vee \gamma^-\right) \\
&= H_\mu(\beta|\beta^- \vee \gamma^-) + H_\mu(T\beta|T\beta^- \vee \gamma^-) + \cdots + H_\mu(T^{n-1}\beta|T^{n-1}\beta^- \vee \gamma^-) \\
&= H_\mu(\beta|\beta^- \vee \gamma^-) + H_\mu(\beta|\beta^- \vee T^{-1}\gamma^-) + \cdots + H_\mu(\beta|\beta^- \vee T^{-(n-1)}\gamma^-) \text{ (由命题 8.1.2)}.
\end{aligned}
$$

在上式中令 $n \to \infty$, 并利用前面的讨论, 我们得到

$$
H_\mu(\beta|\beta^-) = \lim_{n\to\infty} \frac{1}{n} H_\mu\left(\bigvee_{i=0}^{n-1} T^i\beta|\beta^- \vee \gamma^-\right) = \lim_{n\to\infty} H_\mu(\beta|\beta^- \vee T^{-n}\gamma^-).
$$

将此应用到等式 (8.16), 可得

$$
\begin{aligned}
\lim_{n\to\infty} H_\mu(\alpha|\beta^- \vee T^{-n}\gamma^-) &= H_\mu(\beta|\beta^-) - \lim_{n\to\infty} H_\mu(\beta|\alpha \vee \beta^- \vee T^{-n}\gamma^-) \\
&\geqslant H_\mu(\beta|\beta^-) - H_\mu(\beta|\alpha \vee \beta^-) = H_\mu(\alpha|\beta^-).
\end{aligned}
$$

反向的不等式是明显的. □

定理 8.10.2 (Pinsker 公式)　设 $(X, \mathcal{X}, \mu, T)$ 为可逆的保测系统, α, β 为 X 的有限可测剖分, 则

$$
h_\mu(T, \alpha \vee \beta) = h_\mu(T, \beta) + H_\mu(\alpha|\beta^T \vee \alpha^-),
$$

其中 $\beta^T = \bigvee_{n=-\infty}^{\infty} T^{-n}\beta$.

证明　我们有

$$
\begin{aligned}
&\frac{1}{n} H_\mu\left(\bigvee_{i=0}^{n-1} T^i(\alpha \vee \beta)|\alpha^- \vee \beta^-\right) \\
&\quad = \frac{1}{n}\left(H_\mu\left(\bigvee_{i=0}^{n-1} T^i\beta|\alpha^- \vee \beta^-\right) + H_\mu\left(\bigvee_{i=0}^{n-1} T^i\alpha|\alpha^- \vee \beta^- \vee \bigvee_{i=0}^{n-1} T^i\beta\right)\right) \\
&\quad = \frac{1}{n}\left(H_\mu\left(\bigvee_{i=0}^{n-1} T^i\beta|\alpha^- \vee \beta^-\right) + \sum_{k=0}^{n-1} H_\mu\left(\alpha|\alpha^- \vee \beta^- \vee \bigvee_{i=0}^{k-1} T^i\beta\right)\right).
\end{aligned}
$$

在上式中令 $n \to \infty$, 利用引理 8.10.1(1) 和定理 8.2.4(1), 我们可得

$$
h_\mu(T, \alpha \vee \beta) = h_\mu(T, \beta) + H_\mu(\alpha|\beta^T \vee \alpha^-).
$$

证毕. □

我们不难得到引理 8.10.1 和定理 8.10.2 相对于一个严格 T 不变的子 σ 代数的相对化版本. 例如:

定理 8.10.3 (相对 Pinsker 公式)　设 $(X, \mathcal{X}, \mu, T)$ 为可逆的保测系统, α, β 为 X 的有限可测剖分, $\mathcal{A}$ 为 $\mathcal{X}$ 的严格 T 不变的子 σ 代数 (即 $T^{-1}\mathcal{A} = \mathcal{A}$), 则

$$
H_\mu(\alpha \vee \beta|\alpha^- \vee \beta^- \vee \mathcal{A}) = H_\mu(\beta|\beta^- \vee \mathcal{A}) + H_\mu(\alpha|\alpha^- \vee \beta^T \vee \mathcal{A}).
$$

设 $(X,\mathcal{X},\mu,T)$ 为保测系统, 我们用 $\mathcal{P}_X$ 表示 X 的全体有限可测剖分.

定理 8.10.4 设 $(X,\mathcal{X},\mu,T)$ 为可逆保测系统, 则

$$P_\mu(T)=\bigvee_{\beta\in\mathcal{P}_X}\bigcap_{n=0}^{\infty}T^{-n}\beta^-.$$

证明 选取 X 的递增的有限剖分序列 $\xi_k\nearrow P_\mu(T)$. 因为 $h_\mu(T,\xi_k)=H_\mu(\xi_k|\xi_k^-)=0$, 所以 $\xi_k\subseteq\xi_k^-$. 进而有

$$\xi_k\subseteq\xi_k^-=\bigcap_{n=0}^{\infty}T^{-n}\xi_k^-\subseteq\bigvee_{\beta\in\mathcal{P}_X}\bigcap_{n=0}^{\infty}T^{-n}\beta^-,$$

即

$$P_\mu(T)=\bigvee_{k=1}^{+\infty}\xi_k\subseteq\bigvee_{k=1}^{+\infty}\bigcap_{n=0}^{+\infty}T^{-n}\xi_k^-\subseteq\bigvee_{\beta\in\mathcal{P}_X}\bigcap_{n=0}^{\infty}T^{-n}\beta^-.$$

另外, 固定 $\xi\in\mathcal{P}_X$. 设 $\eta\in\mathcal{P}_X$ 满足 $\eta\subseteq\bigcap\limits_{n=0}^{+\infty}T^{-n}\xi^-$, 则 $\eta^T\subseteq\xi^-$, 且

$$\begin{aligned}H_\mu(\xi\vee\eta|\xi^-\vee\eta^-)&\leqslant H_\mu(\xi\vee\eta|\xi^-)=H_\mu(\xi|\xi^-),\\ H_\mu(\xi\vee\eta|\xi^-\vee\eta^-)&=h_\mu(T,\xi\vee\eta)=h_\mu(T,\xi)+H_\mu(\eta|\xi^T\vee\eta^-)\\ &\geqslant h_\mu(T,\xi)=H_\mu(\xi|\xi^-).\end{aligned}$$

结合上面两个不等式, 我们有

$$\begin{aligned}H_\mu(\xi\vee\eta|\xi^-\vee\eta^-)=H_\mu(\xi|\xi^-)&=H_\mu(\xi|\xi^-\vee\eta^T)+H_\mu(\eta|\eta^-)\\ &=H_\mu(\xi|\xi^-)+H_\mu(\eta|\eta^-).\end{aligned}$$

这说明 $H_\mu(\eta|\eta^-)=0$, 即 $\eta\subseteq P_\mu(T)$. 从而对每个 $\xi\in\mathcal{P}_X$, 有

$$P_\mu(T)\supseteq\bigcap_{n=0}^{+\infty}T^{-n}\xi^-,$$

由此推得

$$P_\mu(T)=\bigvee_{\xi\in\mathcal{P}_X}\bigcap_{n=0}^{+\infty}T^{-n}\xi^-.$$

证毕. □

定理 8.10.5 设 $(X,\mathcal{X},\mu,T)$ 为可逆保测系统, $\xi\in\mathcal{P}_X$, $\mathcal{A}$ 为 $\mathcal{X}$ 的严格 T 不变的子 σ 代数, 则

$$H_\mu(\xi|\xi^-\vee\mathcal{A})=H_\mu(\xi|\xi^-\vee P_\mu(T)\vee\mathcal{A}).$$

特别地,

$$h_\mu(T,\xi)=H_\mu(\xi|\xi^-)=H_\mu(\xi|\xi^-\vee P_\mu(T)).$$

证明　任取有限可测剖分 $\eta \subseteq P_\mu(T)$, 则由定理 8.10.3 可得

$$\begin{aligned} H_\mu(\xi \vee \eta | \xi^- \vee \eta^- \vee \mathcal{A}) &= H_\mu(\eta | \eta^- \vee \xi^T \vee \mathcal{A}) + H_\mu(\xi | \xi^- \vee \mathcal{A}) \\ &= H_\mu(\xi | \xi^- \vee \eta^- \vee \mathcal{A}) + H_\mu(\eta | \xi \vee \xi^- \vee \eta^- \vee \mathcal{A}), \end{aligned}$$

即

$$H_\mu(\xi | \xi^- \vee \eta^- \vee \mathcal{A}) = H_\mu(\xi | \xi^- \vee \mathcal{A}).$$

现在选取满足 $\eta_n \nearrow P_\mu(T)$ 的有限可测剖分序列 η_n, 利用鞅定理便可得到

$$H_\mu(\xi | \xi^- \vee P_\mu(T) \vee \mathcal{A}) = H_\mu(\xi | \xi^- \vee \mathcal{A}).$$

证毕. □

定理 8.10.6　设 $(X, \mathcal{X}, \mu, T)$ 为可逆保测系统, $\xi \in \mathcal{P}_X$, 则

$$\lim_{k \to \infty} h_\mu(T^k, \xi) = H_\mu(\xi | P_\mu(T)).$$

证明　使用定理 8.10.1(5) 和定理 8.10.5. 一方面, 有

$$\limsup_{k \to \infty} h_\mu(T^k, \xi) = \limsup_{k \to \infty} H_\mu\left(\xi \Big| \bigvee_{j=1}^{+\infty} T^{-kj}\xi \vee P_\mu(T)\right) \leqslant H_\mu(\xi | P_\mu(T));$$

另一方面, 有

$$\begin{aligned} \liminf_{k \to \infty} h_\mu(T^k, \xi) &= \liminf_{k \to \infty} H_\mu\left(\xi \Big| \bigvee_{j=1}^{+\infty} T^{-kj}\xi\right) \geqslant \liminf_{k \to \infty} H_\mu(\xi | T^{-k}\xi^-) \\ &\geqslant H_\mu\left(\xi \Big| \bigcap_{k=1}^{+\infty} T^{-k}\xi^-\right) \geqslant H_\mu(\xi | P_\mu(T)) \quad (\text{由定理 } 8.10.4). \end{aligned}$$

证毕. □

习　　题

1. 设 $(X, \mathcal{X}, \mu, T)$ 为保测系统. 证明: 如果 $T^{-1}\mathcal{X} \neq \mathcal{X} \pmod{\mu}$, 则 $h_\mu(T) > 0$.

2. 设 $(X, \mathcal{X}, \mu, T)$ 为保测系统. 证明: 如果 α, β 为 X 的两个有限可测剖分, 则

$$h_\mu(T, \alpha) \leqslant h_\mu(T, \beta) + H_\mu(\alpha | \beta \vee P_\mu(T)).$$

3. 设 $\mathbb{S}^1$ 为复平面的单位圆周, $p > 1$, $T_p : \mathbb{S}^1 \to \mathbb{S}^1$ 满足 $T_p(z) = z^p$, $m_{\mathbb{S}^1}$ 为 $\mathbb{S}^1$ 上的 Haar 测度. 证明: $h_{m_{\mathbb{S}^1}}(T_p) > 0$ (实际上, $h_{\mathbb{S}^1}(T_p) = \log p$).

4. 设 $(X, \mathcal{X}, \mu, T)$ 为完全正熵系统. 证明: 当它是遍历系统且 $(X, \mathcal{X}, \mu, T)$ 不为平凡系统时, $\mu(\{x\}) = 0$ $(\forall x \in X)$.

5. 证明相对的 Pinsker 公式——定理 8.10.3.

6. 设 $(X, \mathcal{X}, \mu, T)$ 为可逆的保测系统, α 为 X 的有限可测剖分, $\mathcal{A}$ 为 $\mathcal{X}$ 的子 σ 代数. 证明: 如果 $T^{-1}\mathcal{A} \subseteq \mathcal{A}$, 则 $H_\mu(\alpha | \alpha^- \vee P_\mu(T) \vee \mathcal{A}) = H_\mu(\alpha | \alpha^- \vee \mathcal{A})$.

8.11 Kolmogorov 系统 (续)

在本节中, 我们将介绍一类重要的正熵保测系统, 它是 1958 年 Kolmogorov[140] 首先引入的. Rohlin 和 Sinai [178] 将这类保测系统称为 Kolmogorov 系统. 在第 5 章中我们已经研究过这类系统, 在这里我们从熵理论研究它.

8.11.1 Kolmogorov 系统

首先回顾一下 Kolmogorov 系统的定义. 设 $(X,\mathcal{X},\mu,T)$ 为可逆保测系统. 如果存在 $\mathcal{X}$ 的子 σ 代数 $\mathcal{K}$, 使得

$$\mathcal{K}\subseteq T\mathcal{K},\quad \bigvee_{n=0}^{\infty}T^n\mathcal{K}=\mathcal{X},\quad \bigcap_{n=0}^{\infty}T^{-n}\mathcal{K}=\{\emptyset,X\},$$

则称 $(X,\mathcal{X},\mu,T)$ 为 **Kolmogorov 系统**或简称为 **K 系统** .

定理 5.3.4 告诉我们 Kolmogorov 系统具有可数 Lebesgue 谱, 从而它为强混合的. 另外, 定理 5.3.4 的证明指出任何非平凡 Kolmogorov 系统上的测度为连续的.

8.11.2 Rohlin-Sinai 定理

我们将以下引理留作习题.

引理 8.11.1 设 $(X,\mathcal{X},\mu,T)$ 为保测系统, $k\in\mathbb{N}$, 则对任意 $\varepsilon>0$, 存在 $\delta=\delta(\varepsilon,k)>0$, 使得如果可测剖分 $\alpha=\{A_1,A_2,\cdots,A_k\}$ 和 $\beta=\{B_1,B_2,\cdots,B_k\}$ 满足 $\sum\limits_{j=1}^{k}\mu(A_j\Delta B_j)<\delta$, 那么 $H_\mu(\alpha|\beta)+H_\mu(\beta|\alpha)<\varepsilon$. 进而

$$|h_\mu(T,\alpha)-h_\mu(T,\beta)|\leqslant H_\mu(\alpha|\beta)+H_\mu(\beta|\alpha)<\varepsilon.$$

定理 8.11.1 设 $(X,\mathcal{X},\mu,T)$ 为可逆保测系统, $\mathcal{A}$ 为 $\mathcal{X}$ 的子 σ 代数. 如果 $T^{-1}\mathcal{A}\subseteq\mathcal{A}$ 且 $\lim\limits_{n\to+\infty}T^n\mathcal{A}\nearrow\mathcal{X}$, 则

$$P_\mu(T)\subseteq\mathcal{A}_{-\infty},$$

其中 $\mathcal{A}_{-\infty}=\bigcap\limits_{n=1}^{\infty}T^{-n}\mathcal{A}$.

证明 首先, 我们有如下断言:

断言 对每个有限可测剖分 ξ, 有 $H_\mu(\xi|P_\mu(T)\vee\mathcal{A}_{-\infty})=H_\mu(\xi|\mathcal{A}_{-\infty})$.

证明 假设 $\xi\subseteq\mathcal{A}$, 则

$$\begin{aligned}H_\mu(\xi|P_\mu(T)\vee\mathcal{A}_{-\infty})&\geqslant\lim_{p\to\infty}H_\mu\left(\xi|\bigvee_{i=1}^{\infty}T^{-pi}\xi\vee P_\mu(T)\vee\mathcal{A}_{-\infty}\right)\\&=\lim_{p\to\infty}H_\mu\left(\xi|\bigvee_{i=1}^{\infty}T^{-pi}\xi\vee\mathcal{A}_{-\infty}\right)\quad(\text{由定理 }8.10.5)\end{aligned}$$

$$\geqslant \lim_{p\to\infty} H_\mu(\xi|T^{-p}\mathcal{A}) = H_\mu(\xi|\mathcal{A}_{-\infty}).$$

其次, 对任意 $n\in\mathbb{N}$ 和有限可测剖分 $\xi\subseteq T^n\mathcal{A}$, 我们可以进行同样的讨论.

最后, 对 X 的任何一个有限可测剖分 $\xi=\{A_1,A_2,\cdots,A_k\}$ 和 $\varepsilon>0$, 选取 $\delta=\delta(\varepsilon,k)>0$, 使之满足引理 8.11.1 的条件. 注意到 $\lim\limits_{n\to+\infty} T^n\mathcal{A}\nearrow\mathcal{X}$, 我们能找到 $n\in\mathbb{N}$ 和有限可测剖分 $\beta=\{B_1,B_2,\cdots,B_k\}\subseteq T^n\mathcal{A}$, 使得 $\sum\limits_{i=1}^{k}\mu(A_i\Delta B_i)<\delta$, 进而 $H_\mu(\xi|\beta)+H_\mu(\beta|\xi)<\varepsilon$. 从而有

$$\begin{aligned}H_\mu(\xi|\mathcal{A}_{-\infty}) &\leqslant H_\mu(\xi\vee\beta|\mathcal{A}_{-\infty})\leqslant H_\mu(\beta|\mathcal{A}_{-\infty})+H_\mu(\xi|\beta)\\ &\leqslant H_\mu(\beta|\mathcal{A}_{-\infty}\vee P_\mu(T))+\varepsilon\leqslant H_\mu(\xi\vee\beta|\mathcal{A}_{-\infty}\vee P_\mu(T))+\varepsilon\\ &\leqslant H_\mu(\xi|\mathcal{A}_{-\infty}\vee P_\mu(T))+H_\mu(\beta|\xi)+\varepsilon\leqslant H_\mu(\xi|\mathcal{A}_{-\infty}\vee P_\mu(T))+2\varepsilon.\end{aligned}$$

因为 ε 是任意的, 所以 $H_\mu(\xi|\mathcal{A}_{-\infty})\leqslant H_\mu(\xi|\mathcal{A}_{-\infty}\vee P_\mu(T))$, 而相反方向的不等式是明显成立的, 这就完成了断言的证明.

现在从断言我们知道, 如果有限可测剖分 ξ 满足 $\xi\subseteq P_\mu(T)\vee\mathcal{A}_{-\infty}$, 则 $\xi\subseteq\mathcal{A}_{-\infty}$. 因此 $P_\mu(T)\subseteq\mathcal{A}_{-\infty}$. □

定理 8.11.2 (Rohlin-Sinai 定理)　设 $(X,\mathcal{X},\mu,T)$ 为可逆保测系统, 则存在 $\mathcal{X}$ 的子 σ 代数 $\mathcal{K}$, 使得

(1) $\mathcal{K}\subseteq T\mathcal{K}$;

(2) $\bigvee\limits_{n=0}^{+\infty} T^n\mathcal{K}=\mathcal{X}$;

(3) $\bigcap\limits_{n=0}^{\infty} T^{-n}\mathcal{K}=P_\mu(T)$.

特别地, $(X,\mathcal{X},\mu,T)$ 为 K 系统当且仅当 $(X,\mathcal{X},\mu,T)$ 为完全正熵系统.

证明　取有限可测剖分 $\xi_n\nearrow\mathcal{X}$, 归纳地定义 $\eta_p=\eta_{p-1}\vee T^{-n_p}\xi_p$, 其中序列 $n_p\in\mathbb{N}$(利用引理 8.10.1 (2)) 满足, 对每个 $q\geqslant 2$ 以下不等式成立:

$$H_\mu(\eta_p|\eta_{q-1}^-)-H_\mu(\eta_p|\eta_q^-)<\frac{1}{p}\cdot\frac{1}{2^{q-p}},\quad p=1,2,\cdots,q-1.$$

现在固定 p, 再对 $q=p+1,p+2,\cdots,n$ 求和, 即可得到

$$H_\mu(\eta_p|\eta_p^-)-H_\mu(\eta_p|\eta_n^-)<\frac{1}{p},\quad \forall n>p.$$

设 $\mathcal{E}$ 为由 $\{\eta_n\}_{n=1}^{\infty}$ 生成的 σ 代数, 则

$$\eta_n^-\to\bigvee_{i=1}^{\infty}T^{-i}\mathcal{E}.$$

再设

$$\mathcal{K}=\bigvee_{i=1}^{\infty}T^{-i}\mathcal{E}.$$

我们有

$$H_\mu(\eta_p|\eta_p^-)-H_\mu(\eta_p|\mathcal{K})\leqslant\frac{1}{p}.$$

显然 $T^{-1}\mathcal{K} \subseteq \mathcal{K}$, $T^n\mathcal{K} \nearrow \mathcal{X}$, 且

$$\lim_{p\to\infty}(H_\mu(\eta_p|\eta_p^-) - H_\mu(\eta_p|\mathcal{K})) = 0.$$

设 ξ 为有限可测剖分, 且 $\xi \subseteq \bigcap_{n=0}^{\infty} T^{-n}\mathcal{K}$, 那么

$$\xi^T \subseteq \bigcap_{n=0}^{\infty} T^{-n}\mathcal{K}.$$

因此

$$\begin{aligned}
H_\mu(\xi|\xi^-) &= H_\mu(\eta_p \vee \xi|\eta_p^- \vee \xi^-) - H_\mu(\eta_p|\eta_p^- \vee \xi^T) \\
&\leqslant H_\mu(\eta_p|\eta_p^-) + H_\mu(\xi|\eta_p^-) - H_\mu(\eta_p|\mathcal{K}) \\
&= H_\mu(\xi|\eta_p^-) + (H_\mu(\eta_p|\eta_p^-) - H_\mu(\eta_p|\mathcal{K})).
\end{aligned}$$

令 $p \to \infty$, 注意到

$$\begin{aligned}
&\lim_{p\to\infty} H_\mu(\xi|\eta_p^-) = H_\mu(\xi|\mathcal{K}) = 0, \\
&\lim_{p\to\infty} \big(H_\mu(\eta_p|\eta_p^-) - H_\mu(\eta_p|\mathcal{K})\big) = 0,
\end{aligned}$$

我们就得到

$$h_\mu(T,\xi) = H_\mu(\xi|\xi^-) = 0.$$

因此, 如果 $\xi \subseteq \bigcap_{n=0}^{\infty} T^{-n}\mathcal{K}$, 则 $\xi \subseteq P_\mu(T)$. 这说明

$$\bigcap_{n=0}^{\infty} T^{-n}\mathcal{K} \subseteq P_\mu(T).$$

注意到 $\mathcal{K}$ 满足定理 8.11.1 中的条件, 我们有

$$\bigcap_{n=0}^{\infty} T^{-n}\mathcal{K} \supseteq P_\mu(T).$$

定理得证. □

定理 8.11.3 设 $(X,\mathcal{X},\mu,T)$ 和 $(Y,\mathcal{Y},\nu,S)$ 为两个可逆保测系统, 则

$$P_{\mu\times\nu}(T\times S) = P_\mu(T)\times P_\nu(S).$$

特别地, 两个测度 K 系统的乘积仍为测度 K 系统.

证明 利用 Rohlin-Sinai 定理, 可知存在 $\mathcal{X}$ 的子 σ 代数 $\mathcal{K}(T)$ 和 $\mathcal{Y}$ 的子 σ 代数 $\mathcal{K}(S)$ 满足 $T^n\mathcal{K}(T) \nearrow \mathcal{X}$, $T^{-n}\mathcal{K}(T) \searrow P_\mu(T)$, $S^n\mathcal{K}(S) \nearrow \mathcal{Y}$ 和 $S^{-n}\mathcal{K}(S) \searrow P_\nu(S)$. 因此

$$(T\times S)^n\mathcal{K}(T)\times\mathcal{K}(S) \nearrow \mathcal{X}\times\mathcal{Y}.$$

由定理 8.11.1, 我们得到

$$\begin{aligned} P_{\mu\times\nu}(T\times S) &\subseteq \bigcap_{n=1}^{\infty}((T\times S)^{-n}\mathcal{K}(T)\times\mathcal{K}(S)) \\ &\subseteq \bigcap_{n=1}^{\infty}(T^{-n}\mathcal{K}(T)\times\mathcal{Y}) = P_{\mu}(T)\times\mathcal{Y}. \end{aligned}$$

同理, 可得

$$P_{\mu\times\nu}(T\times S)\subseteq\mathcal{X}\times P_{\nu}(S).$$

综上, 得到

$$P_{\mu\times\nu}(T\times S)\subseteq P_{\mu}(T)\times P_{\nu}(S).$$

而相反的包含关系是显然成立的, 从而定理得证. □

8.11.3 K 系统与混合性

一个保测系统 $(X,\mathcal{X},\mu,T)$ 称为k **阶混合的**, 如果对任意 $A_0,A_1,\cdots,A_k\in\mathcal{X}$,

$$\lim_{n_1,\cdots,n_k\to+\infty}\mu(A_0\cap T^{-n_1}A_1\cap\cdots\cap T^{-(n_1+\cdots+n_k)}A_k)=\mu(A_0)\mu(A_1)\cdots\mu(A_k). \tag{8.17}$$

如果对每个 $k\in\mathbb{N}$, $(X,\mathcal{X},\mu,T)$ 均为 k 阶混合的, 则称 $(X,\mathcal{X},\mu,T)$ 为**完全混合系统**. 显然 1 阶混合性等价于强混合性.

以下我们将证明测度 K 系统为完全强混合系统. 为此, 我们还需要另外几个引理. 首先我们将以下 Pinsker 不等式留给读者作为练习.

引理 8.11.2 (Pinsker 不等式) 设 $p_i,q_i>0$ $(i=1,2,\cdots,l)$ 满足 $\sum\limits_{i=1}^{l}p_i=1$ 和 $\sum\limits_{i=1}^{l}q_i\leqslant 1$, 则

$$\sum_{i=1}^{l}p_i\log\frac{p_i}{q_i}\geqslant\frac{\left(\sum\limits_{i=1}^{l}|p_i-q_i|\right)^2}{2}\log 2.$$

引理 8.11.3 设 $(X,\mathcal{X},\mu,T)$ 为保测系统, α,β 为 X 的两个有限可测剖分, $\varepsilon>0$. 如果

$$H_{\mu}(\alpha)-H_{\mu}(\alpha|\beta)<\frac{\varepsilon^2}{2}\log 2,$$

则

$$\sum_{B\in\beta}\sum_{A\in\alpha}|\mu(A\cap B)-\mu(A)\mu(B)|<\varepsilon.$$

证明 由 Pinsker 不等式, 可得

$$\begin{aligned} H_{\mu}(\alpha)-H_{\mu}(\alpha|\beta) &= -\sum_{A\in\alpha}\mu(A)\log\mu(A)+\sum_{B\in\beta}\sum_{A\in\alpha}\mu(A\cap B)\log\frac{\mu(A\cap B)}{\mu(B)} \\ &= \sum_{B\in\beta}\sum_{A\in\alpha}\mu(A\cap B)\log\frac{\mu(A\cap B)}{\mu(A)\mu(B)} \end{aligned}$$

$$\geqslant \left(\frac{1}{2}\log 2\right)\cdot\left(\sum_{B\in\beta}\sum_{A\in\alpha}|\mu(A\cap B)-\mu(A)\mu(B)|\right)^2.$$

这说明

$$\sum_{B\in\beta}\sum_{A\in\alpha}|\mu(A\cap B)-\mu(A)\mu(B)|<\varepsilon.$$

证毕. □

定理 8.11.4 K 系统为完全混合的.

证明 设 $(X,\mathcal{X},\mu,T)$ 为 K 系统, $\mathcal{X}$ 的子 σ 代数 $\mathcal{K}$ 满足

$$\mathcal{K}\subseteq T\mathcal{K},\quad \bigvee_{n=0}^{+\infty}T^n\mathcal{K}=\mathcal{X},\quad \bigcap_{n=0}^{\infty}T^{-n}\mathcal{K}=\{\emptyset,X\}.$$

因为 $\bigvee_{n=0}^{+\infty}T^n\mathcal{K}=\mathcal{X}$, 所以为说明 $(X,\mathcal{X},\mu,T)$ 是完全强混合的, 我们只需证明: 对任意 $k\in\mathbb{N}$ 和 $A_0,A_1,\cdots,A_k\in\bigcup_{n=0}^{+\infty}T^n\mathcal{K}$, 式 (8.17) 成立.

现设 $A_0,A_1,\cdots,A_k\in\bigcup_{n=0}^{+\infty}T^n\mathcal{K}$, 则存在 $m_0\in\mathbb{N}$, 使得 $A_0,A_1,\cdots,A_k\in T^{m_0}\mathcal{K}$. 固定 $\varepsilon>0$. 因为 $\bigcap_{n=0}^{\infty}T^{-n}\mathcal{K}=\{\emptyset,X\}$, $T^{-(n+1)}\mathcal{K}\subseteq T^{-n}\mathcal{K}$, 故 $n\in\mathbb{Z}_+$, 有

$$\lim_{n\to+\infty}H_\mu(\{A_i,A_i^{\mathrm{c}}\}|T^{-n}\mathcal{K})=H_\mu(\{A_i,A_i^{\mathrm{c}}\}),\quad \forall i\in\{0,1,\cdots,k\}.$$

因此存在 $N\in\mathbb{N}$, 使得当 $n\geqslant N$ 时, 有

$$H_\mu(\{A_i,A_i^{\mathrm{c}}\})-H_\mu(\{A_i,A_i^{\mathrm{c}}\}|T^{-n}\mathcal{K})<\frac{\varepsilon^2}{2}\log 2,\quad \forall i\in\{0,1,\cdots,k\}.$$

特别地, 对任意 $n\geqslant N$ 和 $B\in T^{-n}\mathcal{K}$, $H_\mu(\{A_i,A_i^{\mathrm{c}}\})-H_\mu(\{A_i,A_i^{\mathrm{c}}\}|\{B,B^{\mathrm{c}}\})<\frac{\varepsilon^2}{2}\log 2$ 对每个 $i\in\{0,1,\cdots,k\}$ 成立. 由引理 8.11.3, 对任意 $n\geqslant N$ 和 $B\in T^{-n}\mathcal{K}$, 我们有

$$|\mu(A_i\cap B)-\mu(A_i)\mu(B)|<\varepsilon,\quad \forall i\in\{0,1,\cdots,k\}. \tag{8.18}$$

当 $n_1,n_2,\cdots,n_k\geqslant N+m_0$ 时, 由于式 (8.18) 和事实"$A_0,A_1\cdots,A_k\in T^{m_0}\mathcal{K}$", 我们有

$$\begin{aligned}
&|\mu(A_{k-1}\cap T^{-n_k}A_k)-\mu(A_{k-1})\mu(A_k)|<\varepsilon,\\
&|\mu(A_{k-2}\cap T^{-n_{k-1}}(A_{k-1}\cap T^{-n_k}A_k))-\mu(A_{k-2})\mu(A_{k-1}\cap T^{-n_k}A_k)|<\varepsilon,\\
&\cdots,\\
&|\mu(A_0\cap T^{-n_1}(A_1\cap T^{-n_2}(A_2\cap\cdots\cap T^{-n_k}A_k)))\\
&\quad-\mu(A_0)\mu(A_1\cap T^{-n_2}(A_2\cap\cdots\cap T^{-n_k}A_k))|<\varepsilon.
\end{aligned}$$

从上面的一组不等式, 我们容易推得: 当 $n_1,n_2,\cdots,n_k\geqslant N+m_0$ 时, 有

$$|\mu(A_0\cap T^{-n_1}(A_1)\cap T^{-(n_1+n_2)}A_2\cap\cdots\cap T^{-(n_1+\cdots+n_k)}A_k)-\mu(A_0)\mu(A_1)\cdots\mu(A_k)|<k\varepsilon.$$

因为 $\varepsilon > 0$ 是任意的, 所以

$$\lim_{n_1,\cdots,n_k\to+\infty} \mu(A_0 \cap T^{-n_1}A_1 \cap T^{-(n_1+n_2)}A_2 \cap \cdots \cap T^{-(n_1+n_2+\cdots+n_k)}A_k) = \mu(A_0)\mu(A_1)\cdots\mu(A_k).$$

这就完成了证明. □

回顾一致混合的定义. 设 $(X,\mathcal{X},\mu,T)$ 为保测系统, $\mathcal{F}(B_1,\cdots,B_k;n)$ 为由 $\{T^{-j}B_i : j \geqslant n, i=1,2,\cdots,k\}$ 生成的 σ 代数. 如果对于任何 A, B_1, $\cdots$, $B_k \in \mathcal{X}$ $(k\in\mathbb{N})$, 有

$$\lim_{n\to\infty} \sup_{C\in\mathcal{F}(B_1,\cdots,B_k;n)} |\mu(A\cap C)-\mu(A)\mu(C)| = 0, \tag{8.19}$$

那么称 $(X,\mathcal{X},\mu,T)$ 为一致混合的. 下面我们证明一个比定理 8.11.4 更强的结论.

定理 8.11.5 一个保测系统为 K 系统当且仅当为一致混合的.

证明 设 $(X,\mathcal{X},\mu,T)$ 为 K 系统, $\mathcal{X}$ 的子 σ 代数 $\mathcal{K}$ 满足

$$\mathcal{K} \subseteq T\mathcal{K}, \quad \bigvee_{n=0}^{+\infty} T^n\mathcal{K} = \mathcal{X}, \quad \bigcap_{n=0}^{\infty} T^{-n}\mathcal{K} = \{\emptyset, X\}.$$

因为 $\bigvee\limits_{n=0}^{+\infty} T^n\mathcal{K} = \mathcal{X}$, 所以为说明 $(X,\mathcal{X},\mu,T)$ 是一致混合的, 我们只需证明: 对任意 $k\in\mathbb{N}$, $A\in\mathcal{X}$, $B_1,\cdots,B_k \in \bigcup\limits_{n=0}^{\infty} T^n\mathcal{K}$, 式 (8.19) 成立.

若存在 $A\in\mathcal{X}$, $B_1,\cdots,B_k \in \bigcup\limits_{n=0}^{\infty} T^n\mathcal{K}$ $(k\in\mathbb{N})$, 使得式 (8.19) 不成立. 我们定义

$$\rho : \mathcal{X} \to \mathbb{R}, \quad \rho(C) = \mu(A\cap C) - \mu(A)\mu(C),$$

则 ρ 为带号测度. 令 $\rho_n = \rho|_{\mathcal{F}(B_1,\cdots,B_k;n)}$, 设 C_n 为带号测度 ρ_n 的最大正子集, 即如果 $E\in\mathcal{F}(B_1,\cdots,B_k;n)$ 满足 $E\subseteq C_n$, 那么 $\rho_n(E)\geqslant 0$.

根据假设, 存在 $\delta > 0$, 使得 $\rho_n(C_n) \geqslant \delta$ $(\forall n\in\mathbb{N})$. 对于任何 $m\geqslant n$, 有 $C_m \in \mathcal{F}(B_1,\cdots,B_k;n)$, 于是

$$\begin{aligned}
\rho_n(C_m\cup C_{m-1}\cup\cdots\cup C_n) &= \rho_n(C_m) + \rho_n(C_{m-1}\setminus C_m) + \rho_n\big(C_{m-2}\setminus(C_{m-1}\cup C_m)\big) \\
&\quad + \cdots + \rho_n\Big(C_n \setminus \bigcup_{j=n+1}^{m} C_j\Big) \\
&= \rho_m(C_m) + \rho_{m-1}(C_{m-1}\setminus C_m) + \rho_{m-2}\big(C_{m-2}\setminus(C_{m-1}\cup C_m)\big) \\
&\quad + \cdots + \rho_n\Big(C_n \setminus \bigcup_{j=n+1}^{m} C_j\Big) \\
&\geqslant \rho_m(C_m) \geqslant \delta.
\end{aligned}$$

设 $D_n = \bigcup\limits_{m=n}^{\infty} C_m$, $D = \bigcap\limits_{n=1}^{\infty} D_n$. 由上文可知 $\rho_n(D_n)\geqslant\delta$ $(\forall n\in\mathbb{N})$. 从而

$$\mu(A\cap D) - \mu(A)\mu(D) = \lim_{n\to\infty}(\mu(A\cap D_n) - \mu(A)\mu(D_n)) = \lim_{n\to\infty}\rho_n(D_n) \geqslant \delta.$$

特别有 $0<\mu(D)<1$.

另外, 因为 $B_1,B_2,\cdots,B_k\in\bigcup\limits_{n=0}^{\infty}T^n\mathcal{K}$, 所以存在 $m\in\mathbb{N}$, 使得 $B_1,B_2,\cdots,B_k\in T^m\mathcal{K}$ 且 $\mathcal{F}(B_1,\cdots,B_k;n)\subseteq T^{m-n}\mathcal{K}$. 由此得 $D\in\bigcap\limits_{n=1}^{\infty}T^{m-n}\mathcal{K}=\{\emptyset,X\}$, 这与 $0<\mu(D)<1$ 矛盾. 从而我们证明了任何 K 系统为一致混合的.

下面设 $(X,\mathcal{X},\mu,T)$ 为一致混合的, 我们证明它为 K 系统. 首先, 对于任意 $B_1,\cdots,B_k\in\mathcal{X}$, $\mathcal{F}(B_1,\cdots,B_k;n)$ 单调递减收敛于 $\{\emptyset,X\}$. 事实上, 对于 $A\in\bigcap\limits_{n=1}^{\infty}\mathcal{F}(B_1,\cdots,B_k;n)$ $(\forall n\in\mathbb{N})$, 有

$$\sup_{C\in\mathcal{F}(B_1,\cdots,B_k;n)}|\mu(A\cap C)-\mu(A)\mu(C)|\geqslant\left|\mu(A)-\mu(A)^2\right|.$$

由一致混合性质, 可知 $|\mu(A)-\mu(A)^2|=0$. 于是 $A\in\{\emptyset,X\}$.

由 Rohlin-Sinai 定理 (定理 8.11.2), 存在 $\mathcal{X}$ 的子 σ 代数 $\mathcal{K}$ 满足

$$\mathcal{K}\subseteq T\mathcal{K},\quad \bigvee_{n=0}^{+\infty}T^n\mathcal{K}=\mathcal{X},\quad \bigcap_{n=0}^{\infty}T^{-n}\mathcal{K}=P_\mu(T).$$

根据上面的分析, 我们容易证明 $P_\mu(T)=\{\emptyset,X\}$, 从而 $(X,\mathcal{X},\mu,T)$ 为 K 系统. □

8.11.4 Ornstein 定理等

熵理论中最为深刻的结论之一就是 Ornstein 定理.

定理 8.11.6 (Ornstein 定理) 设 $(X_1,\mathcal{X}_1,\mu_1,T_1)$ 和 $(X_2,\mathcal{X}_2,\mu_2,T_2)$ 为两个底空间为 Lebesgue 系统的 Bernoulli 系统. 如果它们的熵相同, 即 $h_{\mu_1}(T_1)=h_{\mu_2}(T_2)$, 那么它们为共轭的 (因为此时两个 Bernoulli 系统仍为 Lebesgue 空间, 故它们也为同构的).

Ornstein 定理的证明非常困难, 可以参见文献 [183, 80]. 根据 Ornstein 定理, 容易说明很多关于 Bernoulli 系统的性质: 任何 Bernoulli 系统 $(X,\mathcal{X},\mu,T)$ 具有 n 次根, 即存在 $(Y,\mathcal{Y},\nu,S)$, 使得 $T=S^n$; 任何 Bernoulli 系统共轭于某两个 Bernoulli 系统的乘积系统; 任何 Bernoulli 系统 $(X,\mathcal{X},\mu,T)$ 共轭于它的逆系统 $(X,\mathcal{X},\mu,T^{-1})$. Ornstein 还证明了 Bernoulli 系统的根、因子、逆极限系统仍为 Bernoulli 系统.

Ornstein 定理告诉我们, 对于 Bernoulli 系统, 熵是全系不变量. 这基本上是我们所能得到的结果中最好的结论了, 因为对于 K 系统, 熵就不是全系不变量了. 这个很容易解释清楚. 任取一个不是 Bernoulli 系统的 K 系统 $(X,\mathcal{X},\mu,T)$, 那么根据 Rohlin-Sinai 定理, $h_\mu(T)>0$. 再取一个 Bernoulli 系统 $(Y,\mathcal{Y},\nu,S)$, 使得 $h_\mu(T)=h_\nu(S)$. 这样我们就得到两个不共轭的 K 系统. 事实上, Ornstein 和 Shields 证明了存在不可数个具有相同熵但是不共轭的 K 系统.

上面提到任何 Bernoulli 系统 $(X,\mathcal{X},\mu,T)$ 都具有 n 次根, 任何 Bernoulli 系统 $(X,\mathcal{X},\mu,T)$ 都共轭于它的逆系统 $(X,\mathcal{X},\mu,T^{-1})$. 但对于 K 系统, 这两个结果都不成立.

我们以 Sinai 关于 Bernoulli 系统的一个著名结果以及相关结果结束这一节.

定理 8.11.7 (Sinai 定理)　设 $(X, \mathcal{X}, \mu, T)$ 为遍历的可逆保测系统. 如果 $h_\mu(T) > 0$, 那么任何满足 $h_\nu(S) \leqslant h_\mu(T)$ 的 Bernoulli 系统 $(Y, \mathcal{Y}, \nu, S)$ 都是 $(X, \mathcal{X}, \mu, T)$ 的因子, 即存在保测映射 $\phi : X \to Y$, 使得 $\phi T = S\phi$.

早期有个著名的 Pinsker 猜测: 任何遍历系统都同构于一个 K 系统和一个零熵系统的乘积. Ornstein 指出这个猜测不成立, 于是 Thouvenot 提出了一个 **弱 Pinsker 猜测**[198]:

猜测 8.11.1 (弱 Pinsker 猜测)　设 $(X, \mathcal{X}, \mu, T)$ 为遍历的可逆保测系统. 如果 $h_\mu(T) > 0$, 那么对于任何 $\delta \in (0, h_\mu(T))$, 存在 $(X, \mathcal{X}, \mu, T)$ 的因子 $(Y, \mathcal{Y}, \nu, S)$ 和 $(Z, \mathcal{Z}, \eta, H)$, 使得 $(Y, \mathcal{Y}, \nu, S)$ 为 Bernoulli 系统, $h_\eta(H) = \delta$, 并且 $(X, \mathcal{X}, \mu, T)$ 同构于 $(Y \times Z, \mathcal{Y} \times \mathcal{Z}, \nu \times \eta, S \times H)$.

最近, Austin 给出了弱 Pinsker 猜测的肯定回答[13].

习　题

1. 设 $(X, \mathcal{X}, \mu, T)$ 为 K 系统. 证明: $(X, \mathcal{X}, \mu, T^k)$ $(k \neq 0)$ 也为 K 系统.

2. 证明: Kolmogorov 属性对因子遗传.

3. 证明引理 8.11.1 和引理 8.11.2.

4. 设 $\mathbb{S}^1$ 为复平面上的单位圆周, $p > 1$, $T_p : \mathbb{S}^1 \to \mathbb{S}^1$ 满足 $T_p(z) = z^p$, $m_{\mathbb{S}^1}$ 为 $\mathbb{S}^1$ 上的 Haar 测度. 证明: $(\mathbb{S}^1, \mathcal{B}(\mathbb{S}^1), m_{\mathbb{S}^1}, T_p)$ 为 Bernoulli 系统.

5. 设 $(X, \mathcal{X}, \mu, T)$ 为可逆保测系统, α 为 X 的一个有限可测剖分. 证明: 对任意 $\varepsilon > 0$, 存在 $K \in \mathbb{N}$, 使得对任意 K 分离的非空有限集 $E \subseteq \mathbb{Z}$, 有

$$\left| \frac{1}{|E|} H_\mu \left(\bigvee_{i \in E} T^{-i} \alpha | P_\mu(T) \right) - H_\mu(\alpha | P_\mu(T)) \right| < \varepsilon,$$

这里 $\mathbb{Z}$ 的子集称为 K 分离的, 如果它的任意两个不同元素之差的绝对值大于 K.

6. 设 $(X, \mathcal{X}, \mu, T)$ 为可逆保测系统. 证明: 它要么为零熵的, 要么 U_T 限制在 $L^2(X, P_\mu(T), \mu)$ 正交补上具有可数 Lebesgue 谱.

7. 设 $(X, \mathcal{X}, \mu, T)$ 为可逆保测系统. 证明: 如果 T 具有纯粹奇异谱或有限乘数谱, 那么其熵为 0.

8.12　局部熵理论简介

8.12.1　测度 K 系统与拓扑 K 系统

在前面我们已经详细介绍过测度 K 系统. 这里我们先回顾一些概念, 然后介绍拓扑 K 系统.

一个保测系统 $(X,\mathcal{X},\mu,T)$ 称为 **Kolmogorov 系统**或简称为 **K 系统**, 若存在子 σ 代数 $\mathcal{K}\subseteq\mathcal{X}$ 满足以下条件:

(1) $\mathcal{K}\subseteq T\mathcal{K}$;

(2) $\bigvee\limits_{n=0}^{\infty}T^n\mathcal{K}=\mathcal{X}$;

(3) $\bigcap\limits_{n=0}^{\infty}T^{-n}\mathcal{K}=\{X,\emptyset\}$.

K 系统完全异于零熵系统, 它可以视为在熵语言下最复杂的系统. 之前我们证明过以下等价:

(1) 保测系统为 K 系统;

(2) 系统为完全正熵的 (即每个非平凡因子具有正熵);

(3) 系统的任何非平凡二元素剖分具有正熵;

(4) 系统的任何非平凡有限剖分具有正熵.

在拓扑动力系统中, 拓扑 K 系统由 Blanchard 在 20 世纪 90 年代最先研究. 他引入了 c.p.e. 和 u.p.e. 的概念, 这两个概念类似于上面刻画测度 K 系统的前两个.

定义 8.12.1 称一个拓扑系统 (X,T) 具有 **(拓扑) 完全正熵** (completely positive entropy, 简称 c.p.e.), 若它的任何非平凡因子具有正拓扑熵; 称它具有**一致正熵** (uniform positive entropy, 简称 u.p.e.), 若任何有两个非平凡的开集组成的开覆盖具有正拓扑熵.

Blanchard[26] 证明了任何一致正熵系统为拓扑弱混合的, 任何完全正熵系统蕴含具有全支撑的不变测度.

定义 8.12.2 [121] 称系统 (X,T) 具有 n **阶一致正熵** (u.p.e. of order n), 若 X 的任何 n 个非稠密开集组成的覆盖具有正拓扑熵. 我们称 (X,T) 具有**任何阶一致正熵**或者**拓扑 K 系统**, 若对于任何 $n\geqslant 2$, 它为 n 阶一致正熵的.

明显地, 2 阶一致正熵就是前面定义的一致正熵. 可以证明一致正熵系统为拓扑 mild 混合的[121]; 极小拓扑 K 系统为拓扑强混合的[115].

黄文和叶向东[121] 回答了几个关于一致正熵和完全正熵的猜测: 对于任意 $n\geqslant 2$, n 阶一致正熵不蕴含 $n+1$ 阶一致正熵 (回答了 Host 的文章 [85] 中的问题); 存在传递对角系统 (diagonal system) 不为一致正熵的 (回答了文献 [27] 中的问题 1); 存在一致正熵系统没有具有全支撑的遍历测度 (回答了文献 [26] 中的问题 2).

在文献 [83] 中, Glasner 和 Weiss 证明了: 任何具有全支撑测度的 K 系统测度的拓扑动力系统为一致正熵的; 存在极小一致正熵系统, 使得对于其上任何遍历测度具有正的测度熵. 这些结果对于任何阶一致正熵系统也是成立的[121]: 任何具有全支撑测度的 K 系统测度的拓扑动力系统为任意阶一致正熵的, 即拓扑 K 系统; 一个拓扑系统 (X,T) 为拓扑 K 系统当且仅当存在不变测度 $\mu\in\mathcal{M}(X,T)$, 使得对于 X 的任何非平凡剖分 α, $h_\mu(T,\alpha)>0$.

8.12.2 测度与拓扑熵串

熵对最早是由 Blanchard 开始研究的[27], 之后发展为熵串、熵集等.

1. n 熵串

设 (X,T) 为拓扑动力系统, $n \geqslant 2$, n 阶乘积系统记为 $(X^n, T^{(n)})$, 其中 $T^{(n)} = T \times \cdots \times T$ (n 次). 设 $\mathcal{B}_X$ 为 X 上的 Borel σ 代数, $\mathcal{B}_X^{(n)}$ 为乘积空间 X^n 上的 Borel σ 代数. 我们将 X^n 的对角线记为 $\Delta_n(X) = \{(x_i)_1^n \in X^n : x_1 = \cdots = x_n\}$. 设 $(x_i)_1^n \in X^n$. X 的一个有限覆盖 $\mathcal{U}$ 称为相对于 $(x_i)_1^n$ 的**可允许覆盖**, 若不存在 $\mathcal{U}$ 的某一个元素, 它的闭包包含了全体的 x_i. 类似定义相对于 $(x_i)_1^n$ 的可允许剖分.

定义 8.12.3 [83, 121] 设 (X,T) 为拓扑动力系统. 一个 n 串 $(x_i)_1^n \in X^n$ $(n \geqslant 2)$ 称为**n 熵串**, 若存在 i,j $(1 \leqslant i \neq j \leqslant n)$, 使得 $x_i \neq x_j$, 并且对于 $(x_i)_1^n$ 的任何可允许开覆盖 $\mathcal{U}$, 有 $h_{\text{top}}(T,\mathcal{U}) > 0$.

2 熵串通常称为**熵对**.

我们用符号 $E_n(X,T)$ 表示全体 n 熵串的集合. 它的基本性质如下[27]:

(1) 如果 $\mathcal{U} = \{U_1, \cdots, U_n\}$ 为 X 的开覆盖, 且 $h_{\text{top}}(T,\mathcal{U}) > 0$, 那么对于每个 $i (1 \leqslant i \leqslant n)$ 存在 $x_i \in U_i^c$, 使得 $(x_i)_1^n$ 为 n 熵串.

(2) $E_n(X,T) \cup \Delta_n(X)$ 为 X^n 的 $T^{(n)}$ 不变闭子集.

(3) 设 $\pi : (X,T) \to (Y,S)$ 为因子映射, 那么 $\pi^{(n)}\big(E_n(X,T) \cup \Delta_n(X)\big) = E_n(Y,S) \cup \Delta_n(Y)$.

(4) 设 W 为 (X,T) 的 T 不变闭子集. 如果 $(x_1, \cdots, x_n)$ 为 $(W, T|_W)$ 的 n 熵串, 那么它也为 (X,T) 的 n 熵串.

根据 (1), (X,T) 具有正拓扑熵当且仅当 $E_2(X,T) \neq \emptyset$; (X,T) 为 n 阶一致正熵的当且仅当每个不在对角线 $\Delta_n(X)$ 上的串 $(x_i)_1^n \in X^n$ 为 n 熵串. 类似于测度 K 系统不交于零熵系统, Blanchard 证明了一致正熵系统不交于任何极小零拓扑熵系统[27].

之前我们证明过保测系统 $(X,\mathcal{X},\mu,T)$ 的 Pinsker 因子是具有零测度熵的最大因子. 根据 Rohlin-Sinai 定理, 保测系统 $(X,\mathcal{X},\mu,T)$ 为 K 系统当且仅当它的 Pinsker 因子为平凡的, 即 $P_\mu = \{X, \emptyset\} \pmod \mu$. 我们给出拓扑 Pinsker 因子的定义.

定义 8.12.4 设 (X,T) 为拓扑动力系统. 它的**拓扑 Pinsker 因子**是指具有零拓扑熵的最大因子.

Blanchard 和 Lacroix [33] 证明了对于任何拓扑动力系统 (X,T), 包含 $E_2(X,T)$ 的最小的闭不变等价关系诱导的因子为拓扑 Pinsker 因子.

在文献 [31] 中作者对测度引入熵对的概念, 他们引入熵对的方式不能直接取定义测度 n $(n>2)$ 熵串. 黄文和叶向东[121] 对测度定义了 n 熵串, 并且他们的定义在 $n=2$ 时与文献 [31] 中定义的熵对相容.

定义 8.12.5 设 (X,T) 为拓扑动力系统, $\mu \in \mathcal{M}(X,T)$. 一个 n 点串 $(x_i)_1^n \in X^{(n)}$ $(n \geqslant 2)$, 称为**相对于 μ 的 n 熵串**, 若存在 i,j $(1 \leqslant i \neq j \leqslant n)$, 使得 $x_i \neq x_j$, 并且对于 $(x_i)_1^n$ 的任何可允许 Borel 剖分 α, 有 $h_\mu(T,\alpha) > 0$. 用 $E_n^\mu(X,T)$ 记全体相对 μ 的 n 熵串集合.

对于拓扑动力系统 (X,T), 设 $\mu \in \mathcal{M}(X,T)$, P_μ 为保测系统 $(X,\mathcal{B}_X,\mu,T)$ 的 Pinsker

σ 代数. 定义 $(X^{(n)}, \mathcal{B}_X^n, T^{(n)})$ 上的交 $\lambda_n(\mu)$ 为

$$\lambda_n(\mu)\left(\prod_{i=1}^n A_i\right) = \int_X \prod_{i=1}^n \mathbb{E}(\mathbf{1}_{A_i}|P_\mu)\mathrm{d}\mu,$$

其中 $A_i \in \mathcal{B}_X$ $(i = 1, \cdots, n)$. 下面的结果表明相对 μ 的 n 熵串为 $\lambda_n(\mu)$ 的支撑. 这个结果的 $n = 2$ 情况在文献 [79] 中给出, 一般情况在文献 [121] 中给出.

定理 8.12.1 设 (X,T) 为拓扑动力系统, $\mu \in \mathcal{M}(X,T)$, $n \geqslant 2$, 则

$$E_n^\mu(X,T) = \mathrm{Supp}(\lambda_n(\mu)) \setminus \Delta_n(X).$$

根据定理 8.12.1, $h_\mu(T) = 0$ 当且仅当 $E_2^\mu(X,T) = \emptyset$; $E_n^\mu(X,T) \cup \Delta_n(X)$ 为 X^n 的 $T^{(n)}$ 不变闭子集.

2. 熵的局部变分原理

联系两种熵串的关键是熵的局部变分原理, 这个结果是经典熵的变分原理的推广. Blanchard, Glasner 和 Host 证明了如下定理:

定理 8.12.2 [28] 设 (X,T) 为拓扑动力系统. 对于 X 的有限开覆盖 $\mathcal{U}$, 存在不变测度 $\mu \in \mathcal{M}(X,T)$, 使得

$$\inf_\alpha h_\mu(T,\alpha) \geqslant h_{\mathrm{top}}(T,\mathcal{U}),$$

其中下确界取遍所有比 $\mathcal{U}$ 细的有限剖分.

黄文和叶向东[121] 证明了: 对于 $\mu \in \mathcal{M}(X,T)$, 如果对 X 的任何比 $\mathcal{U}$ 细的 Borel 剖分 α 有 $h_\mu(T,\alpha) > 0$, 那么

$$\inf_\alpha h_\mu(T,\alpha) > 0, \quad h_{\mathrm{top}}(T,\mathcal{U}) > 0.$$

这提供了定理 8.12.2 在某种意义下的逆定理.

对于开覆盖 $\mathcal{U}$, 自然的问题是上面的结论中

$$\inf_\alpha h_\mu(T,\alpha) = h_{\mathrm{top}}(T,\mathcal{U})$$

是否成立? 为了研究这个问题, Romagnoli [179] 引入下面的概念:

$$h_\mu^+(T,\mathcal{U}) = \inf_{\alpha \succeq \mathcal{U}} h_\mu(T,\alpha),$$

$$h_\mu(T,\mathcal{U}) = \lim_{n\to+\infty} \frac{1}{n} \inf_{\alpha \succeq \bigvee_{i=0}^{n-1} T^{-i}\mathcal{U}} H_\mu(\alpha),$$

其中 α 为 X 的有限 Borel 剖分. 事实上, 它们是相等的: $h_\mu^+(T,\mathcal{U}) = h_\mu(T,\mathcal{U})$.

定理 8.12.3 (熵的局部变分原理) [179, 86] 设 (X,T) 为拓扑动力系统, $\mathcal{U}$ 为 X 的有限开覆盖, 那么

$$\max_{\mu\in\mathcal{M}(X,T)} h_\mu^+(T,\mathcal{U}) = \max_{\mu\in\mathcal{M}(X,T)} h_\mu(T,\mathcal{U}) = h_{\mathrm{top}}(T,\mathcal{U}).$$

注意到 $h_\mu(T)=\sup\limits_{\mathcal{U}} h_\mu(T,\mathcal{U})$, 其中上确界取遍 X 的所有有限开覆盖, 那么根据局部变分原理就可以得到经典的熵变分原理.

拓扑熵串与测度熵串密切相关. 对于每个不变测度测度, 熵对包含在熵对的集合中[31]; 反之亦然[28]. n 熵串的变分原理如下:

定理 8.12.4 [121]　设 (X,T) 为拓扑动力系统. 如果 $\mu\in\mathcal{M}(X,T)$, 那么对于任意 $n\geqslant 2$,

$$E_n(X,T)\supseteq E_n^\mu(X,T),$$

并且存在 $\mu\in\mathcal{M}(X,T)$, 使得

$$E_n(X,T)=E_n^\mu(X,T).$$

Blanchard, Glasner 和 Host[28] 构造了一个拓扑动力系统, 它的任何熵对都不是遍历测度的熵对.

若干个 n 阶一致正熵系统的乘积系统仍为 n 阶一致正熵的; 若干个拓扑 K 系统的乘积系统仍为拓扑 K 的[121].

3. 遍历分解

设 (X,T) 为拓扑动力系统, $\mu\in\mathcal{M}(X,T)$, $\mu=\int_X\mu_x\mathrm{d}\mu(x)$ 为遍历分解. 我们之前证明过对于剖分 α, 有 $h_\mu(T,\alpha)=\int_X h_{\mu_x}(T,\alpha)\mathrm{d}\mu(x)$. 这个性质对于有限 Borel 覆盖也成立.

定理 8.12.5 [121]　设 (X,T) 为拓扑动力系统, $\mu\in\mathcal{M}(X,T)$, $\mathcal{U}$ 为 X 的有限 Borel 覆盖. 又设 $\mu=\int_X\mu_x\mathrm{d}\mu(x)$ 为 μ 的遍历分解, 那么

$$h_\mu(T,\mathcal{U})=\int_X h_{\mu_x}(T,\mathcal{U})\mathrm{d}\mu(x).$$

取定 (X,T) 的有限开覆盖 $\mathcal{U}$, 根据定理 8.12.5 和局部变分原理可以证明: 存在 $\nu\in\mathcal{M}^{\mathrm{e}}(X,T)$, 使得 $h_\nu(T,\mathcal{U})=h_{\mathrm{top}}(T,\mathcal{U})$. 进一步, 还可以证明映射 $\mu\in\mathcal{M}(X,T)\mapsto h_\mu(T,\mathcal{U})$ 为上半连续的[123].

下面结论给出遍历测度熵串和不变测度熵串的关系 ($n=2$ 的情况见文献 [28], 一般情况见文献 [121]).

定理 8.12.6　设 (X,T) 为拓扑动力系统, $\mu\in\mathcal{M}(X,T)$ 的遍历分解为 $\mu=\int_X\mu_x\mathrm{d}\mu(x)$, 则

(1) 对于 μ-a.e. $x\in X$, $E_n^{\mu_x}(X,T)\subseteq E_n^\mu(X,T)$ $(\forall n\geqslant 2)$.

(2) 如果 $(x_i)_1^n\in E_n^\mu(X,T)$, 那么对于 $(x_i)_1^n$ 的任何邻域 V,

$$\mu(\{x\in X: V\cap E_n^{\mu_x}(X,T)\neq\emptyset\})>0.$$

于是可以取 $X_0\in\mathcal{B}_X$, 使得 $\mu(X_0)=1$, 且

$$\overline{\cup\{E_n^{\mu_x}(X,T):x\in X_0\}}\setminus\Delta_n(X)=E_n^\mu(X,T).$$

4. 弱马蹄

马蹄是著名数学家 Smale 引入的, 用于刻画系统的复杂性. 在文献 [121] 中, 黄文和叶向东得到如下关于拓扑 n 熵串的刻画: 设 (X,T) 为拓扑动力系统, $n \geqslant 2$, 那么 $(x_1,\cdots,x_n) \in E_n(X,T)$ 当且仅当对于 $(x_1,\cdots,x_n)$ 的任何邻域 $U_1 \times \cdots \times U_n$, 存在 $\mathbb{Z}_+$ 的正密度子集 $S=\{s_1<s_2<\cdots\}$, 使得

$$\bigcap_{i=1}^{\infty} T^{-s_i}U_{t(i)} \neq \emptyset, \quad \forall t \in \{1,2,\cdots,n\}^S.$$

上面的结论也可参见文献 [135-137].

基于上面的结论, 我们可以定义弱马蹄如下: 设 J 为 $\mathbb{Z}_+$ 的子集, 称系统 (X,T) **具有插集 J 的弱马蹄** (weak horseshoe with an interpolating set J), 若存在 X 的两个不交闭子集 U_0,U_1, 使得对于任何 $t \in \{0,1\}^J$,

$$\bigcap_{j\in J} T^{-j}U_{t(j)} \neq \emptyset,$$

即存在 $x_t \in X$, 使得 $T^j(x_t) \in U_{t(j)}$ $(\forall j \in J)$ [112] . 如果 J 具有正密度, 那么就称 (X,T) 具有**弱马蹄**.

定理 8.12.7 [121] *一个拓扑动力系统具有正拓扑熵当且仅当它具有弱马蹄.*

这个结果最早是由 Glasner 和 Weiss 对于符号系统给出的[84]. 上面的结论被 Kerr 和 Li 推广到可数 amenable 群[136]. 这个结论有许多应用, 例如, 最近黄文和吕克宁[112] 研究了无穷维随机动力系统的复杂性, 证明了此时正熵蕴含弱马蹄.

8.12.3 序列熵

Kushnirenko 于 1967 年引入序列作为新的同构不变量[148]. 随后, Goodman 于 1974 年引入拓扑序列熵[88].

下面给出序列熵的定义. 记 $\mathcal{F}_{\text{inf}}$ 为 $\mathbb{Z}_+$ 的全体无穷子集的集合. 设 $S=\{0 \leqslant t_1 < t_2 < \cdots\} \in \mathcal{F}_{\text{inf}}$, $\mathcal{U}$ 为 X 的有限开覆盖. 系统 (X,T) $\mathcal{U}$ **沿着 S 的序列熵**定义为

$$h_{\text{top}}^S(T,\mathcal{U}) = \limsup_{n\to+\infty}\left(\frac{1}{n}\log N\left(\bigvee_{i=1}^{n} T^{-t_i}\mathcal{U}\right)\right).$$

(X,T) **沿着 S 的序列熵**定义为

$$h_{\text{top}}^S(T) = \sup\{h_{\text{top}}^S(T,\mathcal{U}) : \mathcal{U}U \text{ 为 } X \text{ 的有限开覆盖}\}.$$

如果 $S=\mathbb{Z}_+$, 那么就得到经典熵的定义, 此时我们省去上标 $\mathbb{Z}_+$.

设 $(X,\mathcal{X},\mu,T)$ 为保测系统, 记全体有限可测剖分的集合为 $\mathcal{P}_X$. 设 $\xi \in \mathcal{P}_X$, 则系统 $(X,\mathcal{X},\mu,T)$ ξ **沿着 S 的序列熵**定义为

$$h_\mu^S(T,\xi) = \limsup_{n\to+\infty}\left(\frac{1}{n}H_\mu\left(\bigvee_{i=1}^{n} T^{-t_i}\xi\right)\right).$$

系统 $(X,\mathcal{X},T,\mu)$ **沿着 S 的序列熵**定义为

$$h_\mu^S(T)=\sup_{\alpha\in\mathcal{P}_X}h_\mu^S(T,\alpha).$$

同样, 如果 $S=\mathbb{Z}_+$, 就得到经典熵的定义, 此时我们省去上标 $\mathbb{Z}_+$.

$h_{\text{top}}^S(T)$ 和 $h_\mu^S(T)$ 为动力系统的同构不变量.

设 $(X,\mathcal{X},\mu,T)$ 为保测系统. 如果 $h_\mu(T)>0$, 则 $h_\mu^S(T)=K(S)h_\mu(T)$, 其中 $K(S)$ 为不依赖于 T 的数[147]. 这个结论表明, 对于正熵系统, 序列熵作为新的同构不变量没有起太大作用, 然而对于零测度熵系统序列熵十分重要.

对于序列熵, 一个重要的事实是变分原理一般不成立[88]. 设 (X,T) 为拓扑动力系统, Goodman [88] 证明了对于任何 $S\in\mathcal{F}_{\text{inf}}$,

$$h_{\text{top}}^S(T)\geqslant\sup_{\mu\in\mathcal{M}(X,T)}h_\mu^S(T),$$

其中 $h_{\text{top}}(T)>0$ 时等号成立. 在文献 [88] 中上面的结论有个限制条件, 此条件是多余的[55] (也可参见文献 [122]). 如果 $h_{\text{top}}(T)=0$, 那么序列熵变分原理不一定成立. 有例子满足 $h_{\text{top}}^S(T)=\log 2$ 但 $\sup\limits_{\mu\in\mathcal{M}(X,T)}h_\mu^S(T)=0$ [88].

对于保测系统 $(X,\mathcal{X},\mu,T)$, 如果 $h_\mu(T)>0$, 那么对于任何 $S\in\mathcal{F}_{\text{inf}}$, $h_\mu^S(T)>0$ [190]. 类似地, 对于拓扑动力系统 (X,T), 如果 $h_{\text{top}}(T)>0$, 那么对于任何 $S\in\mathcal{F}_{\text{inf}}$, $h_{\text{top}}^S(T)>0$ [115].

类似于熵串, 我们也可以定义序列熵串, 感兴趣的读者可以参见文献 [110, 114, 122, 136, 160] 等.

序列熵的一个重要应用在于它可以刻画各种混合性. 我们仅在这里举几个例子, 更多相关内容参见文献 [42, 124-125, 115, 190, 212-213].

定理 8.12.8 [115] 设 $(X,\mathcal{X},\mu,T)$ 为保测系统, 那么以下各条等价:

(1) $(X,\mathcal{X},\mu,T)$ 为 mild 混合.(2) 对于任何二元非平凡剖分 $\alpha\in\mathcal{P}_X$ 和任何 IP 集 F, 存在无限子集 $A\subseteq F$, 使得 $h_\mu^A(T,\alpha)>0$.(3) 对于任何有限非平凡剖分 $\alpha\in\mathcal{P}_X$ 和任何 IP 集 F, 存在无限子集 $A\subseteq F$, 使得 $h_\mu^A(T,\alpha)>0$.

这里非平凡指里面元素不是零测集或全测集.

定理 8.12.9 [115] 设 (X,T) 为拓扑动力系统, 那么以下各条等价:

(1) (X,T) 为拓扑 mild 混合.(2) 对于 X 的任何二元非平凡开覆盖 $\mathcal{U}$, 任何 IP 子集 F, 存在无穷子集 $A\subseteq F$, 使得 $h_{\text{top}}^A(T,\mathcal{U})>0$.(3) 对于 X 的任何有限非平凡开覆盖 $\mathcal{U}$, 任何 IP 子集 F, 存在无穷子集 $A\subseteq F$, 使得 $h_{\text{top}}^A(T,\mathcal{U})>0$.

上面非平凡开覆盖指每个元素不是空集或稠密子集.

对于弱混合和强混合也有类似的刻画.

8.12.4 null 系统

保测系统 $(X,\mathcal{X},\mu,T)$ 称为 **null 系统**, 若对于任何 $S\in\mathcal{F}_{\text{inf}}$, 有 $h_\mu^S(T)=0$.

定理 8.12.10 (Kushnirenko) [148] 保测系统 $(X,\mathcal{X},\mu,T)$ 具有离散谱当且仅当它为 null 系统.

事实上, 对于保测系统 $(X,\mathcal{X},\mu,T)$ 和 $\alpha\in\mathcal{P}_X$, 我们有

$$\max_{S\in\mathcal{F}_{\inf}} h_\mu^S(T,\alpha)=H_\mu(\alpha|\mathcal{K}_\mu),$$

其中 $\mathcal{K}_\mu$ 为 Kronecker σ 代数[114]. 可以证明[114-115], 对于 $B\in\mathcal{X}$ 及 $R\in\mathcal{F}_{\inf}$, $\mathrm{cl}(\{U^n1_B: n\in R\})$ 为 $L^2(\mu)$ 的紧致子集当且仅当对于每个无穷子集 $S\subseteq R$, 有 $h_\mu^S(T,\{B,X\setminus B\})=0$. 特别地, $B\in\mathcal{K}_\mu$ 当且仅当 $h_\mu^S(T,\{B,X\setminus B\})=0\,(\forall S\in\mathcal{F}_{\inf})$.

类似地, 拓扑系统 (X,T) 称为 **null 系统**, 若 $h_{\mathrm{top}}^S(T)=0\,(\forall S\in\mathcal{F}_{\inf})$. 容易证明等度连续系统为 null 系统, 自然的问题是其逆命题是否成立: 若极小系统为 null 系统, 那么它是否为等度连续的? 一般而言, 存在非等度连续的 null 系统[88]. 但是如果忽略几乎一对一扩充情况, 那么结论是成立的. 回顾几乎一对一的定义: 扩充 $\pi:(X,T)\to(Y,S)$ 为几乎一对一的, 是指 $\{x\in X:|\pi^{-1}(\pi(x))|=1\}$ 为 X 的稠密 G_δ 子集.

定理 8.12.11 [110] 如果极小系统 (X,T) 为null系统, 那么它为到其最大等度连续因子 $(X_{\mathrm{eq}},T_{\mathrm{eq}})$的几乎一对一扩充. 并此时系统为唯一遍历的,相对于唯一的不变测度为离散谱的.

一个未解决的问题是[110]:

问题 8.12.1 是否存在传递非极小的 null 系统?

8.12.5 最大型熵

最大型熵的概念是在文献 [122] 中引入的. 对于拓扑系统 (X,T), $n\in\mathbb{N}$, 以及有限开覆盖 $\mathcal{U}$, 设

$$p_{X,\mathcal{U}}^*(n)=\max_{(t_1<\cdots<t_n)\in\mathbb{Z}_+^n} N\left(\bigvee_{i=1}^n T^{-t_i}\mathcal{U}\right).$$

T 相对于 $\mathcal{U}$ 的**最大型熵** (maximal pattern entropy) 定义为

$$h_{\mathrm{top}}^*(T,\mathcal{U})=\lim_{n\to+\infty}\frac{1}{n}\log p_{X,\mathcal{U}}^*(n).$$

容易验证 $\{\log p_{X,\mathcal{U}}^*(n)\}_{n=1}^\infty$ 为次可加的, 于是可以定义 (X,T) 的**最大型熵**为

$$h_{\mathrm{top}}^*(T)=\sup\{h_{\mathrm{top}}^*(T,\mathcal{U}):\mathcal{U}\text{ 为有限开覆盖}\}.$$

类似地, 对于保测系统 $(X,\mathcal{X},\mu,T)$, 我们也可以定义最大型熵 $h_\mu^*(T)$. 一个主要结论是: 最大型熵可以用序列熵刻画.

定理 8.12.12 [122] 设 (X,T) 为拓扑动力系统, 那么

$$h_{\mathrm{top}}^*(T)=\sup_{S\in\mathcal{F}_{\inf}} h_{\mathrm{top}}^S(T).$$

设 $(X,\mathcal{X},\mu,T)$ 为保测系统, 那么

$$h_\mu^*(T)=\sup_{S\in\mathcal{F}_{\inf}} h_\mu^S(T).$$

于是拓扑动力系统 (X,T) 为 null 系统当且仅当 $h^*_{\text{top}}(T)=0$; 保测系统 $(X,\mathcal{X},\mu,T)$ 为离散谱的当且仅当 $h^*_{\mu}(T)=0$. 最大型熵有很多有趣的性质, 例如, 它们为同构不变量; 对于 $k\in\mathbb{N}\setminus\{0\}$, $h^*_{\text{top}}(T^k)=h^*_{\text{top}}(T)$, $h^*_{\mu}(T^k)=h^*_{\mu}(T),\cdots$

对于熵而言, 它取值为连续的, 但是最大型熵却是离散化取值的, 即:

定理 8.12.13　(1) 对于拓扑动力系统 (X,T), $h^*_{\text{top}}(T)\in\{\log k: k\in\mathbb{N}\}\cup\{\infty\}$ [122].

(2) 对于遍历系统 $(X,\mathcal{X},\mu,T)$, $h^*_{\mu}(T)\in\{\log k: k\in\mathbb{N}\}\cup\{\infty\}$ [190].

事实上, 如果引入序列熵串的概念, 那么可以证明, 对于拓扑动力系统 (X,T), $k\in\mathbb{N}\cup\{\infty\}$, $h^*_{\text{top}}(T)=\log k$ 当且仅当系统存在各个坐标互异的 k 序列熵串, 但不存在相应的 $k+1$ 序列熵串. 对于测度最大型熵也有类似结论[122].

由定理 8.12.11, 极小系统 (X,T) 为 null 系统, 即 $h^*_{\text{top}}(T)=0$, 则 (X,T) 为其最大等度连续因子的几乎一对一扩充且为唯一遍历的. 自然的问题是: 如果 (X,T) 为有界的, 即 $h^*_{\text{top}}(T)<\infty$, 那么系统具有什么性质? 可以证明, 此类系统也具有很好的结构: 它为其最大等度连续因子的几乎有限对一扩充, 并且只有有限个遍历测度[111].

对于紧致度量空间 X, 设

$$S(X)=\{h^*_{\text{top}}(T): T\in C(X,X)\}.$$

由定理 8.12.13, $\{0\}\subseteq S(X)\subseteq\{0,\log 2,\log 3,\cdots\}\cup\{\infty\}$. Snoha、叶向东和张瑞丰[194] 证明了如下定理:

定理 8.12.14　对于每个 $\{0\}\subseteq A\subseteq\{0,\log 2,\log 3,\cdots\}\cup\{\infty\}$, 存在空间 $X_A\subseteq\mathbb{R}^3$, 使得 $S(X_A)=A$.

习　　题

1. 证明 Kushnirenko 定理:保测系统 $(X,\mathcal{X},\mu,T)$ 具有离散谱当且仅当它为 null.

2. 保测系统 $(X,\mathcal{X},\mu,T)$ 称为有界的, 是指存在 $M\geqslant 0$, 使得对于任何 $S\in\mathcal{F}_{inf}$, 都有 $h^S_{\mu}(T)\leqslant M$. 试给出有界遍历系统的刻画.

8.13　注　　记

本章的内容是熵的经典理论, 我们主要参考和借鉴了文献 [50, 80, 169-170, 207] 等. 我们在本章中仅介绍熵理论最基本的内容, 著名的 Ornstein 理论可以参见文献 [80, 184], 局部熵理论参见文献 [80, 219], 微分动力系统方面的熵理论参见文献 [130, 161] 等.

在混沌理论中, 人们常把正熵作为混沌的定义之一. 在本书中, 我们没有系统地对混沌理论进行讨论. 关于正熵有两个很重要的结论: 一个是正熵蕴含 Li-Yorke 混沌[29], 另一个是正熵蕴含渐近对[32]. 关于混沌的进一步讨论可以参见文献 [5, 219].

第 9 章　交理论简介

交理论是由 Furstenberg 于 1967 年引入到动力系统的, 它现在是动力系统研究的核心理论之一. 在这一章中, 我们介绍交理论的一些基本结论和它的一些应用.

在 9.1 节中, 我们介绍交的基本概念和一些重要的例子. 接着在 9.2 节中, 我们运用交来研究同构性, 给出 Halmos-von Neumann 定理的简单证明. 在 9.3 节中, 运用交给出 Furstenberg 涉及弱混合的一些经典结论的证明等. 不交性的一个核心结论是不交性基本定理, 我们在 9.4 节中给出这个定理, 由此可以说明保测系统为遍历的当且仅当它与所有恒同系统不交; 保测系统为弱混合的当且仅当它与所有 distal 系统不交; 保测系统为 K 系统当且仅当它与所有零熵系统不交, 等等. 在本章最后一节中, 我们介绍著名的 Sarnak 猜测, 运用交的方法证明著名的 Chowla 猜测蕴含 Sarnak 猜测.

9.1　系统交的基本概念与性质

9.1.1　交的概念

定义 9.1.1　(1) 设 $(X,\mathcal{X},\mu,T)$ 和 $(Y,\mathcal{Y},\nu,S)$ 为保测系统. 一个乘积空间 $(X\times Y,\mathcal{X}\times\mathcal{Y})$ 上的概率 λ 称为 $(X,\mathcal{X},\mu,T)$ 和 $(Y,\mathcal{Y},\nu,S)$ 的**交** (joining), 若 λ 为 $T\times S$ 不变的, 并且它到 X,Y 的投射分别为 μ 和 ν, 即设 $p_X: X\times Y\to X, p_Y: X\times Y\to Y$ 为投射, 那么 $(p_X)_*\lambda=\mu,(p_Y)_*\lambda=\nu$.

我们将 X,Y 的所有交的集合记为 $J(X,Y)$ 或 $J(\mu,\nu)$, 将 $J(X,Y)$ 中所有遍历元素记为 $J_{\mathrm{e}}(X,Y)$.

(2) 如果 $(X,\mathcal{X},\mu,T)=(Y,\mathcal{Y},\nu,S)$, 那么称它们的交为**自交** (self-joining). 此时, 将 $J(X,X)$ 简记为 $J(X)$ 或 $J(\mu)$.

注记 9.1.1　(1) 因为 $\mu\times\nu\in J(X,Y)$, 所以 $J(X,Y)\neq\emptyset$. 如果 $(X,\mathcal{X},\mu,T)$ 和 $(Y,\mathcal{Y},\nu,S)$ 之一不为遍历的, 那么 $J_{\mathrm{e}}(X,Y)=\emptyset$.

(2) 对于测度空间 $(X,\mathcal{X},\mu)$ 和 $(Y,\mathcal{Y},\nu)$, 我们也可以定义 $(X,\mathcal{X},\mu)$ 和 $(Y,\mathcal{Y},\nu)$ 的交为乘积空间 $X\times Y$ 上的测度 λ, 它到 X,Y 的投射分别为 μ 和 ν.

交的概念可以推广到多个的情况.

定义 9.1.2　(1) 设 $\{(X_i,\mathcal{X}_i,\mu_i,T_i)\}_{i\in I}$ 为一族保测系统, 其中 I 为指标集. 一个乘积空

间 $\prod\limits_{i\in I} X_i$ 上的概率 λ 称为 $\{(X_i,\mathcal{X}_i,\mu_i,T_i)\}_{i\in I}$ 的**交**, 若 λ 为 $\prod\limits_{i\in I} T_i$ 不变的, 并且它到每个 X_i 上的投射为 μ_i.

我们将 $\{(X_i,\mathcal{X}_i,\mu_i,T_i)\}_{i\in I}$ 的所有交的集合记为 $J(\{(X_i,\mathcal{X}_i,\mu_i,T_i)\}_{i\in I})$, 将 $J(\{(X_i,\mathcal{X}_i,\mu_i,T_i)\}_{i\in I})$ 中所有遍历元素记为 $J_{\mathrm{e}}(\{(X_i,\mathcal{X}_i,\mu_i,T_i)\}_{i\in I})$.

(2) 当 $I=\{1,2,\cdots,n\}$ 时, 我们称 $\{(X_i,\mathcal{X}_i,\mu_i,T_i)\}_{i=1}^n$ 的交为n **重交**. 如果每个 $\{(X_i,\mathcal{X}_i,\mu_i,T_i)\}_{i\in I}$ 都相同, 那么称 n 重交为n **重自交** (n-fold self-joining). n 重自交的全体记为 $J_n(X)$.

设 $(X,\mathcal{X},\mu,T)$ 和 $(Y,\mathcal{Y},\nu,S)$ 为保测系统. 那么 $J(X,Y)$ 上可以赋予下面的拓扑: 设 $\lambda_n,\lambda\in J(X,Y)$,

$$\lambda_n\to\lambda, n\to\infty \quad\Leftrightarrow\quad \lambda_n(A\times B)\to\lambda(A\times B), n\to\infty,\ \forall A\in\mathcal{X}, B\in\mathcal{Y}.$$

这是一个可度量化的拓扑, 例如, 设 $\{A_n\}_{n\in\mathbb{Z}_+},\{B_m\}_{m\in\mathbb{Z}_+}$ 分别为 $(X,\mathcal{X},\mu,T)$ 和 $(Y,\mathcal{Y},\nu,S)$ 的可数生成集, 那么 $J(X,Y)$ 上的度量可以定义为

$$d(\lambda,\lambda')=\sum_{n,m=0}^{\infty}\frac{1}{2^{m+n}}\big|\lambda(A_n\times B_m)-\lambda'(A_n\times B_m)\big|.$$

在此拓扑下, $J(X,Y)$ 成为一个紧致度量空间. 如果赋予 $(X,\mathcal{X},\mu,T)$ 和 $(Y,\mathcal{Y},\nu,S)$ 拓扑模型, 那么 $J(X,Y)$ 成为 $\mathcal{M}(X\times Y,T\times S)$ 的一个紧凸子集. $J(X,Y)$ 的拓扑与 $\mathcal{M}(X\times Y,T\times S)$ 上诱导的弱拓扑是吻合的. 这个拓扑与 $(X,\mathcal{X},\mu,T)$ 和 $(Y,\mathcal{Y},\nu,S)$ 拓扑模型的选取无关 (见习题).

定理 9.1.1 设 $(X,\mathcal{X},\mu,T)$ 和 $(Y,\mathcal{Y},\nu,S)$ 为遍历系统, 那么 $J_{\mathrm{e}}(X,Y)$ 为 $J(X,Y)$ 的端点, 并且它是非空的.

此定理的证明作为练习.

9.1.2　一些重要的交

下面我们介绍一些重要的交.

例 9.1.1 (图交)　设 $\phi:(X,\mathcal{X},\mu,T)\to(Y,\mathcal{Y},\nu,S)$ 为因子映射. 令

$$\mathrm{id}_X\times\phi: X\to X\times Y,\quad x\mapsto(x,\phi x).$$

我们称

$$\mathrm{gr}(\mu,\phi)=(\mathrm{id}_X\times\phi)_*\mu$$

为**图交** (graph joining). 等价地, $\mathrm{gr}(\mu,\phi)$ 可以定义为

$$\mathrm{gr}(\mu,\phi)(A\times B)=\mu(A\cap\phi^{-1}B),\quad \forall A\in\mathcal{X}, B\in\mathcal{Y}.$$

如果 $\phi:X\to Y$ 为同构, 那么 $\mathrm{gr}(\mu,\phi)$ 也称为**同构图交**.

例 9.1.2 (非对角交) 对于自同构图交, 我们也称之为非对角交, 即 $\phi:(X,\mathcal{X},\mu,T)\to(X,\mathcal{X},\mu,T)$ 为自同构, 那么也称 $\mathrm{gr}(\mu,\phi)$ 为非对角交. 此时, 我们更多地记

$$\Delta_\mu^\phi=\mathrm{gr}(\mu,\phi).$$

特别记 $\mathrm{gr}(\mu,\mathrm{id})=\Delta_\mu$.

设 $(X,\mathcal{X},\mu,T)$ 为遍历系统, $\phi_1,\phi_2,\cdots,\phi_k\in\mathrm{Aut}(X)$ $(k\geqslant 1)$. 令

$$\mathrm{id}_X\times\phi_1\times\cdots\times\phi_k:X\to X^{k+1},\quad x\mapsto(x,\phi_1x,\cdots,\phi_kx).$$

我们称 $k+1$ 重交

$$\mathrm{gr}(\mu,\phi_1,\phi_2,\cdots,\phi_k)=(\mathrm{id}_X\times\phi_1\times\cdots\times\phi_k)_*\mu$$

为非对角交 (off-diagonal joining).

一个 k 重交 λ 称为 **POOD** (product of off-diagonal), 若存在 $\{1,2,\cdots,k\}$ 的剖分 $\{1,2,\cdots,k\}=J_1\cup J_2\cup\cdots\cup J_m$, 使得:

(1) 对于每个 $l\in\{1,2,\cdots,m\}$, λ 到 $\prod\limits_{j\in J_l}X$ 上的投射为非对角交;

(2) $\prod\limits_{j\in J_l}X$ $(l=1,2,\cdots,m)$ 为独立的.

定义 9.1.3 设 $(X,\mathcal{X},\mu,T)$ 为遍历系统, $k\geqslant 2$. 如果 X 的每个 k 重遍历交为 POOD, 那么我们称 $(X,\mathcal{X},\mu,T)$ 为 k **阶简单的** (simple of order k, 或 k-simple). 如果对于任何 $k\geqslant 2$, $(X,\mathcal{X},\mu,T)$ 为 k 阶简单的, 那么称之为**简单的** (simple).

称 $(X,\mathcal{X},\mu,T)$ 为 k **阶极小自交的** (minimal self-joining of order k, 或 k-MSJ), 若它为 k 阶简单的且 $\mathrm{Aut}(X)=\{T^n:n\in\mathbb{Z}\}$.

易见遍历系统 $(X,\mathcal{X},\mu,T)$ 为 2 阶简单的当且仅当

$$J_{\mathrm{e}}(X)=\{\mu\times\mu\}\cup\{\mathrm{gr}(\mu,\phi):\phi\in\mathrm{Aut}(X)\};$$

遍历系统 $(X,\mathcal{X},\mu,T)$ 为 2 阶极小自交的当且仅当

$$J_{\mathrm{e}}(X)=\{\mu\times\mu\}\cup\{\mathrm{gr}(\mu,T^n):n\in\mathbb{Z}\}.$$

下面相对独立交的概念是由 Furstenberg 引入的.

定义 9.1.4 (相对独立交) 设 $\pi:(X,\mathcal{X},\mu,T)\to(Z,\mathcal{Z},\eta,H)$, $\phi:(Y,\mathcal{Y},\nu,S)\to(Z,\mathcal{Z},\eta,H)$ 为遍历系统间的因子映射. 设积分分解为

$$\mu=\int_Z\mu_z\mathrm{d}\eta(z),\quad \nu=\int_Z\nu_z\mathrm{d}\eta(z).$$

定义系统 X 和 Y 相对于公因子 Z 的**相对独立交** (relatively independent joining) 为

$$\lambda_{\pi,\phi}=\int_Z(\mu_z\times\nu_z)\mathrm{d}\eta(z).$$

一般把上面的交记为

$$\mu \underset{\eta}{\times} \nu, \quad 或 \quad \mu \underset{Z}{\times} \nu.$$

当 Z 为平凡的时候, $\mu \underset{\eta}{\times} \nu = \mu \times \nu$.

我们可以推广上面的概念. 设 $(X_i, \mathcal{X}_i, \mu_i, T_i)$ $(i = 1, \cdots, k)$ 为保测系统, $(Y_i, \mathcal{Y}_i, \nu_i, S_i)$ 为相应的因子系统, $\pi_i : X_i \to Y_i$ 为对应的因子映射, ξ 为 $Y_1, \cdots, Y_k$ 上的交, 即它为乘积空间 $\prod\limits_i Y_i$ 上 $S_1 \times \cdots \times S_k$ 不变且到各个分量 Y_j 上投射为 ν_j 的测度. 对于每个 $i = 1, \cdots, k$, 设 $\mu_i = \int_{Y_i} \mu_{X_i, y_i} \mathrm{d}\nu_i(y_i)$ 为测度 μ_i 相对于 ν_i 的测度分解. 定义 λ 为乘积空间 $\prod\limits_i X_i$ 上的测度如下:

$$\lambda = \int_{\prod\limits_i Y_i} \mu_{X_1, y_1} \times \mu_{X_2, y_2} \times \cdots \times \mu_{X_k, y_k} \mathrm{d}\xi(y_1, y_2, \cdots, y_k). \tag{9.1}$$

易验证 λ 为 $(X_i, \mathcal{X}_i, \mu_i, T_i)$ $(i = 1, \cdots, k)$ 上的交, 称之为**相对于 ξ 的条件乘积测度** (conditional product measure relative to ν). 等价地, λ 为相对于 ξ 的条件乘积测度当且仅当对于任意 $f_i \in L^\infty(X_i, \mu_i)$ $(i = 1, \cdots, k)$,

$$\begin{aligned}
&\int_{\prod\limits_i X_i} f_1(x_1) f_2(x_2) \cdots f_k(x_k) \mathrm{d}\lambda(x_1, x_2, \cdots, x_k) \\
&= \int_{\prod\limits_i Y_i} \mathbb{E}(f_1|\mathcal{Y}_1)(y_1) \mathbb{E}(f_2|\mathcal{Y}_2)(y_2) \cdots \mathbb{E}(f_k|\mathcal{Y}_k)(y_k) \mathrm{d}\xi(y_1, y_2, \cdots, y_k).
\end{aligned} \tag{9.2}$$

如果 $(Y_i, \mathcal{Y}_i, \nu_i, S_i) = (Y, \mathcal{Y}, \nu, S)$ $(1 \leqslant i \leqslant k)$, 并且 ξ 取作 Y^k 上的对角测度, 则称此时得到的条件乘积测度 λ 为**相对独立积**. 注意 λ 的表达式为

$$\lambda = \int_Y \mu_{X_1, y} \times \mu_{X_2, y} \times \cdots \times \mu_{X_k, y} \mathrm{d}\nu(y).$$

记为 $\lambda = \mu \underset{\nu}{\times} \mu \underset{\nu}{\times} \cdots \underset{\nu}{\times} \mu$, 或者 $\lambda = \mu \underset{Y}{\times} \mu \underset{Y}{\times} \cdots \underset{Y}{\times} \mu$.

更一般地, 我们有如下概念. 设 $(X_i, \mathcal{X}_i, \mu_i, T_i)$ $(i = 1, \cdots, k)$ 为保测系统, 对于 $i \in \{1, \cdots, k\}$, 设 $(Y_i, \mathcal{Y}_i, \nu_i, S_i)$ 为 $(X_i, \mathcal{X}_i, \mu_i, T_i)$ 的因子系统, $(Z_i, \mathcal{Z}_i, \eta_i, H_i)$ 为 $(Y_i, \mathcal{Y}_i, \nu_i, S_i)$ 的因子, λ 为 $(X_i, \mathcal{X}_i, \mu_i, T_i)$ $(i = 1, \cdots, k)$ 上的交. 称 $(Y_1, Y_2, \cdots, Y_k)$ **在交 λ 下关于 $(Z_1, Z_2, \cdots, Z_k)$ 相对独立**, 若对于任意 $f_i \in L^\infty(Y_i, \nu_i)$ $(i = 1, \cdots, k)$,

$$\begin{aligned}
&\int_{\prod\limits_i X_i} f_1(x_1) f_2(x_2) \cdots f_k(x_k) \mathrm{d}\lambda(x_1, x_2, \cdots, x_k) \\
&= \int_{\prod\limits_i Z_i} \mathbb{E}(f_1|\mathcal{Z}_1)(y_1) \mathbb{E}(f_2|\mathcal{Z}_2)(y_2) \cdots \mathbb{E}(f_k|\mathcal{Z}_k)(y_k) \mathrm{d}\rho(z_1, z_2, \cdots, z_k),
\end{aligned} \tag{9.3}$$

其中 ρ 为 μ 在 $\prod\limits_i Z_i$ 上的像.

如果上面的空间只是测度空间而非保测系统, 我们也可以定义类似的概念.

习　　题

1. 证明: 如果赋予 $(X,\mathcal{X},\mu,T)$ 和 $(Y,\mathcal{Y},\nu,S)$ 拓扑模型, 那么 $J(X,Y)$ 成为 $\mathcal{M}(X\times Y,T\times S)$ 的一个紧凸子集, 并且 $J(X,Y)$ 的拓扑与 $\mathcal{M}(X\times Y,T\times S)$ 上诱导的弱拓扑是吻合的. 这个拓扑与 $(X,\mathcal{X},\mu,T)$ 和 $(Y,\mathcal{Y},\nu,S)$ 拓扑模型的选取无关.

2. 证明定理 9.1.1.

9.2 从交到同构

在本节中, 我们给出交与同构的关系, 作为应用给出 Halmos-von Neumann 定理的一个简单证明.

9.2.1 交与同构的关系

设 $(X,\mathcal{X},\mu,T)$ 和 $(Y,\mathcal{Y},\nu,S)$ 为保测系统, 定义

$$\mathcal{X}\times Y=\{A\times Y:A\in X\},\quad X\times\mathcal{Y}=\{X\times B:B\in\mathcal{Y}\}.$$

定理 9.2.1 设 $(X,\mathcal{X},\mu,T)$ 和 $(Y,\mathcal{Y},\nu,S)$ 为保测系统, $\lambda\in J(X,Y)$, 那么 λ 为图交当且仅当

$$\mathcal{X}\times Y\supseteq X\times\mathcal{Y}\pmod\lambda,$$

λ 为同构图交当且仅当

$$\mathcal{X}\times Y=X\times\mathcal{Y}\pmod\lambda.$$

证明 我们仅证明后一个结论, 前一个的证明是类似的. 设 $\phi:X\to Y$ 为同构, 使得 $\lambda=\mathrm{gr}(\mu,\phi)$. 于是对于任意 $A\in\mathcal{X}$, 我们有

$$\begin{aligned}\lambda\left((A\times Y)\Delta(X\times\phi(A))\right)&=\lambda\left(A\times\phi(A)^{\mathrm{c}}\cup A^{\mathrm{c}}\times\phi(A)\right)\\&=\mu\left(A\cap\phi^{-1}\phi(A^{\mathrm{c}})\right)+\mu\left(A^{\mathrm{c}}\cap\phi^{-1}\phi(A)\right)=0.\end{aligned}$$

类似地, 对于任何 $B\in\mathcal{Y}$, 我们得到 $\lambda\left((\phi^{-1}B\times Y)\Delta(X\times B)\right)=0$.

反之, 假设 $\mathcal{X}\times Y=X\times\mathcal{Y}\pmod\lambda$. 定义映射 $\Phi:\mathcal{Y}\to\mathcal{X}$ 以及 $\Psi:\mathcal{X}\to\mathcal{Y}$, 使得

$$\lambda((A\times Y)\Delta(X\times\Psi(A)))=0,\quad\lambda((\Phi(B)\times Y)\Delta(X\times B))=0.$$

可验证由此定义的映射满足

$$\Phi\circ\Psi=\mathrm{id}_{\mathcal{X}},\quad\Psi\circ\Phi=\mathrm{id}_{\mathcal{Y}}.$$

应用定理 5.2.2 即得到所需结论. □

由上面的结论, 我们容易得到下面的定理:

定理 9.2.2　设 $(X,\mathcal{X},\mu,T)$ 和 $(Y,\mathcal{Y},\nu,S)$ 为保测系统, $\lambda\in J(X,Y)$, 那么

$$\mathcal{A}=\{A\in\mathcal{X}:\exists B\in\mathcal{Y},\text{s.t. }\lambda((A\times Y)\Delta(X\times B))=0\},$$
$$\mathcal{B}=\{B\in\mathcal{Y}:\exists A\in\mathcal{X},\text{s.t. }\lambda((A\times Y)\Delta(X\times B))=0\}$$

分别为 T 不变和 S 不变子 σ 代数, 并且我们有

$$\mathcal{A}\times Y=\mathcal{X}\times Y\cap X\times\mathcal{Y}=X\times\mathcal{B}\quad(\text{mod }\lambda),$$

$\mathcal{A}$, $\mathcal{B}$ 对应的系统是同构的.

在上面的定理中, 我们设 $\mathcal{A}$, $\mathcal{B}$ 对应的系统为 $(Z,\mathcal{Z},\eta,H)$. 我们得到如图 9.1 所示的图表.

称 $(Z,\mathcal{Z},\eta,H)$ 为 $(X,\mathcal{X},\mu,T)$ 和 $(Y,\mathcal{Y},\nu,S)$ 由λ **确定的公因子**. 当 $X=Y$ 时, 我们直接称 $(Z,\mathcal{Z},\eta,H)$ 为 $(X,\mathcal{X},\mu,T)$ 由 λ 确定的因子.

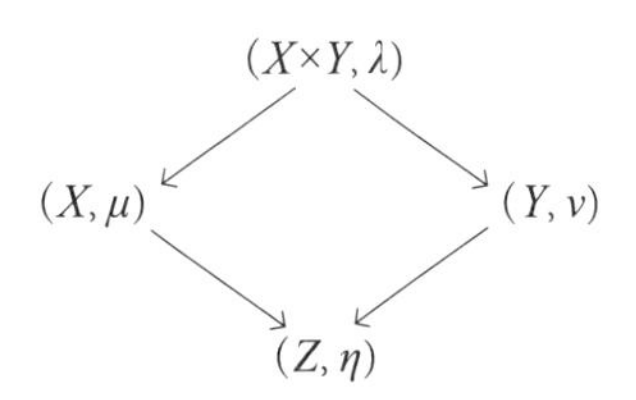

图 9.1

9.2.2　Halmos-von Neumann 定理的简单证明

下面作为应用, 我们给出 Lemańczyk 关于 Halmos-von Neumann 定理的一个简单证明.

定理 9.2.3 (Halmos-von Neumann 定理)　设 $(X,\mathcal{X},\mu,T)$, $(Y,\mathcal{Y},\nu,S)$ 为遍历的具有离散谱的 Lebesgue 系统, 那么 $(X,\mathcal{X},\mu,T)$, $(Y,\mathcal{Y},\nu,S)$ 为谱同构当且仅当它们为同构.

证明　我们仅需证明: 如果 $(X,\mathcal{X},\mu,T),(Y,\mathcal{Y},\nu,S)$ 为谱同构, 那么它们为同构. 设 $\lambda\in J_{\mathrm{e}}(X,Y)$ 为 $(X,\mathcal{X},\mu,T),(Y,\mathcal{Y},\nu,S)$ 的一个遍历交. 对于 T,S 的特征值 α, 设 $f\in L^2(X,\mu)$, $g\in L^2(Y,\nu)$ 为相应的特征函数. 那么在遍历系统 $(X\times Y,\mathcal{X}\times\mathcal{Y},\lambda,T\times S)$ 中,

$$\overline{f}(x,y)=(f\otimes 1)(x,y)=f(x),\quad \overline{g}(x,y)=(1\otimes g)(x,y)=g(y)$$

为特征值 α 的特征函数. 因为 $(X\times Y,\mathcal{X}\times\mathcal{Y},\lambda,T\times S)$ 是遍历的, 所以存在 $c\in\mathbb{C}$, 使得

$$\overline{f}=c\overline{g}\ (\text{mod }\lambda).$$

因为特征函数生成了 $L^2(X,\mu),L^2(Y,\nu)$, 所以上式意味着

$$L^2(X,\mu)\otimes\mathbb{C}\underset{\lambda}{=}\mathbb{C}\times L^2(Y,\nu)\subseteq L^2(X\times Y,\lambda).$$

这等价于

$$\mathcal{X}\times Y=X\times\mathcal{Y}\ (\text{mod }\lambda).$$

于是根据定理 9.2.1, $(X,\mathcal{X},\mu,T),(Y,\mathcal{Y},\nu,S)$ 为同构. □

习　　题

1. 设 $\pi:(X,\mathcal{X},\mu,T)\to(Z,\mathcal{Z},\eta,H)$ 及 $\phi:(Y,\mathcal{Y},\nu,S)\to(Z,\mathcal{Z},\eta,H)$ 为因子映射. 证明: $(Z,\mathcal{Z},\eta,H)$ 为 $(X,\mathcal{X},\mu,T)$ 和 $(Y,\mathcal{Y},\nu,S)$ 由 $\mu\underset{\eta}{\times}\nu$ 确定的公因子.

9.3 交与混合

本节运用交给出 Ryzhikov 关于 Furstenberg 涉及弱混合的一些经典结论的证明.

引理 9.3.1 设 $(X,\mathcal{X},\mu,T)$ 和 $(Y,\mathcal{Y},\nu,S)$ 为保测系统, $\lambda\in J(X,Y)$ 为交, $\lambda\times_Y\lambda$ 为 $(X\times Y,\lambda,T\times S)$ 相对于因子 $(Y,\mathcal{Y},\nu,S)$ 的相对独立交. 如果 $\lambda\underset{\nu}{\times}\lambda$ 到 $X\times X$ 的投射是 $\mu\times\mu$, 那么

$$\lambda=\mu\times\nu.$$

证明 设 $A\in\mathcal{X}$. 根据 $\lambda\times_Y\lambda$ 的定义, 有

$$\lambda\underset{\nu}{\times}\lambda(A\times Y\times A)=\int_Y\mathbb{E}_\lambda(\mathbf{1}_A|Y)^2\mathrm{d}\nu(y).$$

于是, 如果 $\lambda\times_Y\lambda$ 到 $X\times X$ 的投射是 $\mu\times\mu$, 那么我们就有

$$\mu(A)^2=\int_Y\mathbb{E}_\lambda(\mathbf{1}_A|Y)^2\mathrm{d}\nu(y).$$

由此可得

$$\left(\int_Y\mathbb{E}_\lambda(\mathbf{1}_A|Y)\mathrm{d}\nu(y)\right)^2=\mu(A)^2=\int_Y\mathbb{E}_\lambda(\mathbf{1}_A|Y)^2\mathrm{d}\nu(y),\quad\forall A\in\mathcal{X}.$$

根据 Cauchy 不等式等号成立的条件, 可知 $\mathbb{E}_\lambda(\mathbf{1}_A|Y)$ 为常值. 所以 $\lambda=\mu\times\nu$. 证毕. □

定理 9.3.1 设 $(X,\mathcal{X},\mu,T)$ 为保测系统. 如果 $T\times T$ 为遍历的 (即 T 为弱混合的), 那么对于任何遍历系统 $(Y,\mathcal{Y},\nu,S)$, $(X\times Y,\mathcal{X}\times\mathcal{Y},\mu\times\nu,T\times S)$ 都为遍历的.

证明 由条件, $\mu\times\mu\in J(X)$ 为遍历自交的. 我们要证明: 对于任何遍历系统 $(Y,\mathcal{Y},\nu,S)$, $\mu\times\nu\in J_{\mathrm{e}}(X,Y)$. 为此, 根据定理 9.1.1 我们需要证明: $\mu\times\nu$ 为凸集 $J(X,Y)$ 的端点.

取 $p\in(0,1)$ 以及 $\lambda_1,\lambda_2\in J(X,Y)$, 使得

$$\mu\times\nu=p\lambda_1+(1-p)\lambda_2.$$

注意 $\mu\times\nu$ 关于 Y 的相对独立交为 $\mu\times\nu\times\mu$, 即 $(\mu\times\nu)\underset{\nu}{\times}(\mu\times\nu)=\mu\times\nu\times\mu$. 另外有

$$\begin{aligned}\mu\times\nu&=(p\lambda_1+(1-p)\lambda_2)\underset{\nu}{\times}(p\lambda_1+(1-p)\lambda_2)\\&=p^2\lambda_1\underset{\nu}{\times}\lambda_1+(1-p)^2\lambda_2\underset{\nu}{\times}\lambda_2+p(1-p)\lambda_1\underset{\nu}{\times}\lambda_2+p(1-p)\lambda_2\underset{\nu}{\times}\lambda_1.\end{aligned}$$

因为 $\mu\times\mu$ 为遍历的, 所以上面每一项中的交到 $X\times X$ 上的投射为 $\mu\times\mu$. 于是 λ_1,λ_2 都满足引理 9.3.1 中的条件, 从而

$$\lambda_1=\lambda_2=\mu\times\nu.$$

由此可知 $\mu\times\nu$ 为 $J(X,Y)$ 的端点, 即它为遍历交的. □

使用交的语言, 一个保测系统 $(X,\mathcal{X},\mu,T)$ 为强混合的当且仅当

$$\Delta_\mu^{T^n} \xrightarrow{n\to\infty} \mu\times\mu.$$

定理 9.3.2 (Ornstein) 设 $(X,\mathcal{X},\mu,T)$ 为保测系统, 那么 T 为强混合的当且仅当 T 为弱混合的, 且存在 $\theta>0$, 使得

$$\limsup_{n\to\infty}\mu(A\cap T^{-n}B)\leqslant\theta\mu(A)\mu(B),\quad \forall A,B\in\mathcal{X}. \tag{9.4}$$

证明 设 T 为强混合的, 则它为弱混合的. 我们也可以如下直接证明: 因为 T 为强混合的, 所以 $\Delta_\mu^{T^n} \xrightarrow{n\to\infty} \mu\times\mu$. 于是

$$\Delta_{\mu\times\mu}^{(T\times T)^n} \xrightarrow{n\to\infty} \mu^4=\mu\times\mu\times\mu\times\mu.$$

所以 $T\times T$ 不变子集的测度必为 1 或 0, 从而 T 为弱混合的. 式 (9.4) 是显然的.

反之, 设 T 为弱混合的且式 (9.4) 成立, λ 为 $\{\Delta_\mu^{T^n}\}_n$ 在 $J(X)$ 中得到的任何聚点. 由式 (9.4), $\lambda\leqslant\theta(\mu\times\mu)$. 特别地

$$\lambda\ll\mu\times\mu.$$

因为 T 为弱混合的, $\mu\times\mu$ 是遍历的, 所以上式表明 (命题 7.2.3)

$$\lambda=\mu\times\mu.$$

由此我们得到

$$\Delta_\mu^{T^n} \xrightarrow{n\to\infty} \mu\times\mu,$$

即 T 为强混合的. □

在交理论中一个著名的问题是:

问题 9.3.1 是否存在零熵系统 $(X,\mathcal{X},\mu,T)$ 及 $\lambda\in J_3(X)$, 使得 λ 两两独立, 但是 $\lambda\neq\mu\times\mu\times\mu$?

9.4 不交与相对独立交

在本节中我们研究不交性, 类似于两个自然数互素, 两个系统不交体现了两系统有较大的差异.

9.4.1 不交的定义

定义 9.4.1 设 $(X,\mathcal{X},\mu,T)$ 和 $(Y,\mathcal{Y},\nu,S)$ 为保测系统, 称它们是**不交的** (disjoint), 若 $J(X,Y)=\{\mu\times\nu\}$, 记为 $X\perp Y$.

定义 9.4.2 设 $\pi:(X,\mathcal{X},\mu,T)\to(Z,\mathcal{Z},\eta,H)$, $\phi:(Y,\mathcal{Y},\nu,S)\to(Z,\mathcal{Z},\eta,H)$ 为遍历系统间的因子映射. 称 X 和 Y **相对于** Z **是不交的**, 若 $\mu\underset{\eta}{\times}\nu$ 为唯一映到 Δ_η 的交, 记为 $\pi\perp\phi$ 或者 $X\perp_Z Y$.

命题 9.4.1 (1) 设 $(X,\mathcal{X},\mu,T)$ 为非平凡的保测系统, 那么 $X\not\perp X$.

(2) 设 $\pi:(X,\mathcal{X},\mu,T)\to(Y,\mathcal{Y},\nu,S)$ 为保测系统间的非平凡因子映射, 并且 $(Y,\mathcal{Y},\nu,S)$ 为非平凡的保测系统, 那么 $X\not\perp Y$.

证明作为练习.

9.4.2 遍历与恒同

遍历性体现的是系统的不可分割性, 而恒同系统的每个点都是不动点, 这两种性质是相对立的. 下面的定理体现了这种对立性.

定理 9.4.1 $(Y,\mathcal{Y},\nu,S)$ 为遍历的当且仅当它与所有恒同系统 $(X,\mathcal{X},\mu,\mathrm{id}_X)$ 不交.

证明 设 $(Y,\mathcal{Y},\nu,S)$ 为遍历的, 并且 $(X,\mathcal{X},\mu,\mathrm{id}_X)$ 为恒同系统. 下面证 $X\perp Y$. 设 $\lambda\in J(X,Y)$. 对于任意 $A\in\mathcal{X},B\in\mathcal{Y}$, 由于 λ 为 $\mathrm{id}\times S$ 不变的, 所以我们得到

$$\begin{aligned}\lambda(A\times B)=\lambda(A\times S^{-n}B)&=\frac{1}{N}\sum_{n=0}^{N-1}\lambda(A\times S^{-k}B)\\&=\int_{A\times Y}\frac{1}{N}\sum_{n=0}^{N-1}\mathbf{1}_B(S^ny)\mathrm{d}\lambda(x,y).\end{aligned}$$

因为 S 为遍历的, 所以

$$\frac{1}{N}\sum_{n=0}^{N-1}\mathbf{1}_B(S^ny)\xrightarrow{\text{a.e.}}\nu(B),\quad N\to\infty.$$

于是

$$\lambda(A\times B)=\mu(A)\nu(B),\quad\forall A\in\mathcal{X},B\in\mathcal{Y},$$

即 $\lambda=\mu\times\nu$.

反之, 如果 $(Y,\mathcal{Y},\nu,S)$ 与所有恒同系统 $(X,\mathcal{X},\mu,\mathrm{id}_X)$ 不交, 那么根据命题 9.4.1, $(Y,\mathcal{Y},\nu,S)$ 没有非平凡的恒同因子. 特别地, 它为遍历的. □

作为应用, 我们给出 Ryzhikov 关于 Furstenberg 多重弱混合定理的一个证明.

定理 9.4.2 (Furstenberg) 设 $(X,\mathcal{X},\mu,T)$ 为弱混合系统. 对于任意 $k\in\mathbb{N}$ 以及 $A_0,A_1,\cdots,A_k$, 我们有

$$\frac{1}{N}\sum_{n=0}^{N-1}\mu(A_0\cap T^{-n}A_1\cap T^{-2n}A_2\cap\cdots\cap T^{-kn}A_k)\xrightarrow{N\to\infty}\mu(A_0)\mu(A_1)\cdots\mu(A_k).$$

证明 对于任意 $N\in\mathbb{N}$, 考虑 $(X,\mathcal{X},\mu,T)$ 的 $k+1$ 阶自交:

$$\lambda_N=\frac{1}{N}\sum_{n=0}^{N-1}\mu(A_0\cap T^{-n}A_1\cap T^{-2n}A_2\cap\cdots\cap T^{-kn}A_k).$$

于是, 所要证明的就是

$$\lambda_N \xrightarrow{N\to\infty} \mu\times\mu\times\cdots\times\mu.$$

设 λ 为 $\{\lambda_N\}_N$ 的任意聚点, 我们仅需证明

$$\lambda=\mu\times\mu\times\cdots\times\mu.$$

注意 λ 为 $\mathrm{id}\times T\times T^2\times\cdots\times T^k$ 不变的.

我们对 k 归纳证明. 若 $k=1$, 那么根据定理 9.4.1 以及 T 为遍历的即可直接得到. 设对于 $k-1$ 结论成立, 那么根据归纳假设, λ 到后面 k 个坐标的投射为 μ^k, 于是 λ 为 (X,μ,id) 与 $(X^k,\mu^k,T\times T^2\times\cdots\times T^k)$ 的交. 因为 $T\times T^2\times\cdots\times T^k$ 为遍历的, 根据定理 9.4.1, 我们就有

$$\lambda=\mu^{k+1}=\mu\times\mu\times\cdots\times\mu.$$

证毕. □

下面给出定理 9.4.1 的相对化版本.

定义 9.4.3　称因子映射 $\pi:(X,\mathcal{X},\mu,T)\to(Y,\mathcal{Y},\nu,S)$ 为**遍历扩充**, 若 X 的任何 T 不变函数是 $\mathcal{Y}$ 可测的, 即 $\mathcal{I}(T)\subseteq\mathcal{Y}$.

定理 9.4.3　设 $\phi:(Y,\mathcal{Y},\nu,S)\to(Z,\mathcal{Z},\eta,\mathrm{id}_Z)$ 为因子映射, 那么 ϕ 为遍历扩充当且仅当 $\phi\perp\pi$, 其中 $\pi:(X,\mathcal{X},\mu,\mathrm{id}_X)\to(Z,\mathcal{Z},\eta,\mathrm{id}_Z)$ 为任意扩充.

特别地, $(Y,\mathcal{Y},\nu,S)$ 为遍历的当且仅当它与所有恒同系统 $(X,\mathcal{X},\mu,\mathrm{id})$ 不交.

证明　设 ϕ 为遍历扩充, λ 为系统 $(Y,\mathcal{Y},\nu,S)$ 和 $(X,\mathcal{X},\mu,\mathrm{id}_X)$ 相对于系统 $(Z,\mathcal{Z},\eta,\mathrm{id}_Z)$ 的交 (图 9.2).

设

$$\mu=\int_Z\mu_z\mathrm{d}\eta(z),\quad \nu=\int_Z\nu_z\mathrm{d}\eta(z)$$

为 μ,ν 相对于 η 的测度分解, λ 相对于 Y 的测度分解为

$$\lambda=\int_Y\lambda_y\times\delta_y\mathrm{d}\nu(y).$$

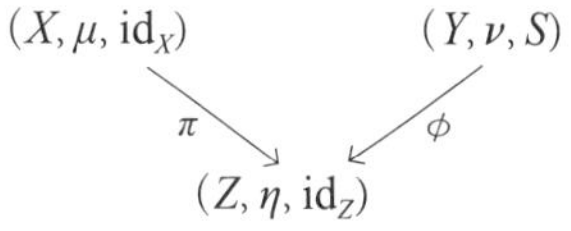

图 9.2

于是, 由于 λ 为 $\mathrm{id}_X\times S$ 不变的, 故我们有

$$\lambda=(\mathrm{id}_X\times S)_*\lambda=\int_Y\lambda_y\times\delta_{Sy}\mathrm{d}\nu(y)=\int_Y\lambda_{S^{-1}y}\times\delta_y\mathrm{d}\nu(y).$$

因为测度分解是唯一的, 所以

$$\lambda_y=\lambda_{S^{-1}y},\quad \nu\text{-a.e. } y\in Y.$$

又 ϕ 是遍历扩充, 故 (作为习题验证)

$$\lambda_y=\lambda_{\phi(y)},\quad \nu\text{-a.e.}.$$

设 $p_X: X\times Y\to X$ 为投射. 根据 $(p_X)_*\lambda=\mu$, 我们有

$$\mu=\int_Y \lambda_y \mathrm{d}\nu(y)=\int_Y \lambda_{\phi(y)}\mathrm{d}\nu(y).$$

于是, 我们就有 (作为习题验证)

$$\lambda_y=\lambda_{\phi(y)}=\mu_{\phi(y)},\quad \nu\text{-a.e.}.$$

由此得

$$\begin{aligned}\lambda&=\int_Y \mu_{\phi(y)}\times\delta_y\mathrm{d}\nu(y)=\int_Z\int_Y \mu_z\times\delta_y\mathrm{d}\nu_z(y)\mathrm{d}\eta(z)\\&=\int_Z\mu_z\times\left(\int_Y\delta_y\mathrm{d}\nu_z(y)\right)\mathrm{d}\eta(z)=\int_Z\mu_z\times\nu_z\mathrm{d}\eta(z)\\&=\mu\underset{\eta}{\times}\nu.\end{aligned}$$

反之, 设 ϕ 不是遍历的, 那么存在一个 S 不变的 $\mathcal{Y}$ 函数但不是 $\mathcal{Z}$ 可测的函数 f. 设 f 满足 $0\leqslant f\leqslant 1$, $\int_Y f\mathrm{d}\nu=1/2$. 令 $X=Z\times\{0,1\}$, $\mu=\eta\times\dfrac{1}{2}(\delta_0+\delta_1)$. 定义测度

$$\lambda_0=2\int_Z(\delta_z\times\delta_0\times f\nu_z)\mathrm{d}\eta(z),\quad \lambda_1=2\int_Z(\delta_z\times\delta_1\times(1-f)\nu_z)\mathrm{d}\eta(z).$$

令 $\lambda=\dfrac{1}{2}(\lambda_0+\lambda_1)$. 易验证 λ 映到 Δ_η, 但是不等于 $\mu\underset{\eta}{\times}\nu$. 证毕. □

9.4.3 不交性基本定理

类似于定理 9.2.2, 对于测度空间 $(X,\mathcal{X},\mu)$ 和 $(Y,\mathcal{Y},\nu)$ 以及它上面的交 λ (即 λ 为 $X\times Y$ 上的测度, 它到 X,Y 的投射分别为 μ 和 ν), 我们也可以定义由 λ 确定的公因子. 设 $\mathcal{A}=\{A\in\mathcal{X}:$ 存在$B\in\mathcal{Y}$, 使得 $\lambda((A\times Y)\Delta(X\times B))=0\}$, $\mathcal{B}=\{B\in\mathcal{Y}:$ 存在$A\in\mathcal{X}$, 使得 $\lambda((A\times Y)\Delta(X\times B))=0\}$, 那么 $\mathcal{A}\times Y=\mathcal{X}\times Y\cap X\times\mathcal{Y}=X\times\mathcal{B}\pmod{\lambda}$, $\mathcal{A}$, $\mathcal{B}$ 对应的测度空间是同构的. 设 $\mathcal{A}$, $\mathcal{B}$ 对应的测度空间为 $(Z,\mathcal{Z},\eta)$. 我们得到如图 9.3 所示的图表. 称 $(Z,\mathcal{Z},\eta)$ 为 $(X,\mathcal{X},\mu)$ 和 $(Y,\mathcal{Y},\nu)$ 由 λ 确定的公因子.

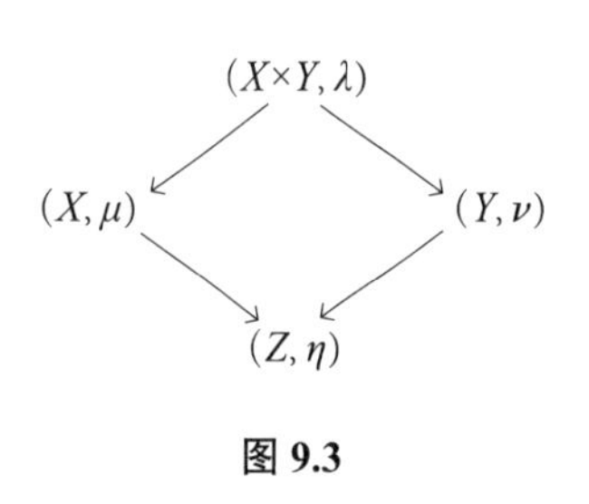

图 9.3

定理 9.4.4 (不交性基本定理) 设 $(X,\mathcal{X},\mu)$, $(Y,\mathcal{Y},\nu)$ 为 Lebesgue 空间, λ 为 $X\times Y$ 上到 X,Y 投射分别为 μ,ν 的测度, λ 相对 Y 的测度分解为

$$\lambda=\int_Y\lambda_y\times\delta_y\mathrm{d}\nu(y).$$

定义 $X^{\mathbb{Z}}\times Y$ 上的测度

$$\lambda_\infty=\int_Y(\cdots\times\lambda_y\times\lambda_y\times\cdots)\times\delta_y\mathrm{d}\nu(y),$$

以及 $X^{\mathbb{Z}}$ 上的测度

$$\mu_\infty = \int_Y (\cdots \times \lambda_y \times \lambda_y \times \cdots) \mathrm{d}\nu(y).$$

设 $\mathcal{Z}$ 为 σ 代数 $\mathcal{X}^{\mathbb{Z}}$ 和 $\mathcal{Y}$ 相对于测度 λ_∞ 的最大子 σ 代数, 相应的 Lebesgue 空间记为 $(Z, \mathcal{Z}, \eta)$. 那么在测度 λ_∞ 下, σ 代数 $\mathcal{X}^{\mathbb{Z}}$ 和 $\mathcal{Y}$ 相对于 $\mathcal{Z}$ 是相对独立的.

特别地, 如果 $(X, \mathcal{X}, \mu, T)$ 和 $(Y, \mathcal{Y}, \nu, S)$ 为保测系统, $\lambda \in J(X, Y)$, 那么所对应的 λ_∞ 为 $(X^{\mathbb{Z}}, \mu_\infty)$ 与 (Y, ν) 相对于公因子 (Z, η) 的相对独立交. 我们有如图 9.4 所示的图表.

在图 9.4 中, $\pi = p_0 \times \mathrm{id}_Y : X^{\mathbb{Z}} \times Y \to X \times Y$, 其中 $p_0 : X^{\mathbb{Z}} \to X$ 为向第 0 坐标的投射.

证明 定义变换

$$S : X^{\mathbb{Z}} \times Y \to X^{\mathbb{Z}} \times Y, \quad S(\boldsymbol{x}, y) = (\sigma \boldsymbol{x}, y),$$

其中 $\boldsymbol{x} = (x_n)_{n \in \mathbb{Z}}$, σ 为 $X^{\mathbb{Z}}$ 上的转移. 如果 $f(\boldsymbol{x}, y)$ 为 $X^{\mathbb{Z}} \times Y$ 上的 S 不变函数, 那么对于每个 $y \in Y$, 函数 $f_y(\boldsymbol{x}) = f(\boldsymbol{x}, y)$ 为 $(X^{\mathbb{Z}}, \lambda_y^{\mathbb{Z}})$ 上 σ 不变的函数. 因为 $(X^{\mathbb{Z}}, \lambda_y^{\mathbb{Z}}, \sigma)$ 为 Bernoulli 系统, 故函数 $f_y(\boldsymbol{x})$ 为常值函数, 即

$$f(\boldsymbol{x}, y) = f(y), \quad \lambda_\infty\text{-a.e.}.$$

于是, 每个 S 不变函数都是 $\mathcal{Y}$ 可测的, 特别是扩充

$$(X^{\mathbb{Z}}, \mu_\infty, \sigma) \to (Z, \eta, \mathrm{id}_Z)$$

为遍历扩充. 对于图 9.5 运用定理 9.4.3, 即得到 $\mathcal{X}^{\mathbb{Z}}$ 与 $\mathcal{Y}$ 相对于 $\mathbb{Z}$ 独立. □

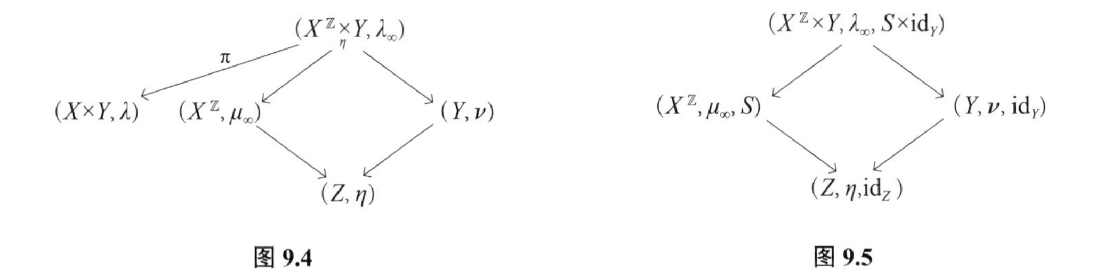

图 9.4 **图 9.5**

根据定理 9.4.4, 我们可以得到下面的定理. 其中第一条我们前面已经给出过, 剩下几条的证明作为习题请读者完成.

定理 9.4.5 (1) 恒同 $\perp$ 遍历. 事实上, 保测系统为遍历的当且仅当它与所有恒同系统不交.

(2) distal $\perp$ 弱混合. 事实上, 保测系统为弱混合的当且仅当它与所有 distal 系统不交.

(3) rigid $\perp$ mild 混合. 事实上, 保测系统为 mild 混合的当且仅当它与所有 rigid 系统不交.

(4) 零熵 $\perp$ K 系统. 事实上, 保测系统为 K 系统当且仅当它与所有零熵系统不交.

9.4.4 K 扩充与零熵扩充

设 $(X,\mathcal{X},\mu,T)$ 为保测系统, ξ 为有限可测剖分, 以及 $\mathcal{A}$ 为 $\mathcal{X}$ 的子 σ 代数. 我们定义 ξ **相对于 $\mathcal{A}$ 的熵**为

$$H_\mu(\xi|\mathcal{A})=\sum_{A\in\xi}\int_X -\mathbb{E}(\mathbf{1}_A|\mathcal{A})\log\mathbb{E}(\mathbf{1}_A|\mathcal{A})\mathrm{d}\mu.$$

定义 9.4.4 设 $(X,\mathcal{X},\mu,T)$ 为保测系统, ξ 为有限可测剖分, 以及 $\mathcal{A}$ 为 $\mathcal{X}$ 的子 σ 代数. 剖分ξ **相对于 $\mathcal{A}$ 的熵**定义为

$$h_\mu(T,\xi|\mathcal{A})=\lim_{n\to\infty}\frac{1}{n}H_\mu\left(\bigvee_{i=0}^{n-1}T^{-i}\xi|\mathcal{A}\right).$$

系统 $(X,\mathcal{X},T,\mu)$ **相对于 $\mathcal{A}$ 的熵**定义为

$$h_\mu(T|\mathcal{A})=\sup_\xi\{h_\mu(T,\xi|\mathcal{A}):\xi\text{ 为有限可测剖分}\}.$$

设 $(X,\mathcal{X},\mu,T)$ 为保测系统, $(Y,\mathcal{Y},\nu,T)$ 为 $(X,\mathcal{X},\mu,T)$ 的因子. 我们视 $\mathcal{Y}$ 为 $\mathcal{X}$ 的子 σ 代数. 我们定义 $(X,\mathcal{X},\mu,T)$ **相对于** $(Y,\mathcal{Y},\nu,T)$ **的熵**为

$$h_\mu(X|Y)=h_\mu(X|\mathcal{Y}). \tag{9.5}$$

定义 9.4.5 设 $\pi:(X,\mathcal{X},\mu,T)\to(Y,\mathcal{Y},\nu,T)$ 为保测系统间的因子映射. 如果 $h_\mu(X|Y)=0$, 那么我们称 π 为**零熵扩充**, 或者称 $(X,\mathcal{X},\mu,T)$ 为 $(Y,\mathcal{Y},\nu,T)$ 的**零熵扩充**.

如果对于 X 的任何非平凡有限可测剖分, $h_\mu(T,\xi|\mathcal{Y})>0$, 那么我们称 π 为 **Kolmogorov 扩充**, 或者称 $(X,\mathcal{X},\mu,T)$ 为 $(Y,\mathcal{Y},\nu,T)$ 的 **Kolmogorov 扩充**. Kolmogorov 扩充简记为 **K 扩充**.

设 $(X,\mathcal{X},\mu,T)$ 为保测系统, $(Y,\mathcal{Y},\nu,T)$ 为 $(X,\mathcal{X},\mu,T)$ 的因子. $(X,\mathcal{X},\mu,T)$ **相对于** $(Y,\mathcal{Y},\nu,T)$ **的 Pinsker σ 代数**是指

$$P_\mu(X|Y)=\{A\in\mathcal{X}:h_\mu(T,\{A,A^c\}|\mathcal{Y})=0\}. \tag{9.6}$$

容易验证 $P_\mu(X|Y)$ 为 $\mathcal{X}$ 的子 σ 代数. 当 $\mathcal{Y}$ 平凡时, $P_\mu(X|Y)$ 即为 Pinsker σ 代数. 易见 $(X,\mathcal{X},\mu,T)$ 为 $(Y,\mathcal{Y},\nu,T)$ 的零熵扩充当且仅当 $P_\mu(X|Y)=\mathcal{X}$; $(X,\mathcal{X},\mu,T)$ 为 $(Y,\mathcal{Y},\nu,T)$ 的 K 扩充当且仅当 $P_\mu(X|Y)=\mathcal{Y}$.

根据定理 9.4.4, 我们可以得到下面的定理 (留作习题):

定理 9.4.6 K 扩充与零熵扩充为不交的. 具体讲, 如果 $\pi:(X,\mathcal{X},\mu,T)\to(Z,\mathcal{Z},\eta,H)$ 为 K 扩充, $\phi:(Y,\mathcal{Y},\nu,S)\to(Z,\mathcal{Z},\eta,H)$ 为零熵扩充, 那么 X 和 Y 为相对于 Z 不交的, 即 $\mu\underset{\eta}{\times}\nu$ 为唯一映到 Δ_η 的交.

关于更多涉及相对熵的相对不交性质参见文献 [81].

习　题

1. 证明命题 9.4.1.

2. 给出定理 9.4.3 的证明中两处需要补充说明的细节.

3. 证明定理 9.4.5.

4. 设 $(X,\mathcal{X},\mu,T)$ 为保测系统, $(Y,\mathcal{Y},\nu,T)$ 为 $(X,\mathcal{X},\mu,T)$ 的因子, $\{\mu_y\}_{y\in Y}$ 为 μ 相对于 ν 的测度分解. 那么 ξ 相对于 $\mathcal{Y}$ 的熵可以表示为

$$H_\mu(\xi|\mathcal{Y})=\int_Y H_y(\xi)\mathrm{d}\nu,$$

其中 $H_y(\cdot)$ 为相对于测度 μ_y 的熵.

(1) 设 ξ 和 η 为 X 满足 $H_\mu(\xi|\mathcal{Y}),H_\mu(\eta|\mathcal{Y})<\infty$ 的可数可测剖分. 证明:

$$|h_\mu(T,\xi|\mathcal{Y})-h_\mu(T,\eta|\mathcal{Y})|\leqslant\int_Y(H_y(\xi|\eta)+H_y(\eta|\xi))\mathrm{d}\nu.$$

(2) 证明: 存在有限剖分序列 $\{\xi_n\}_{n\in\mathbb{N}}$, 使得对于任何满足 $H_\mu(\xi|\mathcal{Y})<\infty$ 的可测剖分 ξ, 有

$$\inf_n\left\{\int_Y(H_y(\xi|\xi_n)+H_y(\xi_n|\xi))\mathrm{d}\nu\right\}=0.$$

5. 给出相对版本的 Rohlin-Sinai 定理, 并且证明它.

6. 证明定理 9.4.6.

9.5 交在 Sarnak 猜测研究中的应用

在本节中我们介绍著名的 Sarnak 猜测. 我们首先给出 Sarnak 猜测的陈述, 然后证明测度版本的 Sarnak 定理, 最后运用交的方法证明著名的 Chowla 猜测蕴含 Sarnak 猜测.

9.5.1 Sarnak 不交性猜测

熵理论是动力系统的核心内容之一. 从熵的角度我们可以把系统分为正熵系统和零熵系统两大类. 从概率论的角度看, 零熵系统可以视为“确定性”的系统, 而正熵被认为是“不确定”的. 幂零系统是一类特殊零熵系统, 受 Green 和 Tao 关于 Hardy-Littlewood 猜测系列工作的影响 [91-92], Wolf 奖得主 Sarnak 在 2009 年提出一个与熵理论和数论有关的关于遍历平均的著名猜测: Möbius 函数 μ 与零熵序列 ξ 渐近正交.

如在熵理论章节中所述, 1958 年 Kolmogorov[140] 借鉴 Shannon 在信息论中不确定性的描述在遍历论中引入了熵的概念. 熵是重要的同构不变量, 它反映了系统的混乱程度. 随后, Adler 等人[2] 在拓扑动力系统中引入了拓扑熵的概念, Bowen[39] 使用分离集和张成集给

出拓扑熵一种新的定义方式. Goodwyn, Dianburg 和 Goodman 证明了熵的"变分原理":动力系统 (X,T) 的拓扑熵 $h_{\text{top}}(T)$ 是测度熵 $h_\mu(T)$ 的上确界, 其中 μ 取遍 T 不变测度.

自从熵被引入遍历理论和拓扑动力系统中以来, 它一直是动力系统研究中的重要内容. 系统的熵反映了系统的复杂程度, 熵越大表示系统越复杂, 广义上的熵可以看作某种集合特征量 (比如维数、信息量等) 在动力系统作用下的平均. 由于正熵系统存在 Shannon-McMillan-Breiman 定理等性质, 在附加正熵的条件下 Furstenberg $\times_2, \times_3$ 猜测[183]、Littlewood 猜测[57] 等测度刚性问题已经得到解决; 也有一些问题根据 Pinsker 因子可以化归到零熵系统的情况, 例如逐点收敛的多重遍历平均问题[51]、Rohlin 问题[87] 等. 还有一些问题就是直接针对零熵系统提出的, 例如由 2009 年 Wolf 奖得主 Sarnak 提出的一个与动力系统和数论有关的著名猜想——Sarnak 猜测[188]. 对于零熵系统, 因为缺乏有效的工具, 所以相关问题的研究进展比较缓慢. 在本节中, 我们主要介绍 Sarnak 猜测的一些基本信息, 最新的进展请参见最新的相关文献.

定义 9.5.1 称 $\mu(n)$ 为 **Möbius 函数**, 是指

$$\mu(n)=\begin{cases}1, & n=1,\\ 0, & n \text{ 有某个素数的平方作为因子},\\ (-1)^t, & n \text{ 分解为 } t \text{ 个互不相同素数的乘积}.\end{cases}$$

Liouville 函数 $\lambda:\mathbb{N}\to\{-1,1\}$ 定义为

$$\lambda(n)=(-1)^{\Omega(n)},$$

其中 $\Omega(n)$ 为 n 的素因子的个数 (对于同一个素因子, 计其重数).

Möbius 函数和 Liouville 函数是数论中非常重要的函数. 一个基本的数论结果是素数定理等价于 Möbius 函数 (Liouville 函数) 与常值序列 1 渐近正交, 即

$$\sum_{n=1}^{N}\mu(n)=\sum_{n=1}^{N}\lambda(n)=o(N).$$

而黎曼 Zeta 函数 ζ 与 Möbius 函数关系如下: 对于任何满足 Re $s>1$ 的 $s\in\mathbb{C}$,

$$\frac{1}{\zeta(s)}=\sum_{n=1}^{\infty}\frac{\mu(n)}{n^s}.$$

黎曼猜测等价于

$$\sum_{n=1}^{N}\mu(n)=O_\varepsilon(N^{\frac{1}{2}+\epsilon}),\quad \forall\varepsilon>0.$$

关于 Möbius 函数和 Liouville 函数的更多性质参见文献 [158] 等.

本节我们主要讨论 Chowla 猜测和 Sarnak 猜测. 数论中著名的 Chowla 猜测指:

猜测 9.5.1 (Chowla 猜测) 设 $1\leqslant a_1<a_2<\cdots<a_r$, $k_0,k_1,\cdots,k_r\in\{1,2\}$ 不都是偶数, 那么

$$\lim_{N\to\infty}\frac{1}{N}\sum_{n=1}^{N}\mu^{k_0}(n)\mu^{k_1}(n+a_1)\mu^{k_2}(n+a_2)\cdots\mu^{k_t}(n+a_t)=0.$$

定义 9.5.2　设 (X,T) 是一个拓扑动力系统, 即 X 为紧致度量空间, $T:X\to X$ 为连续的. 一个序列 $\{\xi_n\}_n$ 称为**与系统** (X,T) **关联的序列**, 若存在点 $x\in X$ 和连续函数 $f\in C(X)$, 使得 $\xi_n=\xi(n)=f(T^nx)$. 此时, 我们也称序列 $\{\xi_n\}_n$ 可由系统 (X,T) 实现.

问题 9.5.1 (Sarnak 猜测)　Möbius 函数 μ 与零熵序列 ξ 渐近正交, 即

$$\lim_{N\to\infty}\frac{1}{N}\sum_{n=1}^{N}\mu(n)\xi(n)=0,$$

这里零熵序列是指由零熵系统实现的序列.

注记 9.5.1　(1) $\xi(n)\equiv 1$ 的情况就是素数定理, 常值序列 1 是最简单的零熵序列, 它对应于不动点;

(2) 等差数列形式的素数定理等价于 Möbius 函数与周期序列渐近正交, 而周期序列可以由周期系统实现.

(3) 1937 年 Davenport 证明了 Möbius 函数与拟周期序列渐近正交, 而拟周期序列可以视为由拟周期系统 (即环面上的无理旋转) 实现的序列.

在文献 [188] 中, Sarnak 详细解释了提出上面猜测的原因, 例如, 文章提到的下面结论有助于大家理解这个猜测. 设 X_μ 为 $\mu\in\{-1,0,1\}^{\mathbb{N}}$ 在 $(\{-1,0,1\}^{\mathbb{N}},S)$ 中的轨道闭包系统, Sarnak 证明了下面的定理:

定理 9.5.1 [188]　(1) $\dfrac{6}{\pi^2}\log 2\leqslant h_{\text{top}}(X_\mu,S)\leqslant\dfrac{6}{\pi^2}\log 3$;

(2) (X_μ,S) 为 proximal 系统, $\mathbf{0}=(000\cdots)$ 为其唯一的极小子集;

(3) 取 (X_μ,S) 上的不变测度, 作为保测系统, 它与 Kronecker 系统有非平凡的交, 特别是它不为测度弱混合的.

我们将证明 Sarnak 猜测是比 Chowla 猜测要弱一些的问题. 目前这个问题进展不大, 关于 Sarnak 猜测与 Chowla 猜测的关系以及 Sarnak 猜测的一些进展可以参见文献 [188].

9.5.2　测度版本 Sarnak 定理

在这部分, 我们运用 Davenport 估计证明测度版本 Sarnak 定理.

引理 9.5.1 (Davenport 估计[49])　对于任意 $A>0$, 存在 $C_A>0$, 使得对于任意 $N\geqslant 2$, 有

$$\max_{z\in\mathbb{T}}\left|\sum_{n=1}^{N}z^n\mu(n)\right|\leqslant C_A\frac{N}{\log^A N}.$$

定理 9.5.2 (Sarnak 定理)　设 $(X,\mathcal{X},\mu,T)$ 为 Lebesgue 系统, $f\in L^1(X,\mathcal{X},\mu)$, 那么对于 μ-a.e $x\in X$, 有

$$\frac{1}{N}\sum_{n=1}^{N}f(T^nx)\mu(n)\to 0,\quad N\to\infty. \tag{9.7}$$

证明 根据遍历分解定理, 我们不妨假设系统为遍历的. 取定 $f \in L^1(X, \mathcal{X}, \mu)$. 根据谱定理, 我们有

$$\left\| \frac{1}{N} \sum_{n=1}^{N} f(T^n x)\mu(n) \right\|_2 = \left\| \frac{1}{N} \sum_{n=1}^{N} z^n \mu(n) \right\|_{L^2(\mathbb{S}^1, \sigma_f)},$$

其中 σ_f 为 f 的谱测度. 根据 Davenport 估计, 对于任意 $A > 0$, 存在 $C_A > 0$, 使得

$$\left\| \frac{1}{N} \sum_{n=1}^{N} f(T^n x)\mu(n) \right\|_2 \leqslant \frac{C_A}{\log^A N}. \tag{9.8}$$

取 $\rho > 1$, 在上式中设 $N = [\rho^m]$ $(m \in \mathbb{N})$, 我们得到

$$\left\| \frac{1}{N} \sum_{n=1}^{N} f(T^n x)\mu(n) \right\|_2 \leqslant \frac{C_A}{(m \log \rho)^A}, \quad \forall A > 0.$$

令 $A = 2$, 对 m 求和, 得到

$$\sum_{m=1}^{\infty} \left\| \frac{1}{[\rho^m]} \sum_{n=1}^{[\rho^m]} f(T^n x)\mu(n) \right\|_2 < \infty.$$

由此得到

$$\sum_{m=1}^{\infty} \left| \frac{1}{[\rho^m]} \sum_{n=1}^{[\rho^m]} f(T^n x)\mu(n) \right| \in L^2(X, \mathcal{X}, \mu),$$

并且上面的求和是几乎处处有限的. 于是, 对于几乎处处的点 $x \in X$, 有

$$\frac{1}{[\rho^m]} \sum_{n=1}^{[\rho^m]} f(T^n x)\mu(n) \to 0, \quad m \to \infty. \tag{9.9}$$

假设 $f \in L^\infty(X, \mathcal{X}, \mu)$. 如果 $[\rho^m] \leqslant N < [\rho^{m+1}] + 1$, 那么有

$$\begin{aligned}
\left| \frac{1}{N} \sum_{n=1}^{N} f(T^n x)\mu(n) \right| &= \left| \frac{1}{N} \sum_{n=1}^{[\rho^m]} f(T^n x)\mu(n) + \frac{1}{N} \sum_{n=[\rho^m]+1}^{N} f(T^n x)\mu(n) \right| \\
&\leqslant \left| \frac{1}{[\rho^m]} \sum_{n=1}^{[\rho^m]} f(T^n x)\mu(n) \right| + \frac{\|f\|_\infty}{[\rho^m]}(N - [\rho^m]) \\
&\leqslant \left| \frac{1}{[\rho^m]} \sum_{n=1}^{[\rho^m]} f(T^n x)\mu(n) \right| + \frac{\|f\|_\infty}{[\rho^m]}([\rho^{m+1}] - [\rho^m]).
\end{aligned}$$

因为

$$\lim_{m\to\infty} \frac{\|f\|_\infty}{[\rho^m]}([\rho^{m+1}] - [\rho^m]) = \|f\|_\infty(\rho - 1),$$

故根据式 (9.9), 对于 μ-a.e. $x \in X$, 我们得到

$$\limsup_{N\to\infty} \left| \frac{1}{N} \sum_{n=1}^{N} f(T^n x)\mu(n) \right| \leqslant \|f\|_\infty(\rho - 1).$$

令 $\rho \to 1$, 我们就得到

$$\frac{1}{N}\sum_{n=1}^{N} f(T^n x)\mu(n) \xrightarrow{\text{a.e.}} 0, \quad N \to \infty.$$

以下设 $f \in L^1(X, \mathcal{X}, \mu)$. 对于任意 $\varepsilon > 0$, 取 $g \in L^\infty(X, \mathcal{X}, \mu)$, 使得 $\|f - g\|_1 < \varepsilon$. 根据 Birkhoff 逐点遍历定理, 对于几乎处处的 $x \in X$,

$$\lim_{N\to\infty}\left|\frac{1}{N}\sum_{n=1}^{N}(f-g)(T^n x)\right| < \varepsilon.$$

于是

$$\begin{aligned}&\limsup_{N\to\infty}\left|\frac{1}{N}\sum_{n=1}^{N} f(T^n x)\mu(n)\right| \\ &\leqslant \lim_{N\to\infty}\left|\frac{1}{N}\sum_{n=1}^{N}(f-g)(T^n x)\right| + \limsup_{N\to\infty}\left|\frac{1}{N}\sum_{n=1}^{N} g(T^n x)\mu(n)\right| \leqslant \varepsilon.\end{aligned}$$

由 ε 的任意性, 我们即可完成证明. □

9.5.3　Sarnak 猜测与 Chowla 猜测

在这部分, 我们运用交的方法证明下述定理:

定理 9.5.3 (Sarnak)　*Chowla 猜测蕴含 Sarnak 猜测.*

我们实际上要证明更为一般的结论, 即下面满足定义的 Chowla 条件的序列也必满足 Sarnak 条件.

定义 9.5.3　*我们称 $z \in \{-1,0,1\}^{\mathbb{N}}$ 满足* **Chowla 条件**, *若对于 $1 \leqslant a_1 < a_2 < \cdots < a_r$, 以及 $k_0, k_1, k_2, \cdots, k_r \in \{1,2\}$ 不都是偶数, 那么*

$$\lim_{N\to\infty}\frac{1}{N}\sum_{n=1}^{N} z^{k_0}(n)z^{k_1}(n+a_1)z^{k_2}(n+a_2)\cdots z^{k_r}(n+a_r) = 0. \tag{9.10}$$

定义 9.5.4　*称序列 $z \in \{-1,0,1\}^{\mathbb{N}}$ 满足* **Sarnak 条件**, *若*

$$\lim_{N\to\infty}\frac{1}{N}\sum_{n=1}^{N} z(n)\xi(n) = 0, \tag{9.11}$$

其中 ξ 为由零熵系统实现的序列.

设 S 为符号系统上的转移映射. 对于符号系统中的元素 w, 我们用 $w(n)$ 或 w_n 记 w 的第 n 个分量, $n \in \mathbb{N}$. 在本节中, π 指下面的因子映射:

$$\pi : \{-1,0,1\}^{\mathbb{N}} \to \{0,1\}^{\mathbb{N}}, \quad (\pi(w))_n = w_n^2, \ \forall w \in \{-1,0,1\}^{\mathbb{N}}, n \in \mathbb{N}.$$

易见 π 为 $(\{-1,0,1\}^{\mathbb{N}}, S)$ 到 $(\{0,1\}^{\mathbb{N}}, S)$ 的因子映射. 对于 $\nu \in \mathcal{M}(\{0,1\}^{\mathbb{N}}, S)$, 令 $\widehat{\nu} \in \mathcal{M}(\{-1,0,1\}^{\mathbb{N}}, S)$ 为 ν 相对独立交: 对于任何 $\{-1,0,1\}$ 上的词 B,

$$\widehat{\nu}(B) = 2^{-|\mathrm{Supp}(B)|}\nu(\pi(B)) = 2^{-|\mathrm{Supp}(B)|}\nu(B^2),$$

其中 $\mathrm{Supp}(B)=\{i:B(i)\neq 0\}$, $B^2(i)=B(i)^2$.

取定 $z=(z_n)_{n\in\mathbb{Z}}\in\{-1,0,1\}^{\mathbb{N}}$, 设 $z^2=(z_n^2)_{n\in\mathbb{Z}}\in\{0,1\}^{\mathbb{N}}$ 关于测度 ν 沿着 $\{N_k\}_{k\in\mathbb{N}}$ 为 quasi-generic, 即

$$\delta_{N_k,z^2}\triangleq\frac{1}{N_k}\sum_{n=1}^{N_k}\delta_{S^nz^2}\to\nu\in\mathcal{M}(X_{z^2},S),\quad k\to\infty,$$

其中 X_{z^2} 为由 z^2 确定的系统. 定义

$$F:\{-1,0,1\}^{\mathbb{N}}\to\{-1,0,1\},\quad w\mapsto w(1).$$

引理 9.5.2 设 $1\leqslant a_1<a_2<\cdots<a_r, r\geqslant 0$, 以及 $k_s\in\{1,2\}$ $(0\leqslant s\leqslant r)$ 不全为 2, 那么

$$\int_{\{-1,0,1\}^{\mathbb{N}}}F^{k_0}\cdot F^{k_1}\circ S^{a_1}\cdots F^{k_r}\circ S^{a_r}\mathrm{d}\widehat{\nu}=0,$$

以及

$$\int_{\{-1,0,1\}^{\mathbb{N}}}F^2\cdot F^2\circ S^{a_1}\cdots F^2\circ S^{a_r}\mathrm{d}\widehat{\nu}=\int_{\{0,1\}^{\mathbb{N}}}F\cdot F\circ S^{a_1}\cdots F\circ S^{a_r}\mathrm{d}\nu.$$

证明 直接计算, 有

$$\begin{aligned}&\int_{\{-1,0,1\}^{\mathbb{N}}}F^{k_0}\cdot F^{k_1}\circ S^{a_1}\cdots F^{k_r}\circ S^{a_r}\mathrm{d}\widehat{\nu}\\&=\sum_{j_0,j_1,\cdots,j_r=\pm1}j_0^{k_0}j_1^{k_1}\cdots j_r^{k_r}\widehat{\nu}\left(\{y\in\{-1,0,1\}^{\mathbb{N}}:y_1y_{1+a_1}\cdots y_{1+a_r}=j_0j_1\cdots j_r\}\right)\\&=\left(\sum_{j_0,j_1,\cdots,j_r=\pm1}j_0^{k_0}j_1^{k_1}\cdots j_r^{k_r}\right)\frac{1}{2^{r+1}}\nu\left(\{u\in\{0,1\}^{\mathbb{N}}:u_1=u_{1+a_1}=\cdots=u_{1+a_r}=1\}\right).\end{aligned}$$

由此容易完成整个证明. □

引理 9.5.3 设 $z^2=(z_n^2)_{n\in\mathbb{Z}}\in\{0,1\}^2$ 关于测度 ν 沿着 $\{N_k\}_{k\in\mathbb{N}}$ 为 quasi-generic, 即

$$\delta_{N_k,z^2}=\frac{1}{N_k}\sum_{n=1}^{N_k}\delta_{S^nz^2}\to\nu\in\mathcal{M}(X_{z^2},S),\quad k\to\infty.$$

那么以下等价:

(1) $\delta_{N_k,z}\to\widehat{\nu}$ $(k\to\infty)$;

(2) $\displaystyle\frac{1}{N_k}\sum_{n=1}^{N_k}z^{k_0}(n)z^{k_1}(n+a_1)z^{k_2}(n+a_2)\cdots z^{k_r}(n+a_r)\to 0,\ k\to\infty$, 对于 $1\leqslant a_1<a_2<\cdots<a_r$, 以及 $k_0,k_1,k_2,\cdots,k_r\in\{1,2\}$ 不都是偶数成立.

证明 (1) $\Rightarrow$ (2) 如果 $\delta_{N_k,z}\to\widehat{\nu}$ $(k\to\infty)$ 成立, 那么对于 $1\leqslant a_1<a_2<\cdots<a_r$, 以

及 $k_0, k_1, k_2, \cdots, k_r \in \{1,2\}$ 不都是偶数, 我们有

$$
\begin{aligned}
&\frac{1}{N_k}\sum_{n=1}^{N_k} z^{k_0}(n) z^{k_1}(n+a_1) z^{k_2}(n+a_2)\cdots z^{k_r}(n+a_r)\\
&= \frac{1}{N_k}\sum_{n=1}^{N_k}(F^{k_0}\cdot F^{k_1}\circ S^{a_1}\cdots F^{k_r}\circ S^{a_r})(S^{n-1}z)\\
&\xrightarrow{k\to\infty} \int_{\{-1,0,1\}^{\mathbb{N}}} F^{k_0}\cdot F^{k_1}\circ S^{a_1}\cdots F^{k_r}\circ S^{a_r}\mathrm{d}\widehat{\nu}\\
&= 0 \quad (\text{引理 } 9.5.2).
\end{aligned}
$$

(2) ⇒ (1) 不妨设

$$
\delta_{N_k, z} \to \rho, \quad k\to\infty.
$$

于是, 对于 $1 \leqslant a_1 < a_2 < \cdots < a_r$, 以及 $k_0, k_1, k_2, \cdots, k_r \in \{1,2\}$ 不都是偶数, 我们有

$$
\begin{aligned}
&\frac{1}{N_k}\sum_{n=1}^{N_k} z^{k_0}(n) z^{k_1}(n+a_1) z^{k_2}(n+a_2)\cdots z^{k_r}(n+a_r)\\
&= \frac{1}{N_k}\sum_{n=1}^{N_k}(F^{k_0}\cdot F^{k_1}\circ S^{a_1}\cdots F^{k_r}\circ S^{a_r})(S^{n-1}z)\\
&\xrightarrow{k\to\infty} \int_{\{-1,0,1\}^{\mathbb{N}}} F^{k_0}\cdot F^{k_1}\circ S^{a_1}\cdots F^{k_r}\circ S^{a_r} d\rho\\
&= 0.
\end{aligned}
$$

因为 $F^2(u) = F(u^2), \forall u \in \{-1,0,1\}^{\mathbb{N}}$, 所以由

$$
\delta_{N_k, z^2} = \frac{1}{N_k}\sum_{n=1}^{N_k}\delta_{S^n z^2} \to \nu \in \mathcal{M}(X_{z^2}, S), \quad k\to\infty,
$$

我们得到

$$
\int_{\{-1,0,1\}^{\mathbb{N}}} F^2\cdot F^2\circ S^{a_1}\cdots F^2\circ S^{a_r}\mathrm{d}\rho = \int_{\{0,1\}^{\mathbb{N}}} F\cdot F\circ S^{a_1}\cdots F\circ S^{a_r}\mathrm{d}\nu.
$$

结合引理 9.5.2, 我们得到: 对于任意 $G \in \mathcal{A} \triangleq \{F^{k_0}\cdot F^{k_1}\circ S^{a_1}\cdots F^{k_r}\circ S^{a_r} : 1 \leqslant a_1 < a_2 < \cdots < a_r, r \geqslant 0, i_s \in \mathbb{N}\}$, 有

$$
\int_{\{-1,0,1\}^{\mathbb{N}}} G\mathrm{d}\widehat{\nu} = \int_{\{-1,0,1\}^{\mathbb{N}}} G\mathrm{d}\rho.
$$

因为 $\mathcal{A} \subseteq C(\{-1,0,1\}^{\mathbb{N}})$ 中对乘积封闭且分离点, 故根据 Stone-Weierstrass 定理, 我们得到 $\rho = \widehat{\nu}$, 即

$$
\delta_{N_k, z} \to \widehat{\nu}, \quad k\to\infty.
$$

□

记

$$
\text{Q-gen}(x) = \{\nu : \text{存在}\{N_k\}_k, \text{使得 } \delta_{N_k, x}\xrightarrow{k\to\infty}\nu\}.
$$

注记 9.5.2 根据引理 9.5.3, 我们得到以下等价:

(1) $z \in \{-1,0,1\}^{\mathbb{N}}$ 满足 Chowla 条件;

(2) $\text{Q-gen}(z) = \{\widehat{\nu} : \nu \in \text{Q-gen}(z^2)\}$;

(3) $\delta_{N_k,z^2} \xrightarrow{k\to\infty} \nu$ 当且仅当 $\delta_{N_k,z} \xrightarrow{k\to\infty} \widehat{\nu}$.

根据上面的注记, 我们容易推出唯一满足 Chowla 条件的 $\{-1,1\}^{\mathbb{N}}$ 中的序列 u 为 Bernoulli 测度 $\mu_{(\frac{1}{2},\frac{1}{2})}$ 的通用点. 这是因为此时 u^2 为在 $(111\cdots)$ 处 Dirac 测度的通用点, 根据引理 9.5.3, u 为此 Dirac 测度上的相对独立测度, 即 Bernoulli 测度 $\mu_{(\frac{1}{2},\frac{1}{2})}$ 的通用点.

回顾

$$\pi : \{-1,0,1\}^{\mathbb{N}} \to \{0,1\}^{\mathbb{N}}, \quad (\pi(w))_n = w_n^2, \ \forall w \in \{-1,0,1\}^{\mathbb{N}}, \ n \in \mathbb{N}.$$

引理 9.5.4 设 $\nu \in \mathcal{M}(\{0,1\}^{\mathbb{N}}, S)$, $\widehat{\nu} \in \mathcal{M}(\{-1,0,1\}^{\mathbb{N}}, S)$ 为 ν 相对独立交, 那么系统 $(\{-1,0,1\}^{\mathbb{N}}, \widehat{\nu}, S)$ 为乘积系统

$$(\{0,1\}^{\mathbb{N}}, \nu, S) \times (\{-1,1\}^{\mathbb{N}}, \mu_{(\frac{1}{2},\frac{1}{2})}, S)$$

的因子.

证明 设 $\xi : \{0,1\}^{\mathbb{N}} \times \{-1,1\}^{\mathbb{N}} \to \{-1,0,1\}$ 为

$$\xi(w,u)(n) = w(n)u(n).$$

那么根据 $\widehat{\nu}$ 的定义, 容易验证

$$\xi_*(\nu \times \mu_{(\frac{1}{2},\frac{1}{2})}) = \widehat{\nu}.$$

证毕. □

引理 9.5.5 设 $\nu \in \mathcal{M}(\{0,1\}^{\mathbb{N}}, S)$, $\widehat{\nu} \in \mathcal{M}(\{-1,0,1\}^{\mathbb{N}}, S)$ 为 ν 相对独立交. 扩充

$$\pi : (\{-1,0,1\}^{\mathbb{N}}, \widehat{\nu}, S) \to (\{0,1\}^{\mathbb{N}}, \nu, S), \quad (\pi(w))_n = w_n^2, \ \forall w \in \{-1,0,1\}^{\mathbb{N}}, n \in \mathbb{N}$$

要么为平凡的 (即几乎处处为一对一的), 要么为相对 K 的.

证明 因为扩充

$$p : (\{0,1\}^{\mathbb{N}}, \nu, S) \times (\{-1,1\}^{\mathbb{N}}, \mu_{(\frac{1}{2},\frac{1}{2})}, S) \to (\{0,1\}^{\mathbb{N}}, \nu, S), \quad (w,u) \mapsto w$$

为相对 K 的, 所以所有此扩充的因子也为相对于 $(\{0,1\}^{\mathbb{N}}, \nu, S)$ 的 K 扩充. 根据 $w = (w \cdot u)^2$, $\forall w \in \{0,1\}^{\mathbb{N}}, u \in \{-1,1\}^{\mathbb{N}}$, 容易验证 $\pi \circ \xi$ 为到第一个坐标的投射. 所以根据引理 9.5.4, π 为 p 的因子, 从而完成了引理的证明. □

引理 9.5.6 设 $\nu, \pi, \widehat{\nu}$ 同上, 那么

$$\mathbb{E}_{\widehat{\nu}}(F|\pi(w) = u) = 0, \quad \nu\text{- a.e. } u \in \{0,1\}^{\mathbb{N}}.$$

证明 设测度分解为 $\widehat{\nu} = \int_{\{0,1\}^{\mathbb{N}}} \widehat{\nu}_u \mathrm{d}\nu(u)$, 则

$$\mathbb{E}_{\widehat{\nu}}(F|\pi(w) = u) = \mathbb{E}_{\widehat{\nu}}(F|\{0,1\}^{\mathbb{N}})(u) = \int_{\pi^{-1}(u)} F \mathrm{d}\widehat{\nu}_u.$$

注意 $\widehat{\nu}_u$ 为在 u 支撑位置上 $(1/2, 1/2)$ 测度的乘积. 如果 $u(1) = 0$, 那么结果显然; 如果 $u(1) = 1$, 那么 F 在 $\pi^{-1}(u)$ 上以相同概率取值 ± 1, 积分依然为 0. 证毕. □

引理 9.5.7 设 (X, T) 为零熵系统, $x \in X$, $\nu, \pi, \widehat{\nu}$ 同上, $z \in \{-1, 0, 1\}^{\mathbb{N}}$ 为沿着 $\{N_k\}_k$ 相对于 $\widehat{\nu}$ 的 quasi-generic 点. 又设

$$\delta_{T \times S, N_k, (x,z)} \xrightarrow{k \to \infty} \rho \in \mathcal{M}(X \times \{-1, 0, 1\}^{\mathbb{N}}, T \times S),$$

则

(1) ρ 为 (X, κ, T) 与 $(\{-1, 0, 1\}^{\mathbb{N}}, \widehat{\nu}, S)$ 的交, 其中 $\kappa \in \text{Q-gen}(x)$;

(2) 作为 $(X \times \{-1, 0, 1\}^{\mathbb{N}}, \rho, T \times S)$ 的因子, $(X, \kappa, T) \vee (\{0, 1\}^{\mathbb{N}}, \nu, S)$①和 $(\{-1, 0, 1\}^{\mathbb{N}}, \widehat{\nu}, S)$ 为相对于 $(\{0, 1\}^{\mathbb{N}}, \nu, S)$ 的独立交.

证明 由 $\delta_{T \times S, N_k, (x,z)} \xrightarrow{k \to \infty} \rho \in \mathcal{M}(X \times \{-1, 0, 1\}^{\mathbb{N}}, T \times S)$, 令

$$\kappa = \lim_{k \to \infty} \delta_{T, N_k, x},$$

则 ρ 为 (X, κ, T) 与 $(\{-1, 0, 1\}^{\mathbb{N}}, \widehat{\nu}, S)$ 的交. 因为 (X, T) 为零熵系统, 所以扩充

$$(X \times \{-1, 0, 1\}^{\mathbb{N}}, \rho, T \times S) \to (\{0, 1\}^{\mathbb{N}}, \nu, S)$$

为相对零熵扩充. 根据引理 9.5.5, $\pi : (\{-1, 0, 1\}^{\mathbb{N}}, \widehat{\nu}, S) \to (\{0, 1\}^{\mathbb{N}}, \nu, S)$ 为相对 K 的, 所以两者为相对于 $(\{0, 1\}^{\mathbb{N}}, \nu, S)$ 的独立交. 证毕. □

定理 9.5.4 如果 $z \in \{-1, 0, 1\}^{\mathbb{N}}$ 满足 Chowla 条件, 那么它也满足 Sarnak 条件.

证明 设 $z \in \{-1, 0, 1\}^{\mathbb{N}}$ 满足 Chowla 条件, (X, T) 为零熵系统, $x \in X$,

$$\delta_{T \times S, N_k, (x,z)} \xrightarrow{k \to \infty} \rho \in \mathcal{M}(X \times \{-1, 0, 1\}^{\mathbb{N}}, T \times S).$$

根据注记 9.5.2, ρ 在第二个空间上的投射为 $\widehat{\nu}$, 其中 $\nu \in \text{Q-gen}(z^2)$. 设 $f \in C(X)$, 于是

$$\frac{1}{N_k} \sum_{n=1}^{N_k} f(T^n x) z(n) = \frac{1}{N_k} \sum_{n=1}^{N_k} f(T^n x) F(S^n z) \xrightarrow{k \to \infty} \int_{X \times \{-1, 0, 1\}^{\mathbb{N}}} f \otimes F \mathrm{d}\rho.$$

根据引理 9.5.6, 有

$$\mathbb{E}_{\rho}(F|\{0, 1\}^{\mathbb{N}}) = \mathbb{E}_{\widehat{\nu}}(F|\{0, 1\}^{\mathbb{N}}) = 0.$$

结合引理 9.5.7, 我们就有

$$\mathbb{E}_{\rho}(f \otimes F|\{0, 1\}^{\mathbb{N}}) = \mathbb{E}_{\rho}(f|\{0, 1\}^{\mathbb{N}}) \mathbb{E}_{\rho}(F|\{0, 1\}^{\mathbb{N}}) = 0.$$

① $(X, \kappa, T) \vee (\{0, 1\}^{\mathbb{N}}, \nu, S)$ 表示包含 (X, κ, T) 和 $(\{0, 1\}^{\mathbb{N}}, \nu, S)$ 的 $(X \times \{-1, 0, 1\}^{\mathbb{N}}, \rho, T \times S)$ 的最小因子.

于是 $\int_{X\times\{-1,0,1\}^{\mathbb{N}}} f\otimes F\mathrm{d}\rho=0$, 即

$$\frac{1}{N_k}\sum_{n=1}^{N_k} f(T^n x)z(n)\xrightarrow{k\to\infty}0.$$

证毕. □

显然, 根据定理 9.5.4, 即可得到定理 9.5.3.

9.6 注 记

交理论是由 Furstenberg 在 1967 年引入到动力系统中的[66], 时至今日它已经成为遍历理论中最核心的工具之一. 关于介绍交理论最详细的著作是 [184, 80], 也可参见综述性论文 [185, 199]. 请感兴趣的读者参见这两本著作以及其中的参考文献.

测度版本 Sarnak 不交性定理以及 Chowla 猜测蕴含 Sarnak 猜测由 Sarnak 给出[188], 此处证明参见文献 [59].

第 10 章　多重遍历定理与多重回复定理

在本章中我们介绍多重遍历定理和多重回复定理. 首先, 我们从 van der Waerden 定理讲起, 给出它的动力系统证明. 之后, 我们介绍 Furstenberg 对应原则, 说明如何将 Ramsey 型组合问题与动力系统关联在一起. 本章的主要目的之一是给出 Furstenberg 关于 Szemerédi 定理的动力系统证明. 为此目的, 我们先介绍几种特殊情况, 再给出 Furstenberg-Zimmer 结构定理来完成整个证明. 事实上, 我们对于这些特殊情况给出的不只是回复性质, 还证明了它们的遍历平均收敛性质, 例如 Furstenberg 弱混合多重遍历定理、Furstenberg-Sárközy 定理、Roth 定理等. 接着, 我们介绍多重遍历平均方面的最新进展, 包括 Host-Kra 定理、陶哲轩定理等. 由于 Host-Kra 定理的证明涉及许多知识与技巧, 此处我们不能给出详细的证明, 但是我们将给出 Austin 关于有限个交换变换的模多重遍历平均定理 (即陶哲轩定理) 的证明. 最后, 我们简单地介绍多重遍历和多重回复研究的一些最新进展.

10.1　Birkhoff 多重回复定理与 van der Waerden 定理

Birkhoff 回复定理告诉我们, 如果 T 为紧致度量空间到自身的连续映射, 则 $\mathrm{Rec}(T) \neq \emptyset$. 于是自然的问题是: 如果 X 为紧致度量空间, $T_1, \cdots, T_l$ 为 X 上 l 个可交换的连续自映射, 那么是否存在一个序列 $n_i \to +\infty$ 及点 $x \in X$, 使得 $T_j^{n_i} x \to x$ $(1 \leqslant j \leqslant l)$ 成立? 这个问题的答案是肯定的, Furstenberg 等人在 20 世纪 70 年代证明了这个结论, 并且运用它给出了著名的 van der Waerden 定理的一个动力系统证明. van der Waerden 定理断言自然数集合的任何有限染色必然有单色集包含任意长的等差数列, 这个定理被 Khinchin 誉为"数论中的三颗明珠"之一[139].

目前, 关于 Birkhoff 多重回复定理的证明有很多, 最简短的证明可能是 Ellis 运用 Ellis 半群给出的证明[80], 以及 Blaszczyk, Plewik 和 Turek 给出的一个漂亮证明[34]. 但在本节中, 我们介绍 Furstenberg 和 Weiss 最早给出的拓扑动力系统证明[68], 希望通过这个证明读者更能体会其中的思想. 下面证明中个别细节的处理引用了文献 [170] 中的证明.

定理 10.1.1　*设 X 为紧致度量空间, $T_1, \cdots, T_l$ 为 X 到自身的可交换的连续映射, 那么存在序列 $n_i \to +\infty$ 及 $x \in X$, 使得 $T_j^{n_i} x \to x$ $(\forall 1 \leqslant j \leqslant l)$.*

*满足上述的点 x 称为***多重回复点***.*

为证明定理 10.1.1, 我们需要做如下准备. 首先我们引入如下定义:

定义 10.1.1 设 (X,T) 是一个动力系统, 其中 T 是可逆的. (X,T) 称为**齐性的**, 若存在 X 上与 T 交换的同胚群 G, 使得 (X,G) 为极小的. 一个闭子集 $A\subseteq X$ 在 (X,T) 中为**齐性的**, 若存在 X 上与 T 交换的同胚群 G, 使得 $GA=A$ 且 (A,G) 为极小的.(注意 A 不必为 T 不变的.)

引理 10.1.1 (Bowen) 设 (X,T) 为动力系统, T 可逆且闭子集 $A\subseteq X$ 为齐性子集. 假设对任意 $\varepsilon>0$, 存在 $x,y\in A$ 及 $n\in\mathbb{N}$, 使得 $d(T^nx,y)<\varepsilon$, 那么对任意 $\varepsilon>0$, 存在 $z\in A$ 及 $n\in\mathbb{N}$, 使得 $d(T^nz,z)<\varepsilon$.

证明 首先我们证明定理的假设可以转化为: 对任意 $\varepsilon>0$ 和 $y\in A$, 存在 $x\in A$ 及 $n\in\mathbb{N}$, 使得 $d(T^nx,y)<\varepsilon$.

由 A 的齐性, 存在群 G, 使得 (A,G) 极小. 对 $\varepsilon>0$, 我们断言: 存在 $g_1,\cdots,g_n\in G$, 使得

$$\min_{1\leqslant i\leqslant n} d(g_ix,y)<\frac{\varepsilon}{2},\quad \forall x,y\in A. \tag{10.1}$$

事实上, 用直径小于 $\varepsilon/2$ 的有限多个开集 V_j 覆盖 A, 对每个 j, $\{g^{-1}V_j:g\in G\}$ 为 A 的开覆盖, 于是有有限子覆盖

$$\{g_{1,j}^{-1}V_j, g_{2,j}^{-1}V_j,\cdots,g_{n_j,j}^{-1}V_j\}.$$

从而对任意 $x,y\in A$, 存在 j, 使得 $y\in V_j$ 且对该 j 存在 i, 使得 $x\in g_{i,j}^{-1}V_j$, 于是 $d(g_{i,j}x,y)<\varepsilon/2$. 这就证明了式 (10.1).

取充分小的 $\delta>0$, 使得如果 $d(x,x')<\delta$, 那么 $d(g_ix,g_ix')<\varepsilon/2$ $(1\leqslant i\leqslant n)$ (注意 $g_1,\cdots,g_n$ 为满足式 (10.1) 而取定的有限个元素). 根据假设, 存在 $x_0,y_0\in A$ 及 $n_0\in\mathbb{N}$, 使得 $d(T^{n_0}x_0,y_0)<\delta$.

于是对任意 i, 有

$$d(T^{n_0}g_ix_0,g_iy_0)=d(g_iT^{n_0}x_0,g_iy_0)<\frac{\varepsilon}{2}.$$

对于任意 $y\in A$, 式 (10.1) 允许我们取 i, 使得 $d(g_iy_0,y)<\varepsilon/2$, 所以

$$\min_{1\leqslant i\leqslant n} d(T^{n_0}g_ix_0,y)<\varepsilon,\quad \forall\, y\in A.$$

这就证明了: 对任意 $y\in A$, 存在 $x\in A$ 及 $n\in\mathbb{N}$, 使得 $d(T^nx,y)<\varepsilon$.

任取定点 $z_0\in A$. 由以上结论, 取 $z_1\in A$ 及 $n_1\in\mathbb{N}$, 使得

$$d(T^{n_1}z_1,z_0)<\frac{\varepsilon}{2}. \tag{10.2}$$

同样可取 $z_2\in A$, $n_2\in\mathbb{N}$ 及 $\varepsilon_2<\varepsilon/2$, 使得 $d(T^{n_2}z_2,z_1)<\varepsilon_2$, 其中 ε_2 充分小, 使得当 z_1 被 $T^{n_2}z_2$ 替代时式 (10.2) 仍成立, 即 $d(T^{n_1+n_2}z_2,z_0)<\varepsilon/2$.

继续上面的归纳. 设 $z_0,z_1,\cdots,z_r\in A$, $n_1,n_2,\cdots,n_r\in\mathbb{N}$, 以及 $\varepsilon_2,\cdots,\varepsilon_r\in(0,\varepsilon/2)$ 已经取定, 使得

$$d(T^{n_j}z_j,z_{j-1})<\varepsilon_j,\quad j=1,2,\cdots,r. \tag{10.3}$$

取 $\varepsilon_{r+1} < \varepsilon/2$ 充分小, 使得当 z_r 被它附近距离小于 ε_{r+1} 的点替代时式 (10.3) 仍成立. 取 $z_{r+1} \in A$ 及 $n_{r+1} \in \mathbb{N}$, 使得 $d(T^{n_{r+1}}z_{r+1}, z_r) < \varepsilon_{r+1}$. 这样当 $i < j$ 时, 我们有

$$d(T^{n_j+n_{j-1}+\cdots+n_{i+1}}z_j, z_i) < \frac{\varepsilon}{2}.$$

由 A 的紧性, 存在 i, j, 使得 $i < j$ 且 $d(z_i, z_j) < \varepsilon/2$. 取 $n = n_j + n_{j-1} + \cdots + n_{i+1}$, 就有 $d(T^n z_j, z_j) < \varepsilon$. 证毕. □

引理 10.1.2　假设同上, 则存在 $x \in A$ 在 T 作用下回复.

证明　对任意 $n \in \mathbb{N}$, 令

$$E_n = \{x \in A : \inf_{k\in\mathbb{N}} d(T^k x, x) \geqslant 1/n\}.$$

如果 A 中没有 T 的回复点, 那么

$$A = \bigcup_{n=1}^{\infty} E_n.$$

下面我们说明每个闭集 E_n 的内部 $\mathrm{int}(E_n)$(相对于 A) 为空集, 这样就与 Baire 定理矛盾.

如果存在 n, 使得 $\mathrm{int}(E_n) \neq \emptyset$, 那么由于 (A, G) 极小, 故存在 $g_1, \cdots, g_m \in G$, 使得

$$A = g_1^{-1}\mathrm{int}(E_n) \cup \cdots \cup g_m^{-1}\mathrm{int}(E_n).$$

取 $\delta > 0$, 使得 $d(x, x') < \delta$ 蕴含 $d(g_i x, g_i x') < 1/n$ $(i = 1, 2, \cdots, m)$. 我们断言: 对于 $j \in \{1, 2, \cdots, m\}$, 如果 $x \in g_j^{-1}\mathrm{int}(E_n)$, 那么 $\inf\limits_{k\in\mathbb{N}} d(T^k x, x) \geqslant \delta$. 这是因为如果存在 $k \in \mathbb{N}$, 使得 $d(T^k x, x) < \delta$, 那么对任意 $i \in \{1, 2, \cdots, m\}$, 有 $d(T^k g_i x, g_i x) < 1/n$. 于是 $g_j x \in \mathrm{int}(E_n)$ 且 $d(T^k g_j x, g_j x) < 1/n$, 这与 E_n 的定义矛盾.

因为任意 $x \in A$ 必在某个 $g_j^{-1}\mathrm{int}(E_n)$ $(1 \leqslant j \leqslant m)$ 中, 故根据上面的断言我们得到: 对任意 $x \in A$, 有 $\inf_{k\in\mathbb{N}} d(T^k x, x) \geqslant \delta$. 这与引理 10.1.1矛盾. □

定理 10.1.1 的证明　先设 $T_1, \cdots, T_l$ 为紧度量空间 X 上互相交换的同胚, 我们要寻找点 $x \in X$ 满足条件: 对任意 $\varepsilon > 0$, 存在 $n \in \mathbb{N}$, 使得 $d(T_i^n x, x) < \varepsilon$ $(i = 1, \cdots, l)$.

我们用归纳法. 当 $l = 1$ 时, 即为 Birkhoff 回复定理. 假设上述结论对任意 $l - 1$ 个互相交换同胚已经成立. 取 G 为由 $T_1, \cdots, T_l$ 生成的群, 不妨设 (X, G) 为极小的 (否则限制在某个极小子集上). 令 $\Delta \subseteq X^l$ 为对角线, $T = T_1 \times \cdots \times T_l$. G 中的元素 g 在 X^l 上的作用为 $g(x_1, \cdots, x_l) = (gx_1, \cdots, gx_l)$, 即 g 对应于 $g \times \cdots \times g$. 易见这些映射与 T 交换, 且 (Δ, G)(它与 (X, G) 同构) 为极小的, 从而 Δ 为系统 (X^l, T) 的齐性集.

下面我们验证前面引理中的假设, 即验证: 对任意 $\varepsilon > 0$, 存在 $x^*, y^* \in \Delta$ 及 $n \in \mathbb{N}$, 使得 $d(T^n x^*, y^*) < \varepsilon$. 令 $R_i = T_i T_l^{-1}$ $(i = 1, \cdots, l-1)$. 由归纳假设, 存在 $x \in X$ 及 $n_m \to +\infty$, 使得 $R_i^{n_m} x \to x$ $(i = 1, \cdots, l-1)$. 令 $y^* = (x, x, \cdots, x), x^* = (T_l^{-n_m}x, T_l^{-n_m}x, \cdots, T_l^{-n_m}x)$, 则

$$\begin{aligned} d(T^{n_m}x^*, y^*) &= d(T_1^{n_m} \times T_2^{n_m} \cdots \times T_l^{n_m} x^*, y^*) \\ &= d((T_1^{n_m}T_l^{-n_m}x, \cdots, T_{l-1}^{n_m}T_l^{-n_m}x, x), (x, x, \cdots, x)) \end{aligned}$$

$$= d((R_1^{n_m}x, \cdots, R_{l-1}^{n_m}x, x), (x, x, \cdots, x)).$$

取 m 充分大, 使得上式小于 ε. 这样我们就可以应用引理 10.1.2 得到: 存在 $(x, x, \cdots, x) \in \Delta$ 在 $T = T_1 \times \cdots \times T_l$ 下是回复的, 此即所求.

下面我们运用标准的方法将以上结论推广到一般情况: 设 X 为紧致度量空间, $T_1, \cdots, T_l$ 为 X 上交换的连续自映射, 那么存在 $x \in X$ 为多重回复点.

令 $\Omega = X^{\mathbb{Z}^l}$,

$$(S_i\omega)_{(n_1,\cdots,n_i,\cdots,n_l)} = (\omega)_{(n_1,\cdots,n_i+1,\cdots,n_l)}, \quad i = 1, \cdots, l.$$

设 $\widetilde{X} \subseteq \Omega$, 满足对每个 $i = 1, \cdots, l$ 和每个格点 $(n_1, \cdots, n_l) \in \mathbb{Z}^l$, 有

$$(S_i\omega)_{(n_1,\cdots,n_i,\cdots,n_l)} = T_i\omega_{(n_1,\cdots,n_i,\cdots,n_l)}. \tag{10.4}$$

下面证集合 $\widetilde{X}$ 为非空的. 任取 $x \in X$. 对 $n \in \mathbb{N}$, 设

$$(\omega^n)_{(n_1,\cdots,n_l)} = T_1^{n_1+n}T_2^{n_2+n}\cdots T_l^{n_l+n}x, \quad n_i \geqslant -n.$$

ω^n 在其余格点的值随意定义. 这样得到点列 ω^n, 使得 $n_i \geqslant -n$ 的 $(n_1, \cdots, n_l)$ 满足式 (10.4). 由于 ω^n 在 Ω 中的极限点在 $\widetilde{X}$ 中, 所以 $\widetilde{X}$ 为非空的. 容易验证 $\widetilde{X}$ 在 S_i 与 S_i^{-1} 作用下为不变的.

对于 $\widetilde{X}$ 及其上互相交换的同胚 $S_1, \cdots, S_l$, 由上面的证明, 可找到相对于 $S_1, \cdots, S_l$ 的多重回复点 $\widetilde{x}$. 由式 (10.4), $\widetilde{x}$ 的每个分量为 X 相对于 $T_1, \cdots, T_l$ 的多重回复点. 证毕. □

现在我们运用定理 10.1.1 证明 van der Waerden 定理. 注意在定理 10.1.2 中将 $\mathbb{N}$ 换为 $\mathbb{Z}$ 或者 $\mathbb{Z}_+$, 证明是几乎一样的.

定理 10.1.2 (van der Waerden 定理) [204] *如果 $\mathbb{N} = B_1 \cup \cdots \cup B_l$, 那么存在 $j \in \{1, 2, \cdots, l\}$, 使得 B_j 包含任意长的等差数列.*

证明 不失一般性, 设 $B_i \cap B_j = \emptyset$ $(i \neq j)$, $\Sigma_l = \{1, \cdots, l\}^{\mathbb{N}}$ 且 $\sigma : \Sigma_l \to \Sigma_l$ 为转移映射. 定义 $w = (w_n)_{n\in\mathbb{N}} \in \Sigma_l$, 使得

$$w_n = i \quad \Leftrightarrow \quad n \in B_i.$$

设 $X = \overline{\mathrm{orb}(w, \sigma)}$. 给定 $k \geqslant 1$, 令 $T_i = \sigma^i$ $(i = 1, \cdots, k)$. 运用定理 10.1.1, 我们得到点 $x \in X$ 及 $n \geqslant 1$, 使得

$$d(T_i^n x, x) < 1, \quad i = 1, \cdots, k.$$

特别地, $x, \sigma^n x, \sigma^{2n} x, \cdots, \sigma^{kn} x$ 在坐标 1 处取值一样, 于是

$$x_1 = x_{n+1} = x_{2n+1} = \cdots = x_{kn+1}.$$

因为 $x \in X$, 所以存在 m, 使得

$$w_{m+1} = w_{m+n+1} = \cdots = w_{m+kn+1}.$$

从而存在 j_k, 使得 B_{j_k} 包含长为 $k+1$ 的等差数列.

因为 $B_1, \cdots, B_l$ 是 $\mathbb{N}$ 的有限剖分, 所以必定存在 j, 使得 B_j 包含任意长的等差数列. 证毕. □

事实上, 运用类似的方法可以证明定理 10.1.1 等价于下面的高维 van der Waerden 定理.

定理 10.1.3 (Gallai 定理)　设 $k \in \mathbb{N}$. 如果 $\mathbb{N}^k = B_1 \cup \cdots \cup B_l$, 那么存在 $j \in \{1, 2, \cdots, l\}$ 使得 B_j 满足以下条件: 对于 $\mathbb{Z}_+^k$ 的任意有限子集 F, 存在向量 $\boldsymbol{a} \in \mathbb{Z}_+^k$ 以及 $b \in \mathbb{N}$, 使得

$$\boldsymbol{a} + bF \subseteq S,$$

其中 $\boldsymbol{a} + bF = \{\boldsymbol{a} + b\boldsymbol{f} : \boldsymbol{f} \in F\}$ 称为 F 的仿射像.

注意到 $k=1$ 时, $a + b\{1, 2, \cdots, n\} = \{a+b, a+2b, \cdots, a+nb\}$ 为等差数列, 因此 Gallai 定理在 $k=1$ 时就是 van der Waerden 定理.

习　题

1. 设 $T, S : X \to X$ 为同胚. 举例说明: 如果不限制 T, S 的条件, 有可能不存在点 $x \in X$ 及 $\{n_i\}_i$, 使得 $T^{n_i}x \to x, S^{n_i}x \to x\ (i \to \infty)$.

2. 证明定理 10.1.1 等价于 Gallai 定理.

3. 设 (X, T) 为拓扑动力系统. 证明: 存在点 $x \in X$ 及序列 $\{n_i\}_{i=1}^{\infty}$, 使得 $n_i \to \infty\ (i \to \infty)$ 且

$$T^{n_i^2}x \to x, \quad i \to \infty.$$

10.2　从 Poincaré 多重回复定理到 Szemerédi 定理

本节的主要目的是介绍 Furstenberg 对应原则. 根据 Furstenberg 对应原则, Szemerédi 定理等价于 Poincaré 多重回复定理. 我们会在后文中证明 Poincaré 多重回复定理, 从而也就给出了 Szemerédi 定理的动力系统证明.

10.2.1　Szemerédi 定理

定理 10.2.1 (Szemerédi 定理) [195]　设 S 为 $\mathbb{Z}_+$ 的具有正上 Banach 密度的子集, 则 S 包含任意长的算术级数.

易见前面提到的 van der Waerden 定理是此定理的一个直接推论. 在上一节中我们运用拓扑的多重回复定理给出了 van der Waerden 定理的证明, 本节我们介绍 Furstenberg 对应原则, 进而证明 Szemerédi 定理等价于 Poincaré 多重回复定理.

10.2.2 Furstenberg 对应原则

定理 10.2.2 (Furstenberg 对应原则) 设 $\mathcal{F}(\mathbb{Z}_+)$ 为 $\mathbb{Z}_+$ 的全体有限子集组成的集合.

(1) 如果 $E \subseteq \mathbb{Z}_+$ 满足 $d^*(E) > 0$, 那么存在保测系统 $(X, \mathcal{X}, \mu, T)$ 及 $A \in \mathcal{X}$, 使得 $\mu(A) = d^*(E)$. 进一步, 对任意 $\alpha \in \mathcal{F}(\mathbb{Z}_+)$ 我们有

$$d^*\left(\bigcap_{n\in\alpha}(E-n)\right) \geqslant \mu\left(\bigcap_{n\in\alpha}T^{-n}A\right).$$

(2) 设 $(X, \mathcal{X}, \mu, T)$ 为保测系统, $A \in \mathcal{X}$ 满足 $\mu(A) > 0$, 那么存在 $E \subseteq \mathbb{Z}_+$, 使得 $\overline{d}(E) \geqslant \mu(A)$, 且

$$\left\{\alpha \in \mathcal{F}(\mathbb{Z}_+) : \bigcap_{n\in\alpha}(E-n) \neq \emptyset\right\} \subseteq \left\{\alpha \in \mathcal{F}(\mathbb{Z}_+) : \mu\Big(\bigcap_{n\in\alpha}T^{-n}A\Big) > 0\right\}.$$

证明 (1) 设 $X = \{0,1\}^{\mathbb{Z}_+}$, $T : X \to X$ 为转移映射: $Tx(n) = x(n+1)$. 取 $\mathbb{Z}_+$ 的区间列 I_n 满足 $\lim\limits_{n\to\infty}|I_n| = \infty$, 且

$$\lim_{n\to\infty}\frac{|E\cap I_n|}{I_n} = d^*(E).$$

令 $\xi = \mathbf{1}_E \in X$, $A = \{x \in X : x(0) = 1\}$, 则

$$\lim_{n\to\infty}\frac{1}{|I_n|}\sum_{i\in I_n}\mathbf{1}_A(T^i\xi) = \lim_{n\to\infty}\frac{1}{|I_n|}\sum_{i\in I_n}\mathbf{1}_E(i) = d^*(E).$$

设 $\mu_n = \dfrac{1}{|I_n|}\sum\limits_{i\in I_n}\delta_{T^i\xi}$. 不失一般性, 我们设 μ_n 弱收敛于 μ (否则取子列), 则 μ 为不变测度 (命题 7.2.1), 并且

$$\mu(A) = \lim_{n\to\infty}\frac{1}{|I_n|}\sum_{i\in I_n}\mathbf{1}_A(T^i\xi) = d^*(E).$$

于是对任意 $\alpha = \{n_1, n_2, \cdots, n_k\} \in \mathcal{F}(\mathbb{Z}_+)$, 我们就有

$$\begin{aligned}
&\mu(T^{-n_1}A\cap T^{-n_2}A\cap\cdots\cap T^{-n_k}A)\\
&= \lim_{n\to\infty}\frac{1}{|I_n|}\sum_{i\in I_n}\mathbf{1}_{T^{-n_1}A\cap T^{-n_2}A\cap\cdots\cap T^{-n_k}A}(T^i\xi)\\
&= \lim_{n\to\infty}\frac{1}{|I_n|}\sum_{i\in I_n}\mathbf{1}_{(E-n_1)\cap(E-n_2)\cap\cdots\cap(E-n_k)}(i)\\
&\leqslant d^*((E-n_1)\cap(E-n_2)\cap\cdots\cap(E-n_k)).
\end{aligned}$$

(2) 对于 $\alpha \in \mathcal{F}(\mathbb{Z}_+)$, 令 $E_\alpha = \bigcup\limits_{n\in\alpha}T^{-n}A$. 取 N 为所有具有零测度的 E_α 的并集. 由于它为可数个零测集的并, 所以 $\mu(N) = 0$. 令 $B = A \setminus N$. 根据定义, 我们易有断言: 对于 $\alpha \in \mathcal{F}$, $\mu\Big(\bigcup\limits_{n\in\alpha}T^{-n}B\Big) = 0$ 当且仅当 $\bigcup\limits_{n\in\alpha}T^{-n}B = \emptyset$.

令 $f_n = \frac{1}{n}\sum_{i=1}^{n} \mathbf{1}_{T^{-i}B}$, 则对任意 $x \in X$ 和 $n \in \mathbb{N}$, 有 $f_n \leqslant 1$. 由 Fatou 引理有

$$\int_X \limsup_{n\to\infty} f_n \mathrm{d}\mu \geqslant \limsup_{n\to\infty} \int_X f_n \mathrm{d}\mu.$$

于是存在 $x \in X$, 使得

$$\overline{d}(\{n : x \in T^{-n}B\}) = \limsup_{n\to\infty} f_n(x) \geqslant \limsup_{n\to\infty} \int_X \frac{1}{n}\sum_{i=1}^{n} \mathbf{1}_{T^{-i}B} \mathrm{d}\mu = \mu(B) = \mu(A).$$

令 $E = \{n : x \in T^{-n}B\}$, 则对 $\alpha \in \mathcal{F}(\mathbb{Z}_+)$, 如果 $k \in \bigcap_{n\in\alpha}(E-n)$, 那么 $T^k x \in \bigcap_{n\in\alpha} T^{-n}B$. 由前面的断言, 我们有 $\mu\left(\bigcap_{n\in\alpha} T^{-n}A\right) > 0$. □

记 $\mathcal{F}_{\text{pubd}}$ 为 $\mathbb{Z}_+$ 中全体具有正上 Banach 密度的序列组成的集合. 下面我们可以证明:

定理 10.2.3　$R \subseteq \mathbb{Z}_+$ 为 Poincaré 序列当且仅当对任意 $E \in \mathcal{F}_{\text{pubd}}$, $R \cap (E - E) \neq \emptyset$.

证明　设 R 为 Poincaré 序列. 由定理 10.2.2(1), 对 $E \in \mathcal{F}_{\text{pubd}}$, 存在保测系统 $(X, \mathcal{X}, \mu, T)$ 及 $A \in \mathcal{X}$, 使得 $\mu(A) = d^*(E) > 0$, 且

$$d^*(E \cap (E-n)) \geqslant \mu(A \cap T^{-n}A), \quad \forall n \in \mathbb{N}.$$

因为存在 $n \in R$, 使得 $\mu(A \cap T^{-n}A) > 0$, 所以 $E \cap (E-n) \neq \emptyset$, 即 $n \in E - E$. 于是就有 $R \cap (E-E) \neq \emptyset$.

反之, 假设对任意 $E \in \mathcal{F}_{\text{pubd}}$, 我们有 $R \cap (E - E) \neq \emptyset$. 设 $(X, \mathcal{X}, \mu, T)$ 为保测系统, $A \in \mathcal{A}$ 满足 $\mu(A) > 0$. 根据定理 10.2.2(2), 存在 $E \subseteq \mathbb{Z}_+$, 使得 $\overline{d}(E) \geqslant \mu(A)$, 且 $E \cap (E-n) \neq \emptyset$ 蕴含 $\mu(A \cap T^{-n}A) > 0$. 由假设, 存在 $n \in R \cap (E-E)$, 于是 $\mu(A \cap T^{-n}A) > 0$. 所以 R 为 Poincaré 序列. □

定理 10.2.3 的一个直接推论为:

推论 10.2.1　任何 Poincaré 序列为回复集. 特别地, 对 $\forall S \in \mathcal{F}_{\text{pubd}}$, $S-S$ 为 syndetic集.

证明　因为 syndetic 集合有正上 Banach 密度, 所以任何 Poincaré 序列都为回复集. 设 $S \in \mathcal{F}_{\text{pubd}}$. 由定理 10.2.3, $S-S$ 与任意 Poincaré 序列相交非空. 因为 thick 集为 Poincaré 序列, 所以 $S-S$ 与所有 thick 集相交非空. 从而 $S-S$ 为 syndetic 集. □

10.2.3　Poincaré 多重回复定理

根据 Furstenberg 对应原则, 容易证明 Szemerédi 定理等价于下面的 Poincaré 多重回复定理:

定理 10.2.4 (Poincaré 多重回复定理)　设 $(X, \mathcal{X}, \mu, T)$ 为保测系统, $k \in \mathbb{N}$, $A \in \mathcal{X}$ 满足 $\mu(A) > 0$, 那么存在 $n \in \mathbb{N}$, 使得

$$\mu(A \cap T^{-n}A \cap T^{-2n}A \cap \cdots \cap T^{-kn}A) > 0.$$

事实上, 为了证明 Poincaré 多重回复定理, Furstenberg 证明了一个更强的结论①:

定理 10.2.5 设 $(X,\mathcal{X},\mu,T)$ 为保测系统, $k\in\mathbb{N}$, $A\in\mathcal{X}$ 满足 $\mu(A)>0$, 那么

$$\liminf_{N\to\infty}\frac{1}{N}\sum_{n=1}^{N}\mu(A\cap T^{-n}A\cap T^{-2n}A\cap\cdots\cap T^{-kn}A)>0. \tag{10.5}$$

我们将会在后文中证明上面的结论.

习　题

1. 证明: 如果对任意 $\alpha\in(0,2\pi)$, $\lim\limits_{n\to\infty}\frac{1}{n}\sum\limits_{k=1}^{n}\mathrm{e}^{\mathrm{i}\alpha s_k}=0$ 成立, 那么 $\{s_k\}$ 为 Poincaré 序列. (提示: 参见文献 [211].)

2. 证明: IP 集为 Poincaré 序列.

10.3 van der Corput 引理与 Furstenberg 弱混合多重遍历定理

van der Corput 引理在等分布理论等中有着重要应用, 运用它来研究动力系统的多重遍历性质最先开始于 Bergelson 的工作 [15]. 在本节中我们先给出 van der Corput 引理, 然后用它来给出 Furstenberg 弱混合多重遍历定理的证明.

10.3.1 van der Corput 引理

定理 10.3.1 (van der Corput 引理) 设 $\{u_n\}_{n\in\mathbb{Z}_+}$ 为 Hilbert 空间 $\mathcal{H}$ 中的有界序列. 令

$$s_h=\limsup_{N\to\infty}\left|\frac{1}{N}\sum_{n=0}^{N-1}\langle u_{n+h},u_n\rangle\right|.$$

如果

$$\lim_{H\to\infty}\frac{1}{H}\sum_{h=0}^{H-1}s_h=0,$$

那么

$$\lim_{N\to\infty}\left\|\frac{1}{N}\sum_{n=0}^{N-1}u_n\right\|=0.$$

① 在文献 [67] 中, Furstenberg 的结论陈述如下: 设 $(X,\mathcal{X},\mu,T)$ 为保测系统, $f\in L^\infty(X,\mathcal{X},\mu)$, $f\geqslant 0$, 且 $f\neq 0$, 那么对于任何 $k\in\mathbb{N}$,

$$\liminf_{N-M\to\infty}\frac{1}{N-M}\sum_{n=M}^{N}\int_X f(x)f(T^nx)\cdots f(T^{(k-1)n}x)\mathrm{d}\mu(x)>0.$$

证明 取定 $\varepsilon > 0$. 存在 $H_0 \in \mathbb{N}$, 使得当 $H > H_0$ 时,

$$\frac{1}{H}\sum_{h=0}^{H-1} s_h < \varepsilon. \tag{10.6}$$

取比 H 充分大的 N, 使得

$$\left\|\frac{1}{N}\sum_{n=0}^{N-1} u_n - \frac{1}{NH}\sum_{n=0}^{N-1}\sum_{h=0}^{H-1} u_{n+h}\right\| \leqslant \varepsilon. \tag{10.7}$$

由此我们转向估计上式左边第二个平均. 由 Cauchy 不等式, 有

$$\begin{aligned}
\limsup_{N\to\infty}\left\|\frac{1}{NH}\sum_{n=0}^{N-1}\sum_{h=0}^{H-1} u_{n+h}\right\|^2 &= \limsup_{N\to\infty}\left\|\frac{1}{N}\sum_{n=0}^{N-1}\left(\frac{1}{H}\sum_{h=0}^{H-1} u_{n+h}\right)\right\|^2 \\
&\leqslant \limsup_{N\to\infty}\frac{1}{N}\sum_{n=0}^{N-1}\left\|\frac{1}{H}\sum_{h=0}^{H-1} u_{n+h}\right\|^2 \\
&= \limsup_{N\to\infty}\frac{1}{N}\sum_{n=0}^{N-1}\frac{1}{H^2}\sum_{h,h'=0}^{H-1}\langle u_{n+h}, u_{n+h'}\rangle \\
&\leqslant \limsup_{N\to\infty}\frac{1}{H^2}\sum_{h,h'=0}^{H-1}\left|\frac{1}{N}\sum_{n=0}^{N-1}\langle u_{n+h}, u_{n+h'}\rangle\right|.
\end{aligned} \tag{10.8}$$

对于取定的 h, h', 根据条件, 我们有

$$\limsup_{N\to\infty}\left|\frac{1}{N}\sum_{n=0}^{N-1}\langle u_{n+h}, u_{n+h'}\rangle\right| = s_{|h-h'|}.$$

结合式 (10.8), 我们有

$$\limsup_{N\to\infty}\left\|\frac{1}{NH}\sum_{n=0}^{N-1}\sum_{h=0}^{H-1} u_{n+h}\right\|^2 \leqslant \frac{1}{H^2}\sum_{h,h'=0}^{H-1} s_{|h-h'|}.$$

接下去再用式 (10.6) 去估计上式右边. 将 $[0, H-1]^2$ 分解为三部分:

(a) $0 \leqslant h \leqslant H - H_0 - 2, h \leqslant h' \leqslant H-1$;

(b) $0 \leqslant h' \leqslant H - H_0 - 2, h' < h \leqslant H-1$;

(c) $[H - H_0 - 1, H-1]^2$.

于是按照此三部分得到

$$\begin{aligned}
\frac{1}{H^2}\sum_{(h,h')\in[0,H-1]^2} s_{|h-h'|} = &\frac{1}{H}\sum_{h=0}^{H-H_0-2}\frac{1}{H}\sum_{h'=h}^{H-1} s_{h'-h} + \frac{1}{H}\sum_{h'=0}^{H-H_0-2}\frac{1}{H}\sum_{h=h'}^{H-1} s_{h-h'} \\
&+ \frac{1}{H^2}\sum_{(h,h')\in[H-H_0-1,H-1]^2} s_{|h-h'|}.
\end{aligned}$$

因为 $\{u_n\}_{n\in\mathbb{Z}_+}$ 有界, 所以 $\{s_n\}_{n\in\mathbb{Z}_+}$ 有界. 取 M, 使得 $|s_n|\leqslant M$ $(\forall n\in\mathbb{Z}_+)$. 对于上面等号右边第一项, 根据式 (10.6), 对于 $0\leqslant h\leqslant H-H_0-2$,

$$\frac{1}{H}\sum_{h'=h}^{H-1}s_{h'-h}<\varepsilon,$$

所以

$$\frac{1}{H}\sum_{h=0}^{H-H_0-2}\frac{1}{H}\sum_{h'=h}^{H-1}s_{h'-h}<\varepsilon.$$

类似地, 对于第二项也有

$$\frac{1}{H}\sum_{h'=0}^{H-H_0-2}\frac{1}{H}\sum_{h=h'}^{H-1}s_{h-h'}<\varepsilon.$$

对于第三项, 注意到

$$\frac{1}{H^2}\sum_{(h,h')\in[H-H_0-1,H-1]^2}s_{|h-h'|}\leqslant\frac{H_0^2}{H^2}M,$$

取 $H>\sqrt{M/\varepsilon}H_0$, 使之小于 ε.

综上, 当 $H>\sqrt{M/\varepsilon}H_0$ 时,

$$\limsup_{N\to\infty}\left\|\frac{1}{NH}\sum_{n=0}^{N-1}\sum_{h=0}^{H-1}u_{n+h}\right\|^2\leqslant\frac{1}{H^2}\sum_{h,h'=0}^{H-1}s_{|h-h'|}<3\varepsilon.$$

结合式(10.7), 我们有

$$\limsup_{N\to\infty}\left\|\frac{1}{N}\sum_{n=0}^{N-1}u_n\right\|\leqslant 4\varepsilon.$$

由 ε 的任意性, 就得到

$$\lim_{N\to\infty}\left\|\frac{1}{N}\sum_{n=0}^{N-1}u_n\right\|=0.$$

证毕. □

10.3.2 Furstenberg 弱混合多重遍历定理

在下文中, 我们通常用 Tf 表示 $U_Tf=f\circ T$. 于是 $T^nf=f\circ T^n$ $(\forall n\in\mathbb{Z})$. 设 $f_1,\cdots,f_k$ 为 X 上的函数. 回顾 X^k 上函数 $\bigotimes_{i=1}^{k}f_i$ 如下:

$$\bigotimes_{i=1}^{k}f_i(\boldsymbol{x})=\prod_{i=1}^{k}f_i(x_i),$$

其中 $\boldsymbol{x}=(x_1,\cdots,x_k)\in X^k$.

定理 10.3.2 (Furstenberg) 设 $(X,\mathcal{X},\mu,T)$ 为弱混合系统, $k\in\mathbb{N}$, 那么对于任意 $f_1,f_2,\cdots,f_k\in L^\infty(X,\mu)$, 有

$$\frac{1}{N}\sum_{n=0}^{N-1}T^nf_1T^{2n}f_2\cdots T^{kn}f_k\xrightarrow{L^2}\int_X f_1\mathrm{d}\mu\int_X f_2\mathrm{d}\mu\cdots\int_X f_k\mathrm{d}\mu,\quad N\to\infty.\tag{10.9}$$

证明　我们归纳证明. 当 $k=1$ 时, 根据遍历定理即得结论. 假设结论对于 k 成立, 下面证明对于 $k+1$ 也成立. 设 $f_1,f_2,\cdots,f_{k+1}\in L^\infty(X,\mu)$. 不妨设 $\int_X f_1\mathrm{d}\mu=0$, 否则可用 $f_1-\int_X f_1\mathrm{d}\mu$ 替代它. 令

$$u_n=T^nf_1T^{2n}f_2\cdots T^{(k+1)n}f_{k+1},\quad \forall n\in\mathbb{Z}_+.$$

我们将证明

$$\lim_{N\to\infty}\left\|\frac{1}{N}\sum_{n=0}^{N-1}u_n\right\|_2=0.$$

为此, 我们运用定理 10.3.1.

$$\begin{aligned}
s_h&=\lim_{N\to\infty}\frac{1}{N}\sum_{n=0}^{N-1}\langle u_{n+h},u_n\rangle\\
&=\lim_{N\to\infty}\frac{1}{N}\sum_{n=0}^{N-1}\int_X T^{n+h}f_1T^{2n+2h}f_2\cdots T^{(k+1)n+(k+1)h}f_{k+1}\\
&\quad\cdot T^nf_1T^{2n}f_2\cdots T^{(k+1)n}f_{k+1}\mathrm{d}\mu\\
&=\lim_{N\to\infty}\frac{1}{N}\sum_{n=0}^{N-1}\int_X(f_1T^hf_1)T^n(f_2T^{2h}f_2)T^{2n}(f_3T^{3h}f_3)\cdots T^{kn}(f_{k+1}T^{(k+1)h}f_{k+1})\mathrm{d}\mu.
\end{aligned}$$

由归纳假设, 我们得到

$$\begin{aligned}
s_h&=\lim_{N\to\infty}\frac{1}{N}\sum_{n=0}^{N-1}\int_X(f_1T^hf_1)T^n(f_2T^{2h}f_2)T^{2n}(f_3T^{3h}f_3)\cdots T^{kn}(f_{k+1}T^{(k+1)h}f_{k+1})\mathrm{d}\mu\\
&=\int_X f_1T^hf_1\mathrm{d}\mu\int_X f_2T^{2h}f_2\mathrm{d}\mu\cdots\int_X f_{k+1}T^{(k+1)h}f_{k+1}\mathrm{d}\mu.
\end{aligned}$$

于是

$$\begin{aligned}
&\lim_{H\to\infty}\frac{1}{H}\sum_{h=0}^{H-1}s_h\\
&=\lim_{H\to\infty}\frac{1}{H}\sum_{h=0}^{H-1}\int_X f_1T^hf_1\mathrm{d}\mu\int_X f_2T^{2h}f_2\mathrm{d}\mu\cdots\int_X f_{k+1}T^{(k+1)h}f_{k+1}\mathrm{d}\mu\\
&=\lim_{H\to\infty}\frac{1}{H}\sum_{h=0}^{H-1}\int_{X^{k+1}}\Big(\bigotimes_{i=1}^{k+1}f_i\Big)\Big((T\times T^2\times\cdots\times T^{k+1})^h\bigotimes_{i=1}^{k+1}f_i\Big)\mathrm{d}\mu^{k+1}\\
&=\int_{X^{k+1}}\Big(\bigotimes_{i=1}^{k+1}f_i\Big)\Big(\lim_{H\to\infty}\frac{1}{H}\sum_{h=0}^{H-1}(T\times T^2\times\cdots\times T^{k+1})^h\bigotimes_{i=1}^{k+1}f_i\Big)\mathrm{d}\mu^{k+1}\\
&=\left(\int_{X^{k+1}}\bigotimes_{i=1}^{k+1}f_i\mathrm{d}\mu^{k+1}\right)^2=\prod_{i=1}^{k+1}\Big(\int_X f_i\mathrm{d}\mu\Big)^2=0.
\end{aligned}$$

上面运用了 $(X^{k+1},\mathcal{X}^{k+1},\mu^{k+1},T\times T^2\times\cdots\times T^{k+1})$ 为遍历的结论.

于是根据定理 10.3.1, 我们得到

$$\lim_{N\to\infty}\left\|\frac{1}{N}\sum_{n=0}^{N-1}u_n\right\|_2=0.$$

由此根据归纳就完成了证明. □

10.4 Furstenberg-Sárközy 定理

在本节中我们介绍 Furstenberg-Sárközy 定理. 在证明这个定理的同时, 我们将对于保测系统 $(X,\mathcal{X},\mu,T)$, $f\in L^\infty(X,\mu)$ 以及整系数多项式 $p(n)$, 研究 $\frac{1}{N}\sum\limits_{n=0}^{N-1}T^{p(n)}f$ 的收敛情况. 注意此处 Tf 表示 $U_Tf=f\circ T$.

下面是 Furstenberg-Sárközy 定理的数论版本.

定理 10.4.1 (Furstenberg-Sárközy 定理的数论版本) 设 $E\subseteq\mathbb{N}$ 具有正上 Banach 密度, $p(n)$ 为常数项等于 0 的整系数多项式 (即 $p(0)=0$). 那么一定存在 $x,y\in E$ 以及 $n\in\mathbb{N}$, 使得

$$x-y=p(n).$$

根据 Furstenberg 对应原则 (定理 10.2.2), 上面的定理等价于如下动力系统版本.

定理 10.4.2 (Furstenberg-Sárközy 定理的动力系统版本) 设 $(X,\mathcal{X},\mu,T)$ 为保测系统, $p(n)$ 为常数项等于 0 的整系数多项式 (即 $p(0)=0$). 那么对于任何 $A\in\mathcal{X}$, $\mu(A)>0$, 存在 $n\in\mathbb{N}$, 使得

$$\mu(A\cap T^{-p(n)}A)>0.$$

证明 设 $\mathcal{H}=L^2(X,\mu)$. 对于 $m\in\mathbb{N}$, 令

$$\mathcal{H}_m=\{f\in\mathcal{H}:T^mf=f\},$$
$$\mathcal{V}_m=\{f\in\mathcal{H}:\lim_{N\to\infty}\left\|\frac{1}{N}\sum_{n=0}^{N-1}T^{mn}f\right\|_2=0\}.$$

于是, 我们有分解

$$\mathcal{H}=\mathcal{H}_m\oplus\mathcal{V}_m.$$

令

$$\mathcal{H}_{\mathrm{rat}}=\overline{\bigcup_{m=1}^{\infty}\mathcal{H}_m}=\overline{\{f\in\mathcal{H}:\text{存在 } m\in\mathbb{N},\ \text{使得 } T^mf=f\}},$$

以及

$$\mathcal{V}=\bigcup_{m=1}^{\infty}\mathcal{V}_m=\left\{f\in\mathcal{H}:\lim_{N\to\infty}\left\|\frac{1}{N}\sum_{n=0}^{N-1}T^{mn}f\right\|_2=0,\forall m\in\mathbb{N}\right\}.$$

容易验证

$$\mathcal{H} = \mathcal{H}_{\mathrm{rat}} \oplus \mathcal{V}. \tag{10.10}$$

根据此分解, 我们设

$$\mathbf{1}_A = f + g, \quad f \in \mathcal{H}_{\mathrm{rat}}, g \in \mathcal{V}.$$

对 $m \in \mathbb{N}$, 设 $f_m = \mathbb{E}(\mathbf{1}_A|\mathcal{I}(T^m))$. 因为 $\mathbf{1}_A \geqslant 0$, 所以 $f_m \geqslant 0$, 并且

$$\int_X f_m \mathrm{d}\mu = \int_X \mathbf{1}_A \mathrm{d}\mu = \mu(A) > 0.$$

因为 $f_m \to f$ $(m \to \infty)$, 故根据鞅定理, 我们得到 $f \geqslant 0$, 并且 $\int_X f\mathrm{d}\mu = \int_X f_m \mathrm{d}\mu = \mu(A) > 0$. 由于分解(10.10)为 T 不变的, 所以

$$\mu(A \cap T^{p(n)}A) = \int_X (f+g)T^{p(n)}(f+g)\mathrm{d}\mu = \int_X fT^{p(n)}f\mathrm{d}\mu + \int_X gT^{p(n)}g\mathrm{d}\mu. \tag{10.11}$$

下面我们分别处理上面等式右边的两项.

(a) 我们首先证明:

$$\lim_{N\to\infty} \frac{1}{N} \sum_{n=0}^{N-1} \int_X fT^{p(n)}f\mathrm{d}\mu > 0. \tag{10.12}$$

如果 $f \in \mathcal{H}_m$, 那么 $\{T^{p(n)}f\}$ 为周期序列 (这是因为 $\{p(n) \pmod m\}$ 为周期的). 于是极限 (10.12) 显然存在. 所以对于 $\mathcal{H}_{\mathrm{rat}}$ 的稠密集合 $\bigcup_{m=1}^{\infty} \mathcal{H}_m$, 式 (10.12) 中的极限存在. 通过简单的逼近分析, 我们知道对于 $f \in \mathcal{H}_{\mathrm{rat}}$, 式(10.12) 中的极限是存在的, 需要验证的是极限大于 0.

对于 $\varepsilon = \dfrac{1}{4}\mu(A)^2$, 取 $m \in \mathbb{N}$, 使得 $\|f - f_m\|_2 < \varepsilon$. 由于 $m|p(mn)$, 所以 $T^{p(mn)}f_m = f_m$. 于是, 根据 Cauchy 不等式, 有

$$\int_X f_m T^{p(mn)} f_m \mathrm{d}\mu = \int_X f_m^2 \mathrm{d}\mu \geqslant \left(\int_X f_m \mathrm{d}\mu\right)^2 = \mu(A)^2.$$

因此

$$\begin{aligned}
\int_X fT^{p(mn)}f\mathrm{d}\mu &= \langle f, T^{p(mn)}f\rangle \\
&= \langle f_m, T^{p(mn)}f_m\rangle + \langle f_m, T^{p(mn)}f - T^{p(mn)}f_m\rangle \\
&\quad + \langle f - f_m, T^{p(mn)}f\rangle \\
&\geqslant \mu(A)^2 - 2\varepsilon = \frac{1}{2}\mu(A)^2 > 0.
\end{aligned}$$

前面已证 $f \geqslant 0$, 所以 $T^{p(n)}f \geqslant 0$. 于是

$$\lim_{N\to\infty} \frac{1}{N} \sum_{n=0}^{N-1} \int_X fT^{p(n)}f\mathrm{d}\mu \geqslant \frac{1}{m}\int_X fT^{p(mn)}f\mathrm{d}\mu \geqslant \frac{1}{2m}\mu(A)^2 > 0.$$

(b) 我们接着证明:

$$\lim_{N\to\infty}\frac{1}{N}\sum_{n=0}^{N-1}\int_X gT^{p(n)}g\mathrm{d}\mu=0. \tag{10.13}$$

设 g 的谱测度为 μ_g, 则式 (10.13) 等价于

$$\lim_{N\to\infty}\int_{\mathbb{S}^1}\frac{1}{N}\sum_{n=0}^{N-1}z^{p(n)}\mathrm{d}\mu_g(z)=0. \tag{10.14}$$

如果 $z=e^{2\pi\mathrm{i}\theta}\in\mathbb{S}^1$ 不为单位根, 那么根据 Weyl 等分布定理, 有

$$\frac{1}{N}\sum_{n=0}^{N-1}z^{p(n)}=\frac{1}{N}\sum_{n=0}^{N-1}\mathrm{e}^{2\pi\theta p(n)}\to\int_0^1\mathrm{e}^{2\pi\mathrm{i}x}\mathrm{d}x=0,\quad N\to\infty.$$

以下证对于单位根 z, $\mu_g(\{z\})=0$. 否则, 假设存在 $z_0=\mathrm{e}^{2\pi\mathrm{i}\frac{a}{b}}$ $(a\in\mathbb{Z},b\in\mathbb{N})$, 使得 $\mu_g(\{z_0\})>0$. 于是, $L^2(\mathbb{S}^1,\mu_g)$ 包含非零函数

$$\varphi(z)=\begin{cases}1, & z=z_0,\\ 0, & z\neq z_0.\end{cases}$$

注意

$$z^b\varphi(z)=z_0^b\varphi(z_0)=\varphi(z),\quad\forall z\in\mathbb{S}^1.$$

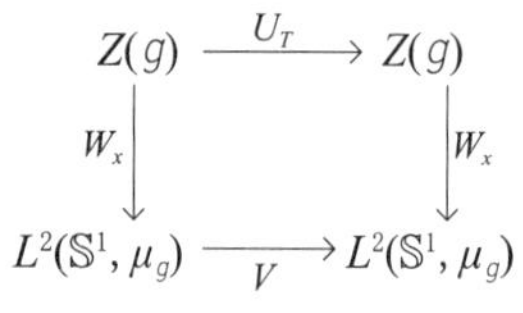

$$\begin{array}{ccc} Z(g) & \xrightarrow{U_T} & Z(g)\\ \downarrow{\scriptstyle W_x} & & \downarrow{\scriptstyle W_x}\\ L^2(\mathbb{S}^1,\mu_g) & \xrightarrow[V]{} & L^2(\mathbb{S}^1,\mu_g)\end{array}$$

图 10.1

根据命题 3.5.1, g 的生成空间 $Z(g)$ 酉等价于 $L^2(\mathbb{S}^1,\mu_g)$, 如图 10.1 所示. 其中

$$V:L^2(\mathbb{S}^1,\sigma_x)\to L^2(\mathbb{S}^1,\sigma_x),\quad q(z)\mapsto zq(z).$$

设 $h\in L^2(X,\mu)$ 为 $\varphi(z)$ 对应的函数, 则

$$\langle g,h\rangle_{L^2(X,\mu)}=\langle 1,\varphi(z)\rangle_{L^2(\mathbb{S}^1,\mu_g)}=\mu_g(\{z_0\})>0.$$

但是由于 $h\in\mathcal{H}_b\subseteq\mathcal{H}_{\mathrm{rat}}$, 故 $g\perp h$, 与上面矛盾. □

注记 10.4.1 根据上面的证明, 我们可以证明: 设 $(X,\mathcal{X},\mu,T)$ 为保测系统, $p(n)$ 为整系数多项式 (不需要 $p(0)=0$ 这个条件), 那么对任何 $f\in L^\infty(X,\mu)$, 有

$$\left\|\frac{1}{N}\sum_{n=0}^{N-1}T^{p(n)}f-\frac{1}{N}\sum_{n=0}^{N-1}T^{p(n)}\mathbb{E}(f|\mathcal{H}_{\mathrm{rat}})\right\|_2\to 0,\quad N\to\infty.$$

习 题

1. 应用 van der Corput 引理给出 Furstenberg-Sárközy 定理的另一个证明.

10.5 $\lim\limits_{N\to\infty}\frac{1}{N}\sum\limits_{n=0}^{N-1}T^nf_1T^{2n}f_2$ 平均收敛定理与 Roth 定理

在这一节中, 我们介绍遍历平均 $\lim\limits_{N\to\infty}\frac{1}{N}\sum\limits_{n=0}^{N-1}T^nf_1T^{2n}f_2$ 的收敛性, 并且给出 Roth 定理的动力系统证明.

10.5.1 Roth 定理的陈述

定理 10.5.1 (Roth 定理的数论版本)　设 $E\subseteq\mathbb{N}$ 具有正上的 Banach 密度, 则一定存在 $a,b\in\mathbb{N}$, 使得

$$a,a+b,a+2b\in E.$$

定理 10.5.2 (Roth 定理的动力系统版本)　设 $(X,\mathcal{X},\mu,T)$ 为保测系统. 如果 $A\in\mathcal{X}$ 且 $\mu(A)>0$, 则

$$\lim_{N\to\infty}\frac{1}{N}\sum_{n=0}^{N-1}\mu(A\cap T^{-n}A\cap T^{-2n}A)>0. \tag{10.15}$$

为了证明定理 10.5.2, 首先根据自然扩充的技巧我们可以假设系统为可逆保测系统, 再根据遍历分解定理, 我们可以不妨假设系统为遍历的 (详见 10.7.1 小节的讨论). 由此在本节后文中我们考虑的系统为可逆遍历系统.

10.5.2 Furstenberg-Weiss 的 $\lim\limits_{N\to\infty}\frac{1}{N}\sum\limits_{n=0}^{N-1}T^nf_1T^{2n}f_2$ 平均收敛定理

首先我们容易验证下面常用的公式.

引理 10.5.1　设 $\{a_i\},\{b_i\}\subseteq\mathbb{C}$, 则

$$\prod_{i=1}^k a_i-\prod_{i=1}^k b_i=(a_1-b_1)b_2\cdots b_k+a_1(a_2-b_2)b_3\cdots b_k+a_1\cdots a_{k-1}(a_k-b_k). \tag{10.16}$$

根据紧算子理论容易证明下面的引理, 我们将证明留作习题.

引理 10.5.2　设 $(X,\mathcal{X},\mu,T)$ 为保测系统, $K:L^2(X,\mu)\to L^2(X,\mu)$ 为紧自伴算子, 并且 $KU_T=U_TK$, 那么 K 的任何非零特征值的特征空间是有限维的, 并且为 U_T 不变的, 由 U_T 的特征函数张成.

下面我们给出 Furstenberg-Weiss 的 $\lim\limits_{N\to\infty}\frac{1}{N}\sum\limits_{n=0}^{N-1}T^nf_1T^{2n}f_2$ 平均收敛定理.

定理 10.5.3 (Furstenberg-Weiss)　设 $(X,\mathcal{X},\mu,T)$ 为可逆遍历系统, 那么对于任意 $f_1,f_2\in L^\infty(X,\mu)$, 极限

$$\lim_{N\to\infty}\frac{1}{N}\sum_{n=0}^{N-1}T^nf_1T^{2n}f_2 \tag{10.17}$$

在 $L^2(X,\mu)$ 中存在.

具体地讲, 设 $(Z,\mathcal{K},m,R_a)$ 为 $(X,\mathcal{X},\mu,T)$ 的 Kronecker 因子, 其中 $a\in Z$, $R_a:Z\to Z, z\mapsto a+z$. 又设 $\pi:X\to Z$ 为因子映射, $\widetilde{f_1}=\mathbb{E}(f_1|\mathcal{K}), \widetilde{f_2}=\mathbb{E}(f_2|\mathcal{K})$, 那么我们有

$$\left\|\frac{1}{N}\sum_{n=0}^{N-1}T^nf_1T^{2n}f_2-\frac{1}{N}\sum_{n=0}^{N-1}T^n\mathbb{E}(f_1|\mathcal{K})T^{2n}\mathbb{E}(f_2|\mathcal{K})\right\|_2\to 0,\quad N\to\infty.$$

并且极限 $\lim\limits_{N\to\infty}\frac{1}{N}\sum\limits_{n=0}^{N-1}T^nf_1T^{2n}f_2$ 等于

$$\lim_{N\to\infty}\frac{1}{N}\sum_{n=0}^{N-1}R_a^n\widetilde{f_1}(\pi(x))R_a^{2n}\widetilde{f_2}(\pi(x))\overset{L^2}{=}\int_Z\widetilde{f_1}(\pi(x)+\theta)\widetilde{f_2}(\pi(x)+2\theta)\mathrm{d}m(\theta).\tag{10.18}$$

证明 我们按照以下三步证明定理:

(1) 我们证明: 对于任意 $f_1,f_2\in L^\infty(X,\mu)$, 有

$$\left\|\frac{1}{N}\sum_{n=0}^{N-1}T^nf_1T^{2n}f_2-\frac{1}{N}\sum_{n=0}^{N-1}T^n\mathbb{E}(f_1|\mathcal{K})T^{2n}\mathbb{E}(f_2|\mathcal{K})\right\|_2\to 0,\quad N\to\infty.$$

(2) 对于 Kronecker 系统 $(Z,\mathcal{K},m,R_a)$, 证明 $\lim\limits_{N\to\infty}\frac{1}{N}\sum\limits_{n=0}^{N-1}T^nf_1T^{2n}f_2$ 存在.

(3) 由 (1) 和 (2) 得到式 (10.17) 在 $L^2(X,\mu)$ 中存在.

下面我们开始每个步骤的证明.

(1) 根据引理 10.5.1, 我们需要证明: 当 $\mathbb{E}(f_1|\mathcal{K})=0$ 或者 $\mathbb{E}(f_2|\mathcal{K})=0$ 时, 有

$$\frac{1}{N}\sum_{n=0}^{N-1}T^nf_1T^{2n}f_2\xrightarrow{L^2}0,\quad N\to\infty.\tag{10.19}$$

为了证明上式, 我们应用 van der Corput 引理. 令

$$u_n=T^nf_1T^{2n}f_2,$$

则

$$\langle u_{n+h},u_n\rangle=\int_X T^{n+h}f_1T^{2n+2h}f_2T^nf_1T^{2n}f_2\mathrm{d}\mu\tag{10.20}$$

$$=\int_X(f_1T^hf_1)T^n(f_2T^{2h}f_2)\mathrm{d}\mu\tag{10.21}$$

$$=\int_X T^{-n}(f_1T^hf_1)(f_2T^{2h}f_2)\mathrm{d}\mu\tag{10.22}$$

当 $\mathbb{E}(f_1|\mathcal{K})=0$ 时, 我们考虑式 (10.22); 当 $\mathbb{E}(f_2|\mathcal{K})=0$ 时, 我们考虑式 (10.21).

先设 $\mathbb{E}(f_1|\mathcal{K})=0$. 运用式 (10.22) 及遍历定理, 我们得到

$$s_h=\limsup_{N\to\infty}\left|\frac{1}{N}\sum_{n=0}^{N-1}\langle u_{n+h},u_n\rangle\right|$$

$$
\begin{aligned}
&= \limsup_{N\to\infty} \left| \int_X \left(\frac{1}{N} \sum_{n=0}^{N-1} T^{-n}(f_1 T^h f_1) \right) f_2 T^{2h} f_2 \mathrm{d}\mu \right| \\
&\leqslant \int_X \left| \left(\limsup_{N\to\infty} \frac{1}{N} \sum_{n=0}^{N-1} T^{-n}(f_1 T^h f_1) \right) f_2 T^{2h} f_2 \right| \mathrm{d}\mu \\
&= \int_X \left| \left(\int_X f_1 T^h f_1 \mathrm{d}\mu \right) f_2 T^{2h} f_2 \right| d\mu \\
&\leqslant \|f_2\|_\infty^2 \left| \int_X f_1 T^h f_1 \mathrm{d}\mu \right| .
\end{aligned}
$$

我们希望证明

$$
\frac{1}{H} \sum_{h=0}^{H-1} s_h \leqslant \|f_2\|_\infty^2 \frac{1}{H} \sum_{h=0}^{H-1} \left| \int_X f_1 T^h f_1 \mathrm{d}\mu \right| \to 0, \quad H \to \infty. \tag{10.23}
$$

为此, 我们需要证明

$$
\begin{aligned}
\frac{1}{H} \sum_{h=0}^{H-1} \left| \int_X f_1 T^h f_1 \mathrm{d}\mu \right|^2 &= \frac{1}{H} \sum_{h=0}^{H-1} \int_{X^2} (f_1 \otimes \bar{f}_1)(T\times T)^h f_1 \otimes \bar{f}_1 \mathrm{d}\mu \times \mu \\
&= \int_{X^2} (f_1 \otimes \bar{f}_1) \left(\frac{1}{H} \sum_{h=0}^{H-1} (T\times T)^h f_1 \otimes \bar{f}_1 \right) \mathrm{d}\mu \times \mu \\
&\to \int_{X^2} (f_1 \otimes \bar{f}_1) \mathbb{E}\big(f_1 \otimes \bar{f}_1 | \mathcal{I}(T\times T)\big) \mathrm{d}\mu \times \mu, \quad H \to \infty.
\end{aligned} \tag{10.24}
$$

令

$$
F_H = \frac{1}{H} \sum_{h=0}^{H-1} (T\times T)^h f_1 \otimes \bar{f}_1, \quad F = \mathbb{E}\big(f_1 \otimes \bar{f}_1 | \mathcal{I}(T\times T)\big),
$$

设

$$
\begin{aligned}
&K_H : L^2(X,\mu) \to L^2(X,\mu), \quad g \mapsto \int_X F_H(x,y) g(y) \mathrm{d}\mu(y), \\
&K : L^2(X,\mu) \to L^2(X,\mu), \quad g \mapsto \int_X F(x,y) g(y) \mathrm{d}\mu(y).
\end{aligned}
$$

则 K_H, K 为 $L^2(X,\mu)$ 上的紧自伴算子, 在 $L^2(X^2, \mu\times\mu)$ 中, $F_H \to F$ $(H\to\infty)$, 因而在算子模下 $K_H \to K$ $(H\to\infty)$. 注意到 F 满足

$$
(T\times T)F = F, \quad F(y,x) = \overline{F(x,y)},
$$

于是 K 满足引理 10.5.2 的条件. 从而 K 的任何非零特征值的特征空间是有限维的且是 U_T 不变的, 由 U_T 的特征函数张成.

因为 $\mathbb{E}(f_1|\mathcal{K}) = 0$, 所以 $\mathbb{E}(T^h f_1|\mathcal{K}) = 0$ $(\forall h \in \mathbb{Z}_+)$. 于是, 对于 $\xi \in L^2(X,\mathcal{K},\mu)$,

$$
K_H \xi = \int_X F_H(x,y) \xi(y) \mathrm{d}\mu(y) = \int_X \frac{1}{H} \sum_{h=0}^{H-1} T^h f_1(x) T^h \bar{f}_1(y) \xi(y) \mathrm{d}\mu(y) = 0.
$$

令 $H \to \infty$, 得到

$$K\xi = 0.$$

结合引理 10.5.2, 我们得到 $K = 0$, 从而 $F = 0$.

于是, 式(10.24) 变为

$$\lim_{H\to\infty} \frac{1}{H} \sum_{h=0}^{H-1} \left| \int_X f_1 T^h f_1 \mathrm{d}\mu \right|^2 = 0,$$

从而

$$\lim_{H\to\infty} \frac{1}{H} \sum_{h=0}^{H-1} s_h = 0.$$

由 van der Corput 引理, 式(10.19) 成立.

以下设 $\mathbb{E}(f_2|\mathcal{K}) = 0$. 此时, 应用式 (10.21), 则式 (10.23) 变为

$$\frac{1}{H} \sum_{h=0}^{H-1} s_h \leqslant \|f_1\|_\infty^2 \frac{1}{H} \sum_{h=0}^{H-1} \left| \int_X f_2 T^{2h} f_2 \mathrm{d}\mu \right| \to 0, \quad H \to \infty. \tag{10.25}$$

相应地, 式(10.24) 变为

$$\frac{1}{H} \sum_{h=0}^{H-1} \left| \int_X f_2 T^{2h} f_2 \mathrm{d}\mu \right|^2 \to \int_{X^2} f_2 \otimes \bar{f}_2 \mathbb{E}\big(f_2 \otimes \bar{f}_2 | \mathcal{I}(T^2 \times T^2)\big) \mathrm{d}\mu \times \mu, \quad H \to \infty. \tag{10.26}$$

下面我们证明 $\mathcal{K}(T^2) = \mathcal{K}(T)$, 从而类似上面完成证明. 因为 $\mathcal{K}(T) \subseteq \mathcal{K}(T^2)$ 是显然的, 所以我们仅需证明 $\mathcal{K}(T^2) \subseteq \mathcal{K}(T)$. 设 $f \in L^2(X,\mu)$ 为 λ 对应的 T^2 特征函数. 令 $\eta = \sqrt{\lambda}$. 根据

$$f = \frac{f + \overline{\eta} T f}{2} + \frac{f - \overline{\eta} T f}{2},$$

以及

$$T\frac{f \pm \overline{\eta} T f}{2} = \frac{Tf \pm \overline{\eta} T^2 f}{2} = \frac{Tf \pm \overline{\eta} \lambda f}{2} = \pm \eta \frac{f \pm \overline{\eta} T f}{2},$$

便有 $\mathcal{K}(T^2) \subseteq \mathcal{K}(T)$.

综上, 我们完成了 (1) 的证明.

(2) 设 Z 是一个紧致可度量交换群, $a \in Z$, 群运算记作加号, m 为 Haar 测度. 设遍历群旋转

$$R_a\colon Z \to Z, \quad x \mapsto a + x.$$

研究乘积系统

$$R_a \times R_a^2 : Z^2 \to Z^2, \qquad (x,y) \mapsto (x+a, y+2a).$$

设 $x \in Z$, 令

$$Z_x = \overline{\mathcal{O}((x,x), R_a \times R_a^2)}.$$

因为 $(Z^2, R_a \times R_a^2)$ 为群旋转, $(Z_x, R_a \times R_a^2)$ 为唯一遍历的, 其测度为 $\psi_* m$, 其中

$$\psi : Z \to Z^2, \qquad z \mapsto (x+z, x+2z).$$

设 $f_1, f_2 \in C(Z)$ 为连续函数. 对于 $x \in Z$, 有

$$\begin{aligned}\lim_{N\to\infty} \frac{1}{N} \sum_{n=0}^{N-1} f_1(R_a^n x) f_2(R_a^{2n} x) &= \int_{Z_x} f_1(y_1) f_2(y_2) \mathrm{d}\psi_* m(y_1, y_2) \\ &= \int_Z f_1(x+z) f_2(x+2z) \mathrm{d}m(z).\end{aligned}$$

接着处理 $f_1, f_2 \in L^\infty(Z, m)$. 通过标准的处理, 可以证明

$$\lim_{N\to\infty} \frac{1}{N} \sum_{n=0}^{N-1} f_1(R_a^n x) f_2(R_a^{2n} x) = \int_Z f_1(x+z) f_2(x+2z) \mathrm{d}m(z), \quad m\text{-a.e. } x \in Z.$$

这样就完成了 (2) 的证明.

也可通过 Fourier 展开证明 (2). 设 $\gamma, \eta \in \widehat{Z}$, 则

$$\begin{aligned}\frac{1}{N} \sum_{n=0}^{N-1} \gamma(z+nt) \eta(z+2nt) &= \frac{1}{N} \sum_{n=0}^{N-1} \gamma(z) \gamma(t)^n \eta(z) \eta(t)^{2n} \\ &\xrightarrow{N\to\infty} \begin{cases} 0, & \gamma(t)\eta(t)^2 \neq 1, \\ 1, & \gamma(t)\eta(t)^2 = 1. \end{cases}\end{aligned}$$

接着对 f_1, f_2 运用 Fourier 展开, 计算可得到

$$\lim_{N\to\infty} \frac{1}{N} \sum_{n=0}^{N-1} f_1(R_a^n x) f_2(R_a^{2n} x) = \int_Z f_1(x+z) f_2(x+2z) \mathrm{d}m(z).$$

(3) 根据 (1) 和 (2), 对于任何 $f_1, f_2 \in L^\infty(X, \mu)$,

$$\lim_{N\to\infty} \frac{1}{N} \sum_{n=0}^{N-1} T^n f_1 T^{2n} f_2$$

在 $L^2(X, \mu)$ 中存在. 定理证毕. □

注记 10.5.1　设 $(X, \mathcal{X}, \mu, T)$ 为遍历系统, $c_1 \neq c_2 \in \mathbb{Z} \backslash \{0\}$, $(Z, \mathcal{K}, m, R_a)$ 为 $(X, \mathcal{X}, \mu, T)$ 的 Kronecker 因子, $\pi : X \to Z$ 为因子映射. 根据同样的证明, 对于任意 $f_1, f_2 \in L^\infty(X, \mu)$, 在 $L^2(X, \mu)$ 中

$$\lim_{N\to\infty} \frac{1}{N} \sum_{n=0}^{N-1} T^{c_1 n} f_1 T^{c_2 n} f_2 = \int_Z \widetilde{f_1}(\pi(x) + c_1\theta) \widetilde{f_2}(\pi(x) + c_2\theta) \mathrm{d}m(\theta).$$

成立, 其中 $\widetilde{f_1} = \mathbb{E}(f_1 | \mathcal{K})$, $\widetilde{f_2} = \mathbb{E}(f_2 | \mathcal{K})$.

10.5.3 Kronecker 系统的多重回复性

定理 10.5.2 将由定理 10.5.3 和下面的定理直接得到.

定理 10.5.4 设 $(Z,\mathcal{K},m,R_a)$ 为遍历 Kronecker 系统, 即 Z 为紧致度量交换群, $a\in Z$, $R_a(z)=az$, 则对任意 $A\in\mathcal{K}$, $m(A)>0$ 以及 $k\in\mathbb{N}$, 有

$$\lim_{N\to\infty}\frac{1}{N}\sum_{n=0}^{N-1}m(A\cap R_a^{-n}A\cap R_a^{-2n}A\cap\cdots\cap R_a^{-kn}A)>0. \tag{10.27}$$

证明 设 $f\in L^1(Z,m), g\in Z$, 记

$$f^g(h)=f(gh).$$

首先, 我们证明: 对于任意 $f\in L^\infty(Z,m)$,

$$Z\to L^1(Z,m),\quad g\mapsto f^g$$

为连续映射. 设 d 为 Z 上的不变度量. 对于任意 $\varepsilon>0$, 取 $\widetilde{f}\in C(Z)$, 使得 $\|f-\widetilde{f}\|_1<\varepsilon$. 然后, 根据紧致性, 取 $\delta>0$, 使得 $d(g_1,g_2)<\delta$ 时, 有 $|\widetilde{f}(g_1h)-\widetilde{f}(g_2h)|<\varepsilon$ $(\forall h\in G)$. 于是当 $d(g_1,g_2)<\delta$ 时, 有

$$\|f^{g_1}-f^{g_2}\|_1\leqslant\|f^{g_1}-\widetilde{f}^{g_1}\|_1+\|\widetilde{f}^{g_1}-\widetilde{f}^{g_2}\|_1+\|\widetilde{f}^{g_2}-f^{g_2}\|_1<3\varepsilon.$$

所以 $g\mapsto f^g$ 为连续的.

其次, 取定 $f\in L^\infty(Z,m)$, $k\in\mathbb{N}$. 我们下面证明:

$$Z\to L^1(Z,m),\quad g\mapsto\int_Z f(h)f(gh)\cdots f(g^kh)\mathrm{d}m(h)$$

为连续的. 因为 $g\mapsto f^{g^j}$ $(1\leqslant j\leqslant k)$ 为连续的, 所以对于任意 $\varepsilon>0$, 可取 $\delta>0$, 使得 $d(g_1,g_2)<\delta$ 时, 有

$$\|f^{g_1^j}-f^{g_2^j}\|_1<\varepsilon,\quad 1\leqslant j\leqslant k.$$

于是, 根据引理 10.5.1, 有

$$\begin{aligned}
&\left\|\int_Z f(h)f(g_1h)\cdots f(g_1^kh)\mathrm{d}m(h)-\int_Z f(h)f(g_2h)\cdots f(g_2^kh)\mathrm{d}m(h)\right\|_1\\
&=\left\|\sum_{i=1}^k\int_Z f(h)f(g_1h)\cdots f(g_1^{i-1}h)\big(f(g_1^ih)-f(g_2^ih)\big)f(g_2^{i+1}h)\cdots f(g^kh)\mathrm{d}m(h)\right\|_1\\
&\leqslant\sum_{i=1}^k\left\|\int_Z f(h)f(g_1h)\cdots f(g_1^{i-1}h)\big(f(g_1^ih)-f(g_2^ih)\big)f(g_2^{i+1}h)\cdots f(g^kh)\mathrm{d}m(h)\right\|_1\\
&\leqslant k\varepsilon\|f\|_\infty^k.
\end{aligned}$$

最后, 设 $f\in L^\infty(Z,m)$ 为非负的, 并且 $f\neq 0$ a.e., 我们证明:

$$\lim_{N\to\infty}\frac{1}{N}\sum_{n=0}^{N-1}\int_Z f(h)f(R_a^nh)\cdots f(R_a^{kn}h)\mathrm{d}m(h)>0. \tag{10.28}$$

根据上面的证明,

$$\phi(a)=\int_Z f(h)f(ah)\cdots f(a^k h)\mathrm{d}m(h)$$

为连续的. 因为 (Z,R_a) 为唯一遍历的, 所以

$$\begin{aligned}
&\lim_{N\to\infty}\frac{1}{N}\sum_{n=0}^{N-1}\int_Z f(h)f(R_a^n h)\cdots f(R_a^{kn}h)\mathrm{d}m(h)\\
&=\lim_{N\to\infty}\frac{1}{N}\sum_{n=0}^{N-1}\int_Z f(h)f(a^n h)\cdots f(a^{kn}h)\mathrm{d}m(h)\\
&=\lim_{N\to\infty}\frac{1}{N}\sum_{n=0}^{N-1}\phi(a^n)=\lim_{N\to\infty}\frac{1}{N}\sum_{n=0}^{N-1}\phi(R_a^n e_Z)\\
&=\int_Z \phi(h)\mathrm{d}m(h),
\end{aligned}$$

其中 e_Z 为 Z 的单位元. 因为

$$\phi(e_Z)=\int_Z (f(h))^{k+1}\mathrm{d}m(h)>0,$$

且 ϕ 连续, 所以

$$\lim_{N\to\infty}\frac{1}{N}\sum_{n=0}^{N-1}\int_Z f(h)f(R_a^n h)\cdots f(R_a^{kn}h)\mathrm{d}m(h)>0.$$

证毕. □

习 题

1. 证明引理 10.5.2.

10.6 Furstenberg-Zimmer 结构定理

在本节中, 我们建立 $\mathbb{Z}$ 作用下的 Furstenberg-Zimmer 结构定理, 这个定理指出任何遍历的保测系统 $(X,\mathcal{X},\mu,T)$ 都是测度 distal 系统的弱混合扩充. 本节最后我们简单介绍 $\mathbb{Z}^l$ 作用下的 Furstenberg-Zimmer 结构定理及高维 Szemerédi 定理.

10.6.1 $\mathbb{Z}$ 作用下的 Furstenberg-Zimmer 结构定理

受到 Furstenberg 极小 distal 系统结构定理的启发, Parry 于 1967 年引入了测度 distal 概念. Zimmer 在 1976 年左右对于一般的局部紧群作用下动力系统发展了测度 distal 系统的理论, 并且给出了遍历系统的结构定理. 与此同时, Furstenberg 也独立地给出了 $\mathbb{Z}$ 作用

下动力系统同样的结论来作为工具证明 Szemerédi 定理. 所以通常将这个遍历系统的结构定理称为 Furstenberg-Zimmer 结构定理, 这个定理指出任何遍历系统都是测度 distal 系统的弱混合扩充, 而测度 distal 系统是由若干紧扩充得到的. 后来, Furstenberg 和 Katznelson 在证明高维 Szemerédi 定理时对于 $\mathbb{Z}^k$ 作用下保测系统 (不一定遍历) 建立了类似的一个结构定理[68, 70].

首先我们介绍测度 distal 概念, 然后给出 Furstenberg-Zimmer 结构定理的陈述.

定义 10.6.1 设 $(X,\mathcal{X},\mu,T)$ 为遍历系统, $\mathcal{X}$ 中可测集列 $A_1 \supseteq A_2 \supseteq \cdots$ 称为一个**分离筛** (separating sieve), 若它满足以下条件:

(1) $\mu(A_n) > 0$;

(2) $\mu(A_n) \to 0\ (n \to \infty)$;

(3) 存在子集 $X_0 \in \mathcal{X}$, $\mu(X_0) = 1$, 使得对于任意 $x, x' \in X_0$, 如果它们满足条件"对于任意 $n \in \mathbb{N}$, 存在 $k \in \mathbb{Z}$, 使得 $T^k x, T^k x' \in A_n$", 那么就有 $x = x'$.

我们称遍历系统 $(X,\mathcal{X},\mu,T)$ 为**测度 distal**, 若 $(X,\mathcal{X},\mu,T)$ 为周期系统, 或者它有一个分离筛.

Parry 证明了: 任何测度 distal 系统具有零熵; 如果极小拓扑动力系统 (X,T) 为拓扑 distal, 那么对任意 $\mu \in \mathcal{M}^{\mathrm{e}}(X,T)$, $(X,\mathcal{B}(X),\mu,T)$ 为测度 distal.

设 $\pi : (X,\mathcal{X},\mu,T) \to (Y,\mathcal{Y},\nu,T)$ 为两个保测系统间的因子映射,

$$\mu = \int_Y \mu_y d\nu(y)$$

为 μ 相对于 ν 的积分分解.

定义 10.6.2 一个函数 $f \in L^2(X,\mu)$ 称为**相对 Y 几乎周期的** (almost periodic over Y), 若对任意 $\varepsilon > 0$, 存在 $g_1, \cdots, g_l \in L^2(X,\mu)$, 使得对任意 $n \in \mathbb{Z}$,

$$\min_{1 \leqslant j \leqslant l} \left\| T^n f - g_j \right\|_{L^2(X,\mu_y)} < \varepsilon$$

对 ν-a.e. $y \in Y$ 成立.

定义 10.6.3 设 $\pi : (X,\mathcal{X},\mu,T) \to (Y,\mathcal{Y},\nu,T)$ 为两个保测系统间的因子映射.

(1) 我们称 X 为相对于 Y 的**紧扩充** (compact extension) 或者**等距扩充** (isometric extension), 若相对于 Y 几乎周期函数在 $L^2(X,\mu)$ 中稠密.

(2) 我们称 X 为相对于 Y 的**弱混合扩充** (weak mixing extension), 如果系统 $(X \times X, \mathcal{X} \times \mathcal{X}, \mu \times_Y \mu, T \times T)$ 为遍历的.

设 $K(X|Y,T)$ 为 $L^2(X,\mu)$ 中由相对于 Y 几乎周期函数张成的闭子空间. 当 Y 平凡时, $K(X|Y,T)$ 为 $H_{\mathrm{c}} = L^2(X,\mathcal{K}_\mu,\mu)$, 即由 T 特征函数张成的空间.

注记 10.6.1 我们也可以用 $K(X|Y,T)$ 来定义紧扩充和弱混合扩充. 设 $\pi : (X,\mathcal{X},\mu,T) \to (Y,\mathcal{Y},\nu,T)$ 为两个保测系统间的因子映射. 我们称 X 为相对于 Y 的**紧扩充**或者**等距扩充**, 若 $K(X|Y,T) = L^2(X,\mu)$; 称 X 为相对于 Y 的**弱混合扩充**, 若 $K(X|Y,T) = L^2(Y,\nu)$. 我们会看到这些定义是等价的.

注记 10.6.2　可以证明一个遍历系统 X 为 (Y,ν,S) 的紧扩充当且仅当 X 同构于斜积 $X'=Y\times M$, 其中 $M=G/H$, G 为紧致度量群, H 为 G 的闭子群, 以及 $\mu'=\nu\times m_M$ (m_M 为 M 上由 G 诱导的 Haar 测度). 此处 X' 上的作用 T' 由下式给出:

$$T'(y,gH)=(Sy,\alpha(y)gH),$$

其中 $\alpha:Y\to G$ 为 cocycle. 一般地, 记 X' 和 T' 分别为 $Y\times_\alpha G/H$ 和 T_α. 当 H 为平凡的子群时, 我们称 $Y\times_\alpha G$ 为 Y 的群扩充. 本书中我们用不到这些结果, 感兴趣的读者请参见文献 [80].

我们在本书中不会用到 Parry 关于测度 distal 的定义, Zimmer 给出了如下测度 distal 的刻画. 我们略去此定理的证明, 许多文献中直接将此定理中的等价刻画作为测度 distal 的定义.

定理 10.6.1 (Zimmer[215-216])　设 $(X,\mathcal{X},\mu,T)$ 为遍历系统, 则 $(X,\mathcal{X},\mu,T)$ 为测度 distal 当且仅当存在可数序数 η 及有序因子列 $(X_\theta,\mathcal{X}_\theta,\mu_\theta,T),\theta\leqslant\eta$, 使得

(1) $X_0=\{pt\}$ 为平凡的, 且 $X_\eta=X$;

(2) 对 $\theta<\eta$, 扩充 $\pi_\theta:X_{\theta+1}\to X_\theta$ 为紧的且非平凡的 (即不为同构);

(3) 对极限序数 $\lambda\leqslant\eta$, $X_\lambda=\varprojlim\limits_{\theta<\lambda}X_\theta$ (即 $\mathcal{X}_\lambda=\bigvee\limits_{\theta<\lambda}\mathcal{X}_\theta$),

$$\{pt\}=X_0\xleftarrow{\pi_0}X_1\xleftarrow{\pi_1}\cdots\xleftarrow{\pi_{\theta-1}}X_\theta\xleftarrow{\pi_\theta}X_{\theta+1}\xleftarrow{\pi_{\theta+1}}\cdots\longleftarrow X_\eta=X.$$

下面是 $\mathbb{Z}$ 作用下遍历系统的 Furstenberg-Zimmer 结构定理, 对于一般局部紧群作用下遍历保测系统的结构定理表述是类似的. 对于 $\mathbb{Z}^l$ 作用下保测系统的结构定理, 我们在本节后面介绍.

定理 10.6.2 (Furstenberg-Zimmer 结构定理)　任何遍历的保测系统 $(X,\mathcal{X},\mu,T)$ 都是测度 distal 系统的弱混合扩充:

$$\underbrace{X_0\xleftarrow{\pi_0}X_1\xleftarrow{\pi_1}\cdots\xleftarrow{\pi_{n-1}}X_n\xleftarrow{\pi_n}X_{n+1}\xleftarrow{\pi_{n+1}}\cdots\longleftarrow X_\eta}_{\text{distal 因子}}\xleftarrow{\pi_\eta}X,$$

其中 π_η 为弱混合扩充.

10.6.2　Furstenberg-Zimmer 结构定理的证明

定理 10.6.3　设 $\pi:(X,\mathcal{X},\mu,T)\to(Y,\mathcal{Y},\nu,S)$ 为两个遍历系统间的因子映射, 则以下两者之一成立:

(1) X 为相对于 Y 的弱混合扩充;

(2) 存在 X 的因子 $(Z,\mathcal{Z},\eta,R)$, 使得图 10.2 中的图表交换, 其中 $\rho:Z\to Y$ 为非平凡的紧扩充.

证明　记

$$\widetilde{X}=X\times X,\quad \widetilde{\mu}=\mu\times_Y\mu,\quad \widetilde{T}=T\times T.$$

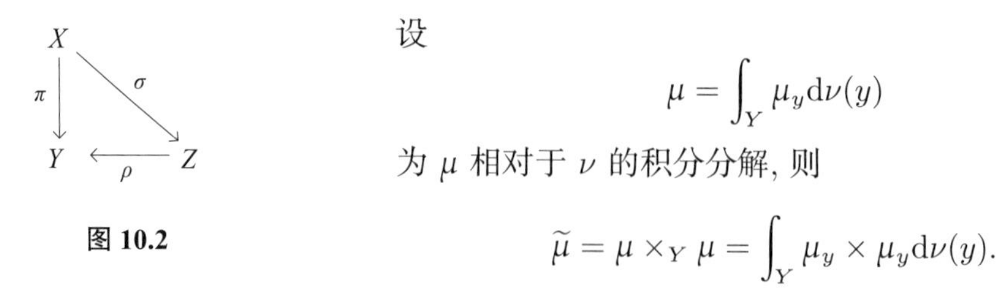

图 10.2

设

$$\mu = \int_Y \mu_y \mathrm{d}\nu(y)$$

为 μ 相对于 ν 的积分分解, 则

$$\widetilde{\mu} = \mu \times_Y \mu = \int_Y \mu_y \times \mu_y \mathrm{d}\nu(y).$$

在证明中, 我们经常会将 $\mu_y = \mu_{\pi(x)}$ 记为 μ_x.

如果 $\pi : X \to Y$ 不是弱混合扩充, 则存在非常值的 $\widetilde{T}$ 不变函数 $H \in L^\infty(\widetilde{X}, \widetilde{\mu})$. 对 $\phi \in L^2(X, \mu)$, 定义算子

$$H * \phi(x) = \int_X H(x, x')\phi(x')\mathrm{d}\mu_x(x') = \int_X H(x, x')\phi(x')\mathrm{d}\mu_{\pi(x)}(x'). \tag{10.29}$$

我们有

$$\begin{aligned} T(H * \phi)(x) = H * \phi(Tx) &= \int_X H(Tx, x')\phi(x')\mathrm{d}\mu_{Tx}(x') \\ &= \int_X H(Tx, Tx')\phi(Tx')\mathrm{d}\mu_x(x') = H * (T\phi)(x). \end{aligned} \tag{10.30}$$

如果 $\phi \in L^\infty(X, \mu)$, 那么对于几乎所有取定的 $y \in Y$, $\{T^n\phi : n \in \mathbb{Z}\} \subseteq L^\infty(X, \mu_y)$. 对于几乎所有取定的 $y \in Y$, 因为

$$L^2(X, \mu_y) \to L^2(X, \mu_y), \quad \phi \mapsto H * \phi$$

为紧算子, 所以对于 ν-a.e. $y \in Y$ 和 $\phi \in L^\infty(X, \mu)$, 集合

$$\{T^n(H * \phi) = H * (T^n\phi) : n \in \mathbb{Z}\} \subseteq L^2(X, \mu_y)$$

为完全有界的.

我们需要证明 $H * \phi$ 是相对于 Y 的几乎周期函数. 对于任意 $\varepsilon > 0$, ν-a.e. $y \in Y$, 存在 $M(y) \in \mathbb{N}$, 使得

$$\{T^j(H * \phi) : |j| \leqslant M(y)\}$$

为 $\{T^n(H * \phi) : n \in \mathbb{Z}\}$ 在 $L^2(X, \mu_y)$ 中的 ε 网. 设 $M(y)$ 为使得上面条件满足的最小数值. 由此定义了函数

$$M : Y \to \mathbb{N}, \quad y \mapsto M(y).$$

注意到

$$\begin{aligned} &\{y \in Y : M(y) \leqslant K\} \\ &\quad = \{y \in Y : \forall m \in \mathbb{Z}, \exists |j| \leqslant K, \text{s.t. } \|T^m(H * \phi) - T^j(H * \phi)\|_{L^2(X, \mu_y)} < \varepsilon\}, \end{aligned}$$

于是 $\{y \in Y : M(y) \leqslant K\}$ 为可测集, 从而 M 为可测函数. 所以存在 $M_0 \in \mathbb{N}$, 使得

$$A = \{y \in Y : M(y) \leqslant M_0\} \in \mathcal{Y},$$

且 $\nu(A)>0$.

对于每个 $j\in\mathbb{Z}$, $|j|\leqslant M$, 定义 g_j 如下:

$$g_j(x)=\begin{cases} T^j(H*\phi)(x)=H*(T^j\phi)(x), & \pi(x)\in A,\\ g_j(T^m x), & y=\pi(x),Sy,\cdots,S^{m-1}y\notin A \text{ 且 } S^m y\in A.\end{cases}$$

根据遍历性, $\nu(\bigcup\limits_{m\in\mathbb{N}}S^{-m}A)=1$, 所以 g_j 是几乎处处可定义的.

对 $y\in A$, 根据 g_j 的定义, 有

$$\min_{-M\leqslant j\leqslant M}\|T^n(H*\phi)-g_j\|_{L^2(X,\mu_y)}<\varepsilon,\quad \forall n\in\mathbb{Z}.$$

如果存在 $m\in\mathbb{N}$, 使得 $y,Sy,\cdots,S^{m-1}y\notin A$, 但是 $S^m y\in A$, 则对 $S^m y$ 应用上式, 得

$$\min_{-M\leqslant j\leqslant M}\|T^n(H*\phi)-g_j\|_{L^2(X,S^m\mu_y)}<\varepsilon,\quad \forall n\in\mathbb{Z}.$$

注意到

$$\|T^n(H*\phi)-g_j\|_{L^2(S^m\mu_y)}=\|T^mT^n(H*\phi)-T^m g_j\|_{L^2(X,\mu_y)},$$

以及 $T^m g_j(x)=g_j(T^m x)=g_j(x)$, 我们得到

$$\min_{-M\leqslant j\leqslant M}\left\|T^{m+n}(H*\phi)-g_j\right\|_{L^2(X,\mu_y)}<\varepsilon,\quad \forall n\in\mathbb{Z}.$$

上式也可写为

$$\min_{-M\leqslant j\leqslant M}\|T^n(H*\phi)-g_j\|_{L^2(X,\mu_y)}<\varepsilon,\quad \forall n\in\mathbb{Z}.$$

综上, 我们得到对 ν-a.e. y, 有

$$\min_{-M\leqslant j\leqslant M}\|T^n(H*\phi)-g_j\|_{L^2(X,\mu_y)}<\varepsilon,\quad \forall n\in\mathbb{Z}.$$

于是我们证明了 $H*\phi$ 为相对于 Y 的几乎周期函数.

下面我们证明断言:

断言　存在 $\phi\in L^\infty(X,\mu)$, 使得 $H*\phi\notin L^2(Y,\nu)$.

证明　我们假设对于任意 $\phi\in L^\infty(X,\mu)$, $H*\phi\in L^2(Y,\nu)$.

我们需要用到下面的事实: 设 $\mathcal{N}=\{\emptyset,X\}$, 则

$$H*\phi(x)=\mathbb{E}\left(H(x,x')\phi(x')|\mathcal{X}\times\mathcal{N}\right). \tag{10.31}$$

这个事实是由下式得到的:

$$\mu\times_Y\mu=\int_Y\mu_y\times\mu_y\mathrm{d}\nu(y)=\int_X\delta_x\times\mu_{\pi(x)}\mathrm{d}\mu(x).$$

取 X 的有限可测剖分 $\mathcal{P}_n$, 使得

$$\sigma(\mathcal{P}_n)\nearrow\mathcal{X},\quad n\to\infty.$$

设 $x_2 \in P \in \mathcal{P}_n$. 根据条件期望的定义, 有

$$\mathbb{E}(H|\mathcal{X} \times \sigma(\mathcal{P}_n))(x_1, x_2) = \frac{\mathbb{E}(H \cdot \mathbf{1}_{X \times P}|\mathcal{X} \times \mathcal{N})(x_1, x_2)}{\mathbb{E}(\mathbf{1}_{X \times P}|\mathcal{X} \times \mathcal{N})(x_1, x_2)}. \tag{10.32}$$

根据式 (10.31) 与我们的假设, $\mathbb{E}(H \cdot \mathbf{1}_{X \times P}|\mathcal{X} \times \mathcal{N})$ 为 $\mathcal{Y} \times \mathcal{N}$ 可测的. 同样, 根据

$$\mathbb{E}(\mathbf{1}_{X \times P}|\mathcal{X} \times \mathcal{N})(x_1, x_2) = \mu_{x_1}(P),$$

可知 $\mathbb{E}(\mathbf{1}_{X \times P}|\mathcal{X} \times \mathcal{N})(x_1, x_2)$ 也是 $\mathcal{Y} \times \mathcal{N}$ 可测的. 于是 $\mathbb{E}(H|\mathcal{X} \times \sigma(\mathcal{P}_n))$ 为 $\mathcal{Y} \times \mathcal{N}$ 可测的.

根据鞅定理以及

$$\mathcal{X} \times \sigma(\mathcal{P}_n) \nearrow \mathcal{X} \times \mathcal{X},$$

我们得到 H 为 $\mathcal{Y} \times \mathcal{N}$ 可测的. 注意到

$$\mathcal{Y} \times \mathcal{N} = \mathcal{N} \times \mathcal{Y} \pmod{\widetilde{\mu}}.$$

所以 H 为 $\mathcal{N} \times \mathcal{Y}$ 可测的, 即 $H(x_1, x_2)$ 只是第二个坐标的函数. 但 H 是非常值 $\widetilde{T}$ 不变的, 这与 T 遍历矛盾.

令

$$\mathcal{F} = \{f \in L^\infty(X, \mu) : f \text{ 为相对于 } Y \text{ 几乎周期的}\}.$$

根据断言, $\mathcal{F}$ 包含非 $\mathcal{Y}$ 可测的函数. 下面证明 $\mathcal{F}$ 为代数. 我们仅需验证 $\mathcal{F}$ 对于乘法封闭.

设 $f_1, f_2 \in \mathcal{F}$. 对于 $\varepsilon > 0$, 取 $g_1, \cdots, g_J \in L^2(X, \mu)$, $h_1, \cdots, h_K \in L^2(X, \mu)$, 使得 $\|g_j\|_\infty \leqslant \|f_1\|_\infty$ $(1 \leqslant j \leqslant J)$, 且对于 ν-a.e. $y \in Y$ 及 $n \in \mathbb{N}$, 有

$$\min_{1 \leqslant j \leqslant J} \|T^n f_1 - g_j\|_{L^2(\mu_y)} < \varepsilon, \tag{10.33}$$

以及

$$\min_{1 \leqslant k \leqslant K} \|T^n f_2 - h_k\|_{L^2(\mu_y)} < \varepsilon. \tag{10.34}$$

于是存在 $j \in \{1, 2, \cdots, J\}, k \in \{1, 2, \cdots, K\}$, 使得

$$\begin{aligned}\|T^n(f_1 f_2) - g_j h_k\|_{L^2(\mu_y)} &\leqslant \|T^n f_2(T^n f_1 - g_j)\|_{L^2(\mu_y)} + \|g_j(T^n f_2 - h_k)\|_{L^2(\mu_y)} \\ &< \|f_2\|_\infty \varepsilon + \|g_j\|_\infty \varepsilon \leqslant (\|f_1\|_\infty + \|f_2\|_\infty)\varepsilon.\end{aligned}$$

因此

$$\min_{1 \leqslant j \leqslant J, 1 \leqslant k \leqslant K} \|T^n(f_1 f_2) - g_j h_k\|_{L^2(\mu_y)} < (\|f_1\|_\infty + \|f_2\|_\infty)\varepsilon.$$

所以 $f_1 f_2 \in \mathcal{F}$.

根据定理 3.5.6, 存在 X 的因子 $(Z, \mathcal{Z}, \eta, R)$, 使得

$$\overline{\mathcal{F}} = L^2(Z, \mathcal{Z}, \eta).$$

并且存在如图 10.3 所示的交换图表. 图中 $\rho: Z \to Y$ 为非平凡紧扩充. □

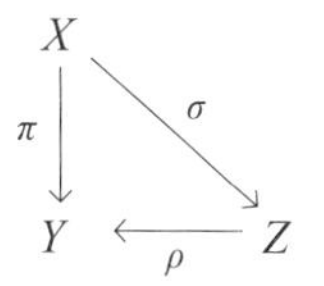

图 10.3

根据定理 10.6.3 即可完成 Furstenberg-Zimmer 结构定理的证明, 请读者自己补充剩下的证明细节.

10.6.3 $\mathbb{Z}^l$ 保测系统的结构定理

设 Γ 为与 $\mathbb{Z}^l$ 同构的群, 其中 $l \in \mathbb{N}$, $X = (X, \mathcal{X}, \mu, \Gamma)$ 为保测系统, $Y = (Y, \mathcal{Y}, \nu, \Gamma)$ 为其因子, $\phi: (X, \mathcal{X}, \mu, \Gamma) \to (Y, \mathcal{Y}, \nu, \Gamma)$ 为相应的因子映射.

定义 10.6.4 称系统 X 为 Y 相对于 $T \in \Gamma$ 的**遍历扩充**, 若 $\mathcal{X}$ 的全体 T 不变子集恰为 $\mathcal{Y}$ 的 T 不变子集在 ϕ^{-1} 下的像 (模去零测集的意义下), 记为 $X \to Y$ 遍历 (rel. T).

定义 10.6.5 称系统 X 为 Y 相对于 $T \in \Gamma$ 的**弱混合扩充**, 若 $X \times_Y X \to Y$ 为 Y 相对于 T 的遍历扩充, 记为 $X \to Y$ 弱混合 (rel. T). 如果 ϕ 相对于每个 $T \in \Gamma$ 为弱混合的, 那么称 X 为 Y **相对于 Γ 的弱混合扩充**.

定义 10.6.6 称 X 为 Y 相对于 Γ 的**紧扩充**, 若存在稠密函数集族 $\mathcal{F} \subseteq L^2(X)$, 满足: 对任意 $f \in \mathcal{F}$ 及 $\delta > 0$, 存在有限个函数 $g_1, g_2, \cdots, g_k \in L^2(X, \mu)$, 使得对每个 $S \in \Gamma$, 成立不等式

$$\min_{1 \leqslant j \leqslant k} ||Sf - g_j||_{L^2(X, \mu_y)} < \delta, \quad \nu\text{-a.e. } y \in Y.$$

下面我们陈述 Γ 作用下的 Furstenberg-Zimmer 结构定理

定理 10.6.4 (Furstenberg-Zimmer 结构定理)　设 $X = (X, \mathcal{X}, \mu, \Gamma)$ 为可分的保测系统, 其中 Γ 为有限秩的自由交换群, 那么存在序数 η, 使得对任意序数 $\xi \leqslant \eta$, 存在 X 的因子 X_ξ, $\pi_\xi: X \to X_\xi$ 满足:

(1) X_0 为平凡系统, 而 $X_\eta = X$;

(2) 如果 $\xi \leqslant \xi'$, 则存在因子映射 $\pi_\xi^{\xi'}: X_{\xi'} \to X_\xi$, 使得 $\pi_\xi = \pi_\xi^{\xi'} \pi_{\xi'}$;

(3) 对每个 $\xi < \eta$, $X_{\xi+1} \to X_\xi$ 为**本原的** (primitive), 即 Γ 为两个子群的直积, $\Gamma = \Gamma_{\rm c} \times \Gamma_{\rm w}$, 其中 $X_{\xi+1} \to X_\xi$ 相对于 $\Gamma_{\rm c}$ 为紧扩充, 而 $X_{\xi+1} \to X_\xi$ 相对于 $\Gamma_{\rm w}$ 为弱混合扩充;

(4) 如果 $\xi \leqslant \eta$ 为极限序数, 则 X_ξ 为因子 $\{X_{\xi'}, \xi' < \xi\}$ 的逆极限.

当 $\Gamma = \mathbb{Z}$ 时, 我们可以做到除最后一步 $X = X_\eta \to X_{\eta'}$ $(\eta = \eta' + 1)$ 可能为弱混合扩充外, 其余各扩充均为紧扩充.

由上面的结论可以得到有限个可交换保测变换作用下的多重回复定理. 保测系统的多重回复定理为以下定理的推论.

定理 10.6.5 (Furstenberg-Katznelson)　设 $T_1, T_2, \cdots, T_l$ 为概率空间 $(X, \mathcal{X}, \mu)$ 上的相互可交换的保测变换, $A \in \mathcal{X}$ 满足 $\mu(A) > 0$, 则

$$\liminf_{N \to \infty} \frac{1}{N} \sum_{n=1}^{N} \mu(T_1^{-n} A \cap T_2^{-n} A \cap \cdots \cap T_l^{-n} A) > 0. \tag{10.35}$$

证明定理 10.6.5 的基本思路如下: 先对 $(X, \mathcal{X}, \mu, \Gamma)$ 为 $(Y, \mathcal{Y}, \nu, \Gamma)$ 的紧扩充和弱混合

扩充的情形分别证明, 如果 $(Y,\mathcal{Y},\nu,\Gamma)$ 满足式 (10.35), 那么 $(X,\mathcal{X},\mu,\Gamma)$ 也满足式 (10.35); 然后用结构定理归纳证明结论. 根据定理 10.6.5, 我们有:

定理 10.6.6 (Furstenberg-Katznelson 定理) 设 $T_1,T_2,\cdots,T_l$ 为概率空间 $(X,\mathcal{X},\mu)$ 上相互可交换的保测变换, $A\in\mathcal{X}$ 满足 $\mu(A)>0$, 那么存在 $n\in\mathbb{N}$, 使得

$$\mu(T_1^{-n}A\cap T_2^{-n}A\cap\cdots\cap T_l^{-n}A)>0.$$

可以建立更一般的 Furstenberg 对应原则, 通过这个对应原则可以证明定理 10.6.6 等价于如下高维版本的 Szemerédi 定理.

首先介绍 $\mathbb{Z}_+^k$ 的密度集概念. 设 $k\in\mathbb{N}$, $S\subseteq\mathbb{Z}_+^k$. 集合 S 的**上密度**定义为

$$\overline{d}(S)=\limsup_{N\to\infty}\frac{|S\cap[0,N-1]^k|}{N^k},$$

集合 S 的**上 Banach 密度**定义为

$$d^*(S)=\limsup_{N_i-M_i\to\infty,1\leqslant i\leqslant k}\frac{\left|S\cap\prod_{i=1}^{k}[M_i,N_i-1]\right|}{\prod_{i=1}^{k}(N_i-M_i)}.$$

定理 10.6.7 (高维 Szemerédi 定理) 设 $S\subseteq\mathbb{Z}_+^k$ $(k\in\mathbb{N})$ 具有正上 Banach 密度, 则对于 $\mathbb{Z}_+^k$ 的任意有限子集 F, 存在向量 $\boldsymbol{a}\in\mathbb{Z}_+^k$, $b\in\mathbb{N}$, 使得

$$\boldsymbol{a}+bF\subseteq S.$$

注意将上面的 $\mathbb{Z}_+^k$ 换为 $\mathbb{N}^k$ 或 $\mathbb{Z}^k$, 结论仍然成立.

习　题

1. 根据定理 10.6.3 完成 Furstenberg-Zimmer 结构定理的证明.

2. 证明 Furstenberg-Katznelson 定理 (定理 10.6.6) 等价于高维 Szemerédi 定理 (定理 10.6.7).

10.7 Poincaré 多重回复定理的证明

在本节中, 我们给出 Poincaré 多重回复定理的证明, 即要证明: 设 $(X,\mathcal{X},\mu,T)$ 为保测系统, $k\in\mathbb{N}$, $A\in\mathcal{X}$ 满足 $\mu(A)>0$, 那么

$$\liminf_{N\to\infty}\frac{1}{N}\sum_{n=1}^{N}\mu(A\cap T^{-n}A\cap T^{-2n}A\cap\cdots\cap T^{-kn}A)>0. \tag{10.36}$$

证明的基本思路如下: 先对 $(X,\mathcal{X},\mu,T)$ 为 $(Y,\mathcal{Y},\nu,T)$ 的紧扩充和弱混合扩充的情形分别证明, 如果 $(Y,\mathcal{Y},\nu,T)$ 满足式(10.36), 那么 $(X,\mathcal{X},\mu,T)$ 也满足式(10.36); 然后用结构定理归纳证明结论.

10.7.1　SZ 性质

定义 10.7.1　设 $(X,\mathcal{X},\mu,T)$ 为保测系统, 我们称它满足 **SZ 性质** (即 Szemerédi 性质), 若对于任意 $k\in\mathbb{N}$, $A\in\mathcal{X}$, $\mu(A)>0$, 有

$$\liminf_{N\to\infty}\frac{1}{N}\sum_{n=0}^{N-1}\mu(A\cap T^{-n}A\cap T^{-2n}A\cap\cdots\cap T^{-kn}A)>0. \tag{10.37}$$

根据这个定义, Poincaré 多重回复定理可陈述为: 任何保测系统都满足 SZ 性质. 下面我们解释一下仅需证明任何可逆遍历系统都满足 SZ 性质即可.

根据自然扩充, 我们可以不妨设所涉及的系统均为可逆的. 下面说明, 我们可以约化到遍历系统. 设

$$\mu=\int_{\Omega}\mu_y\mathrm{d}\nu(y)$$

为遍历分解. 又设 $A\in\mathcal{X}$, $\mu(A)>0$, 则

$$\mu\big(\{x\in X:\mu_y(A)>0\}\big)>0.$$

由 Fatou 引理, 可得

$$\begin{aligned}
&\liminf_{N\to\infty}\frac{1}{N}\sum_{n=0}^{N-1}\mu(A\cap T^{-n}A\cap\cdots\cap T^{-kn}A)\\
&=\liminf_{N\to\infty}\int_{\Omega}\frac{1}{N}\sum_{n=0}^{N-1}\mu_y(A\cap T^{-n}A\cap\cdots\cap T^{-kn}A)\mathrm{d}\nu(y)\\
&\geqslant\int_{\Omega}\liminf_{N\to\infty}\frac{1}{N}\sum_{n=0}^{N-1}\mu_y(A\cap T^{-n}A\cap\cdots\cap T^{-kn}A)\mathrm{d}\nu(y)\\
&>0.
\end{aligned}$$

最后的正号是因为, 如果对于遍历系统 SZ 性质成立, 那么对于正测度集的 y, 积分号里面的值大于 0. 所以我们把命题约化到遍历系统.

下面我们分为紧扩充、弱混合扩充及逆极限三种情况, 证明可逆遍历系统的 SZ 性质可以得到保持. 从而根据 Furstenberg-Zimmer 结构定理 (定理 10.6.2), 任何可逆遍历系统满足 SZ 性质, 由此完成 Poincaré 多重回复定理的证明.

10.7.2　紧扩充

引理 10.7.1　设 $\pi:(X,\mathcal{X},\mu,T)\to(Y,\mathcal{Y},\nu,S)$ 为两个遍历系统间的紧扩充, $B\in\mathcal{X}$, $\mu(B)>0$, 那么存在 $\widetilde{B}\subseteq B,\mu(\widetilde{B})>0$, 使得 $\mathbf{1}_{\widetilde{B}}$ 相对于 Y 为几乎周期函数, $A=\pi(\widetilde{B})\in\mathcal{Y}$

具有正测度, 并且

$$\mu_y(\widetilde{B}) > \frac{1}{2}\mu(\widetilde{B})\ (\forall y \in A), \quad \mu_y(\widetilde{B}) = 0\ (\forall y \in Y \setminus A).$$

证明 设

$$B' = \left\{x \in B : \mu_{\pi(x)}(B) > \frac{1}{2}\mu(B)\right\}.$$

如果 $x \in B \setminus B'$, 记 $y = \pi(x)$, 则有

$$\mu_y(B \setminus B') \leqslant \mu_y(B) \leqslant \frac{1}{2}\mu(B).$$

对 y 进行积分, 就得到

$$\mu(B \setminus B') \leqslant \frac{1}{2}\mu(B).$$

因为 $\mu(B) > 0$, 所以我们得到 $\mu(B') > 0$, 并且对于任何 $x \in B'$,

$$\mu_{\pi(x)}(B') > \frac{1}{2}\mu(B) \geqslant \frac{1}{2}\mu(B').$$

下面需要微调之, 使它成为几乎周期的.

取递减序列 $\{\varepsilon_l\}_{l=1}^{\infty}$, 使得 $\varepsilon_l > 0\ (\forall l \in \mathbb{N})$, 且

$$\sum_{l=1}^{\infty} \varepsilon_l < \frac{1}{2}\mu(B').$$

对于每个 $l \in \mathbb{N}$, 取相对于 Y 的几乎周期函数 f_l, 使得

$$\|\mathbf{1}_{B'} - f_l\|_{L^2(\mu)}^2 = \int_X |\mathbf{1}_{B'} - f_l|^2 \mathrm{d}\mu < \varepsilon_l^2.$$

令

$$A_l = \{y \in Y : \|\mathbf{1}_{B'} - f_l\|_{L^2(\mu_y)}^2 \geqslant \varepsilon_l\},$$

则

$$\mu(\pi^{-1}(A_l)) = \nu(A_l) \leqslant \frac{1}{\varepsilon_l}\int_{A_l} \|\mathbf{1}_{B'} - f_l\|_{L^2(\mu_y)}^2 \mathrm{d}\nu(y) \leqslant \varepsilon_l.$$

设 $A = \bigcup\limits_{l=1}^{\infty} A_l$,

$$\widetilde{B} = B' \setminus \bigcup_{l=1}^{\infty} \pi^{-1}(A_l).$$

我们有

$$\mu(\widetilde{B}) = \mu(B') - \mu\left(\bigcup_{l=1}^{\infty} \pi^{-1}(A_l)\right) \geqslant \mu(B') - \sum_{l=1}^{\infty} \varepsilon_l > \frac{1}{2}\mu(B').$$

根据 $\widetilde{B}$ 的定义, 有

$$\mu_y(\widetilde{B}) = \begin{cases} \mu_y(B') \geqslant \dfrac{1}{2}\mu(B') \geqslant \dfrac{1}{2}\mu(\widetilde{B}), & x \in \widetilde{B}, y = \pi(x) \in A. \\ 0, & \text{其他}. \end{cases}$$

以下说明 $\mathbf{1}_{\widetilde{B}}$ 为几乎周期的.

设 $\varepsilon>0$. 取 $\varepsilon_l<\varepsilon/2$. 如果 $T^n y\notin\bigcup\limits_{l\in\mathbb{N}}A_l$, 则有

$$\|T^n\mathbf{1}_{\widetilde{B}}-T^nf_l\|_{L^2(\mu_y)}=\|\mathbf{1}_{\widetilde{B}}-f_l\|_{L^2(\mu_{T^ny})}=\|\mathbf{1}_{B'}-f_l\|_{L^2(\mu_{T^ny})}<\varepsilon_l<\frac{1}{2}\varepsilon.$$

如果 $T^ny\in\bigcup\limits_{l\in\mathbb{N}}A_l$, 则有

$$\|T^n\mathbf{1}_{\widetilde{B}}\|_{L^2(\mu_y)}=\|\mathbf{1}_{\widetilde{B}}\|_{L^2(\mu_{T^ny})}=0.$$

因为 f_l 相对于 Y 是几乎周期的, 所以存在函数 $g_1,\cdots,g_m$, 使得

$$\min_{1\leqslant j\leqslant m}\|T^nf_l-g_j\|_{L^2(\mu_y)}\leqslant\frac{1}{2}\varepsilon,\quad\forall y\text{ a.e.}.$$

设 $g_0=0$, 则

$$\min_{0\leqslant j\leqslant m}\|T^n\mathbf{1}_{\widetilde{B}}-g_j\|_{L^2(\mu_y)}\leqslant\varepsilon,\quad\forall y\text{ a.e.},$$

即 $\mathbf{1}_{\widetilde{B}}$ 相对于 Y 为几乎周期的. □

命题 10.7.1 设 $\pi:(X,\mathcal{X},\mu,T)\to(Y,\mathcal{Y},\nu,S)$ 为两个遍历系统间的紧扩充. 如果 $(Y,\mathcal{Y},\nu,S)$ 满足 SZ 性质, 那么 $(X,\mathcal{X},\mu,T)$ 也满足 SZ 性质.

证明 设 $B\in\mathcal{X}$, $\mu(B)>0$. 我们要证它具有 SZ 性质. 根据引理 10.7.1, 我们假设 $f=\mathbf{1}_B$ 相对于 Y 为几乎周期的, $A=\pi(B)\in\mathcal{Y}$ 具有正测度, 并且

$$\mu_y(B)>\frac{1}{2}\mu(B)\ (\forall y\in A),\quad\mu_y(B)=0\ (\forall y\in Y\setminus A).$$

我们将用 $A=\pi(B)$ 的 SZ 性质推出所求.

设 $k\in\mathbb{N}$. 因为 f 相对于 Y 为几乎周期的, 所以对于 $\varepsilon=\dfrac{\mu(B)}{12(k+1)}$, 存在 $g_1,\cdots,g_r$, 使得

$$\min_{1\leqslant s\leqslant r}\|T^nf-g_s\|_{L^2(\mu_y)}<\varepsilon,\quad\forall n\in\mathbb{Z}$$

对于几乎每个 $y\in Y$ 成立. 我们可以假设 $\|g_s\|_\infty\leqslant1$ $(1\leqslant s\leqslant r)$. 根据 van der Waerden 定理, 取 K, 使得 $[1,K]=\{1,2,\cdots,K\}$ 的任何 r 染色中包含 $k+1$ 长的等差数列单色. 取 $c_1>0$, 使得

$$R_K=\{n\in\mathbb{Z}_+:\nu(A\cap S^{-n}A\cap\cdots\cap S^{-Kn}A)>c_1\}$$

具有正的下密度. 这是因为对 A 用 SZ 性质, 存在 $c_0>0$, 使得

$$\liminf_{N\to\infty}\frac{1}{N}\sum_{n=0}^{N-1}\nu(A\cap S^{-n}A\cap\cdots\cap S^{-Kn}A)\geqslant c_0>0.$$

于是, 对于充分大的 N 及仅依赖于 c_0 的 c_1, 成立 $\dfrac{1}{N}|R_K\cap[0,N-1]|>c_1$. 由此得到 R_K 具有正的下密度.

设 $n \in R_K$. 对于 $y \in A \cap S^{-n}A \cap \cdots \cap S^{-Kn}A$, 有

$$\min_{1 \leqslant s \leqslant r} \|T^{in}f - g_s\|_{L^2(\mu_y)} < \varepsilon, \quad i \in \{1, 2, \cdots, K\}.$$

由此给 $[1, K]$ 进行 r 染色, 对于 $i \in [1, K]$, 取 $c(i) \in \{1, 2, \cdots, r\}$, 使得

$$\|T^{in}f - g_{c(i)}\|_{L^2(\mu_y)} < \varepsilon.$$

即 $c : [1, K] \to \{1, 2, \cdots, r\}$ 为染色, 它仅依赖于 y 与 n. 由 K 的选取, 存在 i, d 以及 $t \in \{1, 2, \cdots, r\}$, 使得

$$i, i + d, \cdots, i + kd \in c^{-1}(t).$$

特别有

$$\|T^{(i+jd)n}f - g_t\|_{L^2(\mu_y)} < \varepsilon, \quad 0 \leqslant j \leqslant k.$$

设 $\widetilde{g} = T^{-in}g_t$, 则

$$\|T^{jdn}f - \widetilde{g}\|_{L^2(\mu_{S^{in}y})} < \varepsilon, \quad 0 \leqslant j \leqslant k.$$

因为在上式中可以取 $j = 0$, 所以由三角不等式有

$$\|T^{jdn}f - f\|_{L^2(\mu_{S^{in}y})} < 2\varepsilon, \quad 1 \leqslant j \leqslant k. \tag{10.38}$$

综上, 对于 $n \in R_K$, 集合 $A \cap S^{-n}A \cap \cdots \cap S^{-Kn}A$ 有剖分

$$A \cap S^{-n}A \cap \cdots \cap S^{-Kn}A = D_{n,1} \cup \cdots \cup D_{n,M},$$

其中 M 为 $[1, K]$ 中长为 $k+1$ 的等差数列的总个数, 在每个 $y \in D_{n,h}$ 上面分析中的 $i, d, \widetilde{g}$ 都保持相同. 因为 $\nu(A \cap S^{-n}A \cap \cdots \cap S^{-Kn}A) > c_1$, 所以存在某个 $D = D_{n,h}$, 使得

$$\nu(D) > \frac{c_1}{M}.$$

设 D 对应的等差数列仍记为 $i, i + d, \cdots, i + kd$.

因为 $D \subseteq A \cap S^{-n}A \cap \cdots \cap S^{-Kn}A$, 故有

$$\mu_{S^{in}y}(B) > \frac{1}{2}\mu(B).$$

于是

$$\begin{aligned}
&\mu_{S^{in}y}(B \cap T^{-dn}B \cap \cdots \cap T^{-k(dn)}B) \\
&= \int_X f \cdot T^{dn}f \cdots T^{kdn}f \mathrm{d}\mu_{S^{in}y} \\
&> \int_X f^{k+1} \mathrm{d}\mu_{S^{in}y} - 2(k+1)\varepsilon \quad (\text{由式 } (10.38)) \\
&> \frac{1}{2}\mu(B) - 2(k+1)\varepsilon = \frac{1}{3}\mu(B).
\end{aligned}$$

上式对于所有 $y \in D$ 成立. 由于在 D 上, i 为固定的, 所以对于 $S^{in}y \in S^{in}D$ 进行积分, 可得到

$$\mu(B \cap T^{-dn}B \cap \cdots \cap T^{-k(dn)}B) > \frac{1}{3}\mu(B)\nu(D) \geqslant \frac{c_1}{3M}\mu(B).$$

对于任意 $n \in R_K$, 上式都成立. 注意 d 可能会依赖 n 而变化. 设

$$R' = \left\{n \in \mathbb{Z}_+ : \mu(B \cap T^{-n}B \cap \cdots \cap T^{-kn}B) \geqslant \frac{c_1}{3M}\mu(B)\right\}.$$

综上, 对于任意 $n \in R_K$, 存在 $d \in [1, K]$, 使得 $dn \in R'$. 于是 (作为习题验证)

$$\liminf_{N\to\infty} \frac{|R' \cap [0, N-1]|}{N} \geqslant \frac{c_1}{2K^2}. \tag{10.39}$$

特别地,

$$\liminf_{N\to\infty} \frac{1}{N}\sum_{n=0}^{N-1} \mu(B \cap T^{-n}B \cap T^{-2n}B \cap \cdots \cap T^{-kn}B) > 0,$$

即 $(X, \mathcal{X}, \mu, T)$ 满足 SZ 性质. □

10.7.3　弱混合扩充

定理 10.7.1　设 $\pi : (X, \mathcal{X}, \mu, T) \to (Y, \mathcal{Y}, \nu, S)$ 为两个遍历系统间的弱混合扩充, 那么对于任意 $k \in \mathbb{N}$, $B_0, B_1, \cdots, B_k \in X$, 有

$$\lim_{N\to\infty} \frac{1}{N}\sum_{n=0}^{N-1} \int_Y |\mu_y(B_0 \cap T^{-n}B_1 \cap \cdots \cap T^{-kn}B_k) - \mu_y(B_0)\mu_y(T^{-n}B_1)\cdots\mu_y(T^{-kn}B_k)|^2 \mathrm{d}\nu(y) = 0. \tag{10.40}$$

等价地, 对于任意 $\varepsilon > 0$, 存在 $N_0 \in \mathbb{N}$, 使得对于 $N \geqslant N_0$, 有

$$\begin{aligned}&\left|\mu_y(B_0 \cap T^{-n}B_1 \cap \cdots \cap T^{-kn}B_k) - \mu_y(B_0)\mu_y(T^{-n}B_1)\cdots\mu_y(T^{-kn}B_k)\right| \\ &\quad < \varepsilon, \forall (n, y) \in \big([0, N-1] \times Y\big) \setminus G,\end{aligned} \tag{10.41}$$

其中 $m \times \nu(G) < \varepsilon$, m 为 $[0, N-1]$ 上计数测度的规范化概率测度.

注记 10.7.1　我们把式(10.41) 简记为: 对于充分大的 N,

$$\mu_y(B_0 \cap T^{-n}B_1 \cap \cdots \cap T^{-kn}B_k) \overset{\varepsilon}{\approx} \mu_y(B_0)\mu_y(T^{-n}B_1)\cdots\mu_y(T^{-kn}B_k).$$

命题 10.7.2　设 $\pi : (X, \mathcal{X}, \mu, T) \to (Y, \mathcal{Y}, \nu, S)$ 为两个遍历系统间的弱混合扩充. 如果 $(Y, \mathcal{Y}, \nu, S)$ 满足 SZ 性质, 那么 $(X, \mathcal{X}, \mu, T)$ 也满足 SZ 性质.

证明　设 $B \in \mathcal{X}$, $\mu(B) > 0$. 对 $a > 0$, 令 $A = \{y \in Y : \mu_y(B) > a\}$. 取 $a > 0$, 使得 $\nu(A) > 0$.

根据定理 10.7.1, 对于 $\varepsilon > 0$, 以及充分大的 N, 有

$$\mu_y(B_0 \cap T^{-n}B_1 \cap \cdots \cap T^{-kn}B_k)$$

$$\geqslant \mu_y(B_0)\mu_y(T^{-n}B_1)\cdots\mu_y(T^{-kn}B_k)-\varepsilon,\quad \forall (n,y)\in\big([0,N-1]\times Y\big)\setminus G,$$

其中 $m\times\nu(G)<\varepsilon$. 对于 $(n,y)\in G$, 有

$$\mu_y(B_0\cap T^{-n}B_1\cap\cdots\cap T^{-kn}B_k)\geqslant 0\geqslant \mu_y(B_0)\mu_y(T^{-n}B_1)\cdots\mu_y(T^{-kn}B_k)-\varepsilon-1.$$

于是, 我们得到

$$\begin{aligned}&\frac{1}{N}\sum_{n=0}^{N-1}\mu(B\cap T^{-n}B\cap\cdots\cap T^{-kn}B)\\&=\frac{1}{N}\sum_{n=0}^{N-1}\int_Y\mu_y(B\cap T^{-n}B\cap\cdots\cap T^{-kn}B)\mathrm{d}\nu(y)\\&\geqslant\frac{1}{N}\sum_{n=0}^{N-1}\int_Y(\mu_y(B)\mu_y(T^{-n}B)\cdots\mu_y(T^{-kn}B)-\varepsilon)\mathrm{d}\nu(y)-\varepsilon\end{aligned}\tag{10.42}$$

注意到对于 $y\in A\cap S^{-n}A\cap\cdots\cap S^{-kn}A$, 有

$$\mu_y(T^{-in}B)=\mu_{S^{in}y}(B)>a,\quad 0\leqslant i\leqslant k.$$

于是从式(10.42), 我们得到

$$\frac{1}{N}\sum_{n=0}^{N-1}\mu(B\cap T^{-n}B\cap\cdots\cap T^{-kn}B)\geqslant(a^{k+1}-\varepsilon)\frac{1}{N}\sum_{n=0}^{N-1}\nu(A\cap S^{-n}A\cap\cdots\cap S^{-kn}A)-\varepsilon.$$

所以

$$\begin{aligned}&\liminf_{N\to\infty}\frac{1}{N}\sum_{n=0}^{N-1}\mu(B\cap T^{-n}B\cap\cdots\cap T^{-kn}B)\\&\geqslant a^{k+1}\liminf_{N\to\infty}\frac{1}{N}\sum_{n=0}^{N-1}\nu(A\cap S^{-n}A\cap\cdots\cap S^{-kn}A)>0.\end{aligned}$$

因此 X 具有 SZ 性质. □

命题 10.7.3 设 $\pi:(X,\mathcal{X},\mu,T)\to(Y,\mathcal{Y},\nu,S)$ 为两个遍历系统间的弱混合扩充, 那么对于任意 $f,g\in L^\infty(X,\mu)$, 有

$$\lim_{N\to\infty}\frac{1}{N}\sum_{n=0}^{N-1}\left\|\mathbb{E}(fT^ng|\mathcal{Y})-\mathbb{E}(f|\mathcal{Y})T^n\mathbb{E}(g|\mathcal{Y})\right\|_2=0.\tag{10.43}$$

等价地, 对于任意 $\varepsilon>0$, 存在 $N_0\in\mathbb{N}$, 使得对于 $N\geqslant N_0$, 有

$$|\mathbb{E}(fT^ng|\mathcal{Y})-\mathbb{E}(f|\mathcal{Y})T^n\mathbb{E}(g|\mathcal{Y})|<\varepsilon,\quad\forall(n,y)\in\big([0,N-1]\times Y\big)\setminus G,\tag{10.44}$$

其中 $m\times\nu(G)<\varepsilon$, m 为 $[0,N-1]$ 上计数测度的规范化概率测度.

证明　式 (10.44) 蕴含式 (10.43) 是容易给出的, 式 (10.43) 蕴含式 (10.44) 可以根据 Chebyshev 不等式给出. Chebyshev 不等式是指, 在空间 $(Z,\mathcal{Z},\eta)$ 上, 对于 $F\in L^1(Z,\eta)$, 有

$$\eta(\{z\in Z:F(z)>\varepsilon\})<\frac{\|F\|_1}{\varepsilon}.$$

对于 $[0,N-1]\times X$ 上的概率测度函数

$$F(n,x)=\left|\mathbb{E}(fT^ng|\mathcal{Y})-\mathbb{E}(f|\mathcal{Y})T^n\mathbb{E}(g|\mathcal{Y})\right|^2,$$

运用 Chebyshev 不等式就得到式 (10.44).

下面我们证明式 (10.43). 因为

$$f=\mathbb{E}(f|\mathcal{Y})+(f-\mathbb{E}(f|\mathcal{Y})),$$

所以我们分 $f\in L^\infty(X,\mathcal{Y})$ 和 $\mathbb{E}(f|\mathcal{Y})=0$ 两种情况证明即可.

如果 $f\in L^\infty(X,\mathcal{Y})$, 那么

$$\mathbb{E}(fT^ng|\mathcal{Y})=f\mathbb{E}(T^ng|\mathcal{Y})=\mathbb{E}(f|\mathcal{Y})T^n\mathbb{E}(g|\mathcal{Y}).$$

此时式 (10.43) 自然成立.

如果 $\mathbb{E}(f|\mathcal{Y})=0$, 则

$$\begin{aligned}\lim_{N\to\infty}\frac{1}{N}\sum_{n=0}^{N-1}\left|\mathbb{E}(fT^ng|\mathcal{Y})\right|^2\mathrm{d}\mu&=\lim_{N\to\infty}\int_{X\times X}f\otimes f\frac{1}{N}\sum_{n=0}^{N-1}(T\times T)^n\big(g\otimes g\big)\mathrm{d}\mu\times_Y\mu\\&=\int_{X\times X}f\otimes f\left(\int_{X\times X}g\otimes gd\mu\times_Y\mu\right)\mathrm{d}\mu\times_Y\mu\\&=\int_X\mathbb{E}(f|\mathcal{Y})^2\mathrm{d}\mu\int_X\mathbb{E}(g|\mathcal{Y})^2\mathrm{d}\mu=0.\end{aligned}$$

证毕. □

定理 10.7.2　设 $\pi:(X,\mathcal{X},\mu,T)\to(Y,\mathcal{Y},\nu,S)$ 为两个遍历系统间的弱混合扩充, 那么对于任意 $k\in\mathbb{N}$, $f_1,f_2,\cdots,f_k\in L^\infty(X,\mu)$, 有

$$\lim_{N\to\infty}\left\|\frac{1}{N}\sum_{n=0}^{N-1}T^nf_1T^{2n}f_2\cdots T^{kn}f_k-\frac{1}{N}\sum_{n=0}^{N-1}T^n\mathbb{E}(f_1|\mathcal{Y})T^{2n}\mathbb{E}(f_2|\mathcal{Y})\cdots T^{kn}\mathbb{E}(f_k|\mathcal{Y})\right\|_2=0.\tag{10.45}$$

证明　我们对 k 归纳证明. 当 $k=1$ 时, 由遍历定理直接得到. 下面证明 $k\geqslant 2$ 的情况. 我们需要用 van der Corput 引理 (定理 10.3.1).

根据引理 10.5.1, 我们不妨设存在 l, 使得 $\mathbb{E}(f_l|\mathcal{Y})=0$. 下面证明

$$\lim_{N\to\infty}\left\|\frac{1}{N}\sum_{n=0}^{N-1}T^nf_1T^{2n}f_2\cdots T^{kn}f_k\right\|_2=0.$$

设

$$u_n=T^nf_1T^{2n}f_2\cdots T^{kn}f_k,\quad\forall n\in\mathbb{Z}_+,$$

则

$$
\begin{aligned}
s_h &= \lim_{N\to\infty}\frac{1}{N}\sum_{n=0}^{N-1}\langle u_{n+h},u_n\rangle \\
&= \lim_{N\to\infty}\frac{1}{N}\sum_{n=0}^{N-1}\int_X T^{n+h}f_1T^{2n+2h}f_2\cdots T^{kn+kh}f_kT^nf_1T^{2n}f_2\cdots T^{kn}f_k\mathrm{d}\mu \\
&= \lim_{N\to\infty}\frac{1}{N}\sum_{n=0}^{N-1}\int_X (f_1T^hf_1)T^n(f_2T^{2h}f_2)T^{2n}(f_3T^{3h}f_3)\cdots T^{(k-1)n}(f_kT^{kh}f_k)\mathrm{d}\mu.
\end{aligned}
$$

由归纳假设, 我们得到

$$
\begin{aligned}
s_h &= \lim_{N\to\infty}\frac{1}{N}\sum_{n=0}^{N-1}\int_X (f_1T^hf_1)T^n(f_2T^{2h}f_2)T^{2n}(f_3T^{3h}f_3)\cdots T^{(k-1)n}(f_kT^{kh}f_k)\mathrm{d}\mu \\
&= \int_X \mathbb{E}(f_1T^hf_1|\mathcal{Y})\mathbb{E}(f_2T^{2h}f_2|\mathcal{Y})\cdots\mathbb{E}(f_kT^{kh}f_k|Y)\mathrm{d}\mu \\
&\leqslant \|\mathbb{E}(f_lT^{lh}f_l|\mathcal{Y})\|_2\prod_{i\neq l}\|f_i\|_\infty^2.
\end{aligned}
$$

于是

$$
\lim_{H\to\infty}\frac{1}{H}\sum_{h=0}^{H-1}s_h\leqslant\frac{1}{H}\sum_{h=0}^{H-1}\|\mathbb{E}(f_lT^{lh}f_l|\mathcal{Y})\|_2\prod_{i\neq l}\|f_i\|_\infty^2=0\quad(\text{命题 }10.7.3)
$$

根据 van der Corput 引理 (定理 10.3.1), 我们得到

$$
\lim_{N\to\infty}\left\|\frac{1}{N}\sum_{n=0}^{N-1}u_n\right\|_2=0.
$$

于是根据归纳完成了证明. □

定理 10.7.3 设 $\pi:(X,\mathcal{X},\mu,T)\to(Y,\mathcal{Y},\nu,S)$ 为两个遍历系统间的弱混合扩充. 那么

$$
\widetilde{\pi}:(X\times X,\mathcal{X}\times\mathcal{X},\mu\times_Y\mu,T\times T)\to(Y,\mathcal{Y},\nu,S)
$$

也为弱混合扩充.

证明 设

$$
\begin{aligned}
&\widehat{\mu}=\mu\times_Y\mu,\quad \widetilde{\mu}=\widehat{\mu}\times_Y\widetilde{\mu}, \\
&F=f_1\otimes f_2\otimes f_3\otimes f_4,\quad G=g_1\otimes g_2\otimes g_3\otimes g_4,
\end{aligned}
$$

其中 $f_i,g_i\in L^\infty(X,\mu)$ $(1\leqslant i\leqslant 4)$. 对于 $\varepsilon>0$, 取充分大的 N, 我们运用命题 10.7.3, 有

$$
\begin{aligned}
&\frac{1}{N}\sum_{n=0}^{N-1}\int_{X^4}F(T^{(4)})^nG\mathrm{d}\widetilde{\mu} \\
&=\frac{1}{N}\sum_{n=0}^{N-1}\int_X \mathbb{E}(f_1T^ng_1|\mathcal{Y})\mathbb{E}(f_2T^ng_2|\mathcal{Y})\mathbb{E}(f_3T^ng_3|\mathcal{Y})\mathbb{E}(f_4T^ng_4|\mathcal{Y})\mathrm{d}\mu
\end{aligned}
$$

$$\overset{O(\varepsilon)}{\approx} \frac{1}{N}\sum_{n=0}^{N-1}\int_X \mathbb{E}(f_1|\mathcal{Y})T^n\mathbb{E}(g_1|\mathcal{Y})\mathbb{E}(f_2|\mathcal{Y})T^n\mathbb{E}(g_2|\mathcal{Y})$$
$$\cdot\mathbb{E}(f_3|\mathcal{Y})T^n\mathbb{E}(g_3|\mathcal{Y})\mathbb{E}(f_4|\mathcal{Y})T^n\mathbb{E}(g_4|\mathcal{Y})\mathrm{d}\mu$$
$$= \frac{1}{N}\sum_{n=0}^{N-1}\int_X \mathbb{E}(f_1|\mathcal{Y})\mathbb{E}(f_2|\mathcal{Y})\mathbb{E}(f_3|\mathcal{Y})\mathbb{E}(f_4|\mathcal{Y})T^n\mathbb{E}(g_1|\mathcal{Y})T^n\mathbb{E}(g_2|\mathcal{Y})$$
$$\cdot T^n\mathbb{E}(g_3|\mathcal{Y})T^n\mathbb{E}(g_4|\mathcal{Y})\mathrm{d}\mu$$
$$\to \int_X \mathbb{E}(f_1|\mathcal{Y})\mathbb{E}(f_2|\mathcal{Y})\mathbb{E}(f_3|\mathcal{Y})\mathbb{E}(f_4|\mathcal{Y})\mathrm{d}\mu\int_X \mathbb{E}(g_1|\mathcal{Y})\mathbb{E}(g_2|\mathcal{Y})\mathbb{E}(g_3|\mathcal{Y})\mathbb{E}(g_4|\mathcal{Y})\mathrm{d}\mu$$
$$= \int_{X^4} F\mathrm{d}\widetilde{\mu}\int_{X^4} G\mathrm{d}\widetilde{\mu}.$$

所以 $(X^4, \widetilde{\mu}, T^{(4)})$ 为遍历的. □

定理 10.7.1 的证明　我们对 k 归纳证明下式: 对于任意 $f_0, f_1, \cdots, f_k \in L^\infty(X,\mu)$, 有

$$\lim_{N\to\infty}\frac{1}{N}\sum_{n=0}^{N-1}\int_X |\mathbb{E}(f_0T^nf_1\cdots T^{kn}f_k|\mathcal{Y}) - \mathbb{E}(f_0|\mathcal{Y})T^n\mathbb{E}(f_1|\mathcal{Y})\cdots T^{kn}\mathbb{E}(f_k|\mathcal{Y})|^2\mathrm{d}\mu = 0. \tag{10.46}$$

类似于命题 10.7.3 的证明, 式 (10.46) 等价于: 对于任意 $\varepsilon > 0$, 存在 $N_0 \in \mathbb{N}$, 使得对于任意 $N > N_0$,

$$|\mathbb{E}(f_0T^nf_1\cdots T^{kn}f_k|\mathcal{Y}) - \mathbb{E}(f_0|\mathcal{Y})T^n\mathbb{E}(f_1|\mathcal{Y})\cdots T^{kn}\mathbb{E}(f_k|\mathcal{Y})|$$
$$< \varepsilon, \quad \forall (n,y) \in \big([0,N-1]\times Y\big)\setminus G. \tag{10.47}$$

其中 $m\times\nu(G) < \varepsilon$, m 为 $[0,N-1]$ 上计数测度的规范化概率测度. 我们将上式简记为

$$\mathbb{E}(f_0T^nf_1\cdots T^{kn}f_k|\mathcal{Y}) \overset{\varepsilon}{\approx} \mathbb{E}(f_0|\mathcal{Y})T^n\mathbb{E}(f_1|\mathcal{Y})\cdots T^{kn}\mathbb{E}(f_k|\mathcal{Y}).$$

现在假设对于 $k-1$ 结论成立. 先设 $f_k \in L^\infty(Y,\mathcal{Y})$, 则

$$\mathbb{E}(f_0T^nf_1\cdots T^{kn}f_k|\mathcal{Y}) = \mathbb{E}(f_0T^nf_1\cdots T^{k-1n}f_{k-1}|\mathcal{Y})T^{kn}f_k.$$

对于 $f_0, f_1, \cdots, f_{k-1}$, 根据式 (10.47), 我们得到 N 充分大时, 有

$$\mathbb{E}(f_0T^nf_1\cdots T^{kn}f_k|\mathcal{Y}) = \mathbb{E}(f_0T^nf_1\cdots T^{k-1n}f_{k-1}|\mathcal{Y})T^{kn}f_k$$
$$\overset{\varepsilon}{\approx} \mathbb{E}(f_0|\mathcal{Y})T^n\mathbb{E}(f_1|\mathcal{Y})\cdots T^{k-1n}f_{k-1}|\mathcal{Y})T^{kn}\mathbb{E}(f_k|\mathcal{Y}).$$

于是根据

$$f_k = \mathbb{E}(f_k|\mathcal{Y}) + (f_k - \mathbb{E}(f_k|\mathcal{Y})),$$

我们不妨假设 $\mathbb{E}(f_k|\mathcal{Y}) = 0$.

根据定理 10.7.3, $(X\times X, \mathcal{X}\times\mathcal{X}, \mu\times_Y\mu, T\times T) \to (Y,\mathcal{Y},\nu,S)$ 为弱混合扩充. 对于 $f_1\otimes f_1, \cdots, f_k\otimes f_k$ 运用定理 10.7.2, 以及 $\mathbb{E}(f_k\otimes f_k|\mathcal{Y}) = \mathbb{E}(f_k|\mathcal{Y})\otimes\mathbb{E}(f_k|\mathcal{Y}) = 0$, 有

$$\lim_{N\to\infty}\left\|\frac{1}{N}\sum_{n=0}^{N-1}(T\times T)^nf_1\otimes f_1\cdot(T\times T)^{2n}f_2\otimes f_2\cdots(T\times T)^{kn}f_k\otimes f_k\right\|_2 = 0. \tag{10.48}$$

根据 $\mu\times_Y\mu$ 的定义, 对式 (10.48) 和 $f_0\otimes f_0$ 作内积, 得到

$$\begin{aligned}&\int_{X\times X}\left(\frac{1}{N}\sum_{n=0}^{N-1}f_0\otimes f_0\cdot(T\times T)^n f_1\otimes f_1\cdot(T\times T)^{2n}f_2\otimes f_2\cdots(T\times T)^{kn}f_k\otimes f_k\right)\mathrm{d}\mu\underset{Y}{\times}\mu\\&=\frac{1}{N}\sum_{n=0}^{N-1}\int_X\mathbb{E}(f_0T^nf_1\cdots T^{kn}f_k|\mathcal{Y})^2\mathrm{d}\mu\to 0,\quad N\to\infty.\end{aligned}$$

故对于 k 结论成立. 于是根据归纳法, 我们完成了证明. □

10.7.4 逆极限的情况

定理 10.7.4 设 $(X,\mathcal{X},\mu,T)$ 为可逆保测系统, $\mathcal{Y}_1\subseteq\mathcal{Y}_2\subseteq\cdots$ 为递增的因子列, 即均为 $\mathcal{X}$ 的 T 不变子 σ 代数. 又设每个 $\mathcal{Y}_n$ 都满足 SZ 性质, 那么因子 $\mathcal{Y}=\sigma(\bigcup\limits_{n\geqslant 1}\mathcal{Y}_n)$ 也满足 SZ 性质.

证明 不妨设 $\mathcal{X}=\mathcal{Y}$. 将 $\mathcal{Y}_m$ 对应的系统记为 $(Y_m,\mathcal{Y}_m,\nu_m,T)$, 积分分解记为 $\mu=\int_{Y_m}\mu_{m,y}\mathrm{d}\nu_m(y)$. 设 $\pi_m:X\to Y_m$ 为相应的因子映射, $A\in\mathcal{X}$, $k\in\mathbb{N}$. 令 $\eta=\dfrac{1}{2(k+1)}$, 那么对于 $\varepsilon=\dfrac{1}{4}\eta\mu(A)>0$, 存在 $m\in\mathbb{N}$ 及 $A_1\in\mathcal{Y}_m$, 使得 $\mu(A\Delta A_1)<\varepsilon$.

令

$$A_0=\{x\in A_1:\mu_{\pi_m(x)}(A)\geqslant 1-\eta\},$$

则 $A_0\in\mathcal{Y}_m$. 我们断言 $\mu(A_0)>\dfrac{1}{2}\mu(A)$. 然后, 我们将 $\mathcal{Y}_m$ 的 SZ 性质诱导到 $\mathcal{Y}$ 上.

$$\begin{aligned}\varepsilon=\frac{1}{4}\eta\mu(A)>\mu(A_1\setminus A)&=\int_{A_1}\mu_{m,y}(A_1\setminus A)\mathrm{d}\nu_m(y)\\&\geqslant\int_{A_1\setminus A_0}(1-\mu_{m,y}(A))\mathrm{d}\nu_m(y)\geqslant\eta\mu(A_1\setminus A_0),\end{aligned}$$

于是

$$\mu(A_1\setminus A_0)<\frac{1}{4}\mu(A).$$

所以

$$\mu(A_0)=\mu(A_1)-\mu(A_1\setminus A_0)>\frac{3}{4}\mu(A)-\frac{1}{4}\mu(A)=\frac{1}{2}\mu(A).$$

下面我们证明:

$$\mu(A\cap T^{-n}A\cap\cdots\cap T^{-kn}A)\geqslant\frac{1}{2}\mu(A_0\cap T^{-n}A_0\cap\cdots\cap T^{-kn}A_0).\tag{10.49}$$

设 $y\in A_0\cap T^{-n}A_0\cap\cdots\cap T^{-kn}A_0$. 由 $y\in A_0$, 有

$$\nu_{m,y}(A)\geqslant 1-\eta.$$

类似地, $y\in T^{-jn}A_0, j\in\{1,\cdots,k\}$, $\nu_{m,T_m^{jn}y}(A)\geqslant 1-\eta$, 即

$$\nu_{m,y}(T^{-jn}A)\geqslant 1-\eta.$$

于是

$$\nu_{m,y}(A\cap T^{-n}A\cap\cdots\cap T^{-kn}A)\geqslant 1-(k+1)\eta=\frac{1}{2}.$$

由此得到式 (10.49).

由于 $\mathcal{Y}_n$ 满足 SZ 性质, 所以根据式 (10.49), 我们有

$$\liminf_{N\to\infty}\frac{1}{N}\mu(A\cap T^{-n}A\cap\cdots\cap T^{-kn}A)\geqslant\frac{1}{2}\liminf_{N\to\infty}\frac{1}{N}\mu(A_0\cap T^{-n}A_0\cap\cdots\cap T^{-kn}A_0)>0.$$

证毕. □

习　　题

1. 验证式 (10.39).

10.8　Host-Kra 定理与陶哲轩定理

在本节中, 我们介绍 Host-Kra 定理与陶哲轩定理, 并给出 Austin 关于陶哲轩定理的证明.

10.8.1　Host-Kra 定理及陶哲轩定理的陈述

关于多重遍历定理, 一个重要的突破是 Host 和 Kra 的工作[106]. 他们证明了如下定理:

定理 10.8.1 (Host-Kra 定理)　如果 $(X,\mathcal{X},\mu,T)$ 为保测系统, $d\geqslant 1$ 为整数, 以及 $f_1,f_2,\cdots,f_d\in L^\infty(X,\mu)$, 那么多重遍历平均

$$\frac{1}{N}\sum_{n=0}^{N-1}f_1(T^nx)f_2(T^{2n}x)\cdots f_d(T^{dn}x)\tag{10.50}$$

在 $L^2(X,\mu)$ 中收敛.

另外, Ziegler 独立地给出了这个定理的不同证明[214]. 之后陶哲轩证明了如下定理[197]:

定理 10.8.2 (陶哲轩定理)　设 $T_1,\cdots,T_d$ 为概率空间 $(X,\mathcal{X},\mu)$ 上可交换的保测变换, 并且 $f_1,f_2,\cdots,f_d\in L^\infty(X,\mu)$, 那么遍历平均

$$\frac{1}{N}\sum_{n=0}^{N-1}f_1(T_1^nx)f_2(T_2^nx)\cdots f_d(T_d^nx)\tag{10.51}$$

在 $L^2(X,\mu)$ 中收敛.

陶哲轩的证明采用有限遍历理论 (finitary ergodic theory) 的方法, 并没有运用经典遍历理论中的知识. 之后 Austin[11] 和 Host[105] 给出了动力系统的新证明. 这个证明都是只给

出了式 (10.51) 的存在性, 并没有给出收敛函数的性质. 而在 Host-Kra 和 Ziegler 的工作中, 他们不只证明了式 (10.50) 的存在性, 更重要的是他们给出了收敛函数的性质, 从而能给出定理在组合数论中的应用. 由于 Host-Kra 和 Ziegler 的定理证明都很复杂, 我们不能在本书中详细介绍.

10.8.2 幂等族及饱足系统

设 $\varGamma$ 为可数离散半群 (或群). 下面我们主要指 $\varGamma=\mathbb{Z}_+^d, \mathbb{Z}^d$.

定义 10.8.1 (幂等系统) 设 $\mathcal{C}$ 为一族 Lebesgue 空间上的 $\varGamma$ 保测系统. 称 $\mathcal{C}$ 为**幂等的** (idempotent), 若它对于同构、可数交封闭.

一个幂等族 $\mathcal{C}$ 称为**可遗传的** (hereditary), 若它还对于取因子运算封闭.

$\mathcal{C}$ 中的系统称为**$\mathcal{C}$-系统**.

注记 10.8.1 (1) 在 Austin 的原始定义中, 族 $\mathcal{C}$ 为幂等的还要求 $\mathcal{C}$ 对于逆极限运算封闭, 因为逆极限也是一种交, 所以我们在这里不再加入此条件.

(2) 全体零熵系统、离散谱系统都是可遗传的幂等族. 存在不是可遗传的幂等族[12].

引理 10.8.1 设 $\mathcal{C}$ 为一个 $\varGamma$ 作用下的动力系统幂等族, 那么对于任意 $\varGamma$ 保测系统, 存在唯一的最大 $\mathcal{C}$ 因子, 其中 $\mathcal{C}$ 因子指在 $\mathcal{C}$ 中的因子.

证明 设 $(X,\mathcal{X},\mu,\varGamma)$ 为动力系统,

$$\mathcal{F}=\{\mathcal{A}:\mathcal{A}\text{ 为 }\mathcal{X}\text{ 的不变子 }\sigma\text{ 代数, 且 }\mathcal{A}\in\mathcal{C}\}.$$

由 $\mathcal{N}=\{X,\emptyset\}\in\mathcal{F}$, 知 $\mathcal{F}\neq\emptyset$. 容易验证 $\mathcal{F}$ 满足 Zorn 引理的条件, 所以 $\mathcal{F}$ 存在最大元. □

定义 10.8.2 (最大 $\mathcal{C}$ 因子) 设 $\mathbb{X}=(X,\mathcal{X},\mu,\varGamma)$ 为保测系统, 我们记它的最大 $\mathcal{C}$ 因子为 $\mathbb{X}_\mathcal{C}=(X_\mathcal{C},\mathcal{X}_\mathcal{C},\mu_\mathcal{C},\varGamma)$, 将因子映射记为

$$\zeta_\mathcal{C}^X:\mathbb{X}\to\mathbb{X}_\mathcal{C}.$$

设 $\pi:\mathbb{X}=(X,\mathcal{X},\mu,\varGamma)\to\mathbb{Y}=(Y,\mathcal{Y},\nu,\varGamma)$ 为因子映射, 那么我们自然会得到因子映射

$$C_\pi:\mathbb{X}_\mathcal{C}\to\mathbb{Y}_\mathcal{C}.$$

即有如图 10.4 所示的交换图表.

定义 10.8.3 设 $\mathcal{C}_1,\mathcal{C}_2$ 为两个幂等的族, 我们记 $\mathcal{C}_1\vee\mathcal{C}_2$ 为由 $\mathcal{C}_1$ 系统和 $\mathcal{C}_2$ 系统的全体交系统组成的集合. 易见 $\mathcal{C}_1\vee\mathcal{C}_2$ 仍为幂等的. 称 $\mathcal{C}_1\vee\mathcal{C}_2$ 为 $\mathcal{C}_1$ 和 $\mathcal{C}_2$ 的**交**.

定义 10.8.4 取定一个幂等的族 $\mathcal{C}$. 称一个系统 $\mathbb{X}=(X,\mathcal{X},\mu,\varGamma)$ 为$\mathcal{C}$ **饱足的** (sated), 若对于 $\mathbb{X}$ 的任何扩充 $\widetilde{\mathbb{X}}=(\widetilde{X},\widetilde{\mathcal{X}},\widetilde{\mu},\varGamma)$, $\widetilde{\mathbb{X}}_\mathcal{C}$ 与 $\mathbb{X}$ 关于 $\mathbb{X}_\mathcal{C}$ 为相对独立的. 即在 $\widetilde{\mu}$ 下, $\widetilde{\mathbb{X}}_\mathcal{C}$ 和 $\mathbb{X}$ 关于它们的公因子 $\mathbb{X}_\mathcal{C}$ 为相对独立的, 即有如图 10.5 所示的图表.

回顾逆极限的定义. 设 $\{\mathbb{X}_i=(X_i,\mathcal{X}_i,\mu_i,\varGamma)\}_{i=0}^\infty$ 为保测系统族, 对于任意 $i\geqslant j$, 存在因子映射 $\psi_j^i:\mathbb{X}_i\to\mathbb{X}_j$, 使得 $\psi_i^i=\mathrm{id}$, 并且

$$\psi_k^j\psi_j^i=\psi_k^i,\quad i\geqslant j\geqslant k.$$

图 10.4　　　　**图 10.5**

定义 $\prod\limits_{i=0}^{\infty} X_i$ 的子集

$$X=\left\{x=(x_i)_{i=0}^{\infty}\in\prod_{i=0}^{\infty}X_i:\psi_j^i x_i=x_j\ (i\geqslant j)\right\}.$$

设 $\psi_i:X\to X_i,\psi_i(x)=x_i$ 为投射. 易见它满足 $\psi_j^i\psi_i=\psi_j\ (i\geqslant j)$.

设 $\mathcal{X}$ 为由 $\{\psi_i^{-1}\mathcal{X}_i\}_{i=0}^{\infty}$ 生成的 σ 代数. 定义 $\mu:\bigcup\limits_{i=0}^{\infty}\psi_i^{-1}(\mathcal{X}_i)\to\mathbb{R}_+$, 满足 $\mu(\psi_i^{-1}E)=\mu_i(E)\ (E\in\mathcal{X}_i)$. 再将 μ 延拓到 $\mathcal{X}$ 上. 对于 $\gamma\in\Gamma$, 定义

$$\gamma:X\to X,\quad \gamma(x_i)_i=(\gamma x_i)_i.$$

明显地,

$$\psi_i:(X,\mathcal{X},\mu,\Gamma)\to(X_i,\mathcal{X}_i,\mu_i,\Gamma)$$

为因子映射. $\mathbb{X}=(X,\mathcal{X},\mu,T)$ 称为 $\{(X_i,\mathcal{X}_i,\mu_i,T_i)\}_{i=0}^{\infty}$ 的逆极限系统, 记为

$$(X,\mathcal{X},\mu,\Gamma)=\overleftarrow{\lim_{i\to\infty}}(X_i,\mathcal{X}_i,\mu_i,\Gamma).$$

定理 10.8.3 (Austin)　设 $\{\mathcal{C}_i\}_{i\in I}$ 为至多可数个幂等族, 那么对于任意系统 $\mathbb{X}_0=(X_0,\mathcal{X}_0,\mu_0,\Gamma)$, 存在一个系统 $\mathbb{X}=(X,\mathcal{X},\mu,\Gamma)$ 为它的扩充, $\pi:X\to X_0$, 它满足:

(1) $\mathbb{X}$ 为 $\mathcal{C}_i$ 饱足的, $i\in I$;

(2) $\mathcal{X}_0$ 和 $\mathcal{X}_{\mathcal{C}_i}$ 生成 $\mathcal{X}$.

证明　首先我们证明 I 有一个元素的情况. 设 $\mathcal{C}$ 为幂等族, 系统 $\mathbb{X}_0=(X_0,\mathcal{X}_0,\mu_0,\Gamma)$ 为保测系统, $\{f_r\}_{r\geqslant1}$ 为在 $\{f\in L^\infty(X_0,\mu_0):\|f\|_\infty\leqslant1\}$ 中稠密的可数子集 (此处稠密是指在 $L^2(X_0,\mu_0)$ 拓扑下), 并且 $\{r_i\}_{i\in\mathbb{N}}\in\mathbb{N}^{\mathbb{N}}$, 使得每个数都出现无穷次.

我们从 X_0 出发, 构造一个逆极限族 $\{\mathbb{X}_m=(X_m,\mathcal{X}_m,\mu_m,\Gamma)\}_{m\geqslant0},\{\psi_k^m\}_{m\geqslant k\geqslant0}$, 使得每个 $\mathbb{X}_{m+1}$ 为 $\mathbb{X}_m$ 的 $\mathcal{C}$ 交 ($\mathcal{C}$ 交是指与某个 $\mathcal{C}$-系统的交).

假设对于某个 $m_1\geqslant0$, 我们已经取好了系统 $\{\mathbb{X}_m\}_{m_1\geqslant m\geqslant0},\{\psi_k^m\}_{m_1\geqslant m\geqslant k\geqslant0}$, 使得

$$\mathcal{X}_{m_1}=(\mathcal{X}_{m_1})_{\mathcal{C}}\vee\mathcal{X}_0,$$

其中 $(\mathcal{X}_{m_1})_{\mathcal{C}}$ 为 $\mathbb{X}_{m_1}$ 的最大 $\mathcal{C}$ 因子. 我们分两种情况考虑:

(1) 存在扩充 $\pi:\widetilde{\mathbb{X}}\to\mathbb{X}_{m_1}$, 使得

$$\|\mathbb{E}_{\widetilde{\mu}}(f_{r_{m_1}}|\widetilde{X}_{\mathcal{C}})\|_2^2>\|\mathbb{E}_{\mu_{m_1}}(f_{r_{m_1}}|(X_{m_1})_{\mathcal{C}})\|_2^2+\frac{1}{2^{m_1}},$$

即

$$a_{m_1} = \sup\{\|\mathbb{E}_{\widetilde{\mu}}(f_{r_{m_1}}|\widetilde{X}_{\mathcal{C}})\|_2^2 - \|\mathbb{E}_{\mu_{m_1}}(f_{r_{m_1}}|(X_{m_1})_{\mathcal{C}})\|_2^2 : \pi : \widetilde{\mathbb{X}} \to \mathbb{X}_{m_1}\} > \frac{1}{2^{m_1}}.$$

取 $\pi : \widetilde{\mathbb{X}} \to \mathbb{X}_{m_1}$, 使得

$$\|\mathbb{E}_{\widetilde{\mu}}(f_{r_{m_1}}|\widetilde{X}_{\mathcal{C}})\|_2^2 - \|\mathbb{E}_{\mu_{m_1}}(f_{r_{m_1}}|(X_{m_1})_{\mathcal{C}})\|_2^2 > \frac{a_{m_1}}{2},$$

并且 $\widetilde{\mathbb{X}}$ 为 $\mathbb{X}_{m_1}$ 的 $\mathcal{C}$ 交, $\widetilde{\mathcal{X}} = \mathcal{X}_{m_1} \vee \widetilde{\mathcal{X}}_{\mathcal{C}}$. 令

$$\mathbb{X}_{m_1+1} = \widetilde{\mathbb{X}}, \quad \psi_{m_1}^{m_1+1} = \pi.$$

(2) 对于任意扩充 $\pi : \widetilde{\mathbb{X}} \to \mathbb{X}_{m_1}$, 都有

$$\|\mathbb{E}_{\widetilde{\mu}}(f_{r_{m_1}}|\widetilde{X}_{\mathcal{C}})\|_2^2 \leqslant \|\mathbb{E}_{\mu_{m_1}}(f_{r_{m_1}}|(X_{m_1})_{\mathcal{C}})\|_2^2 + \frac{1}{2^{m_1}},$$

即

$$a_{m_1} = \sup\{\|\mathbb{E}_{\widetilde{\mu}}(f_{r_{m_1}}|\widetilde{X}_{\mathcal{C}})\|_2^2 - \|\mathbb{E}_{\mu_{m_1}}(f_{r_{m_1}}|(X_{m_1})_{\mathcal{C}})\|_2^2 : \pi : \widetilde{\mathbb{X}} \to \mathbb{X}_{m_1}\} \leqslant \frac{1}{2^{m_1}}.$$

令

$$\mathbb{X}_{m_1+1} = \mathbb{X}_{m_1}, \quad \psi_{m_1}^{m_1+1} = \mathrm{id}_{X_{m_1}},$$

再令

$$\mathbb{X}_\infty = \varprojlim_{i\to\infty} \mathbb{X}_m.$$

则

$$\mathcal{X}_\infty = \bigvee_{m=0}^{\infty} (\mathcal{X}_m)_{\mathcal{C}} \vee \mathcal{X}_0.$$

于是 $\mathbb{X}_\infty$ 仍为 $\mathbb{X}_0$ 的 $\mathcal{C}$ 交. 以下证明 $\mathbb{X}_\infty$ 为饱足的.

设 $\pi : \widetilde{\mathbb{X}} \to \mathbb{X}_\infty$ 为扩充, $f \in L^\infty(X_\infty, \mu_\infty)$. 下面我们证明

$$\mathbb{E}_{\widetilde{\mu}}(f|\widetilde{\mathbb{X}}_{\mathcal{C}}) = \mathbb{E}_{\mu_\infty}(f|(X_\infty)_{\mathcal{C}}),$$

从而完成证明.

因为 $\mathbb{X}_\infty$ 为 $\mathbb{X}_0$ 的 $\mathcal{C}$ 交, 所以在 $L^2(X_\infty, \mu_\infty)$ 中, f 由形如

$$\sum_i g_i h_i, g_i \in L^\infty((X_\infty)_{\mathcal{C}}, \mu_\infty), \quad h_i \in L^\infty(X_0, \mu_0)$$

的函数逼近. 因为 $\{f_r\}_{r\geqslant 1}$ 为在 $\{f \in L^\infty(X_0, \mu_0) : \|f\|_\infty \leqslant 1\}$ 中稠密的可数子集 (此处稠密指在 $L^2(X_0, \mu_0)$ 拓扑下), 所以我们仅需对于 $f = gf_r, g \in L^\infty((X_\infty)_{\mathcal{C}}, \mu_\infty)$, 验证

$$\mathbb{E}_{\widetilde{\mu}}(f|\widetilde{\mathbb{X}}_{\mathcal{C}}) = \mathbb{E}_{\mu_\infty}(f|(X_\infty)_{\mathcal{C}}).$$

因为 $g \in L^\infty((X_\infty)_{\mathcal{C}}, \mu_\infty)$, 所以仅需对任意 r, 验证

$$\mathbb{E}_{\widetilde{\mu}}(f_r|\widetilde{\mathbb{X}}_{\mathcal{C}}) = \mathbb{E}_{\mu_\infty}(f_r|(X_\infty)_{\mathcal{C}}).$$

根据鞅定理, 有

$$\mathbb{E}_{\mu_m}(f_r|(\mathbb{X}_m)_{\mathcal{C}}) \xrightarrow{m\to\infty} \mathbb{E}_{\mu_\infty}(f_r|(\mathbb{X}_\infty)_{\mathcal{C}}).$$

于是如果

$$\mathbb{E}_{\widetilde{\mu}}(f_r|\widetilde{\mathbb{X}}_{\mathcal{C}}) > \mathbb{E}_{\mu_\infty}(f_r|(\mathbb{X}_\infty)_{\mathcal{C}}),$$

那么对于充分大的 m, 我们有 $r_m = r$ (因为在 $\{r_i\}_{i\in\mathbb{N}} \in \mathbb{N}^{\mathbb{N}}$ 中每个数都出现无穷次), 所以

$$\begin{aligned}
&\|\mathbb{E}_{\mu_{m+1}}(f_r|(\mathbb{X}_{m+1})_{\mathcal{C}})\|_2^2 - \|\mathbb{E}_{\mu_m}(f_r|(\mathbb{X}_m)_{\mathcal{C}})\|_2^2 \\
&\leqslant \|\mathbb{E}_{\mu_\infty}(f_r|(\mathbb{X}_\infty)_{\mathcal{C}})\|_2^2 - \|\mathbb{E}_{\mu_m}(f_r|(\mathbb{X}_m)_{\mathcal{C}})\|_2^2 \\
&< \frac{1}{2}\big(\|\mathbb{E}_{\widetilde{\mu}}(f_r|\widetilde{\mathbb{X}}_{\mathcal{C}})\|_2^2 - \|\mathbb{E}_{\mu_m}(f_r|(\mathbb{X}_m)_{\mathcal{C}})\|_2^2\big),
\end{aligned}$$

以及

$$\|\mathbb{E}_{\widetilde{\mu}}(f_r|\widetilde{\mathbb{X}}_{\mathcal{C}})\|_2^2 \geqslant \|\mathbb{E}_{\mu_m}(f_r|(\mathbb{X}_m)_{\mathcal{C}})\|_2^2 + \frac{1}{2^m}.$$

这与 $\mathbb{X}_{m+1} \to \mathbb{X}_m$ 的定义矛盾. 所以我们有

$$\mathbb{E}_{\widetilde{\mu}}(f_r|\widetilde{\mathbb{X}}_{\mathcal{C}}) = \mathbb{E}_{\mu_\infty}(f_r|(\mathbb{X}_\infty)_{\mathcal{C}}).$$

下面我们证明一般情况. 设 $\{\mathcal{C}_i\}_{i\in I}$ 为至多可数个幂等族. 取序列 $\{i_m\}_{m\geqslant 1} \in I^{\mathbb{N}}$, 使得每个 I 中的元素出现无穷次. 我们从 $\mathbb{X}_0$ 开始构造逆极限系统. 取 $\{X_m\}_{m\geqslant 0}, \{\psi_k^m\}_{m\geqslant k\geqslant 0}$, 使得对于每个 $m \geqslant 1$, $\mathbb{X}_m$ 为 $\mathcal{C}_{i_m}$ 饱足的. 所以逆极限系统满足我们所需条件. □

10.8.3　定理 10.8.2 的证明

我们对 d 进行归纳证明. 当 $d = 1$ 时, 就是 von Neumann 平均遍历定理. 假设定理 10.8.2 对于 $d-1$ 已经成立. 于是我们可以定义测度

$$\begin{aligned}
&\mu^F(A_1 \times A_2 \times \cdots \times A_d) \\
&= \lim_{N\to\infty} \frac{1}{N} \sum_{n=0}^{N-1} \int_X \mathbf{1}_{A_1}(T_1^n)\mathbf{1}_{A_2}(T_2^n)\cdots\mathbf{1}_{A_d}(T_d^n)\mathrm{d}\mu(x) \\
&= \lim_{N\to\infty} \frac{1}{N} \sum_{n=0}^{N-1} \mu(T_1^{-n}A_1 \cap T_2^{-n}A_2 \cap \cdots \cap T_d^{-n}A_d),
\end{aligned}$$

其中 $A_1, \cdots, A_d \in \mathcal{X}$. 称 μ^F 为 **Furstenberg 自交的** (Furstenberg self-joining). 令

$$\begin{aligned}
T^\Delta &= T_1 \times T_2 \times \cdots \times T_d, \\
\widetilde{T}_i &= T_i \times T_i \times \cdots \times T_i, \quad 1 \leqslant i \leqslant d.
\end{aligned}$$

X^d 上的对角测度为

$$\Delta_\mu^d(A_1 \times A_2 \times \cdots \times A_d) = \mu(A_1 \cap A_2 \cap \cdots \cap A_d), \quad \forall A_1, \cdots, A_d \in \mathcal{X}.$$

那么我们有

$$\mu^F = \lim_{N\to\infty} \frac{1}{N} \sum_{n=0}^{N-1} (T^\Delta)_*^n \Delta_\mu^d.$$

根据定义, 我们得到:

(1) μ^F 是 $\mathbb{X}$ 的 d 阶自交;

(2) μ^F 为 T^Δ 不变的;

(3) μ^F 为 $\widetilde{T}_i$ $(i=1,2,\cdots,d)$ 不变的.

根据定义, 对于任意 $f_1,\cdots,f_d \in L^\infty(X,\mu)$, 也有

$$\frac{1}{N}\sum_{n=0}^{N-1}\int_X T_1^n f_1 T_2^n f_2 \cdots T_d^n f_d \mathrm{d}\mu \xrightarrow{N\to\infty} \int_{X^d} f_1\otimes f_2\otimes\cdots\otimes f_d \mathrm{d}\mu^F. \tag{10.52}$$

我们需要证明: 对于任意 $f_1,f_2,\cdots,f_d \in L^\infty(X,\mu)$,

$$\frac{1}{N}\sum_{n=0}^{N-1} f_1(T_1^n x) f_2(T_2^n x)\cdots f_d(T_d^n x) \tag{10.53}$$

在 $L^2(\mu)$ 中收敛.

我们需要定义一个幂等族 $\mathcal{C}$. 定义 $(X,\mathcal{X},\mu,T_1,\cdots,T_d)\in\mathcal{C}$ 当且仅当

$$\mathcal{X} = \mathcal{I}(T_1)\vee\mathcal{I}(T_2T_1^{-1})\vee\cdots\vee\mathcal{I}(T_dT_1^{-1}).$$

易验证 $\mathcal{C}$ 为幂等的. 我们分几步进行证明.

第一步 如果 $\mathbb{X}=(X,\mathcal{X},\mu,T_1,\cdots,T_d)\in\mathcal{C}$, 那么形如

$$\sum_n g_1g_2\cdots g_d,\quad g_1\in L^\infty(X,\mathcal{I}(T_1)), g_2\in L^\infty(X,\mathcal{I}(T_2T_1^{-1})),\cdots,g_d\in L^\infty(X,\mathcal{I}(T_dT_1^{-1}))$$

的函数在 $L^2(X,\mathcal{X})$ 中稠密. 于是我们不妨设

$$f_1 = g_1g_2\cdots g_d,$$

其中 $g_1\in L^\infty(X,\mathcal{I}(T_1)), g_2\in L^\infty(X,\mathcal{I}(T_2T_1^{-1})),\cdots,g_d\in L^\infty(X,\mathcal{I}(T_dT_1^{-1}))$. 因此

$$f_1(T_1^nx) = g_1(T_1^nx)g_2(T_1^nx)\cdots g_d(T_1^nx) = g_1(x)g_2(T_2^nx)g_3(T_3^nx)\cdots g_d(T_d^nx),$$

从而

$$\begin{aligned}
&\frac{1}{N}\sum_{n=0}^{N-1} f_1(T_1^nx)f_2(T_2^nx)\cdots f_d(T_d^nx)\\
&=\frac{1}{N}\sum_{n=0}^{N-1} g_1(x)g_2(T_2^nx)g_3(T_3^nx)\cdots g_d(T_d^nx)f_2(T_2^nx)\cdots f_d(T_d^nx)\\
&=g_1(x)\frac{1}{N}\sum_{n=0}^{N-1}(g_2f_2)(T_2^nx)(g_3f_3)(T_3^nx)\cdots(g_df_d)(T_d^nx).
\end{aligned}$$

根据归纳假设, 上式在 $L^2(X,\mu)$ 中收敛.

第二步　设 $\mathbb{X}=(X,\mathcal{X},\mu,T_1,\cdots,T_d)$, $\mathbb{X}_{\mathcal{C}}=(X_{\mathcal{C}},\mathcal{X}_{\mathcal{C}},\mu_{\mathcal{C}},T_1,\cdots,T_d)$ 为其最大的 $\mathcal{C}$ 因子. 如果 $f_1\in L^\infty(X_{\mathcal{C}},\mu_{\mathcal{C}})$, 那么根据第一步的证明方法, 对于任意 $f_2,f_3,\cdots,f_d\in L^\infty(X,\mu)$,

$$\frac{1}{N}\sum_{n=0}^{N-1}f_1(T_1^nx)f_2(T_2^nx)\cdots f_d(T_d^nx)$$

在 $L^2(\mu)$ 中收敛.

第三步　设 $\mathbb{X}=(X,\mathcal{X},\mu,T_1,\cdots,T_d)$, $\mathbb{X}_{\mathcal{C}}=(X_{\mathcal{C}},\mathcal{X}_{\mathcal{C}},\mu_{\mathcal{C}},T_1,\cdots,T_d)$ 为其最大的 $\mathcal{C}$ 因子. 根据定理 10.8.3, 我们可设 $\mathbb{X}$ 为 $\mathcal{C}$ 饱足的.

设 $f_1,f_2,\cdots,f_d\in L^\infty(X,\mu)$. 根据第二步, 我们不妨设

$$\mathbb{E}_\mu(f_1|X_{\mathcal{C}})=0.$$

下面我们运用 van der Corput 引理 (定理 10.3.1) 来完成归纳证明. 设

$$u_n=T_1^nf_1T_2^nf_2\cdots T_d^{dn}f_d,\quad \forall n\in\mathbb{Z}_+.$$

我们需要证明: 如果 $\mathbb{E}(f_1|X_{\mathcal{C}})=0$, 那么

$$\lim_{N\to\infty}\left\|\frac{1}{N}\sum_{n=0}^{N-1}u_n\right\|_2=0.$$

计算得

$$\begin{aligned}
s_h&=\lim_{N\to\infty}\frac{1}{N}\sum_{n=0}^{N-1}\langle u_{n+h},u_n\rangle\\
&=\lim_{N\to\infty}\frac{1}{N}\sum_{n=0}^{N-1}\int_X T_1^{n+h}f_1T_2^{n+h}f_2\cdots T_d^{n+h}f_dT_1^nf_1T_2^nf_2\cdots T_d^nf_d\mathrm{d}\mu\\
&=\lim_{N\to\infty}\frac{1}{N}\sum_{n=0}^{N-1}\int_X T_1^n(f_1T_1^hf_1)(T_2^nf_2T_2^hf_2)T_3^n(f_3T_3^hf_3)\cdots T_d^n(f_dT_d^hf_d)\mathrm{d}\mu\\
&=\int_{X^d}(f_1T_1^hf_1)\otimes(f_2T_2^hf_2)\otimes\cdots\otimes(f_dT_d^hf_d)\mathrm{d}\mu^F(x_1,\cdots,x_d)\quad(\text{根据式}(10.52))\\
&=\int_{X^d}(f_1\otimes\cdots\otimes f_d)(T^\Delta)^h(f_1\otimes\cdots\otimes f_d)\mathrm{d}\mu^F,
\end{aligned}$$

于是

$$\begin{aligned}
\lim_{H\to\infty}\frac{1}{H}\sum_{h=0}^{H-1}s_h&=\lim_{H\to\infty}\frac{1}{H}\sum_{h=0}^{H-1}\int_{X^d}(f_1\otimes\cdots\otimes f_d)(T^\Delta)^h(f_1\otimes\cdots\otimes f_d)\mathrm{d}\mu^F\\
&=\lim_{H\to\infty}\int_{X^d}(f_1\otimes\cdots\otimes f_d)\frac{1}{H}\sum_{h=0}^{H-1}(T^\Delta)^h(f_1\otimes\cdots\otimes f_d)\mathrm{d}\mu^F\\
&=\int_{X^d}(f_1\otimes\cdots\otimes f_d)\mathbb{E}_{\mu^F}((f_1\otimes\cdots\otimes f_d)|\mathcal{I}(T^\Delta))\mathrm{d}\mu^F.
\end{aligned}$$

下面我们需要证明

$$\mathbb{E}_{\mu}(f_1|X_{\mathcal{C}})=0 \ \Rightarrow \ \mathbb{E}_{\mu^F}((f_1\otimes\cdots\otimes f_d)|\mathcal{I}(T^{\Delta}))=0.$$

令

$$\widetilde{\mathbb{X}}=(X^d,\mathcal{X}^d,\mu^F,T^{\Delta},\widetilde{T_2},\widetilde{T_3},\cdots,\widetilde{T_d}).$$

那么到一个坐标投射的映射 π 为因子映射, 即

$$\pi:\widetilde{\mathbb{X}}\to\mathbb{X},\quad (x_1,x_2,\cdots,x_d)\mapsto x_1$$

为因子映射.

注意对于 $2\leqslant i\leqslant d$,

$$\widetilde{T}_i(T^{\Delta})^{-1}=T_iT_1^{-1}\times T_iT_2^{-1}\times\cdots\times T_iT_{i-1}^{-1}\times \mathrm{id}\times T_iT_{i+1}^{-1}\times\cdots\times T_iT_d^{-1}.$$

设 $p_i:X^d\to X$ 为到第 i 个坐标的投射, 令

$$\mathcal{X}_i=p_i^{-1}(\mathcal{X}),\quad 2\leqslant i\leqslant d.$$

根据上面的式子, 我们有

$$\mathcal{X}_2\vee\mathcal{X}_3\vee\cdots\vee\mathcal{X}_d\subseteq\widetilde{\mathcal{X}}_{\mathcal{C}}. \tag{10.54}$$

特别地,

$$\mathbb{E}_{\mu^F}((f_1\otimes\cdots\otimes f_d)|\widetilde{X}_{\mathcal{C}})=f_2\otimes\cdots\otimes f_d\mathbb{E}_{\mu^F}(f_1|\widetilde{X}_{\mathcal{C}}).$$

因为 $\mathbb{X}$ 为饱足的, 故根据定义, 在 μ^F 下, $\widetilde{\mathbb{X}}_{\mathcal{C}}$ 和 $\mathbb{X}$ 相对于它们的公因子 $\mathbb{X}_{\mathcal{C}}$ 为相对独立的. 于是

$$\mathbb{E}_{\mu^F}(f_1(x_1)|\widetilde{X}_{\mathcal{C}})=\mathbb{E}_{\mu}(f_1|X_{\mathcal{C}})=0.$$

从而

$$\mathbb{E}_{\mu^F}((f_1\otimes\cdots\otimes f_d)|\widetilde{X}_{\mathcal{C}})=f_2\otimes\cdots\otimes f_d\mathbb{E}_{\mu^F}(f_1|\widetilde{X}_{\mathcal{C}})=0.$$

因为

$$\mathcal{I}(T^{\Delta})\subseteq\widetilde{\mathcal{X}}_{\mathcal{C}},$$

所以

$$\mathbb{E}_{\mu^F}((f_1\otimes\cdots\otimes f_d)|\mathcal{I}(T^{\Delta}))=0,$$

即有

$$\lim_{H\to\infty}\frac{1}{H}\sum_{h=0}^{H-1}s_h=0.$$

根据定理 10.3.1, 我们得到

$$\lim_{N\to\infty}\left\|\frac{1}{N}\sum_{n=0}^{N-1}u_n\right\|_2=0.$$

于是根据归纳完成了证明. □

习　题

1. 试将本节结论推广到 $\mathbb{Z}^r$ 作用的情况: 设 $T_i : \mathbb{Z}^r \curvearrowright (X, \mathcal{X}, \mu)(i = 1, 2, \cdots, d)$ 为 d 个互相交换的 $\mathbb{Z}^r$ 作用保测系统, 其中 $r \in \mathbb{N}$. 设 $\{I_N\}_{N\geqslant 1}$ 为 $\mathbb{Z}^r$ 的 Følner 序列, $\{a_N\}_{N\geqslant 1} \subseteq \mathbb{Z}^r$. 那么对于任何 $f_1, \cdots, f_d \in L^\infty(X, \mu)$,

$$\frac{1}{|I_N|}\sum_{\boldsymbol{n}\in I_N+a_N}\prod_{i=1}^{d} f_i \circ T_i^{\boldsymbol{n}}$$

在 $L^2(X, \mu)$ 中收敛, 并且其极限不依赖于 $\{I_N\}_{N\geqslant 1}$ 和 $\{a_N\}_{N\geqslant 1}$ 的选取.

10.9 多重遍历定理的一些新进展

在本节中, 我们介绍多重遍历定理的一些新进展.

10.9.1 多重遍历平均

Ramsey 理论中一个典型的例子是 1927 年证明的 van der Waerden 定理: 整数集的任何有限染色必有单色包含任意长的等差数列[204]. 根据对此定理的理解, Erdös 和 Turán 提出猜测: 如果 E 为具有正上密度的整数子集, 那么它必包含任意长的等差数列[56]. 这个猜测在 1975 年被 Szemerédi 证明是正确的, 稍后 Furstenberg 运用动力系统方法给出了新的证明[67]. 2006 年 Green 和 Tao 结合 Furstenberg 证明的思想解决了一个历史悠久的数论猜测: 素数集包含任意长的等差数列[90].① 这也是陶哲轩 2006 年获 Fields 奖的主要工作之一. 目前 Erdös 关于这个方面最终的猜测仍没有解决:

猜测 10.9.1 (Erdös) 如果 $A = \{a_n\}_{n=1}^\infty \subseteq \mathbb{N}$ 满足 $\sum\limits_{n=1}^{\infty}\dfrac{1}{a_n} = \infty$, 那么 A 包含任意长的等差数列.

如前所述, 为了证明 Szemerédi 定理, Furstenberg 证明了: 对于保测系统 $(X, \mathcal{X}, \mu, T)$, 如果 $f \in L^\infty(X, \mathcal{X}, \mu)$, $f > 0$, 那么对于任意 $k \in \mathbb{N}$, 有

$$\liminf_{N\to\infty}\frac{1}{N}\sum_{n=0}^{N-1}\int f(x)f(T^n x)\cdots f(T^{(k-1)n}x)\mathrm{d}\mu(x) > 0. \tag{10.55}$$

由于 $\mathcal{A}_N(f, x) = \dfrac{1}{N}\sum\limits_{n=0}^{N-1} f(T^n x)$ 称为遍历平均, 所以 Furstenberg 将异于上述平均的相关平均称为“非传统平均”(non-conventional averages), 而现在更多称之为“多重遍历平

① 之后 Tao 和 Ziegler 又推广了这一工作. 他们证明了: 如果 $P_1, \cdots, P_k$ 为取整数值的多项式并且 $P_1(0) = \cdots = P_k(0) = 0$, 那么对于任意 $\epsilon > 0$, 存在无限多个整数 x, m, 使得 $1 \leqslant m \leqslant x^\epsilon$, 且 $x + P_1(m), \cdots, x + P_k(m)$ 均为素数.

均"(multiple ergodic averages), 即多重遍历平均是形如下式的平均:

$$\frac{1}{N}\sum_{n=0}^{N-1} f_1(T_1^{p_1(n)}x)f_2(T_2^{p_2(n)}x)\cdots f_d(T_d^{p_d(n)}x), \tag{10.56}$$

其中 $T_1, T_2, \cdots, T_d$ 为概率空间 $(X, \mathcal{X}, \mu)$ 上的保测变换, $p_1, \cdots, p_d$ 为整数值多项式.

多重遍历平均问题就是

问题 10.9.1 设 $T_1, T_2, \cdots, T_d$ 为概率空间 $(X, \mathcal{X}, \mu)$ 上的可逆保测变换, 它们生成一个幂零群. 对于整数值多项式 $p_i(n)$ 以及 $f_i \in L^\infty(X, \mathcal{X}, \mu)$, $i = 1, 2, \cdots, d$, 多重遍历平均

$$\lim_{N\to\infty}\frac{1}{N}\sum_{n=0}^{N-1} f_1(T_1^{p_1(n)}x)f_2(T_2^{p_2(n)}x)\cdots f_d(T_d^{p_d(n)}x) \tag{10.57}$$

在 $L^2(X, \mu)$ 中是否收敛? 是否几乎处处收敛?

条件中 $T_1, T_2, \cdots, T_d$ 生成的群为幂零群是必要的, Bergelson 和 Leibman 证明了: 如果 $T_1, \cdots, T_d$ 生成的群为指数增长可解群, 那么有反例说明上述平均不收敛[20-21]. ①

问题的最简单形式是线性多项式的情况 $(a_1, \cdots, a_d \in \mathbb{Z} \setminus \{0\})$

$$\frac{1}{N}\sum_{n=0}^{N-1} f_1(T^{a_1 n}x)f_2(T^{a_2 n}x)\cdots f_d(T^{a_d n}x),$$

对于保测系统 $(X, \mathcal{X}, \mu, T)$ 的 L^2 意义收敛, Furstenberg 证明了弱混合系统的情况以及两项的情况 $(d = 2)$[67]. 当 $d = 3$ 时, 最先得到实质性突破的是法国数学家 Conze 和 Lesigne 在 20 世纪 80 年代的工作[43-45], 他们首先把幂零系统引入到研究中, 为后面的工作奠定了基础. 上面平均的最终解决是由 Host 和 Kra 于 2005 年给出的[106], Ziegler 稍后给出了另一个证明[214].

陶哲轩运用组合的方法证明了 $T_1, T_2, \cdots, T_d$ 生成交换群的情形[197]: 如果 $T_1, \cdots, T_d$ 为 $(X, \mathcal{X}, \mu)$ 上相互交换的保测变换, 那么

$$\frac{1}{N}\sum_{n=0}^{N-1} f_1(T_1^n x)f_2(T_2^n x)\cdots f_d(T_2^n x)$$

在 $L^2(\mu)$ 模下收敛.

Walsh 推广了陶哲轩的结论, 他证明了

定理 10.9.1 (Walsh[205]) 设 G 为 $(X, \mathcal{X}, \mu)$ 上保测变换生成的幂零群, 那么对于任意 $T_1, \cdots, T_d \in G$, 多重遍历平均

$$\frac{1}{N}\sum_{n=1}^{N}\prod_{j=1}^{l}(T_1^{p_{1,j}(n)}\cdots T_d^{p_{d,j}(n)})f_j$$

① 在文献 [20] 中, Bergelson 和 Leibman 举了许多例子说明, 如果 $T_1, \cdots, T_d$ 生成的群为特殊的可解群, 那么存在保测系统, 使得多重回复性不成立且多重遍历平均不收敛. 他们猜测: 如果 $T_1, \cdots, T_d$ 生成的群为非本质幂零的可解群, 那么存在保测系统, 使得多重回复性不成立且多重遍历平均不收敛. 此处, 本质幂零群 (virtually nilpotent) 是指, 它存在一个有限指标的幂零子群, 可以证明一个有限生成的可解群为非本质幂零的当且仅当它为指数增长的. 在文献 [21] 中, Bergelson 和 Leibman 证明了自己的上述猜测成立.

在 $L^2(X,\mu)$ 中收敛, 其中 $f_1, \cdots, f_d \in L^\infty(X,\mathcal{X},\mu)$, $p_{i,j}$ 为整值多项式.

Walsh 的证明主要沿用了陶哲轩的方法和思想, 并不是动力系统传统方法的证明. 这种新的方法只能证明极限的存在性, 不能给出收敛函数的刻画, 使得其很难在组合数论中得到应用. 目前, 这个方向上一个重要的问题就是找到一种方法, 从而得到收敛函数的性质, 以便控制这个收敛, 使得它能运用到其他具体问题中去.

10.9.2 多重遍历平均的特征因子

在多重遍历平均问题及多重回复定理的研究中, 特征因子的想法起了非常重要的作用. 这个想法最早是由 Furstenberg 在 Szemerédi 定理新证明的工作中引入的[67], 但是术语"特征因子"是在 1996 年他与 Weiss 合作的文章中第一次提出的[76]. 设 $(X,\mathcal{X},\mu,T)$ 为保测系统, $(Y,\mathcal{Y},\mu,T)$ 是它的因子, $\{p_1,\cdots,p_d\}$ 为一组整数值多项式, $d\in\mathbb{N}$. 我们称 Y 为 X 关于 $\{p_1,\cdots,p_d\}$ 的**特征因子** (characteristic factor), 若对于 $f_1,\cdots,f_d\in L^\infty(X,\mathcal{X},\mu)$, 有

$$\begin{aligned}\lim_{N\to\infty}\Bigg\|&\frac{1}{N}\sum_{n=0}^{N-1}T^{p_1(n)}f_1T^{p_2(n)}f_2\cdots T^{p_d(n)}f_d\\&-\frac{1}{N}\sum_{n=0}^{N-1}T^{p_1(n)}\mathbb{E}(f_1|\mathcal{Y})T^{p_2(n)}\mathbb{E}(f_2|\mathcal{Y})\cdots T^{p_d(n)}\mathbb{E}(f_d|\mathcal{Y})\Bigg\|_{L^2}\to 0.\end{aligned}$$

找到合适的特征因子将会把问题约化到结构更简单的因子系统上.

下面我们主要讨论对于线性多项式 $\{n,2n,\cdots,dn\}$ 的特征因子, 即我们主要考虑如下多重遍历平均:

$$\frac{1}{N}\sum_{n=0}^{N-1}f_1(T^nx)f_2(T^{2n}x)\cdots f_d(T^{dn}x). \tag{10.58}$$

为研究式 (10.58), 根据遍历分解定理, 我们仅需研究遍历的情况. 下面如不特别指出, 系统都是遍历的. Furstenberg [67] 证明了测度 distal 因子为式 (10.58) 的特征因子, 则多重回复定理就转化到 distal 因子上处理. 但是对于研究式 (10.58) 的收敛问题, 测度 distal 因子太大, 不足以控制住收敛问题. 根据 Zorn 引理可以证明, 在因子关系下存在最小的特征因子 Z. 另外, 若 Y 也为特征因子, 那么 Z 为 Y 的因子.

为介绍这个最小的特征因子, 我们需要一些概念.

定义 10.9.1 (幂零系统) 设 G 为群. 对于 $A,B\subseteq G$, 我们记 $[A,B]$ 为由 $\{[a,b]=aba^{-1}b^{-1}: a\in A, b\in B\}$ 生成的子群. 交换子子群列 G_j $(j\geqslant 1)$ 可如下归纳定义:

$$G_1=G,\quad G_{j+1}=[G_j,G].$$

设 $d\geqslant 1$ 为整数, 称 G 为 d **阶幂零群**, 若 G_{d+1} 为平凡群.

设 G 为 d 阶幂零李群, Γ 为其离散余紧子群. 紧致流形 $X=G/\Gamma$ 称为 d **阶幂零流形**. 群 G 用左平移方式作用在 X 上, 记为 $(g,x)\mapsto gx$. X 上的 Haar 测度 μ 是指唯一的平移不变的概率测度. 取 $\tau\in G$, 设 T 为 X 上的作用, $x\mapsto\tau x$, 则 (X,μ,T) 称为 d **阶幂零系统**.

Conze 和 Lesigne 证明了 2 阶幂零系统的逆极限为 3 项多重遍历平均的特征因子, 一般情况被 Host 和 Kra 证明也是成立的. 我们简单介绍一下 Host 和 Kra 的方法和思想, 为此我们需要一些概念.

设 X 为集合, $d \geqslant 1$ 为自然数. 我们视 $\{0,1\}^d$ 为 0, 1 组成的序列, $\varepsilon = (\varepsilon_1, \cdots, \varepsilon_d)$, 也记为 $\varepsilon = \varepsilon_1 \cdots \varepsilon_d$. 设 $|\varepsilon| = \varepsilon_1 + \cdots + \varepsilon_d$. 我们将 X^{2^d} 记为 $X^{[d]}$. 点 $\boldsymbol{x} \in X^{[d]}$ 表示为 $\boldsymbol{x} = (x_\varepsilon : \varepsilon \in \{0,1\}^d)$. 点 $\boldsymbol{x} \in X^{[d]}$ 可以分解为 $\boldsymbol{x} = (\boldsymbol{x}', \boldsymbol{x}'')$, $\boldsymbol{x}', \boldsymbol{x}'' \in X^{[d-1]}$, 其中 $\boldsymbol{x}' = (x_{\varepsilon 0} : \varepsilon \in \{0,1\}^{d-1})$, $\boldsymbol{x}'' = (x_{\varepsilon 1} : \varepsilon \in \{0,1\}^{d-1})$. 这种分解自然把 $X^{[d]}$ 等同为 $X^{[d-1]} \times X^{[d-1]}$. 例如, $X^{[2]}$ 中的点形如 $(x_{00}, x_{10}, x_{01}, x_{11})$.

对于保测系统 $(X, \mathcal{X}, \mu, T)$, 我们用 $\mathcal{I}(T)$ 记不变子集 σ 代数 $\{A \in \mathcal{X} : T^{-1}A = A\}$. 设 $(X, \mathcal{X}, \mu, T)$ 为遍历系统, $k \in \mathbb{N}$. 我们定义 $X^{[k]}$ 上 $T^{[k]} = T \times T \times \cdots \times T$ (2^k 次) 作用下不变的测度 $\mu^{[k]}$ 如下: $\mu^{[1]} = \mu \times_{\mathcal{I}(T)} \mu = \mu \times \mu$; 对于 $k \geqslant 1$,

$$\mu^{[k+1]} = \mu^{[k]} \underset{\mathcal{I}(T^{[k]})}{\times} \mu^{[k]}.$$

对于 $k \geqslant 1$, 设 (Ω_k, P_k) 为 σ 代数 $\mathcal{I}^{T^{[k]}}$ 对应的系统,

$$\mu^{[k]} = \int_{\Omega_k} \mu_\omega^{[k]} \mathrm{d}P_k(\omega)$$

表示 $\mu^{[k]}$ 在作用 $T^{[k]}$ 下的遍历分解. 那么根据定义, 有

$$\mu^{[k+1]} = \int_{\Omega_k} \mu_\omega^{[k]} \times \mu_\omega^{[k]} \mathrm{d}P_k(\omega).$$

如果 (X, μ, T) 为弱混合的, 那么 $\mathcal{I}(T^{[k]})$ 是平凡的, $\mu^{[k]}$ 为 2^k 个 μ 的乘积测度 μ^{2^k}, $k \geqslant 1$.

测度 $\mu^{[k]}$ 为 $T^{[k]}$ 不变的, 并且 $\mu^{[k]}$ 到第 2^k 个坐标的自然投射为 μ. 设 $C : \mathbb{C} \to \mathbb{C}$ 为共轭映射, $z \mapsto \overline{z}$. 容易验证: 对于 X 上的有界函数 f, 积分

$$\int_{X^{[k]}} \prod_{\varepsilon \in \{0,1\}^k} C^{|\varepsilon|} f(x_\varepsilon) \mathrm{d}\mu^{[k]}(\boldsymbol{x})$$

为实的且非负. 所以我们在 $L^\infty(X, \mu)$ 上可以定义

$$|||f|||_k = \left(\int_{X^{[k]}} \prod_{\varepsilon \in \{0,1\}^k} C^{|\varepsilon|} f(x_\varepsilon) \mathrm{d}\mu^{[k]}(\boldsymbol{x}) \right)^{1/2^k}$$

容易验证 $|||\cdot|||_k$ 为半模, 称之为 **Host-Kra 半模**. 下面的式子可以根据定义及遍历定理得到, 该式也可以作为半模的等价定义: 对于每个 $k \geqslant 0$ 及 $f \in L^\infty(X, \mu)$, 有

$$|||f|||_{k+1} = \left(\lim_{N \to \infty} \frac{1}{N} \sum_{n=0}^{N-1} |||f \cdot T^n \overline{f}|||_k^{2^k} \right)^{1/2^{k+1}}$$

根据半模, 我们可以定义因子系统 $(Z_{d-1}, \mathcal{Z}_{d-1}, \mu_{d-1}, T)$.

定义 10.9.2　设 $(X,\mathcal{X},\mu,T)$ 为遍历系统, $d\in\mathbb{N}$, 则存在 $\mathcal{X}$ 的 T 不变的子 σ 代数 $\mathcal{Z}_{d-1}$, 使得对于 $f\in L^\infty(\mu)$,

$$|||f|||_d=0 \quad \Leftrightarrow \quad \mathbb{E}(f|\mathcal{Z}_{d-1})=0.$$

设 $(Z_{d-1},\mathcal{Z}_{d-1},\mu_{d-1},T)$ 为子 σ 代数 $\mathcal{Z}_{d-1}$ 对应的 X 的因子系统. 如果 $X=Z_{d-1}$, 那么称 X 为$d-1$ **阶系统**.

运用 van der Corput 引理, Host 和 Kra 证明了式(10.58) 可以由半模控制住:

定理 10.9.2 [106]　设 $(X,\mathcal{X},\mu,T)$ 为遍历系统, $d\in\mathbb{N}$. 对于满足 $\|f_1\|_\infty,\cdots,\|f_d\|_\infty\leqslant 1$ 的 $f_1,\cdots,f_d\in L^\infty(X,\mu)$, 我们有

$$\limsup_{N\to\infty}\left\|\frac{1}{N}\sum_{n=0}^{N-1}T^nf_1T^{2n}f_2\cdots T^{dn}f_d\right\|_{L^2(X,\mu)}\leqslant\min_{1\leqslant j\leqslant d}\{j|||f_j|||_d\}.$$

这个定理表明 Z_{d-1} 为式 (10.58) 的特征因子. Host 和 Kra 的工作中最为困难的部分是刻画 $(Z_{d-1},\mathcal{Z}_{d-1},\mu_{d-1},T)$ 的结构, 他们证明了它是 $d-1$ 阶幂零系统的逆极限.

我们强调第一个坐标. 记 $X_*^{[d]}=X^{2^d-1}$, 将点 $\boldsymbol{x}\in X^{[d]}$ 记为 $\boldsymbol{x}=(x_{\boldsymbol{0}},\boldsymbol{x}_*)$, 其中 $\boldsymbol{x}_*=(x_{\boldsymbol{\varepsilon}}:\boldsymbol{\varepsilon}\neq\boldsymbol{0})\in X_*^{[d]}$, $\boldsymbol{0}=00\cdots0\in\{0,1\}^d$.

定理 10.9.3 (Host-Kra[106])　设 $(X,\mathcal{X},\mu,T)$ 为遍历系统, $d\in\mathbb{N}$. 那么以下等价:

(1) X 为 $d-1$ 阶系统, 即 $(X,\mathcal{X},\mu,T)=(Z_{d-1},\mathcal{Z}_{d-1},\mu_{d-1},T)$;

(2) 系统 $(X,\mathcal{X},\mu,T)$ 为 $d-1$ 阶幂零系统的逆极限;

(3) $|||\cdot|||_d$ 为 $L^\infty(X,\mu)$ 上的模, 即 $|||f|||_d=0$ 蕴含 $f=0$;

(4) 存在可测函数 $J:X_*^{[d]}\to X$, 使得 $x_{\boldsymbol{0}}=J(x_{\boldsymbol{\varepsilon}}:\boldsymbol{0}\neq\boldsymbol{\varepsilon}\in\{0,1\}^d)$ 对 $\mu^{[d]}$ 几乎处处 $\boldsymbol{x}=(x_{\boldsymbol{\varepsilon}}:\boldsymbol{\varepsilon}\in\{0,1\}^d)\in X^{[d]}$ 成立.

由此定理, 我们也称 $d-1$ 阶系统为 $d-1$ **阶拟幂零系统** ($(d-1)$-step pro-nilsystem). 容易看出 Z_0 为平凡系统, Z_1 为 Kronecker 因子 (即 $\mathcal{Z}_1=\mathcal{K}_\mu$). 一般地, Z_k 为 Z_{k-1} 的紧致交换群扩充. 于是得到一个新的结构定理:

$$\{pt\}=Z_0\leftarrow Z_1\leftarrow\cdots\leftarrow Z_n\leftarrow Z_{n+1}\leftarrow\cdots\leftarrow X.$$

注意, 如果 T 是弱混合的, 那么对于 $k\in\mathbb{Z}_+$, 所有 Z_k 为平凡的.

根据定理 10.9.2 和定理 10.9.3, 式 (10.58) 的收敛问题就化归到幂零系统上. 根据幂零系统的经典结果或者 Ratner 理论, 它是收敛的, 从而 Host 和 Kra 解决了式 (10.58) 的 L^2 收敛问题. 关于详细的论述和证明参见文献 [106] 或者最近的专著 [108].

10.9.3　拓扑动力系统的相应问题

在拓扑动力系统中自然也需要研究特征因子. 这个问题最早是由 Glasner 于 1994 年开始的. 设 (X,T) 为拓扑动力系统, $d\in\mathbb{N}$,

$$\sigma_d=T\times T^2\times\cdots\times T^d,$$

$\pi: X \to Y$ 为因子映射. (Y,T) 称为 d **阶拓扑特征因子**, 若存在 X 的稠密 G_δ 集 Ω, 使得对于任何 $x \in \Omega$ 轨道闭包 $L = \overline{\mathrm{orb}}(x^{(d)}, \sigma_d)$, $\pi \times \cdots \times \pi$ (d 次) 是**饱和的**, 其中 $\boldsymbol{x}^{(d)} = (x, \cdots, x)$ (d 次), 即 $(x_1, x_2, \cdots, x_d) \in L$ 当且仅当 $(x_1', x_2', \cdots, x_d') \in L$, 对于 $1 \leqslant i \leqslant d$, $\pi(x_i) = \pi(x_i')$. Glasner 证明了: 如果 (X,T) 为极小拓扑 distal 系统, 那么它的最大 $d-1$ 阶拓扑 distal 因子是 d 阶拓扑特征因子; 如果 (X,T) 为极小拓扑弱混合的, 那么平凡系统是它的任意阶拓扑特征因子[78].

第二种定义特征因子的方式是由 Host, Kra 和 Maass 给出的[109]. 他们在 Host 和 Kra 2005 年的工作基础上建立极小拓扑 distal 系统涉及幂零因子的结构定理, 下面我们给出更多细节.

设 $\boldsymbol{n} = (n_1, \cdots, n_d) \in \mathbb{Z}^d$, $\boldsymbol{\varepsilon} \in \{0,1\}^d$. 令 $\boldsymbol{n} \cdot \boldsymbol{\varepsilon} = \sum\limits_{i=1}^{d} n_i \varepsilon_i$, (X,T) 为拓扑动力系统, $d \geqslant 1$. 又令 $\mathbf{Q}^{[d]}(X)$ 为如下元素全体在 $X^{[d]}$ 中的闭包:

$$(T^{\boldsymbol{n}\cdot\boldsymbol{\varepsilon}} x = T^{n_1\varepsilon_1 + \cdots + n_d\varepsilon_d} x : \boldsymbol{\varepsilon} = \varepsilon_1\varepsilon_2\cdots\varepsilon_d \in \{0,1\}^d),$$

其中 $\boldsymbol{n} = (n_1, \cdots, n_d) \in \mathbb{Z}^d$, $x \in X$. 如果不引起混淆, 用 $\mathbf{Q}^{[d]}$ 记 $\mathbf{Q}^{[d]}(X)$. $\mathbf{Q}^{[d]}(X)$ 中的元素称为 **动力系统** d **维平行体** (parallelepiped of dimension d). 例如, $\mathbf{Q}^{[2]}$ 为 $X^{[2]} = X^4$ 中集合 $\{(x, T^m x, T^n x, T^{n+m} x) : x \in X, m, n \in \mathbb{Z}\}$ 的闭包. $\mathbf{Q}^{[d]}$ 可以视为 $\mu^{[d]}$ 的拓扑对应.

面变换 (face transformations) $T_j^{[d]} : X^{[d]} \to X^{[d]}$ $(j = 1, \cdots, d)$ 定义如下: 对于 $\boldsymbol{x} = (x_{\boldsymbol{\varepsilon}})_{\boldsymbol{\varepsilon} \in \{0,1\}^d} \in X^{[d]}$,

$$(T_j^{[d]} \boldsymbol{x})_{\boldsymbol{\varepsilon}} = \begin{cases} T x_{\boldsymbol{\varepsilon}}, & \varepsilon_j = 1, \\ x_{\boldsymbol{\varepsilon}}, & \varepsilon_j = 0. \end{cases}$$

也可如下归纳定义: 设 $T^{[0]} = T$, $T_1^{[1]} = \mathrm{id} \times T$. 若 $\{T_j^{[d-1]}\}_{j=1}^{d-1}$ 已经定义好, 那么设

$$\begin{aligned} &T_j^{[d]} = T_j^{[d-1]} \times T_j^{[d-1]}, \quad j \in \{1, 2, \cdots, d-1\}, \\ &T_d^{[d]} = \mathrm{id}^{[d-1]} \times T^{[d-1]}. \end{aligned}$$

d **维面变换群** (face group of dimension d) $\mathcal{F}^{[d]}(X)$ 为由 $X^{[d]}$ 上的全体面变换生成的群. d **维方体群或者** d **维平行体群** (cube group or parallelepiped group of dimension d) $\mathcal{G}^{[d]}(X)$ 是指由对角变换 $T^{[d]}$ 和 $\mathcal{F}^{[d]}(X)$ 生成的群. 在不会混淆的情况下, 我们直接用 $\mathcal{F}^{[d]}$ 和 $\mathcal{G}^{[d]}$ 分别记 $\mathcal{F}^{[d]}(X)$ 和 $\mathcal{G}^{[d]}(X)$. 容易看出 $\mathbf{Q}^{[d]}$ 为 $\{Sx^{[d]} : S \in \mathcal{F}^{[d]}, x \in X\}$ 在 $X^{[d]}$ 中的闭包. 如果 x 为 X 的传递点, 那么 $\mathbf{Q}^{[d]}$ 为点 $x^{[d]}$ 在 $\mathcal{G}^{[d]}$ 作用下的轨道闭包, 其中 $\boldsymbol{x}^{[d]} = (x, x, \cdots, x) \in X^{[d]}$.

定理 10.9.4 设 (X,T) 为极小的拓扑动力系统, $d \in \mathbb{N}$. 我们有:

(1) $(\mathbf{Q}^{[d]}, \mathcal{G}^{[d]})$ 为极小的[109];

(2) 对于所有 $x \in X$, $(\overline{\mathrm{orb}(x^{[d]}, \mathcal{F}^{[d]})}, \mathcal{F}^{[d]})$ 为极小的[192].

定理 10.9.4 可以视为如下结论的拓扑对应:

定理 10.9.5 [106] 设 $(X, \mathcal{X}, \mu, T)$ 为遍历系统, $d \in \mathbb{N}$, 那么系统 $(X^{[d]}, \mu^{[d]}, \mathcal{G}^{[d]})$ 为遍历的, 并且 $(\Omega_d, P_d, \mathcal{F}^{[d]})$ 为遍历的.

对应于定理 10.9.3, 下面给出了拓扑幂零系统逆极限的刻画:

定理 10.9.6 (Host-Kra-Maass[109]) 设 (X,T) 为极小拓扑动力系统, $d \geqslant 2$ 为自然数, 那么以下等价:

(1) X 为 $d-1$ 阶极小幂零系统的拓扑逆极限;

(2) 如果 $\boldsymbol{x},\boldsymbol{y} \in \mathbf{Q}^{[d]}$ 有 2^d-1 个坐标吻合, 那么 $\boldsymbol{x}=\boldsymbol{y}$;

(3) 如果 $x,y \in X$ 满足 $(x,y,\cdots,y) \in \mathbf{Q}^{[d]}$, 那么 $x=y$.

满足上面条件的极小系统称为拓扑 $d-1$ 阶系统 (topological system of order $d-1$) 或者拓扑 $d-1$ 阶拟幂零系统 (topological $(d-1)$-step pro-nilsystem).

注意, 任何 d 阶拟幂零系统测度同构于某个拓扑 d 阶拟幂零系统[109]. 如果 (X,T) 为拓扑 d 阶拟幂零系统, 那么它的最大 j 阶拟幂零因子和 j 阶拓扑拟幂零因子吻合, $j \leqslant d$ [54].

定义 10.9.3 [109] 设 (X,T) 为拓扑动力系统, $d \in \mathbb{N}$, ρ 为度量. 点对 $x,y \in X$ 称为d **阶局部渐近的** (regionally proximal of order d), 若对于任意 $\delta>0$, 存在 $x',y' \in X$ 以及 $\boldsymbol{n}=(n_1,\cdots,n_d) \in \mathbb{Z}^d$, 使得 $\rho(x,x')<\delta, \rho(y,y')<\delta$, 且

$$\rho(T^{\boldsymbol{n}\cdot\boldsymbol{\varepsilon}}x',T^{\boldsymbol{n}\cdot\boldsymbol{\varepsilon}}y')<\delta, \quad \forall \varepsilon \in \{0,1\}^d \setminus \{\mathbf{0}\}.$$

d 阶局部渐近对全体记为 $\mathrm{RP}^{[d]}$ 或 $\mathrm{RP}^{[d]}(X,T)$, 称为d **阶局部渐近关系** (the regionally proximal relation of order d).

Host, Kra 和 Maass 证明了: 对于极小拓扑 distal 系统 (X,T), $\mathrm{RP}^{[d]}$ 为等价关系, 并且 $(X/\mathrm{RP}^{[d]},T)$ 为 (X,T) 的最大 d 阶拟幂零因子. 邵松和叶向东运用 Ellis 半群技巧证明了他们的结果对于一般极小系统也成立[192].

定理 10.9.7 [192, 109] 设 (X,T) 为极小拓扑动力系统, $d \in \mathbb{N}$, 那么

(1) $\mathrm{RP}^{[d]}(X)$ 为等价关系;

(2) 如果 $\pi:(X,T) \to (Y,S)$ 为因子映射, 那么

$$(\pi\times\pi)(\mathrm{RP}^{[d]}(X))=\mathrm{RP}^{[d]}(Y);$$

(3) $(X_d=X/\mathrm{RP}^{[d]},T)$ 为 (X,T) 的最大 d 阶拟幂零因子.

注意 $\mathrm{RP}^{[1]}$ 为经典的局部渐近关系, 而 $X_1=X_{\mathrm{eq}}$ 为极大等度连续因子. 进一步, 根据上面的定理, 我们有如下结构定理:

$$\{pt\}=X_0 \leftarrow X_1 \leftarrow \cdots \leftarrow X_n \leftarrow X_{n+1} \leftarrow \cdots \leftarrow X.$$

如果 (X,T) 为拓扑弱混合, 那么对于所有 $n \in \mathbb{Z}_+$, X_n 为平凡的.

10.9.4 拓扑方法在多重遍历平均问题研究中的应用

目前 L^2 多重遍历平均问题取得了丰富的成果, 但是几乎处处收敛意义下多重遍历平均问题结果甚少. 一个重要的结果如下:

定理 10.9.8 (Bourgain[37-38]) 设 $(X,\mathcal{X},\mu,T)$ 为保测系统, 那么

(1) 对于任意 $p(n) \in \mathbb{Z}[n]$, $f \in L^p(X,\mu)$, $p > 1$,

$$\lim_{N\to\infty} \frac{1}{N}\sum_{n=0}^{N-1} f(T^{p(n)}x)$$

几乎处处收敛.

(2) 对于 $a \neq b \in \mathbb{Z}\setminus\{0\}$ 以及 $f_1, f_2 \in L^\infty(X,\mathcal{X},\mu)$,

$$\lim_{N\to\infty} \frac{1}{N}\sum_{n=0}^{N-1} f_1(T^{a_1 n}x) f_2(T^{a_2 n}x)$$

几乎处处收敛;

最近 Krause, Mirek 和陶哲轩推广了 Bourgain 的结论[143], 他们证明了

定理 10.9.9 (Krause-Mirek-Tao[143]) 设 $(X,\mathcal{X},\mu,T)$ 为保测系统. 对阶数大于 2 的多项式 $p(n) \in \mathbb{Z}[n]$, 以及 $f_1 \in L^{p_1}(X,\mu)$, $f_2 \in L^{p_2}(X,\mu)$ $(1/p_1 + 1/p_2 \leqslant 1)$, 平均

$$\frac{1}{N}\sum_{n=0}^{N-1} f_1(T^n x) f_2(T^{p(n)}x)$$

几乎处处收敛.

另外一个重要的结果是 Derrien 和 Lesigne 指出多重遍历平均几乎处处收敛与否取决于其 Pinsker 因子, 即如果能证明零熵系统多重遍历平均几乎处处收敛, 那么对于任何保测系统多重遍历平均几乎处处收敛[51].

设 (X,T) 为拓扑动力系统, $d \in \mathbb{N}$, $\tau_d = T \times \cdots \times T$ (d 次), $\sigma_d = T \times T^2 \times \cdots \times T^d$, $\langle \tau_d, \sigma_d \rangle$ 为由 τ_d, σ_d 生成的群. 对于 $x \in X$, 令

$$N_d(X,x) = \overline{\mathrm{orb}((x,\cdots,x),\langle \tau_d,\sigma_d\rangle)}.$$

它为 $x^{(d)}$ 在群 $\langle \tau_d, \sigma_d \rangle$ 作用下的轨道闭包. 如果 (X,T) 是极小的, 那么所有的 $N_d(X,x)$ 吻合, 此时直接记为 $N_d(X)$.

定理 10.9.10 (Glasner[78]) 如果拓扑动力系统 (X,T) 是极小的, 那么拓扑动力系统 $(N_d(X),\langle \tau_d,\sigma_d\rangle)$ 也是极小的.

于是如果 $(N_d(X),\langle \tau_d,\sigma_d\rangle)$ 为唯一遍历的, 那么它为严格遍历的.

定理 10.9.11 (黄文-邵松-叶向东[118]) 设 $(X,\mathcal{X},\mu,T)$ 为遍历系统, $d \in \mathbb{N}$, 那么它有严格遍历的模型 $(\hat{X},\hat{T})$, 使得 $(N_d(\hat{X}),\langle \tau_d,\sigma_d\rangle)$ 为严格遍历的.

唯一遍历系统具有很好的遍历平均收敛性质: 对于 (X,Γ), $\Gamma = \mathbb{Z}^d$, 那么 (X,Γ) 是唯一遍历的当且仅当对于任何连续函数 $f \in C(X)$,

$$\frac{1}{N^d}\sum_{\gamma\in[0,N-1]^d} f(\gamma x)$$

一致收敛到常值函数. 作为定理 10.9.11 的应用, 我们证明了

定理 10.9.12 (黄文-邵松-叶向东[118])　设 $(X, \mathcal{X}, \mu, T)$ 为遍历系统, $d \in \mathbb{N}$, 那么对于任意 $f_1, \cdots, f_d \in L^\infty(\mu)$, 遍历平均

$$\frac{1}{N^2} \sum_{(n,m)\in[0,N-1]^2} f_1(T^n x) f_2(T^{n+m} x) \cdots f_d(T^{n+(d-1)m} x)$$

对于 μ 几乎处处收敛到常数.

为证明定理 10.9.11, 我们发现并非所有唯一遍历模型是满足条件的. 为了我们的目的, Jewett-Krieger 定理不够, 但是 Weiss 定理 (定理 7.5.5) 刚好是合适的工具.

对于 $d \geqslant 3$, 令 $\pi_{d-2} : X \to Z_{d-2}$ 为 X 到其 $d-2$ 阶拟幂零因子 Z_{d-2} 的因子映射. 将 Z_{d-2} 视为拓扑 $d-2$ 阶拟幂零因子, 运用 Weiss 定理 (定理 7.5.5), 存在 $(X, \mathcal{X}, \mu, T)$ 的唯一遍历模型 $(\hat{X}, \hat{\mathcal{X}}, \hat{\mu}, \hat{T})$ 及因子映射 $\hat{\pi}_{d-2} : \hat{X} \to Z_{d-2}$ 为 $\pi_{d-2} : X \to Z_{d-2}$ 的模型. 可以证明 $(\hat{X}, \hat{T})$ 就是我们所需, 即 $(N_d(\hat{X}), \langle \tau_d, \sigma_d \rangle)$ 为唯一遍历的.

结合拓扑模型理论, 我们证明了

定理 10.9.13 (黄文-邵松-叶向东[118])　设 $(X, \mathcal{X}, \mu, T)$ 为测度 distal 系统, $d \in \mathbb{N}$, 那么对于任意 $f_1, f_2, \cdots, f_d \in L^\infty(\mu)$,

$$\frac{1}{N} \sum_{n=0}^{N-1} f_1(T^n x) f_2(T^{2n} x) \cdots f_d(T^{dn} x)$$

对于 μ 几乎处处收敛.

根据 Furstenberg-Zimmer 结构定理以及定理 10.9.13, 式 (10.58) 是否逐点收敛问题就化归到弱混合扩充. 但是目前, 即使对于弱混合系统, 这个问题也仍然没有解决. 一个部分的结果是由 Assani 给出的[7], 他运用 Host 定理证明了: 如果 $(X, \mathcal{X}, \mu, T)$ 为具有奇异谱的弱混合系统, 那么式 (10.58) 几乎处处收敛.

最近, 对于一类重要的弱混合系统我们证明了式 (10.58) 几乎处处收敛. $(X_i, \mathcal{X}_i, \mu_i, T_i)$ $(1 \leqslant i \leqslant d)$ 的交 λ 称为**两两独立**的, 如果它到任何两个坐标 $X_i \times X_j$ 的投射为 $\mu_i \times \mu_j$, $i \neq j \in \{1, 2, \cdots, d\}$. 系统 $(X, \mathcal{X}, \mu, T)$ 称为**两两独立确定的** (pairwise independently determined, PID), 若所有两两独立的 d $(d \geqslant 3)$ 交是独立的, 即具有乘积测度. PID 系统包括具有奇异谱的弱混合系统[104]、有限秩混合系统[128, 187] 等.

运用拓扑方法, 可以证明如下定理:

定理 10.9.14 [95]　设 $(X, \mathcal{X}, \mu, T)$ 为弱混合 PID 系统, 那么对于任意 $d \in \mathbb{N}$, $f_1, \cdots, f_d \in L^\infty(X, \mathcal{X}, \mu)$, 式 (10.58) 几乎处处收敛.

回顾注记 3.4.1, 设 $(X, \mathcal{X}, \mu)$ 为 Lebesgue 空间, $\mathrm{Aut}(X, \mu)$ 为赋予弱拓扑的 $(X, \mathcal{X}, \mu)$ 上全体可逆保测映射组成的集合. 可以证明: 对于稠密 G_δ 集的遍历系统, 式 (10.58) 几乎处处收敛. 这些给了多重遍历平均问题许多正面的信息.

对于方体群作用, Host 和 Kra 证明了

定理 10.9.15 [106]　设 $(X, \mathcal{X}, \mu, T)$ 为保测系统, $d \in \mathbb{N}$, 那么对于 $f_\varepsilon \in L^\infty(\mu)$, $\varepsilon \in$

$\{0,1\}^d, \varepsilon \neq (0,\cdots,0)$, 平均

$$\prod_{i=1}^{d} \frac{1}{N_i - M_i} \cdot \sum_{\boldsymbol{n}\in[M_1,N_1)\times\cdots\times[M_d,N_d)} \prod_{(0,\cdots,0)\neq\boldsymbol{\varepsilon}\in\{0,1\}^d} f_{\boldsymbol{\varepsilon}}(T^{\boldsymbol{n}\cdot\boldsymbol{\varepsilon}}x) \tag{10.59}$$

当 $N_1 - M_1, N_2 - M_2, \cdots, N_d - M_d$ 趋于无穷时在 $L^2(X,\mu)$ 中收敛.

设 $(X,\mathcal{X},\mu,T)$ 为遍历系统, $d \in \mathbb{N}$. 运用 Weiss 定理, 我们可以证明存在唯一遍历模型 $(\hat{X},\hat{T})$, 使得 $(\mathbf{Q}^{[d]}(\hat{X}),\mathcal{G}^{[d]})$ 为严格遍历的, 从而由此可以证明式 (10.59) 对于 μ 几乎处处收敛[117]. 这个结果依照 $[0,N-1]^d$ 取平均的情形最早由 Assani [8] 给出, 后来 Chu 和 Franzikinakis 将之推广到更为一般的情况[41].

10.10 注 记

本章内容主要参考了著作 [68, 58], 这是两本介绍动力系统在组合数论中的应用的引人入胜的专著. 关于动力系统在组合数论中的应用也可参见文献 [16, 162] 等. Szemerédi 定理的证明还可以参见文献 [73, 94, 195-196]. 对于陶哲轩定理的证明, 我们采用了 Austin 的证明 [11-12], 另外不同的证明参见文献 [105, 197].

在本章中对于 Furstenberg-Zimmer 结构定理的证明我们主要沿用 Furstenberg 的方法, Zimmer 的处理方法可参见文献 [215-516].

现在幂零李群理论在动力系统中占据着越来越重要的地位, 关于幂零系统的基本知识可以参见文献 [10, 47, 108, 152] 等. 幂零李群在数学中应用的一个很好的例子是 Green 和陶哲轩等人的系列工作 [90-93]. 关于更多多重回复和多重遍历的知识可参见文献 [16-19, 22, 70-72, 108, 142, 151].

参考文献

[1] Aaronson J. An introduction to infinite ergodic theory[M]. Providence: American Mathematical Society, 1997.

[2] Adler R L, Konheim A G, McAndrew M H. Topological entropy[J]. Trans. Amer. Math. Soc., 1985,114: 309-319.

[3] Akin E. The general topology of dynamical systems[M]. Providence: American Mathematical Society, 1993.

[4] Akin E. Recurrence in topological dynamics: Furstenberg families and Ellis actions[M]. New York: Plenum Press, 1997.

[5] Akin E, Glasner E, Huang W, et al. Sufficient conditions under which a transitive system is chaotic[J]. Ergod. Th. and Dynam. Sys., 2010, 30: 1277-1310.

[6] Aoki N, Hiraide K. 1994. Topological theory of dynamical systems: recent advances[M]. Amsterdam: North-Holland Publishing Co., 1994.

[7] Assani I. Multiple recurrence and almost sure convergence for weakly mixing dynamical systems[J]. Israel J. Math., 1998, 103: 111-124.

[8] Assani I. Pointwise convergence of ergodic averages along cubes[J]. J. Analyse Math., 2010, 110: 241-269.

[9] Auslander J. Minimal flows and their extensions[M]. Amsterdam: North-Holland Publishing Co., 1988.

[10] Auslander L, Green L, Hahn F. Flows on homogeneous spaces[M]. Princeton: Princeton University Press, 1963.

[11] Austin T. On the norm convergence of non-conventional ergodic averages[J]. Ergod. Th. and Dynam. Sys., 2010, 30: 321-338.

[12] Austin T. Multiple recurrence and the structure of probability-preserving systems[D]. Los Angeles: University of California, 2010. arXiv1006.0491.

[13] Austin T. Measure concentration and the weak Pinsker property[J]. Publ. Math. Inst. Hautes Études Sci., 2018, 128: 1-119.

[14] Bekka M, Mayer M. Ergodic theory and topological dynamics of group actions on homogeneous spaces[M]. Cambridge: Cambridge University Press, 2000.

[15] Bergelson V. Weakly mixing PET[J]. Ergod. Th. Dynam. Sys., 1987, 7: 337-349.

[16] Bergelson V. Combinatorial and Diophantine applications of ergodic theory: Appendix A (Leibman A); Appendix B (Quas A, Wierdl M)[M]. Amsterdam: Elsevier, 2006: 745-869.

[17] Bergelson V, Host B, Kra B. Multiple recurrence and nilsequences[J]. Invent. Math., 2005, 160(2): 261-303.

[18] Bergelson V, Leibman A. Polynomial extensions of van der Waerden's and Szemerédi's theorems[J]. J. Amer. Math. Soc., 1996, 9: 725-753.

[19] Bergelson V, Leibman A. Set-polynomials and polynomial extension of the Hales-Jewett theorem[J]. Ann. Math., 1999, 150: 33-75.

[20] Bergelson V, Leibman S. A nilpotent Roth theorem[J]. Invent. Math., 2002, 147(2): 429-470.

[21] Bergelson V, Leibman S. Failure of the Roth theorem for solvable groups of exponential growth[J]. Ergod. Th. Dynam. Sys., 2004, 24(1): 45-53.

[22] Bergelson V, McCutcheon R. An ergodic IP polynomial Szemerédi theorem[J]. Mem. Amer. Math. Soc., 2000, 146: 695.

[23] Billingsley P. Ergodic theory and information[M]. New York: John Wiley & Sons, Inc., 1965.

[24] Birkhoff G. Dynamical systems: colloquium publication Ⅸ [M]. Providence: Ameican Mathematical Society, 1927; 1966.

[25] Birkhoff G. Proof of the ergodic theorem[J]. Proc. Nat. Acad. Sci. USA, 1931, 17: 656-660.

[26] Blanchard F. Fully positive topological entropy and topological mixing: symbolic dynamics and its applications[J]. AMS Contemp. Math., 1992, 135: 95-105.

[27] Blanchard F. A disjointness theorem involving topological entropy[J]. Bull. Soc. Math. France, 1993, 121: 465-478.

[28] Blanchard F, Glasner E, Host B. A variation on the variational principle and applications to entropy pairs[J]. Ergod. Th. Dynam. Sys., 1997, 17: 29-43.

[29] Blanchard F, Glasner E, Kolyada S, et al. On Li-Yorke pairs[J]. J. Reine Angew. Math., 2002, 547: 51-68

[30] Blanchard F, Host B, Maass A. Topological complexity[J]. Ergod. Th. and Dynam. Sys., 2000, 20: 641-662.

[31] Blanchard F, Host B, Maass A, et al. Entropy pairs for a measure[J]. Ergod. Th. Dynam. Sys., 1995, 15(4): 621-632.

[32] Blanchard F, Host B, Ruette S. Asymptotic pairs in positive-entropy systems[J]. Ergod. Th. and

Dynam. Sys., 2002, 22: 671-686.

[33] Blanchard F, Lacroix Y. Zero-entropy factors of topological flows[J]. Proc. Amer. Math. Soc., 1993, 119: 985-992.

[34] Blaszczyk A, Plewik S, Turek S. Topological multidimensional van der Waerden theorem[J]. Comment. Math. Univ. Carolinae, 1989, 30: 783-787.

[35] Bogachev V I. Measure theory: vol. Ⅰ; Ⅱ [M]. Berlin: Springer-Verlag: vol. Ⅰ xviii,500; vol. Ⅱ xiv, 575.

[36] Bourbaki N. General topology[M]. Paris: Hermann, 1966.

[37] Bourgain J. Pointwise ergodic theorems for arithmetic sets[J]. Inst. Hautes études Sci. Publ. Math., 1989, 69: 5-45.

[38] Bourgain J. Double recurrence and almost sure convergence[J]. J. Reine Angew. Math., 1990, 404: 140-161.

[39] Bowen R. Entropy for group endomorphisms and homogeneous spaces[J]. Trans. Amer. Math. Soc., 1971, 153: 401-414.

[40] Buczolich Z, Mauldin R D. Divergent square averages[J]. Ann. Math: Second Series, 2010, 171(3): 1479-1530.

[41] Chu Q, Frantzikinakis N. Pointwise convergence for cubic and polynomial ergodic averages of non-commuting transformations[J]. Ergod. Th. and Dynam. Sys., 2012, 32: 877-897.

[42] Coronel A, Maass A, Shao S. Sequence entropy and rigid σ-algebras[J]. Stud. Math., 2009, 194: 207-230.

[43] Conze J-P, Lesigne E. Théorèmes ergodiques pour des mesures diagonales[J]. Bull. Soc. Math. France, 1984, 112(2): 143-175.

[44] Conze J-P, Lesigne E. Sur un théorème ergodique pour desmesures diagonales[J]. Publ. Inst. Rech. Math. Rennes, 1987(1): 1-31.

[45] Conze J-P, Lesigne E. Sur un théorème ergodique pour des mesures diagonales[J]. C. R. Acad. Sci. Paris Sér. I Math., 1988, 306(12): 491-493.

[46] Cornfeld I, Fomin S, Sinaĭ Y. Ergodic theory[M]. New York: Springer-Verlag, 1982.

[47] Corwin L J, Greenleaf F P. Representations of nilpotent Lie groups and their applications[M]. Cambridge: Cambridge University Press, 1990: viii, 269.

[48] Dajani K, Kraaikamp C. Ergodic theory of numbers[M]. Washington, DC: Mathematical Association of America, 2002.

[49] Davenport H. On some infinite series involving arithmetical functions: Ⅱ [J]. Quart. J. Math. Oxford, 1937, 8: 313-320.

[50] Denker M, Grillenberger C, Sigmund C. Ergodic theory on compact spaces[M]. New York: Springer-Verlag, 1976.

[51] Derrien J, Lesigne E. Un théorème ergodique polynomial ponctuel pourles endomorphismes exacts et les K-systèmes[J]. Ann. Inst. H. Poincaré Probab. Statist., 1996, 32 (6): 765-778.

[52] Devaney R L. An introduction to chaotic dynamical systems[M]. 2nd ed. Redwood City: Addison-Wesley Publishing Company, 1989.

[53] Dinaburg E I. A connection between various entropy characterizations of dynamical systems[J]. Izv. Akad. Nauk SSSR Ser. Mat., 1971, 35: 324-366.

[54] Dong P, Donoso S, Maass A, et al. Infinite-step nilsystems, independence and complexity[J]. Ergod. Th. Dynam. Sys., 2013, 33: 118-143.

[55] Eberlein E. On topological entropy of semigroups of commuting transformations[C]// International Conference on Dynamical Systems in Mathematical Physics, Rennes, 1975: 17-62.

[56] Erdös P, Turán P. On some sequences of integers[J]. J. London Math. Soc., 1936, 11: 261-264.

[57] Einsiedler M, Katok A, Lindenstrauss E. Invariant measures and the set of exceptions to Littlewood's conjecture[J]. Ann. Math., 2006, 164(2): 513-560.

[58] Einsiedler M, Ward T. Ergodic theory with a view towards number theory[M]. London: Springer-Verlag, 2011.

[59] El Abdalaoui E H, Kułaga-Przymus J, Lemańczyk M, et al. The Chowla and the Sarnak conjectures from ergodic theory point of view[J]. Discrete Contin. Dyn. Syst., 2017, 37(6): 2899-2944.

[60] Ellis R. Lectures on topological dynamics[M]. New York: W. A. Benjamin, Inc., 1969.

[61] Fogg N P. Substitutions in dynamics, arithmetics and combinatorics[M]. Berlin: Springer-Verlag, 2002.

[62] Folland G B. Real analysis: modern techniques and their applications[M]. 2nd ed. New York: Wiley, 1999.

[63] Friedman N. Introduction to ergodic theory[M]. New York: Van Nostrand Reinhold, 1970.

[64] Furstenberg H. Strict ergodicity and transformation of the torus[J]. Amer. J. Math., 1961, 83: 573-601.

[65] Furstenberg H. The structure of distal flows[J]. Amer. J. Math., 1963, 85: 477-515.

[66] Furstenberg H. Disjointness in ergodic theory, minimal sets, and a problem in Diophantine approximation[J]. Math. Sys. Th., 1967, 1: 1-49.

[67] Furstenberg H. Ergodic behavior of diagonal measures and a theorem of Szemerédi on arithmetic progressions[J]. J. Anal. Math., 1977, 31: 204-256.

[68] Furstenberg H. Recurrence in ergodic theory and combinatorial number theory[R]. Princeton:

Princeton University Press, 1981.

[69] Furstenberg H. IP-systems in ergodic theory[C]//Conference in Modern Analysis and Probability, New Haven, Conn., 1982. Providence: Amer. Math. Soc., 1984: 131-148.

[70] Furstenberg H, Katznelson Y. An ergodic Szemerédi theorem for commuting transformations[J]. J. Anal. Math., 1978, 34: 275-291.

[71] Furstenberg H, Katznelson Y. An ergodic Szemerédi theorem for IP-systems and combinatorial theory[J]. J. Anal. Math., 1985, 45: 117-168.

[72] Furstenberg H, Katznelson Y. A density version of the Hales-Jewett theorem[J]. J. Anal. Math., 1991, 57: 64-119.

[73] Furstenberg H, Katznelson Y, Ornstein D. The ergodic theoretical proof of Szemerédi's theorem[J]. Bull. Amer. Math. Soc., 1982, 7(3): 527-552.

[74] Furstenberg H, Weiss B. The finite multipliers of infinite ergodic transformations[M]//Markley N G, Martin J C, Perrizo W. The structure of attractors in dynamical systems. Berlin: Springer, 1978:127-132.

[75] Furstenberg H, Weiss B. Topological dynamics and combinatorial number theory[J]. J. Anal. Math., 1978, 34: 61-85.

[76] Furstenberg H, Weiss B. A mean ergodic theorem for $\frac{1}{N}\sum\limits_{n=1}^{N} f(T^n x)g(T^{n^2} x)$[M]//Bergelson V, March P, Rosenblatt J. Convergence in ergodic theory and probability. Berlin: de Gruyter, 1996: 193-227.

[77] Glasner S. Proximal flows[M]. Berlin: Springer-Verlag, 1976.

[78] Glasner E. Topological ergodic decompositions and applications to products of powers of a minimal transformation[J]. J. Anal. Math., 1994, 64: 241-262.

[79] Glasner E. A simple characterization of the set of μ-entropy pairs and applications[J]. Israel J. Math., 1997, 102: 13-27.

[80] Glasner E. Ergodic theory via joinings[M]. Providence: American Mathematical Society, 2003.

[81] Glasner E., Thouvenot J-P, Weiss B. Entropy theory without a past[J]. Ergod. Th. Dynam. Sys., 2000, 20(5): 1355-1370.

[82] Glasner S, Weiss B. Minimal transformations with no common factor need not be disjoint[J]. Israel J. Math., 1983,45: 1-8.

[83] Glasner E, Weiss B. Strictly ergodic, uniform positive entropy models[J]. Bull. Soc. Math. France, 1994, 122(3): 399-412.

[84] Glasner E, Weiss B. Quasi-factors of zero-entropy systems[J]. J. Amer. Math. Soc., 1995, 8(3): 665-686.

[85] Glasner E, Weiss B. Topological entropy of extensions[M]//Petersen K E, Salama I. Ergodic

theory and its connections with harmonic analysis. Cambridge: Cambridge Univ. Press, 1995: 299-307.

[86] Glasner E, Weiss B. On the interplay between measurable and topological dynamics[M]//Hasselblatt B, Katok A. Handbook of dynamical systems: vol. 1B. Amsterdam: North-Holland, 2005: 597-648.

[87] Goodson G R. A survey of recent results in the spectral theory of ergodic dynamical systems[J]. J. Dynam. Control System, 1999, 5: 173-226.

[88] Goodman T N T. Topological sequence entropy[J]. Proc. London Math. Soc., 1974, 29: 331-350.

[89] Gottschalk W, Hedlund G. Topological dynamics[M]. Providence: American Mathematical Society, 1995.

[90] Green B, Tao T. The primes contain arbitrarily long arithmetic progressions[J]. Ann. Math., 2008, 167: 481-547.

[91] Green B, Tao T. Linear equations in primes[J]. Ann. Math., 2010, 171: 1753-1850.

[92] Green B, Tao T. The quantitative behaviour of polynomial orbits on nilmanifolds[J]. Ann. Math., 2012, 175: 465-540.

[93] Green B, Tao T, Ziegler T. In inverse theorem for the Gowers $U^{s+1}[N]$-norm[J]. Ann. Math., 2012, 176: 1231-1372.

[94] Gowers W T. A new proof of Szemerédi's theorem[J]. Geom. Funct. Anal., 2012, 11(3): 465-588.

[95] Gutman Y, Huang W, Shao S, et al. Almost sure convergence of the multiple ergodic average for certain weakly mixing systems[J]. Acta Math. Sinica, 2018, 34 (1): 79-90.

[96] Halmos P R. Measure theory[M]. New York: D. Van Nostrand Company, Inc., 1950.

[97] Halmos P R. Lectures on ergodic theory[R]. New York: Chelsea, 1953.

[98] Halmos P R, von Neumann J. Operator methods in classical mechanics: Ⅱ [J]. Ann. Math., 1942, 43: 332-350.

[99] Hawkins J. Ergodic dynamics: from basic theory to applications[M]. Berlin: Springer, 2021:xiv, 336.

[100] Hewitt E, Ross K. A. Abstract harmonic analysis: vol. Ⅰ [M]. 2nd ed. Berlin: Springer-Verlag, 1979.

[101] Hindman N. Finite sums from sequences within cells of a partition of ℕ[J]. J. Com. Theory: Ser. A, 1974, 17: 1-11.

[102] Hindman N, Strauss D. Algebra in the Stone-Čech compactification[M]. Berlin: Walter de Gruyter and Co., 1998.

[103] Hiraide K. Expansive homeomorphisms of compact surfaces are pseudo-Anosov[J]. Osaka J.

Math., 1990, 27: 117-162.

[104] Host B. Mixing of all orders and pairwise independent joinings of systems with singular spectrum[J]. Israel J. Math., 1991, 76(3): 289-298.

[105] Host B. Ergodic seminorms for commuting transformations and applications[J]. Stud. Math., 2009, 195(1): 31-49.

[106] Host B, Kra B. Nonconventional ergodic averages and nilmanifolds[J]. Ann. of Math. (2), 2005, 161(1): 397-488.

[107] Host B, Kra B. Uniformity norms on l^∞ and applications[J]. J. Anal. Math., 2009, 108: 219-276.

[108] Host B, Kra B. Nilpotent structures in ergodic theory[M]. Provedence: American Mathematical Society.

[109] Host B, Kra B, Maass A. Nilsequences and a structure theory for topological dynamical systems[J]. Adv. Math., 2010, 224: 103-129.

[110] Huang W, Li S M, Shao S, et al. Null systems and sequence entropy pairs[J]. Ergod. Th. Dynam. Sys., 2003, 23(5): 1505-1523.

[111] Huang W, Lian Z, Shao S, et al. Minimal systems with finitely many ergodic measures[J]. J. Funct. Anal., 2021, 280(12): 42.

[112] Huang W, Lu K. Entropy, chaos, and weak horseshoe for infinite-dimensional random dynamical systems[J]. Comm. Pure Appl. Math., 2017, 70(10): 1987-2036.

[113] Huang W, Maass A, Romagnoli P P, et al. Entropy pairs and a local Abramov formula for a measure theoretical entropy of open covers[J]. Ergod. Th. Dynam. Sys., 2004, 24: 1127-1153.

[114] Huang W, Maass A, Ye X D. Sequence entropy pairs and complexity pairs for a measure[J]. Ann. Inst. Fourier (Grenoble), 2004, 54(4): 1005-1028.

[115] Huang W, Shao S, Ye X D. Mixing via sequence entropy[J]. Contemp. Math., 2005, 385: 101-122.

[116] Huang W, Shao S, Ye X D. Nil Bohr-sets and almost automorphy of higher order[J]. Mem. Amer. Math. Soc., 2016, 241(1143): arXiv:1407.1179v1.

[117] Huang W, Shao S, Ye X D. Strictly ergodic models under face and parallelepiped group actions[J]. Commun. Math. Stat., 2017, 5(1): 93-122.

[118] Huang W, Shao S, Ye X D. Pointwise convergence of multiple ergodic averages and strictly ergodic models[J]. J. Anal. Math., 2019, 139(1): 265-305.

[119] Huang W, Shao S, Ye X D. Topological correspondence of multiple ergodic averages of nilpotent actions[J]. J. Anal. Math., 2019, 138(2): 687-715.

[120] Huang W, Shao S, Ye X D. Parallels between topological dynamics and ergodic theory[M]//Meyers R A. Encyclopedia of Complexity and Systems Science, 2020:doi:10.1007/978-3-642-27737-5_748-1.

[121] Huang W, Ye X D. A local variational relation and applications[J]. Israel J. Math., 2006, 151: 237-280.

[122] Huang W, Ye X D. Combinatorial lemmas and applications to dynamics[J]. Adv. Math., 2009, 220(6): 1689-1716.

[123] Huang W, Ye X D, Zhang G. Local entropy theory for a countable discrete amenable group action[J]. J. Funct. Anal., 2011, 261(4): 1028-1082.

[124] Hulse P. Sequence entropy and subsequence generators[J]. J. London Math. Soc. (Second Series), 1982, 26: 441-450.

[125] Hulse P. Sequence entropy relative to an invariant σ-algebra[J]. J. London Math. Soc. (Second Series), 1986, 33: 59-72.

[126] Jewett R I. The prevalence of uniquely ergodic systems[J]. J. Math. Mech., 1969/1970, 19: 717-729.

[127] Kalikow S. T, T^{-1} transformation is not loosely Bernoulli[J]. Ann. of Math. (Second Series), 1982, 115(2): 393-409.

[128] Kalikow S. Twofold mixing implies threefold mixing for rank one transformations[J]. Ergod. Th. Dynam. Sys., 1984, 4(2): 237-259.

[129] Katok A. Smooth non-Bernoulli K-automorphism[J]. Invent. Math.,1980, 61(3): 291-300.

[130] Katok A, Hasselblatt B. Introduction to the modern theory of dynamical systems[M]. Cambridge: Cambridge Univ. Press, 1995: xviii, 802.

[131] Katznelson Y. An introduction to harmonic analysis[M]. 2nd ed. New York: Dover Publications, Inc., 1976.

[132] Katznelson Y, Weiss B. A simple proof of some ergodic theorems[J]. Israel J. Math., 1982, 42(4): 291-296.

[133] Kechris A S. Classical descriptive set theory[M]. New York: Springer-Verlag, 1995.

[134] Kelley J. General topology[M]. New York: Springer-Verlag, 1975, 1955: xiv, 298.

[135] Kerr D, Li H. Ergodic theory: independence and dichotomies[M]. Berling: Springer, 2016.

[136] Kerr D, Li H. Independence in topological and C^*-dynamics[J]. Math. Ann., 2007, 338(4): 869-926.

[137] Kerr D, Li H. Combinatorial independence in measurable dynamics[J]. J. Funct. Anal., 2009, 256(5): 1341-1386.

[138] Kesseböhmer M, Munday S, Stratmann B. Infinite ergodic theory of numbers[M]. Berlin: Walter de Gruyter and Co, 2016: xiii,191.

[139] Khinchin A Y. Three pearls of number theory[M]. Mineola: Dover Publications Inc., 1998. (Trans-

lated from the Russian by Bagemihl F, KommH, Seidel W, Reprint of the 1952 translation.)

[140] Kolmogorov A N. A new metric invariant of transient dynamical systems and automorphisms of Lebesgue spaces[J]. Dokl. Akad. Sci. SSSR., 1958, 119: 861-864 (Russian).

[141] Koopman B O, von Neumann J. Dynamical systems continuous spectra[J]. Proc. Nat. Acad. Sci. U.S.A., 1932, 18: 255-263.

[142] Kra B. From combinatorics to ergodic theory and back again[C]//International Congress of Mathematicians: vol. Ⅲ, Madrid, 2006: 57-76.

[143] Krause B, Mirek M, Tao T. Pointwise ergodic theorems for non-conventional bilinear polynomial averages[J]. Ann. of Math. (Second Series), 2022, 195(3): 997-1109.

[144] Krengel U. Ergodic theorems[M]. Berlin: Walter de Gruyter & Co., 1985. (With a supplement by Brunel A.)

[145] Krieger W. On entropy and generators of measure-preserving transformations[J]. Trans. Amer. Math. Soc., 1970, 149: 453-464.

[146] Krieger W. On unique ergodicity[C]//Proceedings of the Sixth Berkeley Symposium on Mathematical Statistics and Probability, Univ. California, Berkeley, 1970/1971, vol. Ⅱ: Probability theory. Berkeley: Univ. California Press, 1972: 327-346.

[147] Krug E, Newton D. On sequence entropy of automorphisms of a Lebesgue space[J]. Z. Wahrscheinlichtkeitstheorie und Verw. Gebiete, 1972, 24: 211-214.

[148] Kushnirenko A G. On metric invariants of entropy type[J]. Russian Math. Surveys, 1967, 22: 53-61.

[149] Ledrappier F. Un champ markovien peut être d'entropie nulle et mélangeant[J]. C. R. Acad. Sci. Paris: Sér. A/B, 1978, 287(7): A561-A563.

[150] Lehrer E. Topological mixing and uniquely ergodic systems[J]. Israel J. Math., 1987, 57(2): 239-255.

[151] Leibman A. Multiple recurrence theorem for measure preserving actions of a nilpotent group[J]. Geom. Funct. Anal., 1998, 8: 853-931.

[152] Leibman A. Pointwise convergence of ergodic averages for polynomial sequences of translations on a nilmanifold[J]. Ergod. Th. Dynam. Sys., 2005, 25: 201-213.

[153] Lemanczyk M. Spectral theory of dynamical systems[M]//Meyers R A. Encyclopedia of complexity and systems science. New York: Springer, 2009: 8554-8575.

[154] Lewowicz J. Expansive homeomorphisms of surfaces[J]. Bol. Soc. Brasil. Mat. (N.S.), 1989, 20(1): 113-133.

[155] Lind D, Marcus B. An introduction to symbolic dynamics and coding[M]. Cambridge: Cambridge Univ. Press, 1995.

[156] Lindenstrauss E. Pointwise theorems for amenable groups[J]. Invent. Math., 2001, 146(2): 259-295.

[157] Liu P, Qian M. Smooth ergodic theory of random dynamical systems[M]. Berlin: Springer, 1995.

[158] Iwaniec H, Kowalski E. Analytic number theory[M]. Providence: American Mathematical Society, 2004.

[159] Lyons R. On measures simultaneously 2- and 3-invariant[J]. Israel J. Math.1988, 61(2): 219-224.

[160] Maass A, Shao S. Structure of bounded topological-sequence-entropy minimal systems[J]. J. Lond. Math. Soc. (Second Series), 2007, 76(3): 702-718.

[161] Mañé R. Ergodic theory and differentiable dynamics[M]. Berlin: Springer-Verlag, 1987.

[162] McCutcheon R. Elemental methods in ergodic Ramsey theory[M]. Berlin: Springer, 1999.

[163] Nadkarni M. Basic ergodic theory[M]. 2nd ed. Basel: Birkhäuser Verlag, 1998.

[164] Nadkarni M. Spectral theory of dynamical systems[M]. Basel: Birkhäuser Verlag, 1998.

[165] von Neumann J. Zur operatorenmethode in der klassischen mechanik[J]. Ann. of Math.: Second Series, 1932, 33: 587-642.

[166] O'Brien T, Reddy W. Each compact orientable surface of positive genus admits an expansive homeomorphism[J]. Pacific J. Math., 1970, 35: 737-741.

[167] Ornstein D S. On the root problem in ergodic theory[M]. California: Univ. of California Press, 1970: 347-356.

[168] Ornstein D S, Shields P C. An uncountable family of K-automorphisms[J]. Advances in Math., 1973, 10: 63-88.

[169] Parry W. Topics in ergodic theory[M]. Cambridge: Cambridge University Press, 1981.

[170] Petersen K. Ergodic theory[M]. Cambridge: Cambridge Univ. Press, 1983.

[171] Phelps R. Lectures on Choquet's theorem[M]. Princeton: D. Van Nostrand Co., Inc., 1966.

[172] Poincaré H. Les méthodes nouvelles de la mécanique céleste tomes Ⅰ-Ⅲ[M]. Paris: Gauthier-Villars, 1899.

[173] Pollicott M, Yuri M. Dynamical systems and ergodic theory[M]. Cambridge: Cambridge Univ. Press, 1998.

[174] Queffélec M. Substitution dynamical systems: spectral analysis[M]. Berlin: Springer-Verlag, 1987.

[175] Rohlin V A. On endomorphisms of compact commutative groups[J]. Izvestiya Akad. Nauk SSSR. Ser. Mat., 1949, 13: 329-340 (Russian).

[176] Rohlin V A. On the fundament ideas of measure theory[J]. Amer. Math. Soc. Transl.: Ser. 1, 1962, 10: 1-54.

[177] Rohlin V A. Lectures on ergodic theory[J]. Russian Math. Surverys, 1967, 22: 1-52.

[178] Rohlin V A, Sinai Ya G. Construction and properties of invariant measure[J]. Usp. Mat. Nauk, 1967, 22: 4-54 (Russian).

[179] Romagnoli P P. A local variational principle for the topological entropy[J]. Ergod. Th. Dynam. Sys., 2003, 23: 1601-1610.

[180] Royden H L. Real analysis[M]. 3rd ed. New York: Macmillan Publishing Company, 1988: xx, 444.

[181] Rudin W. Real and complex analysis[M]. 3rd ed. New York: McGraw-Hill Book Co., 1987: xiv, 416.

[182] Rudin W. Functional analysis[M]. 2nd ed. New York: McGraw-Hill, Inc., 1991: xviii, 424.

[183] Rudolph D J. $\times 2$ and $\times 3$ invariant measures and entropy[J]. Ergodic Theory Dynam. Systems, 1990, 10(2): 395-406.

[184] Rudolph D J. Fundamentals of measurable dynamics: ergodic theory on Lebesgue spaces[M]. New York: Oxford Science Publications, 1990.

[185] De La Rue T. 2-fold and 3-fold mixing: why 3-dot-type counterexamples are impossible in one dimension[J]. Bull. Braz. Math. Soc. (N.S.), 2006, 37(4): 503-521.

[186] De La Rue T. Joinings in ergodic theory[M]//Meyers R A. Encyclopedia of complexity and systems science. Berlin: Springer, 2009: 5037-5051.

[187] Ryzhikov V V. Joinings and multiple mixing of the actions of finite rank[J]. Funktsional. Anal. i Prilozhen. 1993, 27(2): 63-78 (Russian) (translation in Funct. Anal. Appl. 27(2): 128-140.)

[188] Sarnak P. Three lectures on the Mobius function randomness and dynamics[R/OL]. http://publications.ias.edu /sarnak/paper/512.

[189] Shannon C. A mathematical theory of communication[J]. Bell System Tech. J., 1948, 27: 379-423.

[190] Saleski A. Sequence entropy and mixing[J]. J. Math. Anal. and Appli., 1977, 60: 58-66.

[191] Seneta E. Non-negative matrices and Markov chains[M]. 2nd ed. New York: Springer, 1980.

[192] Shao S, Ye X D. Regionally proximal relation of order d is an equivalence one for minimal systems and a combinatorial consequence[J]. Adv. Math., 2012, 231: 1786-1817.

[193] Sinai Y. Topics in ergodic theory[M]. Princeton: Princeton Univ. Press, 1994.

[194] Snoha L, Ye X D, Zhang R. Topology and topological sequence entropy[J]. Sci. China Math., 2020, 63: 205-296.

[195] Szemerédi E. On sets of integers containing no k elements in arithmetic progression[J]. Acta Arith., 1975, 27: 199-245.

[196] Tao T. A quantitative ergodic theory proof of Szemerédi's theorem[J]. Electron. J. Combin.,

2006,13(1): 49.

[197] Tao T. Norm convergence of multiple ergodic averages for commuting transformations[J]. Ergod. Th. Dynam. Sys., 2008, 28: 657-688.

[198] Thouvenot J-P. On the stability of the weak Pinsker property[J]. Israel J. Math., 1977, 27(2): 150-162.

[199] Thouvenot J-P. Some properties and applications of joinings in ergodic theory[C]//Petersen K E, Salama I A. Ergodic theory and its connections with harmonic analysis. Cambridge: Cambridge Univ. Press, 1995: 207-235.

[200] Varadarajan V S. Groups of automorphisms of Borel spaces[J]. Trans. Amer. Math. Soc., 1963, 109: 191-220.

[201] Veech W A. Topological systems[J]. Bull. Amer. Math. Soc., 1977, 83: 775-830.

[202] Viana M, Marcelo O. Foundations of ergodic theory[M]. Cambridge: Cambridge Univ. Press, 2016.

[203] de Vries J. Elements of topological dynamics[M]. Dordrecht: Kluwer Academic Publishers, 1993.

[204] van der Waerden B L. Beweis einer baudetschen vermutung[J]. Nieuw Arch. Wisk., 1927, 15: 212-216.

[205] Walsh M. Norm convergence of nilpotent ergodic averages[J]. Ann. Math., 2012, 175: 1667-1688.

[206] Walters P. Some invariant σ-algebras for measure preserving transformations[J]. Trans. Amer. Math. Soc., 1972, 163: 357-368.

[207] Walters P. An introduction to ergodic theory[M]. New York: Springer-Verlag, 1982.

[208] Weiss B. Strictly ergodic models for dynamical systems[J]. Bull. Amer. Math. Soc. (N.S.), 1985, 13: 143-146.

[209] Weiss B. Countable generators in dynamics: universal minimal models[J]. Contem. Math., 1989, 94: 321-326.

[210] Weiss B. Multiple recurrence and doubly minimal systems[C]//Topological Dynamics and Applications, Minneapolis, 1995. Providence: Amer. Math. Soc., 1998: 189-196.

[211] Weiss B. Single orbit dynamics[C]. Providence: AMS Bookstore, 2000.

[212] Zhang Q. Sequence entropy and mild mixing[J]. Canad. J. Math., 1992, 44: 215-224.

[213] Zhang Q. Conditional sequence entropy and mild mixing extensions[J]. Canad. J. Math., 1993, 45: 429-448.

[214] Ziegler T. Universal characteristic factors and Furstenberg averages[J]. J. Amer. Math. Soc., 2007, 20: 53-97.

[215] Zimmer R J. Extensions of ergodic group actions[J]. Illinois J. Math., 1976, 20(3): 373-409.

[216] Zimmer R J. Ergodic actions with generalized discrete spectrum[J]. Illinois J. Math., 1976, 20(4): 555-588.

[217] 黎景辉,冯绪宁. 拓扑群引论 [M]. 北京:科学出版社,2007.

[218] 孙文祥. 遍历论 [M]. 北京:北京大学出版社,2012.

[219] 叶向东, 黄文, 邵松. 拓扑动力系统概论 [M]. 北京:科学出版社,2008.

[220] 张筑生. 微分动力系统原理 [M]. 北京:科学出版社,1999.

[221] 张景中, 熊金城. 函数迭代与一维动力系统 [M]. 成都:四川教育出版社,1992.

[222] 周作领. 符号动力系统 [M]. 北京:科学出版社,2001.

[223] 华罗庚. 数论导引 [M]. 北京:科学出版社,1956.

索　　引